U0159060

中国电机工程学会译丛
CSEE-INTL-2022-T01

CIGRE Green Books

国际大电网委员会绿皮书

未来电力系统

国际大电网委员会技术委员会 著

CIGRE 中国国家委员会
中国电机工程学会
西安高压电器研究院股份有限公司
舒印彪 贾 涛 李 刚 等 译

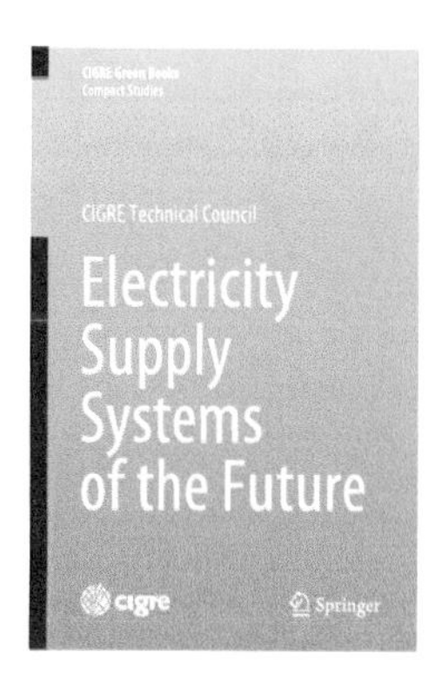

图书在版编目（CIP）数据

国际大电网委员会绿皮书：未来电力系统 / 国际大电网委员会技术委员会著；舒印彪等译. —北京：中国电力出版社，2022.12（2023.12重印）

书名原文：CIGRE Green Books Electricity Supply Systems of the Future

ISBN 978-7-5198-7122-2

Ⅰ. ①国… Ⅱ. ①国… ②舒… Ⅲ. ①电力系统规划 Ⅳ. ①TM715

中国版本图书馆 CIP 数据核字（2022）第 193810 号

北京市版权局著作权合同登记 图字：01-2022-5298 号

出版发行：中国电力出版社
地　　址：北京市东城区北京站西街 19 号（邮政编码 100005）
网　　址：http://www.cepp.sgcc.com.cn
责任编辑：冯宁宁（010-63412537）
责任校对：黄　蓓　郝军燕　王海南
装帧设计：张俊霞
责任印制：吴　迪

印　　刷：北京九州迅驰传媒文化有限公司
版　　次：2022 年 12 月第一版
印　　次：2023 年 12 月北京第二次印刷
开　　本：787 毫米×1092 毫米　16 开本
印　　张：30
字　　数：723 千字
印　　数：1501—2000 册
定　　价：450.00 元

［希腊］尼科斯・哈齐阿伊里乌（Nikos Hatziargyriou）
［巴西］约尼・帕特里奥塔・西凯拉（Iony Patriota de Siqueira）
编

未来电力系统

《国际大电网委员会绿皮书　未来电力系统》翻译技术委员会

《国际大电网委员会绿皮书　未来电力系统》翻译工作组

翻　译　刘　敏（第 1 章）
陶大军、徐　骁（第 2 章）
郝宇亮、杨梦迪（第 3 章）
郭　瑛、曹　蕤（第 4 章）
黄晓勇、李　丹、张　昕（第 5 章）
胡文歧（第 6 章）
刘广义、曹　蕤（第 7 章）
胡治龙、杨晓辉（第 8 章）
李劭頔（第 9 章、第 10 章）
陈志彬、骆　虎（第 11～13 章）
武　星（第 14 章）
张长春（第 15 章）
范广伟（第 16 章）
刘　婧（第 17 章）

审　校　赵建军（第 1 章）
胡　刚（第 2 章）
李　博（第 3 章）
李　鹏（第 4 章）
刘　英（第 5 章）
吴广宁（第 6 章）
范建斌、胡　浩（第 7 章）
许树楷（第 8 章）
文继锋（第 9 章）
张　艳（第 10 章）
贺静波、李亚楼、濮　钧（第 11 章）
李　妮（第 12 章）
何金良（第 13 章）
葛朝强（第 14 章）
马　钊（第 15 章）
梁曦东（第 16 章）
高昆仑（第 17 章）

会　稿　郭　瑛

秘　书　王春莉

译者序

2020 年 9 月 22 日，国家主席习近平在第七十五届联合国大会一般性辩论上发表重要讲话指出，“中国将提高国家自主贡献力度，采取更加有力的政策和措施，二氧化碳排放力争于 2030 年前达到峰值，努力争取 2060 年前实现碳中和。”

新型电力系统是实现碳达峰碳中和的重要枢纽平台。在向新型电力系统演进过程中，电力系统的电源结构、负荷特性、电网形态、技术基础和运行特征正在发生深刻变化。如何构建新型电力系统，需要哪些技术设备，怎样确保新型电力系统安全稳定经济高效运行，以实现能源电力绿色低碳可持续发展，成为各界关注的重要问题。

在全球加快推进电气化应对气候变化的趋势背景下，国际大电网委员会（CIGRE）组织全部 16 个专业委员会的有关专家共同编写了《未来电力系统》绿皮书，对未来电力系统技术装备需求以及新材料和试验技术发展等进行了总结和展望，介绍 CIGRE 在推进未来电力系统转型方面秉持的主要观点，将为相关各方充分了解未来电力系统发展趋势，研判电力系统面临的机遇和挑战提供重要参考。

为加快有关信息传播，CIGRE 中国国家委员会、中国电机工程学会、西安高压电器研究院股份有限公司共同开展了《未来电力系统》绿皮书的翻译出版工作。以期在构建新型电力系统背景下，帮助广大电力从业人员借鉴国际先进经验，开拓视野和思路，预判未来工作方向，为中国乃至世界电力工业发展贡献应尽之力。

工作组在不到一年的时间内，完成了长达百万字英文著作的翻译和校核，任务十分艰巨繁重。在此，对所有参与工作专家的辛勤付出表示衷心感谢！由于时间所限，工作如有疏漏，恳请广大读者批评指正。

2022年10月27日

CIGRE主席寄语

随着 CIGRE 进入第二个百年，电力能源市场正发生前所未有的变化。电力技术、市场和用电设备的发展方向和发展速度都在发生变化，要看清这些趋势及其对业务或环境产生的影响实为不易。CIGRE 16 位专业领域的专家们为我们提供了最好的诠释，以便利益相关方能够充分了解这些发展趋势。这 16 个专业领域包含未来电网的所有要素及电力市场和监管系统。读者将通过本书充分理解技术驱动因素和发展趋势，进而全面认识与其切身相关的、最为可能的未来技术发展。

R. Stephen

CIGRE主席

前 言

虽然电力行业被视为经济活动中相对传统的领域，但其实一直在不断应用各种创新解决方案。

本书的编写正值工业 4.0（第四次工业革命）来临之时。所谓工业 4.0 是指一个系统到多个系统的方法，其主要特征是将物理和数字系统进行融合，并集成信息物理融合系统（CPS）、物联网（IoT）、工业物联网（IIoT）、认知计算和人工智能（AI）等系统。此外，当前一个全新的电转气（P2G）时代呼之欲出，氢能将可能实现大规模商业化应用。

未来电网将如何重塑？将会发生哪些局部的或根本性变化？本书由 CIGRE 资深专家编写，主要目的就在于厘清这些问题。要精准预测电力行业未来二三十年的发展轨迹并非易事，也不是我们编写本书的目的。CIGRE 的理念是成为涵盖电力系统整个业务链的端到端（E2E）组织，基于这一理念，本书分 17 个章节进行阐述，以期为电力行业的技术、经济、监管和市场发展提供可能的场景和合理的要素。

就业务布局来看，我们面临的局面是，能源系统的发展方向将是由高度互联电网和供电全球化的结合体，转变为以分散连接的微电网为主导的系统（如互联网系统），这类系统很大程度上可以自给自足。

极端情况下，后一种选择就是彻底改变当前的市场结构和风险管理，这需要在地方电网层面形成全新的结算方式，即在地方电网之间实现净交易。这种模式的关键在于要有足够的冗余容量，但这并不现实。

鉴于上述种种不确定性，我们该如何预测未来系统规划、设计和运行人员的角色？如何预测新材料和装置、测试技术、计算机工具和全数字化等的结合？

另一方面，社会对电力的依赖是单向的，未来几年全球将实现完全电气化。这意味着持续供电将成为一项基本需求，其重要性不亚于饮用水和食物。在全球电气化的趋势下，人们对电力公司优质服务的要求越来越高，因为没有电的生活一刻也无法忍受。

这本关于未来电网的绿皮书是 CIGRE 对业界的切实贡献，有助于我们对

E2E 供电系统可能面临的关键问题进行预测，为电力行业必须应对的挑战做好准备。

值此绿皮书结稿之际，我们要感谢 16 位专业委员会主席和 Nikos Hatziargyriou、Iony Patriota de Siqueira 这两位主要编者，感谢他们对本书所做的贡献。

希望读者喜欢本书！

Marcio Szechtman
CIGRE技术委员会主席

目录

第1章　综述

Iony Patriota de Siqueira，Nikos Hatziargyriou

摘要：本章总结了电力系统目前的主要发展情况，作为本书其他章节的背景。首先简要总结了智能终端和智能家居的最新发展状况，并以此为例，说明技术变革给社会带来的影响。然后，简要介绍了现代电力系统主要技术的重大融合，重点对支撑未来供电系统的电力系统、通信系统、信息和自动化系统发展现状进行了综述。
关键词：未来电力系统；融合技术；电力系统；通信；信息系统；自动化系统

1.1　引言

电力系统在现代社会所有重要基础设施中发挥着至关重要的作用。水、各类商品、天然气、石油、医疗服务、家庭自动化、通信、安防及许多其他基础设施部门的运转，均依赖于经济可靠的电力供应。

面对当前智能终端带来的革命以及互联网爆发性增长，电力系统必须与时俱进才能一如既往地提供优质服务。电力系统设备、总体规划和运行方式的大部分变革和创新，总是与其他行业相关技术的发展相同步。这些变革和创新已在电力电子、机器人、数字化等相关领域逐步得到应用。因此，基于提供服务的理念，电力系统将逐渐变得更具交互性，这就需要强大可靠的数据来支持经济成本回收机制。要应对这些变化，必须对未来电力系统的远景作出构想，编写本书的主要目的也在于此。

On behalf of Study Committee C3.
I. P. de Siqueira (✉)
Study Committee B5, Tecnix Engineering and Architecture Ltd, Recife, Brazil
e-mail: iony@tecnix.com.br

N. Hatziargyriou
Study Committee C6, National Technical University of Athens, Zografou, Greece
e-mail: nh@power.ece.ntua.gr

N. Hatziargyriou and I. P. de Siqueira (eds.), Electricity Supply Systems
of the Future, CIGRE Green Books, https://doi.org/10.1007/978-3-030-44484-6_1

1.1.1　智能终端

“智能场景”通常是指用以呈现智能行为的物理空间或网络空间。例如，智能家居中包括能源优化、热点报告、家庭安防、智能照明、周边检查、儿童监控等，都是通过自动或半自动的方式运行的。其他场景还包括涉及个人定位器和家庭护理的智能健康，涉及基于湿度的智能灌溉、病虫害防治和牲畜管理的智能农业，可提供垃圾管理、停车管理、交通管理、污染监测、智能桥梁和智能建筑的智慧城市，可实现能源、监控、电梯智能化管理的智能港口和智能楼宇，以及包括智能物流、智能制造在内的智能零售等。

这些场景之所以成为智能场景，是因为随着智能终端概念的普及，很多设备具备了决策和自动执行任务的能力，更重要的是，它们能够与智能场景的其他设备进行通信。仿照互联网概念，人们将其称为“物联网”（IoT）（图 1.1）。

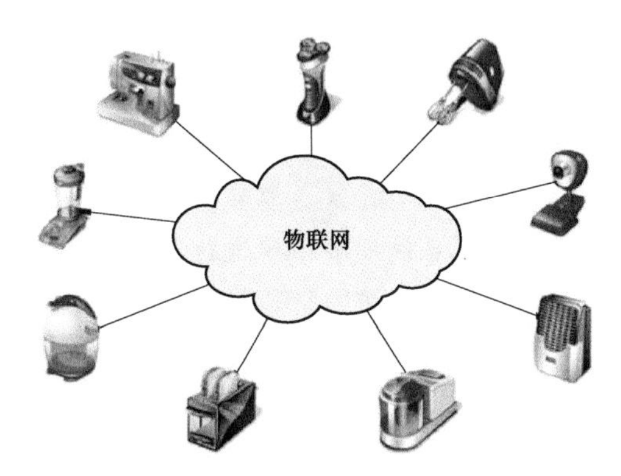

图 1.1　智能终端

1.1.2　智能电网的参与方

与智能终端概念同时出现的，是“智能电网”的概念，它指的是能够进行若干自动和智能运行的电网。今天，这一概念也指众多参与方或利益相关方通过智能交互实现协调运行（图 1.2），包括：

（1）发电企业。大宗能源和分布式能源及辅助服务供应商。

（2）输电企业。输电资产所有者和可能的运营商。

（3）配电企业。配电资产所有者和可能的运营商。

（4）用户。工业、商业、居民和交通用户以及储能用户。

（5）运营企业。独立系统运营商（ISO）、区域系统运营商（RSO）、输电系统运营商（TSO）和配电系统运营商（DSO）。

（6）市场。能源经纪人、趸售和零售能源的买卖双方、交易所及平衡责任方。

（7）服务供应商。其他参与方所需服务的第三方供应商。

1.1.3　技术融合

为了实现这些功能，已逐步形成了一套相关技术，这些技术的集成带动了智能设备生产。这对电力系统而言尤为重要，电力系统的发展取决于以下 4 个主要领域的技术融合（图 1.3）：

（1）能源技术。

（2）通信技术。

（3）信息技术。

（4）自动化技术。

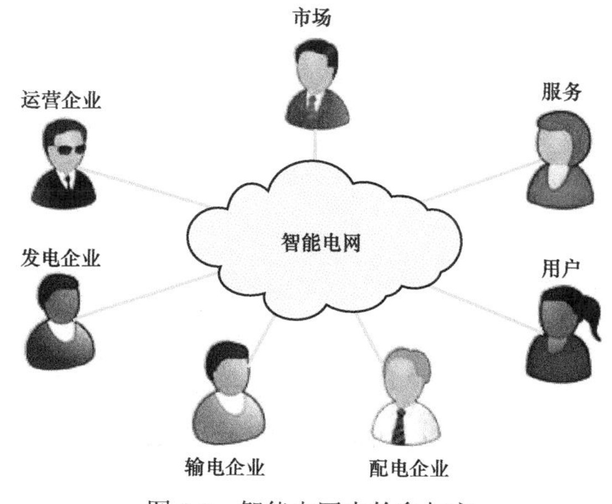

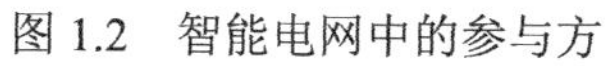
图 1.2 智能电网中的参与方

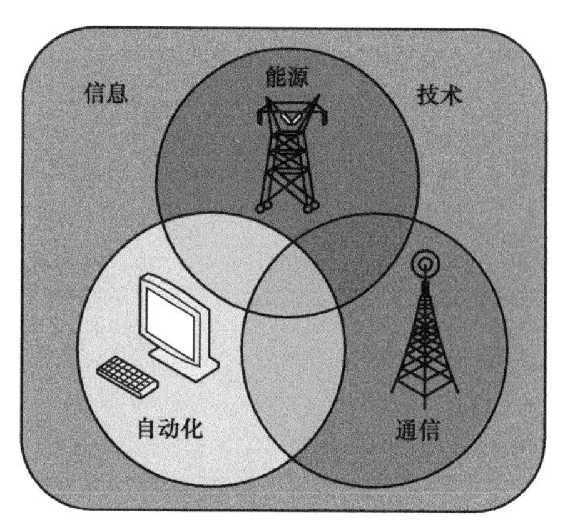

图 1.3 技术融合

1.1.4 章节大纲

本章其余小节标题编排如下：

（1）电力系统发展趋势。介绍电力系统的发展、主要技术和市场趋势，及其对自动化和通信系统的要求。

（2）通信系统发展趋势。介绍应用于电力系统的通信系统主要技术解决方案和发展趋势。

（3）信息系统发展趋势。介绍应用于电力系统的网络信息和自动化系统信息学主要发展趋势。

（4）自动化系统发展趋势。介绍应用于电力系统的自动化系统主要技术解决方案和发展趋势。

（5）未来电网。介绍电网发展趋势与自动化和通信系统发展趋势相融合，对未来电网的塑造。

1.2 电力系统发展趋势

传统电力系统的概念是指以下 4 个领域的联合运行：

（1）发电系统。

（2）输电系统。

（3）配电系统。

（4）电力用户。

其中，电力用户还包括储能和用户侧发电，有时他们也被称为生产消费者。

本节从历史发展的角度，阐述与发电、输电、配电、储能、用电相关的主要趋势及其对自动化和通信系统的要求。

电网发展的历史通常按时间序列划分为五代，每一代都与电网的主要技术变革相对应：

（1）第一代——直流电。

（2）第二代——交流电。

（3）第三代——分布式发电。

（4）第四代——柔性系统。

（5）第五代——智能电网。

此外，当前的电网结构通常表现为发电、输电、配电及用户之间的线性连接，电力单向传输（图 1.4）。

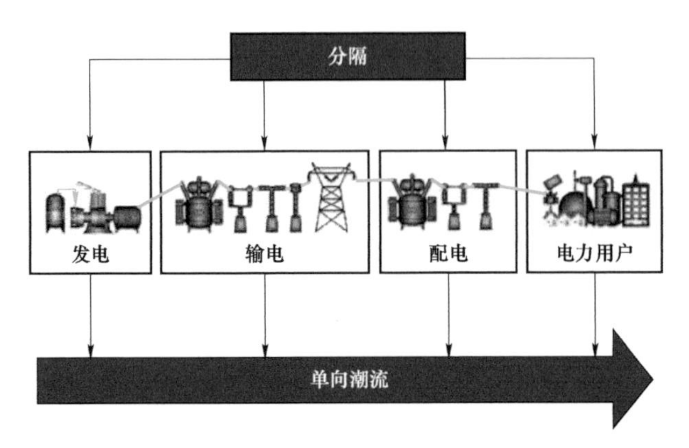

图 1.4　当前电网结构

随着分布式发电和储能的发展，未来电网将是一种复杂的智能电网，这种电网能够在多个不同的电源之间实现双向互联和双向输电。这种电网的电源也不尽相同，包括光伏、小型水电站、斯特林发电机、核能、电池储能、地热、风能、燃料电池、联合循环发电、燃气轮机、往复式发电机、潮汐发电等。这些分布式电源可组合成虚拟电厂，作为特殊电源来管理，紧急情况下可以作为微电网接入大电网或孤岛运行（图 1.5）。

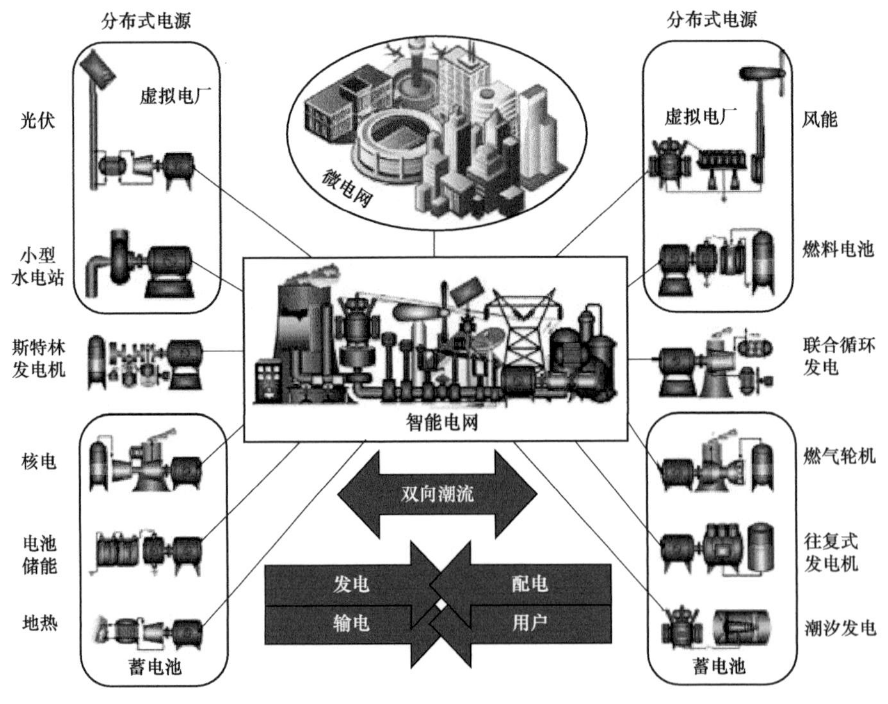

图 1.5　未来电网

未来电网是发电、输电、配电和电力用户等传统领域与市场、运行和服务提供商等新领域的整合，如图 1.6 所示。

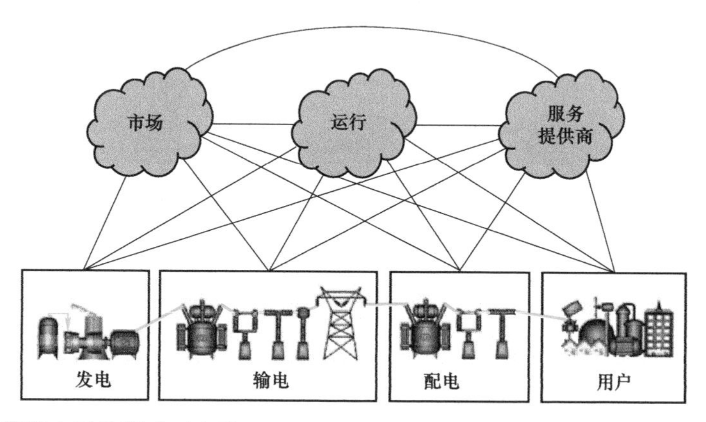

图 1.6　智能电网的组成（来源：Source The Authors，Adapted from NIST Roadmap）

1.2.1　发电系统

在应对气候变化政策推动下，电网发展最普遍的特征是所有系统中可再生能源发电不断增加[1]。这包括一些采用双馈异步发电机的小型水电站，其感应式发电机转子可变频调节，定子绕组直接与电网相连。图 1.7 所示的是该类型发电厂的典型连接方式，水轮机在不同的流速和流量条件下实现效率最大化。

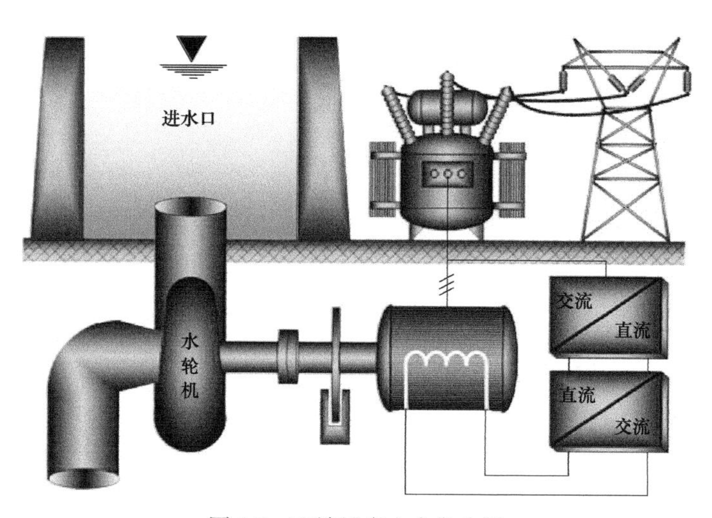

图 1.7　双馈异步水力发电机

过去 10 年，陆上和海上风力发电作为经济环保的电源得到了广泛发展。风力发电的典型配置是异步发电机（通常为变速双馈感应发电机），通过转子电流的变化来控制有功功率和无功功率，在转子转速小于或大于定子磁场转速时发出功率。图 1.8 所示为风电机组机舱的典型结构，以及机舱的方向和桨距控制装置，通过风机变速最大限度地利用可用风力。具有类似特性的变速同步发电机（ENERCON 型）也很普遍。

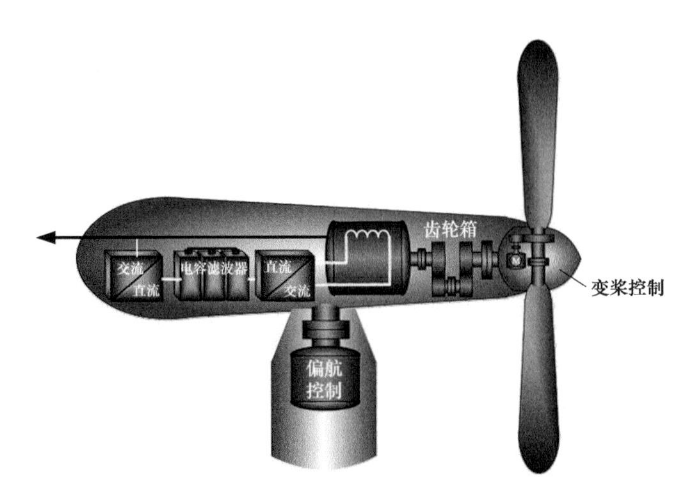

图 1.8　双馈异步风力发电机

和风力发电的驱动因素一样，太阳能作为一种替代能源也在全球范围内不断得到应用。现代太阳能发电厂通过控制太阳能电池板的高度和方位，实现对电池板最有效方向的全程跟踪，即使在远离赤道的地区也可对太阳光线进行二维跟踪（图 1.9）。

燃料电池利用类似电池的转换装置实现能量转换，反应物可不断补充，是一种很有发展前途的发电技术。不同于普通电池内部储能容量有限，燃料电池工作时燃料和氧化剂由外部供给。图 1.10 所示为燃料电池典型结构，其中电解质作为阳极和阴极之间的催化剂，形成电催化剂能使可燃反应物产生电流。

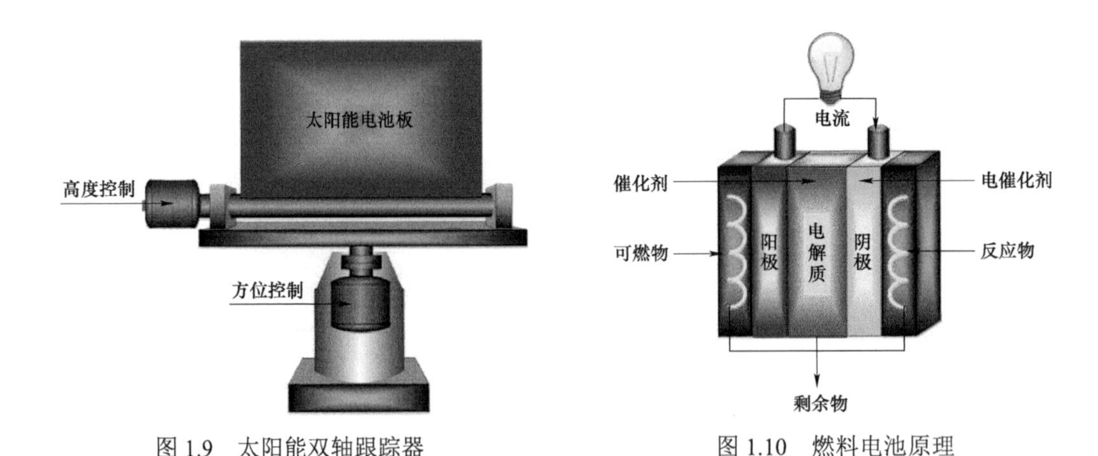

图 1.9　太阳能双轴跟踪器

图 1.10　燃料电池原理

除上述电源外，还有很多不同的电源接入电网，包括：

（1）燃气轮机。以天然气、石油或混合燃料为燃料。

（2）内燃机。又称往复式发电机。

（3）斯特林发电机。属于外燃机，惰性工质（惰性液体、氦气或氢气）封闭循环。

（4）使用动态或静态逆变器的储能装置或不间断电源（UPS）。为直流/交流变流器供电的储能装置包括电池、飞轮、超导体、超级电容器、压缩空气。

这些电源也可在不同的环节组合起来，实现发电过程中的热能回收。下述热电联产（CHP）常用于提高发电能效：

（1）基于往复式发电机的热电联产。带有热能回收循环的组合式内燃机（ICE）。

（2）基于燃料电池的热电联产。带有水热能回收的组合式燃料电池。

（3）基于燃气机的热电联产。带有热能回收和汽轮机的组合式燃气轮机。

（4）基于回热式微型燃气轮机的热电联产。带有热能回收的组合式微型燃气轮机。

（5）地热发电。利用来自火山等的自然热能发电，将冷水泵入地下，再从地下泵出热水，大多处于小规模试验阶段。

一些基于海浪和洋流的新型电源也正在开发中，如：

（1）潮汐发电（TP）。利用潮汐能发电，比风能和太阳能发电更可预测，目前主要是实验性的。

（2）海浪发电（WP）。利用海浪的波能发电，比风能和太阳能发电更可预测，目前主要是实验性的，采用多种机械运动方式。

（3）洋流发电（OCP）。利用来自海底洋流的能量来发电，比风能和太阳能发电更可预测，目前主要是实验性的。

图 1.11 所示为基于往复式发电机的热电联产机组，利用锅炉和冷却塔进行热能回收循环的组合式内燃机（ICE）。

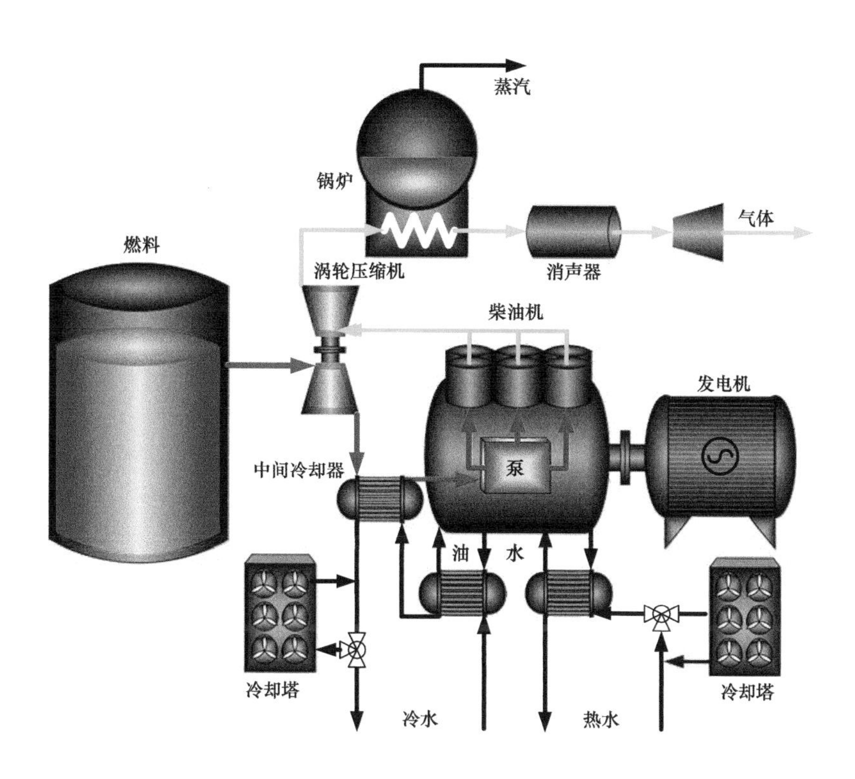

图 1.11 基于往复式发电机的热电联产

除了这些新技术外，发电系统也在尝试大量使用数字化技术来设计新设备，包括有限元建模（FEM）、计算流体力学（CFD）、长期可靠性分析、大数据、人工智能（AI）、自学习算法、等效数字孪生电路、实验设计法（DOE）和响应面法（RSM）等。本书在“旋转电机”一章中，对这一领域设计研究的现状和未来做了详细论述。

1.2.2 输电系统

输电系统发展的一个显著特征是柔性交流输电系统（FACTS）的广泛应用。图 1.12 所示为 FACTS 的应用范围，展示了电力系统发、输、配、用四个领域和欧盟智能电网参考架构模型（SGAM）[2]提出的分层互操作性。FACTS 应用的增加也反映了电网控制中电力电子技术应用的总体趋势。

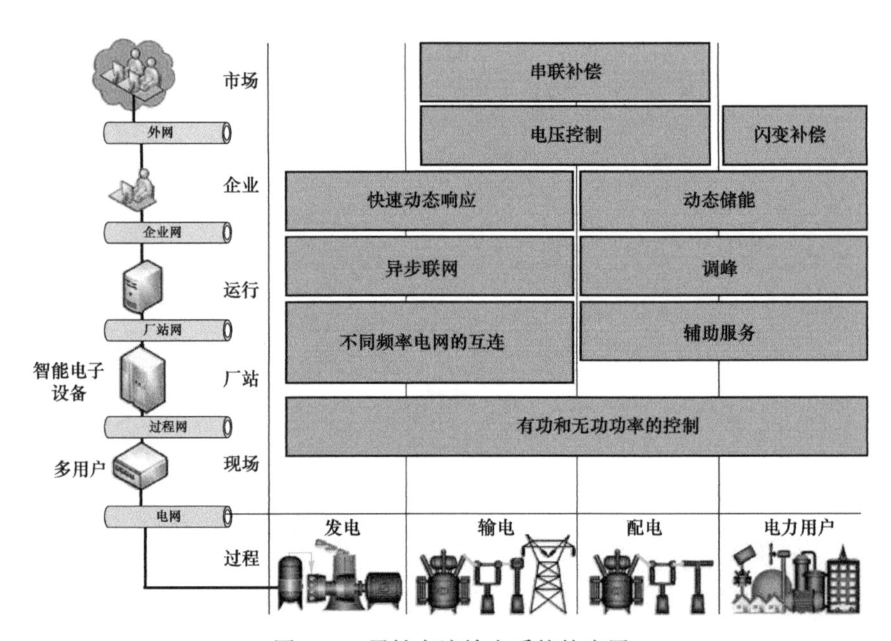

图 1.12 柔性交流输电系统的应用

随着新技术的引入，柔性交流输电系统已发展了四代，主要与转换过程控制及所用静态设备类型有关。

（1）**第一代：**

TCR——晶闸管控制电抗器。

TSC——晶闸管投切电容器。

（2）**第二代：**

SVC——静止无功补偿器。

TCSC——晶闸管控制串联电容器。

SCCL——短路电流限制器。

TCPAR——晶闸管控制调相器。

（3） **第三代：**

STATCOM——静止同步补偿器。

SSSC——静止同步串联补偿器。

（4） **第四代：**

UPFC——统一潮流控制器。

IPFC——线间潮流控制器。

GIPFC——广义线间潮流控制器。

CSC——可转换静止补偿器。

在第一代 FACTS 中，晶闸管控制电抗器（TCR）用晶闸管阀投切并联电抗器，通过升压变压器将 FACTS 接入电网。与此类似，在晶闸管投切电容器（TSC）中，由晶闸管阀投切并联电容器，通过升压变压器将其接入电网。

第二代 FACTS 提出了静止无功补偿器（SVC），通过晶闸管阀投切并联电抗器和电容器，并通过升压变压器接入电网。在晶闸管控制串联电容器（TCSC）中，由晶闸管阀投切与串联电容器并联的电抗器，然后与输电线路串联。在短路电流限制器（SCCL）中，串联电容器由晶闸管短路，并与输电线路中的电抗器串联，以控制功率和短路电流。在晶闸管控制调相器（TCPAR）中，与输电线路串联的带移相绕组的变压器通过内部或外部晶闸管投切，以动态控制潮流。

第三代 FACTS 引入了静止同步补偿器（STATCOM）的概念，通过由晶闸管控制的并联电容器，来准确控制注入的无功功率，实现对潮流、电压、功率因数、闪变和不平衡负荷的控制。静止同步串联补偿器（SSSC）则采用由晶闸管控制的串联电容器，通过串联变压器连接到输电线路，以控制有功和无功潮流。

第四代也是最新的一代 FACTS（仍在研发中）引入了统一潮流控制器（UPFC），将静止同步补偿器（STATCOM）与静止同步串联补偿器（SSSC）相结合，由晶闸管控制电容器，通过串联变压器连接到输电线路或通过并联变压器连接到母线，以控制电压、有功和无功潮流。另一种正在研发的可能方案是线间潮流控制器（IPFC），位于不同线路的两台静止同步串联补偿器（SSSC）共用一个电容器组以控制线路中的潮流。该装置的替代方案是广义线间潮流控制器（GIPFC），两台静止同步串联补偿器（SSSC）位于不同的线路，一台静止同步补偿器位于公共母线，共用一个电容器组，来控制电压和潮流。此外，还有一种研发方案是可转换静止补偿器（CSC），该方案通过断路器将一个电容器组投切复用到多台静止补偿器。该装置如图 1.13 所示。

除了 FACTS 外，采用远距离高压直流输电（HVDC）系统是一种明显的趋势，主要用于电源与负荷中心距离很远的情况，或者是不同频率电网的互连。图 1.14 所示为高压直流输电系统在 SGAM 参考框架中一些可能的应用。

高压直流输电技术主要包括 3 种不同的类型：

（1） 电流源换流器（CSC）。

（2） 电压源换流器（VSC）。

（3） 电容换相换流器（CCC）。

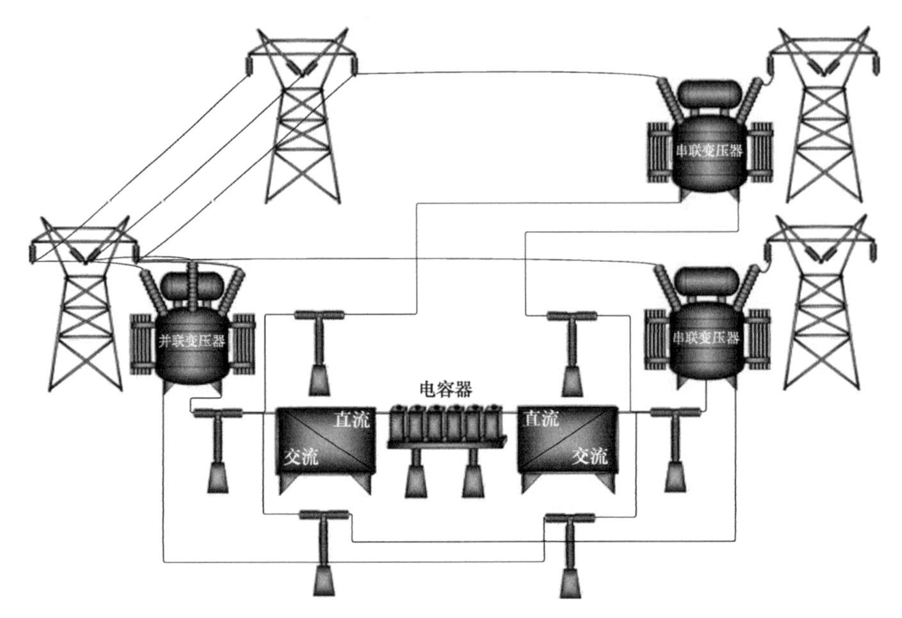

图 1.13　可转换静止补偿器（CSC）

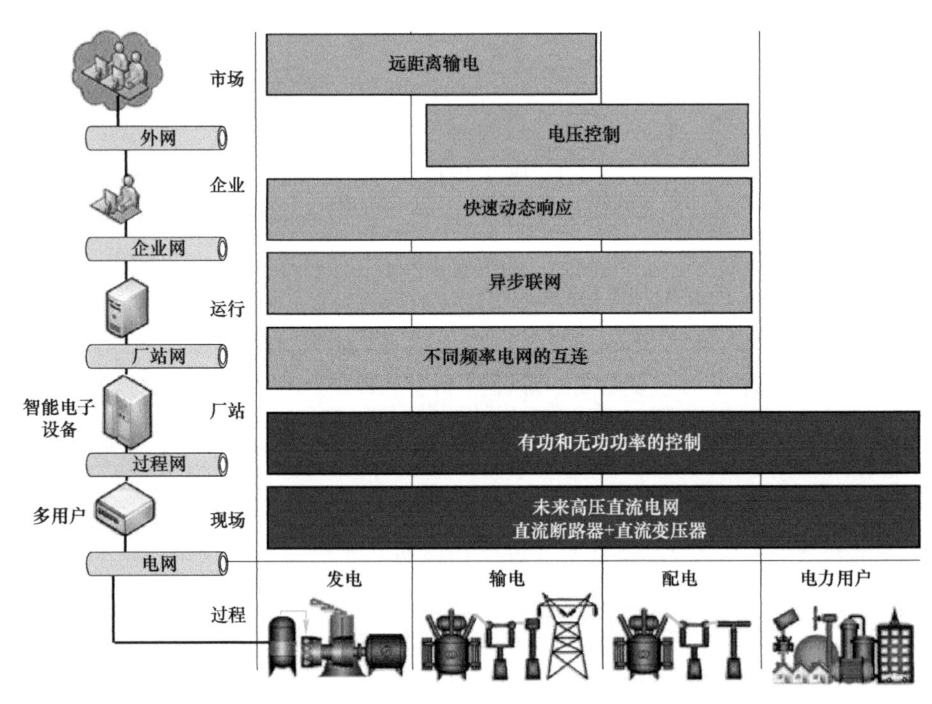

图 1.14　高压直流输电系统的应用

电流源换流器（CSC）又称电网换相换流器（LCC），是目前运行的大多数高压直流输电系统中使用的技术。它所采用的晶闸管可以耐受任意极性的电压，输出电压可以是任意极性，可以改变功率方向的同时保持电流方向不变。电流源换流器不能独立控制有功功率和无功功率。图 1.15 所示为电流源换流器站的典型配置。

电压源换流器（VSC）在换流变压器和换流阀之间插入电抗器，晶闸管控制任一方向的电流，但输出直流电压的极性不变。通过改变电流方向来调整功率方向，从而独立控制有功功率和无功功率。图 1.16 所示为电压源换流器站的典型配置。

电容换相换流器（CCC）是在换流变压器和换流阀之间插入电容器，以产生晶闸管阀换流所需的部分电压。换流器只能从交流电网吸收感性电流，换流阀无法自主关断，只有通过阀的电流为零才能关断换流阀。图 1.17 所示为电容换相换流器站的典型配置。

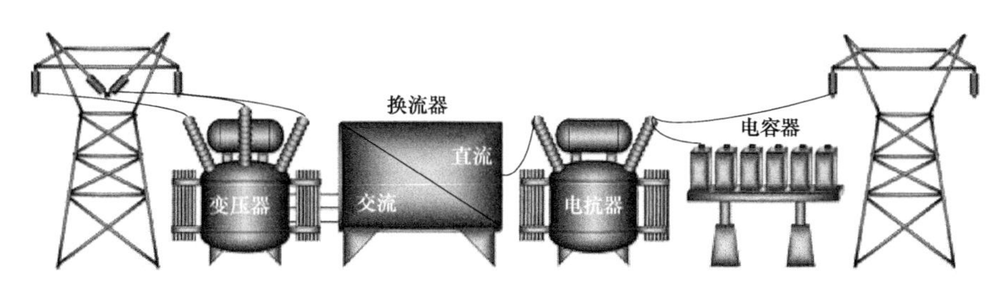

图 1.15　电流源换流器（CSC）

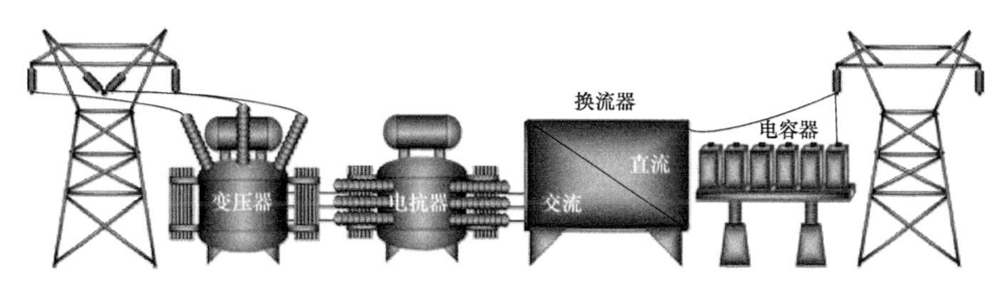

图 1.16　电压源换流器（VSC）

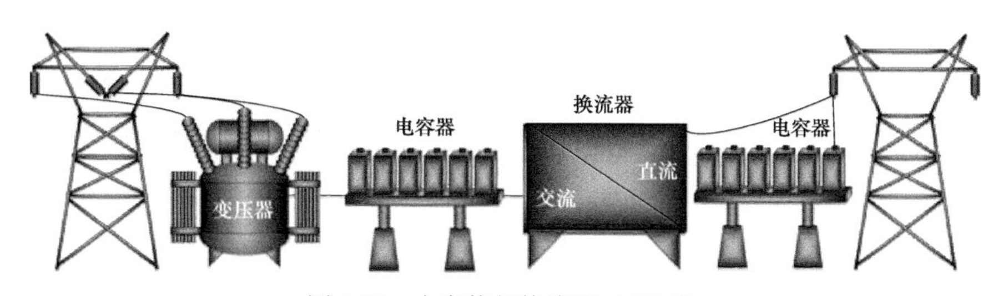

图 1.17　电容换相换流器（CCC）

除了在高压直流输电系统和柔性交流输电系统中使用电力电子技术外，目前正在研究使用多相输电系统提高相同路径交流线路输电能力。这种技术与三相输电线路相比需要更多的换相，以及特殊的变压器和杆塔。

另一个研究领域是利用超导体进行输电，主要挑战在于导体的成本。图 1.18 所示为超导电缆的典型结构，包括屏蔽层、绝缘层和温度控制。

目前正在进行的类似研发还有气体绝缘输电线路（GIL），主要用于短距离输电和城市供电。图 1.19 所示为典型 GIL 结构，包括绝缘气体的金属外壳。

除了这些新技术外，输电系统正在快速吸收建筑信息模型（BIM）[3]和地理信息系统（GIS）[4]等标准提供的很多新设计方法。

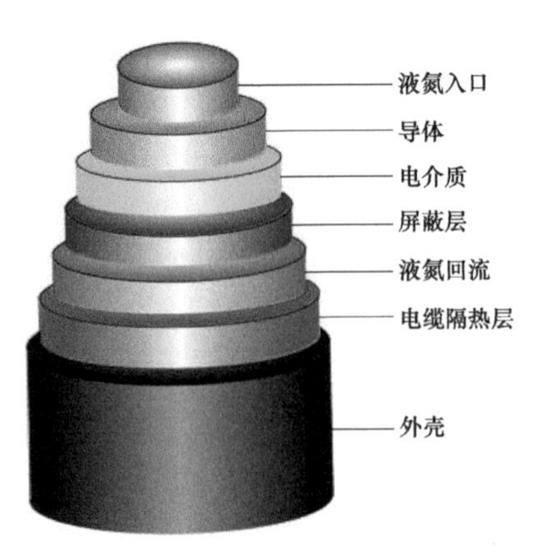

图 1.18 超导电缆

图 1.19 气体绝缘输电线路（GIL）

1.2.3 储能

建设大型发电厂，即便是基于可再生能源的水电厂，往往受到环境制约，加之不可调度的间歇性绿色电力的渗透率不断提高，储能方法研究已成当务之急。分布式和集中式储能的许多应用都有可能实现。图 1.20 所示为对应于 SGAM 框架的主要储能应用。

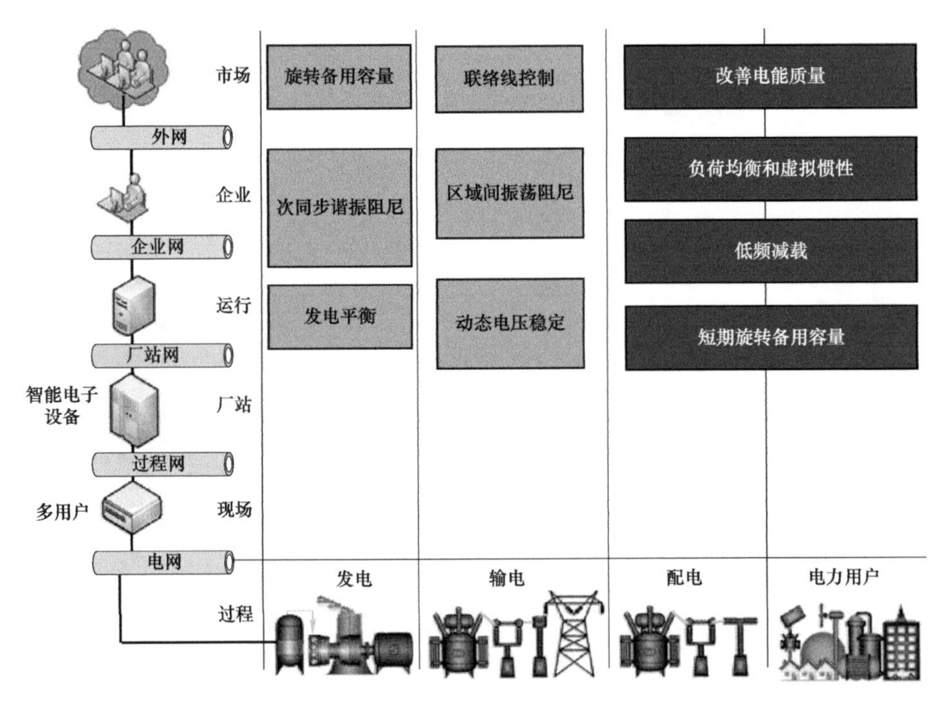

图 1.20 储能应用

在众多可能的储能方式中，主要技术包括以下几种，其中有些已得到应用验证，有些尚在研究之中：

（1）抽水蓄能（PHES）。

（2）飞轮储能（FES）。

（3）蓄电池储能系统（BESS）。
（4）混合液流电池（HFB）发电站。
（5）超级电容储能系统（UCSS）。
（6）压缩空气储能（CAES）。
（7）压缩气体储能（CGES）。
（8）超导磁储能（SMES）。
（9）重力储能（GES）。
（10）热储能（TES）。

抽水蓄能（PHES）是一种常用储能方式，它取决于是否有合适的选址形成上下水库。实际上，抽水蓄能是唯一能在同一地点存储大量能量的技术。压缩空气储能（CAES）和压缩气体储能（CGES）也可储存大量能量，但需有足够的空间。这些储能方式都可用于平滑日负荷变化。

其他的储能方式能够存储的能量较少，多用于分散的地点。飞轮储能（FES）的功率密度高、响应时间短，是功角稳定和电压稳定控制的理想选择。蓄电池储能系统（BESS）价格昂贵，但可以长时间储存和释放电能，应用范围广泛，能够提供一次调频储备、平滑快速电压波动，并储存多余的可再生能源，调节日负荷变化。混合液流电池（HFB）采用由两种化学成分组成的可充电电池，这两种化学成分溶解在液体中并由隔膜分隔。超级电容储能系统（UCSS）功率密度较高，响应时间短，是功角稳定和电压稳定控制的理想选择，需要串联电容器实现电压均衡。超导磁储能（SMES）是一种以低电阻超导体为基础的储能方式，目前仍处于研发阶段。重力储能（GES）是将大型活塞悬吊在装满水的竖井中，活塞采用滑动密封设计来防止漏水，通过回水管与地面水泵水轮机相连接从而实现储能。热储能（TES）是通过反射镜组收集太阳光并将其聚焦到接收器上，从而将太阳能转化为热能的储能方式，以热载体（通常是某种流体）作为储热介质，储热介质可能与热载体相同，也可能不同。

1.2.4 配电系统

世界各国都将电压划分为低压（LV）、中压（MV）或高压（HV）不同等级。配电网是指以中压（MV）和低压（LV）将电力从输电系统送至终端用户的电力基础设施。主动配电系统是指配电系统运营商（DSO）主动控制并管理分布式能源（DER）的配电网，包括直接入网的小型电源，如家用太阳能电池板、风力发电场、电池和电动汽车，使用户的角色更具主动性和参与性。

传统配电网的设计为单向输电，即电力从发电厂到输电系统，再到终端用户，这种系统不需要大量的管理和监测工具。但随着住宅屋顶太阳能电池板和工业园区风机的应用，越来越多的用户开始自行发电，成为“生产消费者”，从系统末端向新价值链中心移动。这种新的运行环境要求配电系统运营商主动管理和运行更加智能的电网，而不仅仅是“把铜线埋在地下”。同时，还要求配电系统运营商充分利用电网和用户的灵活性潜力来解决电网运行约束条件，优化电网特性和投资，并最大限度地利用现有资产。新的信息通信技术的应用也进一步推动了主动配电网的发展，支持其快速识别、隔离或远程处理电网故障。图 1.21 所示为被动配电网向主动配电网的转变过程。

关于配电系统运行与控制的发展趋势，其未来演化的特征可以总结为：

（1）越来越类似于输电系统自动化。
（2）更多使用监测和自动重合闸。
（3）地下变电站越来越多。
（4）更多使用无线通信技术。
（5）变电站采用 IEC 61850[5]标准，DMS 采用 CIM[6,7]标准。

过去

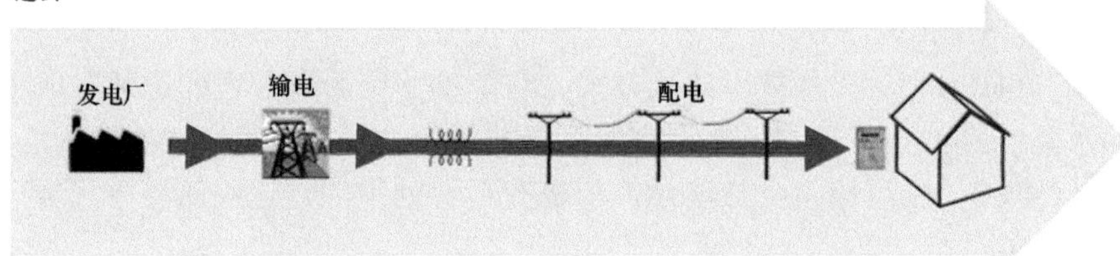

现在

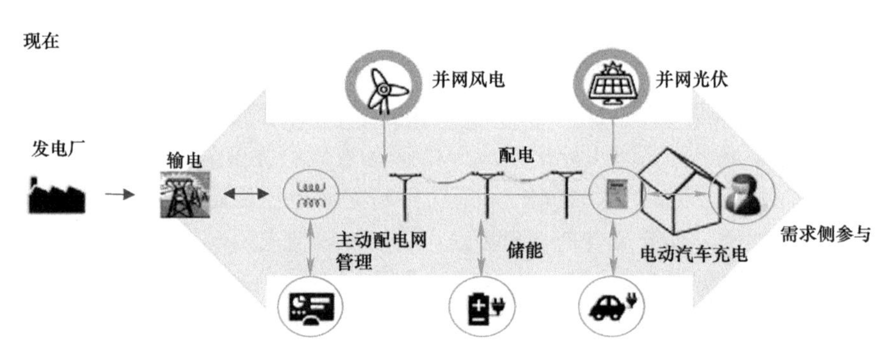

图 1.21 被动配电网向主动配电网的转变过程

（来源：“European Distribution System Operators for Smart Grids, Future-ready, smarter electricity grids. Driving the energy transition. Powering customers”, brochure 2016）

图 1.22 所示为配电系统中典型的紧凑型城市地下变电站示意图，包括典型的控制和自动化设备。作为一种新型配电网模式，微电网有可能深刻影响配电系统的建设和运行。从技术层面看，微电网由含分布式电源［如微型涡轮机、燃料电池和光伏发电（PV）等］的配电系统和储能装置（飞轮、储能电容器和储能电池、可控负荷等）组成，可大幅提高配电网运行的控制能力。微电网的运行大多是单点接入上级电网，同时可独立于主网运行，可在出现故障或大扰动时，提高重要负荷供电的可靠性和恢复能力。从用户的角度看，微电网可同时满足供电和供热需求，提高本地可靠性，减少排放，通过稳定电压和减少电压骤降来改善电能质量，还有可能降低用电成本。从供电公司的角度看，分布式能源的应用有望延缓对输配电资产的投资，并通过缓解电力系统阻塞和帮助故障恢复，在供电紧张时提供电网支持。目前，微电网主要应用于采用分布式发电（可再生和传统发电）、分布式储能和可控负荷的偏远和孤立地区、未联网岛屿、校园以及军事设施，并构成本地能源系统运营的技术基础。图 1.23 所示为典型微电网和虚拟电厂示意图，包括几个本地电源和备用电源，为本地负荷供电，并可连接到大电网，作为虚拟电厂来控制。

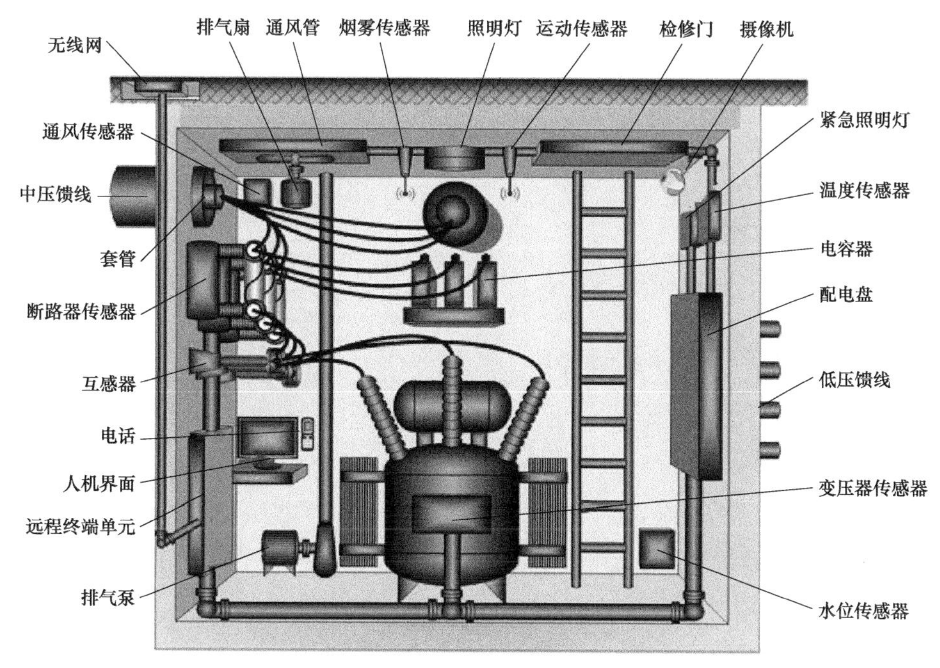

图 1.22　地下变电站

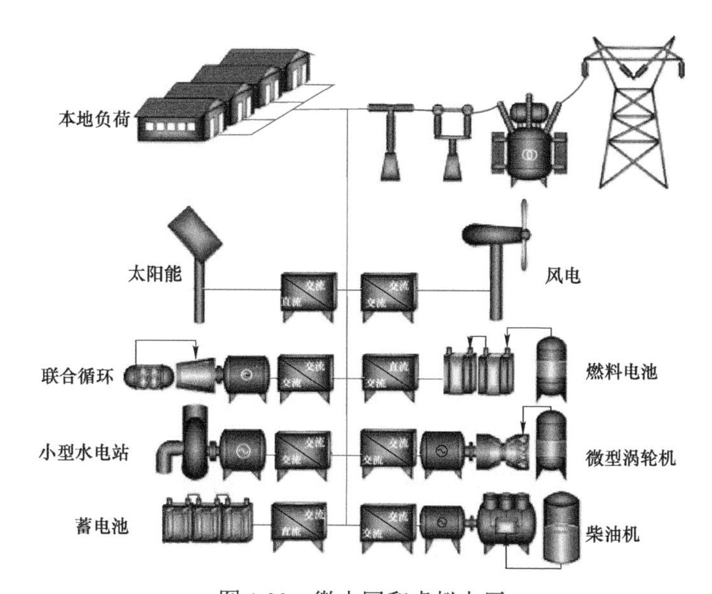

图 1.23　微电网和虚拟电厂

1.2.5　电力用户

随着家用电器自动化和互联程度不断提高，用户侧将成为影响未来电力供应最主要的因素。在这些变化中，电动汽车（EV）快速普及并将在未来电力系统中占有特殊地位。电动汽车使用更清洁的能源从而减少二氧化碳（CO_2）排放，还可以存储电能，作为辅助电源向电网供电（V2G）。图 1.24 所示为 SGAM 框架下，电动汽车和 V2G 在电网中可能的应用。

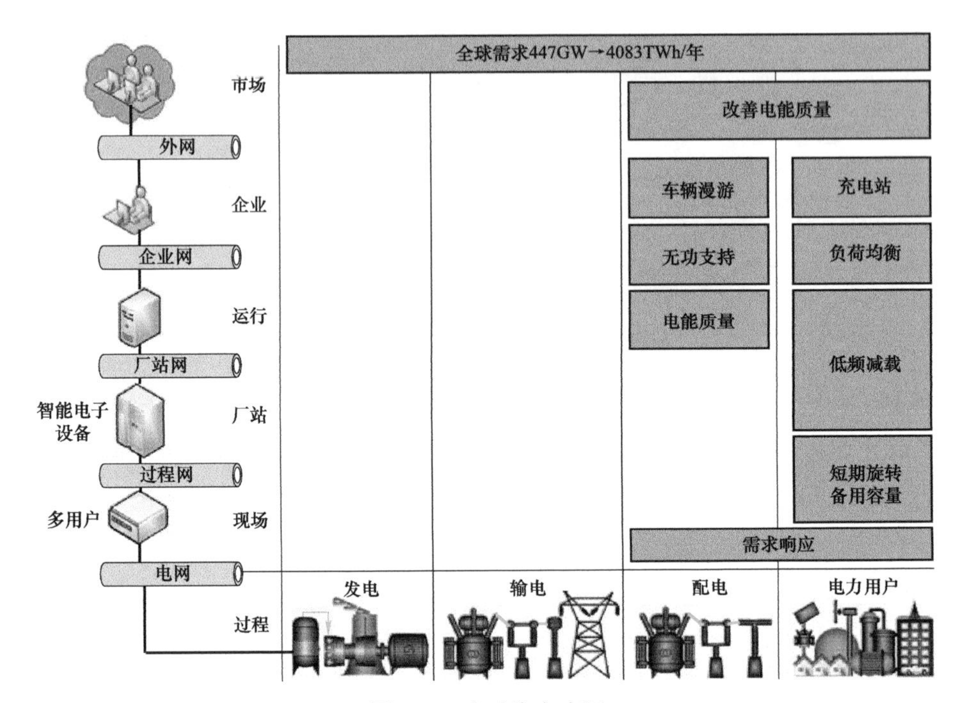

图 1.24　电动汽车应用

电动汽车的很多相关技术竞争激烈，比如：

（1）充电式电动汽车。

（2）并联式混合动力电动汽车。

（3）串联式混合动力电动汽车。

（4）双电机驱动混合动力电动汽车。

（5）飞轮储能电池电动汽车。

（6）电池+超级电容电动汽车。

（7）电池+燃料电池混合动力电动汽车。

上述所有电动汽车均使用了部分内燃机（ICE）结构作为基础结构，这种结构技术成熟、控制先进，但 CO_2 排放量高。充电式纯电动汽车使用电池向直流驱动电机供电，车辆制动时电动机也可以作为发电机运行，进行能量回收。并联式或串联式混合动力电动汽车使用内燃机和带驱动电机的充电电池，电动机可作为发电机运行，使内燃机为电池充电。还有一种双电机驱动混合动力电动汽车，电动机和内燃机通过不同的牵引轴共同驱动车辆。除了使用内燃机为电池充电，混合动力电动汽车也可使用超级电容或飞轮来存储快速响应能量。在车辆制动过程中，电动机工作于发电状态，为电池、电容器和飞轮充电。使用电池和燃料电池的混合动力电动汽车可使用氢气来为内燃机和燃料电池提供动力，电动机也可以作为发电机运行，与燃料电池并联向电池充电。图 1.25 所示为串联式混合动力电动汽车的典型配置。

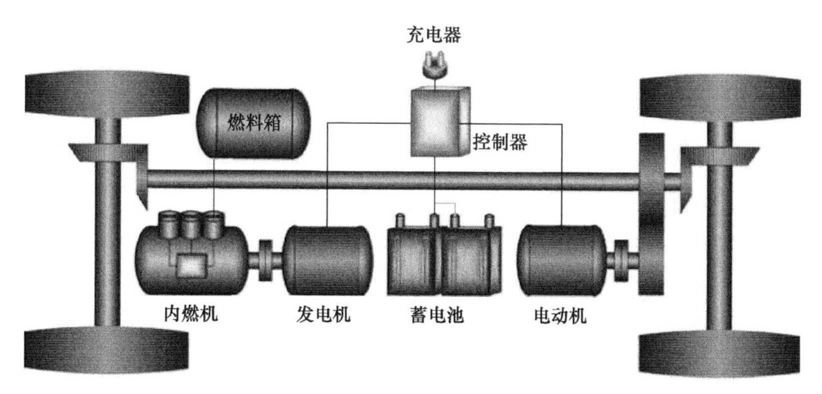

图 1.25 串联式混合动力电动汽车

1.3 通信系统发展趋势

要充分利用电力系统发、输、配、用领域的所有新技术，设备、系统和参与方之间必须有现代通信资源可用，这是智能电网的一大支柱。下文阐述了电力系统通信的主要趋势、通信自动化需求、先进计量基础设施（AMI）和变电站间通信需求，以及通信网络融合的共同趋势。图 1.26 所示为对照 SGAM 框架，未来电网所需的主要通信网络。

这些网络目前的设计是为了满足自动化、先进计量基础设施和变电站间通信的需要。具体内容如下所述。

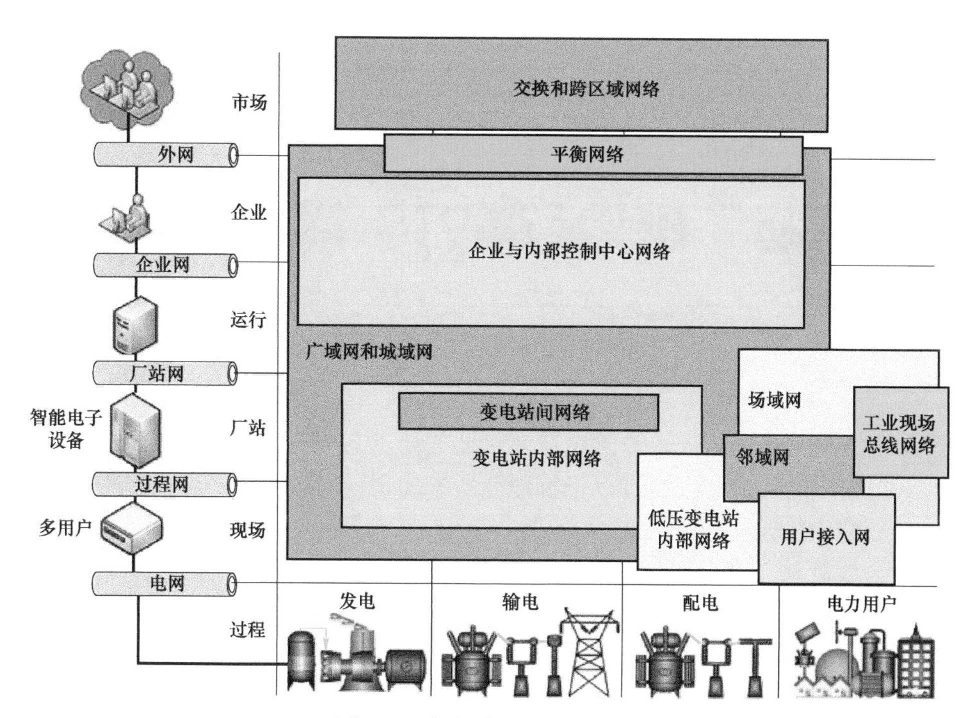

图 1.26 智能电网的通信网络

1.3.1　自动化需求

未来电网对通信的最大需求来自自动化领域。这些需求具有以下几个特点：

（1）互操作性。设备、计算机系统或软件交换和使用公共信息的能力。

（2）服务质量。对网络用户可感知的整体服务性能的描述或度量。

（3）时间精度。传输时间中的最大允许误差（抖动）。

（4）带宽。比特传输速率或单位时间内（通常为 1s）从一个点传输到另一个点的比特数。

（5）时延。数据包通过网络从发送方传输到接收方所需的时间。

图 1.27 所示为对照 SGAM 框架，电网自动化主要应用的典型时延要求。

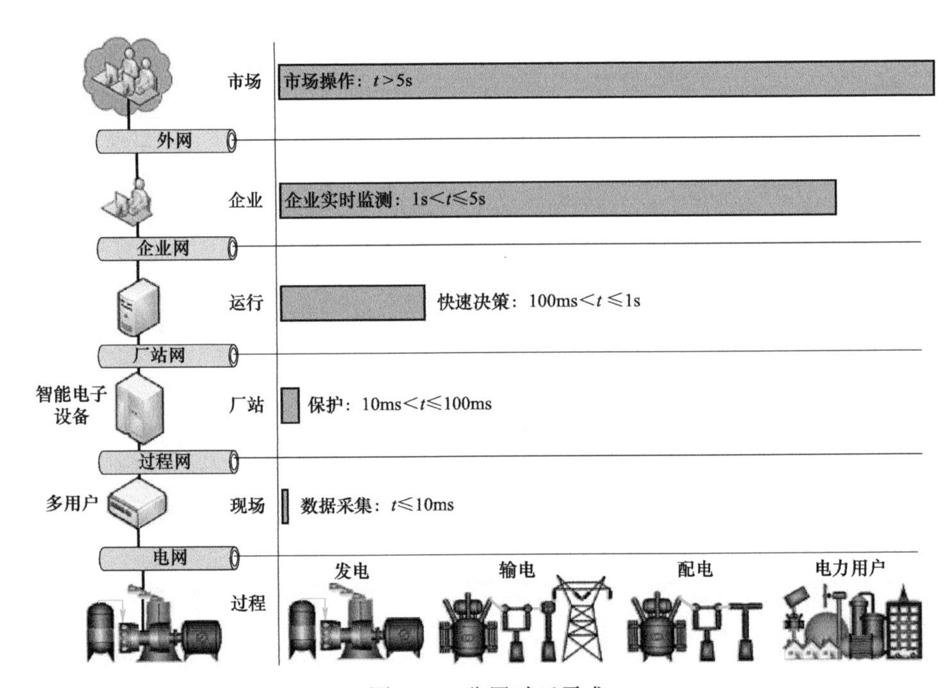

图 1.27　分层时延需求

1.3.2　站间通信

除了与电力用户通信之外，输配电自动化还需要具备先进的变电站站间信息交换方式，主要用于保护和自动化，一般通过以下物理介质来实现：

（1）导引线/铜线。

（2）电力线载波（PLC）链路。

（3）微波无线链路。

（4）光纤链路。

（5）卫星链路。

图 1.28 所示为对照 SGAM 框架，上述传输介质在电力企业的典型应用层级。

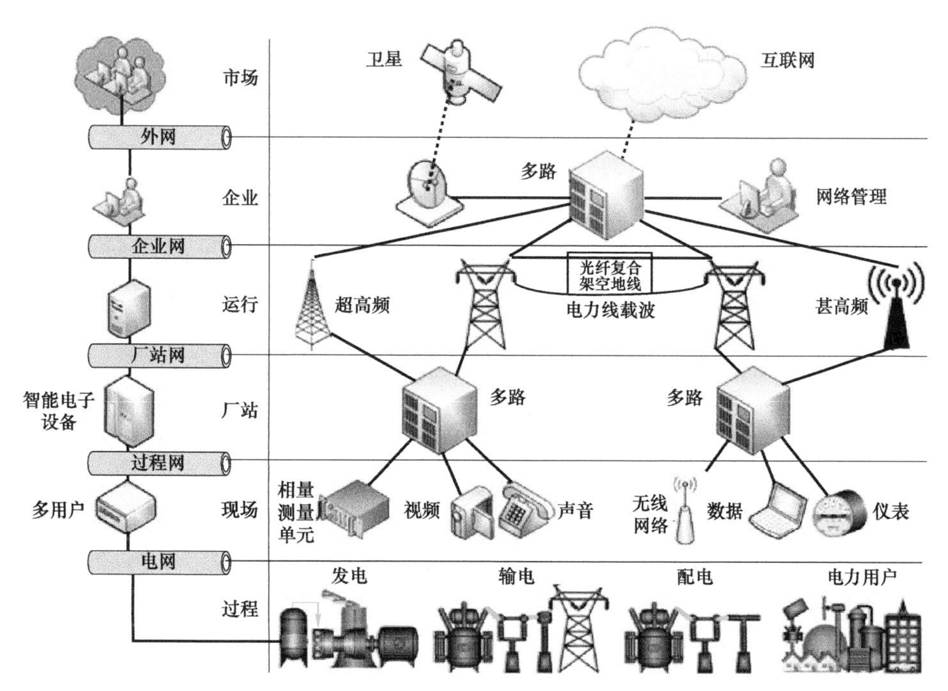

图 1.28　传统电力企业通信

不论使用何种通信物理介质，当前和未来自动化应用对时延有着严格的要求。图 1.29 所示为两座变电站之间典型的纵联保护所涉及的典型时延要求，即从智能电子设备（IED）的信息源到远方变电站断路器的时延。为满足这些要求，未来电网要广泛、综合利用现有通信方式。

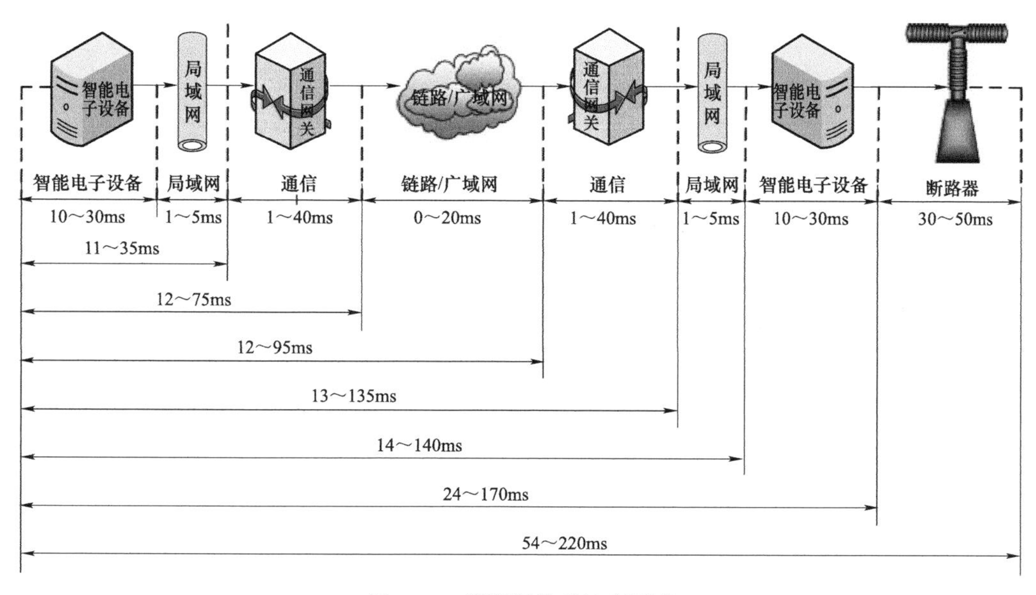

图 1.29　纵联保护的速度要求

1.3.3　网络融合

为了给智能电网中所有可能的应用提供标准化服务，电信部门正在逐步采用下一代网络（NGN）的概念。国际电信联盟（ITU）将下一代网络定义为基于分组的网络，能够提供通信服务，并能够利用多种支持服务质量（quality of service，QoS）功能的宽带传输技术，其中服务功能独立于底层传输技术。图 1.30 说明了通信融合概念，即能同时传输数据、语音和视频的分组交换网络。

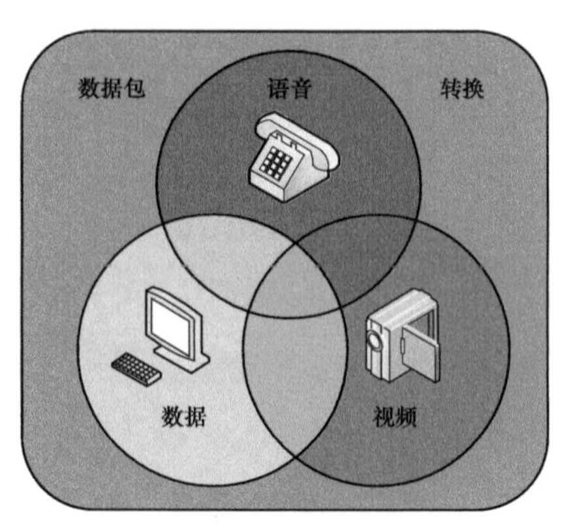

图 1.30　通信融合

1.4　信息系统发展趋势

与通信融合的趋势类似，信息学的重要发展成果也正逐步应用于电力行业的信息处理。以下段落总结了电力信息系统发展的主要情况：

（1）信息学的发展。

（2）分布式系统。

（3）面向服务的架构。

（4）云计算。

（5）网络安全。

1.4.1　信息学的发展

信息处理技术的发展可以看作是五代硬件和软件的创新过程。表 1.1 所示为每一代引入的主要技术。以分布式硬件和软件为特点的第五代技术目前正应用于数字变电站，被视为未来应用开发的主流模式。

表 1.1　　信息学的发展

代次	硬件	软件
第一代	真空管	比特与字节
第二代	晶体管	汇编语言
第三代	集成电路	高级程序语言
第四代	微处理器	面向对象语言
第五代	分布式系统	分布式软件

1.4.2　分布式系统

利用分布式系统（DS）技术，变电站和发电厂自动化可以有以下几种架构：

（1）远程访问系统（RAS）。
（2）客户端—服务器系统（C/SS）。
（3）远程过程调用（RPC）。
（4）分布式对象系统（DOS）。
（5）对等系统（P2P）。
（6）发布—订阅系统（PSS）。
（7）面向服务的系统（SO）。
（8）分布式实时系统（DRTS）。

远程访问系统（RAS）支持对核心设备或服务器的分布式访问，服务器作为具有处理器、内存、文件和应用程序的主机，用户通过远程终端或监视器和键盘，经通信线路连接到服务器来实现信息共享。

客户端—服务器系统（C/SS）应用程序包括服务器提供的一组服务，以及一组使用这些服务的客户端。客户端需要同服务器建立联系，但服务器则无需知道其服务的客户端是谁。客户端和服务器都是逻辑进程，无需映射到特定的处理器。

远程过程调用（RPC）使用一种“透明”抽象模式来屏蔽分布式计算系统，这种“透明”抽象模式看起来像普通本地过程调用，但隐藏了所有的分布式交互。远程过程调用支持简单的编程模型，是目前很多客户端/服务器系统使用的主要技术。

分布式对象系统（DOS）不区分客户端和服务器。系统中的任何对象都可以向其他对象提供服务或使用其他对象的服务，对象间通过“对象请求代理”中间件系统实现信息交换。

对等系统（P2P）使用分散的系统，网络中任意节点均可执行计算，可利用联网计算机的计算能力和存储能力。

分布式实时系统（DRTS）是一种分布式系统，分布于不同地点的计算机上，对事件响应时间有明确要求。

发布—订阅系统（PSS）是一种分散式系统，服务器（发布者）广播的信息仅能由注册的接收者（订阅者）获得，订阅了发布者的用户无需请求即可实时获得需要的信息。发布—订阅系统利用了一种类似面向服务的系统（SOS）架构，1.4.3 节主要讨论这种架构。

1.4.3 面向服务的架构

信息系统发展对电力系统未来应用影响最大的是面向服务的架构（SOA）概念，SOA 是基于外部提供服务（Web 服务）的分布式系统。Web 服务通过标准的 Web 协议实现对可复用组件的获取和访问。在面向服务的架构的主要特征中，以下是电力系统应用最为关注的：

（1）提供商的独立性。
（2）提供服务的公共广告。
（3）运行期服务绑定。
（4）通过组合构建新的服务。
（5）基于使用的服务付费。
（6）更小、更紧凑的应用程序。
（7）反应式和自适应应用程序。

图 1.31 所示为面向服务的架构系统中涉及的主要代理及其交互。面向服务的架构与下文描述的云计算概念密切相关。

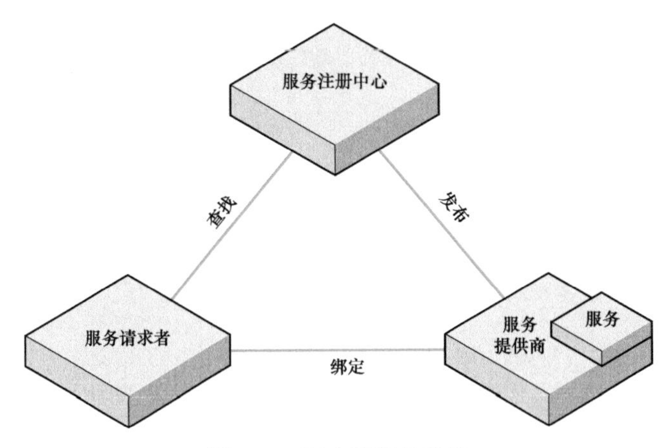

图 1.31　面向服务的架构

1.4.4　云计算

“云”是对互联网上以“服务”形式提供的服务器、存储虚拟程序和数据的集合的统称。因此，云既以用户为中心，便于小组成员协作，又以任务为中心，这种服务更重视用户的需求而非应用程序的功能。在云解决方案中，所有资源共同形成了强大的计算能力，基于云提供计算能力和数据的可编程自动分配。通常，云解决方案涉及以下参与者：

（1）云用户。与云服务提供商保持业务关系并使用其服务的个人或组织。

（2）云服务提供商。负责向相关方提供服务的个人、组织或实体。

（3）云服务审计方。能够对云服务、信息系统运行、云部署的性能和安全进行独立评估的一方。

（4）云代理商。对云服务的使用、性能和交付进行管理，并协调云服务供应商和云服务消费者之间关系的实体。

（5）云运营商。在云服务供应商和消费者之间提供云服务连接和数据传输的中介。

目前云服务的模式有三种类型：

（1）SaaS——软件即服务。应用程序，通常通过浏览器提供。

（2）PaaS——平台即服务。用于构建和部署云应用的托管应用环境。

（3）IaaS——基础设施即服务。按需提供服务器资源的云计算数据中心。

1.4.5　网络安全

这些信息系统的应用，可能使网络漏洞暴露于网络攻击的威胁之下。虽然所有分布式网络都有这个特点，但由于电网安全运行的重要性，这对电网来说尤其危险。图 1.32 所示为对照 SGAM 框架，电网在网络安全方面的主要优势（黄色）和劣势（绿色）。图 1.33 所示为对照 SGAM 框架，电网网络安全的机遇（黄色）以及网络攻击对电网的威胁（绿色）。

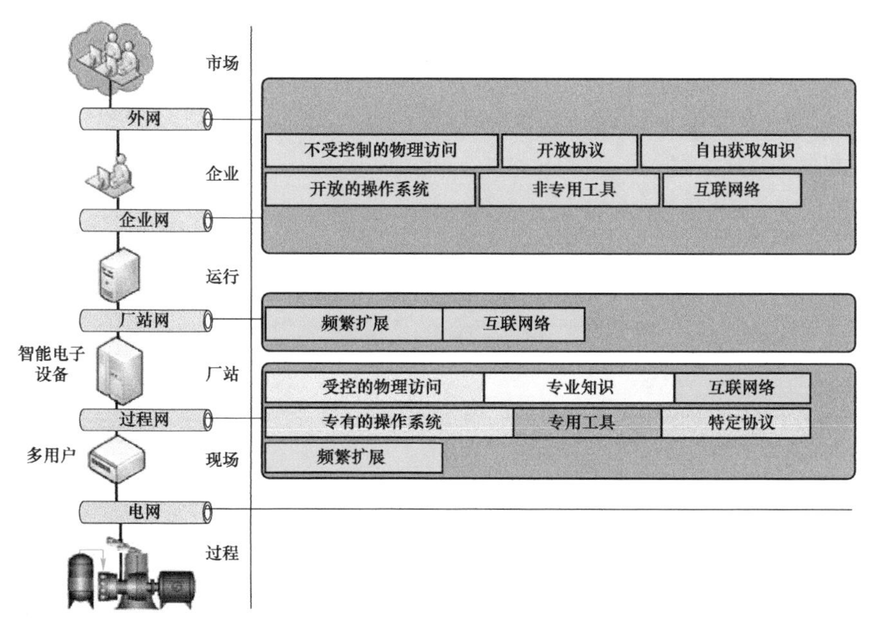

图 1.32 自动化安全的优势和劣势

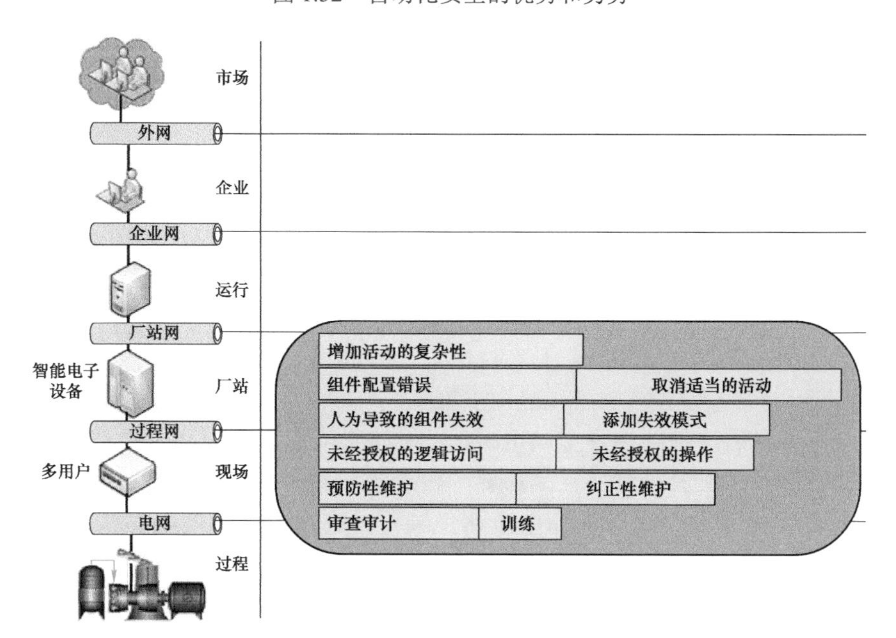

图 1.33 自动化安全的机遇与挑战

1.5 自动化系统发展趋势

为了探讨电力系统自动化的未来，以及传感器和先进计量的发展趋势及其对家庭、变电站和控制中心的影响，下文将从几个方面进行阐述：

（1） 自动化系统发展趋势。

（2） 传感器系统发展趋势。

（3）计量系统发展趋势。

（4）家庭自动化发展趋势。

（5）变电站自动化发展趋势。

（6）控制中心自动化发展趋势。

1.5.1 自动化系统的发展代次

电力系统自动化的发展与信息学发展同步，根据应用的具体技术不同可以划分为五代。表 1.2 所示为其发展代次及相关硬件和自动化的主要特性。

表 1.2 自动化的发展

发展代次	硬件	自动化
第一代	真空管	机电
第二代	晶体管	静态
第三代	集成电路	数字
第四代	微处理器	虚拟
第五代	分布式系统	分布式软件

1.5.2 高压测量装置发展趋势

随着自动化的发展，新型高压测量装置也不断得到应用，包括：

（1）罗氏线圈。

（2）气体绝缘电压互感器。

（3）光学互感器。

罗氏线圈通常是一个缠绕在封闭环形环氧树脂芯棒上的线圈，输出的感应电压与电流的变化成正比。其主要优点在于没有磁饱和、损耗和磁滞现象，且因芯棒中没有铁，线性度良好。

气体电压互感器是一种圆柱形金属电极，产生的感应电压与被测电压成正比。其主要优点在于没有铁磁谐振和直流分量，且因芯棒中没有铁，线性度良好。

光学互感器可能是前景最好的高电压测量装置，它由有间隙的磁芯构成，间隙内的光纤传输光信号，光信号波相位的偏移与被测电路中的电流成正比。其主要优点在于不存在传统互感器常见的磁饱和、渗漏、爆裂、损耗和磁滞现象。此外，由于气隙的原因，光学互感器线性度好、精度高，测量范围可调、工作带宽高、绝缘性好、成本低、体积小、重量轻。图 1.34 是光学电流互感器的典型结构图。

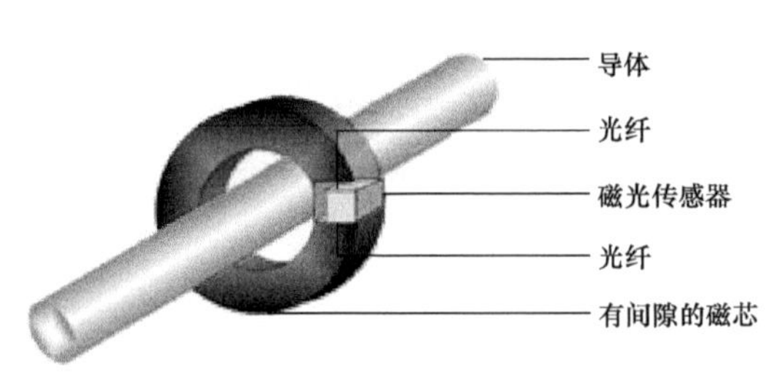

图 1.34 光学电流互感器

1.5.3 高级量测体系

高级量测体系（AMI）是电力系统自动化的关键设施，它使用户得以享受智能电网带来的诸多便利。高级量测体系是一种用于测量、收集和分析能源使用情况的系统，可以按需或按计划与电表、燃气表、热能表和水表等计量设备进行通信，对用电进行管理、计算和控制。高级量测体系主要由智能表计、双向通信网络（将数据传入/传出智能表计，再将其传入/传出电力公司）和电表数据管理（MDM）系统组成，可以处理电表采集的大量间隔数据。图 1.35 所示为对照 SGAM 框架，高级量测体系所使用的典型资源层次结构。

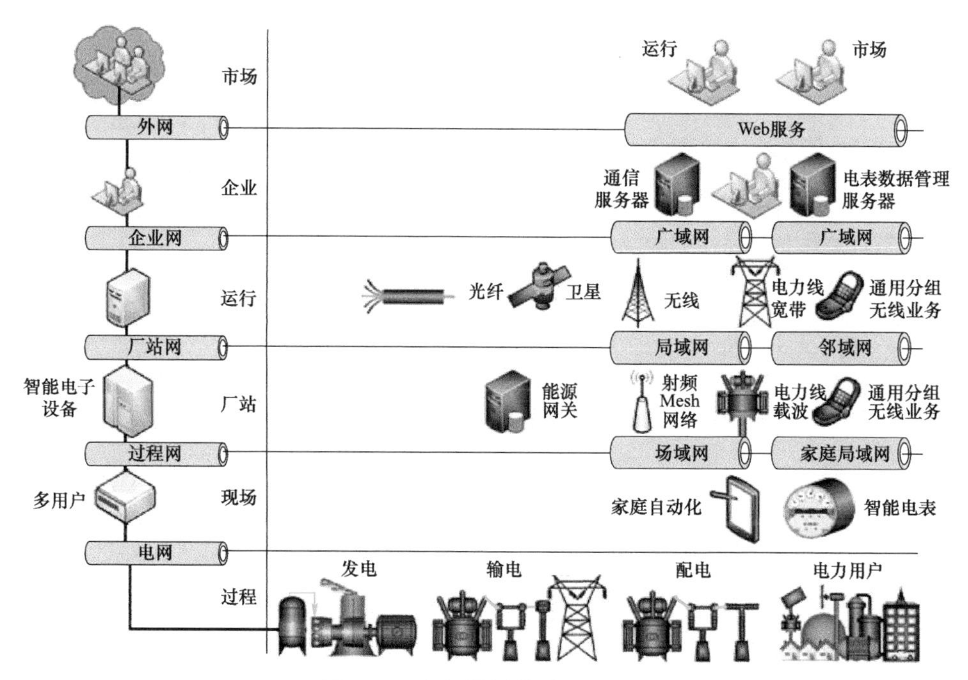

图 1.35　高级量测体系（AMI）

在高级量测体系中，电表数据管理（MDM）系统相当于中央处理平台，为电力企业和用户提供以下服务：

（1）多通道支持（kW·h、kW、kvar……）。

（2）仪表资产、事件和数据管理功能。

（3）支持需求响应和管理计划。

（4）数据聚合、验证、编辑和预测（AVEE）。

（5）支持不同间隔长度的多种公用事业（燃气、电力）。

（6）能够维护抄表计划。

（7）支持监管和非监管市场。

（8）停电管理和恢复支持。

（9）复杂的计费功能和实时定价。

（10）基于 Web 的客户门户网站支持。

（11）配电资产优化。

图 1.36 所示为对照 SGAM 框架，现代计量系统的主要功能。

在高级量测体系的用户侧，使用能源网关对传统消费计量仪表进行补充，并作为电力公司和家庭局域网络间的接口以管理用电消费。图 1.37 所示为现代能源网关的典型架构，它具有多个端口，可与不同的家电进行通信。

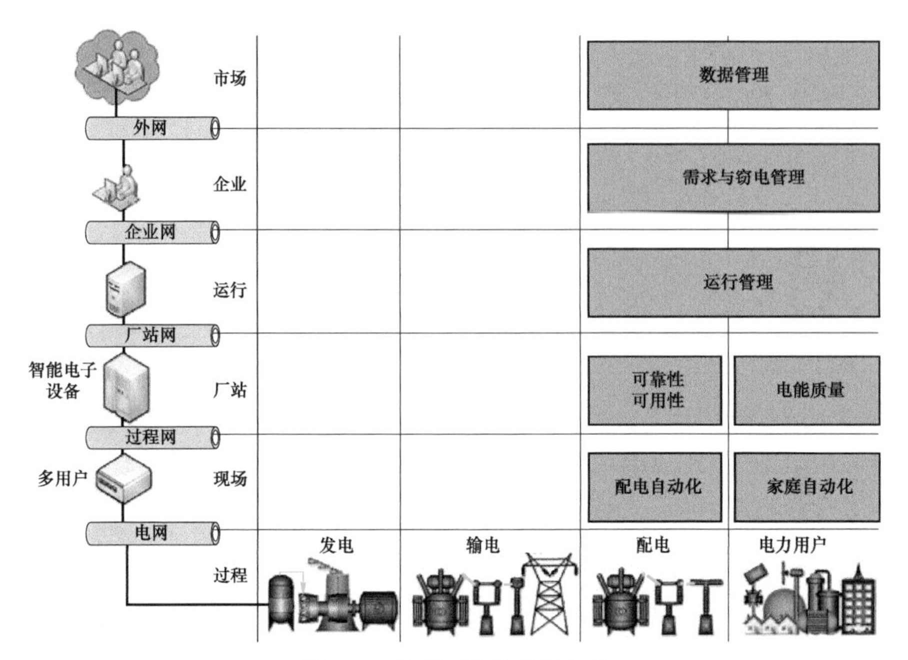

图 1.36 计量系统的发展趋势

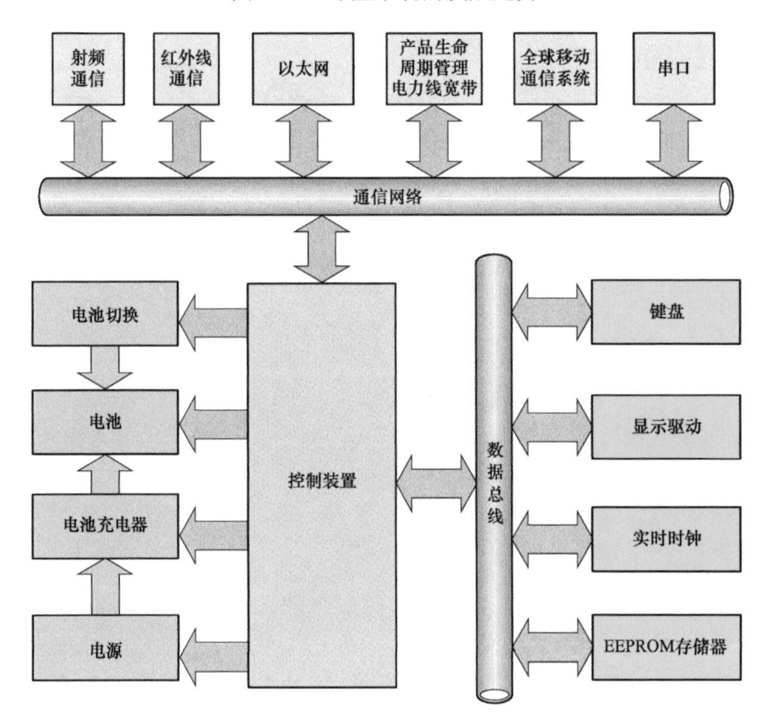

图 1.37 能源网关

智能电表当前和未来的功能包括：

（1）多费率计量。

（2）自适应显示窗口。

（3）能量平衡。

（4）能源和需求限制。
（5）欠费管理。
（6）有功和无功功率计量。
（7）需求和功率因数。
（8）供应商选择。
（9）消费预测。
（10）需求和故障报警。
（11）预付费和控制计划。
（12）能源、需求和信用期限概况。
（13）双向计量。
（14）电能质量。
（15）远程访问和更新。
（16）双向通信。
（17）需求响应。
（18）消费分析。
（19）家庭自动化网关。

除了作为电力公司电表数据管理系统的网关外，智能电表还可以用作家庭自动化服务器。

1.5.4　家庭自动化发展趋势

家庭自动化是电网全面整合的下一个前沿领域，它使电力公司和用户之间有可能进行双向互动从而获得收益。图 1.38 是一个典型的家庭自动化配置，家用电器通过家庭局域网（HAN）连接到住宅网关，并从那里连接到电网公司控制中心，用户也可以通过家庭自动化连接互联网访问外部服务。图 1.39 所示为对照 SGAM 框架，家庭与电力公司自动化一体化可能的主要应用。

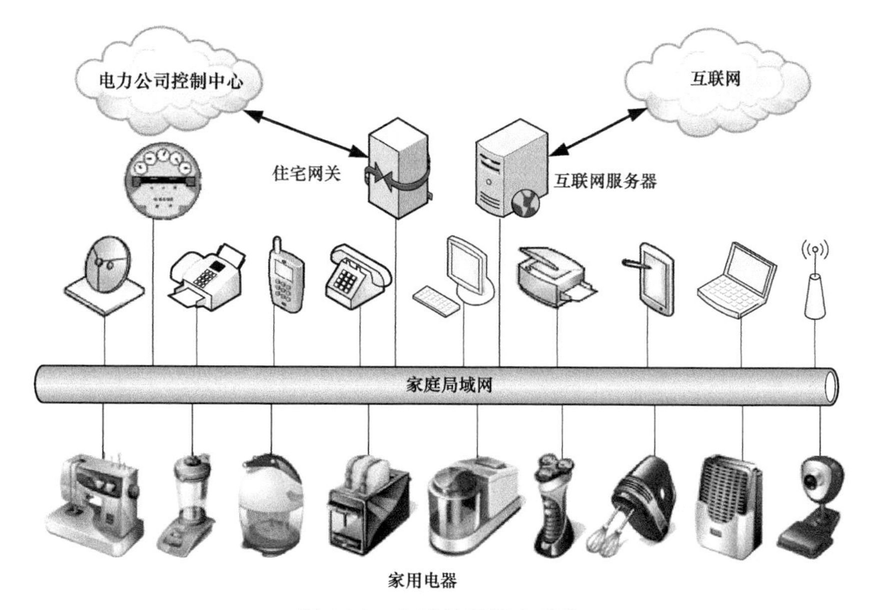

图 1.38　典型的家庭自动化

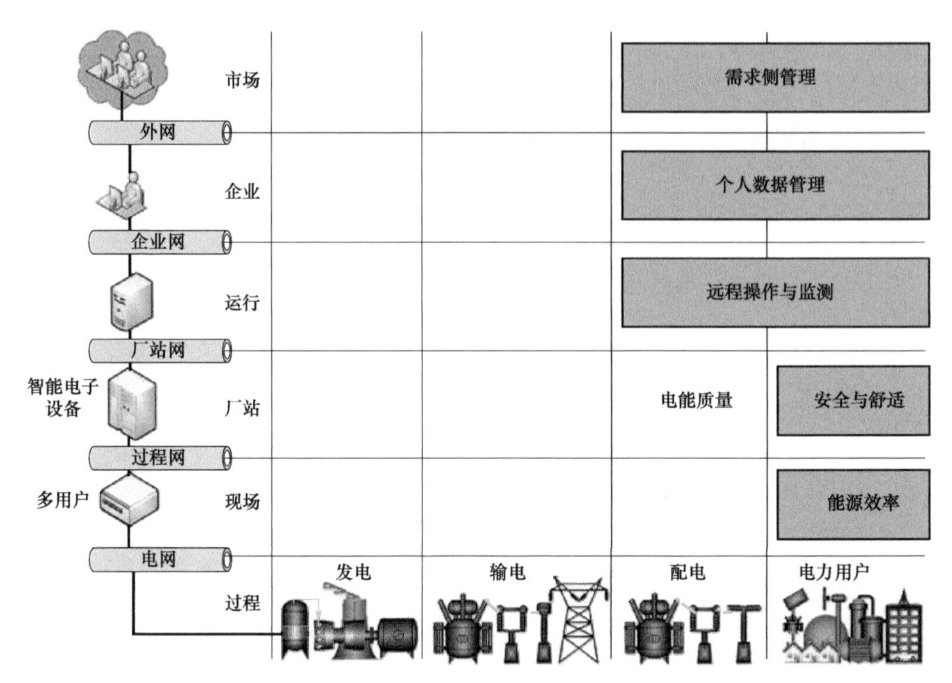

图 1.39 家庭和建筑自动化的目标

1.5.5 变电站自动化发展趋势

变电站和变电站间自动化规划不仅应用了基于 IEC 61850 标准的信息通信领域最新发展成果，还采用了许多基于同步相量概念的新技术。

相量是用以表示一定频率正弦波幅值和相角的矢量。同步相量用标准时间信号作为测量基准，从模拟正弦信号源的数据样本计算出相量。使用像 GPS 信号这样的公共时间基准进行时间同步，可以保证来自远程站点的同步相量具有确定的同相位关系。图 1.40 所示为相量测量系统的基本原理。

相量数据集中器通常和相量测量单元（PMU）布置在同一变电站内，收集本地同步相量并发送给远程超级相量数据集中器，用于控制中心的广域监测和自动化系统，也为控制中心自动化和其他电力系统应用（如状态估计）的开发提供数据源。

1.5.6 控制中心自动化发展趋势

控制中心自动化是当前发展的重点，旨在推动电网的智能化运行。现代控制中心的部署也出现了许多新的特点，如：

（1）监控与数据采集系统（SCADA）、能量管理系统（EMS）和电池管理系统（BMS）独立。

（2）基于 IP 的分布式监控与数据采集系统。

（3）基于中间件的分布式 EMS 和 BMS 应用。

（4）超快速数据采集系统。

（5）服务分层。

（6）采用面向服务的架构。

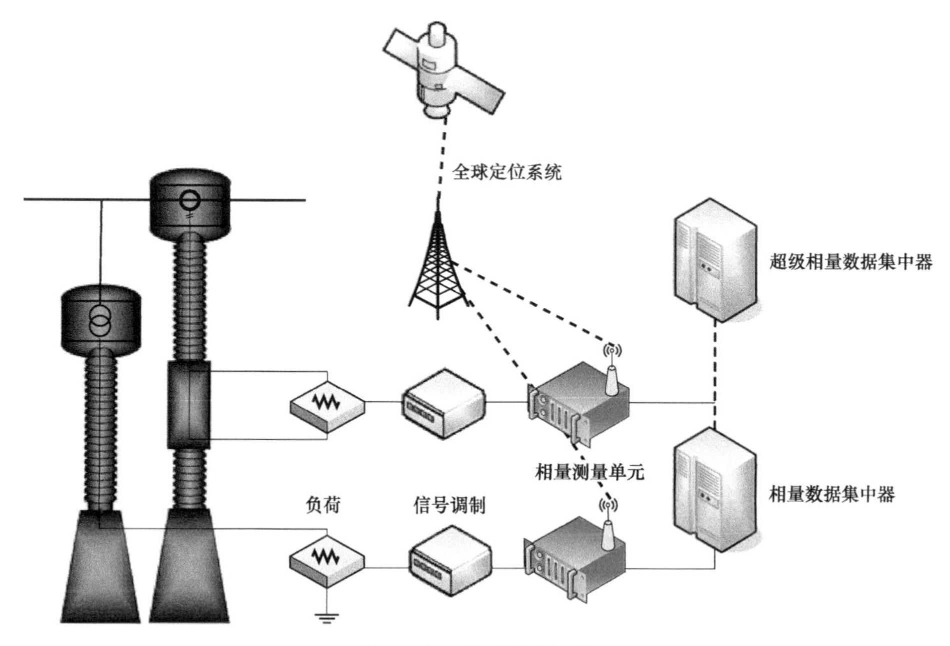

图 1.40 相量测量系统

（7）可进行云网格计算。

（8）通用信息模型兼容性。

（9）内置安全功能。

（10）平台独立。

（11）广域扩展应用。

（12）动态共享计算资源。

（13）分布式数据采集、存储和处理服务。

除了管理电网，控制中心也是所有电网相关数据的中央存储库。这些数据使用通用信息模型（CIM）标准，以支持其他电力公司应用，如监控与数据采集系统、能量管理系统、运行、规划、资产管理和维护，如图 1.41 所示。

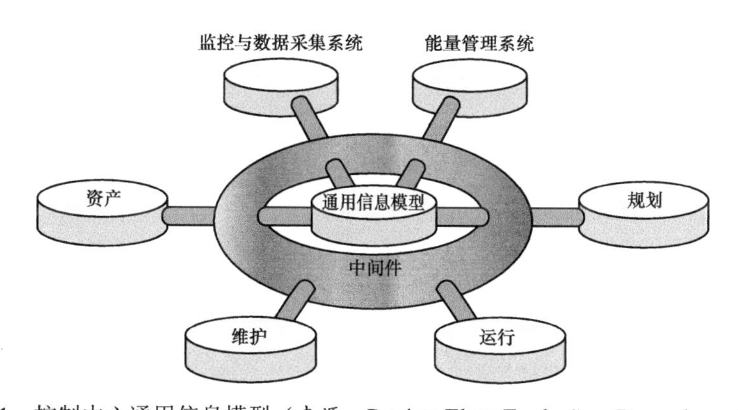

图 1.41 控制中心通用信息模型（来源：Revista EletroEvolução，December，2019）

1.6 未来电网

未来电网的成功取决于前述所有趋势的联合研发和融合。实现这些目标对整个电力行业以及能源领域的参与方，包括电力公司、用户、发电企业、输配电运营商和监管者来说，都是一个巨大的挑战。本节总结了与未来电网相关的主要技术问题，对标准化和互操作性的需求，以及实现这一未来战略规划的关键。

1.6.1 技术问题与挑战

为了应对这些挑战，CIGRE 技术委员会提出了以下 10 个必须解决的问题，以确保未来电力系统的全面发展：

问题 1——主动配电网

（1）配电网的双向功率和数据流。

（2）多个小型发电机组的控制和协调。

（3）分散化、智能化控制的需求。

（4）大规模实施智能计量和需求侧响应。

（5）市场和监管向效率、公平和成本回收管理转移。

（6）包含微电网和虚拟电厂的配电网架构。

问题 2——大量的信息交换

（1）满足大量信息交换需求的先进计量技术。

（2）新的测量参数、信息架构、通信技术与算法。

（3）交换数据的识别、要求和标准化。

（4）灾难备份和恢复计划。

（5）网络安全和访问控制。

问题 3——高压直流和电力电子技术的融合

（1）对电能质量、系统控制、安全和标准化的影响。

（2）合适的电网特性分析模型。

（3）谐波畸变与滤波。

（4）通过设计和控制提升效益和性能，提高可靠性。

（5）需要新的标准和电网规范。

（6）在用电终端增加直流用电设备。

问题 4——储能的大规模应用

（1）对电力系统发展和运行的需求和影响。

（2）施工：材料、安装与成本、环境影响、充放电循环效率、重量和容量密度、寿命评估模型。

（3）运行：建模、管理、规模确定、与可再生能源和需求侧管理（DSM）的协调、孤岛、削峰。

问题 5——新系统的运行和控制

（1）系统运行、控制和市场监管设计的新概念。

（2）由需求侧管理和储能引起的随机发电和负荷变化。
（3）洲际、国家、区域和地方各级电力系统控制的演变。
（4）自动化水平的提高。
（5）系统运营商的新能力。

问题6——新的保护理念

（1）应对发展中的电网以及不同的发电特性。
（2）广域保护系统（WAPS）。
（3）减少短路和反向潮流。
（4）故障穿越（FRT）协调。
（5）临时和计划性孤岛检测。

问题7——新的规划理念

（1）有功和无功潮流控制的新环境约束和解决方案。
（2）具有不确定性的基于风险的规划，解决输电和配电的相互影响。
（3）不同新技术方案的比较。
（4）不断变化的经济、市场和监管驱动因素。

问题8——新的技术特性分析工具

（1）新的用户、发电机和电网特性。
（2）用于解决动态问题、电力平衡、谐波特性、概率和基于风险的规划的先进工具、方法和多代理技术。
（3）新的负荷建模、主动和自适应控制策略，缩小三相和正序建模之间的差距。

问题9——增加地下基础设施

（1）对电网技术特性和可靠性的影响。
（2）现有线路的改造技术。
（3）新的海底和地下电缆。
（4）对稳定性、瞬变、过电压和电网管理的影响。

问题10——提升利益相关方意识

（1）技术和商业影响，以及对未来电网的参与。
（2）规划阶段须论证效益，重视公众意见。
（3）建设和运行阶段须证明符合环境标准，获得有关方面对必要行动的支持。

这些问题表明，未来几年电网的发展可能存在两种模式。一种是大电网的重要性日益增加，作为输电骨干网连接负荷中心和大型集中电源区域（包括海上发电），并在不同国家和能源市场之间实现更多的互连。另一种是小型、基本独立的配电网集群开始出现，其中包括分散的本地发电、储能以及用户主动参与的智能管理，使之成为主动配电网，提供本地有功和无功支持。

这两种模式并不一定互相排斥，未来电力系统最有可能出现的形态，将是上述两种模式的混合。原因在于为了实现环境、经济和安全可靠性方面的目标，必须增加骨干网互联和主动配电网建设。

1.6.2　标准化和互操作性

从自动化的角度来看，解决这些问题的最大挑战是如何以统一和安全的方式保证技术应用的完全互操作性。互操作性是指来自同一供应商或不同供应商的两个或多个设备或系统交换信息并使用这些信息进行正确合作的能力。图 1.42 说明了这样一个概念，即互操作性不仅需要在实体设备层面上得到保证，还必须在对应 SGAM 框架的电网运行更高层面得到保证。

考虑到当前解决方案范围之广，我们认为，标准化是任何新技术在全球获得普遍接受的关键要求。图 1.43 所示的是对照 SGAM 框架的趸售电力市场自动化体系结构的一个案例，展示了从物理层的电表到市场机构所需的互连。

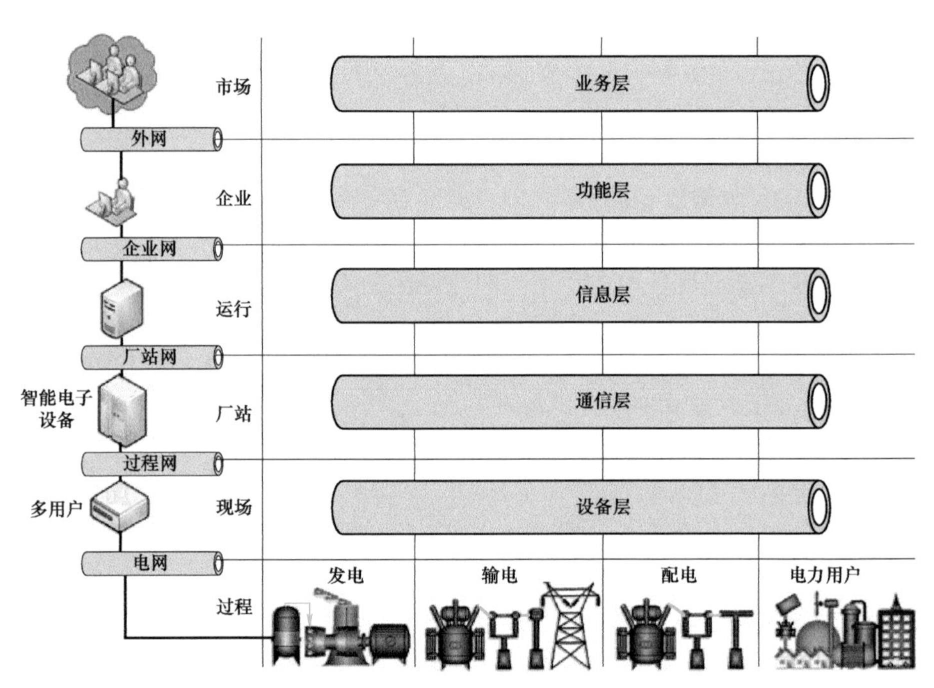

图 1.42　电力公司互操作层

1.6.3　对未来电网的规划

作为本章的结束语，作者认为，对于任何电力行业的公用事业部门或组织而言，长期战略规划是未来在电力行业立足并取得成功的必要前提。这种战略规划应能提出一个一致的技术路线图，从而：

（1）确定所有技术领域和市场的未来形态。

（2）确定每个领域达到未来形态所存在的差距。

（3）确定参与每个领域和市场的其他组织。

（4）确定公司在每个领域和市场中的角色和战略。

（5）确定公司在每个领域和市场中的项目。

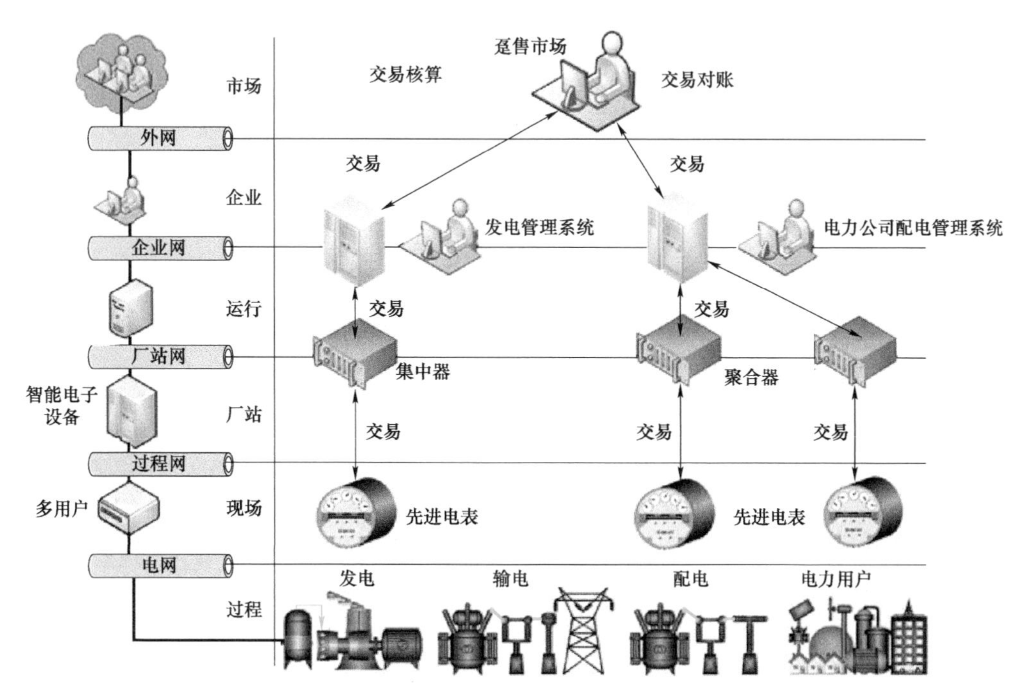

图 1.43　趸售电力市场

本书的其余章节提供了非常好的参考信息，这些信息涉及 CIGRE 16 个专业委员会涵盖的 16 个专业领域预计将会发生的具体而又详细的技术变革。希望读者能和我们一样喜欢这些内容！

鸣谢：在此，我们对 Tecnix 工程与建筑公司表示感谢，感谢他们为本章提供了大部分的图片，这些图片选自该公司的智能电网培训资料。

最后，我们要感谢 CIGRE 主席 Marcio Szechtman 博士、技术委员会秘书 Yves Maugain 先生、CIGRE SC B5（保护与自动化专业委员会）主席 Rannveig Loken 女士，以及本书所有章节的作者、审稿人以及各专业委员会主席，是他们的热情和奉献，成就了本书的出版。

参考文献

[1] Tiwari, G.N., Mishra, R.K.: Advanced Renewable Energy Sources.RSC Publishing, Cambridge, UK (2012).

[2] CEN-CENELEC-ETSI: Smart Grid Reference Architecture, Smart Grid Coordination Group. European Commission, Brussels, Belgium (2012).

[3] ISO: Organization and Digitization of Information About Buildings and Civil Engineering Works, Including Building Information Modelling (BIM)—Information Management Using Building Information Modelling.International Organization for Standardization, Genève, Switzerland (2018).

[4] ISO 19101 a 19170: Geographic Information—Reference Model, International Organization for Standardization, Genève, Switzerland (2014).

[5] IEC 61850: Communication Networks and Systems for Power Utility Automation, 2nd

edn.International Electrotechnical Commission, Genève, Switzerland (2013).
[6] IEC 61970: Energy Management System Application Program Interface. International Electrotechnical Commission, Genève, Switzerland (2005).
[7] IEC 61968: Application Integration at Electric Utilities—System Interfaces for Distribution Management. International Electrotechnical Commission, Genève, Switzerland (2019).

作者简介

Iony Patriots de Siqueira，电气工程理学博士、学士，运筹学专业硕士（荣誉学位），信息系统工商管理硕士，拥有 40 多年基础设施领域的咨询、运营和维护管理经验。CIGRE 的荣誉和杰出会员，曾任 CIGRE SC B5（保护与自动化专业委员会）主席、国际电工委员会(IEC)第 57 技术委员会与巴西技术标准协会(ABNT)巴西技术委员会主席、巴西维护协会顾问、Tecnix 工程与建筑公司总裁兼首席执行官、巴西维护研究所所长、巴西国家工程院终身院士，以及四所大学的研究生客座讲师。曾先后荣获国际大电网会议技术委员会奖、巴西工程奖、国际大电网会议（巴西）最佳论文奖、巴西众议院表彰奖和 CIGRE 特别奖。先后出版了 4 本专著，内容涉及维护、管理科学、电厂自动化和关键基础设施网络，合著了两本关于运筹学及电力系统韧性的著作。

Nikos Hatziargyriou，雅典国家技术大学（NTUA）电气与计算机工程学院电力系统专业教授。电力能源系统实验室“SmartRue”研究小组创始人兼电力系统部主任。2015 年 4 月至 2019 年 9 月，担任希腊配电网运营商 HEDNO 公司董事长（任期截至 2018 年 6 月）兼首席执行官。2007 年 2 月至 2012 年 9 月，担任希腊公共电力公司（PPC）执行副董事长兼副首席执行官，主管输配电部门的工作。曾担任欧洲能源转型智能网络技术与创新平台（ETIP-SNET）主席，现任该平台副主席，并曾担任欧洲智能电网技术平台主席。CIGRE 荣誉会员，也是 CIGRE SC C6（配电系统和分布式发电专业委员会）前任主席。电气电子工程师学会（IEEE）终身会员，电力系统动态性能委员会（PSDPC）前任主席，目前任《IEEE 电力系统学报》主编。参与了 60 多个由欧盟委员会、电力公用事业与电力生产商资助的研究项目，涉及基础研究和实际应用。著有《微电网：架构与控制》一书，发表了 250 多篇期刊论文和 500 多篇会议论文。被列入 2016 年、2017 年和 2019 年汤森路透“前 1%高被引论文科学家”名单。

第 2 章　旋转电机

Nico Smit，Kay Chen，Ana Joswig，Alejandro Cannatella，
Eduardo José Guerra，Byeong hui Kang，Traian Tunescu

2.1　引言

发电相关理论知识起源于 1831 年。19 世纪，Nikola Tesla 开发的交流发电机在工业领域取得成功。相对材料研究领域的重大技术进步，自 19 世纪以来，电机设计理念几乎没有发生什么变化，而材料的技术进步使发电机和电动机可以在更高电压等级、更高机械强度、更大电流密度、更高温度的工况下运行，且效率更高。

在工业革命的直接推动下，随着材料技术的进步，发电机结构尺寸随之增大。工业革命需要更多的电能来支持和推动全球经济指数级的增长，安全可靠的大型汽轮发电机和水轮发电机正好满足了这一需求，同时，也促进了更先进的绝缘系统研发、冷却方式的改进和更高强度材料的开发。

随着工业生产过程的进步，需要更大机械扭矩的电动机来驱动大型机械生产过程，从而推动电机向更大功率突破，促进了发电机和电动机技术水平的共同进步。

On behalf of CIGRE Study Committee A1.

N.Smit (✉)·A.Cannatella·B.Kang·T.Tunescu

CIGRE, Paris, France

e-mail: Nico.Smit@mercury.co.nz

K.Chen·A.Joswig

Siemens, Mulheim, Germany

E.J.Guerra

IMPSA, Mendoza, Argentina

N.Hatziargyriou and I.P.de Siqueira (eds.), Electricity Supply Systems of the Future, CIGRE Green Books, https://doi.org/10.1007/978-3-030-44484-6_2

电机发展的历程主要体现电压等级和电流水平的提升、各种高起动转矩的笼形拓扑结构的开发应用、大转矩负载所需的高强度材料的应用以及像水冷和强迫风冷这样先进的冷却方式的应用。电机的另一个重大进步，就是通过国际标准委员会规范了电机的外形尺寸和定额，这对电机制造的全球化具有重要意义。

发电机的发展历程主要体现在燃料方面：

（1）燃气轮机和水轮机驱动的空冷发电机。

（2）燃煤汽轮机驱动的氢冷发电机。

（3）燃煤驱动及核驱动的水氢氢汽轮发电机。

定子线棒水内冷和氢内冷技术是大型汽轮发电机设计的重大进步，与传统的空冷方式相比，水内冷技术可以使定子绕组电密从 5A/mm^2 增至 10A/mm^2。定子绕组水内冷与转子绕组氢冷相结合，使大型发电机的尺寸、效率和容量发生了重大变革。

发电机定子线棒绝缘材料的导热性能取得了显著成就，为发展发电机定子绕组间接氢气冷却技术提供了条件，并减少了水内冷技术所需的辅助系统，同时也消除了水内冷对线圈的不利影响。

绝缘材料耐压能力的提高和制造工艺的改进促进了电机容量的进一步提升，并使发电机和电动机更加可靠、高效。

近年来，电机技术的发展集中在能够支撑大规模可再生能源发电机和电动机的研发与优化，以及大规模可再生能源入网所导致的不断变化的电网需求，主要侧重于发展以下技术：

（1）小型空冷风力发电机。

1）双馈发电机。

2）永磁发电机。

（2）用于径流式电站和潮汐电站的灯泡式空冷发电机。

（3）新一代汽轮发电机的重点是能承受恶劣的运行条件，如负荷剧烈变化和两班制运行，两个主要发展方向如下：

1）改进转子绕组成型技术。将传统半匝线圈合并成为一个单匝线圈，或将松散的线圈进行固化成型，形成一个绝缘线圈整体，从而消除两班制运行带来的线圈磨损。

2）开发去离子水直接冷却定子绕组、氢气直接冷却转子绕组的氢冷发电机。水冷定子绕组和氢冷转子绕组通常用于大型发电机，但随着电网的不断变化，现在水冷定子绕组技术也应用于较小的氢冷发电机，因为水冷与间接空冷或氢冷相比，可以使定子绕组保持在更为恒定的温度，使发电机定子绕组在负载剧烈变化时的热应变更小。

（4）高效电机。实现了更具成本效益的能源利用，将显著减少将来的电力扩张，同时也对减少温室气体排放具有重要意义。

发电机和电动机机电技术的持续发展，对维持能源生产过程和能量转换过程至关重要。如果没有过去这些电机的技术发展与进步，工业就不可能有快速的发展，时至今日，电机仍然在经济发展中起到重要的作用。由于这些大型电机具有可靠性、可预测性、可控性的特点，以及对电网的惯性支撑、快速的电压支持能力和强大的无功支撑能力，在可再生能源发电系统中它们将继续发挥重要作用。汽轮发电机仍然是当前电力系统的核心，并将在未来的电力系统中继续发挥作用，以便可靠地支持风力发电机、水轮发电机、光热发电机和灯泡式发电机等可再生能源发电。电动机是电能转换为机械能的最有效方式，在工业和家用电器中具有广泛的应用，而且在未来的发展中将继续发挥重要作用。

因此，必须进一步完善和发展发电机和电动机技术，从而确保其能够适应不断变化的能源基础设施建设与发展。

2.2 最先进的技术

2.2.1 工程技术

自电机问世以来，现代汽轮发电机和水轮发电机经历了重大发展。尽管基本原理没有改变，但在绝缘材料性能、冷却方法和材料性能方面取得了重大进展，从而使设计得到进一步优化，开发出具有大功率输出、高可靠性和高效率特点的大型电机。

大型电动机和发电机的成功主要归功于以下技术的发展：

（1）转子径向冷却。

（2）定子铁芯端部结构的优化设计。

（3）坚固的定子端部绕组设计，实现了低振动和高可靠性。

（4）定子全真空压力浸渍工艺（GVPI）。

（5）采用高导热性能和高电气性能的绝缘材料，使取消大型发电机的水冷方式成为可能。

（6）在铜股线中嵌入空心的不锈钢股线，使水冷方式的技术可靠性更高，为未来电网所需的快速功率调节、瞬时过载和重负荷循环提供了强力支撑，不锈钢空心股线的使用也缓解了复杂的化学腐蚀问题。

为了进一步提高这些大型电机应对现代电网的能力，最近的一些发展情况如下：

（1）采用主动控制压缩空气冷却技术的高功率密度发电机，可在更宽的功率范围内灵活运行，由于取消了冷却氢气，操作和维护更简单、更安全。

（2）静止励磁系统需要通过易出故障的碳刷向转子供电，快速响应的无刷励磁系统则消除了可靠性低、维护需求多等问题。

（3）机器人检查技术的进步，可以减少介入性维护检查，缩短停机时间[1]。

（4）风力发电采用低维护的永磁同步发电机（PMSG）。

（5）应用于风力发电和抽水蓄能的双馈发电机。

（6）通过人工智能（AI）进行设备维护和设备健康优化。

（7）以可靠性为导向的电机设计。

（8）发电机组和电动机组健康评估的实时在线监测。

（9）计算机控制的维护管理优化。

以下最新技术目前正在开发中：

（1）基于智能传感器和大数据的旋转电机预防诊断系统。

（2）借助具有先进嵌入式算法软件的 AI，优化旋转电机设计计算程序。

（3）在定子线圈绝缘和铁芯冲片漆的制造中，使用成本更低的工业金刚石粉作为云母片的替代品。

（4）大容量永磁发电机中使用水冷定子绕组。

（5）在电动机和风力发电机中使用超导材料。

长远来看，旋转电机（如同步发电机、感应电机和直流电机）在能源生产和消耗过程中至关重要，未来将完全融入基于计算机解决方案的第四次工业技术革命中。目前所知的闭环控制系统将不会存在于现代电力生产过程中，取而代之的是高度智能化的自主学习监测和控制系统。因为它不仅可以避免人为误操作，显著提高旋转电机的寿命，还会对异常的运行状态及时响应，比任何人为干预都更加迅速。

2.2.2 研究方法

发电机和电动机的设计方法已经从过去精细的手工计算迭代发展到目前基于计算机的设计模拟，显著提高了设计和制造的可重复性，设计更加优化，制造成本更低。先进的模拟仿真技术应用于消除部件中的高应力区域，大幅提高了可靠性并延长了预期寿命。大规模计算能力的使用使这些优化设计成为可能，但新的设计和制造方法导致对复杂的设计原理缺乏深入理解。

用于帮助设计工程师进行设计优化和模拟的一些现代系统和技术有：

（1）应用于结构和电磁分析的有限元方法（FEM）的使用。

（2）应用于热和通风模拟的计算流体动力学（CFD）的使用。

（3）热力、水力和风力发电设备的长期可靠性分析。

（4）用于问题分析和复杂决策制定的 PrOACT 决策制定模型，它代表 5 个关键元素：

1）问题陈述。

2）目标。

3）可供选择的方案。

4）结果。

5）权衡。

（5）使用分析软件系统优化制造过程，提高生产率。

（6）开发新材料，允许使用替代设计和制造工艺。

（7）大数据、AI、自主学习算法、数字孪生（DT）、实验设计（DOE）和响应面法（RSM），可以增强现在的计算机模拟技术，以提供更优化、完全可重复的设计。

（8）电站间电力输出设备定额的协调匹配。

（9）利用先进的电力系统仿真清晰地了解电力系统需求。

以上列出的所有技术和系统可用于多物理场模拟仿真，即用有限元分析（FEA）将机械结构计算、寿命计算、电气损耗计算、热计算与计算流体力学（CFD）耦合起来，进行综合性优化，以提高最大功率输出并实现最佳机械性能。由这些组合衍生的 DT 技术还可以监测电机运行后的设计和生产，以进一步提高寿命周期管理能力。

2.2.3 标准化

工业标准化对电气设备制造商和用户益处颇多。对制造商的好处包括标准化设计、标准化制造工艺和为二级制造商提供的标准化通用材料。同时可以在具有相似知识和经验的制造业之间形成一个更大的技术库，以促进技术优化。因为可以使用更大的知识和经验库来优化设计，因此标准化可以在降低成本和提高设计质量方面发挥非常重要的作用。对设备制造商和用户来说，可以从规模经济带中获益。

旋转电气设备的用户受益于大规模标准化，由于设备接口可以保持不变，设备更新时将更加容易，显著地节约了成本。

除了偏离国际标准设计的特殊应用电机外，旋转电机领域在低压和中压电机规范、制造和测试标准化方面取得了显著的成就，电动机的标准化已经为制造商和用户节省了大量成本。

在发电机技术领域，制造商之间的标准化很少。每个制造商都会优化其设计，实现最高的性价比。但随着制造商的合并，设计技术也在融合，最终与以前的设计不再兼容，因此，当设备需要翻新和寿命到期要更换时，给用户带来了很大的麻烦。改造现有电站以适应新的设计布局、尺寸和重量，都将会增加项目的成本和时间。

基于（IEC）和电气与电子工程师协会（IEEE）标准的电动机标准化为实现全球电动机机座尺寸标准化做出了重大贡献，但发电机机座尺寸标准的缺失则导致了全球发电设备非标化。尽管对发电机设计的所有方面实施标准化并不完全可行，但某些导则或标准还是可以形成与电动机标准化相同的优势。

在风力发电机、小型水轮发电机和小型柴油发电机领域，尽管对于相同的额定功率输出，不同的技术仍然有显著的差异，例如，双馈发电机与永磁发电机之间的差异，或有刷励磁系统与无刷励磁系统之间的差异，但一些发电机已经实现了机座尺寸标准化。在灯泡式水轮发电机领域也存在重大差异，因为发电机的设计在很大程度上取决于整个泡体结构的设计，这种情况下，发电机仅是泡体的组成部分。

如果无法在发电机机座、布置和重量等方面实现标准化，也许可以在备品备件方面实现制造商之间的标准化，例如定子线棒的设计及其支撑部件、密封件、垫圈、轴承、软管和耗材。

标准化过程中存在的问题之一就是用于指导和强制标准执行的标准并不总是免费提供给较小的制造商和用户。这些标准需要加入某种形式的年费制会员可获得或者一次性购买，且价格不菲，这是可以理解的，因为更新标准和保持标准最新是需要成本的。但事实上，并不是所有的用户和制造商都能及时获得最新标准。

需要认识到的一个非常重要的方面是，电机标准的改进应该与当前和未来的市场和电网的发展相一致。目前，新电网规范在特定区域的要求与标准化的益处背道而驰，因为根据这些区域电网规范的要求，不同地区购买的设备在无功功率、电压等级等方面会有所不同[2,3]。在购买符合特定电网规范要求的非标设备时，经济方面的考量是一个非常重要的因素。

2.2.4　指导和技能

大量用于建模、设计、优化、监测和预测的辅助技能需要更先进的技术支撑。这些技术与过去的分析技术完全不同，需要能开发先进的建模、设计、制造、状态监控和状态分析等分析工具的高技术人员。未来技术需要改进团队合作、创新、营销、可持续性、计量经济学、可靠性技术、有限元模拟、具有高级程序设计和大数据解析的人工智能系统，同时对人工智能所涉及的高级传感器和监控系统知识的深入了解也是非常重要的。

为了有效地实施电动机和发电机的先进分析方法、AI 和 DT 概念，工程技术人员需要对电机等效电路、发热图和经验系数的计算有清晰和深入的理解，有效地将现有的专业工程技能与现代软件工程师融合，可以确保当前的设计能力仍然可以应用到当前和未来的智能系统中。

尽管未来将重点关注提高工程技术人员的技能应对第四次工业革命带来的机遇和挑战，旋转电机有一个方面永远不会改变，那就是电机客观存在的机电特性，未来，电气技术将与机械技术相辅相成。

目前，人们并不十分重视工艺技术和机械专业的发展情况，已经影响到大型旋转电机的安全和可靠性。寄年轻一代从业人员予厚望，为年轻一代带来了诸多的机遇和挑战。对于年轻一代从业人员来说，时代赋予他们更多获取软技能的机会。而挑战则在于人工智能系统和现实应用之间所需的接口架构严重缺乏关注。

必须始终保持硬件和软件，即电气和机械之间的平衡，以确保顺利地迎接第四次工业革命带来的挑战，如果所有工程技术的真正共存就无法完成第四次工业革命。FME 仿真能力、电站运行或电力设备制造/维护的实际操作经验仍将非常重要。因此，良好扎实的理论教育，以及在电机、电力系统、机械结构集成和热传导方面获得丰富的实践经验，对于从事电力工程领域的工程人员来说是基础且必不可少。

目前严重影响旋转电机未来发展的一个因素是稀缺的技术正从发展中国家向发达国家转移。由于发达国家的从业人员的薪资收入更高、生产条件更加优越且保障性好，因此这在很大程度上影响着发展中国家的技术进步，进而导致全球范围的专业化水平下降，具有丰富经验的从业人员缺失。

2.3　社会新要求

在全球现代化的进程中，如果电力部门想要满足现代社会的需求和期望，就需要处理好以下各个方的关系。

2.3.1　利益相关方

由于电力生产技术会造成空气污染、噪声污染、可见污染，对现代社会产生直接的影响。在开发相关技术或技术创新时，确定利益相关至关重要。各利益相关方在电力生产过程中发挥着重要作用。不同的文化有不同的需求和期望，需要以不同的方式来实现，反过来又需要在这些新的发展中加以考虑。未来技术的发展涉及以下利益相关方：

（1）国家。发展中国家的社会需求与发达国家的不同，不同的国家对环境、健康和资源保护的关注可能有不同的定义，在规划和发展将来的电力系统时必须考虑到的因素。

（2）政府。民众的基础预期和其他预期可能会影响政府开发新发电项目的决策。电力生产技术的选择直接影响发电机技术的选择，发电机技术的选择又影响了特定技术的需要。与光伏电站或风力发电完全不同，大型复杂的水冷和氢冷汽轮发电机需要足够的技术来维护、管理和操作。在规划新的发电机技术时，设备维护和修理的可行性十分重要。将来，政府在制定支持、投资、推动下一代发电技术的规划时，需要考虑上述因素，满足纳税人的要求。

（3）人。无论是在家庭、企业或工业环境中最终用户始终是人，民众会直接受到错误决策的影响。民众有需求，也有提出需求的，他们也期望这些需求和权利能在现代社会得到满足，这些需求即便用上全部现有技术也不可能全部实现。民众的需求千差万别，随着他们的呼声变得越来越强，未来新技术应该尽量满足大多数人的需求。从可再生能源推动中可以看出，环保正成为未来技术的关键影响因素。企业必须遵守法律并履行社会责任，这给企业带来了巨大压力。无论是发电过程中使用的燃料，还是过程中产生的副产物都具有污染成分；无论是通过公路、轮船还是铁路运输发电用煤炭时，都会产生黑色灰尘，从而污染环境；发电过程中产生的可见烟雾会直接影响民众的健康，粉尘以及被粉尘污染的水源，可能对民众健康和环境都有影响。发电厂运行会造成污染和危害民众健康，未经慎重考虑或错误的决策都可能会对民众造成伤害。

（4）研发机构。研发机构面临着满足现代互联社会需求的压力，研发机构未来的发展必须以满足这些需求为导向。研发中心不能总是由工程技术人员组成，而是要兼备工程技术人员、心理学家、环境专家、人类行为专家、健康专家，并需要与社会各个层面密切合作。

（5）设备制造商。随着民众对健康和环境的高度关注，（包括在能量转换过程中使用的现代机电设备在内的）工业设备制造商需要注重改变普通大众的观念，这可以通过展示设计和制造过程，允许公众参观基于现代清洁技术的现代工厂增加公众对设备的了解和接受程度。由于危险防护和生产压力的原因，不能让公众进入的厂区，可以使用 3D 技术模拟展示或在社交媒体上发布相关的短视频。此外，由于安全防护和内部知识产权保密相关规定等原因，工厂完全不对公众开放，这会导致公众猜疑工厂是否仍在使用过时的污染系统，而事实上现代工厂的运行是完全满足环保要求的。利用现代社交媒体展示制造过程有助于改善其他利益相关方的看法。

（6）能源政策制定者。能源政策制定者是未来电力生产组合的设计者，如果他们有正确的思维模式、知识和前瞻性，就可以为未来建立一个最好的能源组合。不幸的是，太多的政治因素正在影响这些关键利益相关方的工作。如果允许自由开发完美的能源组合，可以在电网稳定性、环境问题和最先进的技术之间实现近乎完美的平衡。

2.3.2　经济性

新建发电厂是一项重大的资本支出，如果决策失误，这些项目涉及的巨额成本可能对政府或私人发电企业的财务状况造成不利影响。发电行业的利润率很低，对未来商业模式的任何误判都可能直接导致一家企业甚至一个国家的财务危机。因此，为了为客户、企业、人才和供应商创造价值，需要从社会和环境的角度对期望收益进行深入的研究分析。由于可再生离网发电日渐对普通用户所接受，目前的电网消费数据与任何扩大电网供电的商业模式无关，因此传统项目经济效益计算结果不足以作为财务资源的参考资料。

随着燃料成本、劳动力成本和设备成本持续上涨，在许多国家，其增长速度高于通货膨胀率，电力成本持续呈指数级增长，达到了民众再也无法承受的地步，这直接影响到社会发展。民众期望他们的基本需求得到满足，期望以负担得起的价格获得可靠的电力供应。

2.3.3　生态环境

由于电力生产项目对环境有直接影响，因此有必要为社会大众开发工具，用来评估项目对环境的影响，并对不同的替代方案进行量化和比较。整个行业有必要向社会做出承诺，避免发展可能导致严重的环境和社会健康问题的项目。关于电力生产技术的决策可能非常复杂，需要考虑其整个寿命周期的影响，一个项目可能在其整个使用寿命中对环境都是无污染的，但在报废时可能会对环境产生毁灭性的影响。

就所有可用技术的全寿命周期的影响而言，目前缺乏可用的法规来控制、评估和指导新一代技术的应用。立法一般应促进电力生产以一种可靠和可持续的方式进行，没有危险的化学废料产生，优化土地利用，并最大限度地减少额外的土地征用。

2.3.4　教育、技能和工作文化

在一个以高度专业化和成熟技术为特征的行业中，将新一代技能引入员工队伍对组织提出了新的挑战，那就是需要时间来获得一定的专业技能水平和熟练程度，以便果断地做出决策。因此，整个行业应深入思考如何改变工作环境，吸引并留住年轻人才。

促进教育流动性是一项可以提高员工保持率并加快技能培养的举措。促进学者在各机构之间的流动可以帮助学生获得新技能，从而增强他们未来的就业能力。

复合型人才是未来的基本要求。通过鼓励现代工程人员掌握不同系统中的多种技能，并支持他们在多种技能环境中发展，有助于提升现代工程人员对职业的使命感。一方面，电机和电力系统知识的融合非常重要；一方面是结合人工智能和电机知识创建一个自主学习的机器模型，用来进行电机设计、状态监测、故障诊断、维护计划等。

2.3.5　其他

在可再生能源发电并入电网中，旋转电机也必将发挥新的作用，不仅为电网提供电力，还提供稳定性和其他的辅助服务。旋转电机的独特功能（如同步调相机等）将更好地利用可再生能源的逆变器，有助于提高未来发电方案的经济性。电网正快速地更新换代，有必要采用一种稳妥的方法来逐步引入可再生能源，需要进行更快、更进一步的工程研究，还必须向社会表明不能及时提供均衡电网的影响，即随着可再生能源的迅速进入，如果因为未能规划和提高电网的稳定性，可能会对社会造成毁灭性后果，将导致频繁和长期的停电。

2.4　电网新要求

2.4.1　电网的发展

可再生能源进入电网系统给整个输电系统带来了重大变化，影响到系统所有相关单元。从一个只在高峰和机组跳闸期间需要快速响应的稳定可控系统迅速发展为一个需连续快速响应的系统。各种可再生能源从不同的环境区域并入电网，而负荷需求必须与当时所有可用能源的发电量保持平衡，缺少传统同步电机的惯性使电网对故障非常敏感，因此对电网的管理产生重大影响。

随着越来越多的可再生能源进入电力系统，每天的负荷增减、频率和电压变化都需要预测。在可再生能源发电的高峰时期，基本负荷机组必须以最低负荷运行，甚至作为旋转备用，以便在可再生能源突然降低时快速补偿。因为在机组设计时并没有考虑这种机械和电气冲击，这就对传统发电厂提出了极高的要求。频率的突变会使电动机产生显著的转矩变化，这可能会导致超出它们设计能力之外的机械故障。可以预见，未来的电网将由更多的可再生能源组成，这对水电普及率较高的国家来说无关紧要，但对严重依赖传统燃料发电的国家来说，可能对这些传统设备产生破坏性影响。

对于这种快速发展的电网，必须考虑各种因素，如强度更高的新材料以承受对转子轴、铜条和定子绕组绝缘材料的机械效应。必须引入新的设计理念，确保在负载循环运行期间绕组温度恒定，以减少铜耗和绝缘磨损。这些电网新要求将严重影响发电设备的可靠性。现代运行需求大约要求目标可用率高达 95%，强制要求不可用率为 1%。发电机和电动机维护频率低且维护简单，还需要配备具有自动诊断和运行维护技术的综合监控系统。

担任基荷的发电机一般没设计成在连续负载循环条件下运行，因此可能对其可靠性和寿命产生不利影响。新的电网规范还要求发电机维持额定电压不变、转速低于额定转速长期运行，这可能导致过磁通问题。确定新电机的技术要求时，必须考虑这些新情况，因为它们可能在未来 30 年仍将使用。新电厂的建设规范中必须包括可以预期到的电网要求，确保在其整个设计寿命内成功运行。

2.4.2　未来的电网

由于未来电网多种能源瞬时平衡的复杂性以及严格的负载稳定性要求，导致与当前的电网控制理念有明确而巨大的差异，需要电力系统全自动地监控每个用户和节点，确保电力和数据的即时双向平衡。这就需要集中式发电机、分布式发电机、用户、消费者以及输电和配电控制中心之间能够智能、自动化地实时交互。

现代电网规范的制定必须要考虑未来电网的具体要求，那就是所有连接的系统不仅符合电网的要求，而且还要符合先进的通信和控制协议。为了使整个系统运行最优，所有子系统间完美协调，就必须使用通用的通信协议。目前，正从化石燃料发电向可再生能源发电转变，由于没有充分理解和认识真实惯性被虚拟惯性取代的影响，所以很少关注可持续的电力传输系统。电网规范必须在转变过程的管理中发挥重要作用。从电网稳定性的角度来看，考虑到电网实际惯性的需要，逆变器供电和常规发电之间需要实现最佳平衡。通过电网规范确定和引导这种平衡是至关重要的。即使用最现代的通信和控制，如果没有大量的以实际惯性形式储存的能量，电网的稳定性也无法得到保障。

不幸的是，目前的电网规范采用了一个非常片面的方法[2,3]，主要从电网稳定性的角度要求电机的性能，给电机制造商和用户带来了巨大的成本。未来的电网规范需要采用更具分析性的方法来处理电网稳定性，同时考虑旋转电机的技术限制和逆变器馈能对系统稳定性的影响，在未来的混合能源结构中引入同步补偿器以及电网之间的实时通信和控制。如果电网规范不能协调各地区之间以及从制造商到用户的所有设备，将有极大的风险发生电网故障。目前，电网规范对入网的发电机提出了更宽的运行范围要求，其目的是在没有强惯性发电的情况下增加电网惯性。这种倾向给传统发电带来了巨大的压力，若使其符合电网规范要求，则需要额外的开发、设计和制造成本。随着逆变器供能引入到电网中，为了利用传统发电来维持电网的稳定性，对传统发电机的要求变得更加严格。电网规范把故障穿越能力引起的稳定性问题引入到了汽轮发电机。这种不明确规定或过于严格的要求，显著提高发电资本支出和项目成本的风险。

2.4.3　新举措

在管理未来电网时，将需要一种新的思维方式，将逆变器供电限制在某一预定水平，直到采用新技术或大规模电池储能足以完全支撑逆变器供电故障。电网规范在制定能源政策和支付机制方面发挥着重要作用。因此，电网规范制定者应该考虑支持研发机构，以开发对未来电网有用的技术。

CIGRE SC A1（旋转电机专业委员会）编制了 TB 743 新发电机电网匹配要求指南[3]，介绍了当前国际电网规范中关于旋转电机规范的不足。

2.5 新技术

2.5.1 硬件和材料

从旋转电机的角度来看，电力电子和高次谐波危害密切相关，大多数发电机和电动机的绝缘系统并未因此专门设计。如果转子初始设计中没有阻尼电路，高次谐波还会在发电机和电动机转子表面上产生环流，进而导致表面发热。随着逆变器供电的可再生能源增加，传统设计的发电机和电动机持续受严重的谐波影响，就会有过早产生故障的风险。由于逆变器在现代电力系统中实际存在，因此未来电力系统内所有设备的设计必须能够承受千兆功率电子器件的不利影响。这就需要所有发电机和电动机在设计中加以考虑，并体现在国际标准和电网规范中。目前，电网规范对电机的要求与国际标准对制造商的规定之间存在严重冲突[2,3]。这需要被纠正，以确保未来电网的可靠性。

由于电网的能量构成越来越不确定，所有连接的发电设备都需要能够承受频繁的负荷突变。这些负荷变化会在定子和转子铜导线及其绝缘部件上产生显著的沿轴向的热应力。传统发电机大多按承担基本负荷设计，不需要承受频繁而又极端的负荷变化。尽管这些机组大多采用 30 年前最先进的技术制造，但不一定具备承受未来电网极端要求的能力。如果不立即从实际出发进行处理，将对未来电网的安全运行构成风险，因为电网能量的急剧变化会显著减少这些已经过应力且老化的电气部件的使用寿命。缓解对高应力电气部件影响的一个解决方案是采用与负载相关的增强型冷却技术，这可以减少负载急剧变化期间的热应力。发电机采用特殊设计，如水冷定子绕组、可调压氢冷或空冷控制和改进的定子铁芯端部，对适应机组的灵活运行有重要作用。其中一些技术可以用到现有的一些传统发电机组上，但大量电厂需要一个系统而又紧迫的改造和更换计划来降低日益增长的强迫停机风险。

目前，传统的发电厂正在补贴风能和光伏能源，但却给这些传统机组带来危害。大规模光伏和风力发电需要进行同等的储能投资，因为这些能源在负荷高峰期很少能用。目前，传统承担基本负荷发电机组被用于负载跟踪，以填补光伏和风力发电留下的电力缺口。由于定子和转子铜线及其绝缘系统上的热应力增加，这些传统发电机正在快速地减少运行寿命。如果不改变维护计划[4]以适应更高的工作周期，电机将过早地产生故障，对电网的可靠性造成重大的、毁灭性的影响。生产损失成本以及这些故障电机的维修或更换成本也将对可再生能源发电的总成本产生重大影响，而目前在任何价格模型中都没有考虑到这一点。

在电站改造或重建过程中，应注意提高新电站额外的能力，例如，同步调相机模式运行能力以及某种形式的储能能力，在高度变化的光伏发电和风力发电并网期间，大大有助于维持未来电网的稳定性。最重要的是开发新的发电设备，该设备不仅提供有功功率，还能够提供无功功率、频率支撑、惯性等。

总的来说，全球超过 45%的电能是由电动机消耗的。节能电机为电力成本节省和减少温室气体排放行动计划提供了最大机遇。为了快速、有效地提高电动机系统的能效，根据最低能源性能标准（MEPS）对产品强制进行能效标识的规定已广泛应用于三相电动机，MEPS 提高了能效水平，达到了 IEC 60034－30－1 规定的 IE3 超高能效电动机等级（见表 2.1）：

表 2.1　　IEC 60034－30－1 规定的 IE3 超高能效电动机等级

规范 IEC 60034－30－1	能效等级
IE1	标准能效
IE2	高能效
IE3	超高能效
IE4	超超高能效
IE5	极高能效

到 2030 年，通过将能效等级 IE3 提高到 IE5，电机能效将提高 3%[5,6]，全球将节省约 108 座核反应堆（108GW）和每年约 378TW • h 的电力消耗。目前，按当前电力价格［8 美分/（kW • h）］计算，378TW • h 的电力约为 302 亿美元。到 2030 年，全球总装机容量和发电量将超过 8000GW 和 28000TW • h[5,7]。

通过改进材料、制造工艺和创新电机设计，可以显著提高能效。新设计注重效率的提高，已完成的改进工作如下：

（1）笼型感应电动机。对于小型、中型和大型电机，可以达到 IE4 标准，一些制造商已经制造出样机或商用的小型电机。专家们也一致认为，如果使用更好的铁芯材料、转子使用铜笼或混合（铜和铝）笼以及特殊的槽型设计，那么所有尺寸的电动机都可以达到该标准。但专家们对 IE5 极高能效等级电机的可行性持不同意见，他们普遍认为笼型感应电机达不到 IE5 标准。如果使用更先进的铁芯材料、铜笼转子、提高定子绕组槽满率以及考虑使用纳米材料降低绕组损耗，则大型电动机有可能达到 IE5 标准。在不久的将来，纳米晶铁芯材料和具有更高电导率的碳纳米管绕组很有可能显著地降低电机的铁芯损耗和绕组损耗。但对于中小型电机，如果不增加电机的尺寸，则可能无法实现，这将对未来非标准化电机的更新成本带来重大影响。

（2）带起动笼的同步磁阻电动机。该标准适用于这种类型的中小型电机。目前已经有了一些样机，一些制造商已经提供了商业上可用的小型电机，这也表明了 IE4 标准的可行性。不幸的是，该类电动机的功率因数低于感应电动机。许多技术问题，如降低起动电流、机械噪声和振动，仍然是中、大型电机需要克服的重要技术问题。对于中小型电机，通过应用现有技术，IE5 标准是可行的，例如，更薄的优质硅钢片、增加绕组槽满率、用导热性能好的材料包绕端部绕组以获得更好的冷却效果等。但对于大型电机，如果不增加电机的结构尺寸，则可能无法达到该标准。

（3）带起动笼的永磁同步电动机。对于该类电动机来说，大家一致认为 IE4 的标准是可以实现的，这得到了制造商的证明，他们已经制造出样机，甚至有商用的 7.5kW 以下的中小型电动机。对于大型电动机，该标准也是可以达到的，但在永磁体的成本以及减小起动电流、机械噪声和振动方面的可行性还存在一些问题。当使用改良的铁芯材料、多气隙、增加永磁体用量以及增加槽满率后，IE5 标准对于中小型电动机显然是可行的。不幸的是，对于大型电动机来说，像永磁体成本和减少起动电流以及机械振动和噪声。

2.5.2 软件和新工具

以电动机和发电机为主的旋转电机仍将是全球电力生产和消耗的主要形式，因此，必须使用最新的技术来改进其设计、制造、状态监测和维护措施，以确保未来电网所需的可靠性、效率和寿命。现在市场上有各种现代设计和电站管理工具，随着计算能力的提高和成本的降低，越来越多的工具仍在不断开发。未来的电机设计、电机效率、状态监测和维护依靠现代工具的有效利用。

结合先进的趋势和状态评估及分析工具，对专业在线监测系统和现场设备进行改进，可以对发电机和电动机进行更完整的健康评估。这些信息可用于优化发电机和电动机部件的离线维护和检查测试计划。这些现代化的状态评估系统还可以对在部件进行实时运行分析，在部件状态恶化时进行实时预警。

自主学习系统可以将每个特定运行点的所有监控参数与系统的历史数据进行实时比较，并将偏差实时展示给电站运行人员和维护人员。由于复杂的大型旋转电机可以有数百个现场实测数据以及累计数百万个负载点的储存数据，快速准确地实时分析对于有效的实时预警系统至关重要。

利用人工智能从特定负载点的测量数据预测电站状态，结合电机外部实时历史数据输入，借助全球的电机运行经验，可以在更大的范围内分析电机状态，以预测每台电机的运行。为了实现这一目标，需要一个非常庞大的互联网电站，每台电机都有一个可靠的状态监测系统。在保护系统中使用这些数据可以大大降低电机的故障率。分析后的数据也可以输入维护管理软件中，用来预测各组件的恶化情况，以优化维护和更换策略。

从所有学习到的实时数据中开发出数字孪生，实时模拟电机的行为及其响应、改进寿命周期管理、研究电网动态过程对电机的影响、改进设计及其他目的。

使用运行数据、现场服务数据、设备故障数据和过去的设计参数，使用人工智能和机器学习能力进行处理和优化，切实可行地改进新设计，例如，改进槽和齿的几何尺寸以获得更高的槽满率、更少的铁芯杂散损耗、提高绝缘寿命等。

2.5.3 技术、方法和工具

为了提高旋转设备的状态监测能力，必须开发新技术和工具，或者改进现有技术，以便有效地用在旋转电机上。目前，电动机和发电机的转子大多被视为一个黑匣子，能提供的运行信息很少，在大多数情况下，转轴和机座振动是唯一可用的信息。未来使用能够在强磁场、高温和高振动环境中工作的无线技术，可获取励磁电流和励磁电压、绕组和转子铁芯温度以及机械应力数据。纳米级表面贴装自激励非介入式传感器技术的进步可以为运行和设计工程师打开一个全新的世界，让他们了解某些部件在某些极端运行工况下的准确表现，可以进一步用于优化此类设计。

除新技术外，还应开发新方法用于优化设计。最重要的是，设计过程从所有利益相关者的人机交互开始，在设计启动和审查过程中，每个利益相关方都必须考虑在内。在设计新设备时，必须考虑客户、电力系统专家和设备供应商的要求。

通过使用新的工具、方法和技术，电动机很可能实现以下目标：

（1）更高的电动机定子绕组槽满率：通过改进槽型设计，结合开发新的生产方法或改进生产工艺，可以达到更高的槽满率，从目前的 0.55～0.6 提高到 0.7，使绕组电阻损耗从 100%降至 79%～86%。

（2）通过生产工艺保证硅钢片的质量：通过热处理改进硅钢片的生产工艺，生产无毛刺的硅钢片，提高磁通密度。铁芯硅钢片应预制成期望的几何形状，退火后绝缘，保证最低的损耗和充分利用横截面表面。在整个生产过程中使用上述方法即获得高质量的硅钢片，将铁芯损耗从 $B_s = 1.9$T 和 $W17/50 = 2.3$W/kg 降低到 $B_s = 1.84$T 和 $W17/50 = 2.0$W/kg（100%～87%）。

（3）消除定子绕组并联股线的环流：消除环流可降低定子绕组损耗，对于 60Hz 的电源，损耗可以从 100%降低到 94%～98%。对于由逆变器驱动的电动机，由于逆变器中电力电子器件开关频率高，可以更加明显地降低损耗。

（4）铸铜的笼型转子：采用铸铜的笼型转子，电阻率由铝的 2.75μΩ・cm 降低到铜的 1.73μΩ・cm，降低转子电阻损耗 37%，提高能效。

（5）封装：用导热性能好的材料封装端部绕组：这种方法将改善端部绕组的散热，降低温度，将端部绕组和定子绕组的电阻损耗降低 5%。

（6）更好的风扇效率：通过使用双向特殊空气动力风扇改善冷却风扇的空气动力特性，摩擦损失可降低 20%。

（7）定子和转子铁芯的热处理：通过定子和转子铁芯的热处理，损耗可降低 15%。这种热处理，就是利用热循环重新调整由于高温压铸等各种制造工艺导致的定子和转子铁芯磁畴方向偏差，可减少 5%的损耗。进一步的研究工作可将定子和转子铁芯的损耗降低高达 15%。

2.5.4 标准化

IEC 60034－30－1 于 2014 年 3 月发布，极大地拓宽了之前 IEC 60034－30 第一版涵盖的电动机产品范围，扩大了功率范围（从 0.12kW 到 1MW）。新加入了超超高效电动机（IEC 60034－30－1 中定义为 IE4 级），而极高效电动机（IEC 60034－30－1 中定义为 IE5 级）预计将比 IE4 级的损耗减少高达 20%。

2.5.5 其他发展

传统的基本负荷机组满足目前高峰时段的负荷需求，并在高峰和光伏、风力发电低谷期间维持电网的稳定性，在可预见的未来也将如此。随着大规模储能设施的进入，能源格局的成熟，这种情况应该会有所改变。虽然目前储能系统非常昂贵，而且由于高资本成本和高寿命周期成本，成本效益并不总是很好，但储能的进一步发展可以显著降低这一成本，这对于未来建立一个清洁的电网至关重要。由于频繁的负荷突变和两班制的负面影响，发电厂的健康状况迅速恶化，传统的旋转电机无法长期补偿光伏和风力发电。更环保的储能技术对可再生能源的可持续发展至关重要，尽管电池价格昂贵，并且在整个运行周期中都是不环保的，但却是目前最好的解决方案。

以氢气或熔盐形式储能的技术，配合相应的能量逆转技术，可以比现在的电池储能更有效、更清洁。储能技术的不断发展可能会改善寿命周期成本和环境破坏，如目前发展的绿色制氢方案。

未来储能能力仍需持续关注。随着储能的性价比和环保性的提高，可以在不依赖天然气和燃煤发电的情况下进一步增加光伏和风能发电。传统发电设备当作最小的基荷发电设备，同时作为同步调相机为电网支撑。所有新设计发电设备都应采用混合形式的设计，可以在多种模式或系统中使用，不仅能发电，而且能在不需要发电时充当同步调相机，发电厂还应具有在可再生能源发电高峰期间储存电能的能力（采用化学能或机械能），以便在可再生能源发电低谷时再次转换为电能。

由于电动机消耗了大约 2/3 的发电量，因此必须关注它们的能效。能效的微小提高可能会对未来能源格局产生巨大影响。使用 IE4 和 IE5 能效等级电动机的时机受电机制造商、政府和国际应对气候变化行动的极大影响。

IE4 和 IE5 能效很有可能比最初预期的更早实现，因此，电机制造商、材料生产商、生产设备供应商、科研院所和大学应开展国际合作，以验证这些能效等级的技术可行性。这也将节省研发成本，缩短量产时间表，并将其定为强制性要求，全球各国政府应统一协调，制定强制实施的时间表。这将促使制造商和研究人员为新标准做好准备，并加快开发新技术的进程。

可回收电动机将发挥重要作用。理想的可回收电机是一种带有合成粉末磁钢和无槽绕组的永磁电机。粉碎粉末磁性材料后，磁性材料和导体可以分离并重新使用。如果最终产品的成本没有明显超过类似的不可回收电机的成本，那么可回收电机的设计和制造在经济上是合理的。

2.6 未来/研究需求

2.6.1 实际经济方面

由于当今对全球变暖的强烈关注，生态系统的可持续性是现代技术发展的主要驱动力，因此，未来需求更倾向于可持续的能源平衡。但与此同时，我们需要普及电力以减轻全球贫困，只能通过为所有人提供具有成本效益和可持续的能源来实现，这就需要在不增加温室气体排放的情况下增加电力生产。目前电网的能源构成不是实现清洁和廉价电力的理想方案，将清洁能源、电池甚至柴油发电结合起来的混合电力系统在实现环境目标方面更加可行。为了增加清洁和可再生能源在电力系统中的份额，需要电池、燃气轮机、人工智能、分布式发电和智能计量。为了环境目标的实现，需要逐步关闭燃煤发电厂并将液体燃料的使用降至最低。要将目前的以工业为中心转变为以绿色环保为中心，需要集中实施新政策，同时进行战略上的仔细规划，并与政府、民间合作伙伴密切合作，而且还需要消费者的积极参与。

为了更符合环保要求，未来的电机发展必须特别注重效率和可靠性，尽可能地从现有资源中多获取能量。这些电机还必须是智能的，易于维护并具有自我诊断能力。由于风能、太阳能和水能等自然资源的间歇性，新设计制造电机必须具备跟随负载变化灵活运行的能力。为了充分利用电机能力和预期寿命，确保和谐利用现有能源并有效转化为电能，必须大大提高对气候的理解和中短期预测的精度。

传统发电机和汽轮机的作用及要求正在从过去的基础负荷机组转变为备用的快速响应电源，在电网故障和电网有需求时稳定电网频率。根据特定电网配置和发电组合拓扑的要求

（包括未来发展计划的要求），最经济的解决方案可能涉及多种技术的组合。尽管可再生能源在全球的份额不断增长，但可以肯定的是，同步电机仍将是我们能源系统的支柱，才能使大规模的可再生能源、变频器连接的能源整合到未来的电网中。

2.6.2 研究与开发

在研发方面的投资必须集中在加强生态友好型的能量转换技术上，打破对化石燃料的严重依赖。事实证明，气候变化并非末世幻想，而是我们现实的一部分，需要迅速采取行动并列入创新预算。研究和开发不仅关注设备方面，还应关注人的方面，尤其是要专门为培养后代设计和制造工程师的必要技能而制定计划。这些工程师需要一些特定的一般大学所不能提供的技能和知识。企业必须投资研究工作场所的人类行为，以增强和优化现代工程技术人员和工程管理人员的技能知识，使他们成为现代化创新者。

随着技术发展，利用人工智能完成机器学习和自我诊断，研究和开发可靠有效的旋转电机在线监测系统是有必要的。这些系统除具有以往的工业稳健性，同时还具有灵敏性、准确性和可重复性，以便有效地测量数据，进行自动分析和预测。

2.6.3 教育和已有知识

相对传统教育，千禧一代对什么是好的教育有不同的看法。他们要求使用多媒体教育来缩短获得专业知识的时间。他们需要快速高效的教程来获得在行业中所需的知识，而不是冗长的课程。满足这些需求将使教育系统发生革命性的变化，但需要系统地、谨慎地进行，因为整个教育系统不受控制的快速转变可能会对未来的技术基础产生可怕的后果。传统的教育体系在各工程领域都培养出了优秀的工程师，因此有着良好的业绩记录，任何新的教育体系都仅仅是一个雏形，因为它已经偏离已知的经过验证的教育体系，然而，为了满足未来几代人的需求，改变是势在必行的。

目前缺乏技术熟练、经验丰富的设计工程师，这对旋转电机将来的生态友好发展构成了重大威胁，因为这需要一种与旋转电机复杂的既定设计原则相结合的新思维方式。为了克服这一障碍，发电机和电动机制造商可以资助和指导工科学生完成学业，并在他们顺利完成学业后雇佣他们。企业应该培养这些年轻、充满活力的现代设计工程师，让他们掌握旋转电机发展新方向的专业知识，这需要一个集中的培养计划，在此期间他们将准备和熟练掌握必要的知识和工具。这样的集中培养计划，使这些年轻的工程师掌握了各种技能，以保证从以往以工业为中心的设计原则转型到未来以生态友好和可持续性为中心的设计原则与技术。

对目前可用于发电和电网的辅助技术进行分析，发现每一种技术在其设计的特定领域都有很强的优势，但没有一种技术能够对电网提供所需的所有服务。未来需要将各种技术有效地集成到专用的能量转换系统中，如对能量转换过程快速有效控制，这就要求未来的电动机和发电机与电力电子技术集成，有助于获得足够可靠且价格合理的电能。

将来的工程课程不仅应该培养学生使用现有工具的能力，还必须接触到为将来使用而开发的工具。这些学生应充分培训将来工作中可能遇到的所有设计工具。设计和制造企业的员工必须持续参加课程学习，以确保他们在使用最新的设计和建模工具方面保持竞争力。在开发新产品和改进现有产品的过程中，工程师也可以进行互动合作。随着高速网络的发展，来自世界各地的设计工程师可以无缝地参与虚拟交互设计和开发。

随着技术的发展和进步，新设备的使用者和维护人员也需要新的技能。从设计阶段开始，用户和维护人员就可以在虚拟设计办公室中参与其购买设备的设计，在生产和测试阶段，用户还可以利用虚拟交互来进行质量控制。

2.6.4　未来其他需求

将来，发电系统可能会取消用于能量转换过程的机电设备，而只使用静态系统发电，目前，这只用于光伏系统。风力发电、水力发电和天然气发电等系统仍需要大型旋转电机进行能量转换，而可预见的将来，将电能转换为机械能仍将采用电机的方式。

目前，用于对电机进行有效状态监测的工具非常有限，其中多数工具集中在旋转电机的机械方面。此外，发电机和电动机电气健康状况的在线准确评估对确保可靠准确地诊断重大故障至关重要。

旋转设备的各种监测和保护系统大多位于工厂的不同位置，旋转电机的全面监测需要这些系统有效实时交互。电动机和发电机有各种保护系统，但是它们的监测和运行是完全隔离的，比如转子轴振动、运行温度、轴电压和电流、绕组振动等大部分监测系统都是孤立的。如果将所有这些孤立系统的测量和监控数据都整合到一个具有学习能力的公共数据分析系统中，就可以创建一个当前健康状况的完整模型。任何导致偏离初始模型的进一步操作都将得到警告和深入分析，并与全球电机数据、历史和当前运行数据进行实时比较，以寻找类似的运行经验，这样就可以实时通知电站操作员正在发生的故障、故障后果以及建议的纠正措施。

2.7　未来的问题

2.7.1　理想的未来

早期准确地识别正在发展的故障是一个非常期望的状态，故障信息可以准确地反馈到检修计划中，由此故障范围蔓延的可能性非常低，所需备件材料清单非常准确，可以按时购买，故而能对机组停机进行准确和及时的管理。

非介入式的发电机检修可显著节省停机时间、人力和人为错误。为了使机器人检修达到这种水平，需要对检测设备本身以及对电机的设计和结构进行特殊的开发。将来，可能为每个大型和关键的电机配备一个永久性的机器人检测系统，具备进行基本的检查和测试能力，在不拆卸的情况下快速确认电机内部状况。机器人可以远程控制，一旦检查完成，就可以安全、可靠地停在电机内部的扩展底座，为下一次检查做好准备。这种状态目前还不可实现，因为发电机和电动机的设计都是为了最佳的成本和效率，而不是为了机器人的检查和测试。

2.7.2　潜在影响

对清洁能源系统大力而不受控制地推动，将导致电力系统中清洁能源占主导地位。从环境的角度来看是可取的，但从电网稳定性的角度来看，这又是不可取的，因为它缺乏在故障瞬态过程期间维持电网稳定性的能力。清洁能源的生产和储存正变得越来越便宜和经济，并将很快超过化石燃料和核能发电的成本效益。这是想要尽快实现的一种状态，拯救世界免受全球变暖的负面影响。随着无储能的清洁能源被接入电网，在故障期间保持电网稳定的能力受到了负面影响，因为它需要强大的实际惯量支撑，而这在完全由逆变器供电的可再生能源系统中是不存在的，最终可能会导致电压和频率的严重波动，最后导致停电。

目前，储能成本很高，逆变器供电电网建立在不可预测和不可控制的太阳能和风能上。由于缺乏存储，导致在夜间和早晨高峰时期以及从日落到日出期间缺乏能源供应，目前可再生逆变器供电的低谷被快速响应的传统化石燃料、天然气燃料甚至核能发电所填补。

分布式发电技术可能会给发电业务带来多重挑战，分散的发电现场可能会导致输电系统规划不协调，因此，有必要积极主动地预测目前发展轨迹给未来带来的影响。有必要适当控制和规划未来的电网，适当混合各种能源以维持全天候的需求，具备必要的惯量和能量支持，以维持电网的可靠。

2.7.3 风险与后果

在清洁能源占据主导地位的情况下，能量的机电转换将在能源生产过程中发挥较小的作用。由于没有任何机械部件，维护工作更容易进行。户外安装减少了土建工程，使初始投资成本大大低于传统电厂建设。目前太阳能的能源价格与风能相似，只有大型径流式水力发电才能与风能和太阳能发电竞争。能够为未来发电项目提供经济支持的河流数量有限，对大多数国家来说都是不可行的，唯一可行且成本效益高的电力扩张是风能和太阳能，它们将吸引大部分投资，而金融机构已经不愿意投资任何非清洁能源项目。由于缺少传统的高惯量发电设备，这样的电网更容易受到电网扰动的影响而变得不稳定。

2.7.4 教育改变

为了确保有足够的技能来应对未来电力生产的挑战，需要一种新的思维来应对。为了解决目前和未来的技能和专业知识短缺问题，教育过程必须变得更加高效省时。年轻的工程师要尽可能早地在学习过程中接触新的旋转电机技术，并准备积极交流这一领域的经验。该领域的所有专家都应该能够轻松和直接地了解旋转电机的发展情况（专业文档、设计数据、仿真模型等）。

由于能源市场的变化，对大型旋转电机（尤其是大型同步发电机）的教育兴趣正在迅速减少。大学和研究机构将注意力转移到其他技术上，这将对未来的电网产生不利影响，因为没有同步发电机的未来电网不可能存在。

由于电力电子系统领域令人兴奋的发展，青年电气工程师的兴趣越来越多地转向该领域，而缺乏专门研究旋转电机的学者。必须强烈提醒大学院校，即使可再生能源 100%占据主导，同步发电机仍然是需要的。

2.7.5 创新

创新与价值密切相关。从客户的角度理解，价值是引领行业变革走向更加繁荣的一条途径。创新很可能发生在汽车驱动和多学科团队中，用不同的方法组合现有的元素可能产生新的产品或新的技术、方法、过程。

需要特别关注旋转电机相关技术的创新，以确保未来电网的稳定和可靠，这需要非常先进的创新平台来实现以下目标：

（1）备用发电厂补偿可再生能源发电波动的快速响应。

（2）通过保持电网所需要的最小转动惯量，有助于电网频率稳定。

（3）如果保护的概念是基于（短路）电流检测，则将同步发电机作为短路电源。

（4）新的电网需求倾向于灵活的电站配置和/或电网稳定，有必要为同步发电机设计制定新的指标，因为目前的设计和运行标准已不再适用。

（5）在更坚固可靠的设计中体现未来发电设备的无人遥控操作。

2.8 结论

2.8.1 发展方向

在可预见的未来，旋转电机将仍然是未来能源网络必不可少的成员，其形式包括电能生产和电能转化为机械能。旋转电机是全球每个工业过程的起点和终点，因此需要先进的技术来支持这些电机的高负载因数。为了确保这些电机的可靠性和效率得到进一步提高，需要进一步的创新开发，并且要特别关注这些电机的可维护性和可靠性，同时未来的设计人员、制造商和运营员工应该牢记旋转电机的技能和技术要求。

未来的电网将需要非常坚固耐用的电气设备，可以完成所需要的任何操作。未来的电网将包含大量的高次谐波，需要非常快的电压和频率响应，需要瞬时有功功率的支持以及不管它面临什么外部挑战都应能够达到其设计寿命。由于传统发电技术的可控性，过去的电网是可靠和可以预测的。由抽水蓄能和燃气轮机支撑的大型基础负载电网相对容易管理和控制，其不可靠性主要受维护不善和资本支出规划不善的影响。然而我们现在所面临的不断发展的电网，电力生产的可控性较低，因为它现在依赖环境来提供能源，而传统的发电只用作负荷和频率调节。但是这种方式是不可持续的，因为对担任基础负荷的传统发电项目投资很少，目前具备这一功能的电站正在快速老化，它们的设计初衷并不是快速提供有功功率响应的。

为确保旋转电机在未来的电网中拥有良好的可靠性和成本效益，需要进行以下创新和开发：

（1）设计具有自动诊断能力的智能电机，将大大增强检修能力，确保即使在恶劣的工作环境中也能具有很高的可用性。

（2）新电机的设计更需要以客户为中心，让电站操作者、电网业主、设计工程师、维护人员和创新中心的人都积极参与进来。未来的电机将偏离当前的设计标准，因为它需要针对每个特定的应用环境和电网配置进行定制。

（3）电机与电力电子设备有着非常密切的关系，目前，相互之间都是不利影响，电力电子设备不希望电机振动，电机不能很好地处理电力电子的高次谐波。所以旋转电机和电力电子设备都需要重大创新，并与智能控制系统协调，将这两项技术与未来电网的严酷运行要求结合到一起。旋转电机的未来应用不应该仅仅是有功功率。

（4）为了改进旋转电机的寿命周期成本，必须开发新的材料。转轴和联轴器上更大的扭矩需要更高强度的钢材。为了降低制造成本，需要优化电机的尺寸，这就要求有更好的冷却方法。负载循环和两班制的工作方式，使铜和绝缘材料产生更高的热应力，所以需要更有弹性、更高强度的材料。

（5）未来的电网是按很多不协调统一的电网规范建成，需要我们放弃原来发电机的设计标准，适应灵活快速的制造过程，更加注重可靠性的设计。

（6）机器学习在适应未来设计、满足新的电网需求方面发挥着重要作用。目前的电机设计参考了过去的设计经验，如与设计缺陷、劣质工艺和维修困难等有关的问题。因为电网的快速变化和未知影响，未来的设计将需要完全不同的方法：需要从配备先进监测系统的在役电机上快速学习，将数据直接运用到新的设计过程中，将实时获得的运行影响模拟到数字孪生模型中，以评估新的电网拓扑对设计的影响，并将其反馈到生产过程中进行有效地改进。

（7）用于电机诊断或改进设计的机器学习源于有效可靠的在线监测。要求传感器技术有非常强的鲁棒性，使其能在旋转电机内部非常恶劣的环境中工作，比如包括油、振动、温度、高电压、电磁干扰和机械冲击等影响。任何监测系统的可靠性都依赖于现场仪器的持续可用性。监视值来源于大量的被监测的数据点。在大多数电动机和发电机中，只有特定的参数被监测，如温度和振动。但是这可以大大地扩展，包括完整的机械和电气数据，结合运行数据，形成电机当前健康状况的准确图像。

（8）出色的创新型员工是一个充满活力、富有创造力和创新性行业的基础。技术经理与人事部门密切合作，吸纳、雇佣、发展那些表现出色的持续学习者和创新者。这是面对未来挑战所必需的关键方面，需要优秀的经理或领导者支持。

2.8.2　优先事项

（1）行业必须致力于对社会和环境友好的项目。

（2）符合标准和电网要求是至关重要的，现在急需将电网规范和电力设备标准协调统一。

（3）企业的社会责任。

（4）将旋转电机行业发展成为一个具有高度创新、技术先进并且吸引年轻人的领域。

（5）价值创新。

（6）研发的持续改进。

（7）发展可持续的生产过程、产品设计和维护服务，对环境、人类和商业都有好处。

行业应该保持开放的思想，打破技术壁垒，允许产品创新。尤其重要的是，像 IEEE、CIGRE、EPRI 这样的机构要协助旋转电机转变角色，这要求行业要正确地理解即将面临的技术挑战，并在旋转电机领域投入足够的关注和投资。

2.8.3　其他方面

开发环境友好型旋转电机不仅为用户、企业、人才、供应商创造了价值，同时也增加了社会价值。

旋转电机行业正面临着一个巨大的机遇，可以为下一代创造一个更美好的世界。

参考文献

［1］EPRI Report on Generator Robotic Inspection & Test Guide: Report # 3002013612 (2019).

［2］IEEE Report on Coordination of Grid Codes and Generator Standards: Consequences of Diverse Grid Code Requirements on Synchronous Machine Design and Standards Technical Report: IEEE PES-TR69 (2019).

[3] CIGRE Technical Brochure on Guide on new generator-grid interaction requirements: TB 743 (2018).
[4] Klempner, G., Kerszenbaum I.: Operation and Maintenance of Large Turbo-Generators.
[5] Energy-Efficiency Policy Opportunities for Electric Motor-Driven Systems, International Energy Agency: Paul Waide, Conrad U. Brunner (2011).
[6] World Energy Outlook 2011, International Energy Agency (2011).
[7] Electric Motors: A Global Strategic Business Report MCP-1842, Global Industry Analysts, Inc. (January 2015).

作者简介

Nico Smit，1998 年毕业于南非比勒陀利亚大学（the University of Pretoria in South Africa）。作为一名电气工程师，有超过 20 年的发电站项目管理、运行和维护经验；自 2014 年起担任 CIGRE 旋转电机委员会主席。

Kay Chen，获得了加拿大阿尔伯塔大学（the University of Alberta）电气工程学士学位。毕业后，在 ATCO 电力公司工作，主要负责发电机的运行和维护。参与的项目包括发电机重绕、大修检查、诊断监测和测试。自 2011 年以来，一直在西门子能源公司从事发电机研发工作，负责西门子新发电机产品系列的热/电气设计以及新发电机设计的测试验证工作。2007 年，担任 IEEE PES EMC WG8 的主席，负责 IEEE C50.13 和 IEC 600034/1 之间的协调；2010—2012 年，担任 IEEE PES EMC 发电机小组委员会主席；自 2017 年以来，一直担任 IEEE PES EMC 的主席。除 IEEE 外，还积极参与 EPRI 和 CIGRE 有关发电机的项目。

Ana Joswig，分别于 2001 年和 2007 年获得德国多特蒙德工业大学（the Technical University of Dortmund, Germany）电气工程硕士和博士学位。在此期间，她作为研究人员在多特蒙德大学电机、驱动和电力电子学院工作。2008 年，加入了鲁尔区米尔海姆的西门子股份公司，负责汽轮发电机的功能设计，重点关注电气性能和热极限，以及与电网的相互作用，是电网稳定性解决方案的专家。

Alejandro Cannatella，于 1999 年获得阿根廷门多萨国立理工大学（UTN）电子工程学位，并在圣胡安国立大学（UNSJ）电能学院（IEE）完成了电力系统保护与电力系统稳定性的研究生学习。目前，他是 IMPSA 水力发电机电气研究小组组长，积极参与 CIGRE 工作组的工作，并在旋转电机和电力系统领域撰写和合著了许多技术论文。

Eduardo José Guerra，于 1982 年获得圣胡安国立大学（UNSJ）机电工程学位。在过去的 37 年里，一直在发电和输电领域工作，从事过工程师、采购和施工、成套供应商、机电设备制造商、独立发电商和咨询等工作。在此期间，他一直担任领导、管理和专家职务，并有 22 年的教育经验，是大学和研究生课程教授。目前，他是 IMPSA（阿根廷门多萨）全球风险经理，负责公司的风险管理过程。

Byeong hui Kang，韩国晓星重工（Hyosung Heavey Industries）的旋转电机研发设计、制造和测试总经理，在旋转电机领域拥有 28 年的工作经验，拥有机械工程学士学位和电气工程硕士学位。

TraianTunescu，自 1998 年起担任罗马尼亚 SH Portie de Fier 公司电气维修部门电气工程师，从事过部件维修和安装、监督大型水电站的现代化改造，作为罗马尼亚水电调度中心的调度员管理和协调水电系统的运行机制，在电站电气工程领域积累了丰富的工作经验。

第 3 章　电力变压器和电抗器

Simon Ryder

摘要：本章重点论述供电系统的变化对电力变压器和电抗器寿命周期的影响，简要介绍了变压器在供电系统发展中的作用以及在设计、制造和试验方面的进展，概述了电力变压器和电抗器所面临的挑战，并对每一个重要挑战进行了详细的论述，也对 CIGRE 和其他机构为应对这些挑战所做的工作进行了总结。

关键词：配电变压器；HVDC 变压器；移相变压器；并联电抗器；调压配电变压器；风力发电变压器

3.1　引言

本章将重点论述供电系统的变化将如何影响电力变压器和电抗器的寿命周期。CIGRE 关于未来供电系统的参考文件提供了一些背景信息，从这些信息中可以看出，这些变化以及它们给整个供电系统带来的挑战[1]。与电力变压器和电抗器紧密相关的挑战如下：

（1）配电层面的双向电力和数据流。

（2）直流和电力电子设备在各电压等级系统的广泛应用。

（3）更新、更先进的建模工具。

（4）更多的环境约束。

（5）增加的路径容量。

（6）海上和海底基础设施建设。

（7）需要增强利益相关方的参与。

On behalf of CIGRE Study Committee A2.
S. Ryder (✉)
CIGRE, Paris, France
e-mail: sryder@doble.com

N. Hatziargyriou and I. P. de Siqueira (eds.), *Electricity Supply Systems of the Future*, CIGRE Green Books, https://doi.org/10.1007/978-3-030-44484-6_3

许多挑战的根本原因是所谓的能源转型，即从基于传统发电系统到基于可再生能源、分布式发电系统的转变[2]。

本章将简要介绍变压器在供电系统发展中的作用以及电力变压器和电抗器所面临的一些挑战，并对每一项艰巨挑战进行详细论述。

3.2　变压器和供电系统

供电系统起源于 19 世纪 80 年代，特别是白炽灯泡的出现。对于新技术“电”的迫切需求驱动了为当地消费者供电的小型发电站的发展。随着消费者需求的进一步增加，新生的供电行业内部出现了一些分歧。一些人赞成继续使用小型发电站并通过直流输电来满足当地要求；另一些人则支持发展大型发电站，通过交流输电来向广大地区提供电力。

1885 年，匈牙利 Ganz 铸铁厂的工程师们成功研发了第一台电力变压器。这一技术迅速地在规模快速扩大的发电站中使用，通过交流输配电为越来越广泛的地区提供电力。

1893 年芝加哥世博会时，所谓的“电流之争”基本上得到了解决，“交流”胜出，该届博览会采用交流供电，还包括一个展示交流发电和配电优势的有影响力的展览。尽管如此，美国的一些大城市在 21 世纪仍然在公共场合使用直流电源供电，其中纽约直到 2007 年，旧金山直到 2012 年才取消[3]。

交流电的未来发展模式为一战和革命后新成立的苏联找到了一个新的出路。列宁说:“共产主义是苏维埃政权加上整个国家的电气化，因为工业发展不能离开电气化”。

1921 年，当时的苏联通过了重建和经济发展 GOELRO 计划。计划包括修建 30 座新发电站，将全国电力供应从 1.9TWh 提高至 8.8TWh[4]。该计划于 1931 年基本完成，它的成功为后来的苏联和其他国家所制定五年计划提供了示例。

这个模式在苏联以外的地区也是有影响力的，很多国家提出了类似的通过电力供应拉动经济增长的计划。经典案例包括：

（1）爱尔兰的 Shannon 水电计划（1929—1934 年）[5]。

（2）美国田纳西河谷管理局（1933 年）和邦尼维尔电力公司（1937 年）的成立。

（3）法国（1946 年）、英国（1948 年）和意大利（1962 年）等国的电力供应行业国有化[6]。

（4）中国的三峡水电计划（2012）[7]。

在这段时间，变压器的额定功率和额定电压有了很大的提升，特别是额定电压。变压器的最高额定电压从最初引进交流配电时的 10kV，到一战时的 110kV，一战后的 220kV，再到 20 世纪 50 年代的 400kV、20 世纪 60 年代的 735kV，直到现在已经达到 1000kV。通常认为在技术上可行的最大的三相分离绕组变压器容量大约是 800MVA（额定频率是 50Hz），这是在 20 世纪 60 年代末就已经实现。

在这段时间，既需要改进设计和算法、制造设备和技术、试验设备和技术，同样需要改进变压器的标准。1955 年 IEC 发布首项变压器标准，随后该标准一直在不断修订[8]。尽管许多国家和地区仍采用自己的标准，IEC 标准的应用最为广泛。

据记载，在变压器设计中首次使用计算机是在 20 世纪 50 年代中期，用于电力变压器的短路电动力计算。最早的软件仅采用现有的分析方法，但是随着计算机技术的发展，现在已经可以运用数值分析技术，特别是有限元模型。CIGRE WG 12.04 和 12.19 研究了变压器中的短路耐受问题[9,10]，后者通报了 IEC 变压器短路承受能力标准的最新修订情况[11]。

不同设计方案下的变压器典型磁场图如图 3.1 所示。

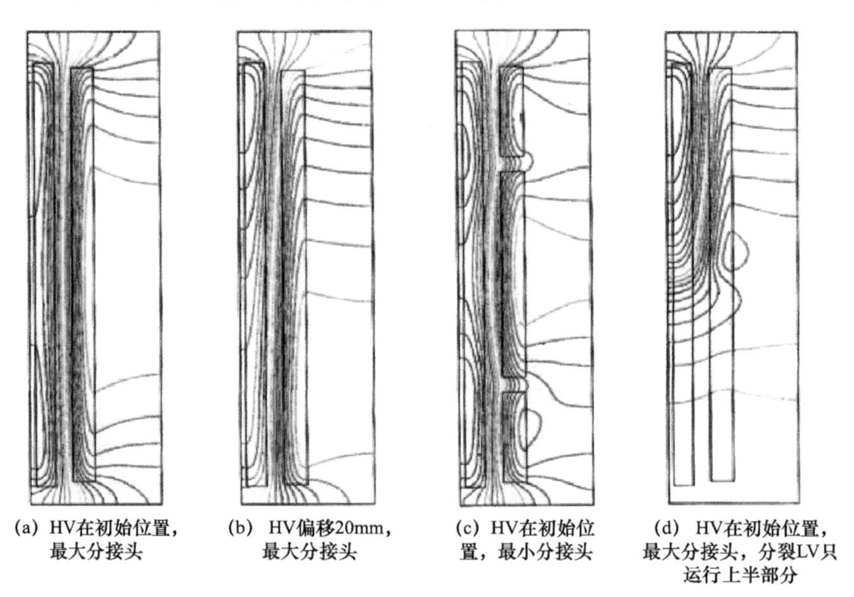

图 3.1　不同设计方案下的变压器典型磁场图

其他变压器设计使用的主要软件包括电场计算、热能模型和瞬态电压耐受能力模型。电场计算现在广泛使用有限元法，该方法本质上和磁场计算类似。有限元法的应用极大地促进了高电压等级的交直流变压器设计。热能模型在优化变压器设计方面愈加重要，特别是冷却介质流量的计算和绕组中的温度分布。这也是最近 CIGRE WG A2.38 的研究内容[12]。计算瞬态电压分布是计算机在变压器设计中的另一个重要早期应用。与短路承受能力仿真计算一样，早期的软件基本上是基于现有的分析方法，建模技术需要改进，为此成立了 CIGRE WG A2/C4.39 和 A2/C4.52[13,14]。

变压器绕组中冷却介质流量和温度分布的详细计算结果如图 3.2 所示[12]。雷电冲击试验期间变压器绕组中电压分布的详细计算结果如图 3.3 所示[13]。

先进的计算机软件应用的新领域包括油箱设计，特别是油箱开裂强度的计算，噪声水平的计算，尤其是在并联电抗器中的应用。

与其他许多行业一样，变压器与电抗器的生产设备和技术已经逐步得到了改善。制造企业的合并在这一过程中发挥了重要作用，因为生产已经集中在少数拥有优越性能设备的制造企业中。近年来制造技术方面的改进主要包括铁芯切割的自动化、铁芯堆叠的自动化、小型变压器的绕线自动化，气垫船在装配过程中使用以及气相干燥法。关于制造方法的更多资料参见参考文献［17］。

随着制造水平的不断提高，变压器和电抗器试验检测的设备和技术也得到了极大的提升，特别是绝缘试验。例如，IEC 60076 的早期版本主要焦点在交流耐压试验上，雷电冲击试验只作为型式试验。1980 年，首次在交流耐压试验的基础上引入操作冲击试验和局部放电测量试验，最初是作为 300kV 级及以上变压器的交流耐压试验的替代方案[18]。现在，雷电冲击和局部放电测量成为所有 123kV 及以上等级变压器的例行试验，而操作冲击试验则成为所有 170kV 及以上等级变压器的例行试验[19]。CIGRE 的两个工作组目前正在开展绝缘试验技术的改进工作，分别是 A2/D1.51 研究局部放电试验、A2.64 研究雷电冲击试验。

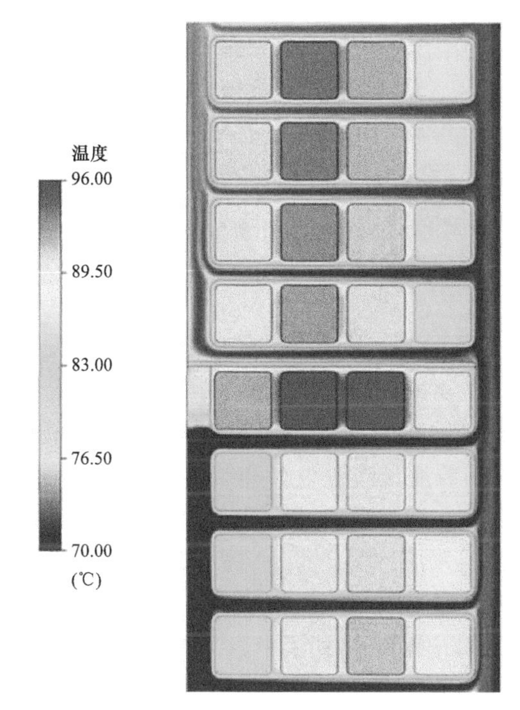

图 3.2　变压器绕组的冷却介质流量和温度分布

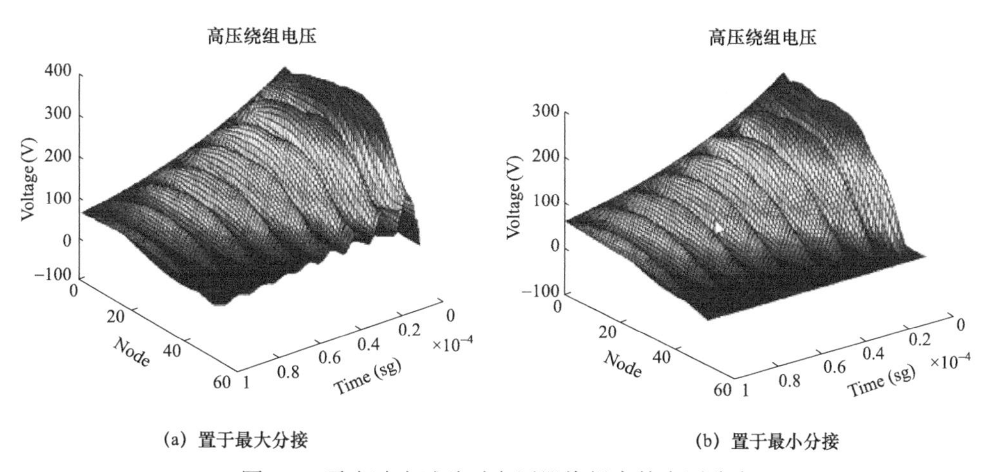

图 3.3　雷电冲击试验时变压器绕组中的电压分布

3.3　电力变压器和能源转型带来的新挑战

如上所述，许多新挑战都是源于能源转型，即从基于传统发电的系统到基于可再生能源和/或分布式发电的系统的转变[2]。值得注意的是虽然这似乎意味着远距离输电的作用减少，但事实上并非如此。转型可能需要整合包括地热在内的新的可再生能源、偏远地区的大规模太阳能、近海和偏远地区陆上的大规模风能以及潮汐能。大型火电厂、核能和焚烧厂转变的生物质能也可能继续发挥作用。

许多能源资源与用户相距遥远，这也意味着输电网络需要扩张。对于电能的远距离传输，为降低输电损耗，需要更高的电压等级以及高压直流输电更多应用。输电网络的扩张也会增加移相变压器的需求。

在偏远地区和环境敏感地区新的可再生能源接入需要新装大量的电力变压器和电抗器，环境敏感地区不允许电力变压器或电抗器发生故障时产生不可控的油泄漏、火灾或爆炸。新技术已经成功开发应用于减少环境风险，特别是不可控的绝缘油泄露和火灾。由于公众对安装在人口密集城市地区和工业中心的传统油浸式变压器的潜在风险的担忧，类似技术正在广泛应用[15]。

电力变压器特别是电抗器的运行对环境的另一个重要影响是可听噪声。在环境敏感地区尤其是在人口密集的城区，需要最大限度地减少噪声的影响。近年来，变压器制造厂及其供应商在噪声水平方面有了很大的改进[20,21]，通过提高新制造的变压器的规范并标准化，可以进一步巩固这些成果。对于需要通过改进设计和结构来降低声级水平的变压器，或者对于不再符合当下要求的现存变压器，可能需要进一步开展工作来缓解带来的环境影响。

影响电力变压器和电抗器发展的另一个因素是损耗。多年来，用户一直面临着降低损耗的压力，同时制造商也一直致力于生产低损耗的产品。许多国家现在已经通过了对损耗的法规管制，并已经从小型变压器逐渐延伸到了中、大型电力变压器[22]。现在面临的问题是需要平衡低损耗和其他可能冲突的要求，例如，噪声等级低、运输尺寸小、重量轻、安装重量轻[23]。

在采用集中式可再生能源发电时，输电网络中电力变压器和电抗器的经济性和社会重要性将增加。运营商需要提升他们对变压器全寿命周期内的管理，这可能涉及应用新的监测技术和新的分析技术[24-26]。

除了整合集中式可再生资源外，还可能涉及通过配电网大规模整合分布式发电。小规模的太阳能和风能有最明显的潜力，根据当地条件的影响也会用到其他一次能源。由于太阳能发电和风力发电本身具有间歇性，因此需要开发小规模的储能，或将配电网络作为备用电源。由于小规模的储能技术目前还处于起步阶段，未来仍需要将配电网络作为备用电源。

在大规模整合分布式发电的过程中，面临的主要挑战之一是在配电网络做备用电源。有一些集中式发电和对应的传输容量对备用电源有需求，这可能需要对现有电厂和输电网络进行改造。然而在某些情况下，可能需要新的输电容量来连接具有丰富的分布式可再生资源的地区和人口密集的城市地区或工业中心，其中可能会增加使用 HVDC 输电和移相器。

整个电力系统的另一个挑战是惯量损失，这会导致频率和电压大范围波动，可能会对电力变压器带来严重的影响，因为与其他变电站设备相比，它们设计时在过励磁特别是过压方面的裕度较小。在某些情况下，可能需要采用新技术来增加系统惯量[27]。

可以看出，上述新挑战在很大程度上与 CIGRE 关于未来供电系统的参考文件中的新挑战相吻合，该文件在导言中确定了新挑战与电力变压器和电抗器的关联性[1]。

3.4　应对新挑战

3.4.1　用于集中式太阳能发电的变压器

广泛整合太阳能发电是一个新的挑战，而且相应的技术也不是特别成熟。由于大多数太阳能发电是以产生直流电的光伏电池通过逆变器整合，但如今逆变器的设计会产生谐波，包括所谓千赫兹范围的超级谐波。由于已经有许多关于所谓超级谐波对变压器不利影响的报告，现在迫切需要研发新的变压器还有逆变器技术以提高可靠性。

图 3.4 为一个内置标准干式变压器的箱式变电站，该变电站广泛应用于小型光伏场的入网集合。

图 3.4　用于太阳能集成的箱式变电站（包括变压器）

3.4.2　风力发电变压器

风力发电是一项比太阳能发电更成熟的技术，用于风力发电的变压器的相关标准是 IEC 重点工作之一[31]。旨在提高风力发电变压器的可靠性。可靠性方面的一些挑战依然持续存在，特别是瞬态过电压，这在 2018 年 CIGRE 巴黎会议上进行了讨论[32]。

在欧洲，人们发现沿海的风比陆地上的风用来发电更可靠，在爱尔兰海、北海和波罗的海都已经安装了大量的风力涡轮机。近年来，涡轮机的尺寸和离岸边的距离都有所增加，有必要在海上平台上安装大型电力变压器（>100MVA），以实现海上风力发电的整合。电缆长度的增加导致了对并联电抗器的需求增加，也需要开发新的并联电抗器技术。CIGRE WG B3.26 详细讨论了海上交流平台的设计[33]，CIGRE WG A2.48 更详细讨论了其中与并联电抗器有关的内容[34]。

图 3.5　Walney 1 海上变电站

用于集成海上风电站的典型海上平台如图 3.5 所示[33]。

3.4.3　更高的交流和直流输电电压

如上所述，输电网的需求可能是持续不断的。如果采用集中式可能涉及输电网的扩展和更高电压（交流和直流）的使用。如果采用分布式，输电网将是重要的备用电源以及人口密集的城市地区和工业中心的供电电源。

目前亟须研究新的输电变压器技术以满足新的要求。

在撰写本书时，正在运行的交流电网最高电压等级是中国的 1000kV，自 20 世纪 60 年代以来，许多国家运行的交流电网电压等级在 735～765kV。目前以及未来可能出现的更高电压等级，会被持续用于偏远地区的可再生能源并网。

图 3.6 为一个典型的 1000kV 交流变压器在试验中的情况[45]。

图 3.6　试验中的典型 1000kV 交流变压器

IEC 成立了 TC 122，负责引导特高压交流电网和变电站的标准化工作。超/特高压变压器是 2016 年 CIGRE 巴黎会议上的一个重要议题[35]。IEC 和 CIGRE 定期组织关于这个议题的座谈会，最近一次于 2019 年 3 月在日本函馆举行的[36]。

使用直流进行长距离输电现在是一项成熟的技术，第一批直流输电线路（或电缆）早在 20 世纪 50 年代就已投入使用。随着线路电压等级的提升，输电容量和传输距离都在逐步增加。在撰写本书时，中国正在建设一条 1100kV 的直流输电线路。此外，中国和印度也有 800kV 的直流输电线路在运行。

最近的两项技术扩宽了直流输电的使用范围，其中，VSC 转换器解决了建造直流换流站的技术挑战，而直流断路器的发展使多端直流网络成为可能[37]。其他最新发展包括使用直流输电连接海上风力发电，以及发展较小规模的直流输电来提高配电网接纳分布式发电的能力。这也是 2018 年巴黎会议的一个重要议题[38]。

IEC 最近基于 CIGRE A2、B4 专业委员会之前的工作发布了 HVDC 变压器的新版标准[41-42]。

3.4.4　移相变压器的广泛使用

移相变压器用于抵消输电网络中的环流，使网络容量得到更好地利用。即使是集中规划的电网也会出现环流，而且分布式可再生能源并网使许多地区的这一问题加剧，在某些情况下也阻碍了分布式可再生能源资源的接入。

IEC 最近发布了移相变压器的新版标准[43]。

3.4.5　现场组装

如上所述，许多可再生能源位于偏远地区，由于缺乏合适的基础设施，将大型电力变压器和电抗器运输到这些地区非常困难。在人口密集的城市地区，由于基础设施不适合重型运输，也可能存在类似的困难。降低损耗的呼声越来越高，导致变压器的设计运输尺寸和质量更大，从而增加了这些挑战的难度。

应对挑战的一个可能方法是使用并联变压器或者使用单相而不是三相变压器。这些解决方案并不是适用于所有情况，而且可能产生不理想的后果[23]。为应对这些挑战而开发的一项新兴技术是现场组装。自 20 世纪 80 年代以来，这在日本得到了广泛的应用，现在正在其他国家特别是在中国广泛使用[44-46]。现场组装可能是实现更高交流和直流电压应用的一项重要技术。

电力变压器的现场组装是 2018 年巴黎会议上的一个优先议题。在参考文献［36］中对最先进的技术做了一个很好的总结。电力变压器的现场组装也是目前 CIGRE WG A2.59 的主题。

图 3.7 为参考文献［46］中描述的一种现场组装方法。

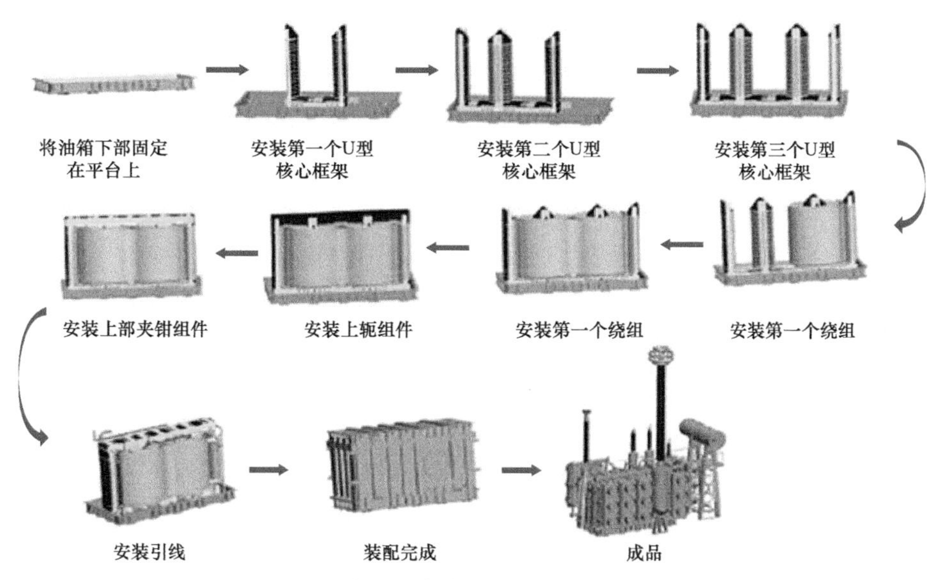

图 3.7　大型电力变压器的现场组装方法

3.4.6　减少环境影响

3.4.6.1　变压器油

如上所述，在环境敏感地区也就是人口密集的城市地区工业中心，不允许在电力变压器或电抗器发生故障时产生不可控的油泄露、火灾或爆炸等，这会对环境造成严重伤害。CIGRE WG A2.33 对电力变压器的消防安全问题进行了详细研究并提出了一些重要的建议[15]，其中一项建议是应适当考虑使用绝缘替代介质。

目前，已经开发出传统油浸式变压器的替代品。（绕组通常用树脂封装）的干式变压器在小尺寸变压器中被广泛使用，与传统设计相比，这种设计在防火和防爆安全方面具有显著优势。然而，它们在安装质量和尺寸、损耗和噪声方面也有明显缺点，并且三相分离绕组变压器最大容量似乎也只能到 30MVA。另一种选择是使用气体填充变压器。自 20 世纪 70 年代以来，SF_6填充的变压器已经在日本及亚太地区的其他一些国家使用，但尚未在该地区以外被广泛接受，而且面临未来减少使用SF_6的不确定性压力。

一些替代用的绝缘液体也已被开发出来，CIGRE WG A2.35 对此进行了详细研究[47]。多氯联苯一度是有希望的替代物，但由于环境问题，现在已经退出了使用。有机硅被广泛用于某些场合，但是其良好的防火性能被较差的生物降解性、较差的介电性能和较差的传热特性相抵消。现在最有希望的两种替代液体是天然酯和合成酯。两者现在都已经成功地应用于最高 420kV 的变压器[48]。

材料领域显然需要进一步的工作，CIGRE SC D1（材料与试验新技术专业委员会）已经成立了 CIGRE WG D1.70 来研究绝缘液体的功能特性。

图 3.8 为一台早期的合成酯浸渍的 420kV 级变压器（根据[49]）。

图 3.8 420kV 的合成酯浸变压器

3.4.6.2 噪声水平

如上所述，电力变压器特别是电抗器的另一个影响环境的重要因素是噪声水平。在环境敏感地区，特别是在人口密集的城区，有必要尽量减少噪声影响。近年来，变压器制造商及其供应商在变压器的噪声水平方面已经做了很多的工作。通过改进新制造的变压器的规范和标准化可以进一步巩固这些成果。CIGRE WG A2.48 对并联电抗器的噪声等级进行了研究[34]，提出了关于一般噪声等级和最低噪声等级的建议以形成规范。CIGRE WG A2.54 的成立是为了继续开展该项工作，在 2019 年发表了一份关于一般噪声等级和最低空载噪声等级的报告[21]，目前正在研究一般噪声等级和最小负载噪声等级。

如果要求的噪声等级低于变压器设计改进和施工所能达到的噪声等级，可能需要采取外部缓解措施。类似的方案也适用于不符合声级要求的现存变压器。CIGRE WG A2.48 研究了与并联电抗器有关的具体内容[34]。有人建议，CIGRE SC A2（电力变压器与电抗器专业委员会）应该成立一个工作组来研究噪声的降低。

3.4.6.3 损耗

影响电力变压器和电抗器发展的另一个因素是损耗。多年来，用户一直面临着降低损耗的压力，同时制造商也一直致力于生产低损耗的产品。许多国家现在已经通过了对损耗的法规管制，并已经从小型变压器逐渐延伸到了中、大型电力变压器。现在面临的问题是需要平衡低损耗和其他可能冲突的要求，例如，噪声等级低、运输尺寸小、重量轻、安装重量轻[23]。

在某些情况下，可以在不改变运输尺寸或质量的情况下减少损耗。例如，空载损耗可以通过选择具有较低损耗比的铁芯叠片来减少[50,51]，负载损耗可以通过使用连续换位导线来减少[50,51]。改进绝缘设计可以减少内部间隙，同样可以降低损耗、运输尺寸和质量。上述措施都采用后，要想降低损耗通常只能通过降低磁通量和电流密度来实现，这将增加运输尺寸和质量以及安装质量[52]。

许多国家已经对电力变压器的损耗建立了法规监管，包括中型和大型电力变压器[22]。CIGRE WG A2.56 的成立旨在给用户提供一些指导，让他们了解如何认知变压器损耗。预计该工作组还将为计划采取这些不同方法的新法定条例的国家提供一些有用的指导。

3.4.7 更好的寿命管理

在集中式发电的模式下，输电网中的电力变压器和电抗器的经济和社会重要性将增加。在分布式发电模式下，配电网中小型电力变压器的经济和社会重要性将增加。用户将需要应用新的监测技术和分析技术来改善对变压器全寿命周期内的管理。

在 CIGRE 巴黎会议上，变压器寿命管理尤其是故障分析诊断方面的进展经常是优先主题，最近一次是在 2018 年[38]。这也是近期一些工作组的主题，最终形成了研究变压器寿命延长的 CIGRE WG A2.55[53~55]。

多年来，变压器故障分析及诊断试验中最重要的工具是油样分析。它具有非侵入性和比大多数其他可行方案成本低的优点。CIGRE WG A2.34 建议定期进行油中溶解气体分析，而其他油试验间隔时间更长，通常包括呋喃分析和油质试验[55]。油中溶解气体分析因其可以检测各种不同变压器故障的能力而被推崇，并自 20 世纪 70 年代以来一直广泛使用和研究，最近 CIGRE WG D1/A2.47 对其进行了研究，并提供了最新的故障诊断指导[56]。呋喃分析是最近的发展成果，能够检测固体绝缘的老化，同样最近 CIGRE WG D1.01（TF13）研究指出了其复杂性并提供了一些关于其应用的指南[57]。由于需要开发更先进的技术来检测固体绝缘的老化，人们对使用甲醇和乙醇的可能性产生了兴趣，最近 CIGRE WG A2/ D1.46 对此进行了研究[58]。

近年来，变压器监测系统无论是在可监测的参数数量方面，还是在结果的准确性和分辨率方面都有了提升，并在未来几年内将持续攀升[24,25]。变压器用户需要了解到任何现代变压器监控系统的寿命都不可能与被监控的变压器的寿命相同。因此，有必要在变压器的生命周期内更新和升级监测系统。

成功应用变压器监测系统面临的最大技术挑战可能是不同传感器之间的结果汇总，以及在子站或网络层面上不同监测系统之间的汇总，这些都需要对分析技术进行改进。现代分析技术在变压器数据上的应用还处于起步阶段并有可能迎来迅速发展阶段。

3.4.8 配电电压等级变化

分布式可再生能源的并网程度上升，加上这两种主要能源固有的间歇性，许多地区的配电网络出现双向电力流，导致资源丰富的地区配电电压会产生巨大变化。在某些情况下，这些电压变化超过了消费者和用户的预期，甚至超过了监管机构或法律法规规定的限制。

调压配电变压器实际上是带有有载分接开关的配电变压器，尽管实际使用的技术可能与大中型电力变压器的技术有些不同，但它们可以更好地控制配电网的电压。

这一问题先前基本被 CIGRE 所忽略，直至最近，在 CIGRE SC A3（输配电设备专业委员会）的指导下，一个新的工作组即将成立，以便对此进行更详细的研究并提供下一步建议。

同时，调压配电变压器一直是重点研究的对象，特别是在德国，调压配电变压器所面临的挑战尤其强烈[59,60]。现在有计划为调压配电变压器制定一项 IEC 标准。

3.4.9　系统频率的变化

由于越来越多地使用分布式能源，特别是太阳能，带来惯量损失，其结果是频率变化的增加。符合 IEC 标准的变压器在低于额定频率下的工作能力有限[61]，如果不够的话可能需要修改标准或技术条件。

这个问题将由 CIGRE SC A3（输配电设备专业委员会）领导下的新工作组部分研究解决。值得注意的是，电力变压器的直流磁化问题可能会引起的类似现象，目前 CIGRE WG A2.57 已经在开展针对性的研究。

3.5　结论

本章重点讨论供电系统的变化将如何影响电力变压器和电抗器的寿命周期。CIGRE 关于未来的供电系统的参考文件中提供了一些关于这些变化的背景信息，以及变化带来的对整个供电系统的挑战，其中与电力变压器和电抗器紧密相关的挑战包括以下内容：

（1）配电层面的双向电力和数据流。

（2）直流和电力电子设备在各个电压等级上的广泛应用。

（3）更新、更先进的建模工具。

（4）更多的环境约束。

（5）增加的路径容量。

（6）海上和海底基础设施建设。

（7）需要增加利益相关方的参与。

在一些资源丰富的地区，分布式可再生能源并网所产生的双向潮流会导致配电网的电压发生巨大变化。这些电压变化超过了消费者和用户的预期，甚至超过了监管机构或法律法规规定的限制。所谓的调压配电变压器实际上是带有有载分接开关的配电变压器，尽管实际使用的技术可能与大中型电力变压器的技术有些不同，但它们可以更好地控制配电网的电压[59,60]。

近年来，变压器监测系统无论是在可以监测的参数数量方面，还是在结果的准确性和分辨率方面都有了提升，并会在未来几年内持续攀升[24,25]。成功应用变压器监测系统的最大挑战可能是结果的汇总，这显然需要对分析技术进行改进。现代分析技术在变压器数据上的应用还处于起步阶段，有可能迅速发展[26]。

使用直流进行远距离输电现在已经是一项成熟的技术，第一批直流输电线路（或电缆）早在 20 世纪 50 年代就已经投入使用。线路的电压以及由此产生的输电容量和传输距离都在稳步增长，在撰写本书时已达到 1100kV。最近的两项进展扩大了直流输电的使用范围——VSC 转换器缓解了建造直流换流站的技术挑战，而直流断路器的研发使多端直流网络成为可能[37]。其他最新发展包括使用直流输电连接海上风力发电，以及发展较小规模的直流输电来提高配电网接纳分布式发电的能力。IEC 最近发布了一个新版 HVDC 变压器的标准[39]。

许多现代 HVDC 变压器体积庞大，加上许多安装地点偏远，可能会使运输到现场变得非常困难。为应对这些挑战而开发的一项新兴技术是现场组装[44~46]。这可能是实现更高交流和直流电压应用的一项重要技术。

移相变压器用来抵消输电网络中的环流，使网络容量得到更好的利用。即使在集中规划的网络中也会出现环流，分布式可再生资源的并网使许多地区的环流问题更加严峻。IEC 最近发布了一项新版的移相变压器标准[43]。

在环境敏感地区或其他地区，不允许在电力变压器或电抗器发生故障时产生不可控的油泄漏、火灾或爆炸以及所带来的环境问题。传统油浸式变压器的大量替代品已经被研发出来，其中最有希望的是浸渍天然酯或合成酯中的变压器[47]。这两种方法现在已经成功地应用于高达 420kV 电压等级的变压器[48]。该领域仍需要进行进一步的研究，CIGRE SC D1（材料与试验新技术专业委员会）为此已经成立了 CIGRE WG D1.70 来研究绝缘液体的功能特性。

电力变压器特别是电抗器的另一个影响环境的主要因素是噪声水平。在环境敏感地区，特别是在人口密集的城市地区，需要尽量减少相应影响。近年来，变压器制造商及其供应商在变压器的噪声水平方面已经有了很大的改进。

CIGRE WG A2.54 的成立是为了继续开展电力变压器的相关工作。他们在 2019 年发表了一份关于一般噪声等级和最低空载噪声等级的报告[21]，目前正在研究一般噪声等级和最小负载噪声等级。当这项工作完成后，下一步的工作是改进噪声缓解方案，如果要求的噪声等级低于变压器设计改进和施工所能达到的噪声等级，可能需要采取外部缓解措施。类似的方案也适用于不符合要求的现存变压器。

影响电力变压器和电抗器发展的另一个因素是损耗。多年来，用户一直面临着降低损耗的压力，同时制造商也一直致力于生产低损耗的产品。许多国家现在已经通过了对损耗的法规管制，现在也已经扩展到整个范围，包括中型和大型电力变压器[22]。CIGRE WG A2.56 的成立旨在给用户提供一些指导，让他们了解如何认知变压器损耗。该工作组计划还将为采取这些不同方法的新法定条例的国家提供一些实用性指导。

本章的结论在表 3.1 中作了进一步总结。

表 3.1 未来电力系统中的变压器和电抗器的挑战

<table>
<tr><th>系统的挑战</th><th>变压器的挑战</th><th>解决办法</th></tr>
<tr><td rowspan="2">双向功率流</td><td>配电电压调压</td><td>VRDT
由 A3 领导的新联合工作组</td></tr>
<tr><td>变化的系统频率</td><td>更好的规范
WG A2.57
由 A3 领导的新联合工作组</td></tr>
<tr><td rowspan="2">双向数据流</td><td>更好的检测系统</td><td>WG A2.27
WG A2.44</td></tr>
<tr><td rowspan="2">更好的分析技术</td><td rowspan="2"></td></tr>
<tr><td>建模工具</td></tr>
</table>

续表

系统的挑战	变压器的挑战	解决办法
环境限制	石油	酯类液体 WG A2.33 WG A2.35 WG D1.70
	噪声水平	更好的规范 更好的设计和是施工 WG A2.54
	损耗	更好的规范 更好的设计和是施工 WG A2.56
增加的路径容量	更高的直流电压等级	最新的 IEC 标准 现场组装 WG A2.59 由 A2 领导的新联合工作组
	更高的交流电压等级	现场组装 WG A2.59
	移相变压器	最新的 IEC 标准
海上基础设施	海上变压器	WG B3.26
	海底变压器	
利益相关者的参与		支持非洲倡议的新绿皮书

参考文献

[1] Hatziagyriou, N.: Electricity systems of the future. Electra 256, (2011).

[2] Vanzetta, J: Transition of the electricity system from conventional generation to a dispersed and/or RES system. Electra 275 (2014).

[3] Fairely, P.: San Francisco's Secret dc Grid. IEEE Spectrum (2012).

[4] GOELRO Plan: Adopted 21st December 1921.

[5] Bourgquist, W. et al.: The Electrification of the Irish Free State: The Shannon Scheme. Report of the experts appointed by the government (December 1924).

[6] The ElectricityAct (1947).

[7] Fu, L. (ed.): The Three Gorges Project in China (2006).

[8] IEC standard 60076: Power transformers, 1st edn. (1955).

[9] Calculation of Short-Circuit Forces in Transformers. Final report of working group 12.04. Electra 76 (1980)Power Transformers and Reactors 99.

[10] CIGRE Brochure 209: The Short-Circuit Performance of Transformers. Final report of working group 12.19 (August 2002).

[11] IEC standard 60076-5: Power Transformers—Ability to Withstand Short-Circuit, 3rd edn. (February 2006).

[12] CIGRE Brochure 659. Transformer Thermal Modelling. Final report of CIGRE working group A2.38 (June 2016).

[13] CIGRE Brochure 577A: Electrical Transient Interaction Between Transformers and the Power System—Expertise. Final report of CIGRE working group A2/C4.39 (April 2014).

[14] CIGRE Brochure 577B: Electrical Transient Interaction Between Transformers and the Power System—Case Studies. Final report of CIGRE working group A2/C4.39 (April 2014).

[15] CIGRE Brochure 537: Guide to Transformer Fire Safety Practices. Final report of working group A2.33 (June 2013).

[16] Bengtsson, C. et al.: Tank vibrations and sound levels of high voltage shunt reactors: advances in simulation methodologies. Paper PS1-11 presented at CIGRE Study Committee A2 Colloquium, Cracow (Poland) (October 2017).

[17] CIGRE Brochure 530: Guide for Conducting Factory CapabilityAssessments for Power Transformers. Final report of CIGRE working group A2.36 (April 2013).

[18] IEC standard 60076-3: Power Transformers—Insulation Levels and Dielectric Tests, 1st edn. (1980).

[19] IEC standard 60076-3: Power Transformers—Insulation Levels, Dielectric Tests, and External Clearance inAir, 3rd edn. (July 2013).

[20] NEMA Standard TR-1: Transformers, StepVoltage Regulators, and Reactors (2013).

[21] Ploetner, C.: Power transformer audible sound requirements. Electra 302 (2019).

[22] EU Commission Regulations no. 548/2014: Adopted 21st May 2014.

[23] Ryder, S., Zaleski, R.: Evaluation of alternative transformer designs to reduce transport dimensions and mass. Paper PS3-2 presented at CIGRE Study Committee A2 colloquium, Cracow (Poland) (October 2017).

[24] CIGRE Brochure 343: Recommendations for Condition Monitoring and Condition Assessment Facilities for Transformers. Final report of working group A2.27 (April 2008).

[25] CIGRE Brochure 630: Guide on Transformer Intelligent Condition Monitoring Systems. Final report of working group A2.44 (September 2015).

[26] Cheim, L.: Machine Learning Tools in Support of Transformer Diagnostics. Paper A2-206, CIGRE 2018 Paris Session.

[27] Emin, Z., & de Graaf, S.: Effects of increasing power electronics based technology on power system stability: performance and operations. Electra 298 (2018).

[28] CIGRE Brochure 719: Power Quality and EMC Issues with Future Electricity Networks. Final report of working group C4.24/CIRED (March 2018).

[29] Murray, R. Transformers within photovoltaic generation plants: challenges and possible solutions. Paper 7.01 presented at CIGRE Regional Colloquium, Somerset West (SouthAfrica) (November 2017).

[30] Nyandeni, D. B.: Transformer oil degradation on PV Plants—a case study. Paper 7.03 presented at CIGRE Regional Colloquium, Somerset West (SouthAfrica), November 2017.

[31] IEC/IEEE Standard 60076-16: Power Transformers—Transformers for wind turbine applications, 2nd edn. (September 2018).

[32] Lapworth, J. et al.: Transformer internal resonant over-voltages, switching surges, and special tests. Paper A2–215, CIGRE 2018 Paris session.
[33] CIGRE Brochure 483: Guidelines for the design and construction of ac offshore substations for wind power plants. Final report of working group B3.26 (December 2011).
[34] CIGRE Brochure 655: Technology and Utilisation of Oil-Immersed Shunt Reactors. Final report of working group A2.48 (May 2016).
[35] Call for Papers, CIGRE 2016 Paris session.
[36] Call for Papers: CIGRE-IEC Conference on EHV and UHV (ac and dc), Hakodate (Japan) (April 2019).
[37] Andersen, B.: The path towards HVDC Grids. Electra 275 (2014)100 S. Ryder.
[38] Call for Papers: CIGRE 2018 Paris session.
[39] IEC/IEEE Standard 60076–57–129: Power Transformers—Transformers for HVDC Applications, 1st edn. (September 2017).
[40] Wahlstrom, B.: Voltage Tests on Transformers and Smoothing Reactors for HVDC Transmission. Final report of working group 12.02, Electra 46 (1976).
[41] CIGRE Brochure 406: HVDC Converter Transformers: Design Review, Test Procedures, Ageing Evaluation, and Reliability in Service. Final report of CIGRE working group A2/B4.28 (February 2010).
[42] CIGRE Brochure 406: HVDC Converter Transformers: Guidelines For Conducting Design Reviews for HVDC Converter Transformers. Final report of CIGRE working group A2/B4.28 (February 2010).
[43] IEC/IEEE standard 60076–57–1202: Power Transformers—Liquid-Immersed Phase-Shifting Transformers, 1st edn. (May 2017).
[44] Kobayashi, T. et al.: Quality control and site test for site assembled transformers. Paper PS 3–4, presented at CIGRE Study Committee A2 colloquium, Cracow (Poland) (October 2017).
[45] Wang, X. et al.: Research and application of UHVAC transformers and shunt reactors. CIGRE paper A2–210, 2016 session.
[46] Wang, X. et al.: A study on key technology and demonstration of UHVAC and DC siteassembled transformers. Paper A2–306, CIGRE 2018 Paris session.
[47] CIGRE Brochure 436: Experiences in Service With New Insulating Liquids. Final report of working group A2.35 (October 2010).
[48] M&I Materials press release, 23rd March 2015.
[49] Fritsche, R., Pukel, G. J.: Large power transformers using alternative liquids: experience in the range of 420kV transmission level. Paper A2.208, CIGRE 2016 Paris session.
[50] Baer, R.: Transformer technology state-of-the-art and trends of future development. Electra 198, 13–19 (2001).
[51] CIGRE Brochure 642: Transformer Reliability Survey. Final report of working group A2–37 (December 2015).

[52] Moser, H.P., et al.: Transformer board. Special print of Scienta Electrica (1979).
[53] CIGRE Brochure 227: Life Management Techniques for Transformers. Final report of working group A2.18 (June 2003).
[54] CIGRE Brochure 248: Guide on Economics of Transformer Management. Final report of working group A2.20 (June 2004).
[55] CIGRE Brochure 445: Guide for Transformer Maintenance. Final report of working group A2.34 (February 2011).
[56] CIGRE Brochure 771: Advances in DGA Interpretation. Final report of working group D1/A2.47 (July 2019).
[57] CIGRE Brochure 494: Furanic Compounds for Diagnosis. Final report of working group D1.01 (TF13) (April 2012).
[58] CIGRE Brochure 779: Field Experience with Transformer Solid InsulationAgeing Markers. Final report of working group A2/D1.46 (October 2019).
[59] FNN Report: Voltage Regulating Distribution Transformer—Use in Grid Planning and Operation. VDE, Frankfurt (2016).
[60] BEAMA Technical Report 4: Voltage Regulating Distribution Transformers (February 2019).
[61] IEC standard 60076-1: Power Transformers—General, 3rd edn. (April 2011) Power Transformers and Reactors.

作者简介

Simon Ryder，1973 年出生于英格兰。1992—1996 年，在牛津大学圣约翰学院（St. John’s College, Oxford University）工程专业学习；1997—2003 年，在通用电气阿尔斯通公司（GEC Alsthom）及后来的阿尔斯通公司工作，从事变压器设计、开发和研究。他因其在变压器热特性和频率响应分析（FRA）方面的工作而为业界所熟知。2003 年加入道波（Doble）公司，最初主要从事变压器寿命管理工作；自 2009 年以来，主要从事变压器采购工作，特别是供应商资格认证和开发。Simon Ryder 是电气与电子工程师学会（IEEE）电力与能源学会（PES）高级会员、英国工程技术学会（IET）会士，也是一位特许工程师。他还是 CIGRE WG A2.36（变压器采购）和 D1/A2.47（DGA 解释进展）成员；CIGRE WG A2.48（并联电抗器）召集人；CIGRE 变压器采购绿皮书联合编辑；CIGRE A2（电力变压器与电抗器专业委员会）主席。

第 4 章 输配电设备

Nenad Uzelac, Hiroki Ito, René Peter Paul Smeets, Venanzio Ferraro, Lorenzo Peretto

关键词：断路器；开关设备；互感器

4.1 引言

过去的 100 年中，电力系统成为全球最灵活、最可靠的系统。全球电力需求持续增长，在许多国家电力供应与国家的国内生产总值（GDP）息息相关。确保配电系统安全运行，必须依赖断路器（CB）这种极其可靠的专用设备，该设备在电力系统正常和异常条件下负责开断、关合系统电流，在电网中的作用至关重要。

经济发展、社会进步促使输电系统向更高电压和更大短路容量的方向前进，断路器的发展与这一趋势密切相关。自 19 世纪后期开始，以油、空气、真空及 SF_6 气体作为开断介质的各种开断技术相继问世，驱动了大容量输电技术的进步。

20 世纪初，充油断路器因其良好的开断性能率先应用于电网之中[1]。1907 年，J. N. Kelman 在美国获得了第一台充油断路器的专利授权。该断路器只不过是一对浸在充满矿物油罐中的一对触头。正所谓实践出真知，大多数断路器设计是通过在电力系统中反复的试验完成的。

在半个世纪后的 1956 年，Lingal 等人获得了 SF_6 断路器的基本专利授权[2]。这是迄今为止断路器设计的重大变革，如今大多数高压断路器使用 SF_6 气体作为开断和绝缘介质。

从那时起，断路器设计、制造、试验及应用便沿着电力工业发展要求的方向前进。1965 年，765kV 多断口压气式断路器应用于输电网络。随后，SF_6 气体断路器助力大容量输电技术的发展，最终在 2009 年应用于特高压输电。与此同时，真空断路器广泛应用于中压配电

On behalf of CIGRE Study CommitteeA3.
N. Uzelac(✉)· H. Ito · R. P. P. Smeets ·V. Ferraro · L. Peretto
CIGRE, Paris, France
e-mail: nenad.uzelac@cigre.org

N. Hatziargyriou and I. P. de Siqueira (eds.), *Electricity Supply Systems of the Future*, CIGRE Green Books, https://doi.org/10.1007/978-3-030-44484-6_4

网络。如今真空断路器的额定电压已达 145kV。种种迹象表明，未来几年更高电压等级的真空断路器必将问市。

图 4.1 中示出了不同技术路线断路器单元的开断能力发展趋势。从图中可以看出，随着技术发展，断路器的开断能力（效率）不断提升，而设备的规格尺寸随着开断能力的提升而显著下降是迄今为止技术发展的一大趋势。

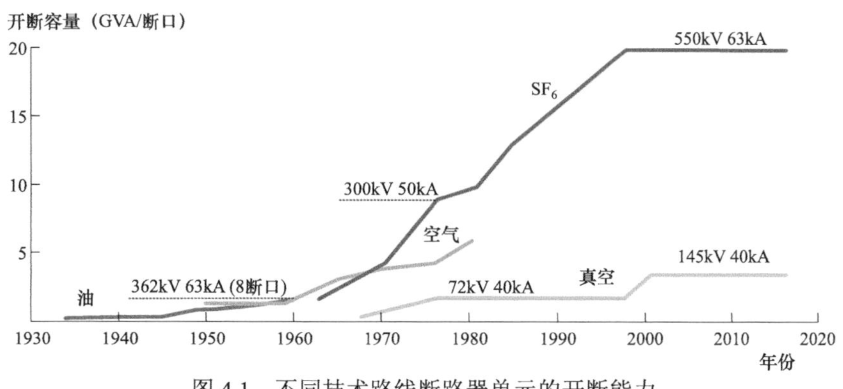

图 4.1　不同技术路线断路器单元的开断能力

图 4.2 示出了过去的一个世纪从充油断路器到真空断路器的技术变革历程。

(a) 1901 年制造的 Kelman's 充油断路器

(b) 1959 年开发的 168kV 多油罐式断路器

(c) 自 2010 年开始使用的 145kV 瓷柱式真空断路器（SF_6 绝缘）

图 4.2　断路器技术的演变

图 4.3 示出了不同类型断路器的商业化进程。

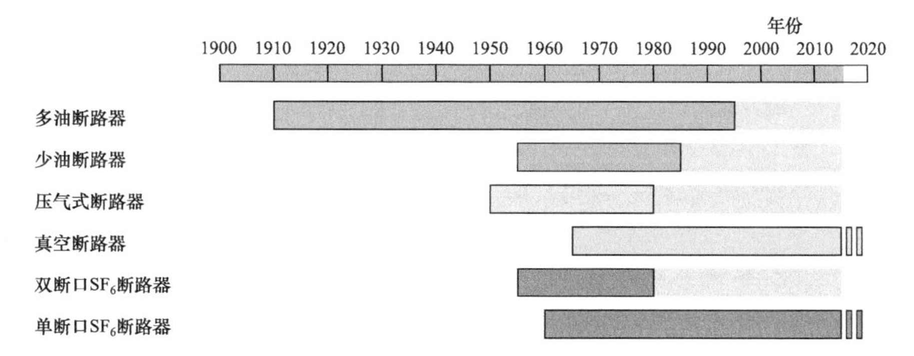

图 4.3　不同时期不同技术路线的断路器

从图 4.3 中可以看出，像充油断路器这样的产品已经停产，而像真空断路器和单断口 SF_6 断路器这样的产品仍有市场且技术不断进步。

未来电网将呈现出低碳化、分布式和数字化特点，断路器技术也将随之不断革新，以满足电网发展的要求[3]。

（1）低碳就是通过国内外政策促进减排，以达到《巴黎协定》规定的目标。

（2）与此同时，一些国家（主要是发达国家）和地区开始采取使用低的温室效应指数（GWP）或零 GWP 的替代气体的举措，以减少 SF_6 这种极强温室气体的使用和排放。电力行业是减排的主力军：预计到 2050 年，电力需求将占全球能源需求的 45%（200EJ/yr），而在 2016 年，该占比仅为 19%（75EJ/yr）[4]。在终端能源需求中电力终将替代煤炭和石油。

（3）由于用户参与度增加及需求量的上升，分布式电源不断增长。随着能源行业推动（风电、光伏这样的）可再生能源的发展，电网变得越来越分散，从而导致电流更加“无序”，因此，对保护和（重新）调节电力系统的开关设备提出了更高的要求。

（4）伴随着电网越来越分散，数字化技术应运而生，电网需要高度自动化的开断技术以确保持续可靠的电力供应。

基于上述驱动因素，预计在 2020—2040 年间，为了实现碳中和目标，电力系统将呈现两种主要模式 [3]。

（1）大电网模式，大型输电网络连接负荷区域和发电区域（如：海上风电），以及不同国家和能源市场间的互联。到2050年全球输电线路容量将从2019年的2.5PW/km增加至7PW/km以上。预计到 2050 年，大约有 50%的输电线路将达到超高压等级（350～800kV）；预计大约 15%的大容量输电采用高压直流输电，其余 85%将采用高压交流输电[4]。

（2）微电网模式，以分布式电源、储能和有源用户构成的独立小型配电网为代表。

本章将研究这些趋势如何影响高压开关设备、中压开关设备和互感器的发展。

4.2　高压开关设备的发展

电力电子技术的成熟推动了电力系统和设备的变革。随着晶闸管、绝缘栅双极型晶体管（IGBT）和可关断晶闸管（GTO）价格下降，我们当前稳定情况演进的电网将会发生游戏规则的变化，能够实现可控。如今，主要的困难和障碍在于电流正常导通期间电力电子器件的导通损耗。因此，混合式开关解决方案应运而生，这种开关正常工况时电流通路为机械式回路，故障电流开断用电力电子开关回路。可以预见，未来除负荷开关外，高压开关设备不会取代基于电弧的机械开关[5]。

未来几年，真空断路器将在配电系统中占主导地位，届时设备结构将更加紧凑，且每相都配有独立的电磁操动机构。未来自驱动真空断路器将会有很广阔的发展前景，这种断路器无波纹管，无外部运动部件且无外部操动机构。目前 145kV 自驱动真空断路器已经投放市场，未来将开发 245kV 双断口自驱动真空断路器和 550kV 油浸式 4 断口真空断路器。

随着短路电流的不断增大，变电站配备故障电流限制器（FCL）将会成为普遍的发展趋势。然而，在直流断路器超高速机构的研发过程中，开发出了非常快速的交流开关设备，该设备可以在故障电流达到非对称峰值之前限制故障电流。因此，一种配有 110kV 电阻性限流器的示范研究已被叫停。

随着高温超导技术在电力系统中应用越来越普遍，全球各地纷纷开展了各种项目。但超导技术是否会改变电力系统运行规则，还是该技术只能在现有且可靠技术无法应用的特定情况下才能发挥作用，还有待考证。

对于长距离大容量输电，选择包括采用交流输电还是直流输电，当然还有线路类型选择，使用架空线路、地下电缆还是气体绝缘输电线路。架空线路是投资最少，但对环境影响最大的解决方案。电压等级高达 800kV 的高压电缆正在开发阶段，但 600kV 的高压电缆已较为普遍，传统上这种电缆只应用于海底输电，如今陆上应用越来越多，通常作为主网线路的一部分。在这种情况下，需要特别关注开关设备。目前，气体绝缘输电线路已应用于 1100kV 电压等级。用于直流输电网的直流断路器正在开发中，而交流电网设备电压等级已经达到 1100kV（中国已经投入商运）和 1200kV（印度正在试点）。

随着电网短路容量逐渐增加，目前额定电压 550kV 单断口断路器的开断容量为 63kA，据此可设计和制造 1100kV 双断口断路器。另一方面，缩小设备尺寸和简化结构是开关设备发展趋势。在高压系统的一些位置，短路电流水平已达到 80kA，用于开断该短路电流水平的 SF_6 断路器正在开发之中。

SF_6 具有优良的绝缘性能，是最佳的灭弧介质。但由于 SF_6 是温室气体，对环境的负面影响大，因此，在电工领域外，并不受欢迎。寻找替代解决方案是解决 SF_6 问题的唯一途径，将长期受到关注。替代气体已经应用在一些 170/245kV GIS、420kV GIL 示范工程和电流互感器之中。

图 4.4 总结了不同技术路线断路器的制造时间，以及为推广应用需解决的技术问题。这些技术问题包括：紧凑型超高压真空断路器的开发、提升 SF_6 替代气体断路器长期可靠性以及降低半导体断路器成本。

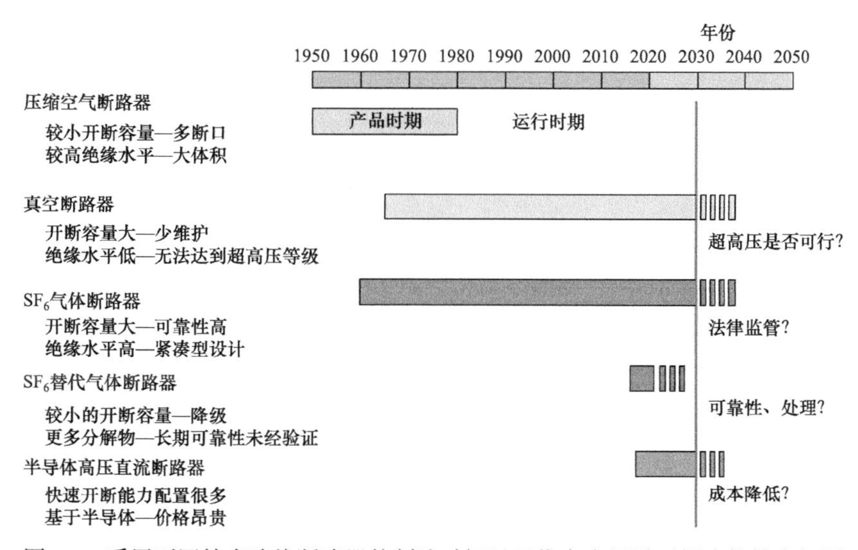

图 4.4　采用不同技术路线断路器的制造时间以及推广应用需要解决的技术问题

4.2.1 高压直流断路器

直流断路器的开断过程比交流断路器更具挑战性。交流断路器在电流过零点开断故障电流，通常在故障发生后的 2～3 个周波。

直流系统中没有自然电流过零点，断路器必须能够制造人工电流零点，因此不仅需要防止电弧重击穿，还需要消耗存储的能量。此外，由于 HVDC 输电的阻抗相对较低，所以直流系统故障电流上升速度非常快。因此直流断路器必须能够在几毫秒内开断故障。

图 4.5 所示为 500kV/25kA 机械和电力电子混合式直流断路器样机及其结构照片。混合式高压直流断路器由主负载支路和主断路器支路组成。主负载支路包括快速机械开关（真空隔离开关）和 IGBT 换向模块。主开关支路由多个二极管串联的 IGBT 模块和用于耗能的并联金属氧化物避雷器（MOSA）组成。图 4.6 所示为 500kV 直流断路器的直流电流开断过程。

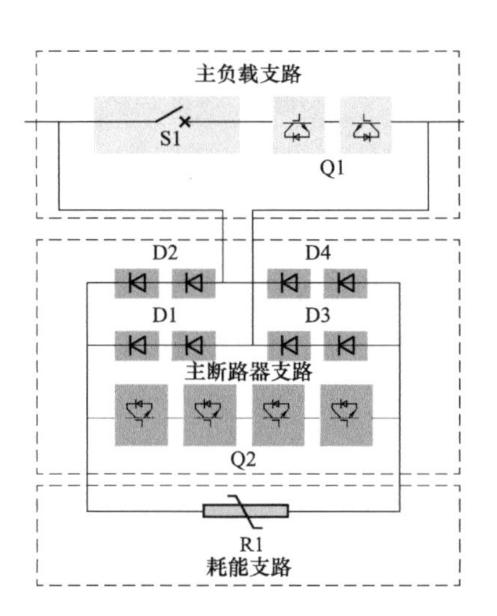

图 4.5　500kV（机械及电力电子混合式）直流断路器
（来源：NR Electric，State Grid Corporation of China）

下文将讨论高压直流断路器的一些应用和最新发展状况。

1. 高压直流开关设备

由于电流没有自然过零点，分断直流电流基本上不可能。然而，自从 60 年前高压直流输电系统问世后，便出现了分断直流电流的需求，如：在换流器或换流器组件发生故障时，需要将电流换向（电流转移）至不同路径，或是变电站母线、线路或中性线中，抑或是绕过某些站设备。这些功能由直流转换开关实现。

出于安全或操作原因，需要通过接地开关和高速接地开关进行接地操作。

在空载（无电流）条件下进行时，通常使用隔离开关进行操作。虽然隔离开关仅具有隔离功能，在带电（空载）条件下，要能开断小的阻性泄漏电流。

转换开关、接地开关和隔离开关是高压直流换流站直流侧开关场中常见设备。高压直流开关可以是（最常见的）空气绝缘，也可以是气体绝缘。高压直流开关设备的发展方向是满足高达±1100kV 输电系统的要求。

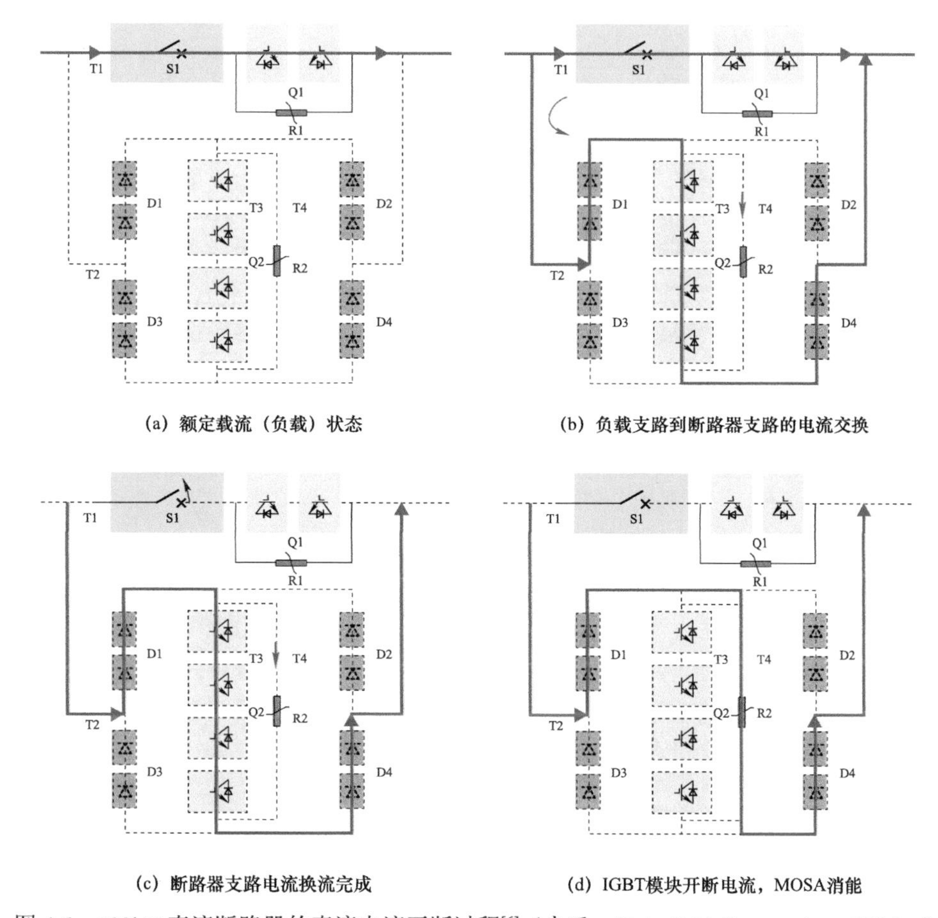

(a) 额定载流（负载）状态

(b) 负载支路到断路器支路的电流交换

(c) 断路器支路电流换流完成

(d) IGBT模块开断电流，MOSA消能

图 4.6 500kV 直流断路器的直流电流开断过程[6]（来源：State Grid Corporation of China）

2. 多端高压直流电网用高压直流断路器

全球几乎所有在运的高压直流输电系统都是点对点系统，即一条高压直流输电线路连接大规模发电站附近的高压直流接入点，例如：大型水电站或大型负荷中心。发生故障时，需要通过交流断路器或（在 LCC 系统中需要）换流器控制使整条线路断电。在系统恢复过程中，没有或仅有有限的功率流动。特别是有海底连接的系统中，维修时间可能非常长，根据欧洲输电系统运营商的一项调查，平均恢复供电时间为 60 天[7]。因此，点对点线路直流侧不需要专用的断路器来开断直流故障电流。

目前已经实现了小规模高压直流电网或多端高压直流输电系统，由于需要连接（海上风电场这样）大范围分布的大量中等规模电源，未来几十年必将形成吉瓦级大规模联网高压直流电网或多端高压直流输电系统。联网或多端拓扑可大幅提升系统可靠性、稳定性并促进跨国电力交易。

对于高压直流电网的关键要求就是要能够在不危及整个系统的情况下切断电网的故障支路。对此，迄今为止除了专用的“全桥”换流器拓扑外，高压直流断路器是最佳解决方案。该装置需要在很短的时间内分断所有可能的直流故障电流，并将故障区域与电网隔离。

从交流开关设备技术层面来看，高压直流开关设备只是对高压直流电弧和绝缘要求有所不同，而高压直流断路器与交流断路器完全不同。高压直流断路器由多种部件组成，是一种非常复杂、庞大、昂贵的设备。

（从低压至超高压）所有电压等级的直流断路器原理均是产生一个高于系统电压的反向电压，强迫直流故障电流至零点。在抑制故障电流过程中，断路器需要吸收故障直流电网中存储的能量，通常利用相当数量的 MOSA 来完成。在高压直流应用中，通过主动开断断路器主路径中的故障电流以产生反向电压，在此之后，电流被迫换向至一条高阻抗并联支路，通常为电容器组，此处电压迅速升高，直至被避雷器组限制，在吸收系统能量的同时，避雷器组进一步转移了故障电流。目前有几种不同的技术方案正处于研究之中，所有这些技术方案都使用了（真空、SF_6）机械断路器和产生电流过零的辅助回路，这些辅助回路或基于有源电流注入[8]，或基于电力电子技术[9]，亦或者由电力电子激发高频振荡技术[10]。

2017 年，CIGRE 发布 683 号技术手册《先进高压直流开关设备技术要求和规范》[11]，其中介绍了大量高压直流开关设备，并进行了解析。

3. 中国多端高压直流输电工程（±160，±200kV 在运，即将投运 500kV），±525kV 北海高压直流电网研究

在撰写本文时，高压直流断路器已在两个项目安装投运，一个是由中国南方电网公司运营的±160kV 南澳四端柔性直流输电工程（2013）[12]，另一个是由中国国家电网公司运营的±200kV 舟山直流输电工程（2014）[13]。另外，（中国的）±500kV 张北柔性直流输电工程也处于建设之中[14]，初期将安装 5 种不同设计的 16 台高压直流断路器。一些类型的高压直流断路器正在开发中，所有设备都将应用在未来的直流电网中。

4.2.2　输电工程用真空断路器

真空断路器在中压电力系统中良好的应用经验，为探索输电工程用真空开关设备奠定了基础。CIGRE 开展了对高压真空断路器运行经验的调查，并总结了 52kV 级以上真空开关设备应用的最新状况。

基本上有两种方法可以提高真空间隙的绝缘强度，使其达到输电工程绝缘强度的要求。

一种方法是在双触头结构中增加触头距离。然而，真空间隙的击穿电压 U_b 并不（像在气体中一样）与间隙长度 d 成正比，通常遵循以下原则：

$$U_b = A \cdot d^{\alpha}$$

其中，α 为一个小于 1 的参数；A 为一个常数。该式表明真空中的击穿是一种表面效应，完全由触头表面状况决定。在 SF_6 中，击穿仅仅是体积效应，与间隙长度呈线性关系。击穿过程主要由绝缘介质及其压力决定，而不是由触头的结构和状况决定。

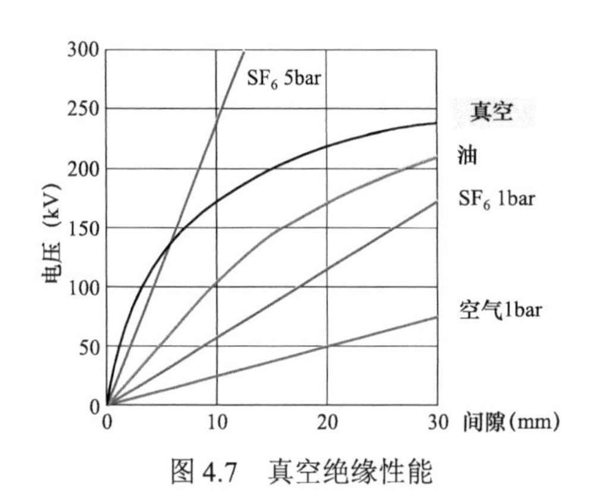

图 4.7　真空绝缘性能

图 4.7 所示为空载条件下不同开断介质的静态击穿电压情况。在气体环境中，绝缘强度随触头间隙的增大呈线性增加；而在真空环境中，在触头间隙很小（甚至间隙小至 2～4mm）时显示出较好的绝缘强度，但随着间隙长度的增加，绝缘强度逐渐饱和。

另一种方法是串联布置两个或两个以上的间隙（多断口断路器，通常布置均压电容确保在系统正常运行和操作时所有断口的电压分布均匀），如果间隙之间的电压理想分布，则触头总的耐受电压要低于单一同距离间隙耐受电压水平。

这两种解决方案在 72.5kV 电压级以上的产品市场上都有应用。1968 年，英国首次报道了商用输电等级真空断路器，该断路器为 8 个真空断口串联的 132kV 断路器。如今，该断路器已经使用超过 40 年。

在 20 世纪 70 年代中期的美国，每极 4 个真空灭弧室串联结构已用于 145kV 电压等级改进型的多油断路器，当时计划将 14 断口串联[15]结构用于 800kV 设备。

多间隙/多断口方案的同期，日本研究人员开发出电压等级高达 145/168kV 的单断口真空断路并使之商业化。

1986 年，有两种真空断路器问世：一种是额定开断电流为 25kA 的 84kV 单断口真空断路器；另一种是 145kV 的真空断路器样机。商用单断口真空断路器电压等级可达 145kV，商用双断口罐式真空断路器电压等级可达 168kV（见图 4.8）和 204kV。

图 4.8　1972 年制造的 168kV、40kA 真空断路器（来源：Meidensha）

从 20 世纪 70 年代末到 2010 年，日本的 5 家制造企业总共向市场交付了大约 8300 台额定电压 52kV 及以上的真空断路器，其中大约 50%供给电力公司，50%供给工业用户；箱式 GIS（C－GIS）占高压真空断路器设备的 50%，主要供给工业用户。

在日本高压真空断路器使用相当频繁的原因之一是，电力公司认可其（与 SF_6 断路器相比）维护更少，适合频繁操作并且适合偏远地区配电系统的优点。

高压真空断路器的可靠性与 SF_6 断路器相当。与一家日本电力公司合作开展的日本 72.5kV 输电网络中高压真空断路器和 SF_6 断路器故障率的调查结果显示，操动机构的机械故障是导致设备重大故障的主要原因。没有任何高压真空断路器故障是因过电压所致。然而，由于故障数据太少，无法判定运行时间与故障趋势间的关系。

高压真空断路器的大部分研发工作集中在东亚地区。日本企业在 20 年前就能够生产出成熟的产品，但目标市场主要是其国内，在特殊应用场景中高压真空断路器占有一定的份额。

欧洲的研发工作据称始于 20 世纪 90 年代中期。欧洲的一些企业将高压真空断路器推向市场，并开始项目试点，以获得该领域的运行经验。在现代高压真空断路器中，一般选用氮气或干燥空气作为真空灭弧室的外部绝缘介质，而不是 SF_6。最新开发的 145/170kV 真空灭弧室已经在空气绝缘断路器内部进行了包括罐装方案在内的全套测试[16]。

在进行高电压等级真空灭弧室研制时，必须对其进行 x 射线辐射[17]仔细检查，图 4.9 所示为一座变电站中安装的配 145kV 真空灭弧室的 110kV 断路器。

虽然一些美国制造企业早有开发高压真空断路器的记录，但并未将高压真空断路器技术商业化。然而，负荷开关产品，特别是电容器组，多断口串联真空灭弧室（每相多达 9 个断口）成为投放市场已久的额定电压高达 242kV 的高压开关产品。为提升高压隔离开关的开断能力有时会选择使用真空开关。

图 4.9　110kV 变电站用真空断路器（来源：siemens）

关于 SF_6 和真空断路器串联的实验（“混合”）设计已有报道。该思路是利用真空断路器非常快的恢复速度来承受（像出现在近区故障开断时的）初始 TRV，而 SF_6 断路器要在 SF_6 量减少的情况下耐受瞬态恢复电压峰值。

展望未来，开发更高电压等级的单断口真空断路器大有可能。在 2018 年 CIGRE 展览上已经展示 245kV/63kA 真空断路器的样机。

4.2.3　SF_6 替代气体断路器

一直以来，SF_6 是输配电设备的重要组成部分，特别是 1000kV 等级以上开关设备的重要开断和绝缘介质。SF_6 良好的业绩及技术优势获得了工业领域和学术界的认可。除所有的优势外，SF_6 最大的劣势便是它会影响环境。1997 年《京都议定书》将 SF_6 列入限制排放温室气体观察名单。而近期的一些监管行为可能会导致禁止在包括开关设备在内的输配电设备中使用 SF_6。

例如，美国加州空气资源委员会（CARB）正在制定逐步淘汰 SF_6 的计划，有望会在 2025 年开始实施[18]。与此同时，欧洲的计划是与 2014 年相比，到 2030 年将含氟气体的排放量减少三分之二，2020 年会出台更加严格的规定，逐步淘汰 SF_6 的计划可能会涉及其中。

除了法规上的变化，IEEE 和 IEC 都在调研使用 SF_6 替代气体对开关设备标准的影响[19]。

与此同时，相关技术领域正在评估替代气体的性能。下文将介绍一些最新的研究成果。

CIGRE SC/A3 发表了一份关于 SF_6 替代气体开断性能的文献[20]，其中涉及 C_5 气体全氟酮［C_5－PFK、F－酮、$CF_3C(O)CF(CF_3)_2$］[21]和 ISO－C_4 气体全氟腈［C4－PFN、F－腈、$(CF_3)_2$－CF－CN］[22]。这些文献均表明，没有可以与 SF_6 性能相媲美的替代开断介质，在能够满足当今电力系统全部高压等级和开断电流范围要求的同时，还可满足现代 SF_6 断路器对可靠性和紧凑性的要求。

使用 SF_6 替气体通常要求较大的灭弧室（多断口和更高的气体压力，这就意味着需要使用更大驱动能量的操作机构。因此，仅凭 SF_6 高达 23500 的温室效应指数不足以评判基于 SF_6 技术电力设备对环境的影响。任何特定设备对环境的影响都应根据 ISO 14040 的规定，使用从生产到报废处理的全生命周期评估方法进行评估。

为什么在 CO_2 中加入少量的 F－酮或 F－腈便能显著提高开断能力，目前仍缺乏有效的科学数据支撑。然而，与 SF_6 相比，SF_6 与全氟酮和 CO_2/O_2（7～8bar）混合气体的近区故障（SLF）开断性能（热开断性能）是 SF_6 的 80%，从而导致 245kV GIS 的性能仅与额定电压 170kV 设备相当。经验证，245kV SF_6 与全氟腈和 CO_2（7bar）的混合气体的开断性能与 145kV 设备相当，而与纯 SF_6 设备相比仍不可知。

综上所述，245kV GIS（SF_6 50kA）设计，在较高的气体压力下（无 SF_6 7～10bar）使用较大机械能的操作机构，可达到 170kV GIS（无 SF_6 31.5～40kA）的性能。

4.2.3.1　SF_6 替代气体及混合气体特性

以 SF_6 为参照，所选替代气体的特性如表 4.1 所示。从表中可以看出，不同气体的温室效应指数（GWP）不尽相同：C_4－PFN 气体的 GWP 远高于 CO_2 或 C_5－PFK，后两者都在 1 左右。所有受到关注的替代气体都不易燃、没有臭氧消耗潜力（ODP），根据化学制品制造商提供的安全数据表明无毒[21,22]。纯 C_4－PFN 气体和 C_5－PFK 气体的绝缘强度几乎是 SF_6 的两倍。CO_2 的耐压水平与空气相当[23,24]，但明显低于 SF_6。

表 4.1　以 SF_6 为参照所选替代气体的特性

	CAS 数量 [c]	沸点/℃	GWP	ODP	易燃性	毒性 LC_{50}（4h）ppmv	毒性 TWA[a] ppmv	0.1MPa 绝缘强度/p.u.
SF_6	2551－62－4	－64[b]	23 500	0	无		1000	1
CO_2	124－38－9	－78.5[b]	1	0	无	＞300 000	5000	≈0.3
C_5－PFK	756－12－7	26.5	＜1	0	无	＞20 000	225	≈2
C_4－PFN	42532－60－5	－4.7	2100	0	无	12 000	65	≈2

a. 通过时间加权平均（TWA）得出的职业暴露极限，8h；

b. 升华点；

c. 分配给开放科学文献中描述的每一种化学物质唯一的数字标识符。

用于开关设备的气体和混合气体的特性如表 4.2 所示。表中第二列给出了 C_4－PFN 和 C_5－PFK 与缓冲气体的混合气体浓度，通常低于 13%（摩尔）。需要注意的是，为了在 CO_2 中使用 C_5－PFK，另外还要混合使用氧气。与 SF_6 相比，在相同气压下混合气体的绝缘强度下降，在高压设备中使用 CO_2 作为缓冲气体时，C_5－PFK 和 C_4－PFN 的最小运行压力需要稍微提高至约 0.7～0.8MPa。在中压设备中，空气/C_5－PFK 混合气体压力保持在 0.13MPa，便接近 SF_6 的耐压性能。由于协同效应的作用，混合比相对较低的 C_4－PFN 或 C_5－PFK 混合气体耐压较高[25]，正如众所周知的 SF_6/N_2 混合气体一样，绝缘强度随混合比呈非线性上升。在最低运行温度较高的情况下，C_5－PFK 混合气体的 GWP 可以忽略不计。像纯 CO_2 或 CO_2+C_4－PFN 混气体这样的高压设备可以在低至－25℃条件下运行。

表 4.2　中、高压开关设备中气体及混合气体的性能

	C_{ad}^{a}	P_{min}/MPab	T_{min}/°Cc	*GWP*	绝缘强度 *d*	毒性 LC_{50}/ppmv
SF_6	—	0.43…0.6	−41…−31	23 500	0.86…1	
CO_2	—	0.6…1	≤−48f	1	0.4…0.7	>3e5
$CO_2/C_5-PFK/O_2$（高压）	≈6/12	0.7	−5…+5	1	≈0.86	>2e5
CO_2/C_4-PFN（高压）	≈4…6	0.67…0.82	−25…−10	327…690	0.87…0.96	>1e5
空气$/C_5-PFK$（中压）	≈7…13	0.13	−25…−15	0.6	≈0.85e	1e5
N_2/C_4-PFN（中压）	≈20…40	0.13	−25…−20	1300…1800	0.9…1.2	>2.5e4

a. 混合气体中各成分的浓度，以摩尔比%表示；

b. 典型的闭锁压力范围；

c. 最低运行温度为 Pmin；

d. 相对于 SF_6 0.55MPa 时的绝缘强度，SF_6 击穿电场的标记为 E_d，且采用带有压力修正的 $E_d=84·p0.71$；

e. 与在 0.13MPa 下的 SF_6 相比，在−15℃下进行混合气体测量；

f. 计算结果参考 https://www.nist.gov/srd/refprop。

4.2.3.2　SF_6 替代气体及混合气体的开断性能

开断性能重点在于与近区故障（SLF）试验方式和容性开断能力相关的热开断能力。纯 CO_2 和 CO_2 混合气体开断性能的相关信息如表 4.3 所示。给出的 SF_6 性能用于比较。与 SF_6 相比，在提高运行压力的情况下，作为容性开断性能衡量指标的冷态绝缘强度能够达到与 SF_6 相同的水平。纵观文献，只能找到关于 C_4-PFN 和 C_5-PFK 混合气体开断性能的定性表述。对于 CO_2，有一些定量的比较。粗略地看，对于纯 CO_2，在增加压力到 1MPa 充气压力时，绝缘性能和热开断性能均可达到 SF_6 的 2/3 左右。在 CO_2 中加入 C_4-PFN 和 C_5-PFK，其绝缘性能接近 SF_6。据报道，$CO_2/O_2/C_5-PFK$ 混合气体的故障开断性能比 SF_6 低 20%[25]。对于用 CO_2/C_4-PFN 改造的断路器，故障开断性能接近于 SF_6 [26]。然而，通过使用相同结构和压力的设备直接比较纯 CO_2、CO_2/C_4-PFN 和 CO_2/C_5-PFK 混合气体性能，结果表明有无混合气体的 CO_2 具有相似的热开断性能。通过对设备设计修改[27]或一定程度上降低额定参数[25]，对新混合气体进行 IEC 规定的 L90（SLF）和 T100（100%端子故障）试验，试验结果表明与 SF_6 相比，新混合气体的开断性能并没有明显的下降。同样，如参考文献［28］和［29］所述，隔离开关母线转换操作方式也通过了相同的试验验证。

表 4.3　高压设备中提高操作压力时气体和混合气体开断性能与 SF_6 的对比

	操作压力/MPa	绝缘强度/p.u.	与 SF_6 相比 SLF 性能/p.u.a	绝缘恢复速度/p.u.
SF_6	0.6	1	1	1
CO_2	0.8…1	0.5…0.7	0.5…0.83	>0.5
CO_2+C_5-PFK/O_2	0.7…0.8	与 SF_6 接近	0.8…0.87	与 SF_6 接近
CO_2/C_4-PFN	0.67…0.82	与 SF_6 接近	0.83…（1）b	与 SF_6 接近

注　a. 增压相同力条件下；

b. 与 SF_6 的性能相同，但是否处于相同条件下不明。

参考文献［24］中讨论了在小空间内重复开断条件下形成的关键副产物。对于潜在的 SF_6 替代气体的电弧后毒性的研究似乎需要相当多的经验。其他报道的问题包括：材料兼容性[16]（例如：对密封和润滑脂的影响）、气密性和气体处理程序。因此，如果不改变设计或材料，现有高压设备不能充入新气体。对所有混合气体进行了内燃弧试验，没有发生严重问题[26,30,31]。

自 2015 年以来在瑞士[30,32]和德国成功地试点运行了使用 C_5－PFK 混合气体的高压开关设备（8 个间隔基于 245kV，50kA 设计的 170kV，31.5kA GIS，）和中压开关设备（22kV 一次开关柜 50 面，标称电流：馈线 1600A，母线 2000A）。一些欧洲国家计划试点安装 CO_2/C_4－PFN 混合气体设备，如瑞士 145kV 户内 GIS、德国 245kV 户外电流互感器和英国户外 420kV GIL[26,28]。

作为最新的 SF_6 替代气体设备，充 CO_2/O_2 混合气体断路器的研究和试验结果已经报道[33]。根据不同额定参数之间的绝缘配合，采用可变压力方案，最低压力以操作和开断性能为下限，最高压力以饱和温度限制为上限，该方案不适用于 SF_6 设备。

4.2.4 海上风电用开关设备

随着海上风机尺寸和输出功率的持续增长，风电场开发商和运营商计划用 66kV 技术替代目前的 33kV 技术。目前正在开发的风机功率将达到 12MW，高度为 250m。提高运行电压将减少所需变电站的数量并缩短需要安装电缆的长度。

安装在风机上的高压开关设备需要紧凑且维护成本最低（如图 4.10 所示）。在很长的交流电缆应用中，断路器必须能够开断较高的容性电流。此外，由于岸上的无功补偿较高，可能会没有电流零点。

图 4.10 海上风电用 66kV 紧凑型开关设备（来源：GE）

4.3 中压开关的设备发展

在各种趋势的推动下，配电网正在经历一场彻底的变革。一是功率流动从相对稳定、可预测和单向流动朝变化、不稳定和双向流动的方向转变。其次是利益相关方要求提高电能效率的压力不断增加，如：减少断电。此外，由于电力系统的负荷侧和电源侧的发展，以及对电能质量要求的提高，负载电流、短路电流和系统电压都在提高[34]。

为了满足上述要求，先进的开关设备（断路器、重合闸装置、限流器等），用于更复杂的保护和远程控制使用系统，代替熔断器和开关设备。

此外，发电机断路器分闸、合闸的开关清除附近发电厂的故障要求断路器超出通用性能参数以外的功能。用户应了解发电机断路器的特殊要求。需要考虑的一个方面是常开触点的耐压强度，以促进非同步运行的两个电力系统（或发电机）的隔离。

此外，较大的社会压力限制了配电开关设备的空间、外观和环境影响，迫使电工设备向紧凑型和/或独立于环境的地下设备发展（例如：水下设备）。有限的空间可能会导致安全与健康问题，需要以适当且透明的方式加以解决。随着设备结构的日益紧凑，内部燃弧耐受能力越来越受到人们的关注。此外，由于双向功率潮流，分布式电源在电网维修、恢复和改造过程中会产生新的且更加复杂的安全性问题。

最后但同样重要的是，电力企业正面临着严重的资源挑战。从人力资源角度来看，离职的电力专家与那些新入职的人员数量不成正比，导致缺乏合格人力资源确保电力系统更加简单且安全地运行。电力企业将更加依赖配有先进传感器和远程控制功能的“即插即用”“简单”“免维护”“长寿命”的智能化开关设备。从财务角度来看，电力企业面临着降低运营和维护成本的压力。以下文为例，说明中压电网的发展趋势。

4.3.1　配电开关设备

从熔断器和开关向断路器和带继电保护的重合闸装置发展是配电开关明显的发展趋势，主要原因在于：

（1）保护继电器间更好的配合，缩短故障清除时间。

（2）选择性更佳，可在很短的开断时间内执行自动重合闸功能。

（3）具有远程控制功能，可更快甚至自动恢复。

此外，分布式电源将影响负荷电路流/故障电流的方向和特性，在许多节点可能不再使用配熔断器的开关设备。另外，用断路器代替熔断器在进行系统隔离操作时可以避免接触像熔断器这样的高压部件。

图 4.11 说明了配电网的一些发展情况、结果，必要的措施和这些措施对开关设备造成的影响之间的关系。当上文提及的设备出现时，开关设备的功能便能够得到提升。通过通信收集系统模拟输入信号以提高（像优化 volt/var 这样的）操作性能、负荷流量计算和防窃电检测支持。与此同时，也可以提供远程设备管理的工程访问，包括固件和设置管理，以及电力系统运行和（像恶劣天气这样的）临时系统条件的远程保护配置文件更改。可实现受控操作、（系统分离）隔离、同步检查、同步等功能。

4.3.2　远程控制开关设备

当控制中心操作人员或自动化系统能够控制和恢复供电时，系统平均断电时间指数（SAIDI）的将大幅降低。控制中心必须考虑以下条件：

（1）（通过指示器、保护继电器）应提供有关故障位置的信息。

（2）应能获得（包括报警装置在内的）所有开关设备相关的状态。

（3）关于维护和其他活动的信息，包括关于电网接地部件的信息，应该准确。

（4）分布式电源的运行信息应及时、准确。

（5）相关开关设备应可控。

（6）潮流应可见。

SCADA 远程控制是非常有效的智能应用模式。例如，在每台重合闸装置上增加 SCADA 的成本远低于所获得的收益，要综合考虑电力公司的地理位置、关键线路或电缆、现场资源（技术人员工时）和预期收益，如：提高可靠性、客户满意度、安全性、效率、保障和环境

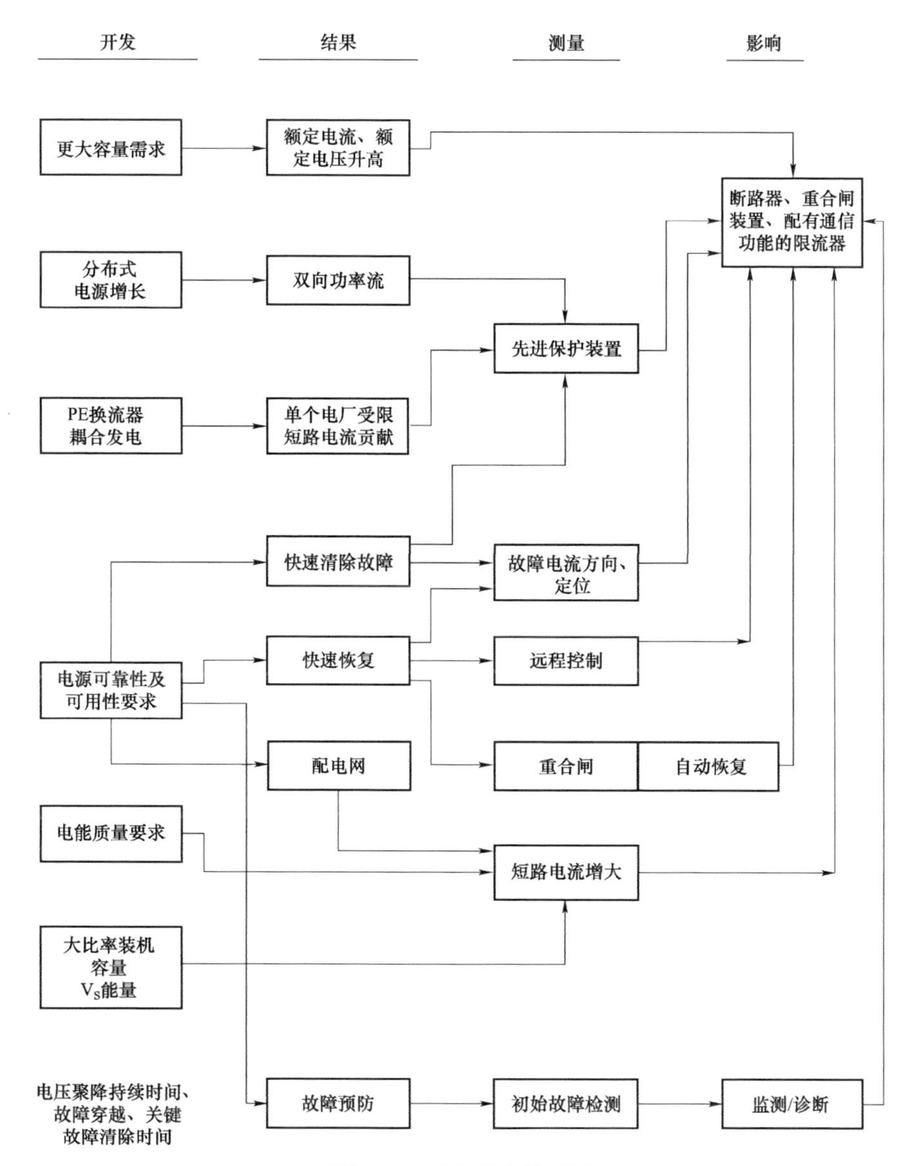

图 4.11　配电系统关系图

影响。图 4.12 所示为（某电力企业）用户停电减少收益与 SCADA 相连重合闸装置数量的关系。随着与 SCADA 相连接的重合装置数量的进一步增加，反馈的用户断电明显下降，重合闸装置维持在 1500 个左右时，减少了 90 万用户断电，也就是说，平均每台重合闸装置减少了 600 个用户断电。

远程操作和采取非重合闸设置这样的安全措施是远程控制开关设备的另一优势。这些优势提升了局部回路恢复时间，缩短了现场（电话）协调时间和提升工作人员工作效率。

由于通信、监测、保护和控制电子设备（IED）安装在一次设备附近，需要对其进行设计和测试，以适应复杂多变的电磁工作环境。在图 4.13 中，环网柜（RMU）的断路器和开关由（安装在左侧的）专用远程通信系统控制。辅助电源来自环网柜中中压/低压变压器的低压侧。

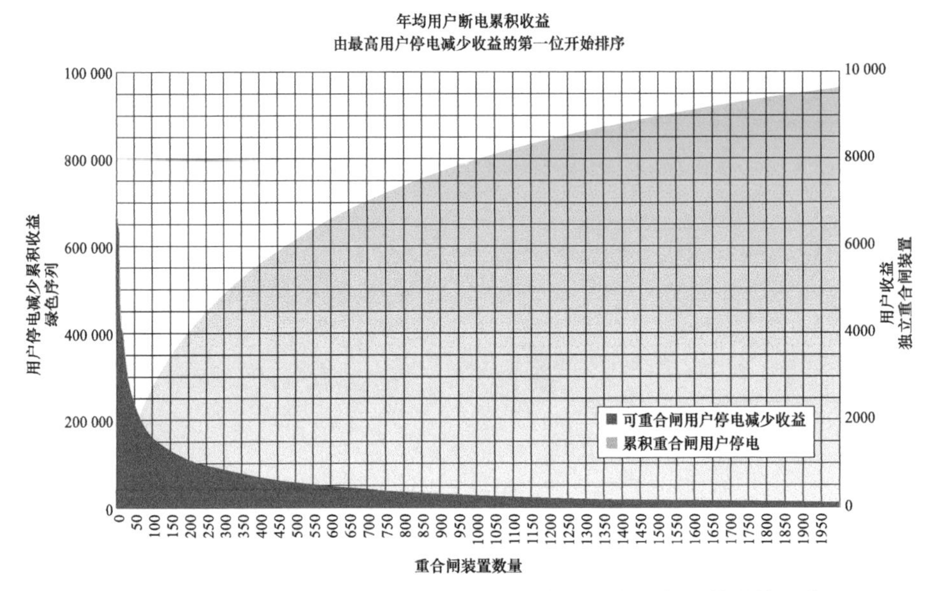

图 4.12　用户断电作为与 SCADA 连接的自动重合闸装置数量的函数

图 4.13　通过通信和控制单元进行远程控制的 12kV 环网柜试品（来源：Eaton）

4.3.3　自动恢复

系统自动恢复将是未来的发展方向，系统收集本地和关键信息，并在零点几秒至几秒内自动决策。广为人知的自动重合闸功能便是这一发展趋势的简单案例。由于开关操作的速度非常之快，仍处于运行之中的发电机和电机面临重连的风险。可能必须使用同步检查装置以防止对运行之中的电厂设备造成严重损坏。需要注意的是，通过电力电子逆变器连接的重合闸装置或故障限流器的特性不同，它们可能会自动关断和导通，虽然失步开断电流不是必需的测试任务，但必须仔细验证。图 4.14 所示为用于保护和恢复的智能电子装置（IED）。

图 4.14　保护和恢复智能电子装置

4.3.4　孤岛

孤岛是在电力公司无法供电时，诸如太阳能板或风机这样的分布式电源会持续发电并向电网供电的一种状态。电网每个环节都以各自的频率进行，给保护和开关设备带来了严峻的挑战，由此，需要开发新产品和制定新标准以满足这种新兴“双向潮流”电网的要求。涉及的问题列举如下：

预计在不久的将来，与配电网连接的发电厂将必须保持连接状态，从而可以保持电力孤岛的运行。故障穿越要求、微电网、不间断设备和工业电网增加了配电系统分离的可能性。无论如何，在将孤岛连接回主网之前，应安装相关设施以满足同步的要求。错误的同步会给旋转设备造成很大的应力，并可能导致开断失步相电流时没有电流过零[35-36]。在参考文献［36］中，除了发电机断路器状态外，还提供了输电网络失步相的相关信息，但没有提供（关于失步相角度、电压降低、保护和控制交互等）一般配电等级断路器的相关信息。图 4.15 示出了一个虚同步时模拟的失步相电流案例[35]。

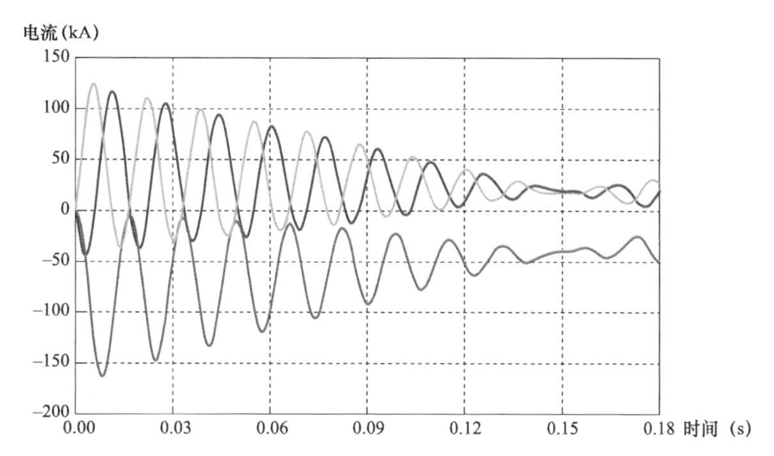

图 4.15　与同步电机旋转惯量和失步条件下同步相关的预期故障电流（失步相角 $\phi0=90°$）

需要注意的是，应力产生在同步连接的设备所上，而非通过电力电子变换器连接的旋转设备上。如果没有能够强制交流电压进入网络隔离部分的特殊设备，则不能期望仅使用非同步发电机实现孤岛。

另一个要提及的特性是，当中压断路器必须隔离配电网或将发电机与电网分离时，通过分闸触头的绝缘强度。分闸触头的电压应力大于一般断路器的额定电压，用户可能会使用隔离开关来承受电网两部分之间的持续工作电压。预计，在配电领域，普遍不会使用上述隔离开关解决方案。IEEE 1547 系列标准对互连（并联）开关设备提出了绝缘要求[37]。例如，这种开关设备的分闸触头必须持续承受 220%的额定电压。

4.3.5　故障电流

由于新型电网的发展，故障电流既有增大也有减小。具体情况如下：

首先，电网的发展（负荷增大、分布式发电以及电能质量问题）导致了设备更大短路容量和更高额定电压的需求。这反过来又促进了对系统电压提升（例如：24kV 代替 12kV）、更大载流能力、更多的冗余以及发展智能断路器的要求。

因此，短路电流水平不断增大并不仅是由分布式电源所致，还包括（诸如并联电路、低阻抗这些）所采用的电网结构等原因。与此同时，电网损耗下降，导致 X/R 短路比增大以及短路电流中直流时间常数增大，这种情况在变压器附近更为明显（如图 4.16 所示）。由此可以判断，故障电流峰值将更大且主回路运行环境更加严酷。

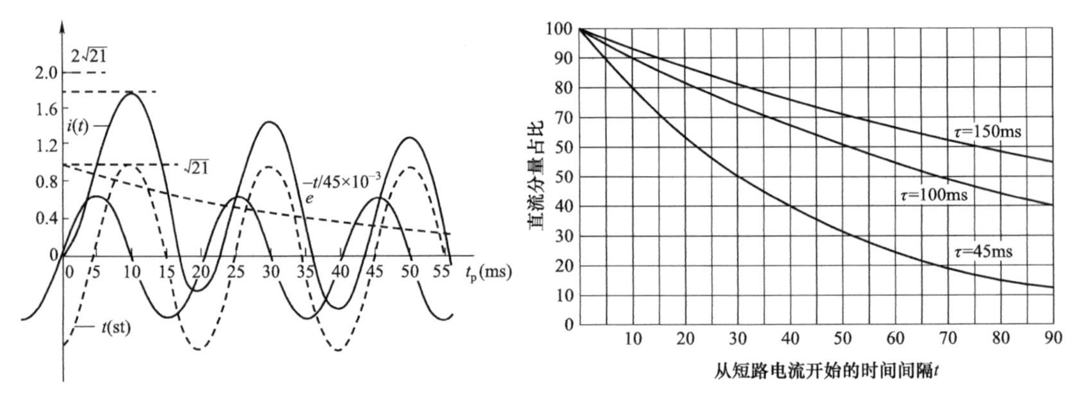

图 4.16　50Hz 短路电流的直流偏置，大的 τ 值通常用于变压器馈电故障[14]

其次，由于短路电流将受到电力电子转换器及其控制设备容量的限制，因此非同步发电机对故障电流的影响也是完全不同的。图 4.17 中示出了由风机和风电场所致的短路电流波形示例。

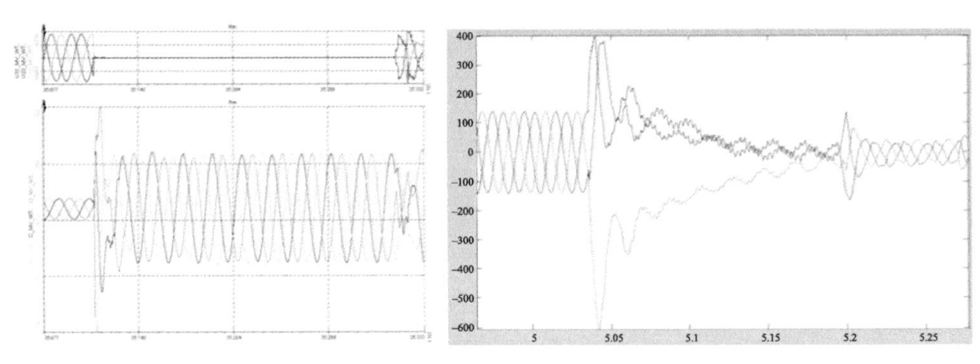

(a) 在30%负载时2MW全逆变器分布式电源，峰值3.16 p.u.　　(b) 在100%负载时3MW DFIG，峰值4.7 p.u.

图 4.17　中压侧故障电流测量，100%电压降

与同步发电机相比，异步发电机电流峰值较小且持续时间有限。异步发电机的特性类似于电流源，因此，其影响与故障的距离无关。此外，要提供与传统发电厂相当的电能，装机容量必须比传统发电厂大一个数量级。这种影响在一定程度上补偿了每台异步发电机所减少的占比。

将新的分布式电源接入电网，增加了本地故障电流水平。因此，电网的故障等级限制了可接入的分布式电源总量。这在很大程度上是因为在人口密集的城市地区连接的大多数分布式发电容量使用旋转电机，例如：基于活塞发动机的热电联合装置和柴油备用发电机，这些设备对故障电流水平的影响最大。正在开发的新型超高速限流器能够在 1ms 内限制和开断故障电流。该方案采是将主回路 1 台超快速机械开关与电力电子开断设备和吸收能量的 MOSA 并联[38]。

4.3.6　环境、弹性和安全性

在城市环境中，通常很难找到安装新的开关设备或扩展现有设施的空间，一方面原因在于城市空间的匮乏，另一方面原因在于社会对此类设备的抵制。为了克服这些困难，采用了柱上开关、紧凑型环网柜（RMU）、特殊建筑、与其他基础设施集成甚至是地埋式开关设备等解决方案，图 4.18 示出了相关案例。

图 4.18　适应安装环境要求的 12kV 环网柜和 25kV 地埋式自动化开关设备

未来，设备的发展将呈现进一步减少外部视觉和空间影响的趋势，但设备成本会增加，由此将推动更加智能化的解决方案。这种趋势反映了电力设施占用某些路线（通行权）和某些位置的被许可的固有价值，本质上构成公共设施“合理性”。另一方面的压力是采用设备隐蔽的解决方案，比如采用地下环网柜、设备安装在地下室、桥头堡内、较高的楼层（例如：商铺楼顶）、商业中心停车场内或柱上。目前面临的问题之一是设备的可操作性，特别是非计划开关设备操作。当手动操作的开关设备置于较低位置时，则会出现在密闭空间内操作的危险。很大程度上，远程控制（SCADA）、自动化、免维护的开关设备能够解决直接操作困难的问题。

一些空间解决方案会与其他社会要求相悖，例如：弹性。也就是对诸如网络攻击、洪水、火灾和爆炸等灾难性事件的准备。洪水可能由海洋（海啸、海防设施受损）、河水上涨或暴雨所致。水下设备是减轻洪水相关风险的地下解决方案。一般来说，对湿度和污染等外界环境条件不敏感是对于此类设备要求的趋势（见图 4.19 和图 4.20）。

图 4.19　具有重合闸功能的 38kV 智能化水下真空断路器

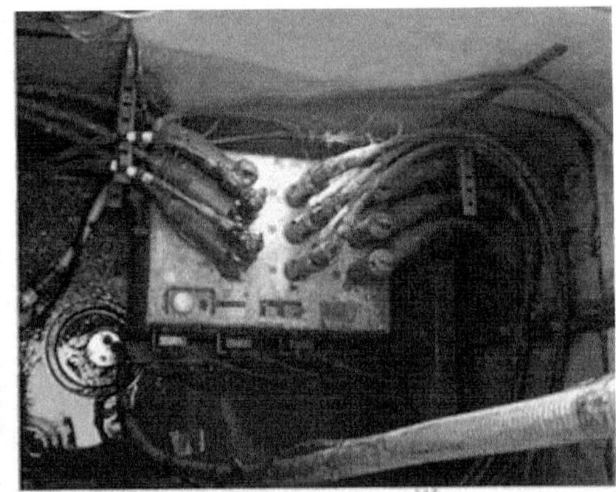

图 4.20　27kV 智能化水下 SF_6 开关设备（来源：G&W electric co）[39]

4.3.7　紧凑型、多功能开关设备

在设计紧凑型开关设备（体积小、多功能、三工位转换开关、三工位断路器、嵌入式传感器）时，需特别注意安全性相关的问题，例如，在正常的操作条件下，绝缘距离是否足够大；在非正常操作条件下，如在机械完整性受损的情况下，绝缘距离又会如何；外壳是否可以安全触及，或是被污水或盐水淹没（如图 4.21 所示）[39,40]。

系统中故障不断发生，电力企业需要快速和有效的方法隔离线路并进行维修。虽然 IED 可以提高系统性能，但恢复故障区域的实际方面仍然需要建立安全工作区。

SF_6 或像 CO_2 这样的替代气体泄漏会带走氧气，实际情况下，其分解产物的危险性如何；安全性是否能够保证；与 CO_2 相比，SF_6 气体具有非常高的温室效应指数，其泄漏率情况，设备是否会起火并且在燃烧过程中会产生哪些有毒气体；当使用替代气体时，长期老化和材料兼容性都是需要进一步研究的问题。

开关设备组件是否耐受电弧，是否进行了内燃弧实验；当修复的开关设备重新投入使用时，内部电弧对变电站本身和工作人们的健康和安全有何影响。

图 4.21　配可视触头隔离开关和真空灭弧室的水下固体绝缘开关设备[40]

鉴于电网的快速发展，上述问题对于利益相关方来说越来越重要。未来，可以预期，会出现满足上述问题的解决方案，标准和产品的发展会满足上述需求，如：配可视触头的水下隔离开关设备（见图 4.21）。

4.4　互感器的发展

IEC 61869 系列标准将互感器（IT）定义为“一种仪用变压器，可以把信息信号转换传输给测量仪器、仪表、保护或控制装置器”。变压器指“一种没有移动部件的电能转换装置，该装置可转换与电能相关的电压和电流，但不改变频率”[1]。本节旨在介绍当今，特别是大规模可再生能源（RES）高渗透率背景下，用于应对新型测量需求的新挑战。

4.4.1　感应式互感器

4.4.1.1　基本原理

如图 4.22 所示，互感器是一种静态电机，通常由多个薄的硅钢片叠装而成的铁芯和铜线一次绕组及二次绕组构成，其工作原理基于法拉第定律、楞次定律和能量守恒定律。

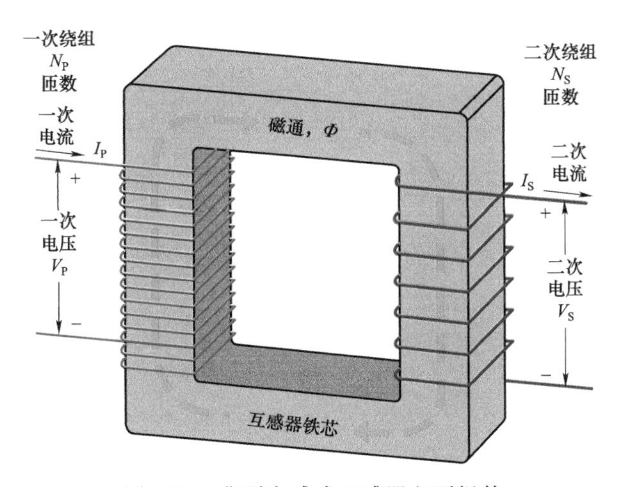

图 4.22　典型电感式互感器主要组件

4.4.1.2 电流互感器

电流互感器（CT）串联在主回路。一次电流 I_P 与二次电流 I_S 成比例，通常关合在电阻负载 B。CT 负载几乎短路，在大多数应用中有一个接地点。

电流互感器类型：如图 4.23 所示，根据应用场景电流互感器类型可分为绕线式电流互感器、母线电流互感器和环型电流互感器。

(a) 绕组式电流互感器

(b) 棒式电流互感器

(c) 环型电流互感器

图 4.23 电流互感器

与绕线式电流互感器不同，母线电流互感器中，作为组件集成于电流互感器中的一次"母线"是唯一可用的一次绕组，因此构成单匝结构。环型电流互感器的一次部分与绕线式电流互感器和母线电流互感器不同，环型电流互感器的一次导体就是其一次绕组，必须穿过电流互感器圆孔内。从额定电流来看，母线和环型这两种电流互感器用于负载较大电流，绕线式电流互感器用于低比率较小额定电流。

4.4.1.3 电压互感器

电压互感器（VT）与变压器极为相似。与电流互感器相比，电压互感器的一次电压变化范围有限，电压互感器根据特定时间的负载需求，会经历各种不同的电流。因此，电压互感器铁芯内的磁通量几乎是恒定值，而电流互感器则不然。此外，电压互感器在接近开路的条件下工作，连接到二次端子的阻抗（量测）相对较高。电压互感器的主要参数是一次和二次端子电压 N 与它们之间的相位角 γ。

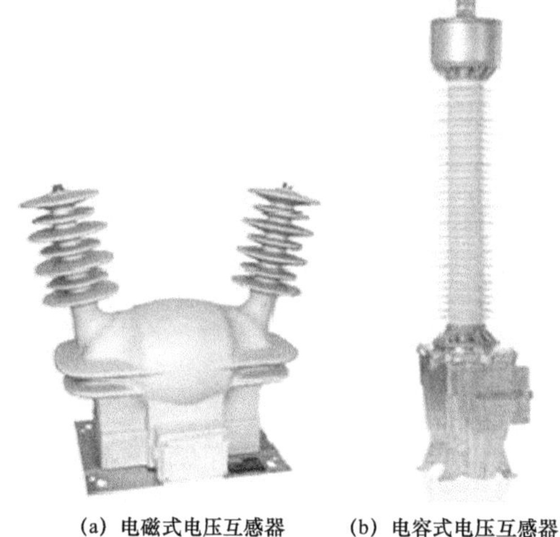
(a) 电磁式电压互感器 (b) 电容式电压互感器

图 4.24 电压互感器

电压互感器类型：

如图 4.24 所示，根据互感器的工作原理，电压互感器主要有两种类型：电磁式电压互感器和电容式电压互感器。

对于电磁式电压互感器，使用两组绕组来调整电压以匹配测量/保护仪表的输入。电容式电压互感器（CVT）基本上是通过两台串联电容器（如图 4.25 中所示的 C_1 和 C_2）连接到电源线路的进行测量；电压变换器与 C_2 端子连接，线路电压施加到两台串联的电容器。通过这种方式，既可以通过保证标准电压互感器安全地降低超高的电压，又可以保证电容式电压互感器（CVT）的（高达几十伏安）的视在功率要求（负载）量。

4.4.1.4　组合式互感器

组合式互感器结合了电压互感器和电流互感器的功能，其定义为“由一台电流互感器和一台电压互感器封闭在同一个外壳内构成的互感器”，因此，从技术角度而言组合式互感器并没有采用新型技术，仅是在同一设备中应用了不同技术。组合式互感器主要用于一次高压（HV）变电站，同时在中压（MV）也有应用。组合式互感器通常应用在使用空间有限的场所。此外，组合式互感器的成本低于单互感器成本。组合式互感器见图 4.26。

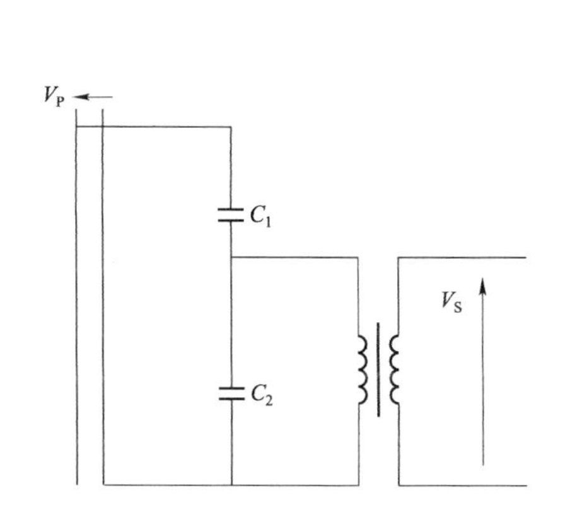

图 4.25　电容式电压互感器示意图

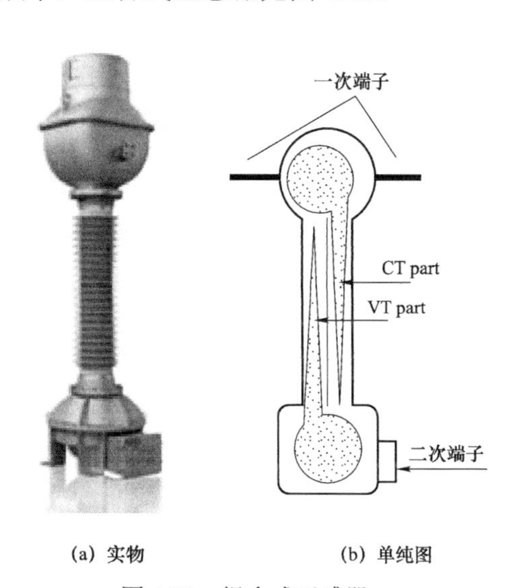

(a) 实物　　(b) 单纯图

图 4.26　组合式互感器

互感器上部为一次端子专用，中心部分为两种测量提供主要连接：也在电压和电流之间进行适当的物理分离。这也是组合式解决方案的主要缺点：即电压和电流两部分分别绝缘并包含在外部绝缘内。因此，寄生电容会产生并受到互感器分布电场和高度的影响。最后，互感器下部为二次电压和电流端子以及接地连接。

4.4.2　低功率互感器

4.4.2.1　引言

在过去的几十年里，新一代的互感器得到了发展和推广。最初，它们被称为非常规互感器，在经过标准化 [2] 之后，它们被称为低功率互感器（LPIT）。LPIT 的通用标准 IEC 61869－6 将低功率互感器（LPIT）定义为：用于测量仪器、仪表和保护或控制装置或类似设备的小功率模拟或数字输出信号。除此之外，还有必要明确“低功率”的定义。IEC 61869－6 规定，如果互感器的输出通常低于 1VA，则可以将其视为低功率。由此明显看出 IEC 61869－6 标准对低功率互感器（LPIT）的定义并不十分严谨，因此，互感器的分类并不像看起来那么简单，此类设备的制造商和用户有一定程度的自由度。

低功率互感器（LPIT）结构如图 4.27 所示，图中，上层框图表示无源低功率互感器（LPIT）的一般组件，下层框仅适用于有源低功率互感器（LPIT）。图 4.27 仅是低功率互感器（LPIT）的通用原理图，并不是构成低功率互感器（LPIT）的固定原理图，实际设备的原理图会因设备的不同而异。

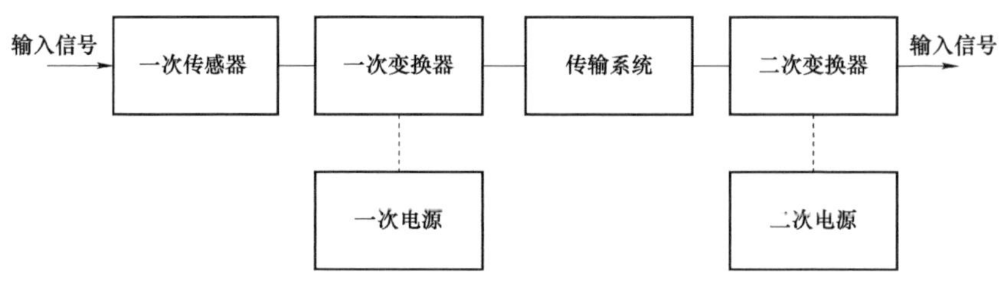

图 4.27　单相 LPIT 框图

图 4.27 强调了低功率互感器（LPIT）的基本原理，但并不适用于所有小互感器，低功率互感器（LPIT）的原理会根据制造技术而有所不同。下文详细讨论两种低功率互感器（LPIT）。低功率互感器（LPIT）采用的典型技术：用于低功率电压互感器（LPVT）的电阻式、电容式和电阻/电容式分压器，以及用于低功率电流互感器（LPCT）的罗氏线圈和带分流器的电感式互感器。

4.4.2.2　低功率互感器（LPIT）构成：铁芯

（1）基本原理。

基于铁芯线圈的低功率电流互感器（LPCT）代表了典型电流互感器的发展趋势。

低功率电流互感器（LPCT）由一台带有一次绕组的电感式电流互感器、小铁芯和低损耗的二次绕组构成，该二次绕组与并联电阻 R_{sh} 连接。

该电阻器是低功率电流互感器（LPCT）的组成部分，对互感器的运行和稳定性至关重要，从原理上看，低功率电流互感器（LPCT）提供输出电压。

通过并联电阻 R_{sh} 设计使互感器损耗几乎为零。二次电流 I_S 导致通过并联电阻的电压降 U_S 与幅值和相位的一次电流成正比。图 4.28 所示为配铁芯的低功率电流互感器（LPCT）[3]。

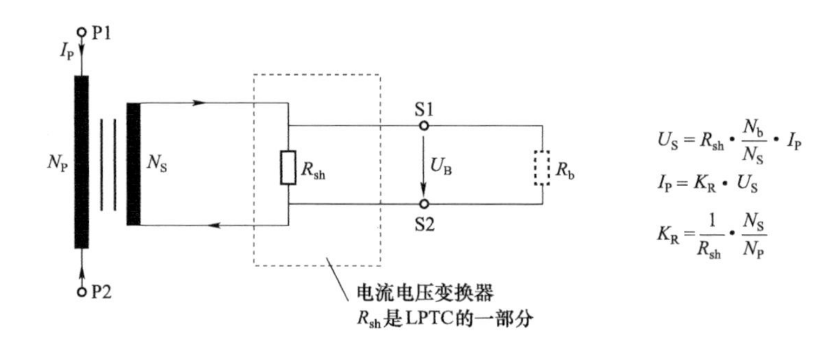

图 4.28　配铁芯的小功率电流互感器（LPCT）

I_P—一次电流；R_{Fe}—等效铁损电阻；L_m—等效电磁电感；R_t—二次绕组和线路的总阻抗；
R_{sh}—（电流到电压变抗器）并联电阻；C_C—电缆等效电容；$U_S(t)$—二次电压；
R_b—以电阻为电位的负载；P1，P2—一次端子；S1，S2—二次端子

（2）优势与劣势。

由于现代智能电子设备（IED）对输入功率的要求低，可根据低功率电流互感器（LPCT）的尺寸设计满足高阻抗 R_b 要求。因此，在非常大的一级电流条件下，其饱和度得到改善，通过这种方式可扩大测量范围。由于测量范围大且具有线性特征，相同的低功率电流互

感器（LPCT）通常可胜任计量和保护。此外，低功率电流互感器（LPCT）的体积比互感器（CT）更小、更紧凑。具有铁芯的低功率电流互感器（LPCT）在接近饱和区时会出现非线性特性。

4.4.2.3　LPCT Derivative：基于罗氏线圈的互感器

（1）基本原理。

罗氏线圈是一种用于测量交流电流的测量装置，通常由填充空气或其他绝缘材料一个无铁的环形铁芯组成，螺线管缠绕在该铁芯上，然后，将载有待测电流的导体插入罗氏线圈，如图 4.29 所示，其中 S 和 R 分别为横截面积和半径。

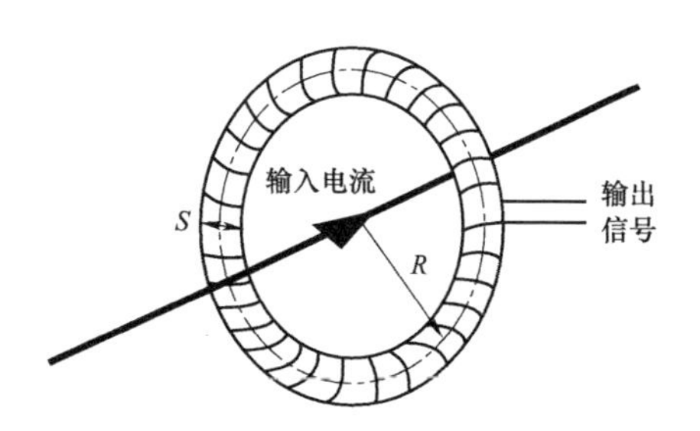

图 4.29　罗氏线圈基本结构

罗氏线圈的工作原理基于安培定律：流过一次导体的电流 $i_P(t)$会产生具有电感 B 的变化磁场，该磁场会在螺线管端子处产生感应电压 $u_S(t)$，该感应电压与一次和二次导体间的电感 M 成正比。这种现象可以表示为：

$$u_S(t) = -M\frac{\mathrm{d}i_P(t)}{\mathrm{d}t} \tag{4.1}$$

从等式（4.1）可以看出，罗氏线圈输出电流与一次线圈的电流不成正比，而是输出电压与 $i_P(t)$的导数成正比。因此，在罗氏线圈的基本结构中电流与电流之间没有直接对应关系。为了实现电流间的对应关系，需要增加一个模块，然而，为了简单起见且避免使用任何外部组件，典型的罗氏线圈不包括任何集成组件。

基于上述原理，可以获得对于（包括 50Hz 和 60Hz 工频有内）低频有效的罗氏线圈等效电路。从图 4.30（a）中可以看出罗氏线圈的主要组成部件包括：

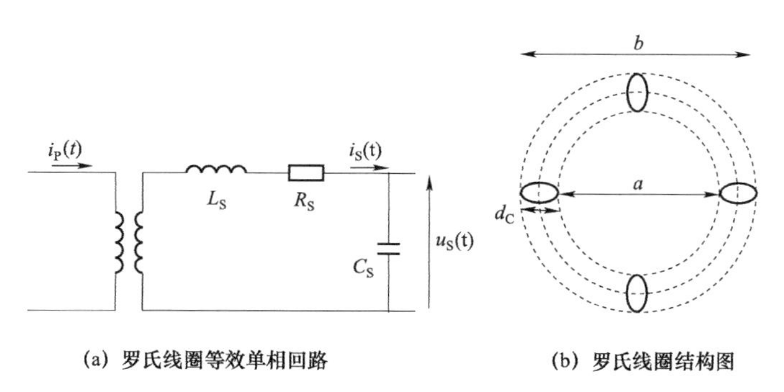

图 4.30　罗氏线圈等效电路

- 理想的互感器，提供设备的标称变比。
- 电感 L_S：

$$L_S = \frac{\mu_0 N^2 d_C}{2\pi}\log\frac{b}{a}$$

- 电阻 R_S：

$$R_S = \rho \frac{l_w}{\pi r^2}$$

- 耦合电容 C_S

$$C_S = \frac{4\pi^2 \varepsilon_0 (b+a)}{\log \frac{b+a}{a-a}}$$

式中：ρ、ε_0 和 μ_0 分别是导线电阻率、真空介电常数和磁导率；结构参数 N 为匝数；b 和 a 是环形的外径和内径；r 是导线半径；d_C 是单圈直径；l_w 是线圈的长度。结构参数的含义将在图 4.30（b）中详细说明。

从上述等式中可以看出，只有通过精确的制造信息才能获得罗氏线圈参数，因此，对于现成的设备来说获得精确的制造参数并不容易。

（2）优势与劣势。

罗线圈不含铁，不受典型电流互感器（CT）非线性特征的影响，因此，可以认为罗氏线圈在其整个工作范围内都呈线性特征，理论上说，这样的工作范围无限的，并且明显高于电流互感器（CT）的范围。

从结构特征来看，罗氏线圈比传统电流互感器（CT）体积更小、更紧凑。

罗氏线圈在测量方面具有优势：它们的工作频率范围很宽（几乎从几分之一赫兹到吉赫兹），并且它们可在很短的瞬间对输入信号作出回应。

然而，罗氏线圈也因其有一些劣势而不适用于某些领域。例如，罗氏线圈需要额外的供电集成电路，在罗氏线圈附近提供电源，而出于物理或安全考虑，这种解决方案并不一定可行。此外，罗氏线圈对（诸如一次导体位置、电场、温度等）物理和电气环境非常敏感，因此，有必要对罗氏线圈的位置进行预研究，从而避免收集无效测量信号。

图 4.31 所示为两种低功率电流互感器（LPCT），图 4.31（a）用于中压设备，图 4.31（b）用于电缆。

(a) 中压小功率电流互感器（LPCT）

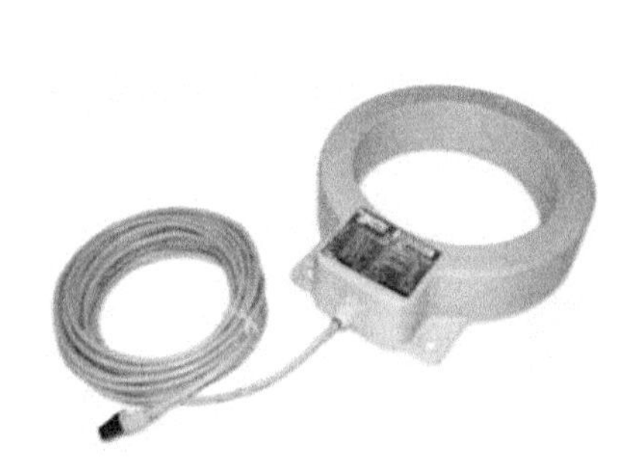

(b) 环型小功率电流互感器（LPCT）

图 4.31　低功率电流互感器（LPCT）

4.4.2.4　低功率电压互感器：电阻式分压器或电容式分压器

（1）基本原理。

低功率电压互感器（LPVT）是一种无源装置，不需要任何外部电源，这为现场安装带来了巨大的灵活性。如图 4.32 所示，作为分压器，该装置由两个串联阻抗 Z_1 和 Z_2 组成；V_P 和 V_S 是分压器的输入和输出电压。此外，图中高压一次端子、高压二次端子和参考端子分别标记为 A、a 和 n。

当施加电压 V_P 时，两个阻抗具有相同的电荷 Q，但承受的电压不同。电荷和电容值 C 之间的关系为 $V=Q/C$。因此，Z 值越高，其端子处的电压就越低。因此，均压器的输入/输出表达式为：

$$V_S = V_P \frac{Z_1}{Z_1 + Z_2}$$

换言之，为降低输入电压，只需要两阻抗 $Z_1 < Z_2$ 即可。

在交流电应用中，这种简单的技术实现了从低压到超高压的所有电压等级的应用和标准化[4]。图 4.33 示出了两种分压器，图 4.33（a）用于中压等级，图 4.33（b）用于高压等级。

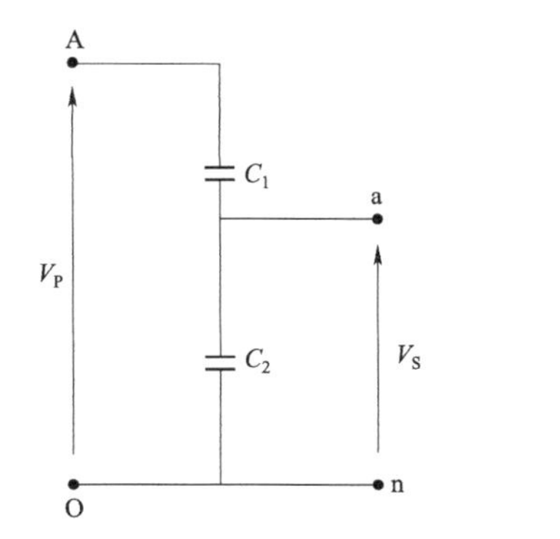

图 4.32　分压器接线图

(a) 用于中压等级的分压器（LPVT）

(b) 用于高压等级的分压器（LPVT）

图 4.33　分压器

电阻式分压器（RD）：

两个阻抗 Z_1 和 Z_2 是电阻。

连接到网络的阻抗 Z_1 可以由一个或多个串联的单个电阻构成。

电容式分压器（CD）：

两个阻抗 Z_1 和 Z_2 是电容器。

在某些电容式分压器（CD）中，其中一台电容器是直接使用绝缘材料获得的，该绝缘材料构成整个电容式均压器（CD）的主体介质。

（2）优势与劣势。

分压器不受铁磁共振和低压（LV）接线问题的影响，例如：可能导致电磁式电压互感器故障的短路。

电阻式分压器（RD）可在一定温度范围内确保高精度和稳定性。

与电阻式分压器（RD）相比，电容式分压器（CD）不受电阻器散热的影响。因此，施加的（例如：工频测试、电缆测试……）电压不是电容式分压器（CD）的限制参数。

就频率而言，电容式分压器（CD）的特性不受任何变化的影响。电容式分压器（CD）在很宽的频率范围内都具有线性特性。

两点劣势：

首先，由于电容器自身特性，电容式分压器（CD）无法用于直流场景。

其次，要降低电容式分压器（CD）误差率十分复杂，但由于其具有线性特征，使用校

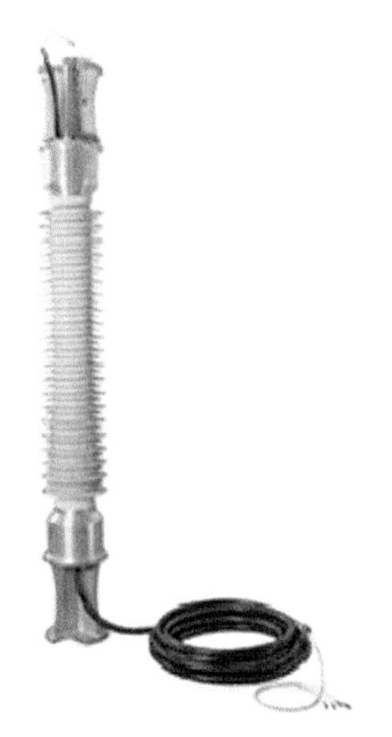

图 4.34　光纤电压互感器

正因子可以获得非常高精度的水平（例如：0.2 或 0.5 级）。

4.4.2.5　光学电压互感器

（1）基本原理。

光学电压互感器（OVT）基于著名的泡克尔效应。图 4.34 所示为商用光学电压互感器（OVT）的实物图。光学电压互感器（OVT）主要包括通过采用电光材料感应电场的泡克尔单元、用于防止扰动或干扰的屏蔽层以及用于发送单元收集信息的光纤二次电路。在这种结构中，光线通过磁光材料时受待测电流产生的磁场作用而发生旋转，都会导致“光强”信息转换。

（2）优势与劣势。

光学电压互感器（OVT）的优势体现在其对额定频率下的外部电场和磁场以及电磁干扰（EMC）的高抗扰度。光学电压互感器（OVT）的结构紧凑、体积小、重量也很轻。此外，经过良好校准和补偿，在直流应用中的光学电压互感器（OVT）可以在很宽的温度范围和高达 MHz 级的频率范围内达到（远低于 1%的）高精度和线性特征。此外，由于使用了光纤或类似的光学元件，光学电压互感器（OVT）具有固有的安全特性，可确保一和二次电路之间的绝缘。

光学电压互感器（OVT）缺点在于调节传感器内部的电信号以及确保输出信号与一次电压成正比例，所用的电路成本高且复杂。

4.4.3　电子式互感器（EIT）

具有有源组件的电子式互感器应用越来越广。为了提供输出信号，它们必须从传感器外部或内部（从一次侧）获取电源。在后一种情况下，这种行为称作自供电。通常，电子式互感器（EIT）指带有有源元件的低功率互感器（LPIT），能够提供信号输出。内部带有有源元件的感应式互感器不太常见。电子式互感器（EIT）中的电子电路可以位于互感器内部也可置于互感器外部。目前，电子式互感器（EIT）的参考标准分别是用于电子电压互感器的 IEC 60044－7 和用于电子电流互感器的 IEC 60044－8[41,42]。不久之后，它们将分别被用于电子电压互感器的 IEC 61869－7 和用于电流互感器的 IEC 61869－8 这两项新标准取代。通常有源组件布置在外部时，它被设计为收集来自低功率互感器（LPIT）的模拟信号，并将其转换为模拟或数字输出信号。在这种情况下，电子单元称为合并单元。图 4.35 所示为带有数字输出的合并单元的原理框图[43]。

电子式互感器（EIT）的优势在于：输出驱动能力强，因此，输出电缆长（甚至可以长达数百米），并且可以同时应用于多个电力电子装置（IED）。此外，它可以调整变比，这意味着可以在工厂设定通用的或特殊的变比。此外，输出既可以是模拟的，也可以是数字的。IEC 61869－9 标准规定了具有数字输出的电子式互感器（EIT）的 61850－9－2 协议（如图 4.35 所示）。

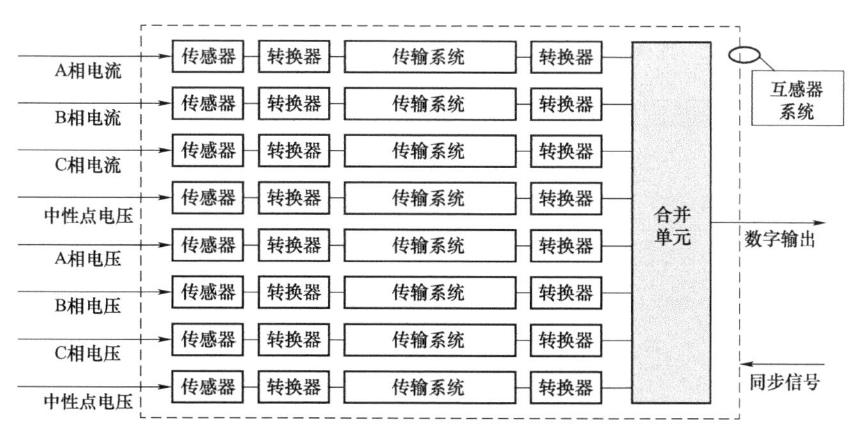

图 4.35　具有数字输出的合并单元的原理框图

光学互感器（主要用于高压电网）通常配有用于信号调节和转换以及模拟/数字输出的电子单元。其另一项重要的优势是电子式互感器（EIT）具有非常大的带宽（甚至达几十兆赫兹）。

电子式互感器（EIT）的劣势在于：由于存在有源组件，可靠性预计低于“无源”互感器；必须为内部电路的运行提供辅助电源；电子式互感器（EIT）还可能缺乏对电压/电流瞬变、突变、摆动、电磁兼容等的鲁棒适应性。在户外应用场景下，电子电路的设计必须考虑到可能的接地回路、大气事件（雷电冲击、过电压）和极端的工作温度。

4.4.3.1　光学电压互感器

（1）基本原理。

光学电压互感器（OVT）基于著名的泡克尔效应。图 4.36 所示为商用光学电压互感器（OVT）的实物图。光学电压互感器（OVT）主要包括通过采用电光材料感应电场的泡克尔单元、用于防止扰动或干扰的屏蔽层以及用于发送电池收集信息的光纤二次电路。在这种结构中，光线通过磁光材料时受待测电流产生的磁场作用而发生旋转。

图 4.36　光学电压互感器

（2）优点与缺点。

光学电压互感器（OVT）的优点体现在其对额定频率下的外部电场和磁场以及电磁干扰（EMC）的高抗扰度。光学电压互感器（OVT）的结构紧凑、体积小、重量也很轻。此外，经过良好校准和补偿，在直流应用中的光学电压互感器（OVT）可以在很宽的温度范围和高达 MHz 级的频率范围内达到（远低于 1%的）高精度和线性特征。此外，由于使用了光纤或类似的光学元件，光学电压互感器（OVT）具有固有的安全特性，可确保一和二次电路之间的绝缘。

光学电压互感器（OVT）缺点在于调节传感器内部的电信号以及确保输出信号与一次电压成正比例所用的电路成本高且复杂。

4.4.4 高压直流（HVDC）互感器

直流（DC）互感器参照是 IEC 61869－14 标准[44,45]。图 4.37 所示为直流（DC）互感器通用框图。

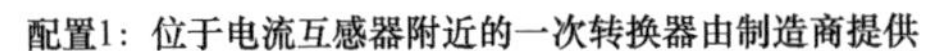

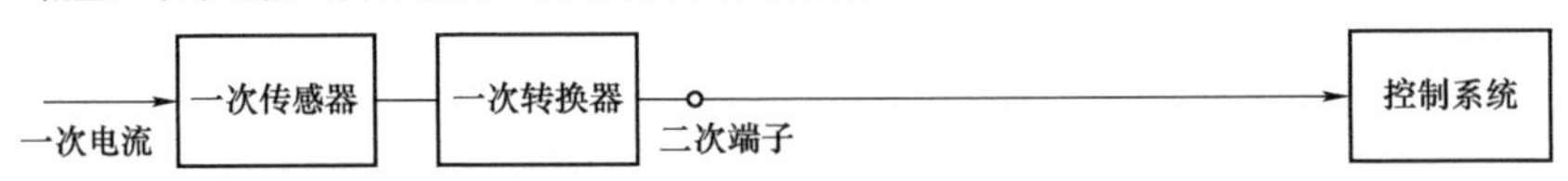

配置2：位于控制室的二次转换器由制造商提供，根据技术要求确定是否需要一次变换器

配置3：位于控制室的二次转换器由系统集成商提供

配置4：带数字输出的电流互感器

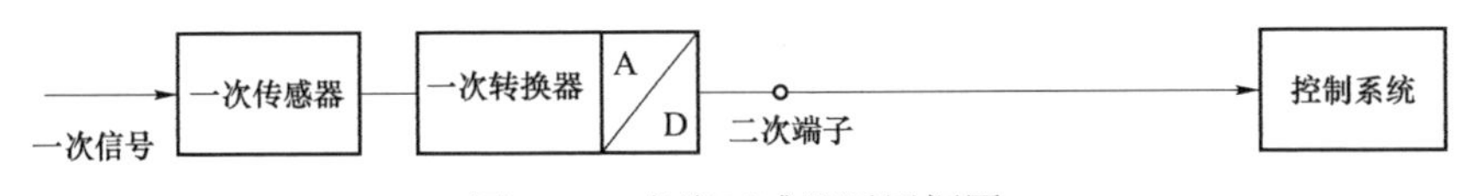

图 4.37 直流互感器通用框图

直流电压电流的测量精度直接关系到直流输电系统的安全、稳定和经济运行。随着直流电网负载能力的提升，直流（DC）互感器的精度和响应时间特性已成为具有挑战性的关键要素。

主要的直流电压传感器技术涉及：① 将直流电压转换为直流电流，然后使用感应式互感器测量直流电流；② 高电压通过电阻/电阻－电容式分均压器转换为低电压；③ 光学技术（泡克尔效应）。

直流电流互感器感器技术主要是基于感应直流电流技术或光学技术（法拉第效应）。

现有技术的优点与缺点如下：

感应式互感器：存在内部损耗、重量大、带宽有限（仅几千赫兹）、精度取决于温度（主要是电流互感器）、响应时间长、抗干扰。

电阻式互感器：精度取决于温度、存在（冲击电压等）绝缘问题、绝缘结构要求复杂、由于材料不稳定导致精度随时间变化、抗干扰。

光学互感器：自取能、精度取决于成本、因解决自取能（转换为交流信号等）而增加了复杂性、抗干扰。

图 4.38 所示为额定电压 362kV 直流电流互感器。

此外，互感器顶部和底部之间的工作温度和环境温度差异会影响精度（特别是高压互感器）。

直流互感器需要进行一些非常重要的型式试验。特别是极性反转试验项目（负极性 90min；正极性 90min；负极性 45min；将电压降至零）和响应时间试验（根据 IEC 61869－14 标准规定的 25、50、100、250、500μs，如图 4.39 所示）。

图 4.38 额定电压 362kV 直流电流互感器

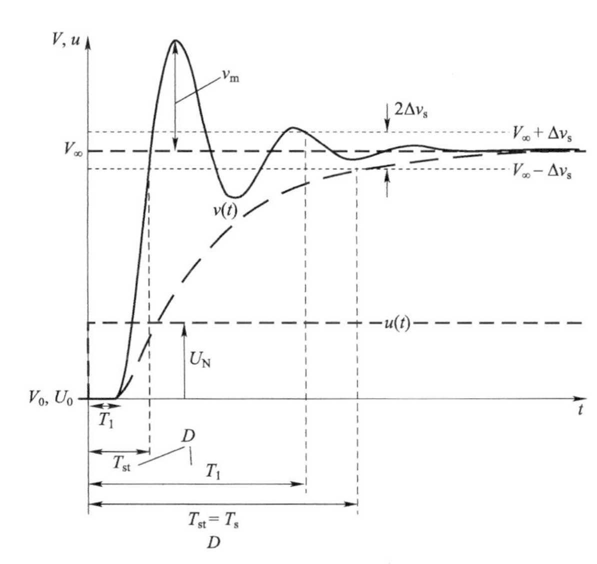

图 4.39 标准 IEC 61869－14 规定的响应时间模式

4.4.5 互感器新应用场景

如今的互感器比传统的保护和测量装置（关口）应用场景更多。主要限制在于单个互感器（IT）必须适应于各种应用场景。例如，互感器广泛用于电能质量评估、电力资产评估、电网状态评价等场景。所有这些应用场景都要求互感器具有比电磁式更强大的功能，例如：带宽更大（高达数十兆赫兹）、非常大的动态幅值范围（从几伏到千伏级或从几安到千安级）、非常高的精度（相量测量单元应用（PMU）精度要求达 0.1%）。

如上所述，非传统物理原理的使用使得互感器（IT）和（保护继电器、电能表等）IED 结合引入了新要求。特别是使用基于校正因子的低功率电压互感器（LPVT）时需要将其输入智能电子装置（IED），使其能够以低功率互感器（LPIT）的实际变比运行；在使用罗氏线圈时，如果不使用集成装置，智能电子装置（IED）必须考虑输出电压相位的 90° 偏移。IEC TC 38 及时研究了所有此类新变化情况，并在新的 IEC 61869 系列标准中予以解决。以下是与互感器（IT）相关的一些最重要的变化和应用场景。

4.4.5.1 使用正确变换比和比率校正因子时的精度等级的确定

使用单独的比率校正因子而不是传统的额定变比（K_r）来定义精度等级的优势在于可为无源低功率互感器（LPIT）分配更高的精度等级。

IEC 61869－6 中规定的精度等级是基于额定变压比。为了便于理解，定义了变比误差，这是互感器在电流和电压测量中引入的误差，是由于各个互感器的变比不等于额定变比所致。传统的计量和保护装置设计不够灵活，无法接受单个互感器的变比。因此，使用了一个额定变比来代表一组具有相同精度等级的互感器。由于每台互感器的变比略有不同，因此必须指定准确度等级以涵盖同一等级的所有互感器，这将减少指定精度等级。如今的技术实现了在保护、计量和控制设备中有效使用无源小功率互感器（LPIT）的单独变比。这可以通过使用变比修正系数 CF_1 与额定变比或使用修正变比 K_{cor1} 来实现。

基于对相同设计的无源低功率电流互感器（LPCT）进行的实际精度测试来说明基于变比修正因子和校正变压比的精度等级的指定。这种方法可以应用于任何类型的互感器。比率修正系数 CF_1 由以下公式定义：

$$CF_1 = \frac{1}{1-\frac{x}{100}}$$

其中，x 是额定电流下额定变比与实际变比之间的单位误差。修正后的变比由以下公式定义：

$$K_{cor} = CF_1 \cdot K_r$$

在实际应用中，保护继电器可以设计成分别接受额定变比（K_r）和变比修正系数 CF_1 或修正变比 K_{cor} 作为 K_r 和 CF_1 结合的一个数值。

图 4.40 说明了使用变比校正因子 CF_1 对 3 个无源低功率电流互感器（LPCT）的精度等级指定修正情况。

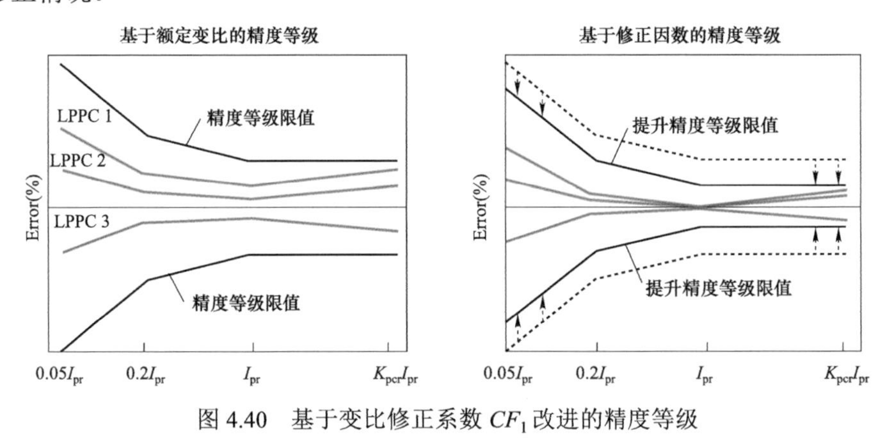

图 4.40　基于变比修正系数 CF_1 改进的精度等级

4.4.5.2　频率响应要求

相对于过去，如今需要在更宽的频率范围内测量电压和电流的频率分量。这主要是由于分布式电源以及连接到馈线的逆变器数量越来越多，操作频率及其相关谐波范围可以从几千赫兹到数十万赫兹。

4.4.5.3　电能质量测量

正如参考文献［46］～［48］中所规定，需要监测高频分量以降低其影响，对于确保供电连续性和电网可靠性至关重要。高频污染的不利影响众所周知，如：电网区域谐振、设备老化、保护跳闸、频率失稳等。只有低功率互感器（LPIT）才能确保高频分量有足够的精度。规定用于电能质量评估和监测的低功率电压互感器（LPVT）与低功率电流互感器

（LPCT），其典型频率带宽范围从直流（用于铁路应用的）几十赫兹到 150kHz。

局部放电（PD）测量：众所周知，局部放电（PD）测量是当今用于电力设备健康状况检测和运维评价的最著名且最常用的方法之一。局部放电信号可以通过电压传感器和电流传感器检测到，其频率范围达几十兆赫兹。通常电容式电压传感器（LPVT）和高频窗口型感应电流传感器（HFCT）用于局部放电测量。未来的挑战（DSO 和 TSO 要求）是使用相同的（低功率电压传感器）LPVT 和（低功率电流互感器）LPCT 用于保护和电能/功率测量，也用于局部放电测量。

4.4.5.4　相量测量单元（PMU）传感器

电网状态估计具有许多重要的优点，如：实现电网中电流的最佳控制、故障定位、技术和非技术性损耗监测等。通常认为总矢量误差（TVE）是评估同步相测量性能的主要指标[48]。很容易看出，幅值误差来源于传感器和 PMU 设备。相角误差是由于传感器的相位误差、同步误差以及来自 PMU 电路和算法的其他误差所致。

举例说明，假设 0.5 精度等级电压互感器是测量链中唯一的不确定性来源，则总矢量误差 TVE 等于 1.03%，超出了 PMU（1%）测量特征相关标准规定的限值。这导致互感器测量的不确定性成为 PMU 测量中不确定性的主要来源。为获得正确的同步相测量，互感器的精度要求在 0.1～0.2 之间。

4.4.5.5　嵌入现有组件中的传感器

能够嵌入现有组件是低功率传感器（LPIT）的主要优点之一。例如，小功率电流传感器（LPCT）可以置于 GIS 输出套管周围；电阻式或电容式分压器可以嵌入空气绝缘开关设备的支柱绝缘子内部或是 GIS 系统的套管中或是插入式连接装置的背面，组合式电压和电流低功率传感器（LPIT）可以嵌入中压电缆端子。

图 4.41 所示为 LPVT 和 LPIT 的嵌入电缆端子。将 LPIT 嵌入现有部件可以节省空间，便于在所有变电站中轻松改装，提升变电站的安全性。然而，LPIT 嵌入设备后的验收和试验程序要求对设备进行整体试验。这便会出现设备标准要求的测试水平不同于传感器的试验要求。这一问题一些标准化组织（IEEE 和 IEC）正在研究讨论。

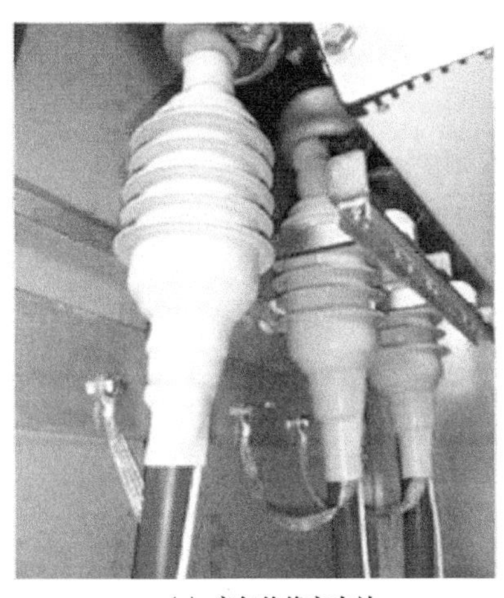

(a) 空气绝缘变电站

(b) 气体绝缘变电站

图 4.41　电缆端子嵌入 LIPT

4.5 结论

新型分布式电源、低碳和数字化促使电网加速发展，包括海上风力发电在内的具有间歇性分布式可再生能源和储能技术的大规模应用将持续加速，呈指数级增长趋势，预计到2040年可再生能源发电将达到100GW。展望未来，新一代能源数字化对于促进可再生能源增长、提高从电源侧到消费侧能源利用效率至关重要。这一趋势将导致输电和配电之间的界限变得不那么清晰，开关设备和互感器等输配电设备将会进一步发展。

参考文献

[1] Ito, H., et al.: CIGRE Green Book: switching Equipment. Springer (2018).

[2] Lingal, H.J., Brawne, T.E., Storm, A.P.: An investigation of the arc quenching behavior of Sulphur hexafluoride. Trans.AIEE. 72, 242–246 (1953).

[3] Di Silvestre, M.L., et al.: How Decarbonization, Digitalization and Decentralization are changing key power infrastructures. Renew. Sustain. Energy Rev. 93, 483–498 (2018).

[4] DNV GL Energy Transition Outlook 2018: Power Supply and Use. (https://eto.dnvgl.com/) (2018).

[5] Bianco, A., Bertolotto, P., Riva, M., Backman, M.: Switching technology evolution: the solid state contribution to the capacitive switching control. In: 23rd CIRED Conference Paper 778 (2015).

[6] The EU Horizons 2020 project Promotion ("Progress on Meshed HVDC Offshore Transmission Networks") seeks to develop meshed offshore HVDC grids on the basis of cost-effective and reliable technological innovation. https://www.promotion-offshore.net/.

[7] Lindblad, P.: Reliability on existing HVDC links feedback. CIGRE Sci. Eng. 11, 96–103 (2018).

[8] Tokoyoda, S., Inagaki, T., Kamimae, R., Tahata, K., Kamei, K., Minagawa, T., Yoshida, D., Ito, H.: Development of EHV DC circuit breaker with current injection. In: CIGRE-IEC 2019 Conference on EHV and UHV (AC & DC), Hakodate, Japan (2019).

[9] Häfner, J., Jacobson, B.: Proactive Hybrid HVDC Breakers—A Key Innovation for Reliable HVDC Grids, in CIGRE Symposium. Italy, Bologna (2011).

[10] Ängquist, L., Nee, S., Modeer, T., Baudoin, A., Norrga, S., Belda, N.A. Design and test of VSC assisted resonant current (VARC) DC circuit breaker. In: 15th IET International Conference onAC and DC Power Transmission (ACDC 2019), pp. 1–6. Coventry, UK (2019).

[11] CIGRE Technical Brochure 683: Technical Requirements and Specifications of State-of-the-art HVDC Switching Equipment (2017).

[12] Zhang, Z., Li, X., Chen, M., et al.: Research and development of 160kV ultra-fast mechanical HVDC circuit breaker. Power Syst. Technol. 42 (7), 23312338 (2018).

[13] Zhou, J., Li, H., Xie, R., Liu, L., Nie, W., Song, K., Huo, F., Liang Dapeng, D.: Research of DC circuit breaker applied on Zhoushan multi-terminalVSC-HVDC project. IN: 2016 IEEE PES Asia-Pacific Power and Energy Engineering Conference (APPEEC), pp. 1636–1640.

Xi'an (2016).

[14] Tang, G., Wang, G., He, Z., Pang, H., Zhou, X., Shan, Y., Li, Q.: Research on key technology and equipment for Zhangbei 500kV DC grid. In: 2018 International Power Electronics Conference (IPEC-Niigata 2018 -ECCEAsia), pp. 2343–2351. Niigata, Japan (2018).

[15] CIGRE Technical Brochures 589: The Impact of theApplication of Vacuum Switchgear at TransmissionVoltages by WGA3.27. (2014, July).

[16] Teichmann, J., et al.: 145/170kV vacuum circuit breakers and clean-air instrument transformers—product performance and first installations inAIS substations. In: Conference of A3–311, CIGRE (2018, August).

[17] S. Giere et al. X-Radiation Emission of High-VoltageVacuum Interrupters: Dose Rate Control under Testing and Operating Conditions, 2018, 28th International Symposium on Discharges and Electrical Insulation inVacuum (ISDEIV).

[18] Janssen, A., Steentjes, N.: Some peculiarities of the fault current contribution by dispersed generation. In: IEEE Powertech Conference Eindhoven. The Netherlands (2015). Report 455770.

[19] CaliforniaAir Resource Board: 2019 Discussion Draft of Potential Changes to the Regulation for Reducing Sulfur Hexafluoride Emissions from Gas Insulated Switchgear. https://ww2.arb.ca.gov/sites/default/files/2019-08/sf6-gis-discussion-draft-20190815.pdf (2019, August).

[20] IEEE Technical Brochure TR-64: Impact ofAlternate Gases on IEEE Switchgear Standards (2018, August).

[21] Seeger, M., et al.: Recent development and interrupting performance with SF_6 alternative gases Electra No. 291,.26–29 (2017, April).

[22] M™ Novec™ 5110 Dielectric Fluid, Technical Data Sheet (2015).

[23] M™ Novec™ 4710 Dielectric Fluid, Technical Data Sheet, (2015).

[24] Niemeyer, L.: A Systematic Search for Insulation Gases and Their Environmental Evaluation. Gaseous Dielectr.VIII, 459–464 (1998).

[25] Juhre, K., Kynast, E., et al.: High Pressure N_2, N_2 /CO_2 and CO_2 Gas Insulation in Comparison to SF_6 in GISApplications. In: 14th International Symposium HighVoltage Engineering (ISH), Paper C–01, pp. 1–6 (2005).

[26] Simka, P., et al.: Dielectric Strength of C5 Perfluoroketone. In: Proceedings of 19th International Symposium on HighVoltage Engineering. Pilsen, Czech Republic (2015).

[27] Kieffel, Y., et al.: Green gas to replace SF_6 in electrical grids. IEEE Power Energy Mag . 14(2), 32–39 (2016).

[28] Owens, J.G.: Greenhouse Gas Emission Reductions through Use of a Sustainable Alternative to SF_6. EIC (2016).

[29] Hammer, T.: Decomposition of low GWP gaseous dielectrics caused by partial discharges.In: 21st International Conference on Gas Discharges and TheirApplications. Nagoya, Japan (2016).

[30] Gautschi, D.: Application of a Fluoronitrile Gas in GIS and GIL as an Environmental FriendlyAlternative to SF_6. CIGRE, B3–106 (2016).

[31] Tehlar, D., et al.: Ketone BasedAlternative Insulation Medium in a 170kV Pilot Installation.

CIGRE SCA3 & B3 Colloquium. Nagoya, Japan (2015).
[32] Hyrenbach et al.: Alternative Gas Insulation in MediumVoltage Switchgear. CIRED (2015).
[33] Söderström, P., et al.: Suitability Evaluation of Improved HighVoltage Circuit Breaker Design with Drastically Reduced Environmental Impact. CIGRE (2012).
[34] Schiffbauer, D., Majima, A., Uchii, T., et al.: HighVoltage F-gas Free Switchgear applying CO_2/O_2 Sequestration with a variable Pressure Scheme. In: CIGRE-IEC 2019 Conference on EHV and UHV (AC&DC). Hakodate, Japan (2019).
[35] Jansen, A., Uzelac, N., Found, P., Schoonenberg, G., Liandon, M.R.: Evolution of functional requirements for MV switchgear. CIGRE 2018 Conference.
[36] Janssen, A.L.J., et al.: Circuit breaker requirements for out-of-phase switching. In: CIGRE SCA3, B4 &D1 International Colloquium 2017, Winnipeg, ReportA3–044.
[37] CIGRE Technical Brochure 716: System Conditions for and Probability of Out-of-Phase—Background, Recommendation, Developments of Instable Power Systems, CIGRE JWGA3/ B5/C4.37 (2018).
[38] IEEE 1547 Series of interconnection standards for distributed resources with electric power system.
[39] https://www.modernpowersystems.com/features/featurenovel-fault-limiting-circuit-breakers-for-dense-urban-grids-5748048/.
[40] Kerr, B., Ache, J., Lynn, S., Uzelac, N.: Smart switchgear for extreme installation environments. In: Conference Paper 1100, CIRED (2019).
[41] IEC 60044–7: Instrument Transformers–Part 7: ElectronicVoltage Transformers.
[42] IEC 60044–8: Instrument Transformers–Part 8: Electronic Current Transformers.
[43] IEC 61869–9: Instrument Transformers–Part 9: Digital Interface for Instrument Transformers.
[44] IEC 61869–15: Instrument Transformers–Part 15: Additional Requirements forVoltage Transformers for DCApplications.
[45] IEC 61869–14: Instrument Transformers–Part 14: Additional Requirements for Current Transformers for DCApplications.
[46] IEEE Std. 519: Recommended Practices and Requirements for Harmonic Control in Electric Power Systems.
[47] IEC 61000–4–30: Testing and Measurement Techniques-Power Quality Measurement Methods.
[48] IEEE C37.118: IEEE Standard for Synchrophasors for Power Systems.
[49] Mantilla, J.D., et al.: Environmentally Friendly Perfluoroketones-based Mixture as Switching Medium in HighVoltage Circuit Breakers. CIGRE A3–348 (2016).
[50] IEC/IEEE 62271–37–013. ed. 1.0. 2015–10, High-voltage Switchgear and Control Gear, Part 37–013: Alternating-current Generator Circuit-breakers.
[51] IEC 62586–1 Ed.1: Power Quality Measurement in Power Supply Systems–Part 1: Power Quality Instruments (PQI).
[52] Darko, K., Beierlein, A., Micic, S.: Improving system safety and reliability with solid

dielectric switchgear. In: Conference Paper 2058, CIRED (2019).
[53] IEC 61869-1: Instrument Transformers—Part 1: General Requirements.
[54] IEC 61869-6: Instrument Transformers—Part 6: Additional General Requirements for Low-power Instrument Transformers.
[55] IEC61869-10: Instrument Transformers—Part 10: Additional Requirements for Low—power Passive Current Transformers.
[56] IEC61869-11: Instrument Transformers—Part 11: Additional Requirements for Low Power PassiveVoltage Transformers.
[57] IEC 61850-9-2: Communication Networks and Systems for Power UtilityAutomation—Part 9-2: Specific Communication Service Mapping (SCSM) -SampledValues Over ISO/IEC 8802-3.
[58] Milosevic, A., Kartalovic, N., Milosavljevic, S., Uzelac, N., Gambin, R.J., Niemczyk, M.: Field testing on solid dielectric MV switch. In: Conference Paper 2260, CIRED (2019).

作者简介

Nenad Uzelac，1995 年毕业于塞尔维亚贝尔格莱德（Belgrade, Serbia）电气工程学院，主修电力工程，并于 2004 年在美国埃文斯顿西北大学（Northwestern University, Evanston,USA）完成了产品研发硕士课程。1999 年，加入吉唯达（G&W）电气公司担任研发工程师；2005 年，担任研发经理，负责开发新的中压开关设备，包括重合闸装置和断路器；从 2015 年开始，担任 G&W 全球研究主管，负责开发新技术。其研究领域包括交流和直流开关、材料和绝缘技术、状态监测和诊断、传感器以及电弧故障。Nenad Uzelac 曾是 CIGRE WG A3.24（中高压开关设备内部电弧模拟工具）和 CIGRE WG A3.32（输配电开关设备状态评估非介入性方法）召集人；目前是 CIGRE SC A3（输配电设备专业委员会）主席，电气与电子工程师学会（IEEE）高级会员和 IEEE 开关设备技术与创新分委员会主席。

Hiroki Ito，于 1984 年加入三菱电机公司（Mitsubishi Electric Corporation）。1989—1991 年，在美国伊利诺伊大学（University of Illinois, USA）协调科学实验室担任研究员；回到三菱电机公司后，主要从事直流和交流气体断路器的研究和开发；1994 年，获得东京工业大学（Tokyo Institute of Technology）博士学位；2005—2012 年，任三菱电机公司国际认可高压大功率实验室主任；目前是三菱电机公司能源与工业系统组的高级技术顾问。Hiroki Ito 是 CIGRE WG 13/A3.07（可控开关）成员；曾是 CIGRE WG A3.22（超高压变电站设备技术要求）和 A3.28（超高压和特高压开关现象）召集人；2012—2018 年，担任 CIGRE SC A3（输配电设备专业委员会）主席；2018 年成为 CIGRE 荣誉会员。

René Peter Paul Smeets，1987 年获得博士学位。1995 年之前，在埃因霍温大学（Eindhoven University）担任助理教授；1991 年，在日本东芝公司（Toshiba Corporation in Japan）工作；1995 年，加入荷兰电工材料协会（KEMA）；目前在 KEMA DNV GL 实验室工作，担任服务领域和创新负责人；2001 年，担任荷兰埃因霍温大学大功率开关和测试技术领域的兼职教授；2013 年，成为中国西安交通大学（Xi'an Jiaotong University, China）的客座教授。Smeets 博士是 CIGRE 新兴高压设备领域（如高压真空直流开关设备和 SF_6 替代品）工作组和专业/咨询委员会召集人/成员；曾是 CIGRE WG A3.27（高压真空开关设备）召集人、CIGRE WG A3/B4.34（高压直流开关设备）秘书；目前是 CIGRE WG A3.41（SF_6 替代品对开关的影响）召集人；IEC 两个高压开关设备维护小组召集人。Smeets 博士出版过 3 本书籍，撰写了 300 多篇关于电力系统测试和开关的国际论文。2008 年，Smeets 博士当选为 IEEE 会士；自 2008 年以来，担任“电流零点俱乐部”主席。他获得了七个国际奖项，包括 CIGRE 颁发的两个奖项。

Venanzio Ferraro，意大利电工委员会 TC38 互感器技术委员会主席。他加入了 IEC 和 CIGRE 多个互感器有关的工作组，目前是 CIGRE WG A3.43（基于状态监测系统数据的输配电开关设备生命周期管理工具）成员。Venanzio Ferraro 自 2018 年起，担任施耐德电气公司（Schneider Electric）的创新负责人，专注于识别和验证创新技术、初创企业和合作伙伴，以实现互联和智能中压产品创新。在此之前，他曾担任施耐德电气公司的研发经理，负责开发中压产品自动化领域的新产品、系统和软件。

Lorenzo Peretto，博洛尼亚大学（the University of Bologna）电气与电子测量专业的正教授；博洛尼亚大学（the University of Bologna）电气能源工程项目主任；IEEE 高级会员、IEEE 仪表和测量学会会员；IEEE 智能电网指导委员会仪表和测量学会代表。他积极参与制定新的 IEC 61869“电压和电流互感器”系列标准；是 IEC TC38/WG55（负责制定新标准 IEC 61869 – 105“互感器校准的不确定性评估”）负责人；《电气与电子工程师学会仪表和测量会刊》副编辑；曾受邀在 IEEE 电力与能源学会（PES）年会上就失真条件下的电力系统测量问题进行发言。Lorenzo Peretto 目前在教授“电气工程仪表”“机械测量”和“电力系统应用测量”等课程。他是 270 多篇科学论文的作者和共同作者，31 项专利的共同发明人，以及 3 本书的共同作者。

第5章 绝缘电缆

Rusty Bascom，Marc Jeroense，Marco Marelli，James Pilgrim，Roland D. Zhang

摘要：电缆的历史始于19世纪的通信电缆和低压电力电缆，最初以天然橡胶作为绝缘，后来发展为油纸绝缘。对应于社会、电网和环境需求的不断变化，电缆产品得到了进一步发展和变革，先进的技术也驱动电缆行业不断创新。目前，电缆除了采用油浸纸绝缘，还采用不同类型的聚合物绝缘。由于水的有害影响，金属阻水层被引入电缆结构当中，但其正受到环境需求方面的挑战。电缆系统的新需求不会扼杀电缆行业的发展，相反会促进研发团体提供创新的解决方案，满足电网运行安全、可靠和环保的要求。未来将促进电缆行业在产能、功率、电压、内涵和创新方面加速发展，这在20世纪是前所未有的，也没有出现任何干扰因素。因此，在未来电网中，我们可以满怀信心地期待低压电缆到超高压电缆、交流电缆到直流电缆都将发挥关键作用。

5.1 引言

近年来，（包括制造商、科研院校和用户在内的）绝缘电缆行业整体朝着引入新技术解决方案和确定新应用的方向迈出了一大步。

这一变革不仅是绝缘电缆行业的延续，也是其加速升级。绝缘电缆在未来供电系统中发挥的作用将在很大程度上受到电网发展的影响。一般认为，电网的运行模式包括以下两种：

（1）重要性日益增加的大型输电网络，它能够将负荷区域、包括离岸设施的大型集中可再生发电资源进行互联，并用在不同国家和能源市场之间进行互联。

（2）大量出现的小型独立配电网集群，其中包括智能化管理的分布式能源（DER）、储能和需求侧智能管理系统（DSM），使其作为主动网络运行，提供本地主动和被动支持。

为了实现宏观的环保、经济和安全目标，上述两种运行模式并非是独立存在的，而是共存的。

On behalf of Study Committee B1.

R.Bascom · M.Jeroense · M.Marelli(B)· J.A.Pilgrim · R.D.Zhang
CIGRE,Paris,France
e-mail:marco.marelli@prysmiangroup.com

N. Hatziargyriou and I.P.de Siqueira(eds.),*Electricity Supply Systems of the Future*,CIGRE Green Books,https://doi.org/10.1007/978-3-030–44484–6_5

同样，绝缘电缆的发展不仅受益于其中任意一种运行模式，更会促进上述两种运行模式快速有效的发展。

5.1.1 国际大电网的作用

目前，CIGRE SC B1（绝缘电缆专业委员会）除了继续关注高压（HV）和超高压（EHV）系统输电应用，对配电、嵌入式发电和智能电网中压（MV）电缆系统的应用也再度关注。当涉及电缆系统的生命周期时，CIGRE SC B1 专业委员会提出的基本方法仍然是有效的，涵盖绝缘电缆系统的理论、设计、应用、制造、安装、测试、运行、维护、寿命终止和诊断技术（图 5.1）。

图 5.1 绝缘电缆的生命周期

在所有相关的因素中，有一些因素引起了越来越多的关注，预期在不久的将来将呈现明确的趋势。

公众接受大型基础设施，从项目提出到输电线路最终实施所需的时间，以及它们的投资和运营总成本，这些都是相互关联的，应被视为是最重要的。

此外，人们关于电缆线路（更广泛地说，电力传输线路）和电缆生命周期（包括生产和运行的碳足迹，以及材料的可回收性）对环境影响的关注度不断增加，并将成为下一代电网的关键因素。

越来越多的绝缘电缆生产和应用的利益相关方越来越重视，对于新一代电网从业人员的教育培训。

近年还出现了其他一些因素，这些因素肯定会对未来的发展产生影响，其中数字化将在所有工业领域产生更大的影响。这不仅为生产过程中带来益处，还将为输电应用领域创造新的机会，特别是在本地能源社区的主动管理当中。数字化和全球化已经影响了工业变革的速度，加速了材料、工艺和应用知识的积累。

供电系统变革的其他关键因素包括韧性、可持续性和安全性。CIGRE SC B1（绝缘电缆专业委员会）90 多年来一直引领着绝缘电缆的发展。

5.2 历史回顾

绝缘电缆起源于 19 世纪，当时采用玻璃管、橡胶和杜仲胶（树液衍生乳胶）作为绝缘的导线用于采矿和电报服务。由橡胶、大麻、焦油和沥青组成的海底电报电缆在 1841 年首次使用。1890 年，在欧洲石蜡浸泡纸绝缘电缆被首次使用在一条长度 50km 的 10kV 线路上，被称为法拉第电缆。1891 年，一条类似的线路投入使用，并持续使用了 42 年，随后开发出了带铅护套的浸渍纸绝缘电缆。

20 世纪 20 年代，Emanueli 公司开发的油浸纸绝缘在抑制绝缘电离方面起到了关键作用，并应用到 138kV 高压自容式充油电缆上。自容式电缆一般设计在轻微过压下运行。在北美，随着真空干燥和油浸技术的发展，纸绝缘在 19 世纪 80 年代使用。一条长度 290km、运行电压±120V 的陆地直流电缆系统投入使用。随后，交流电缆系统开始取代直流电缆系统。20 世纪下半叶，通过比较钢管充油电缆和自容式充油电缆的特性后，钢管充油电缆成为北美主要的高压电缆系统。

纸绝缘技术的不断发展贯穿 20 世纪。在此期间，挤塑绝缘技术得到了发展。20 世纪 30 年代，英国开发了聚乙烯绝缘。20 世纪 50 年代，开发了交联聚乙烯绝缘挤出技术。20 世纪 60 年代，潮气（水树）对聚合物绝缘材料的影响变得越发明显，金属防潮层逐渐出现（当时主要是挤出铅护套）。20 世纪 60 年代，乙丙橡胶（EPR）绝缘技术不断发展，开始用于商用电缆绝缘。

20 世纪 70 年代，随着挤出型高质量交联聚乙烯的商业化应用，线性低密度聚乙烯绝缘因最高工作温度低因而使用需求逐步下降，到 20 世纪末，新电缆中线性低密度聚乙烯绝缘已经完全被交联聚乙烯绝缘所取代。

20 世纪 70 年代，层压纸—聚丙烯绝缘带实现商业化生产，并用于制造纸绝缘电缆，既可用于自容式充油电缆，也可用于管道电缆。在 20 世纪的大部分时间里，管道电缆在北美使用非常普遍，但在世界其他地区使用有限。由于对这些系统中所采用的大量绝缘液体的担忧、以及其更高的维护要求和有限的传输能力，导致新建管道系统应用需求和全球电缆制造需求的降低。然而，管道电缆在美国一些公用设施中广泛使用，在未来几年内仍将继续作为“传统”系统应用。目前正在对部分管道电缆线路进行评估，希望对其采用某种挤出固体绝缘电缆技术进行替代，以消除这些系统中的电介质液体。自容式充油电缆仍然在世界各地广泛使用，但正逐步被挤出绝缘电缆所取代。

当一些最早的纸绝缘电缆逐渐接近其设计使用寿命时（例如第一根法拉第电缆的使用寿命约 40 年），人们开始努力研究这些电缆的老化特性，基于历史工作温度，来评估电缆的累积寿命损失。经确认，在典型绝缘老化情况下，电缆系统的剩余寿命长于预期设计寿命，因此在许多情况下，电缆的使用寿命允许延长到 40 年以上。

除了电缆本身，电缆行业也从使用现场模塑接头逐步过渡到采用预制接头，预制接头设计可以在更短的时间内组装，降低了生产工艺要求。电缆终端设计技术从瓷套管发展到更轻、更耐机械损伤的聚合物套管，另一个优点是消除了在电缆故障爆炸期间瓷套管破碎散落的可能性。

低温（4K）超导电缆已在实验室环境中开发和验证，但仅在有限的、受控的商业场合应用。20 世纪末开发的高温（70K）超导电缆通常在政府补贴下的商业项目上获得有限应用。这些系统有时用在较低电压下高电流密度的短距离传输场合，例如发电站，节约了升压变压器的成本。对于交流应用，每隔 5～10km 需要建立一个液氮冷却站；对于直流应用，每隔 20km 需要建立一个液氮冷却站。这些必需的冷却技术已经实现商业应用，冗余系统可以在不中断运行的情况下进行维护。然而，对于长距离应用来说，低温冷却设备仍然是一项技术挑战。

在 20 世纪末，电缆系统的监测和诊断技术不断进步。20 世纪 90 年代，基于光纤的分布式温度传感首次应用于电力电缆，这将有助于确定工作温度过高的位置，并优化电缆系统的电力传输能力。在现场环境中，可以采用其他监测技术来检测电缆和附件中的绝缘局部放电，油中溶解气体分析法也得到了改进，以评估纸绝缘电力电缆的运行状况。

5.3　电力电缆的当前技术水平

电缆系统技术主要是在 21 世纪早期发展起来的，制造商设计、鉴定和生产了商业化应用的 500kV 挤出绝缘交流电缆，并对高压电缆进行试验。全世界超高压电缆系统的数量正在增加。随着绝缘质量的改进，制造商生产了更高电气强度的电缆及其附件，从而提供了更好的机会来改造以前可能受到较小管道限制的纸绝缘电缆线路。

导体材料为铜或铝，可根据技术水平或金属价格进行选择。铜的使用较为广泛，尤其是用于大容量输电电缆。交流电缆现在可以使用包覆氧化物或瓷漆的铜绞线，以减少交流损耗，并可以制作成较大尺寸的导体结构，适用于大电流容量的电力电缆。这些较大的导体尺寸意味着制造单位和施工单位需要更仔细考虑大直径电缆安装在管道内产生的影响，控制电缆的移动，以避免对电缆附件（中间接头、终端）造成机械损伤。

在 21 世纪早期，聚合物绝缘高压直流（HVDC）电缆获得商用，从而去除了与纸绝缘 HVDC 电缆相关的一些组件（比如油纸绝缘、铅套径向防潮层）。近年来，换流站的成本也有所下降，使得较短距离的高压直流输电能够在陆地和水下应用。

地下电缆的安装方法仍然主要采用明挖沟技术。非开挖方法包括顶管、微隧道，尤其是水平定向钻（HDD），这是一种从石化行业引入的技术，可用在禁止其他方法的区域安装电缆。采用水平定向钻技术敷设的电缆长度已达到 2.2km（图 5.2）。

图 5.2　一种典型的水平定向钻机

一些早期安装的挤出绝缘电力电缆系统已经达到或接近 40 年，因此，用户正在寻求这些电缆系统剩余使用年限的评估方法。

电缆行业正不断发展，从而提高可靠性，增加生产产能，降低电缆整个生命周期成本和增强电力传输能力。

5.4　新的社会需求

如果不能通过投资新电缆线路或改造现有电缆线路来有效提高输电能力，一个国家的电价可能会上涨，特别是涉及可再生能源的融合，例如欧洲计划 2040 年可再生能源发电量占比达到 75%。

根据欧洲输电运营商联盟 ENTSO-e 在 2018 年发布的《十年网络发展规划》，到 2040 年，由于缺少新投资，将会阻碍综合能源市场的发展，并导致竞争力的缺乏。反之，这将导致电价上涨，用户的账单提高。到 2040 年，“非电网”额外费用（平均每年 430 亿欧元）将远高于新电网的预期成本（2016 年，发布的《十年网络发展规划》总计 1.5 亿欧元，包括内部强化、25%贴现率）。缺乏投资将影响欧洲电网的稳定性，在某些地区，还可能威胁到电力的持续供应，这也会增加社会成本。

能源必须是人们负担得起的。地下电缆系统通常比架空线路更贵，但考虑到生命周期总成本，尤其是许可、损失、运行期间的环境影响等，针对输电系统的决策可能会有所不同。

由于可再生能源的不可控性和分散性，系统运营商必须采用新技术或新解决方案，以确保频率和电压稳定性，例如中压/低压直流电缆的应用，同时需要更高层次的监管和政策协调以及创新的市场策划，以确保输电系统的灵活性。为了确保和提高电力供应的安全性以及传输线路的灵活性和柔性，数据分析应不断改进应用，例如通过电缆系统中的集成光缆元件。

系统运营商的责任是在电缆系统的安装、运行、维护期间，通过设定更高的标准和提高环境保护的优先级，保障法律和环境合规性，并控制性能。

此外，满足企业社会责任（CSR）和健康安全环境（HSE）的规定和要求是企业的核心工作，对这些领域的学习和培训是建立、改进和满足性能要求的前提。

5.5　新的电网要求

电网扩建和加固是下一代电网的关键问题。

在电缆比例较高的电网中，应重新评估电网的可用性。为了满足高质量电网性能的要求，应制定新的维护策略，例如，通过实时温度检测（RTTR）/分布式温度传感（DTS）、分布式声学传感（DAS）/分布式振动传感（DVS）、在线故障监测等系统。需要考虑的一个核心问题是，如何在最短的时间内修复电缆系统，尤其是涉及离岸网络和互联系统？

一些工作正在规划当中，例如（紧急）维修准备计划，包括电缆维修的步骤、电缆维修服务协议的签订、关键“卡脖子”材料的采购等。

在应用电缆、特别是长距离交流电缆时，电网的阻抗和/或谐振频率可能被改变。这可能导致过电压，需要通过并联电抗器提供足够的补偿。因此，应开展特定项目的研究工作，以检查其可行性和可操作性。

鉴于公众对地下电缆的接受程度，越来越多的地下工程正处于规划和实施阶段。除了技术要求外，还应考虑成本、电缆线路障碍、施工期间对环境的影响等。

2050 年，欧洲将修建电力高速公路，综合应用交/直流架空线、电缆（使用一系列不同的绝缘材料作为绝缘）、混合线路，最终还将使用气体绝缘管线（GIL）和超导电缆系统等。涉及的因素包括：

（1）频率。

（2）可控发电的可能位移。

（3）新能源发电并网对暂态和电压稳定性的影响。

系统设计需要根据新的电网技术规范进行调整。研究和调查对于应对输电系统运营商（TSO）、制造商和利益相关方的挑战至关重要，进一步的可操作性挑战也正在增加。

此外，应持续关注技术的发展及其准备情况（图 5.3）。

技术项目	技术就绪指数		
	2020	2025	2030
高压交流电缆			
地下电缆技术	7	9	9
海底电缆技术	9	9	9
超导电缆（高压）	4	6	8
气体绝缘管线	4	6	8
高压直流输电			
整体浸渍高压直流电缆，±600kV	9	9	9
挤出高压直流电缆，±320kV	7	9	9
挤出高压直流电缆，±525kV	5	7	9
挤出高压直流电缆，±600kV	3	5	7
高压直流气体绝缘管线，525kV	3	5	7
高压直流超导电缆	3	5	7

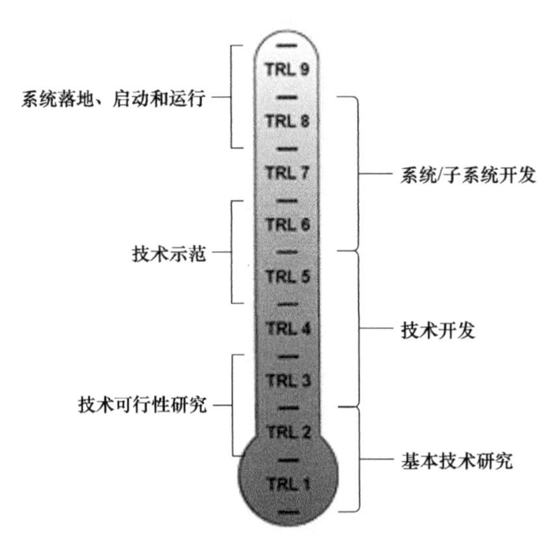

图 5.3 欧洲输电运营商联盟 ENTSO-e 发布的电缆技术就绪指数（TRL）
（来源：Source ENTSO-e TYNDP 2018. Technologies for transmission system）

5.6 市场趋势

新技术的出现是对缓慢出现的市场发展趋势以及更快产生的需求的反应。另一方面，新技术也可能来自聪明的科学头脑。但即使在后一种情况下，如果能够与发展趋势和预期相关联，这种新想法通常也会有更大的成功机会。

电缆行业是市场的一部分，在这个市场中，发展趋势比以往更迅猛，市场趋势以前所未有的速度得到新技术的响应。展望未来，我们期待电缆行业的发展速度继续保持现有水平、甚至更快。制造业已经开始迎接新技术引进带来的挑战，而且很可能在近期、中期和远期都会如此。因此，让我们从技术角度来看一下电缆行业的发展趋势。

5.6.1 远距离发电

发电厂距离电网连接点的距离越来越远，这意味着电力传输到用电中心的距离也增加了。为了保持线路损耗在可接受的水平内，在一个多世纪以前，我们从高压工程技术理论中得知，应提高电压，从而降低传输一定功率所需的工作电流。

提高电压的另一个原因是在远离消费用户的地方建造的设备资产可能很昂贵。扩大远距离发电的规模，简单地增加电力，然后通过规模经济带来优势。也就是说，为了降低单位电力成本，投资大型远距离发电比投资小型发电更好。因此，最终我们希望实现大容量的远距离输电，而不是小容量的。

更偏远的地方可能存在恶劣的环境条件，如水深、强风、海浪和洋流，以及更极端的高温和低温。一个典型的例子是海上风电场，其位置越来越远离海岸线，以获得更强的风力和更大的电能密度。随着水深不断增加，平台和塔架必须漂浮，在此情况下，塔架和电缆会受到风浪的作用而反复移动。另一个例子是较远距离之间的电网互联，在某些情况下，必须穿过水很深的海域。

此外，环境影响可能给电力装备带来灾难性的破坏，如地震、极端风暴、洪水和火灾。

5.6.2 本地发电

由于气候变化的影响，全球电网的转型有两种截然不同的策略：一种是集中大规模发电，另一种是本地小规模发电。然而，早期集中大规模发电的趋势现在已经不适用了，目前通常大部分本地发电采用较小的功率、较低的电压、较近的距离来实现。个人在屋顶上投资太阳能电池板进行光伏发电，一个较小的团体投资一个或几个陆上风力发电厂，这些都是本地发电的例子，需要提供新的并网、监管和运行方式。在这类应用中，成本效益是一个关键因素。这类地方微电网和迷你电网应该采用交流还是直流系统，这一老问题现在变得非常重要，这是因为交直流转换所需的电子设备的成本越来越低，而使用直流在运行和安全方面有一些非常显著的优势。现在已经有中压直流解决方案，这可能被扩展到低压直流系统中。

5.6.3 更多互联

在本地和全球范围内进行网络互联均会增加其复杂性。我们还必须认识到，连接到电缆系统的设备也在不断改进，如转换器系统、过电压保护装置、柔性交流输电系统等。所有这些变化都可能导致电缆系统承受在过电压、电流和电压谐波方面的介电应力。

未来的电网架构可能比现在具有更多的物理层。目前，最高等级为“覆盖电网”，可以在超高直流电压下运行，最终一直延伸至中压和低压电网。我们必须更多地了解这些系统的相互作用以及可能对电缆系统设计产生的影响。

特别是在人口稠密的地区，所有这些不同电压等级的电网距离很近，有时必须向人口稠密地区输送大量的电能，因此必须考虑用地限制、环境和安全因素，提供技术解决方案。

5.6.4 新的发电类型

长期以来，火力发电、水力发电和核能发电一直占主导地位，可再生能源发电的比例在过去 20 年中有所增加，并将在未来持续增长。除上述类型外，电网的发电类型还将包括陆上和海上风力发电、本地小型发电、大型太阳能发电、波浪发电和洋流发电。传统的火力发电、水力发电和核能发电可以预测且持续高功率输出，而新的可再生发电类型具有更大的不可预测性和波动性，这将影响电缆系统的设计方案，比如热设计。

5.6.5 新技术的快速引进

电缆系统新技术不断被引进到电网当中，实施速度前所未有，这将影响市场对这些新技术的接受程度。通常，这些新技术用于大容量电能的传输，该类系统的中断将会产生严重的后果。因此，电缆行业可能将提升检测评估体系的水平，增加检测仪器的数量，提高质量控制水平。

新技术将被监测，以确保其提供预期的但仍未知的运行特性。

5.6.6 现有设备的延期使用

正如我们所知，在过去的几十年里，电力行业在电网上投入了大量资金。如今投资的速度没有下降，反而明显增加。从财务角度来看，更换现有电缆系统将是一个挑战，因为这些系统很多将同时达到设计使用寿命。应对这一现状的方法是利用离线或在线测量性能参数，这些参数可以反映电缆系统的健康状况。因此可以根据这些参数来判断这些电缆是否能够继续使用，或者降级使用，或者需要更换。

5.6.7 环境意识的提高

地球正在受到人类及其工业活动的严重影响，越来越多贫困地区的人们期望生活得到改善，这通常意味着电力的可用性和消耗量的增加，至少对于那些根本没有电或几乎没有电的地区来说是如此。总而言之，这意味着电缆行业责任重大，必须采用可持续的方式进行电缆系统的开发、制造和应用，原材料、运输、制造、安装、使用和回收等都应采用负责的且最环保的方式进行。

这 7 种全球发展趋势与最新技术有关，这些新技术正在或者将在近期或未来实施，我们将详细介绍其中的一些。

5.7　应对发展趋势的新技术

5.7.1　高压海缆系统

目前，400、500kV 地下电缆系统早就可用了。鉴于更高的财务和技术风险及挑战，这些高电压等级在海缆中的应用并没有那么快。当海缆为三芯统包在一个铠装层中时，高压交流海底电缆项目通常投资成本效益最佳（图 5.4）。这种三芯电缆可一次完成安装，而不是三根电缆单独安装。

图 5.4　三芯海缆示例
（来源：TB 610）

由于海缆的安装费用昂贵，通常三芯电缆项目更具成本优势。这种具有最高电压和传输容量的三芯海缆的挑战在于其重量超过 100kg/m，直径在 200～300mm 之间，处理该类电缆系统时必须十分精细。这种电缆外层至少有一层铠装。如果此类海缆敷设在中等水深的水域，则在铠装层中不需要设计太高的结构强度，采用聚合物丝材和金属铠装组合结构即可满足强度要求，并提供成本效益。

在某些情况下，使用三根单芯海缆仍是更好的选择。为了减少铠装层损耗，铠装层可采用不锈钢、铜或其他材料制成。

最高电压等级的自容式充油海缆已应用很长时间，而 400kV 交联聚乙烯绝缘海缆最近才投入工程应用。目前，在世界范围内，220kV 海缆应用较多，275、300kV 或更高电压等级的海缆应用仍较少，未来这些新技术可能会得到更多的应用。

5.7.2　陆上超高压交流

在世界一些地区，如加拿大、印度和中国，有时采用交流 745、1000、1200kV 进行超高压电力传输。由于现在还没有电缆能够承受这么高的电压，所以架空线是唯一的传输方式。将来，可能有必要通过类似电缆的解决方案进行短距离传输，作为这些超长距离超高压输电线路的一部分。虽然传统电缆技术可能不是首选的解决方案，但超导电缆和气体绝缘管线或许是此类应用场景的可能解决方案。

5.7.3　高压直流

从 1954 年第一条高压直流电缆线路投放商运开始，整体浸渍（MI）电缆被引入直流输电当中（图 5.5）。几十年来，这种技术没有受到聚合物绝缘材料的挑战，因为聚合物绝缘只能用于交流系统。但自 20 世纪 90 年代以来，挤出绝缘直流电缆系统开始出现，首先应用在中等电压和传输容量的系统当中。自此以后，电缆的电压等级和传输功率都在增加，尤其自 2010 年以来，项目数量、电压等级和功率水平都明显快速增长，预计电压范围将达到 500kV 和 600kV，在实验室中甚至达到了更高电压。此外，传统 MI 电缆的最高工作温度只有 50～55℃，挤出电缆的最高工作温度为 70℃；通过材料优化和工艺改进，现在已分别提高到 80～85℃和 90℃。MI 电缆是绕包电缆的一种，与前身是自容式充油电缆、现在的聚丙烯复合纤维纸（PPLP）电缆属于同一体系。挤出绝缘直流电缆以交联聚乙烯绝缘为主，现在还出现了基于热塑性绝缘体系以及纳米填充交联聚乙烯绝缘的电缆系统，这些技术都宣称提高了导体工作温度。在世界一些地区，需要通过超高压长距离传输大量电能，因此，预计未来这些线路的某些部分将通过电压超过 500～600kV 的电缆来实现。

图 5.5 采用不同绝缘技术的 HVDC 电缆示例（来源：NKT）

深入研究电介质内部发生的物理现象对这些技术发展至关重要。不同的学科（如化学、电介质学科、热力学、力学、制造和测量技术）都起源于一个想法，并经过长时间的发展，融合形成一个体系，最终发展到商业化。无损测量技术，如测量空间电荷的脉冲电声法（PEA）或热阶跃法（TSM）以及先进的泄漏电流传感测量法，推动了这些技术的水平提升。一般来说，先进的测量和分析方法有助于电缆系统未来的发展。

5.7.4 更大的导体截面

虽然提高电压是增加传输功率并减少损耗的传统方法，但仍然需要提高电流，以适应相邻系统的故障状态、其他原因的过载以及不断变化的环境热条件。应对这些挑战的另一个方式是提高导体能够承受的温度。电流增加意味着导体截面积更大，可能达到 2500～3000mm^2，导致电缆重量更重、外径更大，陆上运输更困难。在未来的电缆设计中，可能会采用截面更大的铝导体，以减轻电缆重量。

5.7.5 气体绝缘管线

作为气体绝缘系统（GIS）的延伸，GIL 适用于交流，且正在进行直流试用（图 5.6），其优点是管道中载流元件的截面积（至少目前）没有限制，这种交流和直流 GIL 系统可以承载高达 3～8GW 的功率。与传统电缆相比，GIL 可能在该区间更具优势，因为一个 GIL 系统可以替代一个双回路或三回路电缆系统。对于较低传输功率，由于成本和安装速度的原因，电缆可能仍然是优选方案。GIL 系统主要缺点一是缺少长距离和大尺寸部件的应用经验，二是安装速度慢。目前，GIL 系统仅在少数几个交流系统中运行，而直流 GIL 正在开发当中，待试验阶段完成后即可投入广泛应用。

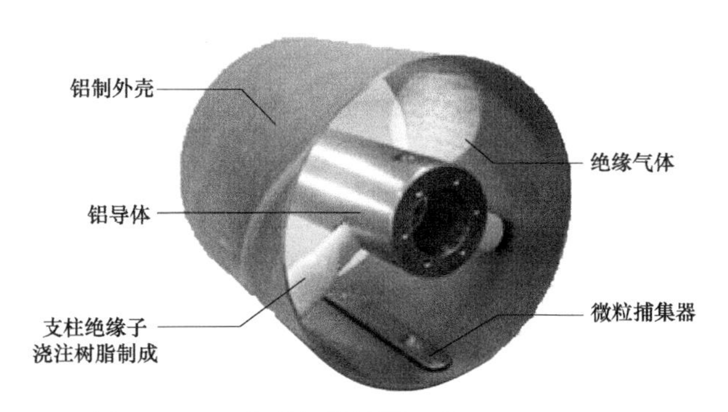

图 5.6 GIL 的详细结构图（来源：Siemens）

由于 GIL 是一种实现大功率传输的紧凑型解决方案，因此可以用在拥挤地区和城市馈电网当中。特别是在替代绝缘气体系统避免使用 SF_6 的情况下，GIL 将会有新的应用需求。

5.7.6 高温超导电缆

高温超导（HTS）电缆（图 5.7）已经在中压交流领域使用了一段时间。目前还没有在直流电压下获得应用，尽管该系统已经在实验室处于成熟阶段。高温超导电缆系统的原理是通过液氮将导体冷却至 –196℃。导体由特殊的陶瓷带材制成，如 YBCO 或 BSCCO，在该温度或低于该温度时，其欧姆电阻消失。高压交流高温超导电缆使用高温超导带材形成绞合导体以及屏蔽，反向磁场被完全抵消。中压交流高温超导电缆的三相通常在低温恒温器内重叠绕包而成，因此也会抵消其磁场。高压直流设计与高压交流设计相似，但电缆没有超导屏蔽层。在低温设计中，绝缘电介质在低温下工作，需被冷却到冷却剂的温度。其他设计将电介质绝缘放置在低温恒温器外部的环境中运行，其温度设计成室温。这些系统都需要维护。

图 5.7 高温超导电缆示例（来源：Nexans）

高温超导电缆可传输功率是现有电缆的几倍。交流电流可达 5kA 或 6kA，直流电流可以超过 10kA。目前在交流电压 138kV 下容量已达到 574MVA，预计可达交流 300kV 或 400kV。经证明，直流 320kV 系统也可实现。

5.7.7 深水电缆

几十年来，光缆一直铺设在很深的水域中，其中最有名的是在 19 世纪安装的跨大西洋的电报电缆。直到最近，电力电缆的铺设深度才达到几十米，这是因为电力电缆的重量比电报电缆重 100 倍。从敷缆船中铺设电缆时产生的拉力与铺设深度和电缆在水中的重量成正比，因此，对于电力电缆来说，拉力会变得非常大。迄今为止，铺设最深的电力电缆是 SAPEI 电缆，最大深度超过 1600m。为了实现在这么深的海底铺设电缆，必须遵循以下两种方法：一种方法是降低电缆重量，另一种方法是增加电缆结构强度，确保电缆的受力平衡状态，以使轴向拉力不会导致电缆产生过大的扭转弯曲应力。在这样的深度进行电缆维修变得非常困难，电缆接头必须根据这样的深度进行设计。也就是说，如果人们不介意修复较长段电缆，则可以选择从沿着最深水域的中等深度水域开始修复工作。未来的技术将使电缆应用到更深的水域。

我们必须认识到，在深海内实现电缆连接不仅关系到电缆设计，同样与电缆安装敷设技术有关，其中敷缆船等昂贵资产是关键。在铺设电缆之前，必须对特定电缆、敷设路线和敷缆船进行彻底的检查、勘测。

5.7.8 动态电缆系统

当电缆连接到浮式结构（如海上风电场或油气浮式装置）时，电缆将悬挂在水中，并经受船舶和洋流引起的运动（图 5.8）。带金属防水层的高压电缆必须能够承受此类运动的冲击。电缆密封的传统方法是使用铅护套，但铅并不是一个好的选择，因为它不能承受反复出现的机械应力。目前借鉴石油和天然气领域的设计经验，电缆采用皱纹焊接铜护套进行密封，缩小版和全尺寸电缆样品已通过实验室测试证明了该解决方案的有效性。动态电缆的设计还应考虑与平台相邻立柱和电缆匹配的固有频率，以避免碰撞。考虑到漂浮平台的水平移动，应在靠近平台的水中设计一段额外长度的电缆，可以自由漂浮，通常通过在电缆上加装重量块、锚和浮力装置来实现。电缆与平台的连接点应通过加筋杆或限位器进行机械加固，以避免过度弯曲和疲劳。

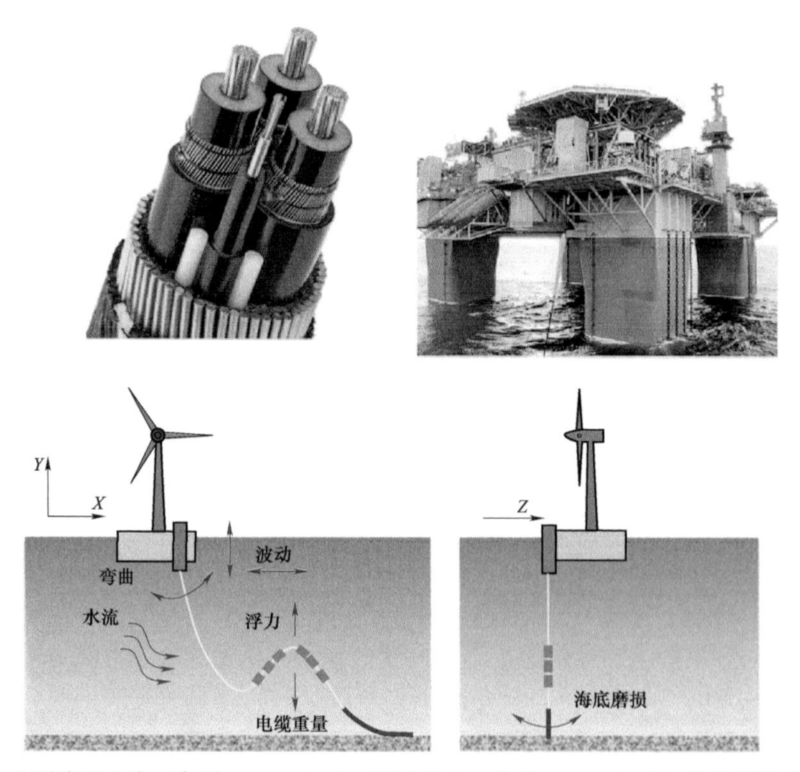

图 5.8 典型阵列电缆（来源：Prysmian）、石油平台（来源：NKT）以及连接到浮动平台或风机的动态电缆应用示例（来源：TB 610）

低压交流电缆不采用金属护套，只采用金属屏蔽。金属屏蔽（通常为钢丝）应能承受反复运动引起的机械应力，阵列电缆就是此类电缆的示例。使用金属护套的电缆电压等级越来越高。目前，66kV 湿式设计电缆已投入使用。未来采用湿式设计的交流电缆可能会持续增加。

对于所有解决方案，铠装设计应确保电缆即使在承受长期静态和动态应力时也能保持其使用功能。

5.7.9 中压和低压直流

人们往往聚焦于电缆高端技术，即更高的电压、功率和电流。当本地发电变得越来越多时，在直流下的低电压和低功率的解决方案，一是采用恒定直流电压和可变电流，二是采用恒定电流和可变电压，可能是一种更为可行的方案。这些技术解决方案已经应用于较高电压系统中。然而，中压和低压直流电缆系统的特点是通过精准设计来降低成本。微电网和迷你电网的谐波和过电压现象可能比超高压电网系统更严重。从制造角度来看，进一步优化绝缘结构可能不再合理，与超高压电缆相比，其直流耐压强度可能会降低。因此，中压和低压直流电缆系统的设计可能会基于过电压、谐波、成本效益、生产可行性等方面考虑，而不是超高压电缆的高耐压强度。

5.7.10 多功能电缆

复杂 3 芯海缆的功率和尺寸均有所增加。利用这种知识，可以将不同的缆芯组合成一个 3 芯或多芯结构。例如，将直流正、负极线芯与交流辅助芯或控制线芯组合在一起。

5.7.11 水下解决方案

在大型工程项目中，海缆一般比其他组件铺设得更早，海上平台可能比海缆晚几个月或一年安装。在这种情况下，海缆必须具备防潮功能，这要求电缆两端必须密封完全且机械加固，以便其可以下降到海床上，随后再拉上来与别的组件或结构连接。

由于海缆运输和安装的时间成本非常昂贵，因此，在将电缆与其他组件例如风机相连时耗时最短的解决方案具有成本优势。现在可采用即插即用型终端和接头，满足项目所需。

石油和天然气产业是一个长期投入的战略布局，越来越多的设备资产被安放在海床上，而不再是放置在支撑浮式结构平台上，原因是这种安装方式成本较低，而人造平台价格昂贵。从运营支出的角度来看，海床上安装的设备完全免维护，且可远距离控制，因此成本较低。如果先将设备放置在海床上，然后再连接海缆，则这种连接操作必须在潮湿环境中进行，这种终端称为“湿配连接器”，它们可以在中压交流范围内使用，未来的技术可能会将其应用到更高电压等级交流和直流系统中。

5.7.12 电缆监测系统

正如上面“市场趋势”一节中解释的原因，电缆系统已经受到比较严格的监测。集成在电缆中的光纤可以在时间和空间上连续地监测光纤的温度和应变（见图 5.9）。当光纤被精确地安装在电缆系统之中，它就可以在电缆安装和运行期间监测其温度和应变。目前，分布式光纤传感技术基于不同的光散射原理，包括瑞利散射、布里渊散射和拉曼散射，每种技术各有利弊。未来的发展重点是解决电缆长度逐渐增加后超过了可监测的长度范围的问题，现在的可监测最大长度在 50～100km 之间。

当电缆在使用寿命期间热环境发生变化时，温度监测技术可以监测电缆过载和过热点。在电缆复杂的安装过程及其使用寿命周期内，应变测量技术将可以监测电缆应变，甚至振动，后者还可作为对电缆遭受第三方损害进行早期预警的一种手段。

离线或在线局部放电测量技术能够对电缆早期性能下降进行预警。在线监测系统中的这些信号可在本地采集，通过无线方式发送至数据采集单元，并提供给系统操作人员，从而采取适当的措施。目前，该技术所面临的挑战是电噪声环境影响，这可能导致低的信噪比，尤其是对高压系统，这个缺点可能会限制这项技术的应用。

图 5.9　温度监测系统和带集成光纤的电力电缆（来源：CIGRE TB 247）

5.7.13　故障定位

目前，电缆的长度在不断增加，长达数百公里的电缆项目屡见不鲜。如果由于外部或内部损伤导致了电缆故障，供电部门总是希望能尽快修复故障，以减少收入损失和可能产生的相关违约赔偿金。维修过程的第一步是故障定位。未来需要将故障预定位的精度提升至 1% 或更高，这可以通过不同的方式实现。在线光纤监测技术就是其中一种，另一种是在电缆两端采取时差测距技术。如果掌握了电缆对脉冲响应的知识，则可以使用数学方法来提高测量精度。地下电缆系统可以分段，在线或离线故障定位技术可以综合使用，从而提高故障定位的总体精度，缩短故障定位时间。

5.7.14　生命周期管理的特定解决方案

电缆系统特别是它的使用会在地球上留下碳足迹。将这一碳足迹减到最少符合我们所有人的利益。面对现在和未来的技术，我们必须了解在电缆全寿命周期内所有步骤对环境的影响。金属和聚合物等原材料的选择，必须基于在电缆整个生命周期内碳足迹最优化的考虑。这意味着我们必须对电缆从头到尾进行分析，从采矿、二次加工、运输、制造，一直到对可回收必要性和可能性的判断分析。研究表明，电缆系统最大的负面影响是在使用寿命期间的金属欧姆损耗（主要是导体损耗），该损耗产生于从发电机到用户的传输电流。当电流和电力来源于诸如燃煤发电厂，其影响将远远大于可再生能源产生的影响。在电缆系统寿命结束时，应判断移除系统、分离和回收材料是否具有积极作用，如果是，则应这样做。金属、热塑性塑料和交联聚合物最好能回收到它们最初的应用状态中，或者如果可能进行不同程度地回收。

5.7.15 检测制度和质量控制策略

新技术必须在实验室进行全面测试和鉴定，并证明能够在工业领域实现其设计的功能。材料试验、研究性测量、型式试验和长期试验是开发和鉴定技术和方案的已知工具。针对现有技术，要求或推荐进行不同的常规试验和工厂验收试验。如有必要，对新技术应增加额外测量或试验，以检查新设计和待供货产品的功能，这一点非常重要。考虑到电缆功率和电压等级的增加以及未来电缆系统将经历地更加恶劣的环境，适当的质量保证策略应与这些新技术一起开发。因此，检测制度和质量控制策略与新技术密切相关。

5.8 研究需求

正如本章前面所述，绝缘电缆将对大容量电力传输的大型网络的性能产生重大影响，并将分布式发电的新能源连接到我们的电力网络当中。然而，保持电网系统的高可靠性需要在许多基础领域开展研究。本节回顾了这些领域，并重点介绍了整个行业需要解决的一些战略性研究主题。

5.8.1 预期寿命估计

对绝缘电缆系统的新要求包括它们应能够承受一系列新的应力。对于输电网络中的电缆来说尤其如此，因为这些电缆在以前大部分时间都在低负载下运行。电网运营商不断努力从其设备资产中获得最佳的全生命周期经济效益。这需要对以下主题进行基础研究：

交流交联聚乙烯电缆绝缘的运行老化：一些早期安装的 XLPE 电缆现在已经接近其常规设计的寿命终点。通过以前的运行经验来看，纸绝缘电缆可以超出其常规设计寿命使用。尽管迄今为止，220kV 及以上电压等级的 XLPE 电缆的运行经验良好，但达到使用寿命的电缆数量非常少。有关设备健康程度的研究结果驱动了用于确定电缆线路更换顺序的资产管理技术的发展。由于缺乏交联聚乙烯电缆实际老化的运行经验，开发能够可靠预测电缆寿命终止的技术至关重要。这需要一个全面的方法，考虑所有系统组件。除了提高我们对交联聚乙烯绝缘在运行应力下性能劣化的理解之外，还需要开发仿真模型来评估电缆护套和铠装层对剩余寿命的影响，这将有助于开发预测性而非诊断性的状态监测工具。

高压直流系统：已经做了大量研究工作，来提高我们关于空间电荷对交联聚乙烯高压直流电缆（包括纸绝缘和聚合物绝缘电缆）长期老化影响的理解。随着电网越来越依赖于高压直流电缆进行连接，其中一些电缆已接近寿命中期，因此必须将对这些问题的认识从实验室阶段转化到对在役电缆进行实际评估阶段。

湿式绝缘系统：许多将海上可再生能源连接到电网的电缆系统采用了半湿式或全湿式设计。虽然加速试验已被作为型式试验的一部分进行，但短期试验所施加的应力可能与长期运行中实际的应力大不相同。

海缆的多因素疲劳：安装在海上的电缆系统需承受与陆地电缆系统不同的电气、热学和机械应力。这类电缆相对较新，尤其是海上风电行业。需要进一步研究来确定这些系统在几十年的时间里如何经受这些应力，并确定合适的预期寿命。如果风电场重新供电，或者涡轮机寿命超过预期，这可能变得非常重要。

所有这些因素都促使我们改进获取电缆实时运行性能的方式。

5.8.2　作为老化数据来源的电网

实验室检测方法已经发展成经济实用型检测方法的代表，但超过一年的检测很少可行。传感和通信硬件的发展意味着现在可以从现役设备资产中获取大量的信息，所面临的挑战是如何利用电网上产生的大量数据，用于实验室测试的传统分析方法不适合处理如此庞大的数据包。通过与人工智能和数据科学进行以下主题的合作，将会带来较大的机会：

（1）从跨越多个地理位置的分散设备的零星数据中找寻规律。

（2）大容量大数据包的自动分析。

（3）识别多个不同测量数据流之间的关联性，与潜在故障场景进行关联或发出警告。

所获得的方法、理论和经验反过来可用于加强资产管理策略，并进一步开发剩余寿命模型。

除此之外，还可以将信息反馈到设计过程中，这可以在电网条件变化时进行安全裕度审查。

5.8.3　改进的系统设计

从电网运行参数中学习有可能改进系统的设计，但需要研究提取其中的信息。可能的工作领域包括：

热设计：通过监测电缆运行过程的实际热性能，可以验证热设计中的假设，从而有可能降低成本。这对于应用在恶劣热环境中的电缆尤其重要，例如深埋、横穿其他电缆或靠近其他热源的电缆。当地气候的改变也会引起“极端”事件更频繁地发生。此外，在设计阶段，必须周密地考虑对新安装电缆进行预期寿命评估的条件。

绝缘高温性能：绝缘材料的最新创新方向是尝试寻找能够在较高温度下短期运行或更容易导热的新型电介质；随着对线路负载的预测变得越来越困难，电缆故障的影响也越来越严重，这种能力对电网运营商来说很有价值。为了将这些解决方案推向市场，需要进一步研究，并验证其长期性能是否满足使用需求。

5.9　改善系统运行

系统运行的一个关键研究问题是，如何在承受更高应力的电网中减少停机次数。实现这一目标需要一些基础创新：

故障定位：长度超过 100km 的超长电缆线路的广泛应用增强了寻找故障定位新机制的紧迫性。需要解决的最迫切挑战是减少初始定位的不确定性（例如，将 700km 线路的故障定位精度控制在 1%以内，就可以为故障点精确定位和故障维修争取更多时间）。第二个目标是提高高阻故障的定位能力，这可以减少“烧毁”故障的必要性，从而避免消除故障发生原因的潜在证据。

智能组件电缆：以往的电缆设计能够确保在预期运行条件下电缆不过热。为了降低海上可再生能源行业的投资成本，则必须开发新系统，在极端发电条件发生的罕见情况下，主动减少电缆上的负载。通过分布式温度传感可以实现这一点，但需要一个能够在更长距离范围内进行高精度测量的新系统。

从调查中实现价值：定期测量海缆系统是必要的，例如，可以证明海缆的埋深。使用光纤系统加强监测，可以延缓费用昂贵的海洋测量，同时还可以开发新的技术，实现从正在进行的测量中获取更多信息，例如，安装前的测量数据中可能包含热环境的有关信息。

潜在缺陷检测：目前，局部放电测量等技术无法早期定位潜在缺陷的放电特征，从而允许有计划的前期修复。声波光纤传感方法是否能检测到这种情况，也需要进行研究。

5.10 结论

各种电压等级的绝缘电力电缆在现代电力系统中扮演着重要角色。电缆用于各种场合，包括站内母线连接、从架空线路进入变电站的地下连接、以及整个地下输电和配电线路。海缆在许多应用中也起着关键的连接作用，包括海上可再生能源项目以及主要的交流和高压直流互联项目。

电力工业正在不断发展，这就需要探索新的实用技术（见图 5.10），同时遵循标准化的新需求，引导新的战略方向，所有这些都将对电力电缆领域产生影响。

CIGRE SC B1（绝缘电缆专业委员会）正和许多与绝缘电缆领域密切相关的协会、机构、利益集团和标准化机构合作，旨在为现代电力系统铺平道路，并通过经济解决方案提供高可靠性、最环保的电能。

图 5.10　将新技术应用于教育目的（来源：TenneT）

致谢 作者感谢 SAG B1 专业委员会的 Pierre Argaut、Ken Barber、Wim Boone、Geir Clasen、Christian Jensen、Pierre Mirabeau、Jon Vail 等对本文的审阅。

参考文献

下列技术文档以时间顺序排列，其内容被大量用于本章的编写当中，以使读者能够更好地理解绝缘电缆的最新技术和未来发展。

[1] CIGRE 21.17，TB 194，Construction，laying and installation techniques，October 2001.

[2] CIGRE D1.11，TB 228，Service aged insulation—guidelines on managing the ageing process，June 2003.

[3] CIGRE D1.11，TB 292，Data Mining techniques and applications the power transmission field，April 2006.

[4] CIGRE B1.10，TB 379，Update of service experience of HV underground and submarine cables，April 2009.

[5] CIGRE B1.27，TB 490，Recommendations for Testing of Long AC Submarine Cables with Extruded Insulation for System Voltage above 30（36）—500（550）kV，February 2012.

[6] CIGRE B1.32，TB 496，Recommendations for Testing DC Extruded Cable Systems for Power Transmission at a Rated Voltage up to 500 kV，April 2012.

[7] CIGRE B1.11，TB 606，Upgrading and Uprating of existing cable systems，January 2015.

[8] CIGRE B1.40，TB 610，Offshore Generation Cable Connectors，February 2015.

[9] CIGRE B1.43，TB 623，Recommendations for Mechanical testing of Submarine Cables，June 2015.

[10] CIGRE D1.23，TB 636，Diagnostics and accelerated life endurance testing of polymeric materials for HVDC application，November 2015.

[11] CIGRE B1.34，TB 669，Mechanical forces in large cross section cables systems，December 2016.

[12] TYNDP 2018 Scenario Report，2018 ENTSO-E.

[13] TYNDP 2018 Technologies for transmission system，ENTSO-e.

[14] CIGRE B1.55，TB 722，Recommendations for Additional Testing for Submarine Cables from 6kV up to 60kV，April 2018.

[15] CIGRE B1.45，TB 756，Thermal Monitoring of cable circuits and grid operators use of dynamic rating systems，February 2019.

作者简介

Earle C.（Rusty）Bascom，III，拥有伦斯勒理工学院（Rensselaer Polytechnic Institute）电力工程学士学位和硕士学位，并在奥尔巴尼纽约大学（the University of New York at Albany）获得工商管理硕士学位。1990 年，他先后在 Power Technologies 公司和 Power Delivery Consultants 公司从事地下电缆系统的工作。2010 年，他成立了 P.C.电气咨询工程公司，担任该公司总裁和首席工程师，继续为地下和海底输配电电缆系统的分析、设计、规范、安装监督和运行特性方面提供工程服务。他是 IEEE，电力和能源协会高级成员，绝缘导体委员会主席（2018—2019 年），标准协会成员，CIGRE 会员，CIGRE SC B1（绝缘电缆专业委员会），CIGRE WG B1.35、B1.50、B1.56、B1.72 的美国候补代表，以及美国纽约、佛罗里达、得克萨斯、亚利桑那、马里兰州、特拉华和哥伦比亚特区的注册专业工程师。他撰写了 60 篇技术论文和出版物，并拥有一项专利。

Marc Jeroense，1966 年 8 月 27 日出生于荷兰米德尔堡。他毕业于弗利辛根高等技术学校（the Hogere Technische School in Vlissingen），就读于代尔夫特理工大学（Delft University of Technology）电气技术学院。起初他就职于前 NKF（Nederlandse Kabel Fabriek 荷兰电缆厂），同时在那里攻读博士学位，研究课题是关于高压直流电缆的问题。他于 1997 年移居瑞典，开始在瓦斯特拉斯的 ABB 公司研究部工作，并继续从事交流和直流电缆的开发工作。2001 年，他来到位于瑞典卡尔斯克罗纳的 ABB 电缆工厂，担任过产品经理、高压实验室经理和全球研发总监。2017 年，他通过收购 ABB 的电缆业务，开始为 NKT 工作。2018 年，他成立了咨询公司 MJ MarCable Consulting AB，担任该公司首席执行官和专家。自 1993 年以来，他一直是 CIGRE 的会员，并作为专家和召集人参加了 CIGRE SC B1（绝缘电缆专业委员会）旗下的多个工作组。2018 年，他因在该委员会的工作获得了 CIGRE 技术委员会奖，是 IEEE 的高级成员。

Marco Marelli，拥有电气工程硕士学位。他在 Prysmian 发展了自己的职业生涯，目前担任 BU 项目的系统工程主管，负责电力和通信电缆。他的专业知识涉及高压/超高压和海底电缆，包括交流和直流。事实上，他花了 20 多年的时间为世界范围内的大型项目进行设计和工程工作，其中包括一些电缆行业公认的里程碑项目。作为 CIGRE SC B1（绝缘电缆专业委员会）成员、工作组召集人和大会特别报告员，他在 CIGRE 的工作已获得 2010 年“技术委员会奖”和 2012 年“杰出成员奖”。他发表了数篇论文，并且是几个技术和学术委员会的成员。自 2016 年 8 月起，他担任 CIGRE B1 专业委员会主席。

James Pilgrim，拥有英国南安普敦大学（the University of Southampton in the UK）电气工程学士学位和博士学位。2019 年前，他一直任南安普敦大学托尼·戴维斯高压实验室的副教授，领导研究了一系列涉及高压电缆的研究项目。2020 年 1 月，他加入 Orsted 担任首席电缆专家。他在高压电缆领域工作 12 年，专门从事电缆额定载流量评估和实验室测试。在 CIGRE 内部，他曾担任 CIGRE WG B1.35、B1.50、B1.56 和 B1.64 的英国成员。他撰写了超过 50 篇技术论文，是 IEEE 的高级成员，并参与 IEC TC20 WG 19 标准的开发工作。

Roland Dongping Zhang，1974 年出生于中国。他于 1997 年获得德国语言学学士学位，2009 年获得杜伊斯堡埃森大学（University Duisburg-Essen）电缆工程专业博士学位。之后，他加入了 E.ON Offshore GmbH（前 TenneT Offshore GmbH 公司），负责德国北海海上风电场的电缆连接项目。目前，他在 TenneT TSO GmbH 的德国资产管理/系统技术公司工作，并领导团队负责 TenneT 德国公司内地下、海底、直流和交流电缆的工程设计、质量保证和测试等。自 2016 年起，他担任 CIGRE B1 德国国家委员会主席和 CIGRE SC B1（绝缘电缆专业委员会）成员。

第 6 章 架空线路

Herbert Lugschitz，Taku Yamakawa，Zibby Kieloch

摘要：输电网络使用架空线路旨在建立网络或巩固该网络。过去几年因电力市场开放，电力生产和消费需求发生了变化。此外，越来越多的可再生能源（风能、太阳能、水能）需要整合到现有输电网络，因此必须预防线路过载。解决方法包括：

（1）建设新的线路。

（2）更换现有线路上的组件（例如：电流容量更高的导线）。

（3）增大现有线路的线电压（例如：从 220kV 增加到 380kV）或改交流为直流。

（4）在现有线路上应用热额定值和动态线路额定值。

本章介绍了强化现有架空线路网络的可能性以及未来可以实现的途径。当然，除架空线路之外，还有其他途径加强网络，但这超出了 CIGRE SC B2（架空线路专业委员会）的范围，本文不作赘述。对于高压、超高压和特高压等级来说，绝大多数新线路将是架空线路并且仍然使用最常用的远距离、大容量输电技术。架空线路必须确保长期可靠性、使用寿命、成本效率和环境方面的需求。最新的途径、材料、方法和设计有助于满足这些要求。

6.1 引言

架空线路（OHL）对于未来电力系统来说至关重要。OHL 是世界上最古老且迄今为止最常用的陆上电力传输方法，可远距离传输大量电能。特高压线路长度可能超过 1000km，每条交流或直流回路可传输数千兆瓦的电能，电压可高达 1150kV。架空线路多年来的演变如图 6.1 所示。

CIGRE B2 专业委员会负责架空线路相关问题，内容包括架空线路的设计、建造和运行，

On behalf of CIGRE Study Committee B2.
H. Lugschitz（B）· T.Yamakawa · Z.Kieloch
CIGRE，Paris，France
e-mail：Herbert.Lugschitz@cigre.org

T. Yamakawa
e-mail：taku_yamakawa@jpower.co.jp

Z. Kieloch
e-mail：zkieloch@hydro.mb.ca

N. Hatziargyriou and I.P.de Siqueira（eds.），Electricity Supply Systems of the Future，CIGRE Green Books，https://doi.org/10.1007/978-3-030-44484-6_6

涵盖线路部件（导线、地线、绝缘子、附件、杆塔及其地基）的机械和电气设计、验证测试、运行性能研究、线路部件和元件的状态评估、维护、整修以及寿命延长、改进和升级等。

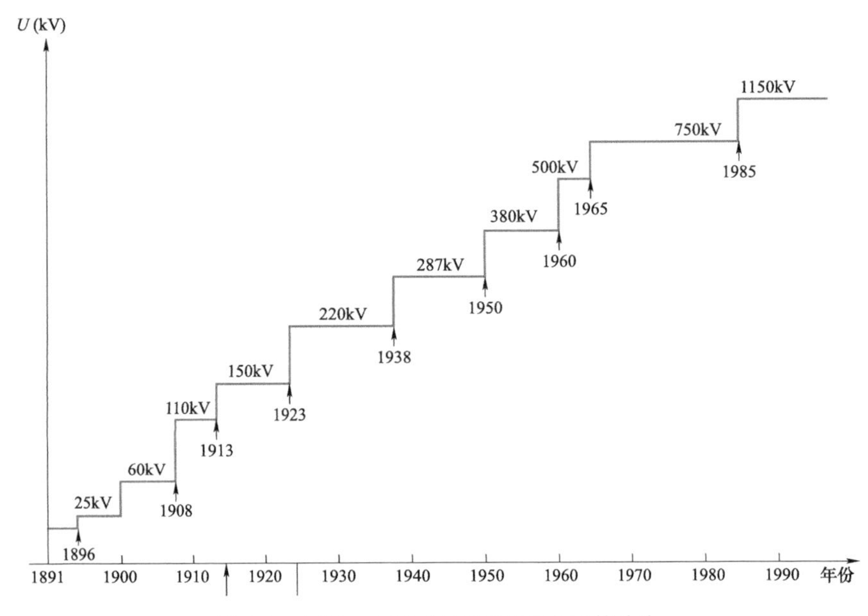

图 6.1　1891—1990 年架空线路电压的演变

设计和建造架空线路的基本方法已经发展了几十年，并将持续改进。导线必须对地绝缘并相互绝缘。导线由线夹固定安装于绝缘子上，绝缘子材料包括瓷、玻璃和复合材料。图 6.2 所示为典型的输电塔，含两回路（每回路三相）及其组件。

图 6.2　400kV 双回格构式铁塔

（来源：CIGRE TB 338）

注：典型热容量，应用 800mm² 二根铝子导线时，2×1500MVA，应用三根子导线时，2×2250MVA。

1—绝缘子；

2—相线，低功率线路常采用单导线；高功率线路用多子导线；

3—间隔棒保持两子导线分离；

4—位于铁塔顶部的地线；

5—位于铁塔同一侧的三相导线构成一回路，多数线路为双回路，一侧一回路。

现有架空线路可建立网络或巩固输电网。过去几年因电力市场开放，电力生产和消费需求发生了变化。越来越多的可再生能源（风能、太阳能、水能）需要整合到现有输电网中，这就必须预防线路过载。解决方法包括：

（1）建设新的线路。

（2）更换现有线路上的组件（例如：电流容量更高的导线）。

（3）增大现有线路的线电压（例如：从 220kV 增加到 380kV）。

（4）在现有线路上应用热额定值和动态线路额定值。

本章介绍的现有解决方法、途径，内容与 CIGRE 相关出版物密切相关。

6.2　当前发展状况

架空线路的配置遵循的先决条件、规范设计参数：

（1）线路目的地：（城市）支线、输电网、配电网、电厂支线、商户线。

（2）环境地形：城市、农村、平坦/丘陵/高山、气候、风和冰冻、土壤条件、通道等。

（3）可靠性，使用寿命。

（4）技术要求：载流容量、使用寿命、电压、交流/直流、回路数量、线路长度。

（5）标准：设计标准、材料标准、EMF 限值、无线电干扰和可听噪声。

（6）杆塔：塔形状、每塔回路数、优化平均档距。

（7）塔材料：格构钢、管状钢、混凝土、木材、复合材料。

（8）导线：横截面，每相子导线数，材料。

（9）防腐：镀锌、涂装、木材保护。

（10）维护、维修：是否在线工作、上线权、故障查找和维修。

6.2.1　标准化

架空线路设计和采用的国际、国家标准有助于优化设计和材料质量[4]。

规范和标准规定了参数的最低限值，比如可靠性等级。不同项目必须逐案分析、作出决定，如根据线路所需功能和沿途环境来确定需采用的等级。需要注意的是，架空线路的寿命为 80～120 年，假如按此时段设计就应评估该时段的环境条件（如风、雨、冰冻等）。特别是既往的自然灾害，它们会验证线路设计的可靠性。当然，假设未来的不确定因素并不容易。即使成本可能增加，设计时也应该为这些不确定性提供冗余。

6.2.2　环境变化

许多国家或地区的环境正在发生变化，长期以来人们致力于评估环境条件，使线路自身和外部对线路的负面影响最小化；同时对土地利用、线路视觉冲击、污染、能源效率、全球变暖因素和各种危害（如噪声、电磁场）的重视程度不断增加。在设备使用期限之内，需要评估其对环境的最小影响，包括旧设备的回收利用。在诸多环境评估程序之中，要获得新线路许可就必须在事前开展对环境影响的评估。

工业化发达国家以及发展中国家的大都市地区，越来越难以获得新架空线路的通路权。因此，资产所有者和运营商往往寄希望于现有线路通道，这使得现有设施更接近运营极限，同时这也意味着需要使用更先进的控制、监控和数据处理设备。线路入地的压力已经并将持续增大。地下电缆和架空线路是互补的解决方案，各有优缺点，而不是构建新连接的替代解决方案，每个项目都必须逐案考量。

重视能源效率和可再生能源的使用非常重要，低容错的社会需要我们采取措施确保供电安全。

为保护环境和预防架空线路的负面影响，许多国家的要求日益严格。

如果景观上允许“隐藏”架空线路，可通过适当的杆塔甚至导体涂层来伪装它们。图6.3所示为奥地利阿尔卑斯山的一条“伪装线”，其中杆塔和导线均涂以深绿色的涂层。

图6.3　两座400kV架空线路杆塔

（左侧镀锌钢塔清晰可见；右侧为“伪装线”，深绿色涂层的杆塔和导线几乎看不到[1]）

6.2.3　不断变化的社会需求

消费者和制造商都需要可靠的电力供应，因此架空线路的断电维护越来越困难，同时对电力系统适应能力的需求也逐渐增加。考虑到辖区的吸引力，地方政府不断要求其在能源管理决策方面有更大的权力，包括发展可再生能源系统、发电和消费的平衡、能源的组合。所有这些原因导致资产所有者和运营商不得不着眼于预期寿命和电能传输，即从现有线路上获得更多产出。

许多利益相关方期望最大限度地利用现有资产，将电价维持在合理的水平。此外各种要求日益增加，这些要求不仅来自居民等传统利益相关方，而且来自系统用户等其他各方。政府官方、监管机构、消费者，所有这些目标群体向架空线路和电力系统的设计人员提出如下要求。

（1）以侧重于极低故障率、损坏率、人身事故率和低经济损失的设计原则来建设架空线路。

（2）开发保证持续高水平服务的电力系统。

6.2.4　可听噪声、电磁场，对其他服务的影响

在不利的天气条件下，架空线路可能会产生可听噪声。目前可缓解这一现象的方法（包括多子导线、相位布置、导线布置和表面处理）[1]。

架空线路产生电磁场（EMF）。国际和国家标准规定了其允许值。对敏感设施的影响可能来自架空线路产生的电磁场，需采取屏蔽措施或拉大与物体的间距。

6.3 新的电网要求

电力部门的变化包括拆分发电、输电、配电，取消独立发电者的体制障碍，资产所有者和运营商的财务结构发生变化以及更加重视竞争。第三方接入输电系统以及风能、太阳能发电厂的快速建立不仅增加了计划外使用次数，而且使系统使用频率更高。这些因素将迫使改进电力流量控制，以增加电网的电力传输。欧洲超高压电网和区域高压电网正经历着大幅度的流量变化。

能源市场日益激烈的竞争正在改变电力行业的传统角色。伴随着电网将以最大热负荷运行，电网的设计局限开始显现。

由于网络冗余减少，风、洪水、火灾、冰霜、风暴等环境事件的后果会比以往更加严重。由于许多国家对新建线路项目的反对声日益高涨，设计过程和授权阶段需要比以前花费更多的时间。架空线路的停电维护比以前更难实现。

输电线路业务已变得更加具有挑战性，新技术带来的新的解决路径和方案将克服障碍、消除异议。

6.3.1 公众、官方、监管机构、消费者的新需求

需求促成了成本效益设计，成本效益设计涉及新的设计工具和新材料。杆塔设计（即美观）更容易使公众接受。同时也可实现对现有资产的有效管理。

这些目标群体通常提出以下几点：

（1）就公共安全和服务连续性而言，这些标准是否足够？

（2）是否提供了具有代表性的气候数据，气象推测是否有效，如何考虑气候的变化？

（3）评估现有架空线路的可靠性以及老化组件对架空线路可靠性的影响。

（4）制定应急计划，配备适当的人力、物力和设备资源，以应对（已查明的）架空线路的紧急情况并改进准备状态。

（5）寻找最佳平衡点，这一平衡是指强化（升级）架空线路到更高可靠性水平的成本与准备成本之间的平衡，准备成本包括架空线路可能发生故障后的恢复操作成本和收入损失。

6.3.2 技术和资产的新需求

这些目标群体中，提出的主要方面涉及相关维护、植被管理、输电能力和其他方面支持。

（1）准确了解线路的可靠性的诊断方法（故障模式和概率）。

（2）判断绝缘子、杆塔、基础、导线和配件的剩余寿命，以及管理所有技术数据。

（3）信息系统中与线路相关数据的管理（组件状况、维护计划、走廊管理等）。

（4）使用地理信息系统（GIS）集成与线路情况相关的环境、气候和其他数据。

（5）提高现有架空线路的电能传输能力（例如将交流改为直流、新导线材料、高温导线、热额定值、升高电压）。

（6）管理现有架空线路因增加负荷流量导致的风险。

（7）将架空线路用于其他功能（例如，数据通信用集成光纤地线、移动数据技术用天线）。

（8）具有超长距离、高传输能力的架空线路（直流、超高压）。
（9）降低生命周期成本。

6.3.3 运营商的新需求

这个目标群体的主要关注点是架空线路在所有条件下的技术性能。
（1）新的维护方法（机器人、无人机、在线维护）。
（2）通道管理权（生态通道管理权、植被权、通行权）。
（3）动态机械负荷下的线路性能。
（4）正常和特定气候条件下线路的可靠性。
（5）及时寻踪方法（植被控制、火灾寻踪、间距）。

6.3.4 科学、教育和国际组织的未来需求

CIGRE SC B2 确定了学科和大学教育关注的主要课题。
（1）更新标准信息（IEC、CENELEC、国家标准等）。
（2）支持学生和年轻工程师参与 CIGRE 工作组的工作。
（3）获取有关材料和设备领域新发展的信息。
（4）基础研究，以更好地了解影响架空线路的机械和电气现象。

6.3.5 寿命，生命周期

如果设计并维护良好，尽管可能需要更换某些部件（例如：用 40～60 年后的导线和附件，25～45 年后的防腐涂层）架空线路的使用寿命可达到 80～120 年。可以使用现代方法判断估计组件的状况和剩余寿命。

（1）格构式铁塔：如果在生产过程中应用“工厂复式系统”，可延长铁塔的防腐涂层保养期。许多国家发现空气质量改善（污染更少）可使涂层的维护间隔长达 45 年。

（2）输电用金属管杆塔：厚涂层材料可使涂层在杆塔寿命期内免维护。最近，日本提出了一种前景广阔的用于保护杆塔管状支撑物的新方法[3]。

（3）小尺寸金属杆塔可以镀锌和涂层，涂层一般可终生不再涂覆。
（4）混凝土管杆塔在不需要加大维护力度的情况下可使用几十年。
（5）复合杆塔是输电线路的新产品。来自低电压线路的经验预测其寿命更持久。
（6）木杆可用至 110kV 电压。木材材料的保护是维护的重点。

各种勘测技术和传感器有助于改善资产的生命周期管理。需要更好、更准确的方法来管理现有资产的生命周期，进一步了解现有资产的状况有助于评估其寿命终点。

6.4 新技术和新材料

系统升级和架空线路规划者们面临着现代电力系统的不确定性，这些不确定性来自电力生产的变化、可再生能源发电、能源储存、政治目标的转变，新的架空线路长期难以建设、需求、经济先决条件以及未来不确定的气候条件。电力流量和环境的不可预测性意味着在选择主要设计参数（如导线大小、数量及其他参数）时，需要认真预测新线路寿命期内的正常

负荷和损耗（如果按长达 80 年或 120 年来设计、建造和维护线路）。

新材料、技术的最新发展为输电设施和运营商提供了多种选择，能获得更好的设计、更高效的运行和资产维护。

在一定范围内架空线路可灵活设计，原因在于其变化难测，且能够适应新形势以获取最多益处。灵活设计最简单的例子包括，使用高温导线能增加现有线路的功率流量，但杆塔不变或变化很少；未来可增大交流电流的三相导线相间距的设计及其分裂导线的设计。架空线路的灵活设计有着重大优势，例如可支持可再生能源。

优先考虑实时天气条件（热额定值）和对导体温度进行实时监测，也可能使线路利用率进一步提高。另一种方法是在杆塔不变或变化很少条件下，把现有交流线路改为直流线路。另外可以通过升高电压升级线路。

并不是每一条线路都能升级，所以这些考虑都必须逐案提出，为增加载流能力而采取的措施可能再怎样努力也很难做到。

未来电网要关注的重点在于：

（1）运行和维护：

1）条件评估和剩余资产寿命估算。

2）在线监控。

3）最大限度地利用现有线路权限（ROW），同时最大限度地减少现有线路断供。

4）诊断和维护的方法和工具。

5）延长输电线路的寿命。

6）架空线路的风险管理。

（2）设计：

1）提高现有线路的容量和可靠性。

2）架空线路用新材料。

3）直流线路设计。

4）增容和减少有功、无功损耗。

5）杆塔和基础的风险评估。

6）结冰条件的设计准则。

7）寻找合格和经验丰富的设计人员。

（3）施工：

1）改进杆塔的组立。

2）安全工作、线路人员培训。

3）现场工作。

4）新的施工技术。

（4）天气和环境：

1）天气影响。

2）气候变化和大气危害。

3）公众认可。

4）通道和环境限制。

5）环境影响。

6）架空线路和地下电缆。

架空线路可以升级、更新和翻新。这些措辞经常被误解或得不到清晰的理解。CIGRE TB 353 增加现有架空传输线路利用率的指南给出了明确定义[11]：

（1）更新是基于需求而增强线路的电气特性，例如，对更高电气容量或更大电气间距的需求。

（2）升级是增加原有机械或电气强度，以应对增加的机械负荷，如风、冰和任何组合负荷，或提高电气性能，如耐污或防雷的电气性能。

（3）翻新是对项目进行大规模修整或修复，以恢复预期的设计工作寿命。延长寿命是翻新的一种选择，但是不会完全恢复原来的设计工作寿命。

（4）资产扩张是增加输电线路的功能。

6.4.1　更新现有架空线路

6.4.1.1　高温低弧垂导体

CIGRE TB 763 现有架空线路更新用导体[10]解释了架空线路更新的主要方法，其中包括：用高温、低弧垂（HTLS）导线重铺导线，用 HTLS 导线更换原有导线，无需更改结构负荷或修改物理结构以增加净空间距，就可大幅提高线路（热）额定值。

HTLS 由特殊合金制成，使用温度可达 210℃。相较于允许温度为 80～90℃的标准导线，该导线可负载更大的电流。新材料限制了导线的弧垂和拉力，不需要调整杆塔，更不需要更换更高杆塔。HTLS 导线既可用于新线路，也可用于现有线路重铺更新。图 6.4 所示为不同的导线设计。

(a) 3M

(b) CTC

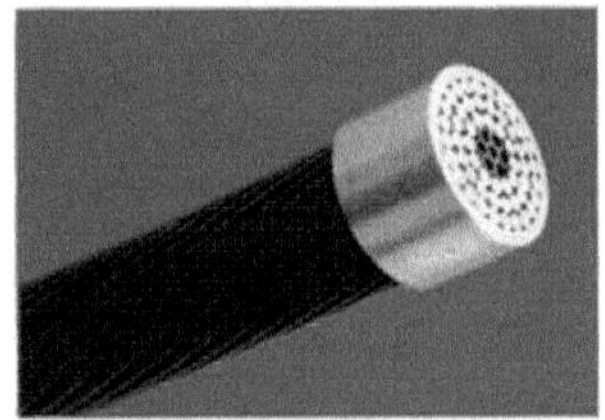

(c) Lumpi Berndorf

图 6.4　不同类型的高温低弧垂导线[1]

新的导线带来了大量新型号及其缩写词。关于导线型号的不完整表述如下：

（1）AAAC：铝合金绞线。

（2）ACSR：钢芯铝绞线。

（3）TACSR：耐热钢芯铝绞线。

（4）G（Z）TACSR：间隙型（超级）耐热钢芯铝绞线。

（5）（Z）TACIR（超级）：耐热殷钢芯铝绞线。

（6）ACAR：加强型铝合金绞线。

（7）ACSS：钢芯软铝绞线。

（8）ACCC：复合芯体铝绞线。

（9）ACCR：复合加强铝绞线。

这些导线可显著提高架空线路的热容量。根据允许的导线温度，升幅可达 200%。显然，安装这些导线之前要调查其与地面和障碍物间的净空间距。同样，还需评估新导线施加到现有杆塔上的机械负载。图 6.5 所示为某工程根据导线温度增容的实例。

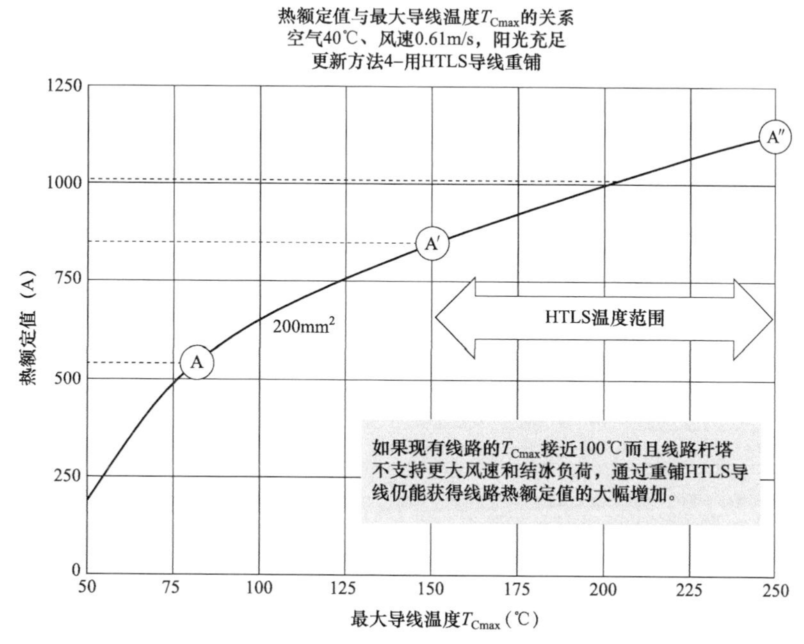

图 6.5 某工程增容（安培）与导线温度的关系[10]

HTS 通常为工程“量身定做”，每个工程都必须逐案调查，还应考虑负荷越高，电流越高，损耗越高。

6.4.1.2 热额定值和动态线路额定值

CIGRE TB 763 现有架空线路更新用导体[10]解释了架空线路更新的主要方法，其中包括：动态线路额定值，即线路监控和天气测量设备可用于实时确定线路额定值。此额定值通常高于静态线路额定值，但在系统操作实施时更为复杂。

动态线路额定值使用导线的实际温度和实际环境参数来确定允许的电力负荷，以免违反净空间距或其他规定。架空线路的载流容量取决于以下几个因素：

（1）与地面、建筑物、障碍物的净空间距。

（2）最高允许导线温度（机械方面）。

（3）为更大的电流必须预设的变电站。

（4）电网考虑的载荷流量。

（5）法律环境（许可）允许以预期电流运行。

图 6.6 说明：环境温度越高，允许的电力负荷越低。风速越高，允许的电力负荷越高。架空线路负载大电流高容量的最佳条件是寒冷的冬夜（无太阳辐射）和与线路方向垂直的高速风。

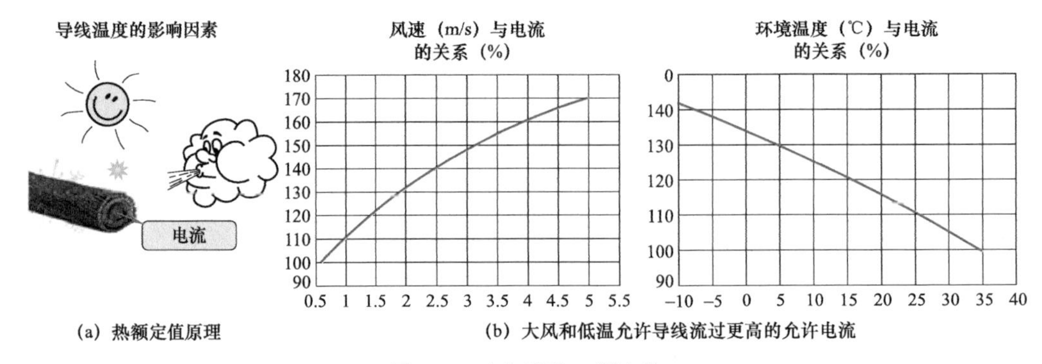

(a) 热额定值原理 (b) 大风和低温允许导线流过更高的允许电流

图 6.6 动态线路、额定值

吹向导线的风对载流容量影响很大。表 6.1 说明了其关系，表中使用了最优条件下而并非通常报表的数据。

表 6.1 环境温度、风速和电流容量的相互关系

环境温度（℃）	风速（垂直）（m/s）	电流容量（%）
30	0.6	100
20	0.6	115
20	2	150

有多个动态线路额定值（DLR）系统使用直接安装于导线的热传感器、导线拉力传感器获得数据，或根据环境数据和其他方法计算。

最新对比表明，使用导线传感器的方法和使用天气数据以及历史数据的方法比较一致。不同方法之间可相互确认，这简化了对具体应用的最适当方法的抉择。参考文献［2］在比较动态线路额定值（DLR）的两种方法时，解释说明其偏差仅约为 1%。

采用热额定值和动态线路额定值已成为全球许多输电网经营商（TSO）的常见做法。获得的额外容量取决于实际的气候条件，不能被视为普遍方法。每个项目都必须逐案考量。

6.4.1.3 电压升级

电压升级意味着为增加线路容量而增加现有架空线路的运行电压。为了达到预期目的，必须检查涉及杆塔、绝缘子和导线的必要升级措施，且电压升级与热更新相比需要范围更大的修改。必须达到成本和获得额外容量之间的平衡。在不改变导线条件下，运行电压从 220kV 升到 380kV，容量提升范围在 70%以内。

需考虑的电压设计要素为[11]：

（1）与地面、支持结构、跨越的其他电力线路、公路和铁路线的净空间距，以及与邻近建筑物、植被的净空间距。

（2）导线运动和相间距。

（3）地线和导线的间距。

（4）工频、操作和雷电冲击的绝缘要求。

（5）在线维护的间距要求。

（6）受导线直径和分裂导线直径影响的导线表面电压梯度、电晕电压和无线电干扰电压。

（7）可听噪声。

随着电压升高，电场增加，如果超过一定限度，可听噪声出现的概率也会增加。这可能致使线路的相间距增加、需要安装直径较大的导线或另外安装子导线，所以必须考虑由于更粗或更多导线而形成风和冰的额外机械负荷。表 6.2 所列需全项调查。此外，还应检查合规性。

表 6.2　　　　　　影响电压升级的参数

参　数		电场	磁场	无线电干扰	可听噪声
相间距	↑	↑	↑	↘	↓
导线距地面高度	↑	↓	↓	↘	↘
子导线数（给定截面积）	↑	↑	=	↓	↓
子导线间距	↑	↗	=	↗	↗
导线总截面积	↑	↗	=	↘	↘

注　↑ 强烈增加；↗ 略有增加；↓ 强烈减少；↘ 略有减少；=无显著影响。

6.4.1.4　交流转直流

将现有的交流架空线路转换为直流可以增加其载流容量，且直流线路的最大优势是能更好地控制电网。线路调整、线路端新建 AC/DC 和 DC/AC 换流站等工作应与所获得的收益相平衡。一般来说，直流线路通常用于（超过 600km）长距离大容量点对点传输，交流线路对于短距离传输则更为经济。德国正在建设一个试点工程，采用所谓的混合线路（现有架空线路上，一条回路改为直流线路，另一条回路仍为交流线路），以验证技术可能性和电气影响。图 6.7 所示为这一线路的原理。

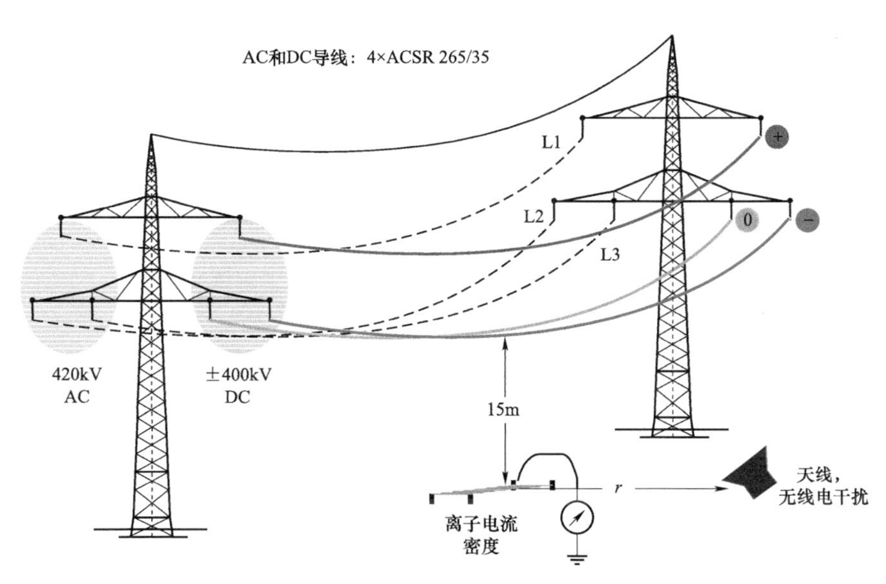

图 6.7　交流转直流的线路配置（一回为交流系统，另一回为直流系统）
（来源：B2 Session 2013 Auckland, Symposium papers 141, 142）[1]

6.4.2 新杆塔设计

数十年来，随着在材料、运输、安装、维护、成本和使用寿命等方面的优化，架空线路的典型标准塔型已成熟使用。许多公司开始考虑新的杆塔设计，以获得或增加对新架空线路的认可。多数新设计塔型为独立方案，有些颇为抢眼。CIGRE 416 给出了示例。图 6.8 是其中 5 个示例[5]。

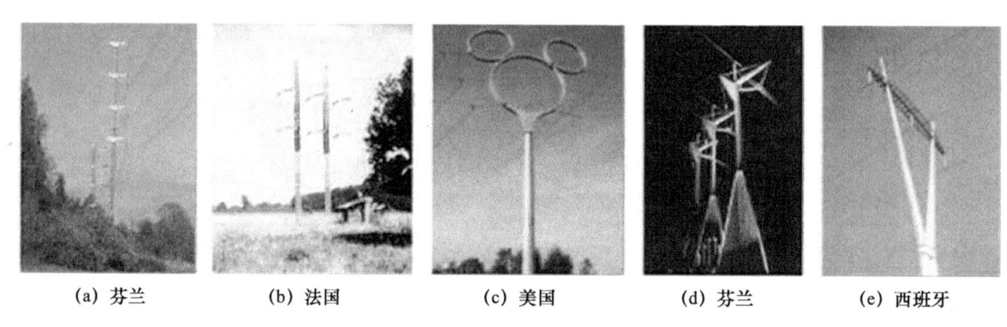

(a) 芬兰　(b) 法国　(c) 美国　(d) 芬兰　(e) 西班牙

图 6.8　新塔设计（来源：CIGRE TB 416）

新设计的杆塔中仅有很少的一部分适合作为新的标准塔型，其中一种荷兰在建的“wintracktower”杆塔将会建设数百座。这些杆塔为两柱一塔的钢杆塔，其他材料的使用还在考虑中，如混凝土材料。除了不同的视觉外观外，其走廊要求比标准杆塔的要小。这些杆塔的维护需要特殊工具和设备。图 6.9 所示为悬垂塔和耐张塔。图 6.9（b）为标准格状钢耐张塔到“wintracktower”杆塔的过渡。其他新杆塔设计安装的示例源于丹麦和英国。图 6.10 为此种 400kV 双回路架空线路示例。

(a) 悬垂塔　(b) 耐张塔

图 6.9　荷兰“wintracktower”杆塔（400kV 双回路线，每杆一回路）（来源：Austrian Power Grid）

图 6.9（a）的“eagle”鹰设计已经建成很多公里，建成超过 500 座塔。它们由管状钢杆和两个横担组成，呈鹰状。经过改进，这个设计由格构式钢塔体和横担组成，但使用管做支撑。

图 6.9（a）的“T-pylon”基于管状钢杆和管状横担设计。导线以钻石状布置，杆塔高出常规地面 35m；它会比带有两个或三个横担的标准格构式塔的尺寸更小，可以使用起重机完成维护工作。构架有镀锌和涂层保护，预计 80 年内无需维护。

(a) 丹麦

(b) 英国

图 6.10　新设计的 400kV 杆塔（来源：Bystruparchitects）

应当指出，紧凑型架空线路是降低线路在环境中可见度的好方法，但这不是每项工程都适用的解决方案。尺寸需谨慎采用，因为获得的视觉优势可能造成其他方面的劣势。考虑紧凑型时必须进行计算和校准，特别是可听噪声、电场和磁场。

6.4.3　结构用新材料

电气工业获益于新型纤维增强聚合物（FRP）材料。因其具有耐久性、重量轻、强度重量比高、环境中性以及非导电等特性，近年来，FRP 更加普遍地应用于航空航天、军事、航运、汽车、土木工程和运动装备等行业。作为结构材料，这些复合材料同样可用于架空线路 OHL 建设。高压等级的第一条线路已采用这些材料建成[7,8]。图 6.11 所示为这些杆塔的示例。

与钢铁不同，FRP 的优点之一是它不会生锈或被腐蚀，非常适用于沿海或工业区。制造商提供了多种树脂系统，它们几乎对所有化学环境和温度具有耐久性。与大多数已用于工程结构的典型材料相比，设计得当的 FRP 复合材料部件具有更长的使用寿命和最少的维护需求。

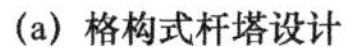

(a) 格构式杆塔设计

(b) 管状杆塔

图 6.11　复合材料 110kV 杆塔

（来源：CIGRE B2.61 Transmission Line Structures with Fibre Reinforced Polymer Composites）

对于低压（LV）和中压（MV）线路，木杆会吸收大量水分而影响其导电性，而FRP的吸水率不到 1%，因此其电气性能保持相对不变。昆虫和啄木鸟也不会啄啃 FRP 产品没有兴趣。若对木杆进行防腐处理，则其不可回收再利用并且会向土壤释放毒素，而 FRP 材料不会将化学物质渗入环境。且 FRP 复合杆的重量通常要轻 50%～70%，重量轻可降低运输成本，能够使用更小、更轻的车辆进行运输和安装。在其使用寿命结束时，FRP 杆可以回收再利用，并且可以按其本身形状使用，如用作柱和涵洞的栅栏。

将 FRP 用作杆塔材料的时间不长，虽然经过了彻底的测试，但缺乏长期使用经验可能会引起一些潜在用户的担心。

6.4.4 机器人维护

机器人评估和维护架空线路（OHL）正变得越来越普遍。这些机器可以检查导线和绝缘子，可以攀爬墙体和杆塔，帮助资产管理者评估损害情况和寿命期，是评估损害[6]的宝贵工具。

6.4.4.1 线路悬挂机器人

线路悬挂机器人的基本设计功能是对穿越大江大河、山区等困难地区的输电线路进行目视检查。此外，它们还可以检测和定位腐蚀点，定位导线的断裂钢芯线，测量受损导线的剩余横截面积以及临时修复部件。

这种机器人能够对架空线路的带电线路或地线进行全线巡查，其中许多机器人能够通过或跨越不同的障碍物（线夹、间隔棒等），参见图 6.12。线路悬挂机器人还用于导线除冰，从而降低严冬条件下架空线路的机械应力。

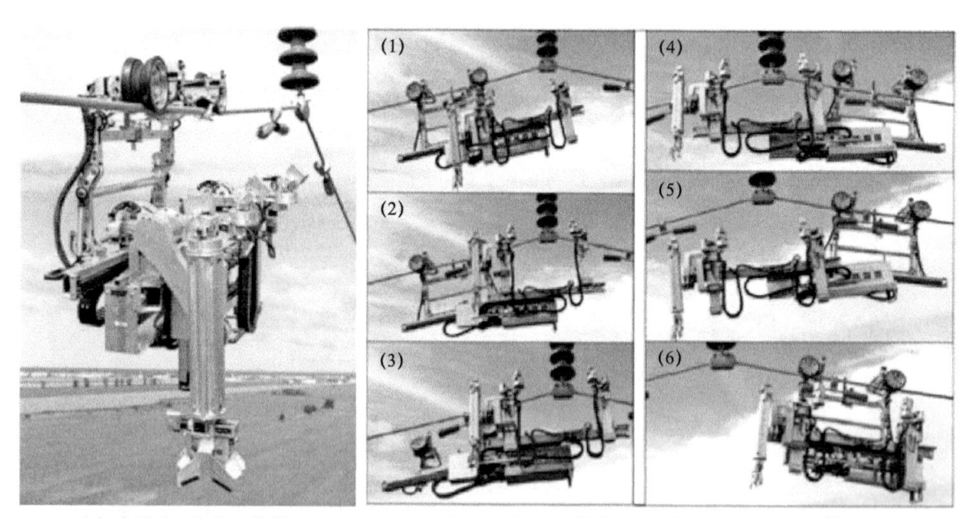

(a) 由 Hydro-Québec 提供　　(b) Pouliot et al.提供（2009 年）、© 2009 IEEE[6]

图 6.12 魁北克水电（Hydro-Québec）的线路巡查机器人
（该机器人的设计在线工作能力可达 765kV 线路，能克服悬垂线夹等障碍物）

6.4.4.2 无人驾驶飞行器

UAV 训练有素的人员操作，按特定目的捕捉信息。当它们飞近输电线路时，可以获得清晰的图像和特殊的视角。除一般图片外，还可以拍摄红外（IR）和紫外（UV）的图片。

红外图片拍摄绝缘子和导线，可测得绝缘子表面因污秽引发的热点或导线上因连接器连接薄弱造成的热点（见图 6.13）。紫外线图片能显示电晕放电，这些放电可能来自损坏的分裂导线或机械损坏的绝缘子。

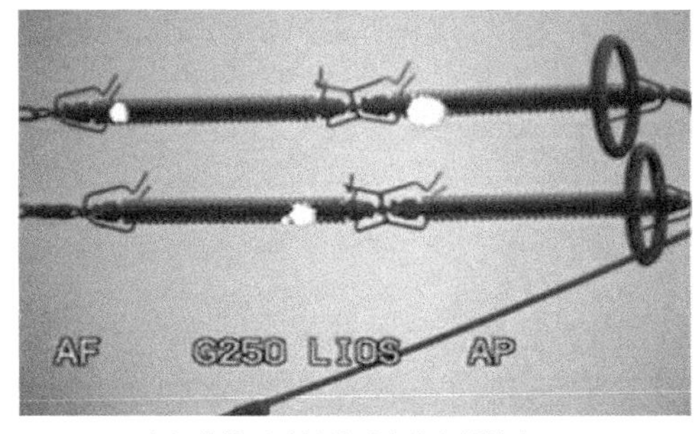

(a) 绝缘子重污秽引发的电晕放电，
图片由无人机摄取（含紫外和可见光录影）

(b) 检查地线连接

图 6.13　UAV 拍摄[6]

此项应用技术开发速度快，前景广阔。该机器人实现了自主操作，可以将图像和其他信息无线传送到地面。在一些国家，使用无人机（UAV）之前，飞行计划需要得到官方批准。无人驾驶飞行器［无人机（UAV）、多轴飞行器、遥控飞机］也可协助对架空线路实施应急检查，但应特别关注电池续航时间以及将图像转换为有用报告的方式。UAV 可分为固定翼飞机、直升机、多轴飞行器（图 6.14）。这些系统的操控范围在百米内，但变化很大，自主飞行时间为 1～2h。多轴飞行器和固定翼飞机可携带的载重约数公斤，直升机可达 100kg。

架空线路的激光扫描是 UAV 另一个典型的应用领域，通常使用激光雷达（LIDAR）技术来实现现有线路记录、线路走廊内的植被控制、新架空线路项目的线路路径布置等。

(a) 固定翼飞机

(b) 多轴飞行器

(c) 直升机地面系统车[6]

图 6.14　架空线路检查用无人驾驶飞行器

6.4.4.3　陆基机器人

此类机器人旨在远程抓控带电导线，执行在机械和电气应力方面工作人员无法执行的任务。该技术已使用 15 年以上，可用于线路杆塔维修更换、绝缘子更换等，优势是减少了所需时间和现场工作量。参见图 6.15。

图 6.15　使用 LineMaster ™更换 138kV 双回终端杆塔——伊利诺伊州，芝加哥© Quanta Services[6]

6.4.4.4　其他类型的机器人

对于架空线路的检查和维护来说，还有一些工作通常仍禁止使用机器人。杆塔、绝缘子和跳线可能需要使用专业机器人进行检查和维护，因此，为攀登杆塔，检查绝缘子，清扫绝缘子这样的非常规工作开发了其他类型的机器人（图 6.16）。

(a) Helical Robotics 的金属表面攀爬机器人　　(b) 绝缘子带电清扫机器人

图 6.16　机器人（来源：Korea Electric Power Research Institute）[6]

如果装于地线上的飞机警告装置按照机器人可装卸来设计，那么机器人可安装、拆除它们。当导线或地线应更换时，飞机警告装置会导致导线无法拉出。

6.4.4.5　机器人使用的未来愿景

预计机器人的使用量将会增加。从当前观点看，下列驱动因素为实现这一未来愿景提供了动力：

（1）工作人员和公众的安全。

（2）资金和维护预算的有效使用。

（3）输电系统的高可靠性。

（4）环境和社会责任。

（5）适应能力。

6.4.5 架空线路的资产扩张

典型的资产扩张是以架空线路用于远程通信为目的。许多架空线路安装了集成光纤地线“光纤地线—OPGW”，甚至安装了集成光纤导线（图 6.17）。这些线路连同数百条光纤，与陆上电缆和无线电链接一起，共助强化公共和私人信息网格。许多架空线路杆塔都配备了用于远程通信的天线、接收器和放大器（图 6.17）。随着新互联网系统的发展，这些设施的安装数量将增加。电信供应商普遍乐于见到的是存在架空线路杆塔上安装天线的可能，许多国家已有法规规定电网所有者必须允许在其杆塔上安装此类设备。

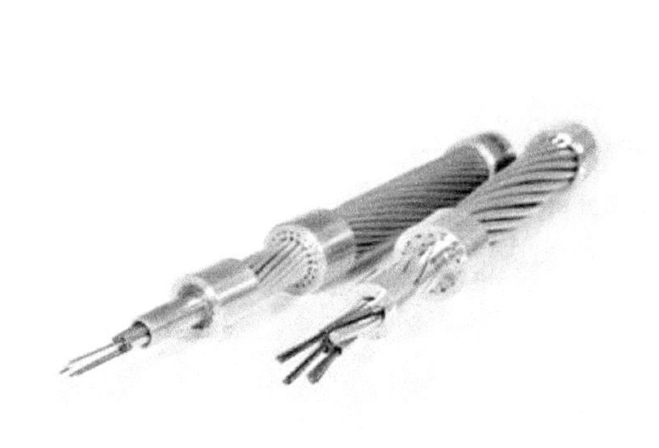

(a) 不同类型的集成光纤地线（来源：Lumpi-Berndorf）

(b) 安装于架空线路杆塔上的远程通信天线（来源：Austrian Power Grid）

图 6.17 集成光纤导线

6.4.6 新的架空线路

满足需求、强化电网的可行方式之一是建造新的线路。对于高压、超高压和特高压等级来说，绝大多数新建线路都将是架空线路，仍将使用多数现有技术来实现长距离大容量的电能传输。

新建架空线路的设计将参考本章所述的所有相关因素且必须逐案调查项目的最佳方法或决策。

6.5 结论

许多国家对新线路的需求不断增加。这些需求涉及了更换现有线路、架设新线路和增加现有线路的容量。绝大多数线路将是架空线路（高压、超高压和特高压）。

在保持其低成本的同时，建立和维护高度可靠的架空线路的难度与日俱增。同样，在优化现有资源（财力和人力）的同时，也很难提供高度可靠的电力供给。

设计和维护架空线路领域开发新的先进技术和材料，有助于保持设计和维护选定的风险水平，同时保持较高的可靠性水平。

必须考虑长期可靠性、长使用寿命、成本效率和环境因素，采用最新的技术、材料、方法和设计有助满足这些要求。

参考文献

[1] Green Book：Overhead Lines，CIGRE（2016）.
[2] Nementh，B.，Göcsei，G.，Szabo，D.，Racz，L.：Comparison of physical and analytical methods for DLR calculations.In：Paper 023（7－1）CIGRE-IEC Conference，Hakodate，Japan（2019）.
[3] Tsujinaka R.：Tower coating method with zinc plating and epoxy resin powder painting in Japan. CIGRE Session Paris，SC C3，Proceedings PS3 Q3.5（2018）Overhead Lines 209.
[4] European Standard EN 50341：Overhead electrical lines exceeding AC 1kV—Part 1：General requirements—Common specifications and National Normative Annexes NNA，CENELEC（2012）.
[5] CIGRE publication 416：Innovative solutions for overhead line support（2010）.
[6] CIGRE publication 731：The use of robotic in assessment and maintenance of OHL（2018）.
[7] CIGRE colloquium：Seoul，South Korea，September 2017.
[8] WG B2.61：Transmission Line Structures with Fibre Reinforced Polymer（FRP）Composites.
[9] CIGRE publication 498：Guide for Application of Direct Real-TimeMonitoring Systems（2012）.
[10] CIGRE publication 763：Conductors for the Uprating of Existing Overhead Lines（2019）.
[11] CIGRE publication 353：Guidelines for increased Utilization of existing Overhead Transmission Lines（2008）.

CIGRE 技术报告

[12] CIGRE publication 141：Refurbishment and upgrading of foundations（1999）.
[13] CIGRE publication 147：High voltage overhead lines.Environmental concerns，procedures，impacts and mitigations（1999）.
[14] CIGRE publication 179：Guidelines for field measurement of ice loadings on overhead power line conductors（2001）.
[15] CIGRE publication 216：Joints on transmission line conductors：field testing and replacement criteria（2002）.
[16] CIGRE publication 244：Conductors for the uprating of overhead lines（2004）.
[17] CIGRE publication 256：Current Practices regarding frequencies and magnitude of high intensity winds（2004）.
[18] CIGRE publication 274：Consultation models for overhead line projects（2005）.
[19] CIGRE publication 278：The influence of line configuration on environment impacts of electrical origin（2005）.
[20] CIGRE publication 291：Guidelines for Meteorological Icing Models，Statistical Methods and Topographical Effects（2006）.
[21] CIGRE publication 299：Guide for the selection of weather parameters for bare overhead conductor ratings（2006）.

[22] CIGRE publication 294：How overhead lines are redesigned for uprating/upgrading-Analysis of the replies to the questionnaire（2006）.
[23] CIGRE publication 306：Guide for the Assessment of old Cap and Pin and Long-Rod Transmission Line Insulators Made of Porcelain or Glass：What to and When to Replace（2006）.
[24] CIGRE publication 331：Considerations Relating to the Use of High Temperature Conductors（2007）.
[25] CIGRE publication 332：Fatigue Endurance Capability of Conductor/Clamp Systems—Update of Present Knowledge（2007）.
[26] CIGRE publication 344：Big Storm Events—What We Have Learned（2008）.
[27] CIGRE publication 350：How Overhead Lines（OHL）Respond to Localized High Intensity Winds—Basic Understanding（2008）.
[28] CIGRE publication 385：Management of Risks due to Load-Flow Increases in Transmission OHL（2009）.
[29] CIGRE publication 388 B2/B4/C1：Impacts of HVDC Lines on the Economics of HVDC Projects（2009）.
[30] CIGRE publication 410：LocalWind Speed-Up on Overhead Lines for Specific Terrain Features（2010）.
[31] CIGRE publication 425：Increasing Capacity of Overhead Transmission Lines（2010）210 H.Lugschitz et al..
[32] CIGRE publication 426：Guide for Qualifying High Temperature Conductors for Use on Overhead Transmission Lines（2010）.
[33] CIGRE publication 429：Engineering Guidelines Relating to Fatigue Endurance Capability of Conductor/Clamp Systems（2010）.
[34] CIGRE publication 438：Systems for Prediction and Monitoring of Ice Shedding，Anti-icing and De-icing for Power Line Conductors and Ground Wires（2010）.
[35] CIGRE publication 471：Working Safely While Supported on Aged Overhead Conductors（2011）.
[36] CIGRE publication 477：Evaluation of Aged Fittings（2011）.
[37] CIGRE publication 485：Overhead Line Design Guidelines for Mitigation of Severe Wind Storm Damage（2012）.
[38] CIGRE publication 561：Live Work—Management Perspective（2013）.
[39] CIGRE publication 545：Assessment of In-Service Composite Insulators by Using Diagnostic Tools（2013）.
[40] CIGRE publication 583：Guide to the Conversion of Existing AC Lines to DC Operation（2014）.
[41] CIGRE publication 598：Guidelines for the Management of Risk Associated with Severe Climatic Events and Climate Change on OHL（2014）.
[42] CIGRE publication 601：Guide for Thermal Rating Calculations of Overhead Lines（2014）.

［43］CIGRE publication 631：Coatings for Protecting Overhead Power Network Equipment in Winter Conditions（2015）.
［44］CIGRE publication 643：Guide to the Operation of Conventional Conductor Systems Above 100℃（2015）.
［45］CIGRE publication 645：Meteorological Data for Assessing Climatic Loads on Overhead Lines（2015）.
［46］CIGRE publication 695：Experience with the Mechanical Performance of Non-conventional Conductors（2017）.
［47］CIGRE publication 708：Guide on Repair of Conductors and Conductor-Fitting Systems（2017）.
［48］CIGRE publication 744：Management Guidelines for Balancing In-house and Outsourced Overhead Transmission Line Technical Expertise（2018）.
［49］CIGRE publication 746：Design，Deployment and Maintenance of Optical Cables Associated to Overhead HV Transmission Lines，JWG D2-B2.39（2018）.
［50］CIGRE publication 748：Environmental Issues of High Voltage Transmission Lines for Rural and Urban Areas，JWG C3-B1-B2（2018）.
［51］CIGRE publication 767：Vegetation fire Characteristics and Potential Impacts on Overhead Line Performance（2019）.
［52］GB CIGRE Green Book Nr 4：Technical Brochure，The Modelling of Conductor Vibrations（2018）.

SC B2 的工作组

［53］WG B2.60：Affordable Overhead Transmission Lines for Sub-Saharan Countries.
［54］WG B2.64：Inspection and Testing of Equipment and Training for Live-Line Work on Overhead Lines.
［55］WG：B2.69：Coatings for Power Network Equipment.
［56］WG B2.74：Use of Unmanned Aerial Vehicles（UAVs）for Assistance with Inspection of Overhead Power Lines.
［57］WG B2.59：Forecasting Dynamic Line Ratings.
［58］WG B2.62：Compact HVDC Overhead Lines.
［59］WG B2.63：Compact AC Overhead Lines.
［60］WG B2.61：Transmission Line Structures with Fibre Reinforced Polymer（FRP）Composites Overhead Lines 211.
［61］WG B2.65：Detection，Prevention and Repair of Sub surface Corrosion in Overhead Line Supports，Anchors and Foundations.
［62］WG B2.67：Assessment and Testing of Wood and Alternative Material Type Poles.
［63］WG B2.66：Safe Handling and Installation Guide for High Temperature Low-sag（HTLS）Conductors.
［64］WG B2.68：Sustainability of OHL Conductors and Fittings—Conductor Condition Assessment and Life Extension.

作者简介

Herbert Lugschitz，1954 年出生于维也纳，在架空线路（OHL）领域拥有 40 多年的工作经验，包括技术规划、塔架设计、架空线路计算和架设、环境影响评价授权程序、替代塔架设计和公关活动。他曾在奥地利电网公司（APG）担任资产管理高级职员，作为技术专家参与了非洲开发银行、欧洲开发银行、德国技术合作公司和联合国工发组织在非洲和亚洲的架空线路项目。自 20 世纪 80 年代以来，Lugschitz CIGRE B2（架空线路专业委员会）的多个工作组，2004—2014 年担任该专业委员会奥地利代表（观察员和成员）；从 2016 年起担任该专业委员会主席，并将在 2022 年之前继续担任这一职务。Lugschitz 还在标准化机构中担任多项职务：欧洲电工委员会（CENELEC）奥地利代表，负责制定欧洲标准 EN 50341“1kV 以上交流架空电线”；奥地利电气技术协会（OVE）（架空线路和电力电缆埋设）技术委员会主席；曾担任奥地利电力公司协会（Österreichs Energie）电网事务分会主席多年。

Taku Yamakawa，1963 年生于日本大阪，自 1985 年以来一直从事超高压架空和地下输电线路的设计、施工和维护工作。作为首席电气工程师，Yamakawa 一直从事交流 500kV 架空和地下输电线路的维护工作。他还曾作为建设办公室主任和首席电气工程师，从事交流 500kV 架空线路的建设工作。Yamakawa 受聘于 J-POWER，担任输电系统和电信部主任。2005—2008 年，曾为 CIGRE SC B2（架空线路专业委员会）日本国内委员会成员，自 2015 年起，担任代理主席；自 2016 年起，担任 B2 架空线路专业委员会日本代表；是该专业委员会客户咨询组（CAG）和战略咨询组（SAG）成员。Yamakawa 积极参与日本电气学会（IEEJ）架空输电线路国家技术专业委员会的工作；曾任 IEEJ（架空输电线路导体和配件最新技术趋势）技术委员会主席。他还在日本标准化机构中担任多项职务。

Zibby Kieloch，拥有华沙工业大学（Warsaw University of Technology）土木工程硕士学位；在加拿大 Manitoba Hydro 公司从事 500kV 架空输电线路设计工作已超过 25 年。最近，负责北美最大的高压直流输电（HVDC）项目——Bipole III 输电线路项目。Zibby Kieloch 自 2005 年起，成为 CIGRE 会员和 SC B2（架空线路专业委员会）加拿大代表，参与了多个工作组的工作；自 2012 年起，担任该专业委员会客户咨询组召集人。他还是加拿大标准协会架空线路设计和导体设计标准技术委员会的活跃成员。

第 7 章　变电站和电气装置

Mark Osborne，Koji Kawakita

7.1　引言

7.1.1　目标

本章将重点讨论能源格局的变化将如何影响未来变电站和电气装置的设计和资产管理策略。电力在未来将扮演更重要的角色，而变电站作为电力系统中极为关键的长期运行设施，要能适应政治和经济短期决策行为带来的临时变化局面，这要求现在就需要对此类变化可能带来的影响进行研究和评估。

本章介绍服务于给电网提供弹性的电网的变电站、公共基础设施和辅助系统，以及安全可靠接入可持续供电系统的方法。

变电站内目前主要采用的技术（例如输配电设备、电力变压器和电抗器、直流系统和电力电子、保护和自动化以及信息系统和通信）将在相关专业委员会的章节中介绍。

本章将重点关注以下外部驱动因素和电网未来的发展将如何影响变电站的技术发展：

（1）社会交互和期望。

（2）环境和可持续性压力。

（3）与并网技术相关的外来技术挑战。

（4）新技术及应用。

（5）资产和风险管理。

变电站作为关键的基础设施，是国家安全能源服务的核心。本章将视变电站作为能源枢纽，可能需要适应的一些新特征，例如分布式智能电网服务、控制功能、安全通信、数据协调和同步时钟等。

On behalf of CIGRE Study Committee B3.
M. Osborne · K.Kawakita（B）
CIGRE，Paris，France
e-mail：koji.kawakita@cigre.org

N. Hatziargyriou and I.P.de Siqueira（eds.），*Electricity Supply Systems of the Future*，CIGRE Green Books，https://doi.org/10.1007/978-3-030-44484-6_7

7.1.2　背景

变电站和类似的电气设施本质上是电网的接入点，使供电端和用电端得到有效连接。通过该连接也可获得更广泛和更具弹性的电网。它也是系统运营方实施监测和控制的地方，而电力公司则可以通过管理干预以保持电网的可靠性和可用性。

20 世纪 60、70 年代，出于发展大容量输电的目标，输电网迅速扩张，电能从为数不多的大型发电站，通过输电和配电网输送到遥远的负荷中心。而在此之前，当地负荷的需求增长通常由本地发电企业来满足。

大多数国家都有国有企业负责整个电力系统的设计、运行和管理。能源领域的重大变化，不仅改变了电力公司的结构，也深刻影响了监管制度和运营环境，这可能会对日益老化的资产施加着多方面的压力。

电力行业的第一个发生的重大变化是发电和输电的分离，随后一些国家将部分发电公司转变为受监管的私有化公司。这类变革的目的是建立开放的发电市场，利用国际化的电网促进跨境竞争，从而提高成本效益。这些原本从事公用事业服务的供应商转变为专注于股东利益价值的企业。这些举措导致变电站的管理发生重大变化，并促使为应对该变化制定了框架。

第二个变化更为明显，即在政治与政策层面上更加关注环境影响。比如应对气候变化的相关能源战略将使电网的运行更具不可预测性，作为电力系统核心的变电站也将受更多的扰动，而原有的设备仍需在变化和不断演变的电网中运行，显然其全寿命维护管理将受到影响。为了维持电力的输送的最佳性能，势必需添加合适且充足的基础设施来应对这些变化。

值得关注的主要风险在于关键设备在发生故障后的甩负荷会在社会层面上造成不利影响。

CIGRE WG B3.34 发布的 TB 764 未来电网对变电站管理的预期影响[1]对此进行了更广泛的论述。该工作组研究了该风险对电网运行的影响，其中特别关注设备老化对现有变电站及其传统运行与维护方式带来的挑战。该技术手册着重讨论了这类该风险带来的变化将如何影响资产管理、策略干预和资源挑战。在过去几十年中，数据的采集与通信技术的发展成为促进变革的重要因素（图 7.1）。

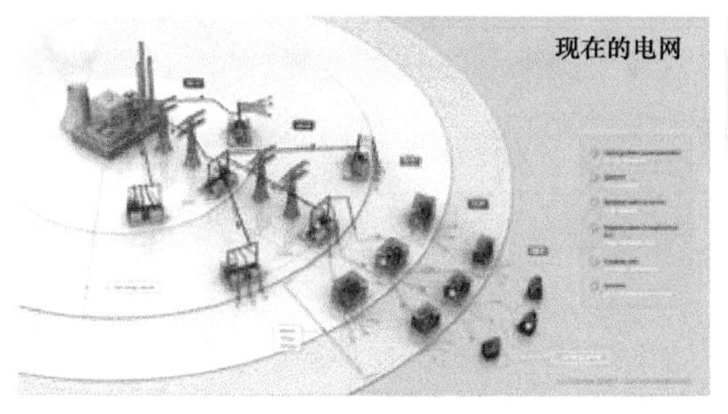

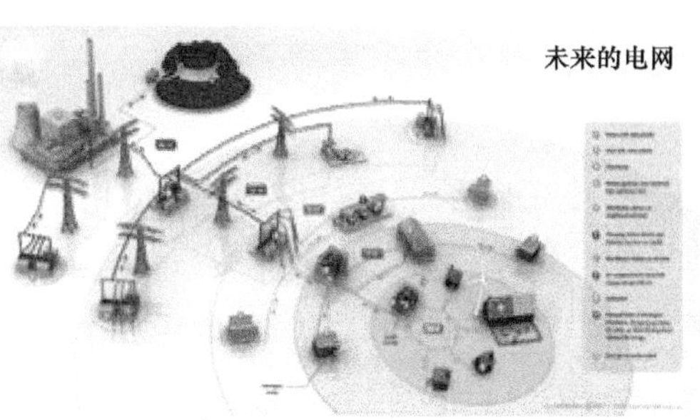

图 7.1　现在和未来的电网及变电站

不断变化的社会需求是影响变电站持续变革的关键因素之一，但不是唯一的驱动因素。变电站的大部分变化和创新是其他行业发展的结果，比如相关设备与技术可能是从其他相关行业逐渐引入（如电力逆变器、机器人技术、数字化等）。

电网中任何环节都会存在有新旧技术并存的现象[2]。如果自身未出现重大问题或风险，现有基础设施与设备的运行时间超过其原始设计寿命也是合理的。

很难预测未来变电站是否还是电力输送的中心：

（1）在一次设备层面，更替速度较慢，电站长期存在设备新安装或更换的需求。这需要对设备进行监控，必要的维护，以及重新调试并投入使用。如果没有变电站或类似的基础设施，在不切断电力系统主要部件的情况下，难以安全地实现这一过程。

（2）在二次系统层面上，尤其从网络方面，数据和变更管理将成为电网安全控制中越来越重要的因素。在设备上安装软件和固件时，版本管理和任何合法更新或修补程序都需要一个安全可靠的过程，这需要进行管控以有效抵御外部和内部威胁，如恶意软件。

新技术的推广通常受阻于与原系统的“接口或集成”。这不仅需要耗费大量的工程资源，并且通常还会同时限制新旧技术的性能。一种可选的解决方法是研究如何“覆盖”不同老式技术的方法，这也有助于减少引入单模故障风险。

在未来几十年里，除了取暖和交通电气化的发展趋势外，变电站的作用可能会扩大，以适应可持续的可再生的能源。变电站将位于可持续发展的核心，特别是目前只能获得有限可靠能源供应的发展中地区都能实现电气化。变电站还将是成功实现电动汽车和储能等概念的核心，这些概念将改变我们看待和使用电力系统的方式。

7.1.3 变电站的发展

在 1996 年巴黎国际大电网会议上，变电站专业委员会发表了一篇题为《未来变电站：反思方法》（23－207）的论文[3]。该文章评估了当时变电站领域对未来变电站设计挑战和运行问题上的思考。它将决策标准细化为 4 个要素；

（1）功能——什么是必要的？

（2）技术——什么是可行的？

（3）经济性——什么是负担得起的？

（4）环境——什么是可接受的？

变电站的运行是长久的，但它需要适应许多变化。其中包括可再生能源生产和需求侧管理的新模式。TB 380 新功能对变电站设计的影响中论述了这一主题。社会方面的变化和利益相关方期望的变化也将对新变电站的需求产生影响。与新建筑相关的经济性，尤其是在空间有限的情况下，将影响技术的选择。基于可用性的提高和更快的更换（非重复），预计会采用优化配置。

现代设备的功能和性能将影响新变电站的配置和运行理念。更高的可靠性和不断增加的自动化程度、以及新的监控和设备管理方法可能会使设计从常规的可维护性转向关注风险和可靠性的干预措施。

7.1.4 展望

当我们从变电站设计和运营的角度展望 2050 年时，电力公司需要考虑以下场景：

（1）气候变化——气温升高、海平面上升和极端天气发生情况的增加将影响变电站的物理环境。

（2）变电站和能源基础设施对环境的影响——到 2050 年实现零碳排放路径。

（3）外部“利益相关方”在影响变电站寿命的决策中的作用越来越大。

（4）现有变电站设备将在与几十年前规定、制造和测试的不同的电网条件下运行并且将更加难以管理。

（5）适应储能在平衡社会能源需求方面的作用。

（6）极端运行环境，可能为海底和外太空。

7.2　不断变化的社会需求

变电站是电力系统、客户和用户之间的关键接口。无论是变电站服务的用户，还是为变电站服务的提供者、系统运营商、设施附近的社区以及提供设备的制造商，越来越多的利益相关方关注变电站。

联合国在 2012 年宣布当年为“人人享有可持续能源国际年”，并把 2030 年定为普及现代能源服务的目标年[5]。此外，电气化已被美国国家工程学院（US National Academy of Engineering）评为“20 世纪最伟大的工程成就之一”[5]。

电气化仍存在多个障碍，如需求低、负荷密度低、客户负担不起、基础设施差、基础设施开发成本高、政治不稳定、以及经济风险。

对于这些障碍，有几种可能的解决方案，其中包括设计低成本变电站，以及使这些变电站的供应和安装过程适应当地的具体情况。此外，需要通过私人投资参与、专业组织的技术支持和可扩展的国家发展计划来发展基础设施，以实现到 2030 年全球电气化的宏伟目标。为此，CIGRE SC B3（变电站专业委员会）出版了 TB 740 低成本变电站的当代解决方案[5]，为设计成本效益高、适用性强的变电站提供了指南，以便为发展中国家以及这些国家的偏远地区需要基本服务的人们提供电力。由于撒哈拉以南的非洲地区在电气化方面的差距较大，因此特别关注了该地区（见图 7.2）。

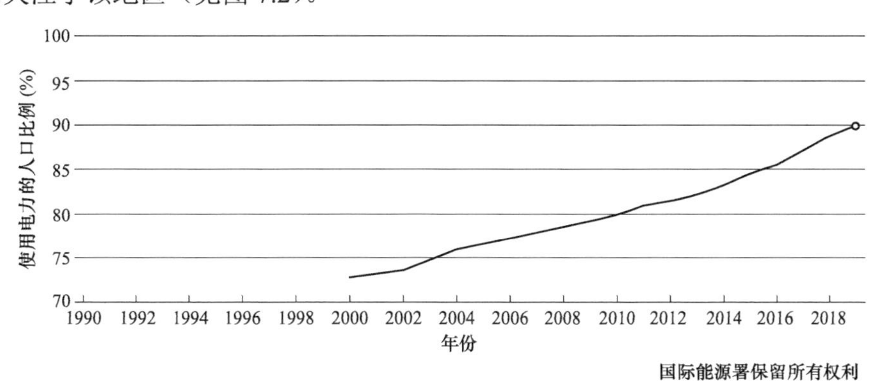

图 7.2　使用电力的人口比例

（来源：IEA produces its own estimates for access to electricity based on administrative data collected from ministries of Energy. This data may differ from what is reported by the World Bank in the Tracking SDG7 Report. Which uses survey data.）

在向水力、太阳能和风能等更多可再生能源转变的同时解决世界能源缺乏问题，可能与通用的变电站基础设施发展相吻合，缓解非洲的能源匮乏将是一个很好的例子。

以下列出了一些影响长期利益相关方与变电站关系的关键问题：

（1）全球化。电站、设备和服务的来源。

（2）不断增长的电力依赖性。表明对现有变电站的需求不断增长，需要更多的设施来支持需要连接到电网的无数新服务和客户。

（3）分布式服务。服务的去中心化，适用于控制和网络接入，但从根本上说，变电站必须以某种形式成为实现安全可靠系统的核心。

（4）数字化。摆脱人工干预，即插即用能力使设备自我配置。

（5）自治。自我监督系统和自我配置网络的作用越来越重要，使与控制功能的安全链接成为必然。

制造业的全球化使得机构不断开发和确定新技术的方向，特别是在新电网的持续发展方面。标准或模块化解决方案的开发将使具有成本效益的项目更加可行，但需要考虑以下问题。这些供应商还正在开发“服务提供商”功能，以提供端到端的解决方案。不同项目之间的沟通和协调技能对于变电站和相邻基础设施的成功交付至关重要。从根本上说，高质量的工程技能正在成为一种相对稀缺的商品，因此开发强大而灵活的解决方案是必要的。另一个需要考虑和解决的关键领域是采购策略，它提供适合的解决方案、合同和保修，以支持变电站在建设和服务期间有关产品支持的问题，如电网弹性、设备接口和兼容性等，特别是变电站扩建。

变电站的设计和运行将越来越需要符合新工程师的期望、满足专业知识和职业生涯的变化。其挑战将是在商业和技术技能之间取得平衡。

电信等其他行业提供的服务将资产和产出之间的联系分离开来。当收入是基于大型实体（如电网）的容量和安全性，而不是资产资本价值的股本回报率时，变电站面临的挑战是建设/更换变电站所需的资本成本。

对严格监管的市场需重新理解拥有的总成本和时机。安全管理整个电网的网络安全，变电站是关键接入点，因此需要付出大量努力和投资来保护这些站点免受外部和内部的威胁。

7.2.1　监管

监管和竞争性市场要求电力公司优化其交付成本，以提供可靠的基础设施和持续的服务，从而维护和运营资产。这可能适用于可预测的环境，其中许多决策是基于较长的财务寿命，而不是可用的资产寿命。有必要考虑现有资产如何满足未来需求，以及如何通过监管来实现。

电力行业监管的传统概念很可能在未来几十年发生变化。从根据资产价值对资产进行监管，转变为客户和消费者希望从能源系统中获得哪些服务。

这将要求电力公司审查其业务运营方式，并能够证明满足客户需求的同时确保资产的安全可靠，无论是业主或政府都能够证明其投资的合理性。

7.3　可持续性挑战

有两个方面需要考虑，一是外部环境变化对变电站的影响；二是脱碳进程对变电站技术、基础设施和运行的影响。

最终，这些变化将需要考虑运行对高压设施里或附近人员健康和安全的影响。

7.3.1 环境

随着变电站和电气设施的作用和站点以前所未有的规模增长，可能会更频繁地面临极端气候的情况。随着在沙漠、近海、水下以及最终在太空开发新的区域和设施，这将成为一个更大的问题。海上变电站的挑战在 TB 483 风力发电厂海上交流变电站设计和施工指南中阐述[6]。有许多因素，或许会推动更小型、更紧凑和更坚固的模块化变电站的发展，使得变电站可以快速安装、远程监控、自我监控，并且在根本上可以在出现故障时进行更换。电力公司将面临的一个难题是，为了确保其设施能够承受日益频繁的极端事件，如何证明必要的额外成本和资源合理性。采用更多移动和模块化部署功能的快速响应方法可能有助于应对这些挑战。

7.3.2 含氟气体法规

变电站绝缘方式的选择是决定所采用技术类型的关键因素。本节将讨论气体绝缘开关设备（GIS）变电站技术的可能发展路径。

在减少与 SF_6 气体排放相关的碳足迹环境目标的推动下，行业正在开发新的无 SF_6 设备。在欧盟，根据 517/2014 号法案（欧盟）的第 23 条，到 2020 年对 SF_6 替代气体可用性的评估是近期发展的重要推动力。需要解决两个问题，一个是在开关设备中使用 SF_6 进行灭弧，另一个是作为绝缘介质的被动应用，以实现典型气体绝缘开关设备（GIS）更小的电气间隙。

关于第一个挑战，一些制造商正专注于使用新气体取代 SF_6。另一些企业则将研究重点放在扩展久经验证的真空技术上，该技术已经使用了几十年。

由于制造商设计的不同，使用替代气体或新气体对现有设备进行改造非常具有挑战性。替代气体的熄弧和冷却能力较低，并且会与其他材料（润滑脂、垫片等）相互作用，以及在寒冷的气温下操作并不稳定。除了成本以及未来其他潜在的未知数因素外，替代气体的特殊性质也是一个限制因素。

同时，重点关注 SF_6 仅作为绝缘气体（而非灭弧介质）的应用，例如支撑部件、测量用互感器，GIB 等。在维修和事故后气体处理期间，需要围绕新气体的健康和安全方面开展进一步工作。

无论 SF_6 是否被禁止，变电站都需要对其进行长期有效管理。想想在过去的几十年里，油中的多氯联苯如何在少油绝缘设备中得到安全管理的，尽管在多年前就禁止使用了。

7.3.3 环境管理

可持续性是资产管理的关键，尤其是围绕用于建造和运营变电站的设计和设备的全寿命周期评估。自有电以来，变电站已经运行了很多年。随着时间的推移，难以确保安全管理的材料以及运行环境等问题可能会给电力公司和公众带来风险。首先，电力会产生电磁场传播，并且在任何时候，考虑电磁场对工作人员和公众的暴露水平的影响，以及它们对变电站内安装和运行的设备的影响都很重要。随着变电站内出现更多与网络相关的应用，应了解其电磁兼容性（EMC）以及对相邻设备和外部产生的脉冲（如雷电和太阳耀斑）的敏感性。“智能电网”的深化应用仍需要考虑一些问题，尤其是围绕已成为电力系统成功应用的通信系统的各个方面。地球的资源是一种有限的商品，我们需要尽可能有效地回收利用，包括回收金属、重新利用陶瓷或回收过时但仍能工作的保护继电器，以帮助补充备件并尽可能保持旧系统正常工作。变电站中仍有一些必须仔细管理的材料，尤其是在发生故障和可能出现失控的分散风险的情况下。主要的例子是旧设施中的石棉等建筑材料，旧开关设备中的 PCB 油等。

另一个需要考虑的因素是与社会相关设施管理。两个主要的显性风险是变电站火灾和噪声，它们会对第三方财产和公众产生重大影响。可以通过设计和规范阶段的基本选型进行管理，例如对技术、绝缘流体、土建设计或主动防护系统的使用的选择。在规划阶段就必须了解这些因素，以便对其进行有效管理，而不是在许多具有成本效益的方案不再可用后才加以考虑。

此外，随着变电站作用的扩大，需要使变电站基础设施从视觉和社会角度更容易被接受，这是未来发展的驱动力。不能再期望像以前那样在大范围内构建廉价且简单的 AIS 方案，尽管这在当时是最先进的技术。考虑整合到社区和郊区的需要，导致变电站的规模和建筑减小（图 7.3）。时间是一种越来越稀缺和昂贵的商品。一部分电力成本和风险是由于电网限制，特别是避免停电而发生的。因此，能够减少停电时间的技术、解决方案和实践带来了许多好处。从环境的角度来看，这表现为可快速部署的解决方案或模块化设计，最大限度地减少现场组装，最大限度地减少施工或电网断电期间对公众的干扰。

图 7.3　普通户外变电站与现代户内变电站

7.3.4　安全

无论多么重视设备的设计和测试，事故和故障都会发生。关键是需最大限度地减少对人员和电网整体的影响。传统上，电网的弹性是通过设备冗余和保护系统来实现的，以应对故障和停电，必要时通过维修设备并恢复运行。更好的可观察性和诊断能力，再加上对设备“寿命终止”的预测，有助于电网向着能够感知以及修复弹性较低或受限问题的方向发展，并且提供应急服务。变电站将是修复电网，承载传感器、开关和智能设备的核心，可提供足够的自主权，以便在恶劣天气或不可抗力期间可靠运行。

但重要的是在任何时候，电力公司都将拥有大量不同的技术，因此一种策略不可能适用于所有情况。需要一种量身定制的资产干预方法。

新变电站通常会更小、更紧凑。“适和与遗忘”的概念并非不切实际，因为一次和二次系统正向具有更多的自我监督、远程检查和自主性，不需要更多的人工干预的方向发展。这也减少了对现场工作人员的需要，从而降低了人员受伤的风险。在建设新设施或更换旧设施时，关键考虑因素是将来可能需要改变或扩建变电站。通常情况下，投资时经济性和监管将限制在需求不确定的地区进行建设的能力。此外，如果需要，配置、技术选择以及运行实践都将深刻影响未来实现这一目标的能力。从安全的角度考虑这一点很重要，特别是如果需要建造和运行，都需要什么样的基础设施？

始终需要针对不同类型技术的传统变电站和现有变电站制定相关的干预政策。然而，使用非侵入性检查和监测将有助于减少对长期工作人员的需求。而且当设备存在过压或老化的风险时，这一点尤其重要，这些风险可能会导致破坏性故障，并且无法立即更换。

预期投运的设备的应用和运行环境至关重要：

（1）如何进行组装、安装和调试？

（2）如何在资产生命周期内进行持续监控和维护？

（3）需要哪些干预措施以及如何实现？

远程监控和机器人技术等越来越可能取代常规检查活动。它们能够提供更加一致的检测，但只会执行程序所规定的操作（它们也需要自我维护）。如果人类永远不期望进入某些地方，就有可能以不同的方式考虑安全间隙。TB 734 变电站风险管理提供了更详细的解释[7]。

7.4　影响变电站的新电网要求

并网技术和系统运行的不断变化对变电站和设备功能会产生影响。

（1）预计会有大量新的小型分布式电源（DER）需要接入变电站。

（2）成熟电网将需要调整现有设施的用途并且对其进行升级。许多基于逆变器的新技术将在变电站内和附近应用。

（3）随着更多参与方接入电网，停电管理需要更加灵活。

配电部门的角色由接口控制的被动需求网络转变为输电网络，对于整个变电站来说是一个巨大的机遇。随着越来越多分散和可再生的电源接入配电网，（无论是输电还是配电）变电站在主动控制潮流、调节电压并连接新客户等对输电网的作用就会越来越大。配电需要越来越多地采用输电理念，但会小规模地从变电站开始（图 7.4）。

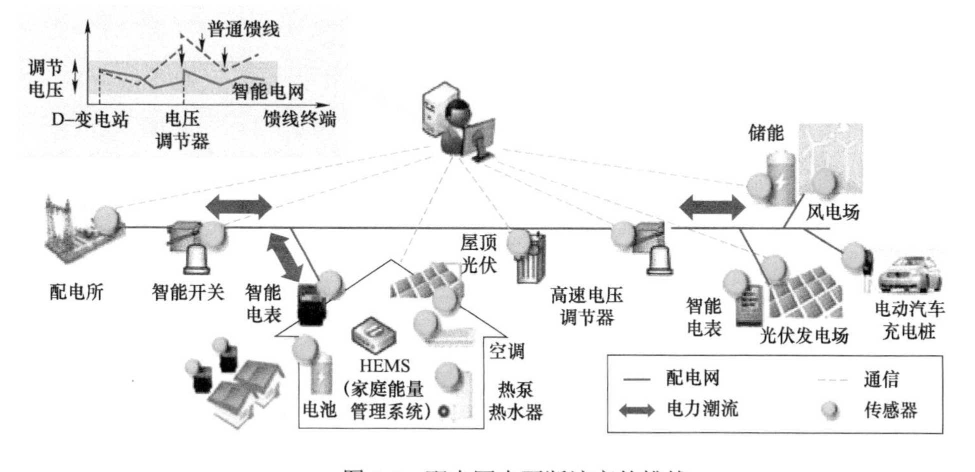

图 7.4　配电网中不断演变的挑战

7.4.1 新功能

变电站是电网功能的集中地，随着电力系统变得更加复杂和集成，变电站的需求也越来越大，也比以往任何时候更加重要。

变电站的作用取决于其在网络中的位置，然而，随着电网性质的变化和发电资源更加分散，需要通过电网在所有电压水平上进行主动控制，而不仅仅是在输电线路上。只有一种电压等级不太可能。因此，需要电网枢纽或变电站：

（1）从一种电压等级转换到另一种电压等级以最大限度地减少能量损失。

（2）接入电网。用于新客户和资产干预。

（3）管理电网弹性。提供冗余并增大容量。

（4）管理安全。智能重新配置以定位和隔离故障。

（5）用于电网资产控制和监控的通信中枢。变电站需要适应不同类型的技术、功能或新服务等。

（6）低短路水平操作，可能需要新型保护。

（7）需要更多电网辅助服务，例如同步补偿器（提供惯量）。

（8）从长远来看，直流电（中压或高压）更多。

（9）由于能量存储而产生的双向潮流。

除了专门针对新技术的问题，这些对于变电站来说可能有一些小的配置问题，但不会对变电站的运行和管理产生重大影响[2]。TB 380“新功能对变电站设计的影响”扩展了其中一些问题[2]。

此处要解决的关键问题是网络参数的变化对现有设备的响应影响，特别是保护及其对较低故障电流和低系统惯量贡献的敏感性。随着电网的电气特性、短路水平（SCL）、惯量和电能质量的变化，变电站将变得更有助于理解和应对电网中发生的情况，而不是依赖于建模和预定动作。但也应该考虑保护和控制的测试和性能怎样实现自动化，以适应短路水平和惯量的大的变化。

智能电网的发展，尤其是电力电子设备的广泛使用，使一次和二次部门更加紧密地联系在一起，从根本上创造了一个集成变电站，甚至可能是固态变电站。

提高系统意识，这对于使变电站适应变化并利用变电站作为自治中心十分必要。安装电网平衡解决方案如储能、同步补偿等。变电站可以用来提高本地分布式电源的当地可观测性。此外，变电站还扮演着虚拟机的角色，协调附近有源控制器的响应。最后，变电站仍然是通过输电系统在远方发电和日趋有源的配电系统之间的关键接口。

7.4.2 智能电网支持

动态评级、区域自治和基于风险的资产管理等概念将需要更好地了解变电站性能并依赖信息系统来提供实时电网状态，以便提供上述和本章其他部分所述的增强服务。

系统运营商将越来越多地面临未来电网更不稳定的情况，更频繁地经历极端条件。设备管理人员需要提供更多关于回路中母线间负荷和过载能力的信息。

变电站在收集必要数据方面起着关键作用，以了解不断增加的负荷以及这些变化对可靠性和设备寿命的影响。安全的数据收集和在线监测，再加上天气预报和负荷预测，将有助于支持这种从确定性到基于自适应或动态评级的电网条件的转变。

专家系统和人工智能（AI）是建立线路中所有设备的过载能力，并为电网运营商提供更大的灵活性，以应对电网异常拥塞。应用程序必须参考线路中所有设备（包括保护、闸刀、母线和电缆）的能力，而不仅仅是如变压器等较大的元件。根据稳定性、弹性或数据安全因素，计算这些额定值的应用程序可能需要在各变电站进行计算，而不是总是集中计算。如果失去与控制中心的通信，变电站可能不仅需要相互通信获取设备数据，还需要获取控制命令以作为区域或电网恢复计划的一部分。这将使变电站成为自愈型电网概念的核心。

7.4.3　电网弹性

电网将面临各种干扰，无论是自然干扰（飓风、洪水等）还是人为干扰（恐怖主义、恶意破坏、信息网络攻击等），其规模和协调性可能导致主电网停电或供电中断。变电站的设计和运营完整性，尤其是其恢复或承受这些干扰的能力，将对坚持并支撑周围电网恢复乃至最终电力系统恢复的能力产生重大影响。

电网弹性带来的一个重大经济问题，即所提供的可支持恢复可靠性水平所需的资本和运营成本是否匹配合理。这些事件发生频率较低，但影响较大，且有可能成为国家紧急事件。虽然变电站并非孤立于恢复电力过程，但它将是任何电网恢复方案的核心。随着电网变得更加分散，电力公司和系统运营商需要了解每个变电站在这些方案中的作用，以及支持恢复过程的所必须的作用。这通常会集中在冗余与重复的困境和变电站干预的优先级上。

对于电力公司来说，了解变电站的哪些元件最容易受到影响是提供弹性电网的关键：

（1）辅助供电。提供多样和安全的供电，备用发电的可靠性、测试和燃料库存。

（2）物理和网络入侵检测，如何确保变电站弱电系统的完整性。限制变电站中无数固件和软件系统中嵌入的潜在风险漏洞。

（3）通信服务支持用于保护和控制的任何现代 IED 技术。

（4）关键系统特别是电子设备对于电磁脉冲（EMP）的影响的恢复能力。

测试并证明这些增强的服务将在需要时起作用的能力，同时其得到适当的维护，以确保该功能在其他一切都处于困境时发挥作用。在经济效益和成本审核时，这些功能经常会被削减。

7.4.4　变电站安全

变电站安全需要在物理、辅助和网络等多个层面解决。虽然变电站是电网弹性的核心，但只能通过确保支持一次和二次系统所需的辅助电源能够经受住故障和外部冲击来维持，其中包括变压器就地供电和电力电子设备的冷却、消防管理、直流电池的电源和所有保护、控制、自动化和通信系统的充电器。

变电站是电网通过具有高弹性基础设施的大型总线综合装置来实现安全管理的手段，可能会面向由广域控制协调的大量较小分散站点，从而提供自愈电网，会受到发电和负荷需求的性质和位置的驱动。这种网状电网的扩大可能会提高整体电网的弹性，而大量的变电站意味着设备的故障并不会像当前的输电观点表述得那么严重。这是否意味着随着变电站数量的增加，我们要从 $N-2$ 移动到 N 反过来，电压较低的站点可能更关心本地控制问题，如电压调节或电能质量。

随着数字变电站的普及，变更管理和基于角色的访问控制策略变得至关重要。电力公司需要在结合物理和网络安全功能的情况下促进审查，例如，蓝牙锁定，用以了解谁将进入站点或间隔。

7.4.5　新兴技术

变电站采用的技术非常广泛，既有过去 50 年几乎没有变化的一次设备，也有采用最新微处理器和基于云技术的变电站自动化和智能化设备。

关于设备寿命，大多数主要设备的寿命为 40～50 年，并且电力公司据此做出决策。目前日新月异的电网状态需要重新设备使用寿命，容量或所提供的服务等。

然而有多种可能的趋势，相互交叉影响让功能通常变得更加集中，适应性也在增强。

传感器、机器人、无人机、超导体和新材料等新技术都可能解决变电站和电网当前所面临的一些挑战，但另一方面，也需要一套新的技能和管理方法来应对这些挑战。

新型变电站设备和系统正在出现，如海上设施、电力电子设备（尤其是电压源转换器）和储能的广泛使用。这些必须作为复杂系统进行管理，其复杂程度通常超过变电站范围，形成更大、更智能的系统来控制电网的边界。

使用机器人、自动化和人工智能进行检查和巡视，使状态评估更加系统且具有一致性。其中重点是数据的自动化收集和处理，通过快速输入设备管理系统，可快速引导决策、停电审查、根据资源计划和分配进行风险评估，最终确定对设备和电力公司的最佳干预措施。

可能需要审查现有高压设备技术规范的适用性，以确定其符合未来电网。今天在采购未来的设备，如果管理不当且不及时，这些设备将有可能无法在未来电网中运行，从而导致资产和成本损失。

设备管理人员必须加强使用动态和过载额定值管理，以最大限度地提高线路上固有负载能力。此外，需要了解和管理长期对设备性能的影响。

控制和保护之间的区别正在发生变化，这使得单独区分两者变得更加困难。变电站正在引入新的设备和协议。一次系统和二次系统之间以及二次系统和通信系统之间的现有边界将继续消失(图 7.5)。电力公司应当管理已投入使用的传统设备与这些新技术装置之间的接口，开发和共享良好的工程实践，以及促进制造商和电力公司之间的协作。

图 7.5　变电站新兴技术

7.5　数字化

物联网（IoT）和智能电网将是变电站和电网如何发展的一个重要因素，就像 IT 行业已经适应无线通信和以太网云托管一样。

变电站正在成为设备数据收集的枢纽。变电站通信的安全性已经在站点之间建立了强大的通信网络，还可以进一步利用和增强，以传输更多的网络和设备数据，促进设备、系统状况的监控及巡检。

这些功能要求变电站具有更远程的可操作性和配置，也对信息网络安全产生了重大影响，目前已经是输电领域的热点问题，因为严格的访问规则大大限制了云和智能电网解决方案的推出。为了在配电网充分实现，这些问题应当在不引入严格流程的情况下得到解决，否则将扼杀行业所需要的发展。

变电站未来一个潜在的用途是替代 GPS 作为时间的同步源，例如安全网络定时协议（NTP）的广域条款。

变电站的数字孪生概念不仅包括设计、施工和后续资产管理和运营方面的建筑信息管理（BIM），还扩展到资产知识和运营方面的数据驱动环境。

这一不断发展的概念本质上是关于物理功能的软件模型，并将在变电站管理中发挥重要作用。最初，正在开发的一套设计工具中包括变电站的可视化，无论是根据激光测量（LIDAR）还是从 3D CAD 软件包转换而来，都能使电力公司和设计师轻松完成。通过这种方式，工程师可以进行俯瞰或仰视方式查看风险，并优化了变电站的可访问性。这有助于操作人员在设备附近工作时评估准入和安全性。

全球信息系统（GIS）在可视化和设备管理领域的作用正在迅速增长，其可以开发数据的宏观属性用于设备健康和干预的目的，访问维护历史和其他数据源，以提供变电站更全面的情况。

这些工具可以利用资产数据和状态信息进一步扩展，通过建立电厂项目和变电站的数字孪生模型，允许设备管理人员在到现场之前就可以进行场景分析。

最佳扩展可能是如何将全球信息系统与变电站控制和自动化系统进一步连接，从而在有可能于破坏性的状态下失效的电厂电站建立软件联锁和风险管理危险区（RMHZ）等功能。

通过增加人员防护设备，如平视显示器、智能眼镜和传感器，可以开发增强的安全功能，以告知员工其附近的设备状况。这也可以用于随时确定变电站内人员的位置和暴露情况。

7.5.1　电力电子技术

电力电子装置，特别是逆变器，正在进入或已连接到变电站，尤其是在低电压下大规模应用。大多数新一代变电站都采用了某种设计的逆变器（太阳能、蓄电池储能和风能，以及高压直流）。

未来 30kV 左右的变电站可以完全实现固态和数字化。这也为下一阶段的电力系统开发“即插即用”和具有自配置和自监控能力的变电站带来了潜力。这将逐渐过渡到更高的电压，但发展速度的快慢，主要取决于未来几十年的容量和技术创新。

另一个例子是直流（DC）电网。目前已经在中压领域应用。变电站的作用是作为一种设施来容纳设备，其次是辅助基础设施（冷却装置和高压交流阀），以支持逆变器的运行以及支撑电网所需的保护和控制系统。

7.5.2　自治

变电站的自治能力是关键。变电站自动化正在增加，特别是影响任何一个事件的变量的数量和复杂性在增加。虽然这在输电领域中得到了广泛应用，但通常仅在变电站且基于确定性状态下应用。虽然世界各地都有操作跳闸方案和系统完整性保护方案（SIP）的案例，但在区域层面的变电站之间，这种情况并不常见。根据当地系统条件自动运行的能力是一种现实的可能性，并可能在输电和配电中得到扩展。更多的决策是基于预测或者人工智能在家庭和交通方面变得更加普遍和可行。目前位于控制中心的这些协调功能将如何迁移到变电站控制系统中。变电站层面的最大挑战是如何安装、调试以及更重要升级或扩展，这些都是随着更多连接建立起来的。对“即插即用”体系结构的需求变得越来越重要，该体系结构可以自动配置自身并了解其连接到的环境。

IEC 61850 从混合应用到全面实施 IEC 61850 第二版正在逐步过渡中，其基础是从测试和调试中吸取的经验教训。解决方案的性质使保护和控制功能的测试元件能够实现，而无需将设备与系统进行物理隔离。但如果没有正确实施，这种灵活性会带来更高的风险，因此要仔细考虑电网的弹性。

保护和控制功能的远程测试和验证工具的可用性，可以大大减少线路的中断。然而，电力公司需要在围绕这些新标准的实施而开发的流程中发挥更大的领导作用，以便每个人都朝着相同的方向前进，而不是被束缚在专有解决方案中。

7.5.3　材料和技术

本章的许多部分都提及的新技术和替代技术成功引入变电站环境的过程中，往往有一些共同的关键因素：

（1）需要建立替代绝缘材料，特别是 SF_6 及其衍生物，并证明其经济可行性。短期内则需要评估减少老化设备 SF_6 排放的更好方法。重要的是要考虑资产设备长期管理问题是什么？一个问题是否被换成另一个问题？新材料和旧材料之间的兼容性因素是什么？

（2）非侵入性技术，用于识别设备状况，特别是预测寿命结束和干预时间尺度。

（3）通信媒体、安全无线控制和自动化。如何在不危及变电站安全的情况下更容易实现“即插即用”。

（4）能量收集，特别是传感器和自动化设备，需要适合变电站恶劣的 EMC 环境，并降低对 EMC 环境的敏感性。

7.6　资产管理与监管

变电站资产管理试图在重视可靠性和低成本的客户、利益相关方的期望，以及寻求合理投资回报的股东和供应商三难选择的困境中寻找到平衡和严谨性。电力公司必须考虑总体成本或全寿命的价值。

过去 30 年发生的变化鼓励了许多电力公司将他们的重点转向“绩效驱动决策”。如今，社会对电力服务中断损失的容忍度有所下降，监管机构对此类事件进行监控，并确保成本和价格得到控制。在私有电力企业，股东希望获得一个可接受的投资回报率，以补偿他们为新建和更新基础设施资产所花费的资金。电力公司主管需要达成这些期望，为了完成上述目标，就意味着在降低成本的同时实现所需的性能。监管机构也重视上述目标，但需要确保以一种可负担的方式对所有风险进行识别和控制。

在这一背景下，风险管理是一个基础角色，同时，对于一些电力公司来说，风险管理是其经营许可证的法律要求。在没有政府为公司担保的地方，私人电力公司需要投保，而且保险公司也希望看到风险得到管理。开放的市场和国际贸易意味着竞争将由选择和成本来驱动。

资产的全寿命管理是实现可持续经营的关键。其适用于所有服务提供行业，如电信、铁路、电力、天然气、水等。它们各自都有需要经营的资产，并向使用者提供服务，向利益相关方提供价值。并非所有这些变化都仅仅由公司内部的良好管理演变而来的。在英国，许多服务电力公司的监管机构推动了这些公司的重大战略变革。包括 BSI 规范 PAS 55 的开发，该规范于 2004 年首次发布。而在 2008 年，它又以更广泛的国际合作伙伴为基础重新发行，并在 2014 年进一步演变为 ISO 55000[8]。

在这样的背景下，设定绩效目标和可接受风险水平的执行董事会设立了一个“视线”，其要求在公司的各个层面实现，即从高管到现场工作团队。由公司的管理团队为资产和员工创建和履行要实现的目标。

ISO 55000 的发展已经影响了变电站的决策，但它仍处于早期阶段。这个 ISO 将继续进一步影响资产运行的寿命周期，特别是从投资者或监管机构的角度，就如同商业中的质量和环境标准一样。

电力系统对于服务的提供将变得更加具有交易性，这将需要可靠和具有说服力的数据来支撑经济成本回收机制，有理由认为变电站将是提供这一信息的关键来源。

效率将推动资产管理的新方法，以降低运营成本，包括考虑损失。这可能导致对于整个生命周期或生命周期损失的更多地关注，成为采购过程中更为关键的部分。

这一趋势很可能在实际方法上改变传统的资产“维护”的概念。将越来越多地考虑如何最小化电网干预。

（1）新的巡视检查方法将采用非侵入性的措施，然而，当这些工作被外包给外部服务提供商时，可能会出现问题，这些服务提供商的工作计划与合同相关联，当停电发生时将导致问题。重定向一个团队到其他工作可能是一个问题，无论是在合同上还是团队的技能或是能力无法匹配所替代的工作。

（2）由于电网可用性需求的增加，停电将变得更加困难，并且需要更高的灵活性。最初，维护活动的规划是从电网最大传输能力的理想角度进行的，不会假设设备的技术条件发生任何变化。这是需要改变的，以承认设备在老化或使用方式不同时的可靠性。

（3）考虑到可再生能源生产和电网停电维修时潮流的不确定性，维修活动的规划需要更加灵活，包括正常工作时间以外的维修工作。这可能会对维修组织产生重要的社会影响。对于海上风电场变电站的相关维修工作，海上的天气状况将为计划过程增加另一个限制因素（图 7.6）。

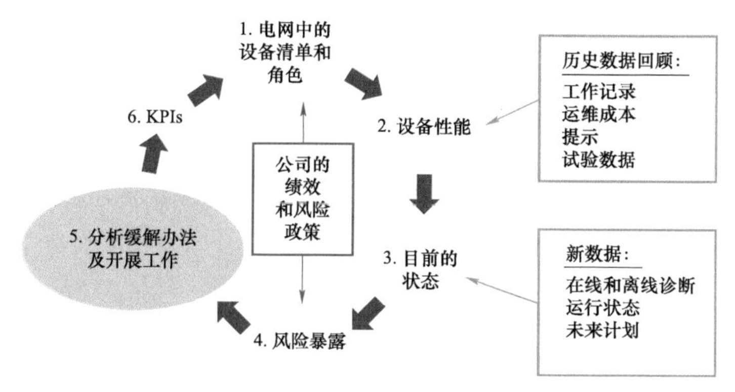

图 7.6 变电站管理策略

对整个变电站数据搜集和处理的挑战的是标准化在变电站环境中可能存在的成千上万个不同数据源的协议和结构中起的作用。在过去的 10 年中，IEC 61850 变电站协议不断发展，但在许多领域仍然被认为是一个新的概念。电力公司有责任定义自己的标准语言，以适应其运营、资产管理系统和供应商。这主要是为了在变电站范围内使用。在状态监测方面，公共信息模型（CIM）也是一个发展中的概念。电力公司要确定其希望如何获取数据，在哪个阶段将数据转换为信息，然后做出后续决策。

在变电站内部发生的事件基础上，变电站将成为一个枢纽，其中将有来自更广泛的电网的数据，这些数据将需要进行编组、保护，然后进行远程存储以进行处理和分析（图 7.7）。

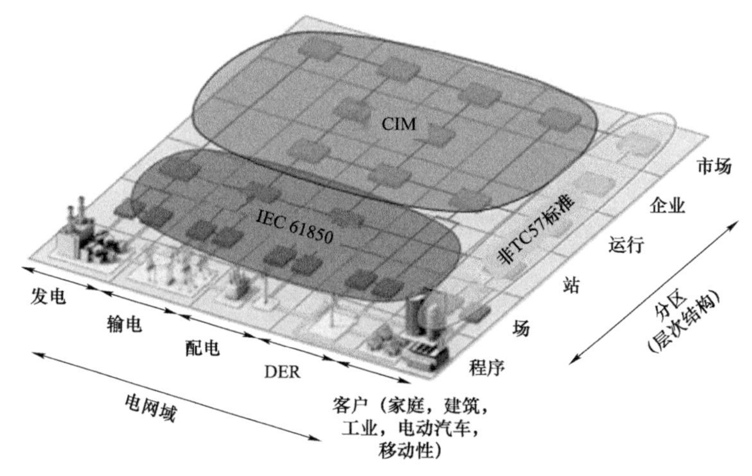

图 7.7 智能电网架构模型的语义域

7.6.1 信息技术的崛起

随着数字系统、信息技术（IT）、通信系统和其他领域的发展，电力行业对年轻人来说是一个更有吸引力的职业选择。在传统行业，工程师在一个特定的公司待很长一段时间（超过 40 年）并不罕见，尽管工作稳定性似乎并不是年轻一代的愿望。公司必须仔细考虑如何管理知识和技能，无论是留住员工（这在过去不是一个大问题），还是专注于有效的知识管理，以便知识不会随着职员离开公司而消失。

近年来，由于服务提供商越来越重视数据的价值，数据的角色变成了风险评估、决策支持系统和资产管理的关键。控制、治理和改变管理是确保数据质量可靠性和有效性的关键。随着地理信息系统（GIS）、建筑信息管理（BIM）、物联网等其他领域的新工具不断发展或迁移，能源领域正成为新应用的温床。变电站的主要应用将是这些工具的组合，以使资产的性能可视化，发现新趋势以提醒干预的优先级，以及在设备故障之前帮助诊断可能的原因。过去，很多数据都是在资产设备级别捕获的，但是没有将这些数据回传到中心档案数据库。现在技术上数据传输是可能的，集中归档并与其他信息系统一起扩展，例如人工智能，为设备管理人员提供更好的趋势可见性和粒度，他们可以以此来确定设备的最佳干预时机并减少不必要的停电。在某种程度上，现代数字保护和控制系统已经在单个设备层面上实现了自我监督，而且随着越来越多地依赖于分布式智能电网的功能，能够观察跨多个不同系统的设备家族性能和故障的趋势将变得至关重要。

电力网络是国家基础设施的一部分。如果关键操作系统（如 SCADA）受到物理攻击或远程侵入，一个国家可能会陷入停滞。其影响将类似于我们所看到的大规模停电。随着恐怖袭击的上升趋势和远程控制现场设备的普及，电力公司必须全面了解这一威胁，工作人员需要进行相应的教育。密码不能简单地为方便访问而写在设备本体。不仅需要对密码保密的重要性进行教育，同时也应根据密码更改的重要性进行教育。例如，在变电站的调试期间，供应商和承包商也知道密码。因此调试后密码的修改非常重要。综上，运营设备/系统的密码管理是另一个对业务至关重要的领域。供应商正在开发能够自动管理密码更改需求以及基于角色的设备访问控制的工具。

在过去的 10 年里，信息技术方面的教育和认识占主导地位。但在近几年似乎发生了变化，重点开始放在 IT 治理方面的管理人员的教育上，这是一个更广泛的领域，包括了安全、配置管理等方面。

更复杂技术的引入导致了员工培训方式、知识在公司内部以及公司和服务提供商之间转移方式的转变。在传统环境下，对员工进行在职培训是常见且适当的。资深人员将演示如何完成工作，监督，训练和指导，直到工作被正确和安全地完成。迁移与工作相关知识的常用方法是在职培训，并结合关于工作如何执行的内部文件（程序、工作说明）。

技术变得越来越复杂，甚至达到连续进行几周在职培训都无法掌握的程度。这样的方法耗时太长也不可行。而且这些技术通常从本质上是不同的且需要明显不同技能，此外，技术更新的速度在加快，这意味着需要更正式的知识管理方法和工具。同时了解到年轻人换工作更加频繁，而知识除非被有效地吸收，否则将无法交流，因此这一需求进一步增加了。

随着物联网、智能电网和分布式发电的作用越来越明显，变电站已不能再独自发展。在变电站的发展过程中，电力公司有必要看得更广，识别和引入利益相关方：

（1）学术界和行业将帮助建立新的理念。

（2）企业家从行业和其他方面获得想法并转化为实际的解决方案。

（3）能够将电力系统和技术理解与资产管理和商业规则相结合，以辅助变电站设计、管理和运行的多功能工程师。

7.6.2　标准化

随着全球化的加剧，国际标准和最佳实践指南的作用将变得更加重要。我们面临的挑战是确保在这些机构，特别是标准组织 IEC/IEEE 适当的平衡和代表性，以确保在用户需求和供应商之间保持平衡。这将实现对制造和测试要求的务实合理的预期，以优化产品成本。

标准化已经在许多行业中被证明对基础设施的发展方式产生了重大的变化。例如，集装箱运输对世界贸易的经营管理产生了持久而重大的影响。电力行业在采用标准化方面一直进展缓慢，在成本和时间压力的驱动下，一些地区越来越意识到标准化的好处。

"标准化"不仅仅是像这里所建议的那样发展认可的国际或国家标准，它还涉及标准化设计以及在设计中使用可重复元素等更广泛的方面。这已成为变电站发展的一个必要方面。标准化允许设计师考虑更广泛的需求，包括未来的发展等，而不是从头开始设计。随着世界电气化的需求仍在继续，这将进一步发展和增长。标准化被用于帮助快速发展。它主要用于设备量大得多的配电网，但现在也适用于输电网，特别是在电网迅速扩大或变化的时期。标准化将有助于尚未实现全面电气化的地区和国家的快速发展：如撒哈拉以南非洲、印度等。

"标准化"不仅仅是此处建议的商定国际或国家标准的制定，而是标准化设计和设计中可重复元素的使用的更广泛方面。这已成为变电站发展的一个必要方面，而不是从头开始设计，标准化允许设计师考虑更广泛的需求，包括未来的发展等。随着世界电气化的需要，这将进一步发展和增长。标准化用于帮助快速发展，它主要用于配电，配电设施的容量更大，但现在也适用于传输，特别是在网络快速扩展或变化期间。标准化将有助于未实现完全电气化的地区和国家的快速发展，如撒哈拉以南非洲、印度等。

7.6.3　资源和技能

电力公司和制造厂正日益受到竞争和监管的共同推动以提高运营效率。这通常会导致更快的人员流动，会更多地依赖流程和指南来建立最佳实践，而不是企业内专门的知识。工程师成为"有经验的人"所需要的时间是很重要的，而且其很难在一个岗位上待足够长的时间来拓展知识。

学术界似乎有一种远离"硬科学"的普遍趋势。这可能是当今社会的人们不愿意从事长期职业的缘故。人口统计分析表明，在过去 20～30 年里，社会倾向发生了重大变化，预计这一趋势也将继续影响教育的产出。

在一些国家，已作出重大努力来协助发展和维持高水平的工程技能教育。各行业正在认识到，当前趋势的持续将导致技能和基础工程技能的丧失。

澳大利亚的 CIGRE 建立了澳大利亚电力学院，具体目的是鼓励大学高电压工程课程的开发。这些材料是免费提供给大学的，包括讲义、教程等。其他国家也在实行这种做法在，例如英国。然而，工程师的角色和形象必须在技能市场上与其他行业在薪酬和声誉方面竞争。

新技术也促使人们要有新的就业倾向和对新技能的需求：

（1）海上风力发电变电站相对较新，这是一项在北欧等地区流行的技术。海上变电站的建设和运营需要新的技能和知识，而这些是目前公司内部所没有的。一些知识和技能可能会被招募来组成新组织的一部分。然而，外部专业知识引入和建立新的商业联盟是不可避免的。一个具体的例子是海上平台上的工作人员。这些工作人员需要接受广泛的安全培训和其他与海上平台工作相关的认证。这些培训要求、证书（验证和更新培训/证书）和特定知识转移的管理是一个新的领域，它需要以前从不需要的过程和系统。这只是新的工作方式的一个例子，如果管理不当，可能会增加企业的重大经营风险。

（2）同样，高压直流输电多端系统是换流站装置的一个全新发展。我们需要新的保护机制、直流侧的直流断路器、通信系统等。工作实践从根本上与 TSO 习惯采用的方案不同，通常公司只有非常少的变电站。在内部建立所需的能力通常是不经济的，因为在内部建立技能和知识需要很长时间。公司通常选择将端到端的管理外包给专业供应商。现在经常看到投标方寻求外部方来管理采购、施工/安装以及远超过保修期数年的维修，并可以选择继续延长。显然，解决方案必须整合到公司的电网中，这是最终对整体性能负责的。与外部供应商的服务水平协议可能会增加。

随着智能现场设备的普及，为智能设备提供服务的外部服务提供商也越来越多。这可能包括监视、统计和分析等服务，以新的业务模式由电力公司来决定外包。它只是成为一门需要专业知识（数据分析）的新学科，或者成为劳动密集型工作的替代模式。来自电力公司智能设备的数据可能存储在云上，员工可以访问他们的数据。外部服务提供商可以提供基于云的在线工具。然而，基于云的服务在网络安全、隐私和可靠性方面带来了前所未有的挑战。

以上所有的变化都不是小的变化。这些变化需要对端到端过程、系统和人员资源进行全面的重新思考，包括重新思考哪些能力应该在企业内部建立，哪些专家团队需要通过合同聘请。

人们更加注重提高效率，更加注重谨慎和稳健的投资。此外，许多智能电网技术及其基础设施要求（如私有通信网络）不能在设备级别得到验证。对未来网络的长期构想至关重要。

这要求技术人员和/或工程师具有更广泛的技术（ICT 和 EPE）、更广泛的技能组合和知识，还需要具备非技术领域的能力，如财务、风险管理、商业规划和预测。

传统电力系统设备的平均寿命为 30～40 年。电子设备和软件包的生命周期要短得多，这意味着过程、工作手册和程序将更频繁的变化，技能和经验要求以及培训要求也将发生频繁的变化。

7.7　结论

能源是社会繁荣必需的核心商品全球脱碳将通过更多的缔约方增加不同能源组合或积极管理其能源需求来实现。

变电站的用途和范围可能会变得更加重要，因为它既是用户访问电网的地方，也是电力公司控制、维护电网与资产可靠性和安全性的地方。

鉴于目前变电站设备资产的使用寿命，电力公司和供应商应关注其当前项目在 2050 年前满足零碳挑战所需的可行性和功能性，因为任何新调试的设备都可能在这一时期仍在运行。

变电站是电力系统的关键接入点，并且作为智能电网枢纽的作用正在日益显现。随着越来越多的关于收集安全可靠数据的“智能电网应用程序”的启动，这些应用将有助于提高自动化和自主性，模糊输电和配电之间的界限。

重点关注生态设计和变电站应用的可持续性因素。未来几年的主要挑战可能是减少 SF_6 的使用，然而，这将因需要为占地面积较小的变电站提供便利而受到影响。

在变电站中采用新技术是风险和经济的平衡。变电站需要更快地实施变革并对外部因素做出响应。虽然行业需要意识到并考虑实施挑战，但应避免因缺乏认识或恐惧而不必要地阻碍可行的新技术的引入。模块化和即插即用接口的发展将加快安装速度，缩短交付周期，减少停电，尤其是对于现有设施内的更换和扩展工作。

试点和现场试验的实施速度阻碍了及时进行变革和创新。虽然这些是提升设备能力的有效方法，因此设备不会因人们感知到的负面体验而受到不必要的阻碍。电力公司员工积极参与创新是绝对必要的，这是该行业过去特别薄弱的领域。

标准化可以在配置和模块化设计方面发挥重要作用，将有助于加快交付速度，解决电网约束和停电限制。同时减少了一致性测试的需要，并使调试更加容易。它更适合于大规模实施新的和主要的离线更换活动。对于部分更换来说，确实更具挑战性，因为在更换中总是可能存在混合的老式技术，使得很难应用一套通用的策略。

随着越来越多的参与方连接到电网，获得接电权限和现场工作必要停电将变得越来越不可行且越来越不安全。这导致了在设备仍然带电的情况下需要进行更多的非侵入性评估。

通过数字化以及变电站功能的后续数字化，变电站正在成为一个更加依靠数据驱动的环境。短期内，与原有系统的接口将面临挑战，需要通过即插即用来建立信心。随着时间的推移，这些数据会采用全 CIM 模型与所有设备和功能相结合，将可能有助于建立变电站的数字孪生模型。

整个行业需要建立更广泛的技能基础，特别是变电站员工，与前几代相比应该拥有更多的 IT 技能。处理现场数据需要妥善的管理，特别是在管理革新和网络安全方面。

电力公司需要确保及时审查政策、程序和工作方法，以确保新技术的好处和基于风险的决策的有效性并实现所需功能。培训和员工的发展需要成为一个优先事项，但这需要与获取知识的新方法携手并进，还要扭转新老工程师发展的指导模式。资源开发应该是优先事项，而不是一种选择。

参考文献

[1] Technical Brochure 764.：Expected Impact on Substation Management from Future Grids（2019）.

[2] Technical Brochure 380.：The impact of new technology on substation functionality（2009）.

[3] The Future substation：a reflective approach（23–207），Cigre session 1996.

[4] Technical Brochure 389.：Combining Innovation & Standardization（2009）.

[5] Technical Brochure 740.：Contemporary design of low cost substations in developing countries（2018）.

[6] Technical Brochure 483.：Guidelines for the design and construction of AC offshore substations for wind power plants（2011）.

[7] Technical Brochure 734.：Management of Risk in Substations.

[8] ISO 55000 – Asset Management Principles.

作者简介

Mark Osborne，特许工程师，于 1997 年加入国家电网公司（National Grid）。他拥有桑德兰大学（Sunderland University）定制电力技术博士学位，在国家电网电力传输部工程与资产管理组工作。其主要工作包括变电站全生命周期管理，重点是采用新的技术概念来应对供电行业面临的挑战。Mark Osborne 是 CIGRE SC B3（变电站专业委员会）的活跃成员、战略咨询组成员、综述报告人和英国正式会员。

Koji Kawakita，出生于日本三重县，获得了三重大学（Mie University）工程学士学位。1986 年加入日本中部电力公司（Chubu Electric Power Co., Inc.），从事研究与开发、设计、施工、变电站资产管理和国际顾问服务工作；自 2020 年 4 月起，担任中部电网公司研究员；从 2000 年开始，参与 CIGRE SC B3（变电站专业委员会）工作，包括担任巴黎会议海报会议主席，以及工作组召集人、秘书和成员；2012—2018 年，担任该专业委员会正式会员；2018 年至今，担任该专业委员会主席。

第 8 章　直流系统和电力电子

Carl Barker，Les Brand，Olivier Despouys，Robin Gupta，
Neil Kirby，Kees Koreman，Abhay Kumar Jain，
Carmen Longás Viejo，Larsson Mats，James Yu

8.1　引言

如今，全球的电力系统正在经历着巨变，许多地区的发电正在从基于热电的传统同步发电向基于风能和太阳能这样的需要通过电力电子换流器连接的方式转变。由于可再生能源通常位于偏远地区，这迫使输电企业和开发商要采取长距离输电才能将电力输送至用户。

增加交流系统输电距离或提升系统容量的一种常用方法是增加设备，这些设备统称为柔性交流输电系统（FACTS）设备。根据设备类型，可并联或串联，但基本上是作为交流输电系统的无功组件，用来改善交流电压分布或降低交流系统阻抗。

On Behalf of CIGRE Study Committee B4.
C. Barker（B）
GE Grid Solutions，Stafford，UK
e-mail：Carl.Barker@ge.com

L. Brand
Amplitude Consultants，Brisbane，Australia
e-mail：Les.Brand@amplitudepower.com

O. Despouys
Réseau de Transport d'Electricité（RTE），Paris，France

R. Gupta
National Grid Electricity Transmission（NGET），London，UK

N. Kirby
GE Grid Solutions，Philadelphia，USA

K. Koreman
TenneT，Arnhem，The Netherlands

A. Kumar Jain
Senior Principle Project Lead Engineer，ABB Power Grids Sweden AB，Ludvika，Sweden
e-mail：abhay@jain.se

长距离大容量输电通常采用高压直流（HVDC）。HVDC 输电相对于高压交流（HVAC）输电的典型优势可归纳如下：

（1）每千米输电成本更低。

（2）每千米损耗更低。

（3）输电走廊更窄。

（4）通过地下或海底电缆进行长距离输电更经济。

（5）可控性更高。

除长距离大容量输电外，HVDC 输电还应用于异步或不同频率（如：50Hz 和 60Hz）交流系统联网。

迄今为止，大多数 HVDC 输电工程都采用“点对点”连接方式，也就是说，电力从电源直接输送到负荷中心，或者在负荷中心之间传输，用作电源分担负荷，从而削减交流系统的发电容量峰值。

8.2 电力电子技术简介

20 世纪 70 年代初，在 HVDC 输电领域，电力电子（PE）技术取代了早期的汞弧技术。然而，汞弧技术中的“阀”这一术语却保留下来，“阀”定义为控制其端子间阻抗的一组电力电子装置。随着电力电子技术的发展，FACTS 应用也得以发展。早期的电力电子技术以晶闸管作为主要的可控开关器件。近年来，功率器件的额定参数和可靠性不断提高，进而提升了 HVDC 输电和 FACTS 设备的经济性。

下文将介绍 HVDC 输电和 FACTS 领域常用的半导体器件以及未来的发展趋势[1, 2]。

8.2.1 晶闸管

如今，晶闸管的单级阻断能力可达 8.5～9.5kV，额定电流高达 6250A DC[2, 3]，器件直径达到 150mm；硅片虽然很大，但只是一个晶闸管。为了制造满足 HVDC 输电或 FACTS 输电要求的高压电力电子开关，需要将许多晶闸管串联起来作为单个开关元件。由于晶闸管载流能力强，因而不需要将其并联。除电触发晶闸管（ETT）（见图 8.1），当前 HVDC 输电系统中还使用了光触发晶闸管（LTT）（见图 8.2）。

C. Longás Viejo
Red Eléctrica de España（REE），Madrid，Spain

N. Hatziargyriou and I.P.de Siqueira（eds.），*Electricity Supply Systems of the Future*，CIGRE Green Books，https://doi.org/10.1007/978-3-030-44484-6_8
L. Mats
ABB Power Grids Switzerland，Baden，Switzerland
e-mail：mats.larsson@ch.abb.com
J. Yu
SPEN，London，UK

从图 8.1 可以看出，两家不同的制造商均在硅片上进行了栅极蚀刻。在硅片中心施加初始门极脉冲时，这种栅极结构可提高整个硅片的导通速度，从而降低导通损耗，并将对器件电流上升率的要求降至最低。

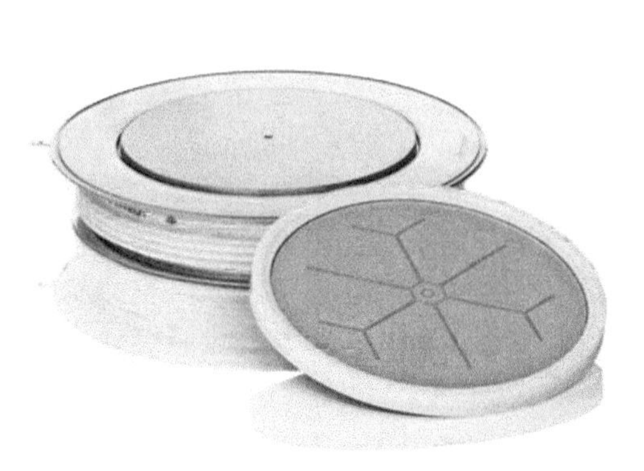

图 8.1　9.5kV 150mm 电触发晶闸管（ETT）

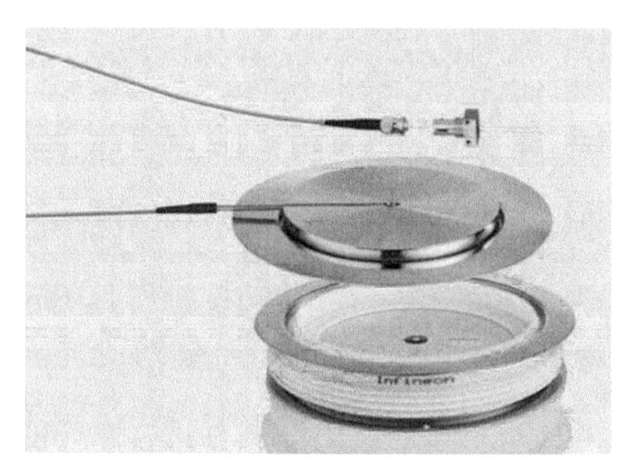

图 8.2　9.5kV 150mm 光控晶闸管（LTT）

如图 8.1 和图 8.2 所示，HVDC 输电和 FACTS 输电中采用压接式晶闸管，也就是说，这种设计使晶闸管故障时形成短路状态。

8.2.2　功率晶体管

在过去 30 年中，已有多种功率晶体管投入市场。由于在多种工业场景中得以应用，从而可靠性得以验证并实现量产，绝缘栅双极晶体管（IGBT）是当今 HVDC 输电和 FACTS 输电的首选。

在 HVDC 输电系统和 FACTS 中，电压源换流器（VSC）主要采用子模块拓扑。子模块主要有两种类型：半桥子模块和全桥子模块。图 8.3 所示为半桥子模块，图 8.4 所示为全桥子模块。在这两种子模块中，半桥和全桥均由带反并联二极管的 IGBT 组成，直流侧连接一个无其他外部连接的大直流电容器。

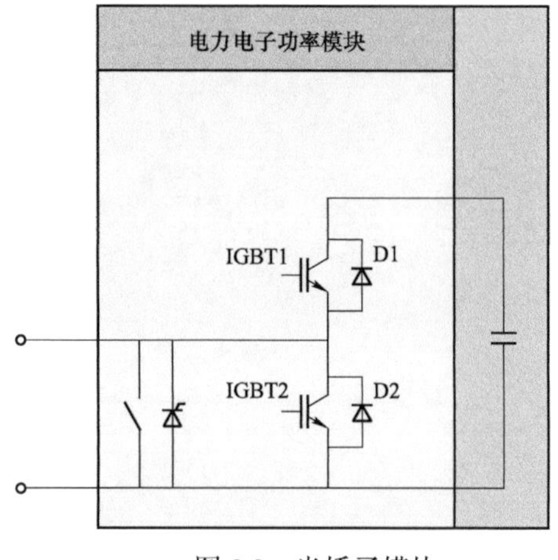

图 8.3　半桥子模块

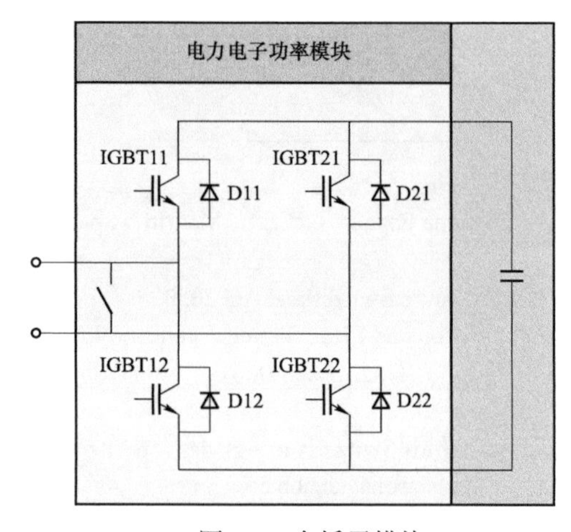

图 8.4　全桥子模块

在为使用 IGBT 的基于模块化多电平换流器的 HVDC 输电选择器件时，应重点考虑两个主要因素：

（1）与其他应用相比，基于模块化多电平换流器（MMC）的 HVDC 输电系统运行的开关频率非常低。通常，开关频率最高只有传统线路频率的 3 倍，甚至更低。因此，在电压等级和技术要求相同的条件下，优先选择有助于降低正向压降的器件，而并非通过优化降低开关损耗的器件。

（2）每个器件的导通损耗总是随着阻断电压的升高而上升，但通常不成比例，一般来说，额定电压每千伏的导通损耗随着阻断电压的升高而下降[4]。

目前，制造商主要采用两种不同型式的模块封装。HVDC 输电和大规模 FACTS 适合采用 IGBT 高压封装（IHV 封装），随着 IGBT 技术的兴起，这种封装工艺除应用在工业多用途驱动器及其他中低功率领域外，还应用在地铁和干线牵引领域。1995 年，随着 3.3kV IGBT 的问世，这种封装工艺得以应用[5]。1999 年 6.5kV IGBT 问世[6]，外形如图 8.5 所示，在保持尺寸和主端子位置不变的情况下，提高了阻断能力，表 8.1 给出了目前最大封装模块的额定电压和额定电流值。

图 8.5　190mm × 140mm IHV 模块

表 8.1　　$190\times140mm^2$ IHV 封装模块额定参数

	电压等级		
	3300V	4500V	6500V
最大额定电流	1800A	1500A	1000A

与上文讨论的晶闸管不同，单个 IGBT 模块包含多个并联晶体管和反并联二极管。这些器件的故障模式更为复杂。一片芯片上的初始故障能够导致该芯片短路。然而，故障后产生的能量能损坏周围的芯片及其连接，从而导致器件开路。因此，需要系列冗余设置以达到即使在某些元件损坏的情况下也能维持运行的目的，每个模块都包含一台旁路开关，用于在故障情况下将电力电子器件从回路中移除。

为了解决旁路需求，一些制造商开发了压装 IGBT 器件，如图 8.6 所示。

由于这些器件是专用设计，可在模块内部增加二极管，不需要通过采用晶闸管以及并联的二极管实现故障旁路。该模块具有足够的浪涌电流和防爆能力，无需使用任何辅助旁路和防爆装置，从而简化堆叠设计。

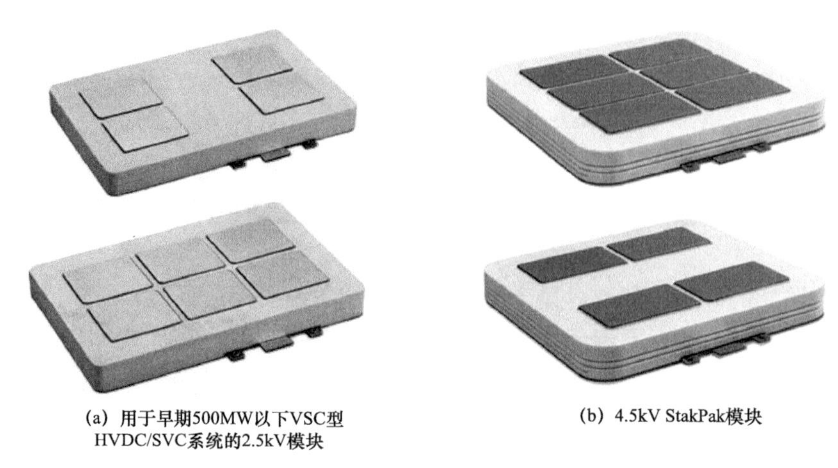

(a) 用于早期500MW以下VSC型HVDC/SVC系统的2.5kV模块　　(b) 4.5kV StakPak模块

图 8.6　压接封装式 IGBT

8.3　电力电子技术在当前交流电网中的应用场景

8.3.1　柔性交流输电系统应用场景

根据并联型或串联型柔性交流输电系统设备的固有特性，机械开关装置、晶闸管换相装置、基于电流源换流器或电压源换流器装置的性能各不相同。FACTS 设备在当前电力系统中具有广泛的应用场景：

8.3.1.1　多变的区域发电

当诸如间歇性能源入网等原因导致区域发电变化较大时，FACTS 设备有助于提高电力系统的性能。在这些情况下会出现很多不同的负荷以及意外过负荷。由于串联 FACTS 设备能改变线路阻抗或电压相角幅值，从而重新分配流过交流网络的有功功率，因此可避免或最大限度降低过负荷。

8.3.1.2　支撑稳态电压

FACTS 设备并联时，其与电网交换的无功功率可调，能控制交流电网的电压分布。当因发电量变化、调度计划突然改变或因同步发电移相使得电源缺失，从而导致电压突变时，该特性显得尤为重要。

8.3.1.3　支撑暂态电压

像晶闸管控制的分流器或基于 VSC 的 FACTS 设备，因其可提供快速故障无功电流来支撑电压，可在诸如故障期间这样的暂态情况下提供电压支持，从而更快地恢复电压。

8.3.1.4　提升暂态稳定性

FACTS 设备能提升交流电网电压质量或增加有功功率传输，因而能够增加暂态稳定裕度。此外，像晶闸管控制的自动电阻器类的 FACTS 设备，可在扰动期间将同步发电机组的功率加速度降至最低，有助于提升暂态稳定性。

8.3.1.5　提升波形质量

一些 FACTS 设备能够调节有功和/或无功响应，从而改善电能质量，还能针对不平衡、电压骤降、谐波、闪变等情况采取缓解措施。

8.3.1.6 提供功率振荡阻尼

一些柔性交流输电系统（FACTS）设备具有功率阻尼振荡控制功能，通过控制无功功率来控制连接点电压，从而抑制频率振荡。

8.3.1.7 提升电网换相型高压直流输电性能

由于电网换相型高压直流（LCC-HVDC）输电消耗的无功功率取决于传输的有功功率，因此其无功功率控制能力有限，这甚至会导致其输送容量受限。在这种情况下，一些并联FACTS设备能够起到控制稳态电压、支撑短路动态、限制过电压的作用，且通常有助于构建更强大的网络，从而将LCC-HVDC输电的运行限制降至最低。

8.3.1.8 限制短路电流

8.3.2 高压直流输电应用场景

8.3.2.1 异步联网

HVDC输电可用于电网联网，即允许功率交换，此时仍允许交流网络在其运行模式下运行，如：频率控制或电压控制，这两种基本形式在全球已有很多应用案例：

（1）标称频率相同：相邻交流电网以相同的标称频率运行，但由于如稳定性、短路水平等原因无法直接进行交流连接。

（2）标称频率不同：相邻交流电网的频率明显不同，如：50Hz和60Hz。以HVDC方式连接不同标称频率的交流电网时，背靠背是最常用的连接方式，每个交流系统的交流线路与一个换流站相连。

8.3.2.2 远距离发电站联网

像地表截流或抽水蓄能这样的传统大型水力发电站通常距离负荷中心数百甚至数千英里（1英里＝1.609 344km）。这种情况下需要长距离大容量输电，当输电距离为500～700km时采用HVDC输电的线路和变电站建设成本低于交流输电。

8.3.2.3 跨水域输电

跨越宽阔的河流或湖泊等重要水域时，由于无法使用架空线而不得不采用水下电缆，因此，可能需要采用直流（DC）输电。与电缆电容相关的充电电流会限制传输的交流功率，因此，在更大功率和/或更远距离输电时不得不采用HVDC输电。

8.3.2.4 城市馈电

促使HVDC输电成为向城市中心地区供电的首选解决方案的因素：

（1）短路水平：许多城市的输配电设备及开关设备具有规定的短路电流额定值。当电网需要扩容时，扩容容量可能会超过开关设备的额定故障电流。HVDC输电可以在不显著增大短路电流水平的情况下向电网输入电能。

（2）用地限制：如今大多城市用地有限，与容量相当的新一代电厂相比，HVDC换流站的占地更少、布局紧凑、更加美观且对环境的影响更小。

8.3.2.5 可再生能源并网

大规模可再生能源发电，特别是风力发电的利用与日俱增，给电网规划人员和电网运营商带来了严峻的挑战，他们需要制定最有效的方案来应对电能的多变性，采取主动或被动的方案以控制整个电网中随之而来的潮流。无论是陆上还是海上大型风电场，都可以通过HVDC控制风电场的功率和频率，从而达到控制潮流的目的。

8.3.2.6 海上风电

离岸距离和输送容量的增加促使海上风电场与 HVDC 输电的结合应用越发紧密，这种情况下交流电缆已无法满足要求。特别值得一提的是基于电压源换流器的高压直流输电（VSC-HVDC）技术，此项技术非常灵活，既能单独应用，又能同时控制有功功率和无功功率。此外，该方案结构紧凑，占地少，是一种将离岸数百英里的海上风电接入陆地电网更具成本效益的解决方案。

8.3.2.7 交流（AC）输电转换为直流提高线路容量

稳定限值和较高的热限值是交流（AC）线路的特性。控制 AC 线路潮流保持在稳定限值以下，确保电网在稳态范围正常运行。虽然允许偶尔出现接近稳定限值的情况，但不允许在同时超出稳定限值和达到热限值的情况下运行。这是通过利用安全裕度有效地解除对 AC 线路部分输送容量的占用。HVDC 输电的应用消除了稳定限值约束，允许导体在热限值下传输功率，从而显著提升了线路传输功率。

8.3.2.8 多端直流电网

在同一 DC 回路中，有许多含有 3 个或 3 个以上端子的多端 HVDC 系统。传统交流电网几乎是全球所有输配电网络的骨干网架，如今，直流电网的概念渐渐成为传统 AC 电网的可行替代方案。魁北克——新英格兰三端联网远距离 HVDC 输电工程目前运行超过 25 年，通过该工程将魁北克北部的水电输送到魁北克南部和新英格兰。科西嘉岛和撒丁岛与位于地中海的意大利大陆之间的三端电缆联网也是一项较早的 DC 工程，该工程的主要目的是利用意大利大陆的电能来稳定两个岛屿上的交流系统。这些是放射状多端系统，下一个合乎逻辑的发展方向是形成直流电网。

DC 电网的应用场景总结如下：

（1）将多个分散的海上风电场与一些陆上交流电网互联，以提升成本效益和效率。

（2）多个两端 DC 工程联网，以实现交流网络间更多的电力传输和交换。

（3）DC 输电网络覆盖现有 AC 网络，提高关键交流网络之间的远距离能源输送效率。

8.3.2.9 偏远社区供电

DC 输电高效的远距离输电能力也适用于以低功率向偏远地区供电。目前这些偏远地区必须依靠柴油发电机或其他燃料发电机供电，这些燃料必须通过公路或铁路运输，且有季节性限制。通过 HVDC 向这些偏远负荷供电，可从一个公共电源或整流器端的主 AC 电网向线路沿线的多个小型本地负荷供电，从长远来看，这种方式可以为这些地区提供更可靠和低成本的电力供应。

8.4 电力电子技术在中压配电网中的应用前景

8.4.1 新兴配电网

如今全球都致力于发展低碳经济。低碳电网对于实现这一目标至关重要。与集中发电满足所有电力需求的传统电网不同，越来越多的分布式电源（其中大部分是可再生能源）在供电安全性和可靠性方面发挥着越来越积极的作用。从工程角度看，这一现象表现为输电网与配电网之间可控的双向潮流；从用户的角度看，客户可以同时承担多个角色，既是生产者又是主动需求响应者。

配电网运营商（DNO）作为直接端口，如果将 DNO 当前职责范围扩展到 DSO 层面，便可以在所有市场参与者之间发挥积极的协调作用，促进市场发展，以公平、公正的方式提供服务。有效的 DSO 模式会降低系统平衡成本，同时助力实现满足客户需要的低碳柔性网络。

总之，配电网的发展要比以往任何时候都更具可见性和可控性。去中心化、低碳化和数字化是当今配电网发展的主题。商业创新和工程技术进步同样需要一个更智能配电网，以满足未来客户的需求。电力电子技术的进步及其商业应用将助力实现这一转变。

8.4.2　电力电子技术赋能未来电力系统

电力电子技术将在未来多种功能的电力系统中发挥关键作用。可以明确的是，配电网络是电力电子技术的一个重要应用领域，正是由于电力电子技术的发展成就了低碳技术在配电网中的广泛应用。此外，可再生能源和分布式可再生能源（如太阳能和风能）存在不确定因素，需要通过电力电子技术加强协调和管理。分布式可再生能源发电以前所未有的量级入网所带来的工程挑战包括但不限于以下内容：

（1）来自新能源并发电网的不可预测的潮流。

（2）交流电源三相间的能量需求不平衡。

（3）宽电压角会阻碍关键回路间的连接。

（4）配电等级的电压控制。

（5）电能质量。

起初电力电子设备应用于可再生能源领域是为了满足当地电网规范或联网规范的要求，如：故障穿越和连接母线上的无功控制（以及电压控制）。在电力电子解决方案的助力下，可在多种条件下进行潮流控制。

为满足配电网安全性、可靠性和经济性要求，在工程开发阶段需要开展的工作越来越多，如：

（1）电力电子材料（硅基功率半导体的研发进展，像碳化硅这样的新型半导体材料的研究和商业化）。

（2）硬件设计（如：新型换流器拓扑结构、固态变压器）和商业创新。

（3）电网侧 STATCOM 的规划和所有权。

（4）同步调相机和 STATCOM 的功能集成以提供频率支撑。

8.4.3　电力电子设备面临的挑战

电力电子技术除了正在进行的工程和商业化创新外，该技术在电力系统中的广泛应用仍面临严峻的挑战。大量电力电子装置应用于配电网络带来的挑战包括但不限于以下内容：

（1）适用于配电网不同电压等级的换流器拓扑结构。

（2）根据尺寸和功率密度选择无源部件（电感器、电容器和电阻器）和电力电子器件。

（3）根据设备和电压等级选择合适的电力电子材料（硅、碳化硅、氮化镓等）。

（4）电力电子设备及其相关部件的可靠性。

（5）电力电子设备和相关控制系统的成本。

（6）与电力电子设备相关的能效和功耗。

8.4.4　现有工程

基于电力电子技术的电网升级可解决传统中压系统相关问题，如：有功功率和无功功率的主动控制、单独无功功率补偿、交流电网的谐波和不平衡。下文以一些现有工程为例，予以说明。

8.4.4.1　案例 1：Angle-DC 工程

由苏格兰电网公司负责运营的 Angle-DC 工程是为加固中压配电网而采取的智能化柔性解决方案。Angle-DC 工程采用基于可控电力电子技术的柔性联网，有助于增强该配电网两个组成部分（安格尔西岛和北威尔士）之间的双向潮流。该工程旨在将现有 33kV AC 系统转换为 DC 运行，并在大不列颠（GB）配电系统中测试首个柔性中压直流工程，如图 8.7 所示。此外，该工程还将为缩小输电网和低压直流配电技术之间的差距积累经验。预计到 2030 年，Angle-DC 工程将总共节省资金 6920 万英镑，到 2050 年将总共节省资金 3.96 亿英镑[7]。

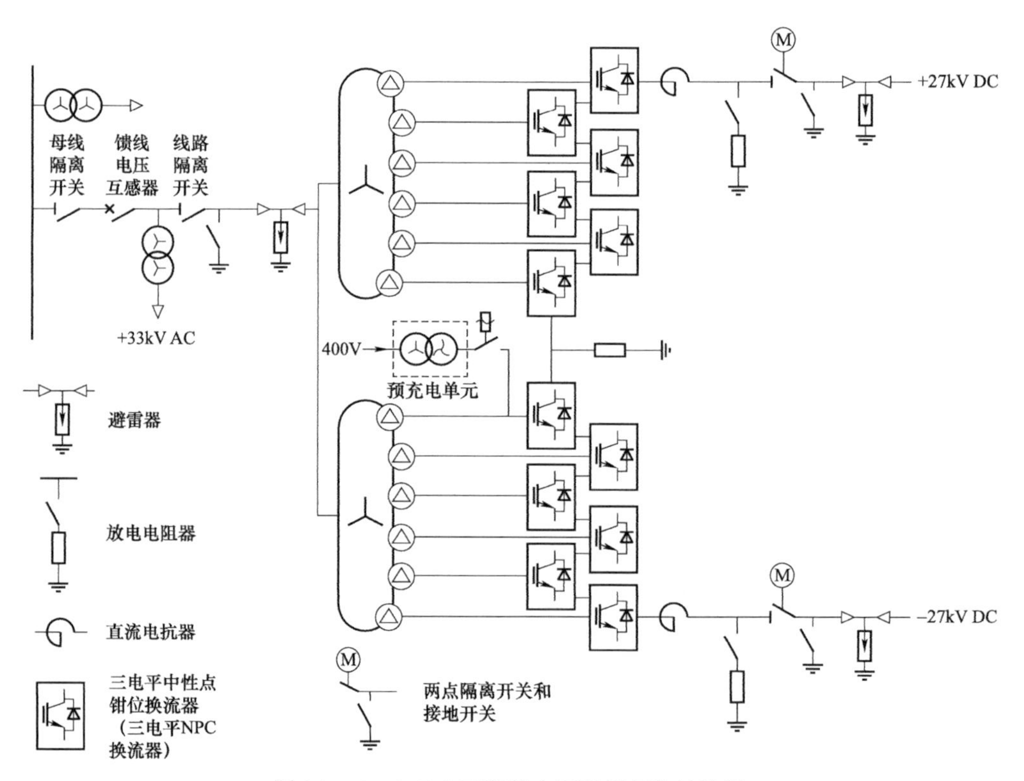

图 8.7　Angle-DC 工程的中压直流拓扑结构图

8.4.4.2　案例 2：LV Engine 工程

LV Engine 工程是基于电力电子技术的智能变压器（ST）助力低碳技术（LCT）应用的试点案例，如图 8.8 所示。该智能变压器是一种电力电子设备，除具备传统变压器变压功能之外，还具备其他多种功能。SP 能源网络公司负责该工程运营，旨在进行 LCT 在低压直流

（LVDC）电网中的试点应用。到 2030 年和 2050 年，LV Engine 工程预计将分别节约资金 6200 万英镑和 5.28 亿英镑[8]。

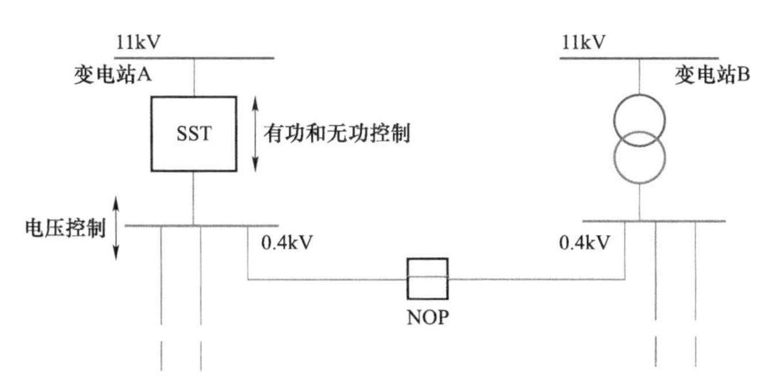

图 8.8　固态变压器与低压电网的连接方案

8.4.4.3　案例 3：英国电网 Equilibrium 工程

英国 Equilibrium 工程是柔性电力互联网（FPL），配有一台背靠背电力电子换流器（AC–DC–AC），可在两条不同的 33kV 网络之间进行功率输送，如图 8.9 所示。柔性电力互联网络允许两个电网之间有功功率和无功功率潮流的可控传输。作为 Equilibrium 工程的一部分，英国西部配电公司（WPD）承担了该项工作。预计到 2050 年，在英国部署此类柔性电力互联网络将可释放 1.5GW 的容量[9]。

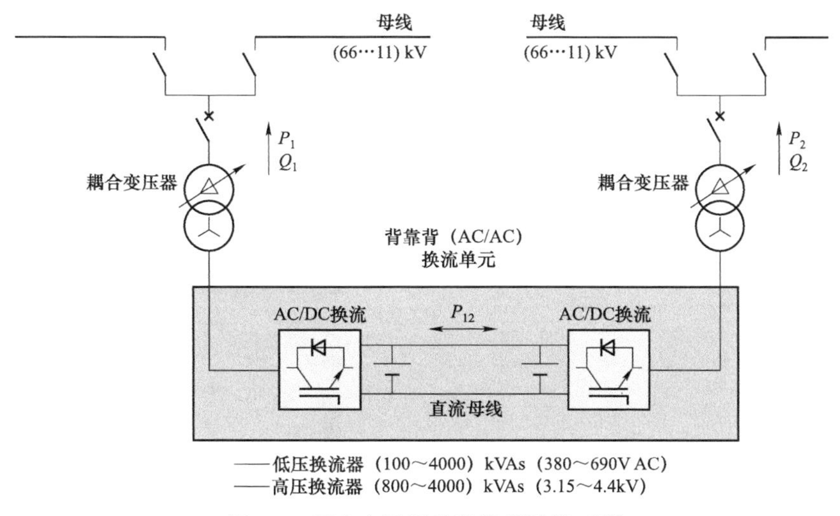

图 8.9　两个电网间的背靠背柔性互联

8.4.4.4　案例 4：印度尼西亚工程

工业电网的耦合，包括自有发电、高度不平衡和畸变负荷（电弧炉）与公共电网的耦合。工业电网中有多余的发电量，但电网间不能直接联网。通过背靠背换流器可实现工业电网的互联，汇集足够容量用以补偿工业电网不平衡并消除低次谐波，从而降低工业电网发电机的不平衡负荷，减少了工业电网中的谐波，实现了电网间的四象限功率传输[10]，如图 8.10 所示。

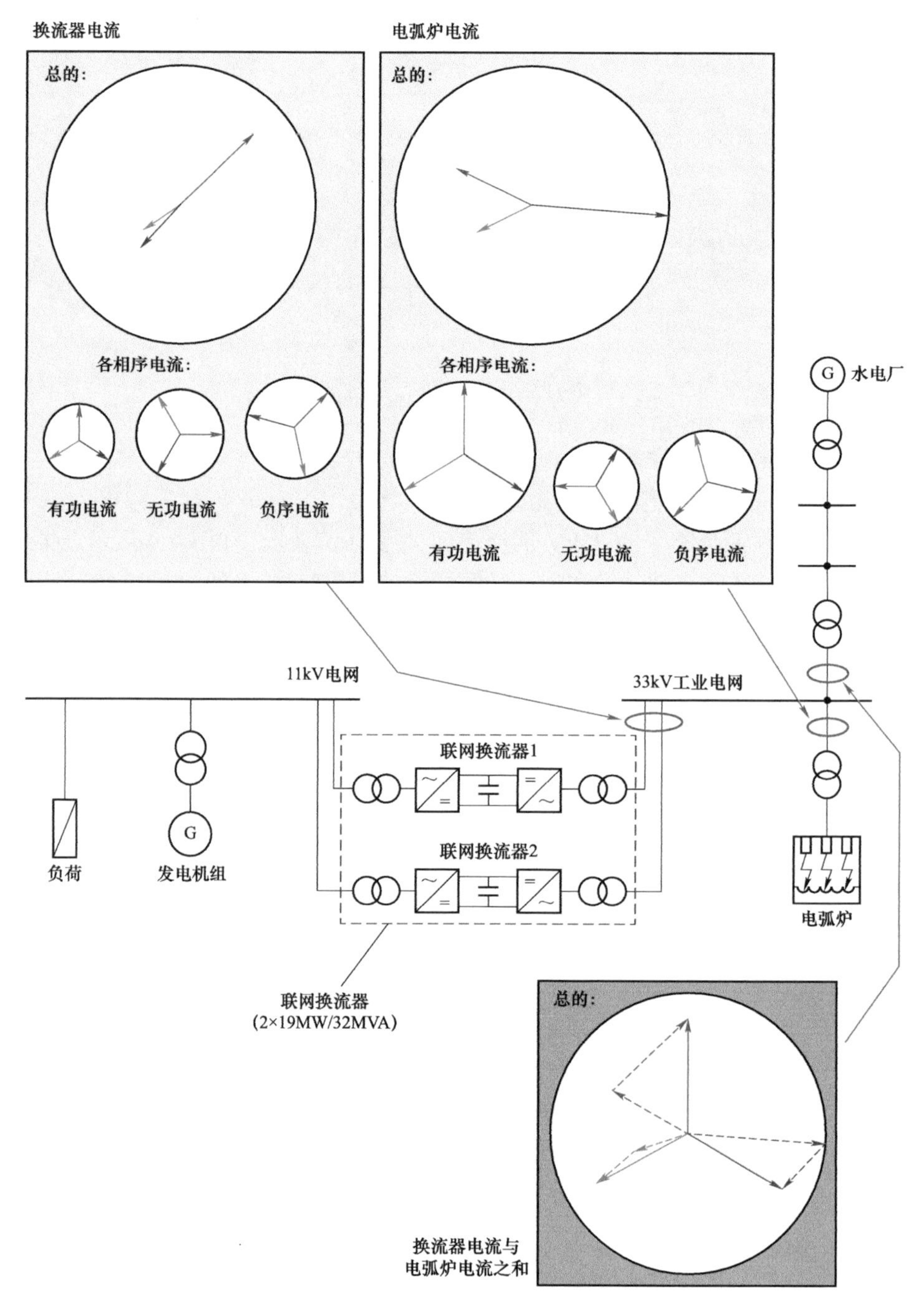

图 8.10　工业电网和公共电网之间的背靠背联网

8.4.4.5　案例 5：中国文昌工程

中国文昌海底电缆修复工程于 2010 年启动，以解决紧急的供电安全问题。工程的中压直流系统为对称双极，额定参数为 8MVA/±15kV，正负极完全相同，每极均可独立运行，为远距离平台提供供电安全保障。该工程的目标是将故障的 35kV 交流线路改造为具有电压源换流器拓扑结构的直流输电系统，详情如图 8.11 和参考文献［11］、［12］所述。

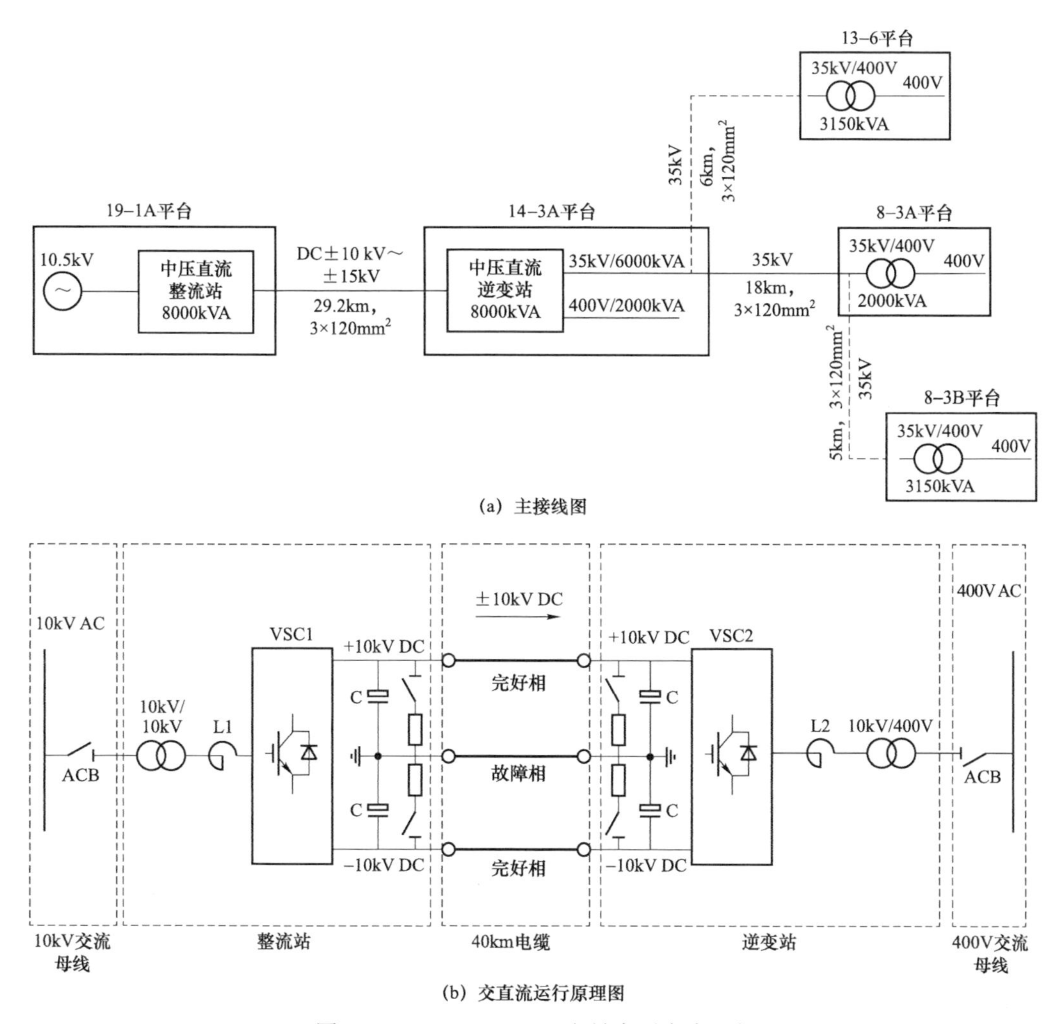

(a) 主接线图

(b) 交直流运行原理图

图 8.11 8MVA/±15kV 文昌中压直流工程

8.5 多端直流电网的发展

促进间歇性可再生能源的利用，将偏远地区大量的可再生能源输送到负荷中心，促使并网需求持续增长，因此需要加强交流系统中的输电系统，通常传统的方法是在现有输电系统的基础上建设特高压交流（UHVAC）线路。然而，过去几十年的经验表明，这种方法的核准程序会非常耗时，特别是在全球某些地区尤为严重，某些情况下，甚至无法获得修建任何新架空线路的许可[13]。

到目前为止，全球仅有几项三端直流输电系统投运，DC 输电仍主要采用两端的点对点方案。当前，多端 HVDC 输电系统既可以采用基于 LCC-HVDC，也可以采用

VSC-HVDC。

与 LCC-HVDC 技术不同，VSC-HVDC 在功率反送时不需要改变电压极性，因而非常适合 HVDC 电网（带有多台换流器的直流电网，部分网状结构，部分辐射状结构）。然而，在某些应用中，可以将 LCC 和 VSC 技术结合起来以构建最实用、最经济的 HVDC 输电系统[14]。

8.5.1　多端直流电网的发展

建设多端直流输电系统的驱动力在于尽可能保持点对点直流输电的优势，更好地利用资产投资来降低电力系统基础设施对环境的影响。图 8.12（a）所示为点对点方式连接的大型远海风电场，可将之作为当前如何开发此类方案的案例。如果两个交流电网互联还具备经济效益，同时海上风电场从地理位置上来说位于连接线路上，那么将其作为第三端连接在电网中，由此风能便可供给任一交流电网，或者在风力发电较少的时段，利用直流输电设备在两个交流电网之间进行功率交换，如图 8.12（b）所示。如果一个或两个陆上交流系统受陆上输电走廊容量限制，则该应用场景可进一步扩展。利用海上输电走廊，直流输电系统可为陆上交流电网提供旁路通道，见图 8.12（c）。当然，这只是多端直流系统应用的一个案例，还有许多其他应用场景可考虑采用此类直流网络。

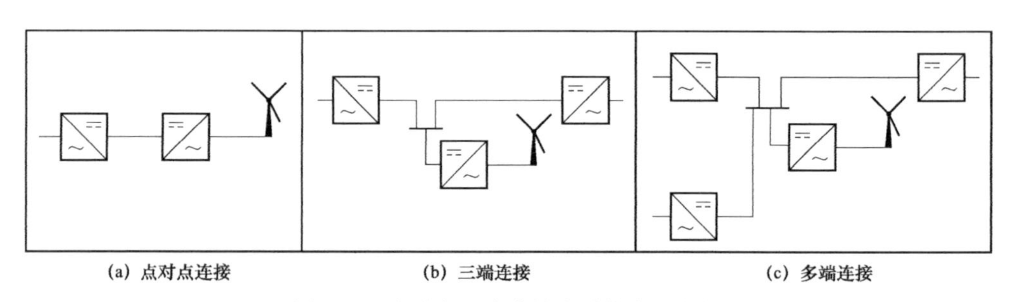

图 8.12　多端高压直流输电系统应用案例

8.5.2　直流电网

结合 8.5.1 中对多端场景的讨论，综合上下文，可将其视为一种“直流电网”。这种“直流电网”可包含很多网格，为功率输送提供了更多冗余路径。图 8.13（a）所示为建立点对点 HVDC 输电系统，图 8.13（b）所示为 HVDC 电网，通过这两种方案可解决日益增长的功率输送需求。图中，仅显示了直流母线和直流节点，其中圆点为直流节点，且假设每个直流节点连接一台换流器。从图 8.13（b）可以看出，建设直流电网的总体基础设施投资比仅采用点对点工程要低得多。此外，从图 8.13（a）中可以看出节点处换流器之间的耦合不依靠下层的交流网络。

8.5.3　直流电网相关技术研发

直流电网发展超过一定规模时，就必须采用不同于常规的新型设备、新技术。

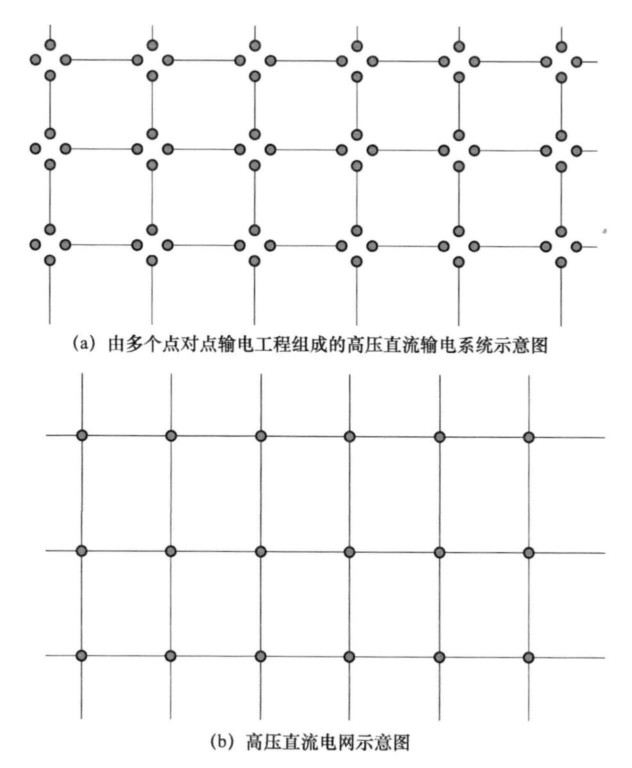

图 8.13 “直流电网”两种示意图（每个直流节点连接一台换流器[3]）

8.5.3.1 高压直流断路器

随着连接在公共直流回路上的传输连接和换流器数量的增多，当部分回路发生故障时，能够将故障回路隔离，确保剩余的电网保持运行是交流系统运行通常采取的方法，但对直流系统来说，电网的惯量较低，没有利于电流开断的过零点，因此该方法存在一些挑战，因此，需要通过既能开断直流电流又能快速动作的高压直流断路器来降低直流故障电流的上升率。

当前，一些厂家研发并在一些多端高压直流工程上应用的解决方案都是混合式高压直流断路器。如图 8.14 所示，该方案中正常电流路径通过一台机械开关，因此运行损耗低；但一旦断路器跳闸，与断路器串联的小容量电力电子开关就会断开。该开关产生的反电动势足以将电流换相到更大容量的电力电子开关。完成所有电流换相后，机械开关断开。一旦机械开关断开，大容量的电力电子开关能够将电流换相到避雷器中，两者都会产生反电动势迫使故障电流趋零，避雷器吸收故障电流产生的能量。

8.5.3.2 电流/功率潮流控制器

与辐射状电网不同，在网状直流电网中，直流电流有多条通路，每个节点电压都会影响多条电流通路，因此，无法通过控制相关节点电压来直接控制潮流。在某些情况下，由于要限制电网某一部分的电流，导致整个直流电网的潮流都受到限制。对此情况的一个解决方案是引入额外的小型换流器，它可以在直流电网内的并联支路间进行电流/功率交换，从而提供额外的裕度用以控制直流电流。对直流电网而言，此类设备可视作等效的 FACTS 设备。

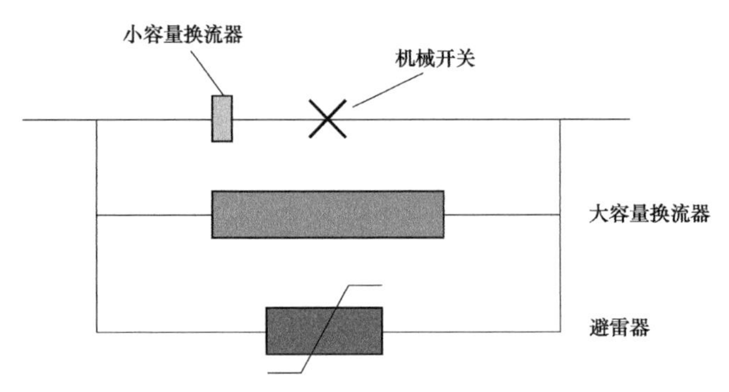

图 8.14 典型的高压直流断路器简图

8.5.3.3 DC/DC 换流器

未来的 HVDC 电网肯定会面临与已有不同电压等级的高压直流工程联网的问题，还可能需要在不同电压等级的电网间进行联网。导致不同电压等级的电网联网的原因可能是缺乏标准化，例如，电网一端连接海上风电场，另一端电网可能是全域的。这种情况下，连接海上风电的电网电压很有可能低于全域电网电压。因此，所有不同电压等级的 HVDC 电网进行联网时，都需要 DC/DC 换流器。

8.5.3.4 直流电网自动化

随着直流电网越来越复杂，有必要增加一个控制层，不但可以提供所需的或尽可能接近所需的直流电网潮流，还可以查看每个节点和每条输电走廊的运行状态，并计算每个节点的必要运行条件，以满足直流电网的运行规范要求。例如：直流电网自动化系统既要实现潮流有序，还要将整个电网输电损耗降至最低。其他特性还包括：要求直流电网运行时要考虑偶发情况，可接受电网扰动。

8.6 交流电网新的挑战

能源行业正在经历重大转型。去碳化、去中心化和数字化这三大主题对电力系统中的电力电子应用既是机遇也是挑战。

8.6.1 采用大规模电力电子装置维持电力系统稳定性

采用电力电子换流器的异步联网降低了电力系统短路水平和系统惯量，给电网运行带来了严峻挑战。短路强度的降低不仅对新的联网提出了具有挑战性的技术要求，还可会影响现有电力电子换流器的稳定性。然而，为支持电力电子接口设备稳定运行，与交流系统短路水平相关的传统设定和近似值都应复查并进行修订。针对公共耦合点的短路水平，需要进行更多的基础研究，来进一步了解电力电子换流器稳定性问题。

8.6.1.1 换流器相互作用

电力电子接口设备是可控设备，响应时间非常短。到目前为止，一些分布较远的点对点 HVDC 工程可独立运行，运行只影响其所在地区。但此类设备大量使用要求它们彼此间协调运行和/或根据外部环境条件（短期风电预测、交流电网负荷等）进行控制并调整整定值。目前在运的工程已经解决了上述问题（如：Johan Sverdrup 工程[15]中的电能管理系统和 Kriegers Flak 工程[16]中的互联操作主控器（MIO））。长远来看，由于 HVDC 电网的快速动态特性（例如：直流电压变化）和换流器提供的裕度不足（无电流过载能力），连接到同一直流回路的各种换流器间的严格协调显得尤为关键。CENELEC-CLC/TS 50654：HVDC 电网系统和连接的换流站——功能规范指南和参数列表[17]中对此进行了预测，三家 HVDC 设备制造商采用离线模拟的方式运行各种多端 HVDC 系统，成功地对一种主控制器进行了试验[18]。由此也会提出新的要求，主要指高压直流（HVDC）换流器在高电压等级（整定值、斜率、延迟、通信协议）运行时要符合标准公共接口（仍有待定义）的要求。

8.6.1.2 保护

随着基于全桥换流器技术和 HVDC 换流器的大量使用，给保护带来的挑战也越来越严峻。由于这些设备在故障期间不产生过电流，变压器的过电流保护方案可能检测不到故障，所以存在配电网和负载电压跌落的风险。此外，采用电力电子接入发电代替同步发电机会降低短路容量，导致更大范围的电压跌落，反过来对故障穿越提出了更严苛要求。此外，与以往标准不同，基于电力电子技术的设备也不产生负序电流，因此接地保护或距离保护在故障检测中也可能存在问题。迄今为止，针对电力电子接口设备（HVDC 输电设备、风机等）的电网规范要求主要解决电力系统稳定性问题，例如：与低压穿越能力有关的要求；然而，在电力电子装置大量渗透（负序电流注入等）的情况下，必定需要新的规范以确保现有交流保护方案的平稳运行。

8.6.1.3 电网构建与电网跟随

由于采用电力电子接入发电代替同步发电机，系统惯量不断下降，在某些情况下（例如在由于严重故障而形成孤岛网络、多风或阳光充足），与同步发电相比，可再生能源发电的占比可能会显著增加。这种变化会导致频率变化率过高、频率最低点降低、阶跃裕度下降等后果，反过来可能触发基于频率的保护（如频率变化率继电保护），最终导致发电机组跳闸。此外，由于可再生能源发电代替同步发电，电力电子接口设备占比不断增加，将降低电网整体短路水平，这也会导致诸如增加晶闸管换流器换相失败风险这类问题。

为了解决上述问题，逐步提出了换流器要能实现“电网构建”的一些新要求（换流器能在扰动发生后的初始瞬间保持交流电压和频率不变，并与交流系统频率同步，即功能类似于交流同步发电机），而不是当前使用的基于锁相环和电流控制环的电网回馈控制。许多研究工作组对该要求的标准定义和基本要求进行了研究[19, 20]。

8.6.1.4 验证

任何交互问题的验证都需要详细的网络模型。验证的第一步是在电磁暂态仿真环境中建立网络的动态等效模型。针对电力电子换流器的高渗透率，需要进一步研究动态网络简化程序。就需要解决的问题而言，各相关方的模型数据共享是一个巨大的挑战，此外，在电磁暂态仿真领域中如何最好地再现这些设备，以及需要哪种灵敏度分析来提高仿真结果的可信度都是需要进行研究的问题。

购买换流器控制装置样机的业主越来越多，这些控制装置主要用于实时仿真，对照其他现有设备的控制来验证新型电力电子设备的性能。这些控制器还有助于维护人员熟悉位于远程电厂中的相关设备。但是，这种方法需要输电系统业主不仅是在样机上，还包括实时模拟装置以及与此相关的实验室建设和操作人员培训上投入大量资金。

8.6.1.5 互操作性

在早期的研究性工程中，已经确定了不同制造商设备之间的互操作性需求，这些工程定义了换流器直流侧公共连接点的标准要求。在参考文献［21］中介绍了一些采用 VSC 换流器的早期建议。

8.6.2 通过柔性交流输电系统 FACTS 设备和储能释放输电网络容量

能源行业的未来前景存在着高度的不确定性。未来能源系统使用基础设施的方式可能与现今大不相同。几种单独的能源载体——电力、天然气和氢气——本身就可以提供多种服务，还有其他服务可以通过一个以上的载体或网络来满足或提供。各国政府可将二者结合起来统筹整个能源系统以保障用户利益。运输和热力行业的去碳化趋势将对输电行业的投资需求产生重大影响。

这种不确定性使得输电行业的任何重大投资决策都需要经过更严格的审查，例如 建设新的输电线路。然而，它为电力电子行业创造了机会。FACTS 设备有可能在不产生大量投资的情况下释放额外的传输容量。他们可以将投资推迟到未来几年，届时需求将更加确定。

换流器能够具有多种功能，如：频率支撑、无功功率支撑、惯量计算、谐波滤波和提高电能质量。电力电子换流器大规模应用进行详细的研究。

8.6.3 谐波稳定性

谐波稳定性是衡量电力系统稳定性的一个新指标，可将其视为传统小信号稳定性的延伸[22]。传统小信号稳定性通常与同步电机及其控制系统的机电动力学以及电网的相互作用有关，相关的频率仅为几赫兹范围。

另一方面，谐波稳定性既与电网的电磁动力学有关，也和电网中 PECS 及其控制系统的相互作用有关。PECS 通常由开环电力电子开关驱动，频率为几千赫兹范围；宽带控制与其电网侧换流器有关，谐波稳定性分析需要将小干扰稳定性扩展到更大的频率范围[23]。

简而言之，谐波不稳定性与电网谐振不稳定有关，谐振来自换流器控制相互作用或联网的不同换流器之间不利的相互作用。在这两种情况下，谐波不稳定都会导致极端的间谐波畸变，对此传统谐波潮流研究无法预测。如果允许这种不稳定持续存在，则会导致电缆和滤波电容器发生故障，因为由此产生的谐波畸变往往远远超出滤波器组件设计要求。

通常，通过观测便可发现换流器和电网系统之间的不稳定相互作用，参考文献［24］介绍了早期的观测和分析结果；然而，由于电力电子技术在电网中应用大幅增加，换流器和电网系统之间不稳定相互作用显得非常重要。相关的案例在以往的轨道交通列车变频驱动[25]、海上风电场以及大型光伏电站[26]都出现过。经详细研究分析后，该技术还可应用于航天领域[27]、海洋电力系统[28]及微电网。

8.6.3.1 换流器系统的非无源特性

在开路运行时，由于开关损耗和滤波回路中电阻的寄生效应，PECS 通常采用一个小的正电阻用以抑制电网谐振。通常采用几千赫兹频率范围内的电力电子开关驱动 PECS，也就是说大带宽控制与其联网有关。大多数 PECS 采用级联反馈控制回路来控制一次能源或负荷管理、直流电压控制、电网同步和电流控制，引发 PECS 的非无源特性，从而导致电网谐振不稳定。

控制回路的非无源性可直接通过设计实现。例如，换流器必须满足电网故障响应、电压提供或频率支撑方面的要求，这本质上也是非无源特性。这些效应通常在低频范围内引入非无源性，最大可达几百赫兹，比换流器系统的开关频率低至少一个量级。该频带的非无源性程度以及频带本身的宽度受控制系统调谐的影响较大，而控制系统调谐又取决于换流器系统的动态性能要求。

PECS 中另一个非无源特性是由采样、滤波和调制延迟而产生的时延所致，可将其视为一种非预期效应，除非换流器的采样率更快、开关频率更高，否则难以改善。在电流控制换流器系统中，这些效应通常会在低于开关频率但数量级相同的频率范围内引入非无源特性。该高频非无源区域的非无源性程度在很大程度上取决于控制系统中的采样和计算延迟、调制延迟以及电流控制增益。

如参考文献［30］所述，可采用电网和换流器阻抗来分析无源性。图 8.15 给出了一种电网联网的无源性分析结果，由两条并联的 1km 交流电缆分别连接到一个强电网（左）和一个换流器系统（类似于光伏和风力发电用的网侧变流器）。电网系统在所有频率下都保持无源性，并在低频时提供少量阻尼。

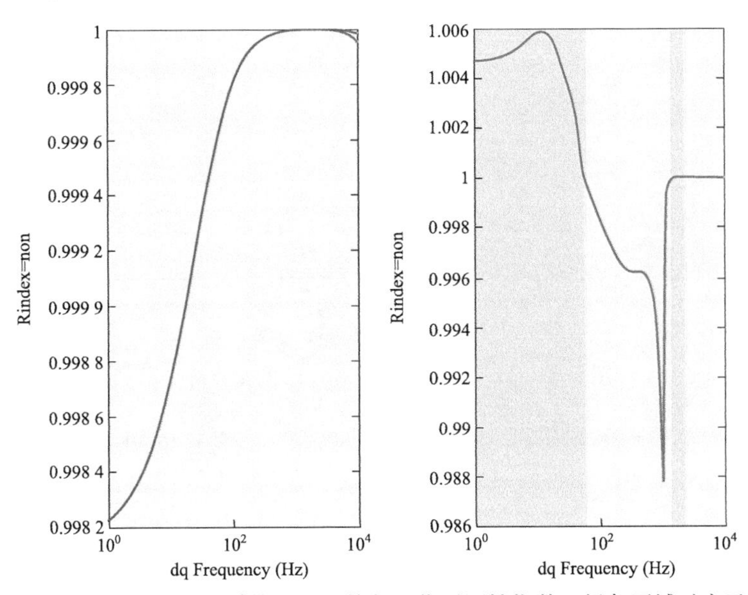

图 8.15　电网（左）和换流器子系统（右）的归一化无源性指数（绿色区域对应于无源频带）

8.6.3.2　谐波稳定性案例

由于外部控制回路和电网同步的作用，换流器系统在控制器参考坐标系中呈现出一个接近 55Hz 的低频非无源区域，以及由于延时所致的介于 1.5kHz 和 2.6kHz 之间的高频非无源区域。

图 8.16 中的仿真结果示出了在 0.5s 断开其中一条并联电缆后典型的谐波不稳定现象。图 8.17 示出了断开前 100ms 窗口［图 8.17（a）］和断开后 100ms 窗口［图 8.17（b）］中相应的相电压傅立叶变换。断开之前，在 3.5kHz 的脉冲宽度调制（PWM）开关频率周围存在小而典型的谐波分量和虽然小但却明显的 5 次、7 次谐波。

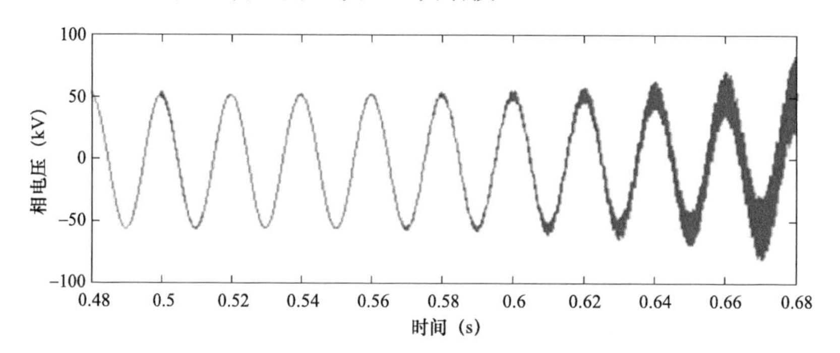

图 8.16　0.5s 时断开电缆仿真结果

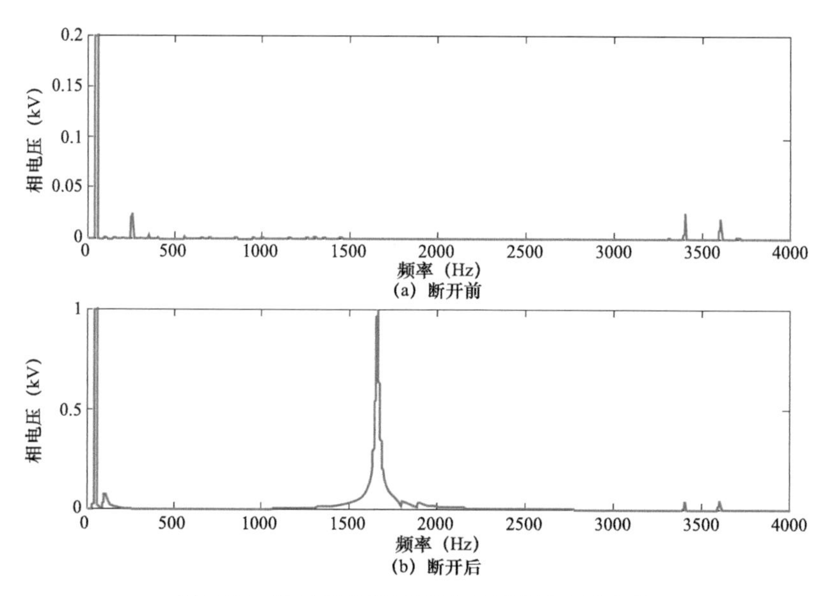

图 8.17　断开前和断开后相电压的傅立叶分析

断开后，基波电压上叠加频率为 1.7kHz 的高幅值、多变化的间谐波。作为谐波不稳定的二次效应，相电压的开关谐波量级也被谐波干扰放大了约两倍。由于内部保护功能，换流器系统在该点跳闸或重启的情况并不少见[26]；然而，如果内部保护功能未动作，谐波通常会增长到某个幅值，此时控制系统会饱和，这种情况将持续到电网改变时或换流器被手动断开。

谐波不稳定背后的机制可以解释如下。按下式检查电网和换流器系统的并联等效阻抗，如图 8.18 所示。

$$zeq(s)=[z^{-1}{}_{grid}(s)+y_{wtg}(s)]^{-1} \tag{7.1}$$

结果表明，在约 1.4kHz 处两条电缆运行和在约 1.7kHz 处一条电缆运行，阻尼谐振均较弱。当一条电缆运行时，谐振落在换流器系统的高频非无源区域内，从而引发不稳定。

在该频带内，换流器系统将因其非无源特性而放大电网电压和电流中出现的任何变量，并持续向谐振提供能量，从而产生越来越大的振荡。另一方面，在两条电缆运行的情况下，电网在无源区域提供足够的阻尼，以抵消换流器系统的放大效应，从而使闭环系统保持稳定。

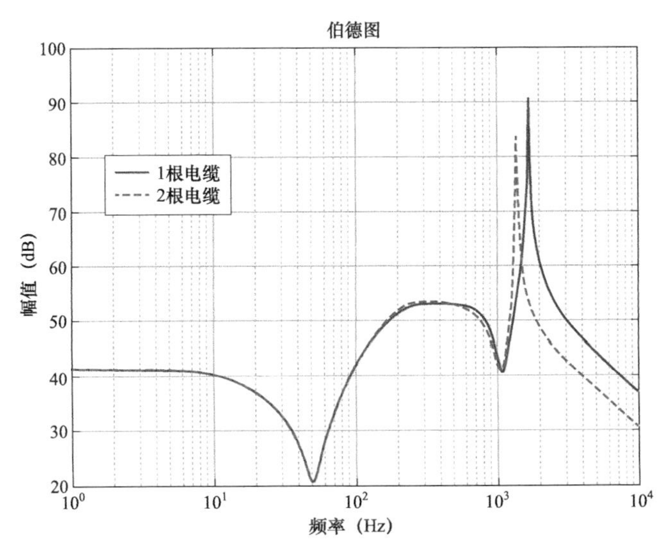

图 8.18　1 根电缆和 2 根电缆运行时电网和换流器合并阻抗的正序输入阻抗

在涉及联网系统稳定性时，本例说明了换流器系统和电网之间的复杂相互作用，如果不进行详细分析，很难直观理解。例如，将电缆长度由 1000m 改为 300m 将导致相反的结论，即系统在一条电缆运行时保持稳定，但在两条电缆运行时不稳定。使用一条电缆时，联网系统的谐振将位于换流器系统的有源区域上方，而在两条电缆运行时位于该区域中。因此，拓扑结构或参数的微小变化通常能非直观地、定性地改变系统的运行。这就要求采用结构化方法和筛选程序来评估谐波稳定性。

8.6.3.3　改善谐波稳定性

换流器的非无源特性有两种不同的来源，它们在谐波不稳定中都起着重要作用。一般来说，两种情况都会在间谐波频率产生极端的谐波畸变。

首先，在与换流器开关频率相同量级的频率范围内，与换流器有关的时延可能会引起高频谐波不稳定。这类问题的风险在高压电网中更大，因为高压电网中有大量架空线路，其电感与自身电容或并联电容相结合，可在千赫兹范围内产生弱阻尼谐振。这些谐振通常超出换流器控制回路的带宽，这意味着很难通过扩展或调整换流器控制系统的调谐来解决此类问题。一种解决方案是避免网络结构转换到可以预见的换流器会激发振荡的结构。还可以考虑在换流器滤波器（如果安装）加装额外的阻尼电阻或升级控制硬件，来增加采样频率以确保换流器系统无源性或将非无源区域推到更高的频带。简单地将非无源区域移到更高的频带可能是一个有效的解决方案，因为变压器和架空线路在高频下可提供更大的电阻损耗，这意味着在更高的频率下能容许换流器系统更强的非无源行为。另一种可以考虑的解决方案是电网侧装设无源滤波器。但是，这些解决方案的设计应与换流器控制设计相协调，以确保它们不会在换流器有源区产生新谐振。此外，无源滤波器还会给电网阻抗增加大量电容，这本身就对电流控制换流器系统的稳定性提出了挑战。

在其他类型的电网中，例如微电网、海上风电场或光伏发电场都带有较长的电缆，电网谐振出现在比较低的频率范围内，约一百或几百赫兹。这些电网中，不稳定问题指低频谐波不稳定，主要和换流器外部控制环有关。这些谐振通常在换流器控制系统的带宽内，可采用有效的主动阻尼策略。这表明可采取特殊的控制设计进行定向或大范围谐振阻尼。这种方法因为不需要添置任何新的硬件，经济上比较可取，也能有效抑制稳态谐波增长，甚至不存在稳定性问题。

8.6.3.4 未来的挑战

与直接连接的阻性负载相比，换流器连接的负载和发电的额定参数较大，谐波稳定性很可能是系统中的重点。目前，对于专用电网来说这种情况已经突显。对其他类型专用电网的研究也在进行，其中部分已经获得实际应用案例。今后，电动汽车用量将会激增，需要在中低压电网中大规模安装充电基础设施，这对于电网谐波稳定性将是一项巨大的挑战。充电基础设施增加将有大量来自不同供应商的换流器入网，使得电网集成和稳定运行的互操作性要求更高，这可能迫使电网运营商进行更详细的谐波和电能质量研究。换流器系统制造商可能需要针对特定电网环境改进和调整控制设计，并且更认真研究其换流器与其所并联的其他制造商生产的换流器之间的互操作性。尽管目前正在进行高压直流、海上风电[31]和轨道电力系统[32]的相关研究，但电网规范明显没有考虑谐波稳定性的影响。随着换流器在负荷和发电侧用量的增加，预计未来传统配电网的电网规范会增加谐波稳定性和换流器互操作性相关内容。

将优质模型用于谐波稳定性研究的同时，要做好换流器制造商的知识产权保护，这也是一项重大的挑战。如参考文献［31］、［32］所述，制造商交换阻抗解析是一种比较有前景的方法，但此类阻抗解析的测量和计算技术的标准化仍然是有待解决的问题。

目前，谐波稳定性分析技术日趋成熟，参考文献［23］简要回顾了该技术的应用方法。到目前为止，由于拓扑结构的复杂性，大多数成果都是基于阻抗匹配技术，很难应用于实际案例。模态分析方法是最近才出现的，但其优点已显现，特别是它能够查明稳定性问题的根本原因，普遍适用于具有复杂拓扑结构和大量换流器的电网并且可扩展。

8.7 柔性交流输电系统和高压直流设备的运行与维护

8.7.1 高压直流设备的整定、运行和维护面临的挑战

在准备投入商运时，新的 FACTS 或 HVDC 设备会面临一些挑战，而对交流输电设备来说这些挑战通常不存在。FACTS 和 HVDC 设备的控制和保护系统以及对设备运行至关重要的辅助系统（如：空调、空气处理和水冷却系统）比交流输电设备更加复杂。FACTS 或 HVDC 设备还配有像晶闸管和 IGBT 这样的固态电力电子设备；在高压直流输电时可能还需要长距离海底电缆系统[33]。

新的 FACTS 和 HVDC 设备都要经历施工、安装和调试，为便于后期运行和维护，在工程研发时应尽可能早地考虑运行和维护（O&M）问题，其中包括对各种合规性问题的准备，

以及对准备从事资产运行和维护工作人员工进行专门培训等。运维相关问题研究分析得越晚，越会引起严重的且损失惨重的后果。

运行维护团队的早期确认、介入和参与非常重要，特别是在 HVDC 输电设备的测试、施工、安装和调试期间要对运行维护工作人员进行培训，包括：

（1）控制保护系统出厂试验为运行维护人员提供了在不影响交流电网的模拟环境中练习运行系统的机会。这也让运行维护人员有机会对运行人员界面进行反馈。

（2）在施工和安装过程中，运行维护人员可考虑怎样完成规定的运行维护任务。随着安装逐步完成，运行维护人员可以识别出潜在问题，一旦设施完工，再解决这些问题将会带来较高的返工成本。

（3）在现场工作期间，运行维护人员可与供应商的专业人员密切合作，研发新设备特有的定制化运行维护流程和程序，以防止项目完工时出现潜在问题。

FACTS 和 HVDC 输电设备的整定和运行面临的一些关键挑战包括：

（1）控制和监测选址。

（2）运行维护专业技术获取。

（3）备品备件策略。

（4）运行维护文件编制。

8.7.2　控制和监测选点

业主和/或运营人员通常需要确定设备的运行（例如有功和/或无功功率的调度、开关的运行等）位置，并监控告警和上报事件。所选位置通常包括现有的有人值守控制室、远离设备的新控制室、一个或多个 HVDC 换流站有人值守新控制室。表 8.2 给出了这些选址的优缺点。

确定控制室位置时，业主和/或运营人员既要考虑投资成本也要考虑运行维护成本。控制室建在换流站中会节约运行维护成本，减少承包商的需求，换流站工作人员可以第一时间做出反应，减少通信依赖，但需要在现场建设额外的设施以及配备专门的控制人员。

不同的公用设施对各种因素的权衡大不相同，采取了不同的应对方式。例如，在瑞典（Svenska kraftnät）任何换流站中都没有本地运行人员，完全依靠远程控制。而在印度（印度电网公司）每个换流站中既有运行人员也有维护人员。

表 8.2　　控制室选址

有人值守控制室选址	优点	缺点
现有的输电网控制室	• 无或有少量新员工 • 持续运营成本低 • 成本低，工作进度影响小	• 需要复合技能操作人员 • 对设备关注少 • 需要为应急响应做出适当安排 • 可视化依赖通信线路
远离设备的新控制室	• 100%专注设备运行 • 远程控制室位于人口密集地区，便于得到合格工作人员	• 需要为应急响应做出适当安排 • 可视化依靠通信线路 • 持续运行成本高 • 成本高，工作进度影响大
一个或多个换流站中的新控制室	• 100%专注设备运行 • 控制人员可以负责现场应急响应 • 不依赖通信线路（站间通信除外）	• 需要在现场建造办公住宿设施，配备合适的支持设施 • 持续运行成本高 • 成本高，工作进度影响大

8.7.3　运行维护专业技术获取

高压直流输电设施成功运行所需的运行维护专业技术水平有所不同，既有诸如空调维护等常用技能，也有少见的技术技能，如高技术控保系统及电力电子开关设备的故障排除、更换和维修。

FACTS 设备或 HVDC 换流站多位于远离人口稠密地区的偏远位置。在这种情况下，问题就转变为如何聘请到专业技术人员，以便在规定的时间内及时响应并到达现场。

通常，一些较常见的维护需求，如辅助电源系统、空调、水冷系统和高压一、二次设备的基本维护可就近获取。困难在于，在控保系统以及电力电子（IGBT 和晶闸管）等技术性和专业性更强的领域需要聘请专业技术人员。

针对这些问题可采取如下策略：

（1）聘请当地技术人员并进行培训。

（2）雇佣供应商，或者更具体地说，让供应商参与运行维护。

（3）使用当地技术人员作为第一响应，之后通过（1）或（2）的策略找到更专业的技术人员。

8.7.4　备品备件策略

高压直流输电设备的某些配置在其主回路设计中具有一定程度的冗余。例如，许多双极 LCC- HVDC 设备能够在单极停运的情况下降功率传输。然而，FACTS 和 HVDC 设备的大多数主回路设计是，即一个主设备的损坏会严重影响功率输送能力。更换损坏设备可能需要较长的交付周期。设备的运行可靠性依赖于许多辅助系统，如冷却和空调系统，这意味着这些装置故障或性能降低也会限制设备的运行能力。在这些情况下，备品备件的易于获取、妥当且有预备的更换程序可以减少发生故障的停机时间，并限制故障的影响。

备品备件策略需要在工程早期考虑。主回路设备的非冗余项通常是可以确定的，在这种情况下，应规定与工程一起提供一个或多个备件。对于安装量大且交付周期长的冗余项目，应根据预期故障率规定适当数量的备件，例如晶闸管和 IGBT 模块/单元。备品备件的类型和数量在很大程度上取决于 HVDC 设备的可靠性要求。可以看到，一些公用设施要求在每一个站点配置备用变压器，也有一些公用设施为多个站点配备通用的备用变压器。

除考虑备品备件的类型和数量外，还应考虑的其他因素包括：

（1）备品备件存放地点，包括大型主回路设备（变压器、电抗器、断路器和电容器）和可控环境下的备品备件存放（敏感电子部件和电力电子部件）。

（2）未来和短期内可能出现的技术过时，例如用于人机交互的计算机。在这个例子中，类似规格的计算机和相关的操作系统会在几年后能“现货供应”吗？

（3）所需的货架和备品备件的储存、标签、标识和检索方法。

（4）在换流站之间或在远端共享备件的情况下，现实中如何将大型备件运输到其所需位置。

8.7.5　编制运行维护文件

在典型 FACTS 或 HVDC 工程中，供应商应提供必要的运行维护文件，详见技术规范。

但是，其他的运行维护文件供应商可能不会提供，或者由于各种原因不能提供。业主需要为此做好准备，并制定计划以确保在工程交付之前编制这类文件。包括：

（1）与当地规范、标准和指南相关的职业健康安全文件。

（2）高压安全、使用规程以及操作程序。

（3）符合法定可靠性要求和/或市场运营商要求的证明文件。

（4）更换非冗余设备主要零部件的应急响应计划。

作为运行维护文件编制工作的一部分，应了解本地的职业健康安全要求与供应商所在地的差异。在施工最后阶段，建议运行维护人员在现场，以确认与设备故障排除、维修或更换相关的任何潜在的本地职业健康安全问题，例如，高空作业或接触带电配电盘的要求。如果发现问题，应编制适当的文件，来处理在设计建造中无法解决的问题。

需要业主编制的文件数量因工程而异，有些工程明显很多。在设备首次带电前以及正式开始调试前要完成其中一些文件。在工程早期（至少在规范阶段）就要进行审查，与施工和安装同步进行，确保需要时这些文件已经完成。

8.8　结论

FACTS 和 HVDC 都已从交流网络中的少量使用发展成了主流应用。这一趋势预计将会继续。随着输电系统联网需求和利用电力电子换流器实现可再生能源发电并网需求的增加，甚至会加速增长。直流输电预计将发展为多端系统和高压直流电网，为功率输送提供新的通道。

以往，配电系统一直由输电系统和负荷之间被动互联。然而，随着可再生能源发电和新的主动负荷在配电层的增加，情况已然不同。新的 FACTS 和直流输电正在被研发以支撑这种发展需要。

将多个电力电子换流器接入交流电网本身并非没有挑战。在未来几年内，这些挑战需要业主和供应商共同应对。这些挑战之一是，在确定 FACTS 或直流输电系统方案时，运行和维护的安排必须在项目要求中加以考虑。

参考文献

[1] Schenk, M., Jansen, U., Przybilla, J., Koreman, C., Rathke, C.:“Power Semiconductors for Energy Transmission”, B4-106. CIGRE, Paris (2018).

[2] Schenk, M., Przybilla J., Kellner-Werdehausen, U., Barthelmess, R., Dorn, J., Sachs, G., Uder, M., Völkel, S.: State of the art of bipolar semiconductors for very high power applications. In: PCIM Europe Conference, Nuremberg (2015).

[3] Huang, H., Sachs, G., Schenk, M., Zhang, D.: HVDC Converter using 6 Inch Light Triggered Thyristors (LTT)for DC Currents up to 6250A 2016 International High Voltage Direct Current Conference (HVDC 2016). Shanghai (2016).

[4] Heer, D., Domes, D., Peters, D.: Switching performance of a 1200 V SiC-Trench-Mosfet in a Low Power Module. PCIM, Nuremberg (2016).

[5] Hierholzer, M., et al.: Characteristics of High Voltage IGBT Modules. IEE Colloquium on

Propulsion Drives, London (1995).
[6] Göttert, J.et al:6.5 kV IGBT-Modules, PCIM, Nuremberg (1999).
[7] Yu, J., Moon, A., Smith, K., MacLeod, N.: Developments in the Angle-DC Project; Conversion of a Medium Voltage AC Cable and Overhead Line Circuit to DC. CIGRE B4, Paris Session (2018).
[8] Electricity NIC submission: SP Energy Networks—LV Engine, Nov 2017.
[9] Berry, J.: Network equilibrium. In: BalancingGeneration and Demand. Project Progress Report Dec 2015–May 2016, 17 June 2016. [Online]. Available: https://www.westernpower.co.uk/docs/Innovation/Current-projects/Network-Equilibrium/EQUILIBRIUM_PPRMAY2016_V1.aspx.
[10] ABB: PRS SFC INCO EN, 4 Aug 2006. [Online]. Available https://library.e.abb.com/public/d20bc6e606717f9bc12576c40043ea95/PCS%206000%20STATCOM_INCO_EN.pdf.
[11] Liu, Y., Cao, X., Fu, M.: The upgrading renovation of an existing XLPE cable circuit by Ccof AC line to DC operation. IEEE Trans. Power Delivery 32 (3), 1321–1328 (2017).
[12] Bathurst, G., Hwang, G., Tejwani, L.: MVDC—The new technology for distribution networks. In:11th IET International Conference on AC and DC Power Transmission, pp.1–5, Birmingham (2015).
[13] CIGRE Brochure 533: HVDC Grid Feasibility Study.
[14] Barker, C.D., Whitehouse, R.S., Adamczyk, A.G., Kirby, N.M.: Urban Infeed Utilising Hybrid LCC Plus VSC. In: CIGRE paper 559, CIGRE Canada (2015).
[15] Sharifabadi, K., Krajisnik, N., Teixeira Pinto, R., Achenbach, S., Råd, R.: Parallel Operation of Multivendor VSC-HVDC Schemes Feeding a Large Islanded Offshore Oil and Gas Grid. CIGRE, Paris (2018).
[16] Marten, A.-K., Akhmatov, V., Stornowski, R.: Kriegers Flak Combined Grid Solution—Novel Double Use of Offshore Equipment. IET ACDC, Coventry (2019).
[17] CENELEC-CLC/TS 50654: HVDC Grid Systems and connected Converter Stations—Guideline and Parameter Lists for Functional Specifications.
[18] Best Paths Deliverable D4.3 (public). First Recommendations to Enhance Interoperability in HVDC-VSC Multi-vendor Schemes. Available from http://www.bestpaths-project.eu/ DC Systems and Power Electronics 279.
[19] TF-77-AC Fault Response Options for VSC HVDC Converters, CIGRE Science& Engineering, Vol.15, October 2019.
[20] MIGRATE European Project: https://www.h2020-migrate.eu/.
[21] Best Paths Deliverable D9.3 (public). BEST PATHS DEMO#2. Final Recommendations For Interoperability Of Multivendor HVDC Systems. Available from http://www.bestpathsproject.eu/.
[22] Kundur, P., Paserba, J., Vitet, S.: Overview on definition and classification of power system stability. In: CIGRE/IEEE PES International Symposium Quality and Security of Electric Power Delivery Systems, 2003, pp.1–4. CIGRE/PES, Oct 2003.

[23] CIGRE Brochure 754: AC Side Harmonics and Appropriate Harmonic Limits for VSC HVDC
[24] Ainsworth, J.D.: Harmonic instability between controlled static convertors and a.c.networks. Proc. Inst. Electr. Eng. 114 (7), 949–957 (1967).
[25] Mollerstedt, E., Bernhardsson, B.: Out of control because of harmonics-an analysis of the harmonic response of an inverter locomotive. IEEE Control Syst. Mag.20 (4), 70–81 (2000).
[26] Li, C.: Unstable operation of photovoltaic inverter from field experiences. IEEE Trans. Power Delivery 33 (2), 1013–1015 (2018).
[27] Liu, X., Forsyth, A., Piquet, H., Girinon, S., Roboam, X., Roux, N., Griffo, A., Wang, J., Bozhko, S., Wheeler, P., Margail, M., Mavier, J., Prisse, L.: Power quality and stability issues in more-electric aircraft electrical power systems. In: Host Publication, 9 (2009)
[28] Ouroua, A., Domaschk, L., Beno, J.H.: Electric ship power system integration analyses through modeling and simulation. In: IEEE Electric Ship Technologies Symposium, pp.70–74, July 2005.
[29] Dong, H., Yuan, S., Han, Z., Ding, X., Ma, S., Han, X.: A comprehensive strategy for power quality improvement of multi-inverter-based microgrid with mixed loads. IEEE Access 6, 30903–30916 (2018).
[30] Zhu, F., Xia, M., Antsaklis, P.J.: Passivity analysis and passivation of feedback systems using passivity indices. In:2014 American Control Conference, pp.1833–1838, June 2014.
[31] [B9]VDE: Technische regeln fur den anschluss von HGU-systemen und uber HGU-systeme angeschlossene erzeugungsanlagen, Draft guideline VDE-AR-N 4131, Aug 2018.
[32] [B10]CENELEC: Railway applications—fixed installations and rolling stock—technical criteria for the coordination between power supply and rolling stock to achieve interoperability—part 2: stability and harmonics. prEN 50388-2: Draft Standard for review, Aug 2017.
[33] CIGRE Brochure 697: Testing and Commissioning of VSC HVDC Systems.

作者简介

Carl Barker，拥有英国斯塔福德郡理工学院工程学士学位和巴斯大学理学硕士学位。1989 年加入英国斯塔福德通用电气电网解决方案（Grid Solutions）公司，最初从事个别 HVDC 和 SVC 项目的设计开发工作，后来成为系统设计经理，负责 HVDC 输电项目的所有技术工作；目前担任公司咨询工程师，为许多活动提供技术支持。Carl Barker 是英国特许工程师、IET 会士、IEEE 高级会员、CIGRE SC B4（高压直流输电和电力电子专业委员会）英国正式会员、卡迪夫大学荣誉客座教授。

Les Brand，在澳大利亚、亚洲和美国的输配电行业拥有超过 25 年的工作经验，是澳大利亚 Amplitude Consultants 公司的总经理。他曾担任多个 HVDC 互联项目的业主和运营商侧高级技术职务，包括 Directlink（澳大利亚）、Murraylink（澳大利亚）、Basslink（澳大利亚）和 Trans Bay Cablc（美国加州）。目前，Les Brand 先生作为顾问为正在开发和运行的 HVDC 和 FACTS 项目提供技术建议。他是澳大利亚工程师协会会员、CIGRE SC B4（高压直流输电和电力电子专业委员会）澳大利亚正式会员、国际工作组 B4.63（VSC 高压直流输电系统调试）召集人；（IEC）TC99 JMT 7（负责修订 IEC TS 61936–2“超过 1kV 交流和 1.5kV 交流的电力装置－第 2 部分：直流”）召集人。

Olivier Despouys，拥有法国 ENSEEIHT 工程学院理学硕士学位和法国国家科学研究中心系统分析与架构实验室（LAAS-CNRS）博士学位。他于 2001 年加入法国电力公司（EDF），担任 IT 项目开发人员和经理，之后于 2009 年加入 RTE，从事 HVDC 输电互联规范、HVDC 输电欧洲电网规范以及直流技术相关的研究项目。目前，Olivier Despouys 是 HVDC 输电和电力电子研发项目经理，负责管理 RTE 的研究活动；还是 CIGRE SC B4（高压直流输电和电力电子专业委员会）法国正式会员。

Robin Gupta 在印度坎普尔理工学院（IIT Kanpur）获得电气工程硕士学位。他就职于英国国家电网输电（NGET），担任高压直流和电力电子业务的创新主管。领导关于缓解因高比率电力电子转换器接入引起的控制交互问题的研究工作。在加入 NGET 之前，他领导了 GE 公司和西门子公司的多个工程和研发项目，包括变流器控制系统设计、电力系统仿真和智能电网。他是 IET 成员，并在资产管理方面获得了 IAM 资格认证。

Neil Kirby，毕业于英国纽卡斯尔大学电气工程与计算科学专业，1982 年开始在英国斯塔福德通用电气整流器（GEC Rectifiers）公司工作，此后先后在 GEC、GEC Alsthom、Alstom、Areva 和现在的通用电气公司任职，从事高压直流输电（HVDC）硬件和软件相关工作，参与了英国、法国、加拿大、印度和韩国的高压直流输电系统项目，涵盖从概念到详细设计，再到制造、测试和现场调试全过程。2003 年，他调到美国费城，开发北美的高压直流输电业务，现任北美高压直流输电和柔性交流输电（FACTS）业务开发经理。Neil Kirby 是 IEEE 高级会员、CIGRE SC B4（高压直流输电和电力电子专业委员会）美国国家委员会正式会员、IET 会士，同时也是美国国家标准学会（ANSI）和 IEC 会员。他撰写和合著了许多关于高压直流输电主题的论文，并活跃于许多 IEEE、CIGRE 工作组及其他标准机构和委员会。

Kees Koreman，目前在 TenneT 公司海上资产管理部工作，负责高压直流输电（HVDC）互联线路（与北海的邻国电缆连接）电气设计。其专业领域是换流站设计，重点关注保护和控制系统。他是 CIGRE 直流电网保护和本地控制工作组组长。目前，他正领导北海风电枢纽电气开发团队，这是一个由国际财团开发的海上风电项目，旨在提高北海的风能利用率。

Abhay Kumar Jain，拥有印度理工学院鲁尔基分校（IIT Roorkee）工程学士学位和印度理工学院德里分校（New Delhi）工商管理硕士学位。他于 1982 年加入印度国家电力公司（NTPC），从事高压直流输电（HVDC）项目和许多其他超高压变电站设计工作。1995—2000 年，在新德里 ABB 公司工作，担任电力系统工程和业务发展部高级经理；目前在瑞典 ABB 高压直流输电部担任高级首席项目主管工程师和高级项目经理，为大型高压直流输电项目的设计和执行提供技术支持。最近，他参与了印度阿格拉东北部 800kV 多终端和拉杰加尔—普加鲁尔 800kV 高压直流输电项目。Abhay Kumar Jain 是印度的一位特许工程师、印度工程师协会（IE）会员、CIGRE 活跃会员。他在 CIGRE 任职超过 30 年，包括担任 CIGRE 瑞典国家委员会主席、CIGRE SC B4（高压直流输电和电力电子专业委员会）瑞典正式委员、CIGRE 行政理事会成员和 CIGRE 技术委员会成员。

Carmen Longás Viejo，拥有西班牙萨拉戈萨大学（Zaragoza University in Spain）工业工程师硕士学位。她是西班牙输电系统运营商 REE 网络可靠性部高级工程师。自 2009 年加入 REE 以来，Longás Viejo Carmen 女士主要参与了可再生能源电网整合研究、电网和发电建模、HVDC 输电和 FACTS 设备规范、控制设计和网络整合研究，以及互联网络规范的制定和实施工作。她目前是 CIGRE SC B4（高压直流输电和电力电子专业委员会）西班牙正式委员。

Larsson Mats，瑞士巴登 ABB 企业研究部高级首席科学家，拥有瑞典隆德大学（Lund University, Sweden）工业自动化博士学位和计算机科学硕士学位。他从 2001 年开始在 ABB 瑞士公司任职，领导广域测量系统和电力系统稳定性研究工作。最近的研究重点是谐波稳定性分析和控制，帮助解决了 Bard/Borwin 风电场和 HVDC 系统的谐波问题，并提出了高压直流输电转换器主动阻尼概念。他为知名期刊和会议撰写或合著了 60 多篇科学论文，提交了 30 多项授权专利和专利申请。2011 年，他获得了欧洲专利局“最佳发明人奖”提名，以认可其在基于同步相位广域监测领域的发明。

James Yu，特许工程师、IET 会士和皇家工程院客座教授；CIGRE C6/B4.37（中压直流）联合工作组召集人；CIGRE SC B4（高压直流输电和电力电子专业委员会）英国副正式委员。从纽卡斯尔大学（Newcastle upon Tyne）完成学业后，James Yu 先生进入了英国输配电行业，在业内担任过各种技术、商业和管理职务。他目前负责 SP 能源网络创新项目交付工作。他的团队正在开展国家和欧洲旗舰创新项目，致力于将创新纳入业务领域。2016 年，James Yu 先生荣获了“公用事业创新之星奖”。他对教育事业充满热忱，充分认识到教育对年轻人未来的深远影响。他坚定地从事英国工程高等教育工作，是格拉斯哥大学、纽卡斯尔大学和曼彻斯特大学等多所高校的博士生导师和客座教授。他发表了 50 多篇学术论文，涉及电力市场、输电网络控制、可再生能源发电和工程教育。

第 9 章　继电保护与自动化

Iony Patriota de Siqueira

9.1　引言

继电保护、自动化和控制系统（PACS）是当今电力系统的必要组成部分。它将继续在未来的电力系统中扮演关键的角色。从变压器、电抗器、发电机、电动机、燃气轮机，输电线等单体设备的控制和保护，到互联的变电站和发电厂，PACS 确保广域输配电系统同步、协调、安全和自动地运行，并在故障发生时，限制故障的影响，保证系统完整。

本章节调研了 PACS 的前沿技术最可能的发展方向和在电力系统中的作用。研究结果被总结为三个部分：前沿技术、电网需求和未来发展。这些内容的数据基于由 CIGRE 发起的两份调查：电力系统保护和自动化需求[1]和关于未来电力系统保护和自动化的问卷调查[2,3]。前者获得了 42 个国家的 97 个公司的 135 位专家答案，后者在 11 个国家中进行。CIGRE SC B5（保护和自动化专业委员会）的战略咨询小组（SAG）的成员为调查提供了帮助。

前沿技术部分简要介绍了 PACS 的现状，具体有专业技术与知识；标准化和互操作性；先进的测量设施和传感器设备；包含规划、规范、设计和运行阶段的工程过程；开发工具；硬件、软件和通信技术；教育和知识的获取。

电网需求部分给出一份基于涉众角度的清单，主要是现有 PACS 技术未解决的电网需求。它包含概念、技术、教育、标准化和实践等，覆盖了电力系统多方面的要求。

未来发展部分给出了关于 PACS 发展和可能场景的清单。这涉及：广域的分布式和集中式系统；软件定义的保护和自动化；基于云的系统；远程监控、测试和维护；先进的用户工具；形式化方法的应用；教育和知识的获取；研究与开发；标准化和监管等方面。因为这一部分取决于电网的发展，也基于新技术、方法论、电力电子、通信和软件的并行发展。预计本章描述的场景在未来可能会发生变化，需要随时间进行更新。

总结和结论部分介绍了未来 PACS 的主要发展方向，和涉众的推荐。

On behalf of CIGRE Study Committee B5.
I. P.de Siqueira（B）
Study Committee B5，Tecnix Engineering and Architecture Ltd，Recife，Brazil
e-mail：iony@tecnix.com.br

N. Hatziargyriou and I.P.de Siqueira（eds.），*Electricity Supply Systems of the Future*，CIGRE Green Books，https://doi.org/10.1007/978-3-030-44484-6_9

9.2 前沿技术

一般认为电力工业是保守的。但 PACS 具有创新性，这种创新性以硬件、软件和通信技术的新发展为基础。这一部分总结了 PACS 的最先进技术和它的支撑技术，包含以下部分：

（1）专业技术和知识。

（2）继电保护。

（3）标准化和监管。

（4）先进的测量设施。

（5）工程过程。

（6）开发工具。

（7）硬件技术。

（8）软件技术。

（9）通信技术。

（10）先进传感器设备。

（11）教育和知识的获取。

由于 PACS 支撑技术众多，本文将简要描述每一个主题，介绍它的发展、应用现状和影响。

9.2.1 专业技术和知识

虽然现有设备上使用的 PACS 是以机电设备或电子设备为基础，但是现在新的 PACS 系统以数字技术和光纤网络为基础。过程控制计算机使用局域网（LAN）向变电站和发电厂发送内部信号，使用广域网（WAN）在变电站和控制中心间交换数据。本地部件为由具有保护和控制功能的智能电子设备（IED），它们经由铜线、光纤或无线电通信网络与系统连接。现有装置使用站控层总线。它通常是通过硬接线连接到高压（HV）设备的间隔屏柜。远程监控一般使用远程终端单元 RTU（remote terminal unit），它并不是完全的数字系统。RTU 允许远程访问故障和事件分析、管理、指挥和控制，但是需要专用软件的支持，这导致在 PACS 升级时对供应商的依赖。

目前大部分 PACS 都是多功能数字设备。他们占用空间小，成本效率高。然而，它们需要很多设置和可编程逻辑，因此，配置、资产管理和文档工作非常重要。一些新的 PACS 使用分布式物理设备完成测量和决策，它包含用于就地接入处理设备的同步相量测量单元（PMU）、合并单元（MU）和控制单元（CU），使用 IED 和相量数据汇集器（PDC）进行测量数据的收集、处理和决策。这些数据和命令信息一起传输到控制单元，再返回到一次设备。通常在变电站内采用两层结构，用过程层网络在 PMU、MU 和 CU 设备之间传输测量和控制信号，用站控层网络传输信号，连接站内的 IED 和 PDC。图 9.1 展示了一个典型的变电站变压器间隔的 PACS，它的控制网络包含两个控制单元和一个合并单元。站内网络由具有过电流和差动保护、间隔控制、工程师站和通信网关功能的 5 个 IED 组成。

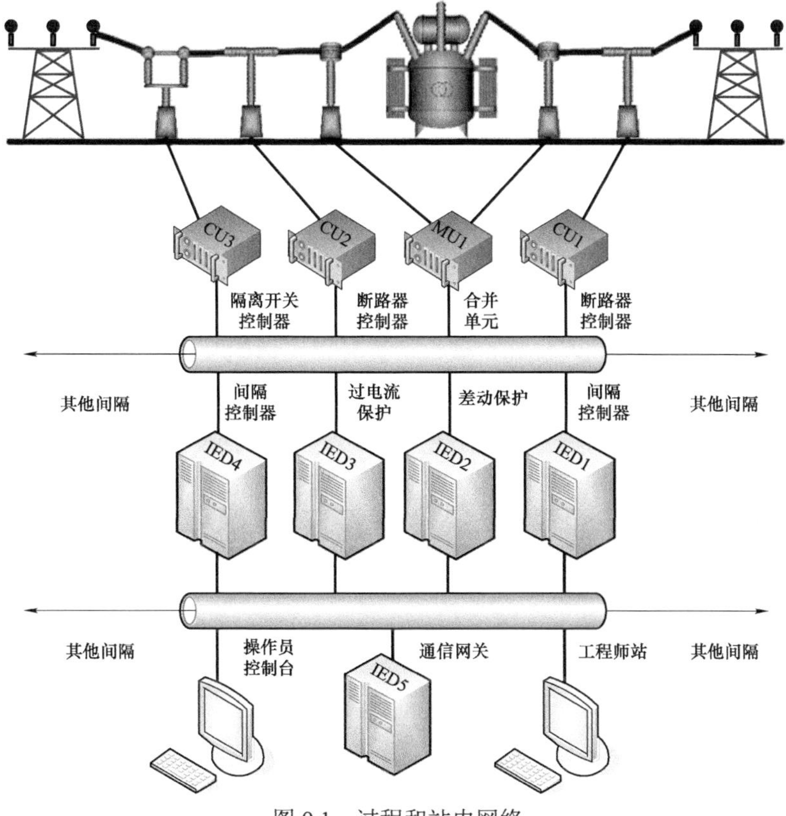

图 9.1　过程和站内网络

9.2.2　继电保护

电力系统的目标是发电并将电能送达用户。对于供电系统最大的威胁是短路故障，它会产生大电流，并可能在故障处引发火灾，导致系统的机械损伤和电能供应的中断。

当在电力系统中任何一部分发生故障时，尽快切断故障部分是很重要的。未发生故障部分继续运行或者自动无延迟投入运行同样重要。继电保护检测系统的故障状态，通过操作适当的断路器，从电网中切除故障设备。为了完成这个任务，以下是必须的：

（1）确保对发电厂的损害和后续维修成本最低。

（2）降低系统扰动和供能中断的可能性。

（3）尽可能降低人员的爆炸和火灾风险。

快速从电力系统中移除故障的基本原理是将电力系统划分出“保护范围（段）”。继电保护的输入是保护范围内的电气量。继电器的动作特性与输入量的组合方式和继电器的响应方式有关。电力系统利用发电机、变压器、母线、输电线和电动机划分保护范围。每个范围内都由与保护设备对应的开关设备控制。电流互感器（CT）的位置定义了各个保护范围的边界。考虑到继电保护拒动，因此设置了后备保护，让故障区域相邻的断路器也可以跳闸。

使用不同种类的继电保护来保护输电线、电力变压器、发电机、电动机、并联电容器、并联电抗器和配电线路。最常见的保护原理是距离保护，包括单端的距离保护，或者双端的纵联距离保护。距离保护元件也被应用在发电机和变压器保护中，用于将大的网络分割为若

干个小网络，保证在导致失步的大扰动情况下电网的稳定。[4,5]

为了保证在故障状态下系统的完整性，要求电力系统母线保护可靠运行。由于母线保护的误动作会导致所有出线、电力变压器和发电机断开，这会导致电力系统断电。在区内和区外故障时，母线保护都应该保证可靠动作[6]。

9.2.3　标准化和监管

在实现 PACS 时，将先进的技术集成到复杂的可互操作的网络中。但是，电力公司出于各种原因，往往选择较为保守的方案。不过，很多新的企业也在寻求对于工程的标准化解决方案，以降低成本和工程时间，提高扩展性，提升适应性的互操作能力，推动市场发展。其中，互操作性是指，两个或更多个来自同一供应商或不同供应商的设备，可以互换信息并使用信息正确沟通的能力。目前，实现 PACS 可以被视为一个跨越整个企业的分层的过程，如图 9.2 所示。

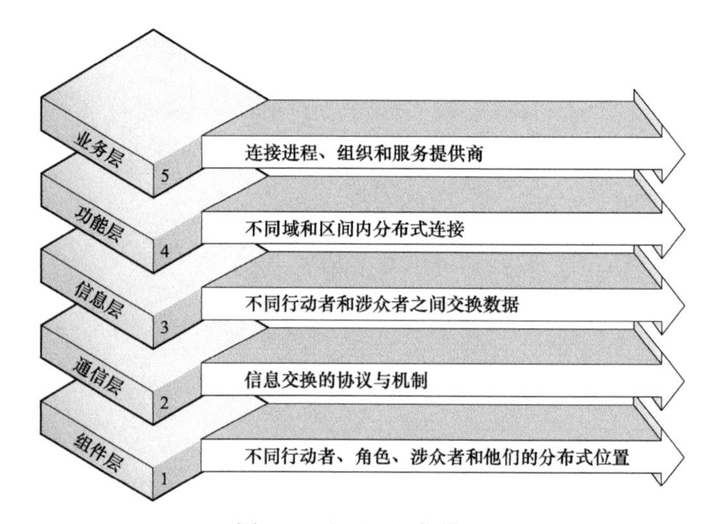

图 9.2　分层互操作模型

在最下的组件层，互操作性是必需的；在接下来的通信层，使用协议和机制来交换信息；在中间的信息层，在不同行动者和涉众之间交换数据；在上面的功能层，在不同域和区间内分布式连接；在对外的业务层，连接进程、组织和服务提供商。

目前使用的大部分 PACS 技术部署于组件层和通信层。这基于 IEC 的标准，如 IEC 61850[7]，IEC 61499[8]，IEC 61131[9]和 IEC 13568[10]，使用对象管理组（OMG），统一建模语言（UML）[11]，和系统建模语言（SysML）[12]。对于不同的标准，开发了基于可扩展标记语言（XML）或 UML 的专门语言。尽管使用 IEC 61850（用于保护和自动化），IEC 62351（用于网络安全）和 IEC 61869（用于互感器）的标准，使得多供应商互操作的 PACS 成为可能。但是，由于不同制造商对于标准功能理解的不同，互操作性的实现有一定难度。在互操作性的顶层，现行的标准主要基于 IEC 通用信息模型（CIM），如图 9.3 所示。这一组标准提供了电力系统面向对象的表示，以及基于 Web 服务和 XML 的控制中心之间信息交换和与市场交换的专用通信规约。IEC 正在努力整合 CIM 的面向对象的表示以及 IEC 61850，如图中绿色所示。

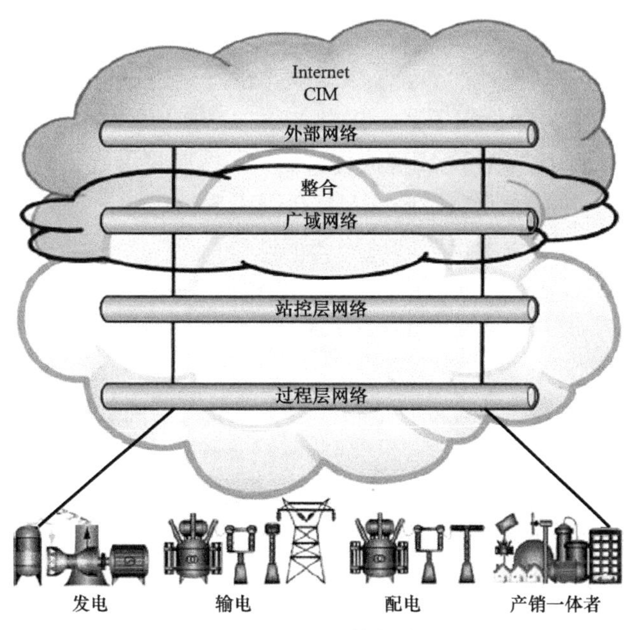

图 9.3　互操作标准

先进的 PACS，根据每个应用的需要，使用标准化的数字处理硬件和专门的固件来存储和执行多种功能。这推动了 PACS 大部分功能的标准化。这种趋势已经拓展到电力系统中大部分使用的资源的保护及自动化，如水力发电，风力发电等。在 PACS 的发展中，以下标准和格式目前应用于工程周期[2,13]：

（1）NL——自然语言。

（2）IEC 61850——保护和自动化。

（3）IEC 61499——功能模块。

（4）IEC 61131——可编程控制器。

（5）IEC 13568——Z 格式规范注释。

（6）OMG UML——统一建模语言。

（7）OMG SysML——系统建模语言。

（8）CNL——受控自然语言。

除了自然语言（NL），用户、所有者或涉众的原始语言之外，所有其余语言通常都用可扩展标记语言（XML）的方法表示，并由 ISO、IEC 或 OMG 等国际机构进行标准化，作为智能电子设备（IED）的配置格式。受控自然语言（CNL）是目前供应商或应用程序规定的格式，它基于宏和电子表格，用于内部设计的语法图或 Backus–Naur 形式（BNF）方案。针对这个问题，从最新的 CIGRE 调查中[2]，发现如下，其中包括不同涉众者眼中的适应性、可实现性、可测试性、可检查性、可维护性、模块化、可表达性、稳健性、可验证性、可用性、工具、松散性、可学习性、成熟度、建模、规程等方面：

（1）所有涉众——对于大部分涉众，在大部分情况下，IEC 61850 是最优的格式，在模块化和学习方面最优选择是 IEC 61131；IEC 61499 仅在规程和建模能力上优于 IEC 61131。UML 在需求规格说明上是更好的建模语言，但是大部分用户很难学习 UML 和 SysML。

（2）制造商——同样的，在大部分情况下，IEC 61850 是最优的语言，在学习方面最优选择是 IEC 61131；IEC 61499 仅在建模和模块化上优于 IEC 61131。UML 是最优的建模语言。但是 UML 和 SysML 对于制造商的 PACS 需求规范的适用性很低。

（3）研究者——除了可用性、工具、松散性、学习和模块化外，IEC 61850 对于大部分研究工作是最优的格式；IEC 61131 在模块化，可学习性和可用性工具上最好的选择，而 IEC 61499 在松散性上最优。除了松散性外，UML 在需求规格说明上是更好的建模语言。研究人员认为 UML 和 SysML 对于需求说明的适用性很低。

（4）用户——在大部分情况下，IEC 61850 是最优的格式，在学习性方面最优选择是 IEC 61131。对于用户而言，IEC 61499 和 IEC 61131 相差不大。对于最终用户，除了在学习方面 UML 在需求规格说明上是更好的建模语言。

对于 PACS 的功能需求，根据文献［2］，所有涉众更倾向于以下实践：

（1）NL（自然语言）——自然语言是制造商最青睐的。

（2）CNL（受控自然语言）——研究者更青睐受控自然语言。

（3）IEC 61850——在制造商中最常用。

（4）IEC 61499——研究者的绝对选择。

（5）IEC 61131——和涉众对比，用户最少使用。

（6）IEC 13568——研究者的主要偏好格式。

（7）OMG UML——在所有涉众中没有明显的偏好。

（8）OMG SysML——在各组中没有明显的偏好。

在所有这些标准中，IEC 61850（电力系统自动化通信网络和系统）是主要的参考文件，也是现行的 PACS 实施的“事实”标准。在这个标准中，描述了大部分应用需要的接口内容和功能模块，以及建立本地和广域 PACS 的网络结构。该标准使用面向对象的方法来指定 PACS 的层次视图，如图 9.4 所示。

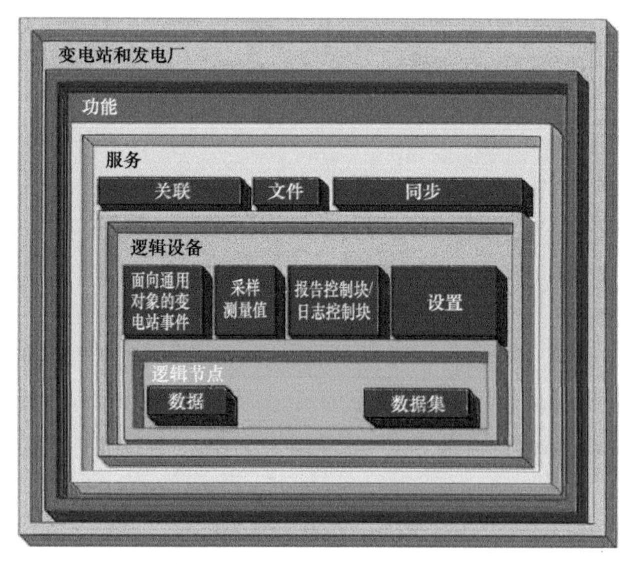

图 9.4　IEC 61850 层次组织

在最底层，IEC 61850 定义了所有可以由 IED 处理和传输的数据和数据集，分组为被称为逻辑节点的块，定义了构成 PACS 的最小功能块。这些节点组成逻辑设备，为在 IED 中设置和交换信息提供服务。这些信息可以是诸如面向通用对象的变电站事件（GOOSE）和采样测量值（SMV）等高速类型的，也可以是如客户机—服务器（C-S）等低速类型的。逻辑设备可以在服务器端分组，为 IED 提供关联、时间同步和文件传输功能。这些服务器构成了变电站和发电厂自动化的功能对象，并在外部集成为一个广域 PACS。

9.2.4　先进的计量设施

除了 PACS 之外，随着智能表计和先进计量设施（AMI）的扩展，电能计量也有了发展。图 9.5 显示了一个典型的最新技术下的智能表计的主要组成部分。

为了支持 AMI 的要求，智能电表有完整的服务器功能（IED 端），不仅执行电能计量，也检测用户端服务质量（QoS），使用电池和电源为自动操作供电；使用数据总线对配电和户内自动化进行计量、显示、复位和本地扩展控制；拥有一整套的通信资源，用于针对公用事业公司或者能量交易者的计量中心一体化。这些设备作为公用事业/交易者和家庭局域网（HAN）或建筑局域网（BAN）之间的网关或接口，允许执行遥测和计费；远程负载的断开和重连；电量平衡和需求响应控制；窃电和失电监测；供电损耗监测；通过网状网络远程访问用户电表；消费信息的多媒体整合；电能质量监测；电量消费的本地可视化；用户对电量消费的远程访问；以及用户和商用设备的本地和远程控制。

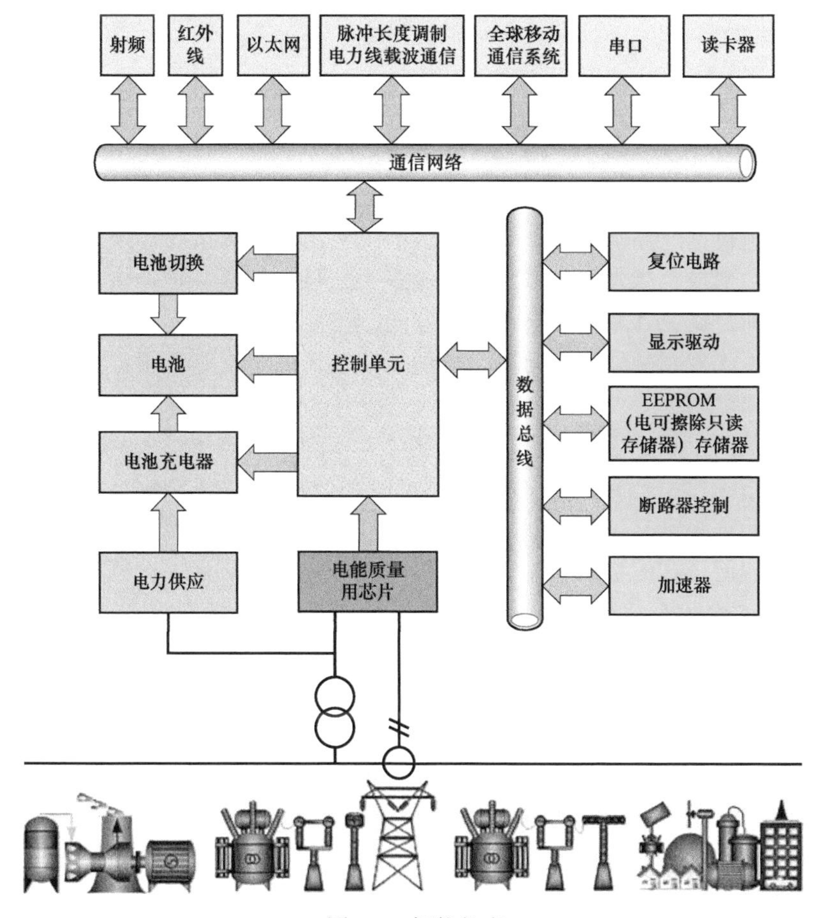

图 9.5　智能仪表

9.2.5　工程过程

与相关设备的发展同步，国际上一直在推进 PACS 的工程过程的现代化和标准化。有很多国际标准和专有技术用来支撑他们的开发。以下章节回顾了目前在开发 PACS 的工程过程的每个阶段可用的工具和标准，分析了他们的优点和缺点，并确定未来需要解决的问题。

传统的 PACS 的设计流程与系统工程的工程过程类似，如图 9.6 所示，即一个由五个阶段构成的串联过程：规划、规范、设计、实施和运行，然后是对最新技术的描述。

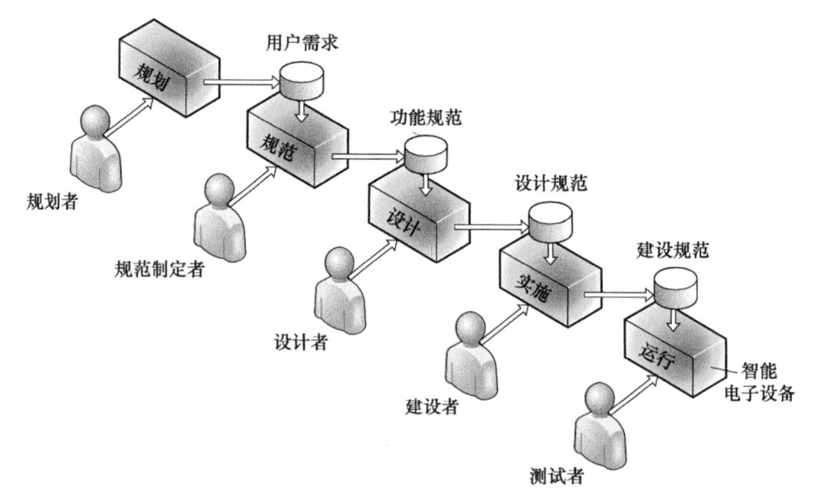

图 9.6　PACS 工程过程

规划——工程过程的第一步是需求定义。需求定义通常包括系统、用户、所有者或涉众的需求的清单，也包括产品功能和非功能性特征。它由规划者执行。规划者向用户、所有者或涉众解释需求，形成预期功能需求和用户需求系统性能评级文档。作为工程过程的开始，有必要清晰明确的定义 PACS 需求。设计问题通常来自用户、所有者或涉众脑中模糊、抽象的想法，或者是正式规划的结果。提取清晰的功能需求的定义是很困难的，所以需要一系列的步骤和推演。需求的草图、表格、图形图纸支持的自然语言（NL）是目前最常用的编写用户功能需求时使用的工具。这些需求可以用某种专有的受控自然语言（CNL）来定义，以避免自然语言的不精确性和歧义性。文本处理器是目前最常用的需求规格说明工具，电子数据表格是第二常用的需求定义工具，然后使用 IEC 61850 工具用于需求规格说明。目前，需要一种人类可以理解但正式的格式来强制描述不明确的需求，并允许供应商和集成商对选定的技术进行人工或机器编译。

规范——下一步，需要将这些需求翻译成带有相关信息的详细的功能需求，用于设计 PACS。这由规范制定者（Specifier）来完成。规范制定者将规划者制定的功能需求翻译为用户需求的功能规格。与规划阶段相反，在规范阶段，PACS 工程师可以在一套已经建立好的标准语言中选择并使用。在这一步建议选择一种与供应商无关的格式，这样可以在选择供应商上拥有最大的自由度。这一阶段的人员所选择的格式取决于最终系统的预期技术。IEC 61850 是这个阶段更合适的标准，因为它有以下优点：基于 XML 的变电站配置语言（SCL），对于现代工具的可用性，和它与工程过程的其他阶段的无缝整合。也会使用 IEC 61113，因为它支持很多供应商，拥有基于文本、图表、和梯形图的互操作格式；具有易用性和学习工具。在这个领域，也使用了 UML 和 SysML，它们使用程度较小，主要用于为 PACS 生成新的软件解决方案。IEC 61499 和 IEC 13568 主要在理论和研究项目上使用，并在工业应用的初期采用。它们都是未来 PACS 项目工具发展的良好候选对象。

设计——在第三步，基于设计准则和技术，选择最适合 PACS 功能需求的设计。设计者（Designer）将规范制定者制定的功能规格文档翻译为设计规范文档，设计步骤可以使用基于专有或供应商独立软件的现代自动化工具。与本阶段相关的主要需求是整合语言和可用的解决方案模块。IEC 61850 是更可取的标准，因为它整合了前一阶段的 SCL，对于现代专有开放工具的可用性，保证了对于工程过程其他步骤的整合。IEC 61113 也很常用，因为它支持很多供应商，拥有基于文本、图表、和逻辑格式，是被过程领域和电力工业广泛使用的直观的工具。这一阶段也使用了 UML 和 SysML，用来设计文档和软件实现。基于未来的发展趋势，IEC 61499 和 IEC 13568 或许会从理论和研究项目中迁移到工业应用中。

实施——下一步，建立了解决方案，执行了最终功能测试，验证方案和原始需求之间的一致性。建设者（Builder）将设计者制定的设计规范文档翻译为实施规范，其中包含系统的最终竣工的配置规范和图纸。作为部署前的最后一个步骤，基于可用的模块，本步骤可以利用合适的工具实现完全或半自动化，只需实例化和连接标准化模块，即可达到设计规范。这一步可以采用软件工具自动化。有对于大部分应用可用的丰富的逻辑节点库，对于现代专利和开放工具的可用性，保证了工程过程之前步骤的整合，IEC 61850 很适合作为可选标准。基于相同的理由，IEC 61113 也可以作为标准，可以在此使用 UML 和 SysML 完成文档编制和软件实现。设计的模块化成为 IEC 61499 和 IEC 13568 实现的强力推动，有利于其在未来 PACS 实践中的应用。

运行——最后一步，在调试和维护阶段运行系统，来验证与之前规格参数的一致性。测试者（Tester）测试建立的系统是否满足以下功能：① 与设计规范文档以及建设规范文档一致；② 在工程周期的调试和运行阶段符合功能和用户需求文件。工程周期各阶段的质量与集成程度决定了基于用户需求的 PACS 部署的一致性范围。运行阶段需要在 PACS 的全生命周期内进行调试和维护测试。如果基于 ICE 61850 建立系统，该系统拥有丰富的逻辑节点库，现代专有和公开独立的工具，整合了工程项目之前的步骤。基于同样的原因，IEC 61113 也可以作为标准。UML 和 SysML 用于培训，文档编制和软件维护。基于新工具的研发，这些也同样适用基于 IEC 61499 和 IEC 13568 开发的 PACS。

9.2.6　开发工具

为了设计和维护这些 PACS，制造商、系统集成商和维护人员使用专用的软件工具来配置标准化模块，如 IEC 61850 逻辑节点。这些工具或者独属于某个继电器制造商，或者来自独立的软件公司。从用户需求到配置完成的 PACS 设备的过程，可以通过基于 IEC 61850 标准定义的软件工具部分自动化实现，如图 9.7 所示。

IEC 61850 定义了三种工具，由于实现自动设计循环。它使用了基于 XML（可扩展标记语言）的标准化 SCL（变电站配置语言）文件。

（1）SST——系统规范工具。

（2）SCT——系统配置工具。

（3）ICT——IED 配置工具。

SST 工具用于在电气主接线图层面上描述要控制的过程，其中包括 PACS 要执行的过程名称和功能。SCT 工具允许设计者在功能评估下选择组件。最终，ICT 工具支持在设计中使用的特定的 IED 创造参数集。这些工具在工程周期的不同阶段生成并维护一套一致的标准化 SCL 文件，这些文件可以在独立的工具或不同的继电器制造商之间互操作（图 9.7）。

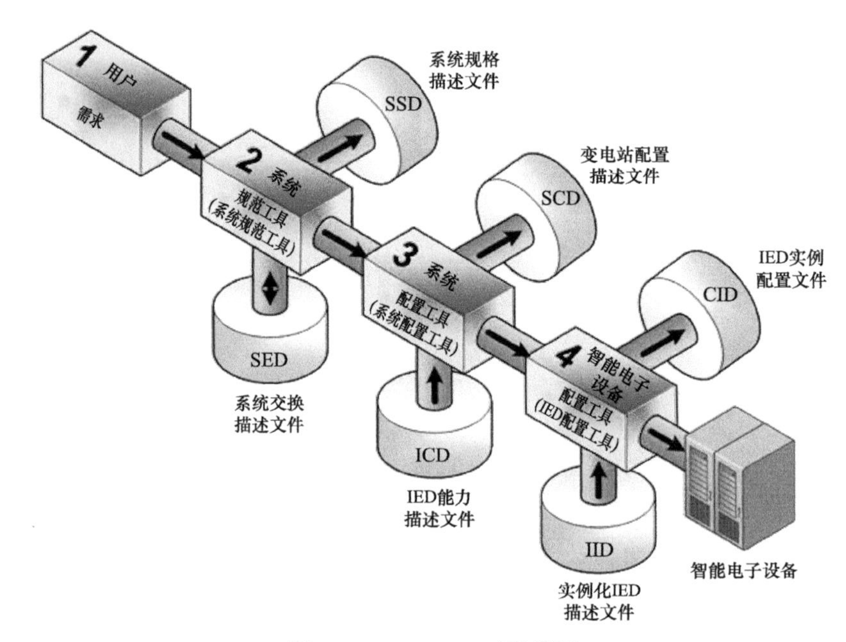

图 9.7　IEC 61850 工程循环

（1）IID——实例化 IED 描述文件。

（2）CID——IED 实例配置文件。

（3）ICD——IED 能力描述文件。

（4）SCD——变电站配置描述文件。

（5）SED——系统交换描述文件。

（6）SSD——系统规格描述文件。

除了使用基于 IEC 61850 定义的工具，PACS 工程师使用商用软件包和专用硬件执行仿真和保护定值设置，比如短路计算、稳定性和动态仿真、保护测试和仿真等。

9.2.7　硬件技术

随着其他领域的发展，IED 和 PACS 的硬件开始允许修改软件和固件来部署不同应用和功能。这是主流厂商的通常做法，也是所有 IED 制造商的发展趋势。目前，同一个制造商生产的 IED 的主要区别是软件升级和嵌入式固件不同。在未来，会通过软件补丁和版本升级完成。

在变电站无线通信中，当光处理器代替微处理器后，软件和硬件会进一步分离。

9.2.8　软件技术

与硬件系统的发展平行，软件系统也在自己的路径上快速发展。在强大的开发环境支持下，可以使用指向用户的高级功能和面向对象语言。这提高了 PACS 的适应性，使其能够拥有复杂的功能，同时易于维护。人工智能（AI）在很多领域普遍应用，并有希望应用于 PACS 的设计和维护。

目前，这些技术的使用需要高度专业化的人员和基础设施，这推动了信息技术（IT）领域外包服务的发展。这些服务一般被称为云服务，通常有三个版本：基础设施即服务（IaaS）为公用计算数据中心按需提供服务器资源；平台即服务（PaaS）作为主应用程序用于建设和部署云应用；软件即服务（SaaS）通过浏览器提供应用。他们都是以外部提供服务（网络服务）为基础的分布式系统。Web 服务是一种使组件在 Web 上可访问的标准方法，它由跨平台应用程序间通信的标准简单对象访问协议（SOAP）、描述服务的 Web 服务描述语言（WSDL）和查找可用的 Web 服务的通用描述、发现和集成（UDDI）支持。这些服务主要针对存储、数据库管理、信息处理、应用程序使用、集成、安全和作为服务的管理。

这些软件系统的发展，推动着 PACS 的研发。在离线继电保护数据的处理上，许多机构都已经在 PACS 中使用了基于云的服务器，用于定值整定计算和存储、远程监控。

9.2.9　通信技术

先进的通信技术为 PACS 提供了不同的技术和媒介，比如变电站内部的铜线、光纤和无线网络，和公用事业外部的地面无线电、卫星和光纤。从 PACS 的视角来看，这些资源可以看作一个分层的专用消息总线堆栈，它可以在设施内和设施间平行的传递信息，也可以对上对外向外部设施传输信息，如图 9.8 所示。

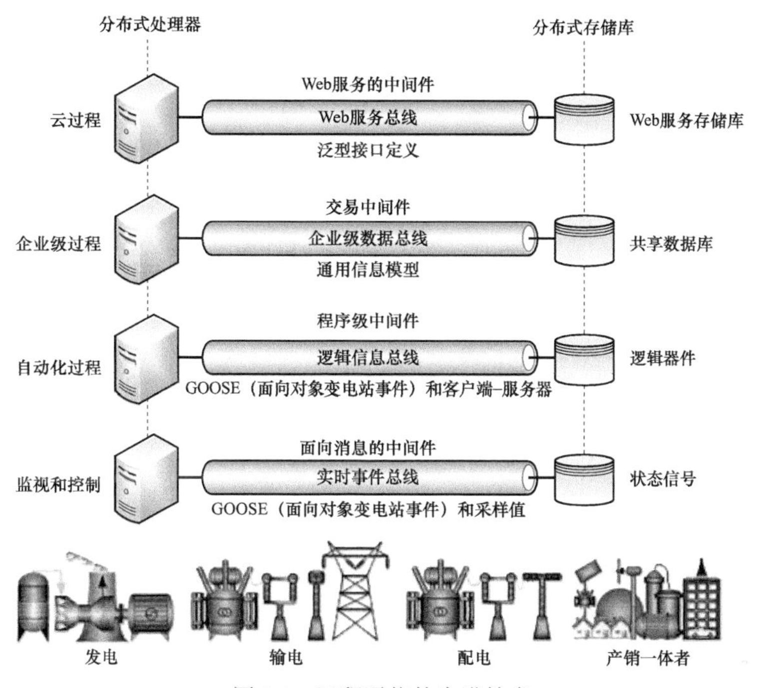

图 9.8　远程通信的先进技术

在过程层，实时的事件总线传输从过程信号进程接口获得的采样值和其他信息，存储他们的状态，进行本地监测和进程控制。在下一级站控层，逻辑信息总线使用程序化中间件传输 GOOSE 和客户端—服务器（C-S）信息，服务于站用设备的自动化进程。在企业层，企业数据总线传输主要的 C-S 和由 IEC 定义的公共信息模型（CIM）信息，使用服务于公司级流程和共享数据库的交易中间件。最后，在顶层，网络（Web）服务器总线传输基于泛型接口定义的商业数据，使用 Web 服务中间件连接 Web 服务存储库，并为基于云的分布式流程提供服务。这个结构的突出特征是每一层都采用了先进的标准化接口。随着 IEC 61850 和 CIM 标准的广泛应用，在 IEC 的协调下，该结构可以实现。

9.2.10　先进的传感器技术

最新的光学和电磁学材料的发展，在 PACS 中使用的新型传感器逐步发展。除了传统的基于电磁原理的电流互感器（CT）和电压互感器（PT），在保护和自动化领域，可以使用新的低功率线性转换器和非常规互感器（NCIT）。这些新产品没有谐波和饱和问题。同时，新的器件可以采样信息并将信息接入 IED 之间通信的总线。典型的设备有合并单元和同步相量测量单元。

合并单元（MU）用来从互感器中采集电压和电流信号，并将信号合并为标准数字接口供其他保护和自动化设备使用的设备。它通常使用现场可编程门阵列（FPGA）实现，配有高精度晶振、信号调理、内部存储器、人机接口和外部网络通信接口，如图 9.9 所示。

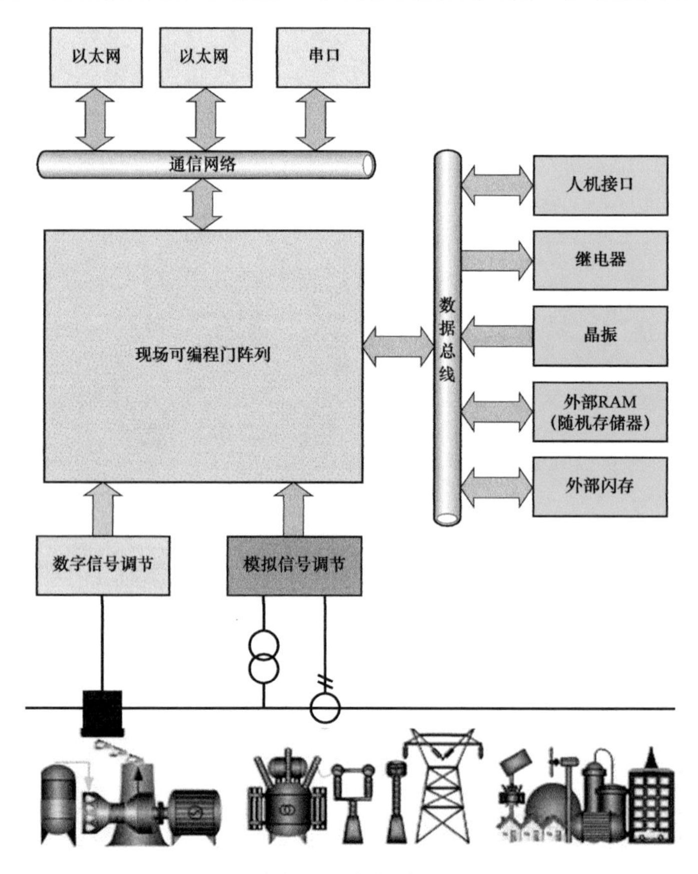

图 9.9　合并单元

同步相量测量单元（PMU）是 PACS 使用的最新设备，应用前景广泛。不仅是作为传感器，还可以用于同步相量数据的广域传输，这对所有广域 PACS 的未来发展有很大的影响。相量是一个由幅值和相角组成的矢量，代表在给定频率的一个正弦波。同步相量是使用标准时间信号作为测量参考计算出来的相量，其中由卫星广播的全球定位系统（GPS）微波信号提供标准时间信号。远端变电站内的同步相量装置具备共同的相位关系。图 9.10 展示了同步相量测量单元的典型结构。它由输入滤波器、模数（A/D）转换器组成，通过采样时钟和 GPS 接收器完成同步。利用正交振荡器获得采样信号的实部和虚部，形成同步相量。

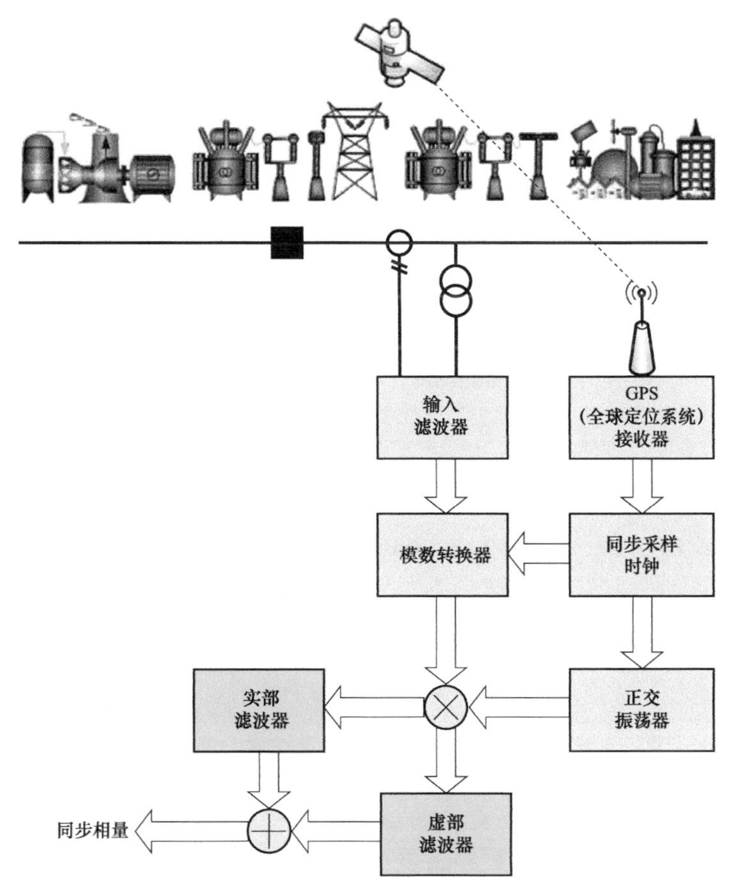

图 9.10　相量测量单元

许多最新的 IED 已经使用嵌入式 PMU 作为处理采样信号的标准单元。这让在变电站网络内广播和使用同步相量成为可能。独立运行的 PMU 使用的信号也可以从合并单元获得的采样信号中重采样（插值）获得，如图 9.11 所示。

同步相量应遵守 IEEE/IEC 60255-118-1 标准（同步相量、频率和频率变化率的测量和时间标记规范）。目前的主要问题有网络安全问题和通讯问题。前者例如卫星时钟信号劫持，卫星信号丢失和信号质量问题。后者例如通信网络中报告发送速率、延迟、抖动和数据丢失带来的可靠性问题。

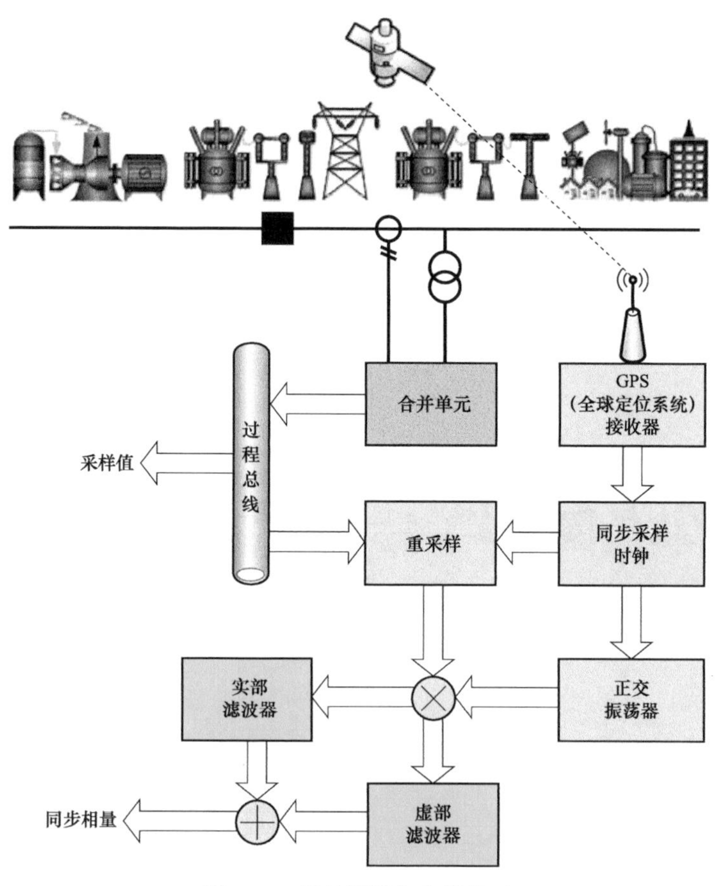

图 9.11　相量测量和合并单元

相量数据集中器（PDC）的功能是收集从 PMU 和（可能）其他 PDC（超级 PDC）中获得相量和离散事件数据，并传输到其他应用。PDC 可以在短时间内缓冲数据，但无法长时间储存数据。

9.2.11　教育和知识的获取

所有这些现代设备具有比设备更多的功能，这对工程师们提出了新的挑战，除了电力系统专业知识之外，工程师还要了解和熟悉它们的功能和设置。众多的设备制造商增加了工程师的学习负担。与数字化的驱动和现代软件系统的使用形成鲜明对比的是，在大部分大学和教育中心里，缺乏针对保护和自动化工程师的正规教育。目前极少的大学提供与工业需求一致的保护和自动化正规培训。大部分高校只教授故障计算、保护设置以及与主要电力系统元件配合的基础知识[14]。具体而言，他们的课程中往往不包括针对新的 PACS 所需的电力电子、计算机科学、通信协议和电信方面的知识。这导致了在电力系统的实践工程师和使用这些技术的新型技术人员之间的教育差距。请参考文献［15］关于教育和知识部分。一些人认为，因为设备的复杂性增加，设备供应商是设置这些设备的最佳角色，预计当前一代 PACS 工程师将迅速淘汰。对于 PACS 工程师的教育必须作为实现 PACS 未来电网要求的必要条件。

9.3　电网需求

21 世纪电力产业的深刻变革带来了电力部门的新需求，尤其是对于 PACS。许多新的需求与电网的结构、管理和所有权变化有关，也和分布式能源和电力电子接入、新的软件和硬件技术的可用性有关。

电力系统新技术的发展必须紧跟在 PACS 的发展之后。这与新的发电、输电和配电方式的引入有关，这些新技术需要非传统方式的保护、控制和自动化。目前，这些需求主要来自 DC/AC 电网，微电网，拥有分布式发电和储能的生产性消费者，电力传输，实体和网络安全的发展。本部分将简介这些需求，以及他们如何影响未来的 PACS。

9.3.1　结构需求

在全世界大部分国家已经实现分布式能源发电。其中大部分新能源以电力电子变换为基础，短路容量有限。在配电网中，大部分保护基于故障电流大小的变化，有限的短路容量为保护带来了新困难。自营换流系统的实施和内部功能信息的减少，系统故障后信息执行和快速反应的严苛要求，以及许多新能源脱网较早的特点，使情况变得更加复杂。利用当前 PACS 探测具体的故障位置也变得更加困难。

传统从大部分发电机，通过输电和配电网络到用户的单相潮流的电网结构已经改变。分布式发电在高压、中压、低压和消费者（有时也被称为生产性消费者）中都很普遍，个人家庭发电和独立的微电网也成为趋势，导致在电网中一些支路的功率流动逆转。对于保护系统，带来了检测功率流动的方向，以及在故障中检测低短路容量的新需求。在配电网的许多 PACS 中，需要增加可以检测双向功率流动的功能，还需要解决没有足够的故障电流驱动保护继电器动作，导致临界切除时间（CCT）下降的问题。主要风险是保护拒动，导致系统失去稳定性或者失去频率控制。

考虑到分布式电源的高渗透率，配电网的自动化控制面临两个额外的困难：① 分布式电源的惯量较小，导致它们对于频率控制和短路电流的贡献降低；② 基于天气情况导致发电不可调度和预测。低惯量给系统的频率控制带来困难，需要引入新的控制方法。系统惯量和故障水平的降低需要新的故障检测技术。因此，除了普通保护方案外，用户还需要特殊保护或微电网保护方案。

9.3.2　生产性消费者的需求

生产性消费者在发电满足需要后，储存或输出多余电力向 PACS 提出了新的要求。分布在很大的区域内的许多小型家用发电机（微小电网），和本地储能及电动汽车充电站的控制，对于现有电网的运行和控制是很大的挑战。产生的新要求是先进的计量，它包含了对新的测量参数、信息架构、通信技术和算法的信息交换的巨大的需求。这需要对交换的数据进行识别和标准化，在大量的生产用户中引入分析、灾难恢复策略和修复计划，以及网络安全对策，和新的组织需求。

9.3.3 组织要求

电力的开放市场模式带来 PACS 的新架构。现在，一个公司投资一条输电线或者发电电源的终端可以在其他公司拥有的现存变电站中。因此，在许多国家，变电站有多个所有者，有多个 PACS 在同一个局域电网中同时运行。这为整合不同技术、所有者和方法带来了新的挑战。一个问题是网络安全和管理，另一个问题是预算限制导致 PACS 功能无法满足。

使用不安全的网络和非标准化的接口和协议来集成数百万活跃的用户也面临着同样的挑战。来自用户的需求构成了未来 PACS 面临的复杂性。

电力系统中的环境因素也影响着 PACS 的增长。目前重点关注阻止故障和故障快速定位装置。它们不仅可以减缓对消费者和生产者的冲击，也可以降低对环境的冲击。另外，行波故障测距加上地理空间定位有助于在故障线路的手动重合闸前更精确的定位故障。

9.3.4 网络安全需求

为了达成这些要求，PACS 会面临更多的网络安全攻击。随着标准开放协议、广域和网状通信网络的采用，出现了网络安全问题。由于当前 PACS 的分层—分布式架构，这些威胁包括站内局域网（LAN）的域黑客、利用广域网（WAN）的企业黑客和来自互联网的外部黑客，如图 9.12 所示。请注意，内部黑客绕过了现有防火墙的保护，这是 PACS 网络安全的主要问题之一。

必须要介绍给 PACS 工程师一些新的工具和技术，并让他们使用。新技术的变化需要对工程师和现场人员进行培训，这种复杂性迫使我们重新审视 PACS 工程师的教育课程。传统的 PACS 安全主要基于物理隔离，现在这个方法已经不再适用。PACS 需要依照相关的网络安全标准，这本身代表了一个全新的专业。必须谨慎处理维护和测试程序以及远程访问功能，以尽可能减少对 PACS 的影响。工业级全网络安全监控系统需要分层保护、自学习、自适应、自构建防御策略，并由监管机构定期审计，确保关键基础设施符合国家安全要求。如果处理不当，信息通信技术的广泛应用将威胁到网络的安全与电网的合理控制。

9.3.5 硬件需求

除了这些问题之外，作为 IED 硬件标准的工业计算机的应用，不仅提供了新的功能，而且也促进了网络攻击，同时需要更频繁的更新。有时，新功能和算法的处理，比如认证、加密和网络安全保护的处理，由于速度的要求，不能在传统处理器中运行，这可能需要比过去更频繁的升级。

此外，对清除和安全处理对于环境有害的保护组件，如印刷电路板（PCB）和电池，提出了更高的要求，这对组件、电力消耗、停运、可回收性和使用的原材料提出了新的要求。需要 PAC 资产管理的不同方法，包括软件配置。

9.3.6 软件需求

PACS 标准硬件的发展紧紧跟随着运行在这些设备上的软件（固件）的变化。这提高了配置管理的难度，导致相同功能的许多版本软件在不同的 PACS 上运行。在基于微机的保护

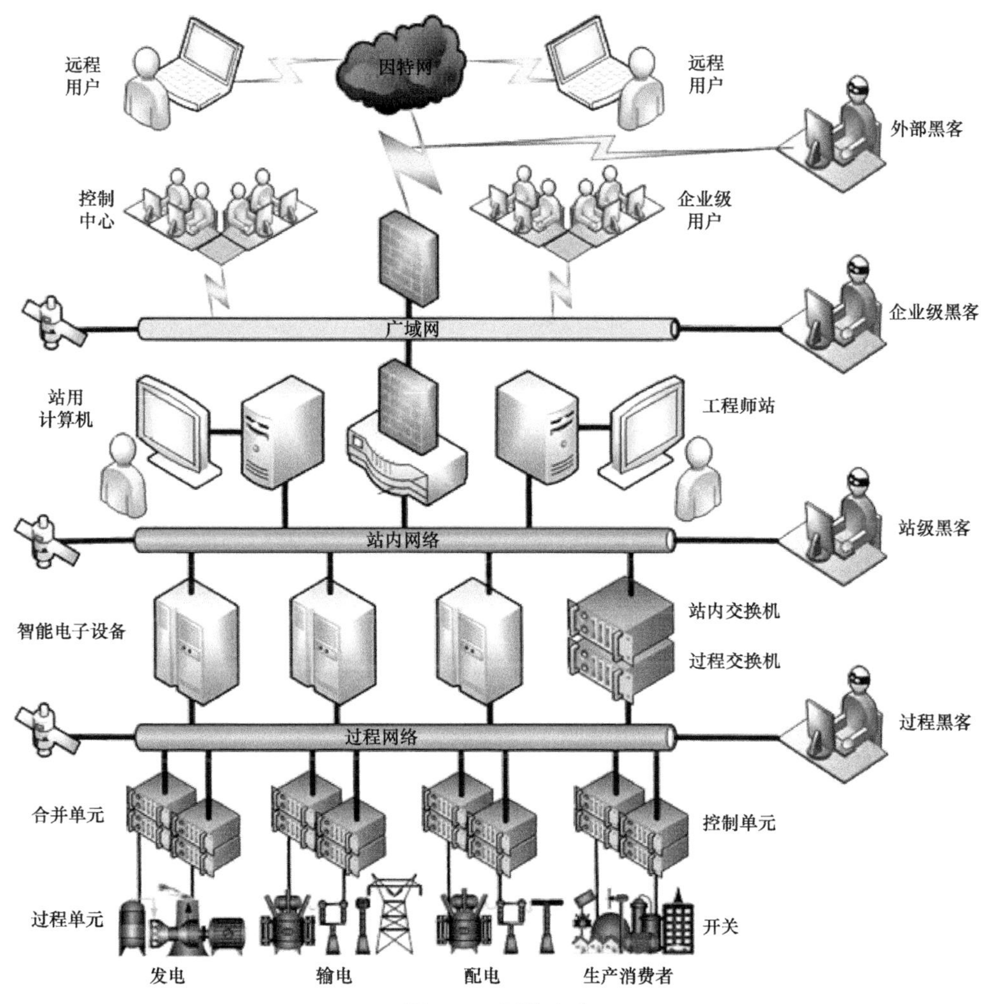

图 9.12 网络安全

装置中，纠正问题的固件和方案更改似乎变得更加频繁和难以处理/昂贵。制造商必须频繁变更和发布新版本，这使情况变得更加复杂。对于 PACS 资产管理，配置管理是不可或缺的。数字化变电站设备和方案配置工具需要进一步发展，以满足不同供应商设备、互操作性、模块化和功能自由分配。

在直流电网中，风力和光伏发电厂等可再生能源，及配电用的变流器中电力电子器件的大量应用，带来了对自动控制和保护方法的需求。在许多情况下，基于变换器的电源跳闸直接作用于电力电子设备，而不是断路器。这不像控制断路器那样可以被标准化，也无法从制造商那里获得信息，需要进一步的标准化、研究和开发。在拥有大量电力电子电源的系统中，识别故障的新技术也需要进一步研究。

9.3.7 孤岛需求

高压直流输电的不断发展，以及变流器和微电网的引入，重新燃起了人们对用直流网络代替传统交流网络的兴趣。多端高压直流传输系统对保护提出了特定的挑战，需要研发直流断路器和直流变压器，制定远端的同步跳闸和控制方案。

微电网的运行和独立运行的部分电网对 PACS 的协调有特殊要求。除了自动检测和管理离网和并网，微电网的 PACS 需要保证在孤岛或离网运行时的安全。这两种状态有不同等级的短路电流、潮流和信息交换状态，使得 PACS 设计更加复杂，对协调故障穿越（FRT）、主动及被动孤岛检测要求更严格。

微电网运行要求 PACS 执行很多新的功能，比如电能交易的测量和计费；交易账户和对账；远程连接控制；操作点的设置；按预定值交换功率；满足系统和设备运行极限；正确的孤岛运行和再同步；优化市场参与；限制并联逆变器之间的循环电流；保证敏感负载的供电安全；保证黑启动安全；紧急控制和用电限制；电网信号的需求响应；和电能储存的恰当控制。

9.3.8 教育和知识获取

基于以上需求，关于 PACS 的工程师的培训课程出现了巨大的变化。除了传统的关于电力系统的工程知识，PACS 工程师需要精通复杂拓扑结构的建模和仿真。这包括计算短路电流，稳定性和潮流，以及使用专用的由 IED 制造商提供的程序包，以上都需要详尽而正式的内部培训。

此外，工程师还需要学习独立供应商提供的集成工程工具。随着电网拓扑不断发展，未来广域 PACS 中可能出现的复杂配置需要实验室结构来模拟，这会产生新的培训软件。软件包括在继电器中实现的保护功能和被保护的主要设备（如逆变器）。所有这些都应该成为 PACS 未来发展的一部分。

9.4 未来发展

基于未来电网需求，以及硬件、软件和电信资源的新发展，PACS 预计将在长期内发生巨大变化。主要的动力是处理极度复杂的配网功能的需求，扩展的广域地理空间和同步操作的需求。这会激发未来系统结构的剧变，影响工程生命周期和它的方法。预期以下领域将会发生变化：

（1）广域保护和自动化。

（2）集中式保护和自动化。

（3）软件定义的保护和自动化。

（4）基于云的保护和自动化。

（5）远程测试和维护。

（6）高级智能工具。

（7）形式化方法的应用。

（8）教育和知识获取。

（9）研究和开发。

（10）标准化和规范化监管。

9.4.1 广域保护和自动化

在未来，本地 PACS 作为变电站元件的保护和自动化的第一层，它的需求依然存在。但是高级广域分布式功能的需求会指导未来系统的发展。广域保护的需求包括主要电力供应的系统需求和基于广域位置的实时数据做决策的需求。需求产生的原因是：由分布式能源的渗透，电网潮流从单向变为多向，电源扁平分布，大量数据传输和处理以及网络控制的分布化。这个概念在图 9.13 中展示，通过通用的广域保护、自动化和控制系统（WAPAC）来实现。

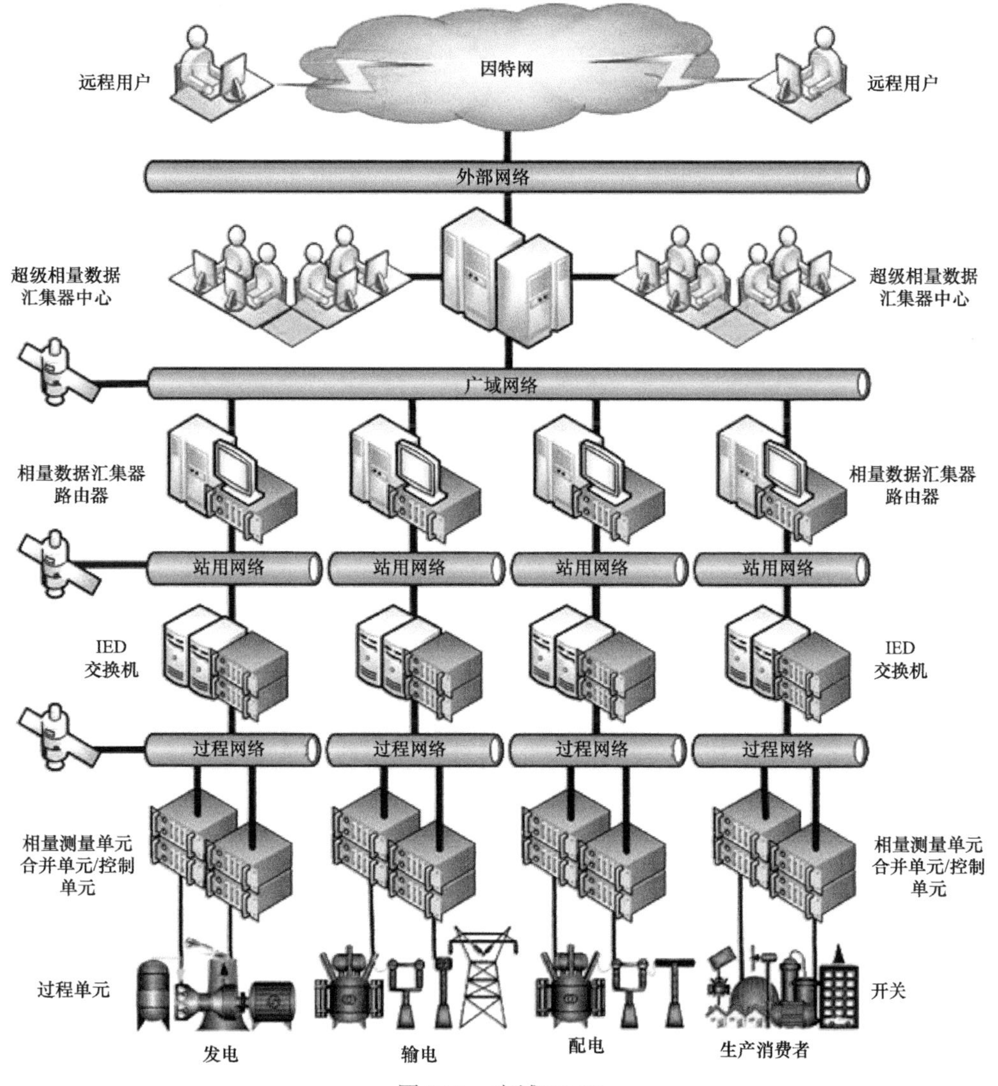

图 9.13 广域 PACS

这个结构是一个四层网络，从处于就地的过程层开始，向上到达站控层网络和广域网络，甚至可以通过互联网连接到诸如市场、运营和监管实体的远程用户的外部网络。一般而言，自动化决策在本地通过变电站内的 IED 完成，在区域通过相量数据汇集器（PDC）实现，在全局通过超级相量数据汇集器（SPDC）实现，在企业及国家级通过能量管理系统（EMS）来实现。在一个典型的 WAPAC 系统中，数据从一个或多个 PMU 或 MU 发送到变电站内的控制器、控制中心或者其他合适的设备。WAPAC 的功能包括开断电容器，电抗器或线路，发电机，负荷，SVG，和其他功能，如传统特殊保护方案（SPS）和自动发电控制（ACG）。其主要目标包括远程访问实时传感器、集中自动保护和控制决策以及远程设备跳闸。进一步，接收指令的设备可以使用信息调整继电器参数或定值，因此继电器可以基于实时系统配置做出局部最优决策，适应网络状态的变化。此外，它可以自定义和部署继电器定值，存储在一个集中的数据库或复制在每个站的分布式数据库中。定值可以直接通过 IEC 61850 信息下载到本地工程师站或者直接下载到继电器，同时，设置的定值自动从中央数据库恢复，和预期的存储定值对比，进行校核。

远程通信系统的最新发展成果，广域网（WAN）和卫星 GPS 信号的广泛应用，高精度相量测量和先进的传感器设备的标准化是这个结构的基础。人们希望同步相量测量单元可以在变电站中代替传统的电信号传感器，成为广域 PACS 和数据采集与监控系统（SCADA）的信息交换的标准方法，代替传统的远动终端（RTU）。

9.4.2　集中保护和控制

在广域 PACS（WAPAC）发展的同时，变电站集中保护与控制（CPC）系统有了新发展，如图 9.14 所示。集中式保护的结构包含高性能计算平台，用于提供保护、控制、监测，通信和全站资产管理功能[17,18]。与在所有的物理设备中嵌入多个分布式 IED 不同，每个 IED 中运行的软件被转移到一个中央计算机上的虚拟机中。CPC 在变电站内部，使用高速，同步的测量收集需求数据。

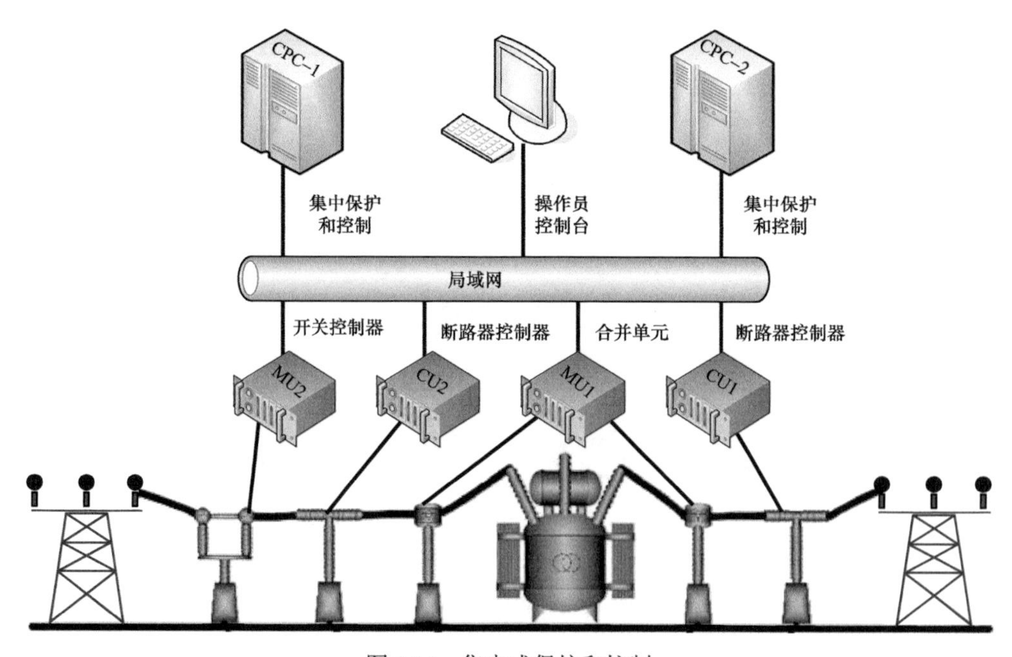

图 9.14　集中式保护和控制

合并单元（MU），控制单元（CU）和相量测量单元（PMU）的发展为这个结构的应用铺平了道路，现在变电站内所有的传感器信息都可以在高速通信网络中获取。所有这些二次设备可以在现场就地安装，这减少了对控制室空间的要求。很快，可以设想，即使是 MU、CU 和 PMU 也可以嵌入一次设备中，遵循物联网（IoT）的概念，避免就地屏柜。

对于传感器网络和集中式 PACS 的服务器，可靠性和速度是主要的要求。这些网络可以使用如下网络技术，如生成树协议（STP）、快速生成树协议（RSTP）和介质冗余协议（MRP），提供零丢帧通信。可以使用时间敏感网络（TSN）、确定时间网络（DTN）和软件定义网络（SDN）改进以太网网络性能。

与当前的分布式处理结构[19]相比，集中式 PACS 的概念提供了一些优势。数量有限的物理设备需要更少的配置工具和更少的（每个间隔）维护，访问点的数量也有限。大体上，在集中式系统内部，不再需要 IED 之间的配置。这会消除互操作问题，让 PACS 更容易配置和展示，但可能存在共模故障。集中式系统可以作为变电站与变电站、变电站与 SCADA 通信的守护者或主智能节点。当然，这需要在 PACS 的设计、制造、安装、测试、运行和维护方法上的改变。

此外，CPC 可以对诸如电压跌落、电压涌浪、电压瞬断、谐波、电压脉冲、电压闪变、暂态过电压、陷波等的站内现象进行电能质量分析。基于状态估计的保护也可以在变电站模型的基础上，通过将测量信号与每个组件和拓扑的仿真行为进行比较的方法，来处理故障。基于模式识别的保护可以使用先进的人工智能算法，将信号分类为预先设定的干扰类型，并采取适当的动作。

9.4.3 软件定义的保护和自动化

作为集中式 PACS 发展的补充，软件定义的保护和自动化（SDPA）系统强烈依赖软件模块来执行基本的保护、监控和控制功能。PACS 不再是一组硬件盒，而是一组在集中式或分布式处理系统中运行的相互连接的软件包。与现在的基于硬件的 PACS 的模块化结构不同，SDPA 完全可编程和模块化，允许软件、参数和位置的动态远程变化。像 SDN 一样，SDPA 将控制层和数据层分离，在集中式控制器中提供灵活的通信。因为模块可以作为智能代理从不同的硬件位置移动，并根据不断变化的需求进行调整，这为资产管理打开了全新的视角。这个概念见图 9.15，其中一个标准分布式服务器群用于支持控制层，软件定义模块或 IED 可以在任何可用的服务器上运行。

这种架构标志着通过标准处理单元构建整个网络成为可能，其中 PACS 中实现的分布式功能完全由软件定义，可以远程更改和移动。自然地，处理单元的广域网络可以物理上位于变电站内，或者在网络上的某个位置，这带来了基于云的保护和自动化系统的可能性。

9.4.4 基于云的保护和自动化

基于云的保护和自动化（CBPA）是基于云的信息处理服务进化的结果。与目前在网络上可用的信息技术（IT）服务器类似，在未来，使用在云端的基础设施即服务（IaaS）作为扮演 IED 的服务器进而部署 PACS。平台即服务（PaaS）作为建立和部署 CBPA 应用的主应用环境，使用软件即服务（SaaS）功能，通过浏览器或者瘦客户端访问 PACS 典型应用。图 9.16 显示了这些概念在变电站中的应用。

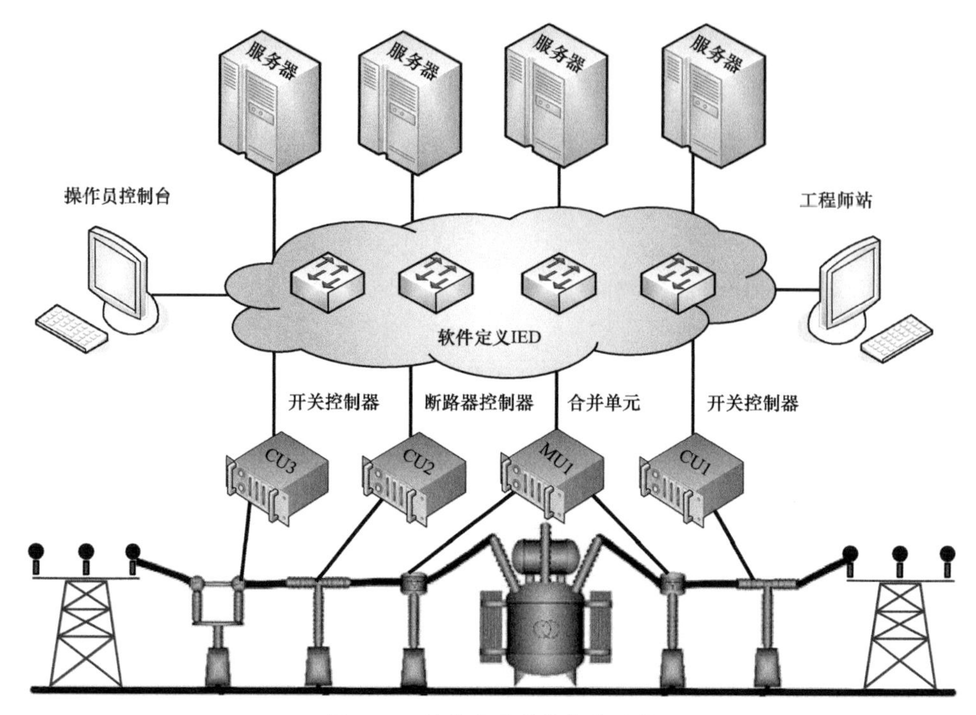

图 9.15 软件定义保护与自动化

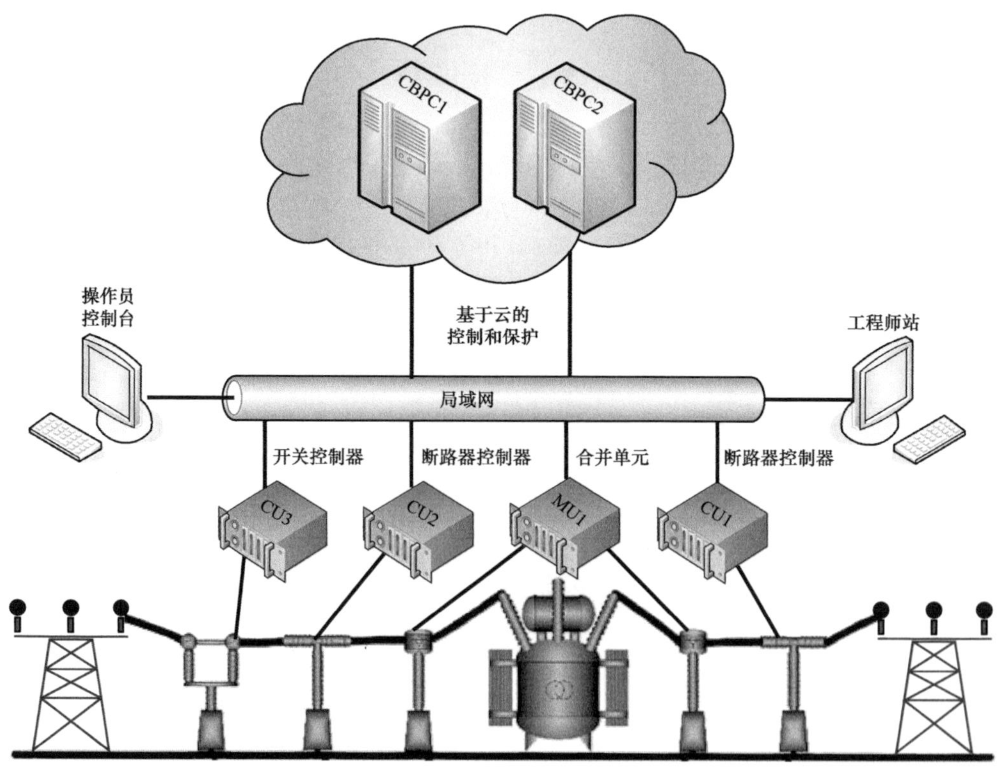

图 9.16 基于云的保护和自动化

尽管这个概念从 IT 转移到 PACS 很容易，但是在电网全部采用之前，有许多问题需要解决。主要问题是网络安全。此外保护应用的速度和实时性也是重要要求。

9.4.5 远程测试和维护

由于 IED 基于数字硬件，其输入和输出信号都是格式化的网络信息，PACS 的测试和维护过程需要针对典型测试用例生成测量输出信息，同时与预期结果进行比较。PACS 设置是通过与 IED 交换的客户机—服务器（C-S）信息部署的，IEC 61850 提供了测试所需的隔离手段。由于可以从远方访问，引入了远程测试和维护的概念。继电器定值的自动校验可以通过无人值守的继电器检查和继电器的远程测试来实现。在这些系统中，基于资产管理或监管机构定义的需求开发。这个脚本可以保存在集中式数据库，复制保存在每个站点的分布式数据库，下载到本地安装的测试仪。测试结果自动发送到中央数据库，使用先进的智能工具，与预期的储存结果比较。

9.4.6 高级智能工具

目前可以使用一些非标准化的图形工具来简化 PACS 的开发，但其中大多数是基于专用技术、标准或私有格式的。作为工程循环的开始的功能需求，并没有完全标准化，这带来了如何验证基于功能需求的解决方案的问题。这些需求目前由自然语言（NL）定义，但这个格式是不精确和模糊的。因此，需要一种易于理解但正规的格式来明确的要求，并允许供应商和集成商将其编译到选定的技术中。这种格式还应该允许在设计决策做出之前，在最终系统对用户需求的一致性测试期间，以及在工程过程的所有阶段，对系统进行正式验证。最近一项关于功能性 PACS 需求首选语言的 CIGRE 调查显示，涉众[2]都倾向于使用基于形式化方法的语言。大部分制造商将受控自然语言（CNL）视为生产商在未来需求规范中的首选语言，而研究人员更倾向于 Z 和 CNL 语言；在这些涉众中，对于未来的需求规范，自然语言是最不受欢迎的，除非可以使用正式方法或人工智能（AI）来清楚地解释每一个自然语言需求。

随着信息技术（IT）的进步，要求更多复杂的工具来设计和维护这些系统。智能工具是必要的，因为它能解放工程师，让工程师专注于 PACS，避免通信、电子、互操作性等细节问题。需要正式的设计验证方法对整个工程周期进行模型检查，防止错误传播，并提高其安全性和可靠性。可以使用人与 PACS 交互的领域特定语言（DSL）[20]用于开发和标准化，并在工程周期的初始阶段，用于功能规范和测试。图 9.17 显示了由 IEC 61850 提出的工程设计周期中的用户需求工具（URT）的预期功能，使用 DSL 作为用户交互的格式。

请注意，DSL 只是一种人类可以理解的语言。它基于受控自然语言（CNL），具有正式的语法和语义，并由图形化集成开发工具支持，该工具可以自动转换为 XML 以供计算机处理。功能需求规范的工具可能会访问用 DSL 表达的标准推荐解决方案或基本应用程序概要文件（BAP）的数据库，并产生同样用 DSL 表达的功能需求。这是已经用于开发 AI 系统、语言编译器和游戏的标准技术，可以适用于 PACS，允许将形式化方法应用于整个工程过程，并集成到 IEC 61850 工具中。目前，CIGRE WG B5.64（保护、自动化和控制功能要求规范方法）[21]正在研究这一概念，以及其他形式化方法在 PACS 中的应用。

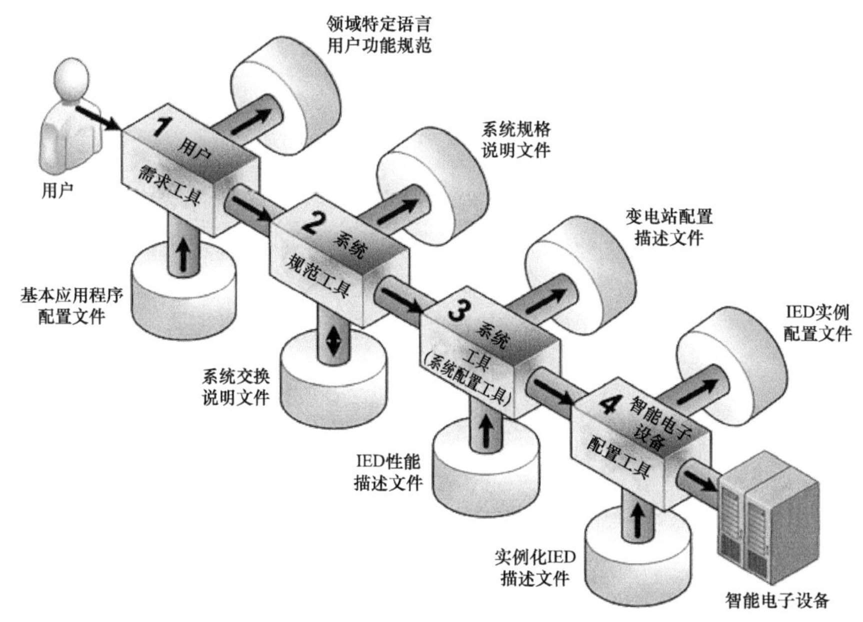

图 9.17 先进的用户需求工具

9.4.7 形式化方法的应用

在设计和工程周期中可以引入形式化方法。除了将高级设计语言（DSL）自动编译到低级实现模块中之外，还可以使用形式化方法定义如 IEC 61850 的现有技术的语义，并对给定用户需求或设计规范的实现进行模型检查。图 9.18 显示了将形式化模型检查器嵌入基于 PACS 的 IEC 61850 的工程设计周期中的可能，其中，用户需求以正式的 DSL 表示。

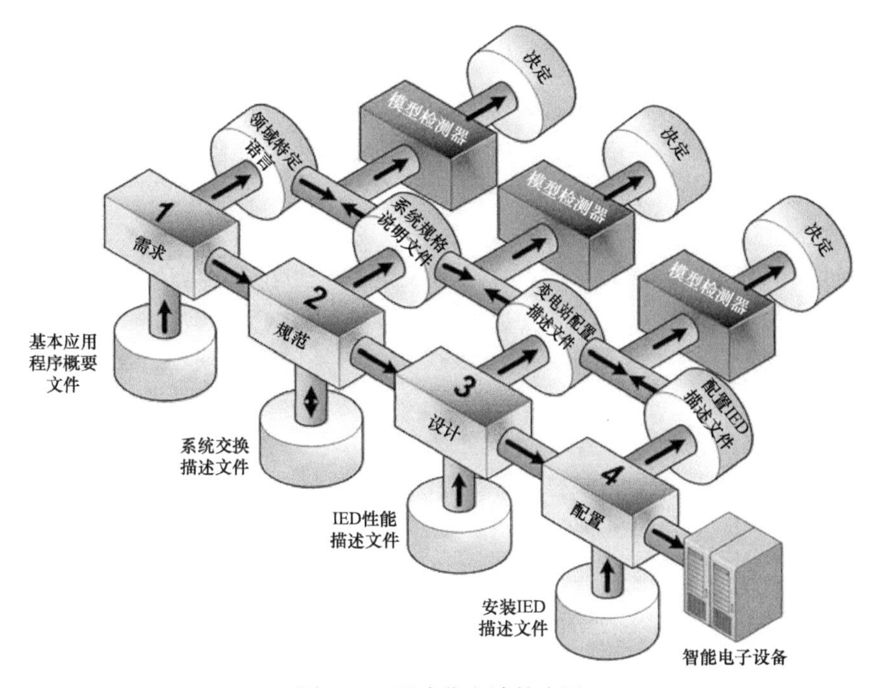

图 9.18 形式化方法的应用

工程设计周期的每个阶段转换都可以使用模型检查器来验证实现的正确性，获取关于设计缺陷的结论。在工程周期的每个阶段，都转化为 SCL 中设计的一套正式表示。其中 SCL 是 IEC 61850 的变电站配置语言。

9.4.8 教育和知识获取

为了涵盖未来 PACS 工程师所需要的广泛的知识，需要一个系统的教育方法。教育应该致力于学习高级 PACS 语言、系统化的观点和方法，将实现和互操作性细节留给开发工具。从 PACS 的角度来看，开发将主要基于模拟器和形式化语言，这些语言将模拟和检查一个新系统的所有方面。这一趋势在航空、核能和医学等其他复杂领域也有所体现。

因为未来大多数 PACS 是软件定义的系统，应大力强调使用专门软件进行培训。应用程序工程师应该主要关注由软件公司或继电保护开发人员生产的基于可用软件模块（以 DSL 表示）的复杂系统的集成，而不是关注它们的实现或互操作细节。需要开发新的和现代的学术课程，该课程与 PACS 技术的发展一致，可以应对未来的电网需求。随着劳动力的分散和停机时间的减少，应该把重点放在线教育方法上，特别是在不需要互动/实践方面的工作前/学习，加强持续学习和改进能力，传播技术信息促进职业兴趣。只有在研究和开发（R&D）投资的支持下，对教育课程进行彻底改革，这才有可能。

9.4.9 研究和开发

随着数字系统的快速发展，在不久的将来有望实现 PACS 的硬件和软件的全面拆分。这包括引入是作为解决方案开发者的新参与者。第三方 PACS 服务是这些系统的下一个发展方向，这一趋势已经在电信和软件行业中看到。不难想象，还会出现一种新的 PACS 服务提供商市场，它类似电力行业的辅助服务以及 IT 和软件行业的云服务。这一趋势将是以下行动的结果：从传统的大型硬件解决方案供应商，转向生产定制解决方案和基于软件的 PACS 的小型初创软件公司。研究和开发（R&D）现在应该专注于集中式保护，它的硬件和软件分离，可能位于云中，使用大量正式的数学方法支持相关功能。为了部署这些未来的 PACS，需要与服务器供应商和软件公司建立新的商业模式。

与目前广域 PACS 的趋势相一致，继电器和 IED 的远程测试和整定不仅在当前的技术和标准下是可行的，而且是降低维护成本和允许实施适应性 PACS 的先决条件。它的广泛使用仅受到安全性和电网管理的限制。预计不久将开发出许多智能工具，用于 PACS 设计的测试、整定和校验。还可以利用现代优化技术，如神经网络，Petri 网络，模糊逻辑和小波等方法。随着数字故障录波器（DFR）安装数量的增加，以及广域系统中同步器的应用，自动故障分析（AFA）工具成为一个丰富的研究领域。对于保护和故障定位，基于高采样率的信号数字化时域函数将是一个很有前景的研究领域。在这些研发行为之后，应该在标准化和监管方面做出相应的努力。

9.4.10 标准化和监管

在 PACS 工程的规范、设计、实现和运行阶段，已经使用了许多工具和语言，取得了不同程度的成功。计划阶段是设计周期中唯一没有标准化的阶段。人类与 PACS 交互的独特领域特定语言（DSL）的标准化，主要使用在以下阶段：在工程周期开始用于功能需求；在工程周期的末尾用于测试和维护；在中间阶段进行形式化检查。功能块和逻辑节点（LN）缺乏形式化的语义，需要对其理解和应用投入大量努力，这有时会导致不同 IED 制造商之间的互操作问题。

与规范化 DSL 的需求密切相关，PACS 的性能要求、统计收集和评估需要标准化。制造商和电网公司之间的信息传递也需要标准化，以便对可再生能源发电的故障进行精确建模。有时，缺乏清晰明确关于保护功能如何工作和如何应用的保护方法，会在电力系统中导致意想不到的后果。标准化的重点应该是减少纸质标准，增加在线文档系统，方便 PACS 工程师访问。

9.4.11 形式化方法

除了计划阶段和测试阶段，PACS 工程流程的所有剩余步骤目前都是由标准化格式和语言支持，有合适的专有和独立的工具。前面的讨论表明，需要一种专门设计的正式语言用于从用户、所有者或涉众的角度描述功能需求。这种语言使用的词汇和语法应该接近于用户表达 PACS 所需功能的方式，同时易于学习，并且独立于实现技术。准确地说，它还应该使用正式的语法和语义，以允许明确的定义和计算机辅助处理，并易于集成到 PACS 设计使用的通用标准 IEC 61850 中。

从 CIGRE 调查[2]中得到的答案获得了 PACS 工程过程标准化现状的丰富情景，以及对功能需求规范的标准化格式的明确的需求。通过调查得出以下一般性结论，这代表了目前对 PACS 演化转折点的看法：

（1）IEC 61850 是设计 PACS 的事实上的标准。

（2）任何新的需求语言都应该集成到 IEC 61850 中。

（3）任何需求语言都应该易于人类和计算机阅读，如自然语言（NL）或受控自然语言（CNL）；这就排除了用于人工交互的 XML。

（4）需求的语言应该被非专家用户理解。这有利于受控语言和自然语言（NL 或 CNL）。

（5）需求语言应该是正式的，可以机械地翻译（由编译器）到标准化设计语言，如 IEC 61850、IEC 61131、IEC 61499 或 IEC 13568。

总之，这种语言使用的词汇和语法应该接近于用户的表达方式或电力系统规划人员表达 PACS 功能的方式，同时要正式、易于学习，并且独立于实现技术。基于这次调查的结果，确定了面向 PACS 功能需求规范的领域特定语言（DSL）的需求。使用形式化的语法和精确的语义，这将帮助用户描述和交换 PACS 的结构和所需的逻辑，而无需深入研究其实现的技术细节。它还可以为整个 IEC 61850 标准的正式语义的定义铺平道路。

为了规范未来的 PACS，需要使用接近自然语言的简单语言结构来描述复杂时间逻辑（TL）。应该有一组案例用来说明它在变电站和控制中心的典型 PACS 中的应用，就像 IEC 正在开发的基本应用概要文件（BAP）。该格式还允许在以下时间，对系统进行形式化的验证，并确认方法的早期应用，做出设计决策之前，在最终系统符合用户需求的一致性测试期间；在工程过程的所有阶段。

9.5　结论

考虑到未来，为了做出正确的决定，建议电网公司，监管机构，规划者建立技术路线图，用于关于教育的决定，新技术投资，不同技术选项比较，论证收益，遵守国家基础设施保护的规定，为公众负责。一个 PACS 的技术路线图需要定义这个领域的未来状态，确定达到目标状态需要跨越的差距，了解其他在这个领域工作的组织，知晓在这个领域工作的涉众的角色和策略，确定研发的设计标准和优先级。应安排试点项目，以便评估利用现有网络实施新技术的优点和缺点。它应该是未来和当前的最先进的技术；提供建立支持未来构想的信息技术和通信技术基础的实施策略；识别管理变革和问题需求，并计划员工培训和教育。在未来，很有可能不再有单独的保护和控制工作人员——这个工作会合并（就像现在已经开始的那样）到应用系统工程师中。从业人员需要处理保护、控制和通讯的集成和整合。

参考文献

[1] Siqueira, I.P.: Functional requirements of power system protection and automation—CIGRE Task Force B5.02, Paris, France, 2018.

[2] Siqueira, I.P., Faarooqui, N.U., Nair, N.-K.C.: A Review of International Industry Practices for Specification of Functional Requirements of Protection, Automation and Control. CIGRE Science & Engineering, N.11, Paris, France, June 2018.

[3] Siqueira, I.P.: Electricity Supply Systems of the Future—Protection and Automation—Green Book—Chapter Survey. CIGRE, Paris, France (2018) .

[4] CIGRE: Modern Distance Protection Functions and Applications, Brochure 359, Paris, France.

[5] CIGRE: Modern Techniques for Protecting and Monitoring of Transmission Lines, Brochure465, Paris, France.

[6] CIGRE: Cigre Modern Techniques for Protecting Busbars in HV Networks, brochure 431, Paris, France.

[7] ISO/IEC TC57: IEC 61850—Communication Networks and Systems for Power Utility Automation. IEC, Geneva (2003).

[8] ISO/IEC TC65: IEC 61499—Function Blocks. IEC, Geneva (2005).

[9] ISO/IEC TC65: IEC 61131—Programmable Controllers. IEC, Geneva (2003).

[10] ISO/IEC JTC 1: IEC 13568—Information technology—Z formal specification notation. IEC, Geneva (2002).

[11] OMG: UML—Unified Modeling Language. http://www.omg.org/spec/UML/.

[12] OMG: SysML—System Modeling Language. http://www.omgsysml.org/.

[13] Siqueira, I.P.: Areviewof standards and tools for the engineering process of protection automation and control systems. In: International Conference and Exhibition, Relay Protection and Automation for Electric Power Systems, Saint Petersburg, Russia, 2017.

[14] Brahma, S., DeLa Ree, J., Gers, J., Girgis, A.A., Horowitz, S., Hunt, R., Kezunovic, M., Madani, V., McLaren, P., Phadke, A.G., Sachdev, M.S., Sidhu, T., Thorp, J.S., Venkata, S.S.,

Wiedman, T.: The education and training of future protection engineers: challenges, opportunities and solutions. IEEE C-6 Working Group Members of Power System Relaying Committee. EEETrans. Power Delivery 24 (2).

[15] CIGRE: Education, Qualification and Continuing Professional Development of Engineers in Protection and Control, Brochure 599, Paris, France.

[16] Bo, Z.Q., Lin, X.N., Wang, Q.P., Yi, Y.H., Zhou, F.Q.: Developments of power system protection and control. In: Protection and Control of Modern Power Systems, Springer Open, 2016.

[17] IEEE PES, Looking into the Future Protection, Automation and Control Systems, Working Group K15 on Centralized Substation Protection and Control. IEEE Power System Relaying Committee.

[18] IEEE PES, Centralized Substation Protection and Control, Power System Relaying Committee. Report of Working Group K15 of the Substation Protection Subcommittee, December 2015

[19] Das, R.: Looking into the future protection, automation and control systems. Presentation on the at the Power System Relaying Committee of the Substation Subcommittee about Working Group K15 on "Centralized Substation Protection and Control", EPCC 14Workshop, Wiesloch, Germany, May 16, 2017.

[20] Fowler, M.: Domain Specific Language. Addison-Wesley Professional (2010).

[21] CIGRE: Methods for Specification of Functional Requirements of Protection, Automation, and Control, CIGRE Working Group B5.64 Term of Reference, Paris, France, 2018.

[22] Siqueira, I.P.: A layered hierarchical object–oriented view of IEC 61850. In: PAC World Conference. Dublin, Ireland (2011).

作者简介

Iony Patriota de Siqueira，拥有电气工程博士和学士学位、运筹学（荣誉）硕士学位、信息系统工商管理硕士学位，在基础设施领域的咨询、运行和维护管理方面拥有 40 多年的经验。他是 CIGRE 荣誉和杰出会员，以及 CIGRE SC B5（保护与自动化专业委员会）前主席；国际电工委员会第 57 技术委员会（IEC TC 57）和巴西技术标准协会（ABNT）巴西技术委员会主席；巴西维护协会顾问；Tecnix 工程与建筑公司总裁兼首席执行官；巴西维护研究所所长；巴西国家工程院常任院士；以及四所大学的毕业后客座教师。Iony Patriota de Siqueira 荣获了 CIGRE 技术委员会奖、巴西工程奖、CIGRE—巴西最佳论文奖、巴西众议院赞许票和 CIGRE 特别奖。他撰写了四本关于维护、管理科学、电厂自动化和关键基础设施网络的书籍，并与他人合著了两本关于运筹学和电力系统韧性的书籍。

第10章　电力系统发展及其经济性

Konstantin Staschus, Chongqing Kang, Antonio Iliceto, Ronald Marais, Keith Bell, Phil Southwell, Yury Tsimberg

10.1　引言

CIGRE SC C1（电力系统发展及其经济性专业委员会）负责着眼于电力系统的发展和长远规划工作。如今，人们对未来电力系统及其在社会中作用的了解已经越来越全面。除了在本书1.6.1中列出的10个技术问题和挑战外，也应该关注到以下问题：

On behalf of CIGRE Study Committee C1.
K. Staschus (B)
ENTSO-E, Brussels, Belgium
e-mail: Konstantin.Staschus@ext.entsoe.eu

C. Kang
IET, London, UK

A. Iliceto
TERNA RETE ITALIA, Rome, Italy

R. Marais
Eskom, Sandton, South Africa

K. Bell
University of Strathclyde, Glasgow, UK

P. Southwell
Australian Power Institute, Canberra, Australia

Y. Tsimberg
Kinectrics Inc., Toronto, Canada

N. Hatziargyriou and I. P. de Siqueira (eds.), *Electricity Supply Systems of the Future*, CIGRE Green Books, https://doi.org/10.1007/978-3-030-44484-6_10

（1）第 21 届联合国气候变化大会（COP21）提出的《巴黎气候协定》和欧洲国家在欧盟范围内制定的《能源与气候计划》旨在 2050 年之前实现能源系统的全面脱碳。许多国家已经计划在传统的发电厂和电力设备的折旧周期内建立“无碳”电力系统。这一脱碳目标明确了电力系统规划中需要考虑的一些新的因素，但同时也带来了资产搁浅风险。

（2）CO_2 等温室气体不仅来自电力系统运输，也来自交通、制热/制冷、工业和农业。许多国家致力于完全脱碳。由于交通、制热等领域电能使用效率较高，因此应规划和投资一个“系统体系”，即由电力、燃气、交通和制热耦合的系统，其中电网是整个能源系统的骨干（见 ETIP SNET Vision 2050）。

（3）电力、供热/制冷以及交通运输等对人们日常生活至关重要，因此这种整体的能源转型将会对人民生活产生了积极的影响，比如：城市噪声降低、空气质量逐渐好转以及气候灾难得到遏制。但这些也可能引起人们对于例如分配效应这样的问题热议。

（4）洲际国际互联电网和微电网正在快速发展，对两者而言，交易和平衡规则尤为重要，这意味着电力市场交易已经渗入大多数电力系统。同时，这也表明在电力市场、燃气、供热和交通运输市场中，潜在用户数量庞大。许多国家认为，只有市场化才能协调如此大体量的用户。

（5）电力供应的传统目标，包括可靠性、经济性和环保之间的平衡，以及每个目标的性质正在发生变化。直到 19 世纪 80 年代，可靠性都是刚性约束；环境保护体现在某些约束中，但对规划决策没有决定性影响；经济性通常仅从综合电力效益的角度考虑。但现阶段，环境保护，尤其是气候保护成为最重要的约束；可靠性成为一个具有需求响应和价格弹性负荷的经济性函数；经济性的优化出现在市场环境中。

综合上述概念，电力系统发展、资产管理和系统经济性分析需要从过去以及最新的技术状态中谋求发展：

（1）处理更广泛的成本和收益分析。

（2）更广泛的投资和效率替代方案。

（3）随着负荷情况的变化，预期的资产使用寿命也会随之变化。

（4）技术、经济和气候变化发展带来的资产搁浅风险。

（5）“系统体系”。

（6）技术、经济和政治等诸多不确定性因素。

（7）全球共同的、明确的目标，即气候保护。

第二部分介绍了电力系统规划、资产管理、投资经济性以及不同国家电网互联、电压等级和能源部门等的最新发展状况。因此，规划和决策支持的方法尤为重要。设备和控制系统的技术发展在其他章节中有涉及。本章只说明新技术如何影响规划和决策。同时强调了软件、数据交换和互操作的标准化问题。而教育方面涉及将整体电力和能源系统组成的“系统体系”。第二部分还介绍了未来电力系统的技术发展趋势，以及最新技术如何满足社会和电网的发展需求。最后，第二部分介绍了规划问题时使用了目标函数和约束条件的通用表达式，这种方法通俗易懂，能更好地阐明不同规划问题之间的差异，以及它们在过去和未来的演变。

第三部分指出了新的社会和技术需求的创新以及现有技术中未完全解决的问题。第四部分和第五部分总结了未来的研究方向，并得出结论。

10.2 技术现状

10.2.1 现有电力系统规划方法综述

当前的电力系统规划涉及新技术、用户参与等因素，因此需要提出多层规划。电力系统规划变得更加全面，需要解决发电、输电、配电以及需求的灵活性等多方面的问题。现有的计算能力不但可以解决上述问题，而且还能满足分布式能源和授权客户不断增加导致的问题。本节将分别描述发电、输电和配电规划问题的通用表达式，每个问题都简要描述了当前世界范围内系统规划的技术发展情况。在这些描述中，需要特别注意不确定性、外部性和市场决策与中央系统规划的关系。

10.2.1.1 发电规划

在电力供应价值链的组成部分中，发电规划历来采用形式优化方法对投资规划进行优化。

在过去的几十年里，很多国家电网企业的垄断结构受到质疑，并逐渐发展为电力市场。理想情况下，包括电力用户、发电企业、趸售方、生产性消费者在内的市场参与者都将根据市场价格信号、自己的预测和偏好以及预期风险进行投资。欧洲、北美和南美的一些市场在其市场价格信号方面已经变得相当复杂，不仅包括电量的单位市场价格，还包括容量或可靠性及不同类型的辅助服务。由于清洁能源的激励措施，以及天然气、石油、热电联产和运输燃料市场的价格，因此，很难在所有这些市场价格信号之间实现完全一致。

（包括负荷增长在内的）未来供电需求和（包括新技术带来的影响在内的）可用条件是发电规划中最重要因素。规划的目标函数受政治、气候变化、创新和效率等因素的影响。以上因素都具有很强的不确定性。因此，在分析市场如何影响发电目标和规划约束的同时，通过情景分析评估不确定因素。

1. 涉及不确定性和不同地区或子系统的发电规划

由于运行的不确定性，最大发电出力变得不确定性。这些不确定性可能是由发电机组全部或部分停电、风速、太阳辐射或可用水量变化。此外，可以基于单位负荷对单位运行成本函数进行建模。通过对发电不可用性建模，所有负荷受到的约束是电力不足期望值（LOLE）或电力不足概率（LOLP）标准。通过时序随机模拟，可以针对投资决策预期系统运营成本和 LOLE/LOLP。时序模拟是最新的技术，传统的等效负荷持续时间曲线法是基于负荷和机组停机分布的卷积，该方法不适用于在同一个地区内相同环境下的太阳能和风能发电。为了将不确定性整合到规划优化模型中，应用了多种不确定性建模方法。涉及不确定性的常见优化模型包括机会约束模型、基于风险的模型、稳健模型和随机模型。不确定性给问题解决带来了巨大的计算负担，这只能通过现代计算能力和算法来解决。

2. 涉及竞争或市场框架的发电规划

从 20 世纪 80 年代开始，一些国家的发电环节开始引入竞争，首先是智利（1982 年）、英国（1989年），之后是欧洲、美洲、大洋洲的一些国家和地区。这是将自然垄断电网分为竞争性发电和供电，这改变了发电公司的投资组合方案。系统负荷和排放约束被合同价值所取代，发电公司并没有将成本降至最低，而是将利润最大化。发电公司在不同时间和不同市场区域向不同用户出售不同产品（如电量、容量和其他备用）的价格原则上不强制规定，而是取决于不同的竞争环境。因此，在竞争激烈的电力市场中，对所有不同类型的电量、容量和备用产品的价格预测成为发电和备用投资决策的主要决定因素。对于价格预测，理想的做法是进行完整的系统投资组合优化，其中不仅包括发电公司自己的机组，还包括所有公司的所有现有机组和新机组。

整体系统约束不会出现在市场方的优化中，但会出现在他们的价格预测中。此外，国家或系统运营商将评估发电充足性[1-3]，即所有发电公司是否有足够的发电能力来满足可靠性约束。如果国家或输电系统运营商认为电网内可用容量不足，则可采取容量机制[4, 5]、发电容量拍卖或类似措施。这个会让发电公司的价格预测机制进一步复杂化。他们还会对整体市场设计带来挑战，即国家无法直接实施以公共利益为目标的战略规划（例如欧洲国家气候能源规划），而是要由私人投资者实施。与诸如发电、储能、需求灵活性和配电投资这样的部署时间较短的情况相比，输电投资的部署时间较长，挑战变得更加严峻。这些挑战会在10.2.1.2介绍。

3. 具有灵活需求和可靠性、外部性货币化的发电规划

引言中描述的需求灵活性以及环境和安全外部性的货币化往往会导致成本、可靠性、如CO_2排放这样的环境外部性、安全成为规划集成系统目标。所有这些因素在目标函数中并行处理，将可靠性和环境外部性换算为与成本和利润相似的货币表现形式。

这种发电规划方法需要非常复杂的价格预测机制，不仅适用于电力充足的情况，也适用于电力不足的情况。对于这种情况，平衡能源成本和能源储备可能达到的价格，接近损失负载的价值[6]。负荷损失值或VOLL用于描述停电的每千瓦时成本，该成本因客户、一天中的时间或季节以及电力使用而异。VOLL也会根据停电的持续时间和地理范围而变化。同样，排放证书的未来价格取决于许多国家的政治决策，并且难以预测。

4. CIGRE关于发电规划的最新工作

CIGRE尤其是SC C1（电力系统发展及其经济性专业委员会）有许多技术手册是关于发电规划环境中的上述关键问题。近年来，SC C1的工作以电力系统发展为参考，基于发电、输电和配电的范围检查了电力行业参与者的角色和责任，确认他们在系统发展方面对电力行业的影响。

10.2.1.2 输电网规划

在输电网规划通用的高级方法中，传统的目标是避免任何故障情况下（一般是预定义故障列表中的单个设备中断）的任何设备过载。基于交流潮流的安全分析的方法将系统发电和负荷的节点信息作为输入。由于这类潮流分析的计算量大且强非线性，通常只计算目标年份的几个关键情况，例如未来5年或10年的冬季高峰和夏季最小负荷情况。如果在一个模拟中发生设备过载，则新建或改造设备直到不再出现过载。可以将不同的设备新建或改造的组合和安全分析整合，通过计算自动寻找满足所有安全约束的系统的最低改造成本。这个成本最小化（min）目标函数和约束条件（s.t.）可以总结如下：

Min（最小化）：

改造资产成本的年数和改造选项的总和，加上系统损失的年数和小时数总和。

s.t.（约束条件）：

所有预定义的故障下设备都不会过载。

交流潮流的所有约束。

尽管上述方法计算非常复杂，但是这个方法忽略了一些重要问题：

（1）随着可再生能源的渗透率提高，将很难定义是否发生设备过载。考虑到光照和风力的影响，传统的负荷设定可能不足以反映问题。

（2）使用需求响应可能比改造设备更便宜。

（3）在国际电力贸易和可再生能源的推动下，不同地区或国家之间的电力交换带来的好处比避免设备过载更重要。例如，北方风力资源丰富、南方负荷大的国家，可以通过减少风电而在南方运行燃气电厂来保障安全运行，但运行燃气机组的额外成本和南北之间的电力交易可能远高于额外输电的成本。

因此，输电网规划已经演变为一种类似于发电规划的基于价值的评估。例如，除了通过交流电网仿真外，通过在市场仿真中应用损失负荷值（VOLL，见上文）也可以获得部分安全收益；这些和系统的直流近似值共同补充形成了市场模拟。在下面的问题表述中，“节点”一词用于表示交流或直流电网仿真中的节点（例如，在北美 ISO 输电规划方法[7]），或具有部分甚至一个地区或区域的节点（例如，在欧洲投标区方法中 ENTSO-E 的十年电网发展计划[8]）：

Min（最小化）：

以下场景的期望值[按年、小时和节点均衡计算节点发电成本×（乘以）节点的能量供应，减去改造资产成本的年数和改造选项的总和，减去按年、小时和节点计算节点能源需求未供应的总和×（乘以）VOLL，减去按年、小时、单位和污染物排放量相加×（乘以）排放证书的价格]。

s.t.（约束条件）：

最大单位发电小时。

考虑单元存储效率的最大单元存储能量注入。

考虑存储效率的最大单元存储内容。

设备的技术限制（例如，斜率、最小上下时间、启动成本、电压和频率范围）。

未纳入排放证书的剩余环境约束。

交流（AC）潮流的所有电网和安全约束，包括必要时的动态安全约束。

这种分析的关键工具是安全约束的最优潮流[9-11]。然而，在具有多种场景的大型电网中，考虑到计算量，通常使用直流电网近似的安全约束经济调度（SCED）[12,13]模型、传统的 AC 安全模拟以及某些情况下的动态分析方法进行计算。在北美和南美的 ISO 的 SCED 研究中，在考虑可再生能源发电的输电网规划分析中，对预期节点价格差异的分析用于确定不同节点对之间额外传输基础设施的价值。将节点的价值估计和技术上所需改造设备的重要性、额外基础设施的成本估计进行比较。如果在大多数情景中收益/成本比率足够大，并且其他非经济标准不会强烈降低收益，则建议在公众和利益相关者协商中进行基础设施投资。最后，鼓励相关电网区域的输电所有者以及可能的其他独立项目开发投资者为投资寻求监管批准并与 ISO 签订合同。

在欧洲，ENTSO-E 的十年电网发展计划（TYNDP）中的多国协调规划采用了类似的方法：来自 36 个欧洲国家的 44 家输电系统运营商（TSO）合作，每两年更新一次欧洲联网规划。分析采用在欧洲的批发市场投标区上执行按时间顺序排列的随机仿真，得出预期的投标区价格差异，并将其转化为每对相邻投标区之间额外传输容量的值。对于由 TSO 或其他项目开发商提出的每个候选基础设施项目，在经济和技术研究以及其他几个明确定义的标准的基础上，进行了正式的多标准成本效益分析❶。这些标准把社会经济福利（包括燃料和排放成本节约）、CO_2 变化、可再生能源整合、社会福利、电网损失、充足性、灵活性、稳定性作为收益；资本和运营支出作为成本，环境、社会和其他剩余作为影响。根据 ENTSO-E 的经验[3, 14]，可靠性约束只影响了一小部分电网投资，大多数投资建议来自经济分析和其他标准。

ENTSO-E TYNDP 还发展了场景定义，最近定义了欧洲电力和天然气传输规划的通用情景❷，并构建了从 2018 年到 2040 年的 TYNDP 一系列规划周期的场景。每个场景最重要的特点是一个的故事线：可持续转型、分布式发电、全球气候行动。26 个不同的参数在 3 个场景内根据故事线发生变化。这些参数包括气候行动、经济状况、电动和燃气汽车、需求灵活性、热泵、工业负荷、不同发电选项的增长或下降、电转气和生物甲烷等。在 2020 年，TYNDP 将进一步完善情景并持续到 2050 年。

由 TYNDP 分析得出的 2040 年欧洲电网被视为目标电网，并成为特高压、高压甚至中压电网的方法论的一个例子。该范例的评估改造设备的组合，子问题评估设备过载并计算由市场价格差异产生的经济效益。一些国家在评估改造设备组合时应用未供负荷 VOLL 的价值，权衡改造设备成本、损失和未供电量。

基于情景的多标准规划过程验证了电网投资对政治和人口的日益关注[15]。这导致输电和系统规划过程涉及更多参与者。在很多国家，在漫长的涉及系统运营、电网公司、监管者和公共的规划和咨询过程结束后，产生的基础设施投资被列入国家法律，以最大限度地减少在许可、金融和建设上的争论或延迟。但是，尽管场景定义和多标准成本效益分析较为成熟，欧洲的方法仍然不能随机优化基础设施项目的决策点。这一方面是由于复杂性和计算时间，另一方面是因为新基础设施项目的许可时间将持续约 5~10 年。为了真正对许多随机参数的变化，需要不断调整政府的许可过程，并与利益相关者的沟通。虽然可以利用额外的输电基础设施将大量波动的风能和太阳能融合到电力系统中，但此方法依然对电网规划和设备入网带来了巨大的挑战。

CIGRE 关于输电规划的最新工作：

CIGRE 尤其是 SC C1（电力系统发展及其经济性专业委员会）已针对不断变化的输电规划环境方面的关键问题提供了各种技术手册（TB）。

TB 564 描述了接入输电网的国际惯例和流程，包括输电网技术规范、系统规划和管理流程。

TB 579 研究了如何解决电力系统规划人员面临的关键问题，即高效率、高可靠性、低

---

❶ https://tyndp.entsoe.eu/Documents/TYNDP%20documents/Cost%20Benefit%20Analysis/2018-10-11-tyndp-cba-20.pdf.

❷ https://www.entsog.eu/sites/default/files/entsog-migration/publications/TYNDP/2018/entsos_tyndp_2018_Final_Scenario_Report.pdf.

碳排放和高灵活性。

SC B3（变电站专业委员会）、SC C1（电力系统发展及其经济性专业委员会）、SC C2（电力系统运行和控制专业委员会）的联合工作组开发了 TB 585。它提供了标准，为评估和比较变电站配置以及不同应用对变电站性能特征产生的影响提供高级指导。

国际电力公司的开发电力负荷和能源预测的最好的实践方法在 TB 670 中。

随着新的高压直流项目的展开，TB 684 为系统规划人员分析高压直流系统参数和寻求解决方案提供了指导。

TB 701 提供了在可再生发电渗透率增加的背景下对输电基础设施投资的洞察。

TB 715 建议根据个人客户对发电技术（例如光伏）的使用、需求响应以及客户对不同电力用途的不同价值，定义可靠性，并修改系统充分性的定义。

10.2.1.3　配电规划

配电规划也在发展，但与输电规划相比有滞后。传统的规划方法是：

Min（最小）：

改造资本成本的改造选项的多年的总和，加上系统损失的年数和小时数总和。

s.t.（约束条件）：

所有预定义的故障不导致设备过载。

所有交流潮流约束。

在实践中，由于低压和中压配电网的网格比输电网少得多，简化的决策规则通常用于制定配电系统的强化。然而，在过去十年中，出现了利用逐步测试改造选项组合，评估设备过载的方法，来分析中压（MV）和低压（LV）配电网络。用更先进的方法评估未供能量的 VOLL，并权衡改造成本、损失和未提供的能量，形成评估改造选项的组合。然后，利用主程序找到经济上最具吸引力的组合，其子问题会根据设备过载情况对其进行经济评估。进一步，可以参考输电部分对分布式能源（例如电池、光伏、需求响应等）建模，用于在电网设备增强与本地拥塞管理之间进行权衡（在北美被称为无线替代）。这些方法可以计算每个配电节点的市场价格均衡值，与输电规划方法类似，构建一个随着时间进化到目标的电网。

需求响应或客户价格弹性、发电、电网设备成本之间的权衡也是微电网规划的核心，其目标是在不连接更大配电和输电网的情况下保证运行。目前，微电网没有足够的发电和存储容量来满足其所有负载。因此，微电网控制器，不仅需要在频率和电压等允许范围内管理微电网参数，还需要管理其有功功率平衡。负载可以按等级划分优先级，也可以按其经济价值或 VOLL 划分优先级，从而通过调整可用电源、可用存储和负载的优先级来实现平衡。关于未来可靠性的 TB 715，阐明了这些平衡问题。

在不需要考虑输电网的情况下，在 CIGRE SC C6（配电系统和分布式发电专业委员会）中介绍配电网络的规划，最近的 CIGRE SC C6 技术手册（TB）在各自的章节中进行了描述。下面列出了几个技术手册，它们解决了输配电系统运营商（TSO/DSO）之间的接口问题：

TB 733 侧重于 TSO-DSO 关系的两个主要方面，即分布式能源（DER）的存在导致的运营变化，以及 DER 对频率管理、电压控制和系统恢复的影响。

CIGRE 和 CIRED 联合工作组技术手册（TB）727 综述和报告了基于逆变器的发电（IBG）

建模相关的最新发展。

在可再生能源高渗透率的背景下，确保配电和输电系统之间的技术和功能互操作性对于服务质量和系统可靠性是重要的。TB 711 提供了关于配电系统运营商从电网的“盲”操作转向包含更多的监测和控制的测试的见解。

TB 527 检查了高可再生能源渗透的影响，并评估了工业应对该状态的准备情况。

10.2.2　整合不同规划子问题的最新发展

10.2.1 中的通用方法日渐增长。在过去，输配电规划集中于对电网设备过负荷的技术分析，现在的研究它们包括对发电、负荷、储能和电网系统的全面经济性仿真分析。目前，发电和储能投资优化越来越多地包括电网建模：由于在电网扩容中，任何节点的潜在发电机都可以达到电网中的最大负荷，因此发电机组可以实现的价值取决于它所在的节点以及它周围的电网拥塞情况。

此外，天然垄断[16]的输配电系统的规划需要输入包含位置信息的未来发电容量等参数。在综合电力垄断中，这意味着发电、输电和配电应该一起优化。在中国，为了实现这一目标的综合优化方法[17－20]更多考虑了参数和不确定性。在电力市场中，TSO 也需要通过仿真获得最优发电量，这是为了获得输电计划优化方案。具体而言，在电力市场中，每个发电公司不仅需要假设其竞争对手将在何处新建多少发电容量，还需要假设有多少额外的输配电容量可用，以便预测节点价格，估计自己发电投资盈利能力。

最后，输配电规划相互依赖程度更高。因为配网内发电投资占比大，需求灵活，价格响应快，热力供应和交通运输也在逐步电气化。在欧盟，一些国家的 TSO 负责运营 110kV 甚至 90kV 或 63kV 电网，他们与 110kV 电网、230kV 和 400kV 电网一起规划；在另一些国家，110kV 电网被视作配电网并由 DSO 运营和规划。欧盟电网规范[21]要求 TSO 和 DSO 之间在 110kV 级别进行数据交换。输配电规划相互依赖的另一个例子来自电动汽车充电：在大功率快充光伏应用，并建立集中充电点时，充电站很容易到达需要考虑高压连接的容量。针对这种充电站的电网设备改造就需要单独规划，由 TSO 和 DSO 共同完成。实际上还需要考虑城市规划。

由于输配电优化的依赖性，理想的建模将集成以下变量：配电、输电、存储、需求灵活性、所有电压级别的发电、数百万个决策者和决策变量。不同决策者有不同的观点。对于包含智能电表的智能电网（见第 10.3.1 节），它将利用比过去大几个数量级的数据量。这个数据量对于当今强大的计算机和算法也太过勉强。今天的算法和工具正不断发展，但不会很快达到完全集成的配电、输电和发电范围。另一方面，考虑到不同市场各方的不同决策（客户与电网运营商与发电投资者），没有必要完全集成建模。引入电力市场的一个重要原因是市场的基本理论：市场的各个参与者，基于自己有限的数据，根据市场价格信号追求自己的目标，最终做出使社会的总体结果更好的决定。在完全竞争、没有外部性和良好的市场价格信号的情况下，经济理论表明，均衡的结果对于社会是最优的。就本章而言，引入竞争的前提是市场力量可以通过某些方法将外部性内部化。我们期望市场结果对社会而言是最优的，这取决于适当的市场价格信号。

自 20 世纪 80 年代以来，在部分地区引入的电力市场。其基础是传统的旋转同步电机发电，具有合适的市场价格信号。在当前电力系统中，基于电力电子变换器和非同步连接的发电机和储能资源的渗透率很高，比如光伏、风力发电和蓄电池。这要求对电压和频率控制服务解耦，并找到对多样产品定价的适当的市场信号。传统技术将容量、能量、惯性、电压支持、系统强度、同步功率等从单一来源（即同步发电机）结合起来，新技术允许将这些服务脱钩，从而实现服务和空间位置的更大商品优化。为了适应系统和客户的新要求，市场信号和服务需要转变。电力、供热和交通的部门耦合进一步提高了客户参与能源系统多样化服务市场的能力。

最近的两个 CIGRE TB（技术报告）已经探讨了这种演变的各个方面。TB 681 讨论了配电系统电力交换存在可变性时，未来输电网络规划标准。已经提到的 TB 715 讨论了关于未来的可靠性。

10.2.3 现有资产管理方法综述

电力系统资产管理变得更加全面，他一并处理系统中的所有设备，并与系统规划集成。这一发展符合资产管理复杂化的现状，在 ISO 55000 系列标准中体现明显。

ISO 55000 系列标准基于四个基本概念，即：

（1）价值。

（2）协调。

（3）领导力。

（4）保障。

资产管理与其他管理系统的区别是两个关键考虑因素：

（1）基于资产全生命周期的分析。

（2）决策过程的持续改进。

这四个概念和两个考虑因素相互依存，是资产管理的基础。以下是资产管理六大“支柱”的简要说明：

10.2.3.1 价值

资产管理中，“价值”是对电力公司有价值的有形资产，其价值可以以货币形式衡量，也可以以其他方面衡量。资产的“价值”可以包括有形和无形的组成部分，无形部分包括对其他利益相关者的价值。

10.2.3.2 协调

资产管理需要组织协调，例如如何将公司的目标转化为具体政策，进一步转化为资产管理政策和目标。为了保证目标有效，这些目标需要是具体的、可衡量的、可实现的、相关的、有时间限制的（SMART）。

10.2.3.3 领导力

为了在组织内成功实施，应由组织最高层推动实施资产管，资产管理方法需要来自所有组织单元的合作和参与。

10.2.3.4 保障

为了实现既定目标，确保资产管理流程实施和利用，必须建立一个机制来定期监控和验证资产管理活动。

10.2.3.5　资产全生命周期

资产全生命周期从设计阶段开始，经过采购、调试、运行/维护（生命周期中最长的部分），到生命周期结束时的拆除/退役。为了妥善管理资产，不仅有必要考虑与资产收购相关的资本成本，也要考虑整个资产生命周期的维护成本。

从财务角度来看，管理资产涉及优化总生命周期成本（TOTEX）。也就是说，每项资产在其整个生命周期中都与资本支出（CAPEX）和运营/维护支出（OPEX）成本有关。CAPEX与OPEX的比率变化取决于资产类别差异。

优化资产生命周期管理的更完整方法是总业务影响（TBI）。除了TOTEX之外，它还考虑了其他业务指标的影响，例如对可靠性、系统性能、概率风险成本等。

10.2.3.6　决策过程

资产管理决策方法基于一下的权衡：

（1）风险与成本与性能（三角形权衡）。

（2）CAPEX与OPEX。

（3）短期与长期。

（4）“自上而下”与“自下而上”（作为一个重要补充）。

由于决策必须平衡在战略需求与设备需求。谨慎的资产管理方法包含使用不同工具的三个规划层次：

（1）战略资产管理（AM），它与定义决策标准的公司政策和目标相关联。

（2）战术资产管理，通常涉及投资组合水平、中长期CAPEX和OPEX规划。

（3）运营资产管理，通常针对特定资产。

总的来说，有效的资产管理制度应包含上述所有要素，并极大改善电网公司的决策过程。

资产管理已经朝着全风险考虑、全系统考虑、货币化方向发展，并开始集成系统长期规划流程。这涉及以下方面：单位级和投资组合级的风险评估；使用状态的定量评估；使用货币化方法或其他方式（例如风险评分）对后果进行评估。资产管理还促进了公司的整合。

可靠性、安全性和环境目标的货币化更早出现在资产管理中。这是因为在资产管理中，要求决策速度更快，外部影响更小。

CIGRE SC C1（电力系统发展及其经济性专业委员会）制定了许多涉及资产管理的TB，特别是关于输电系统资产管理的TB 309、关于资产管理性能基准的TB 367、关于输电资产风险管理的TB 422、关于使用不同风险评估方法开展资产管理决策的TB 541以及关于输电线资产风险管理的应用进展的TB 597。

上面提到的两个工作组，C1.34“ISO 55000标准：公用事业的通用过程评估步骤和信息要求”和C1.38“作为新兴发展的资产管理综合方法的估值”的工作即将完成，并在2020年夏季发布资产管理绿皮书。最后，新的C1.43“电力系统资产分析数据平台和工具的要求”的TOR已获得CIGRE技术委员会的批准，这项工作已于2019年上半年开始。

资产管理在CIGRE的设备和子系统SC中也发挥着重要作用，其中描述了资产管理最先进的实践在与设备相关的更多细节。

10.2.4　投资决策的驱动和经济性

CIGRE SC C1（电力系统发展及其经济性专业委员会）工作的系统经济学部分补充了系统规划工作。分析了在电网发展规划中，个人投资是否以及如何实际进行，基础设施如何建设。事实上，综合电网发展计划中描述的每项干预措施都需要进行单独和公开评估，尤其是成本效益分析指标（CBA）。通过量化（货币化）除了纯货币成本和利润外的各项因素，CBA 可以在满足系统需求的前提下，更好地比较不同的路径。

除了属于 CIGRE SC C5（电力市场和监管专业委员会）范围的市场和监管方面，引言中提到的未来系统的所有方面都与这些投资决策相关。

（1）主动配网和功率的双向流动意味着输电投资与配电投资有关，并且两者都与发电、储能和需求响应投资相互依赖。分拆投资责任可能会带来额外的风险。

（2）先进的测量带来更多可用于规划、活跃客户和需求响应的数据，意味着系统规划可以有更少的备用。相反，如果在没有数据支撑需求响应的情况下规划系统加强，则存在投资搁浅的风险。

（3）高压直流（HVDC）的经济性，中高低压直流电网的发展潜力，意味着需要新的投资决策方法进行投资选择。此外，该技术有可能带来爆发性的短期增长。这可能会影响已作出的投资和其他发输电计划的投资。

（4）因为蓄电池成本下降，和能源系统对脱碳的要求，储能的商业化是活跃的研究领域。考虑到政策的变化，其投资风险与机遇并存。

（5）利益相关者和公民的参与和支持可能会影响基础设施投资。典型案例是反对公民延迟了对核电站、风电场和架空线路的投资。这会影响这些项目的经济性，也会影响整个系统的经济性。

（6）基础设施投资经济学最重要的方面在于监管和金融的结合：监管处理越清晰，监管允许的基础设施投资回报率越高，融资就越容易（假设项目显示可持续的回报率）。如果回报率没有吸引力，或者与风险相比太低，融资难度将提高，规划的基础设施可能无法建设。

（7）仅资本支出（CAPEX）的资产（即运营支出（OPEX）成本为零或较低的资产）在电力系统价值链中逐步占据主导地位。特别是以没有燃料成本的可再生能源发电。经济分析和比较不同投资选择的方法需要对此特征进行调整。例如，当可再生能源充分利用时，作为输电规划方法中重要驱动因素的投标区或节点之间的市场价格差异，在大部分时间变得更小。然而，在（可再生）能源稀缺的情况下，市场价格可能会飙升，并且具体程度因节点或地区而异。虽然逐年制定的投资优化方法应该能够处理这个问题，但以一年为目标的方法难以应用。一种面向 LCOE（能源平准化成本）的方法需要结合到目标电网分析中，这需要对财务建模和参数进行的分析和共享假设：资本成本成为主要的财务因素其他重要因素有设备的使用寿命预期、折扣因素、考虑外部性和融资选择的方式以及净现值方法。

（8）考虑到这些因素，生命周期方法在评估投资选择时变得越来越重要。这种方法涵盖了传统项目阶段之前和之后产生的影响和成本。例如，对于评估项目中涉及的技术资产，应考虑从原材料开始的制造阶段的经济和环境足迹，以及使用寿命结束后的回收/废物管理。

在比较战略选择时尤其如此，例如用电动汽车（EV）替代运输车队。到 2050 年，由于全球的城市化带来的土地使用成本飙升，导致电力系统项目投资的土地征用成本提高。因此，投资决策的延迟可能会带来更大的未来成本。

（9）上述概念直接转化为成本效益分析（CBA）的应用。这种用于评估项目和投资选择的标准方法最近取得了显著的发展。鉴于能源子行业的系统复杂性，以最合理的方式做出投资决策变得至关重要；同样的道理也适用于为决策辩论提供可靠和定量的业务案例、影响分析或假设仿真。

此外，引言中列出的其他方面（1）～（5）给基础设施投资的经济性带来了新问题：

（1）气候保护通常使用清洁发电机组补贴，但补贴或支持计划的存在与否、财务水平和结构会随着时间的推移而演变和变化。这会影响清洁性甚至现有电厂的投资经济性，以及连接此类发电厂所需的输配电投资的经济性。

（2）领域耦合为基础设施投资决策带来了新的不确定性。领域耦合涉及多种能源系统，因此一项投资的收益不会仅在电力系统中体现。此外，对于电力系统的投资决策，在跨能源系统中可能有替代的、更经济的解决方案，例如电力和热能储存装置。与领域耦合相关的不确定性的其他例子有：电力负荷增长以及负荷如何随着供暖和运输的电气化而变化；需要多少配电加强设备来容纳电动汽车或热泵，以及安装该设备的时长；用于电转气的电解槽的价格变化，以及这如何影响电力与天然气传输和分配的经济性。

（3）引言中第 3 点提到的能源转型的分配效应与投资决策有直接关系：例如，如何分摊跨越多个行政辖区的投资成本（例如，TSO 和 DSO 之间的跨境成本分配）。再比如，如果能源转型给一些人带来好处，给其他人带来坏处，这可能导致项目延迟或取消，甚至有可能破坏整个世界的减缓气候变化的战略。

（4）洲际规模的国际互连和微电网对投资决策和系统经济性有特殊影响。家庭消费者可能使用与公司截然不同的经济投资规则，而且一个国家内部和国家之间的融资条件也有很大差异。

（5）基础设施投资的可靠性和环境影响的货币化会影响投资经济和决策，但它取决于进行投资的公司之外的监管、政府甚至全球决策。这给未来的发电利用和电网投资带来了不确定性。

最近的几个 CIGRE TB 解决了上述经济和投资多方面的问题：

TB 701 总结了输电投资决策的驱动因素，并确定了投资驱动因素的增长趋势。

TB 666 聚焦可再生能源，描述了面对由可再生能源的剩余或赤字问题，可能的技术和解决方案。

由于目前可再生能源增长的很大一部分出现在配电网络中，这些分布式能源正在改变电力传输和分配的协同工作方式。CIGRE/CIRED 联合工作组制定了 TB 681，它调研了在配电系统中功率交换的巨大变化面前，未来输电系统的规划准则。

10.2.5 水平和垂直互连技术现状概述

近期新增的 CIGRE SC C1（电力系统发展及其经济性专业委员会）工作领域重点关注大

陆规模的国际水平互连和垂直 TSO-DSO 接口，其中子系统通常由不同的行政辖区和公司处理，并且可能受到不同的监管。

关于“横向”互连，TB 775 正在解决连接世界上洲际层面相互孤立的电力系统的连接选项。全球电网会影响整体可持续能源发展目标的实现，因此有必要解决全球能源资源分布不均的问题。全球电网由洲际和跨境互连和互连国家的各种电压等级的电网（输配电网络）组成。全球电网将利用不同时区、季节、负载模式和可再生能源间歇可用性的多样性支持所有互联国家的电力供应的平衡协调。

迄今为止，对这种未来全球电网[22-24]的研究很少，研究实现的障碍将是各国统治者的态度。然而，这个研究的潜在高回报投入更多研究，与 CIGRE 公正的视野和全球卓越的特征非常匹配。

这项研究表明，在所有限制和边界条件（例如 CO_2 价格/碳税）下，与非互联电网相比，大陆内互联在所有情况下的附加价值更高。与非互连电网相比，全球电网具有以下主要改进：

（1）风能和光伏发电量的显著增加，可以取代在不互联时高占比的燃气发电厂。

（2）系统总成本（输电和发电的按年计算的 CAPEX 和 OPEX 之和）降低。

（3）可再生能源份额的大幅增长，CO_2 排放量的大幅减少。

这项首创的定量研究为全球电网的经济可行性配置提供了地理和技术配置以及先决条件。一些假设和方法本身就是首创的结果，例如，全球负荷模式（每周、每天和每小时级别）以及对当今独立电力系统之间互补性的量化。

大规模互联的实现取决于要满足的非技术先决条件：

（1）技术互操作性和标准，以及操作问题。

（2）有效利用互联的市场规则和商业模式。

（3）为财务可行性和建设挑战（项目融资和项目管理）建立商业模式。

（4）建立授权、归属、建设和运营此类战略基础设施所需的法律和法规框架。

（5）所有利益相关者的政治支持，例如全球或多边的、稳健的合作氛围和相互信任。

作为后续行动，CIGRE WG C1.44 正在考虑存储和需求响应的影响，将其引入输电和发电之间的平衡。

国际互联不仅需要在洲际层面实现，还需要在区域层面实现，这通常会面临额外的障碍。此类障碍源于它本身的多管辖权和多方参与性。因此需要更深入地考虑连接的成本、收益和相关风险的评估原则和分配标准。在成本效益分析显示相关方优势不对称的情况下，需要相关方不对称地负担分担，但这种负担分担无论是在横向维度（TSO-TSO 项目）还是纵向维度（TSO、分销商和其他电网运营商之间的整合），尚未形成清晰一致的规则。在欧洲和其他地方，“商户线”概念完全适用于私人投资。商户线机制的内在灵活性以及上述不对称的成本/收益分担催生了创新和因地制宜的实施方案，并在一些现有项目中呈现。

塑造商业模式的关键特征是投资者的性质，包括：能源流一般方向和相关受益者；资本密集度；资产的地理和地形分布（特别是涉及过境领土或国际水域时）；技术（HVDC 和/或海底电缆）。这些特征意味着对整个连接的设计、工程、采购和施工采用统一的方法。

虽然成本（CAPEX 和 OPEX）相对容易估算，但是根据所考虑的观点和主题不同，评估收益结果会有明显差异：比如投资公司寻求盈利能力；TSO 寻求系统性能；电力系统考虑可能的外部因素；最终消费者寻求能源价格降低。由于运营问题（如供应安全/系统稳定性）和社会问题（如社会接受度/环境影响）难以量化且没有统一的衡量标准，这进一步增加了收益评估工作的挑战性和争议性。

WG C1.33 正在考虑上述主题，讨论一般原则，作为未来跨辖区项目设计的指南，并用于分析创新模型。

在“垂直”互连领域，分布式发电的模式转变以及消费者演变“生产性消费者”，对储能和需求灵活性提出了更高的要求。这需要参与者在同一地区规划不同电压水平的电网方面进行紧密的合作。这需要采用从场景定义开始的集成 TSO-DSO 规划流程。

考虑到整合 TSO 和 DSO 系统和规划活动之间的复杂性，需要开发改进的规划方法，提高投资效率。随着经济状况不断变化、技术不断发展和可再生能源的逐步整合，集成解决方案和更好流程可以为客户创造巨大的利益。

正在进行的 WG C1.40 解决了以下问题：

（1）如何在不同的电网所有者之间协调计划和分配成本？

（2）电网所有权边界的不同规则是否会导致次优连接位置，影响电网投资？

（3）如何在预测中整合自下而上和自上而下的方法（例如，较低电压的 DSO 和较高电压的 TSO）？

（4）可再生能源和分布式能源预测如何与快速变化的技术保持一致？

10.3 现有技术对于研究和创新的影响

本节更全面地反映了上述现有技术对引言中列出的各个方面的影响。

10.3.1 主动配电网和大数据

因为增加了可用于优化的范围和数据，这是系统规划、经济和资产管理的最大机遇和挑战。由于上述原因和相互依存关系，理想情况下，应该将配电、输电、存储、需求灵活性和所有电压级别的发电与数百万决策者和决策变量集成在一起进行建模。此外，这种建模需要考虑决策者的不同及其决策采取不同的视角，例如，垄断社会利益驱动的输电规划，或竞争性利润驱动的发电投资。更重要的是，因为智能电表记录数据的分辨率更高，以及大量配电系统传感器安装（“物联网”IoT 或“能源互联网”IoE），这种建模的可用数和相关据量比往年数据大几个数量级，使得电网有更高级别的可观察性和可控性。

拥有各种分布式能源的主动配电网的数量增加带来了新的机遇和挑战。即在考虑新的需求，新的灵活性，新的由消费者、生产性消费者和系统运行者控制的决策变量的前提下，对负荷预测和电网规划建模。因此，下文将讨论如何将复杂的全系统规划问题合理拆分为可管理的部分。

一个重点是系统建模的范围，这需要在新设备的整个生命周期内进行。大多数情况下，发电和电网设备的使用寿命预计为 25 年甚至更长；而电池的寿命可能低于 10 年。考虑到在全球能源转型时期会出现新需求（例如电动汽车）、不确定的发展方向、不明确的价格弹性、发电和储能技术的成本变化和新的电网技术等问题，新设备的收益在其整个生命周期内有所不同。

现有做法是以 10～20 年为目标规划输电网，以 5 年来规划配电网。在这种情况下获得的投资决策可能是次优的。比如以下情况：在电网负载增长强势时，增加目标年限的规划容量；面对目标年限之后电网负荷减少的风险，降低目标年限的规划容量。具体而言，为了适应电动汽车的高速增长，规划提高低压电网的容量。然而这个规划未考虑到以下问题：由于拼车，自动驾驶，快充和/或智能充电的应用，降低了电动汽车充电峰值功率，进而降低了对低压电网的容量需求；基本上所有的充电站都连接在中压配电网，因此不需要提高低压电网的容量。

考虑到 COP21 巴黎气候协定，10～20 年规划不再有效。全球越来越多的国家认为，需要在 2050 年完成气候中和的目标（净零温室气体排放）。因此，国家、电网公司和 TSO 开始定量研究它们的能源系统如何在 2050 年实现气候中，并且利用研究结果指导 10 年和 20 年系统规划研究。这意味着，未来 30 年的计划很重要，实现目标的途径也至关重要。

发电规划的优化方法也会对多年发展进行建模。考虑到经济成本效益分析，这种方法目前开始基于 3 或 4 个目标年建模（例如，从 2010 年到 2018 年两年一次的 ENTSO-E TYNDP 的变化）。由于受到技术限制，在配电规划中，并未采用多个目标年进行建模。但考虑到收益在设备寿命期间会发生变化，配电系统规划需要演变为经济分析，并且需要至少依次涵盖几个不同的目标年份（参见第 10.2.1.2 节）。

从电力设备资产管理的角度来看，电动汽车的规模增大会影响电力资产维护和更换策略。电动汽车充放电会增加低压和中压电力设备的平均负载，在某些情况下还会增加峰值负载。在日负荷曲线上，表现为日最大和最小负荷之间的区别较小，短期内负荷波动较大。这种不断波动的负载模式会缩短电力资产的使用寿命。此外，由于峰值负载增加，需要对一些设备进行替换。最后，由于预计低负荷时段的窗口会缩小，难以安排实现预期使用寿命所必需的停机维护。在某些情况下，电力公司被迫跳过或推迟某些维护活动，这降低了某些设备的使用寿命，增加了替换率。

长期以来，分布式能源的容量和电力负荷的增长给未来的配电系统带来了很大的不确定性，从而将电力投资置入高风险环境中。一个有效的应对方法是对峰值负荷、电动汽车和储能的充电行为、消费者的需求响应行为等进行概率预测和模拟，以此为基础对未来投资风险进行建模，并找到更好规划方案。配电系统在短期内的运作方式也会影响投资风险和规划。例如，在短时间内协调控制分布式能源有助于减少长期投资和规划时间的不确定性；数据分析可用于消费者行为建模，避免突发风险，从而降低投资成本。总之，可通过充分分析天气数据、消费数据、经济数据等各种数据的方法，进行建模，降低不确定性和风险。

同一调度区域内的 TSO（s）和 DSO（s）之间需要协调系统规划。考虑到以下原因，对协调规划问题的建模很困难：很难确定谁拥有决策权或者至少领导协调；在比较综合规划和资产管理方法时存在文化障碍。现有的规划方法之间并不兼容，存在以下方面的差异：规划范围、情景设置、监管限制/关税报酬/质量服务要求、工具和计算方法、风险逆境、优先级标准等。除此之外，电力公司和当地利益相关者之间也存在巨大差异。协调系统规划的 TSO/DSO 可以采用定义信息共享标准、规划流程步骤和场景假设的步骤的方法，也需要从不同角度进行高强度的协商，或由主管监管机构进行公平裁决。

分拆和自由化不可避免地导致开发电力系统的参与者成倍增加，从而引发了严重的

“鸡和蛋”的问题：是否应在（预期）新发电厂/负载变化模式之前开发电网？反之亦然。传统的做法是通过渐进式电网扩展来解决用户的连接请求。现在这种方法已经不再可行。在某些情况下，电网运营商通过对并网请求进行可行性评估，或者要求申请者签署保证书的方法解决上述问题。但这些离线解决方案并不令人满意，必须塑造新的流程/业务模式。

此外，即使在没有新的连接请求的情况下，电网性能也会发生变化。例如常见的在消费者变成生产性消费者或 DER 生产者提高其发电能力的情况，此时他们与电网的电力交换情况与之前完全不同。通信信息不足也是一个问题。DSO 获取的信息有限，TSO 更甚，有时这些信息可能会分散到同一调度区域的多个 DSO 中，呈现为 TSO-DSO 协调问题中的 DSO-DSO 协调子问题。

10.3.2 直流（DC）、储能、新的运行方式和控制工具的建模

随着直流线路和 FACTS 设备（如移相变压器）大量接入交流系统，输配电安全和损耗、发电调度或再调度成本优化变得更加复杂。在规划研究和投资分析中，对直流输电线和 FACTS 设备的优化建模带来了算法和计算量上的挑战。

直流、储能和一些 FACTS 设备的成本已经降低，但其他设备相比仍然比较昂贵。在评估投资的经济分析时，这些设备很难具有良好经济性。但是这些设备系统使用范围大和复合性良好，因此，如何评价这类设备的投入产出是一个悬而未决的难点。例如，储能单元通常可用于提供多种电网服务。它们可以堆叠和共同优化。低估或高估此类储能单元的经济影响将极大地影响投资决策。

这些问题对于在洲际系统规划非常重要。在不同的 TSO 在大型同步系统中合作时，直流线路和移相变压器往往是特别普遍的选择。传统意义上，电网通常为网状结构，采用交流技术，且电压等级是当地标准的电压等级。仅在大容量和超长距离的情况下选择直流输电，比如将孤立地区（巴西、中国和刚果）的大型可再生能源发电厂（水坝）连接到遥远的负荷中心。近年来，大规模开发可再生能源发电（风电、沙漠地区的太阳能、海上风电场）增加了点对点结构的直流输电的数量[18, 25, 26]。直流输电也是海底互连和异步区域互连的必需选项。

一旦一个系统具备多个嵌入式直流输电（如中国西部），或者正在开发广阔的近海区域（如欧洲的北海），“点对点”直流连线就会变得低效。因此，需要研究直流输电组网技术。该技术目前需要解决可靠性和成本效益核算等问题，比如，直流断路器[27, 28]确保了对于电网元件的短路和其他故障的不可或缺的保护功能的执行。从这个角度来看，专家在建模和评估等规划方面需要面对网格架构和拓扑出现了新的挑战。

直流输电的另一个突出应用是可以连接不同辖区，因此也用于连接不同的电网运营商的电网。在交流电网中，无法预先定义潮流，潮流仅根据电网元件的电气参数（基尔霍夫定律，稳态）自然分布；在这些情况下，利用直流输电连接的两个强大的交流系统，可以增强对潮流的控制程度。如果采用在工作区域内的四个象限工作 VSC，以及作用于相角的其他设备（FACTS、PST 等），以上方法同样适用于无功控制。

未来，越来越多的方法（嵌入式连接和点对点连接）和设备的组合将需要更复杂的规划分析和建模。

10.3.3 气候保护、环境限制和多标准权衡

如上文关于发电和输电规划的部分所述，对环境和其他非经济问题的考虑从简单地法律约束，转变为根据多个标准对成本和收益进行明确和系统的分析。第 10.2.1.2 节是将欧洲十年电网发展计划过程视作多标准成本效益分析的最新案例。ENTSO-E 的第二个成本收益分析程序提供了对成本、收益和标准类型的更详细描述。收益是社会经济福利的重要经济标准，即电力消费者、生产者和输电所有者的经济盈余（拥塞费用）。其中最重要的部分是降低总可变发电成本（节省燃料和避免的 CO_2 排放成本），还包括可再生能源整合（最大限度地减少限电）、单独显示 CO_2 排放量变化、损失、供应安全（预期的能源未供应以及由此造成的基于 GDP 估计的经济价值损失）和系统稳定性。成本是项目总支出。此外，还介绍了外部影响：环境、社会和其他影响。

但迄今为止，在不同国家或不同能源部门之间关于技术、经济、环境和其他多标准目标和限制是不一致的。例如，在欧盟、加拿大和美国等国，即使已经承诺在其电力系统规划中包含与 CO_2 相关的限制，对与 CO_2 排放的分配价值也大不相同。不同的能源部门处理 CO_2、SO_x 和 NO_x 的约束和价值不同。

上述问题使得为整个国家、大陆或全球社会的利益，统一标准规划是非常困难的。对于电网和发电运营公司，现实的方法是始终考虑当前适用的约束和价值。然而，也有例外情况存在，例如，2011WECC 无约束力的美国西部 10 年区域传输计划[29]在当时美国没有任何 CO_2 价格的前提下，在某些情况下假设 CO_2 价格为 33.07 美元/公吨。这是因为规划研究或投资决策评估了未来几十年的收益和成本。在未来的分析中，应该模拟真实的 CO_2 价格、相关税收和环境约束。CO_2 价格仅仅在目前为零，并不意味着它在未来 15 年仍然不存在。假设 CO_2 价值是现实的，并且根据分析的不同情况改变假设价格的方法也是合适的。

10.3.4 部门耦合

推动包括电力、运输、供暖/制冷、工业和农业在内的整个能源系统的脱碳，电力系统和市场发挥着核心作用（参见 ETIP SNET Vision 2050[30]，它启发了本节的大部分内容）。与化石燃料的使用相比，电力的多功能性更强，其在运输和供暖方面的能源效率更好，低成本的太阳能和风能发电的脱碳成本相对较低，电力价值会在很短的时间间隔内发生变化，这些特性意味着它的价值会自然地影响所有部门的市场均衡。过去，化石燃料具有这种作用，电力价格以及供暖和运输价格的预测以煤炭、石油和天然气价格预测为依据。除了可再生能源和核能发电外，生物燃料能为巴黎协定要求的 2050 年后碳中和的未来做出贡献。但是，由于土地可用性和与粮食生产的竞争，即使二季作物可以产生比过去假设的更多的沼气供应，生物燃料的发电量依然有限❶。对于世界上供暖在年度能源使用中占主导地位的地区，季节性储能[30]可能在所有能源需求的碳中和供应中发挥主要作用。蓄热或动力制氢/动力制气可以将夏季可再生电力盈余转化为在无风冬季也可用的能源。这也是由电价信号驱动：低发电

❶ See, e.g., Gas for Climate—The optimal role for gas in a net-zero emissions energy system, March 2019, Navigant for the Gas for Climate Consortium; https://www.gasforclimate2050.eu/fifiles/fifiles/Navigant_Gas_for_Climate_The_optimal_role_for_gas_in_a_net_zero_emissions_energy_ system_March_2019.pdf.

成本和价格——由于可再生能源盈余的零运营成本——表明一些盈余的能源应该注入季节性储能。对于我们感兴趣的系统规划和经济问题，对储能、发电和需求灵活性的投资都可以由这些价格信号驱动。

为了构建广泛的部门耦合主题，仍然需要取得进展的方面[31]，可以概括如下：

（1）规划：电力系统规划必须与不同能源部门（如供暖和运输）的电气化一致。其中一些过程已经在进行中（电动汽车、热泵），挑战在于正确预测变化的速度（不仅取决于技术进步，还取决于政策/关税的激励措施）、对峰值需求（GW）的影响和能源供应（TWh），以及其他所有直接和间接影响。

（2）运营：运输和供热电气化为电网运营提供了新的灵活性，这些方式包括：灵活发电、抽水、电网配置、电力储能、需求侧管理；这种附带能源子系统的负载增加使得调整转换率及其固有的存储能力成为可能。通过运营可以平衡可再生能源产生的能量的盈余或赤字，减少盈余或赤字。

（3）能源载体的优化：电力的双向转换和存储不仅可以扩展到非传统的电力负载（电动汽车、供暖），还可以扩展到其他传统的能源流体：甲烷、氢气、绿色气体、燃料。它们有自己的传输基础设施（管道、船舶、油轮）和存储基础设施（储罐、水库、流动库存）。这种方式允许以分子的形式（例如，氢或氨）存储能量。因为这些物质固有的高能量密度，没有内在能量损失，可以经济地传输大量能量。

现阶段一个关键问题是在未来某个时间实现跨部门外部性评估的整合。目前外部性评估在不同部门采用完全不同的方法。

此外，CIGRE SC C6（配电系统和分布式发电专业委员会）正在解决部门耦合的各个方面问题，尤其是基于配电系统的角度：WG C6－1.33（与 SC C6 联合）正在试图制定协调一致的定义，以结构化的方式优化整个能源系统，塑造主题及其机会。其技术报告计划于 2020 年公布。

10.3.5 利益相关方和公民参与

正如引言中所解释的那样，利益相关者和公民的反对可能导致项目的延误或取消。现状使得以下问题出现[15]，即政府和电网公司应该如何与利益相关者和公民互动和沟通，让他们参与项目开发各个阶段的决策制定，尤其是在资本支出之前或者项目的系统安全需求变大之前。这种先进技术的特点是：对利益相关者和公民及时通报信息，信息透明，允许对不同选择进行开放讨论。

尽管如此，必须注意防止这种方法导致整个社会（电力服务可靠性低或成本高）因为少数群体的特殊利益阻碍项目的推进。例如，在德国巴伐利亚州几个地区，由于地方反对持续能源转型所需的重要架空线，导致政府决定优先选择地下电缆，建立 4 条传输能力为 2GW 且长度超过 500km 的 DC 南北线路走廊。这导致传输系统和整个能源转型的成本急剧增加。这一决定的受益者相对较少（主要是可以看到架空线的村庄的居民），但 8200 万德国人都支付了更高的成本。建立地下线路的额外成本与避免看到新架空线路的人之间似乎没有系统的定量比较。

良好的利益相关者和公民参与对规划过程的影响具有不同的特征：

（1）建模不能过分地像一个黑匣子，必须可以与外行人解释和讨论模型结果。此外，这些工具需要足够简单，以修改输入并根据更改的假设或选项重新运行。

（2）第 10.3.4 节中描述的多目标方法还可以包括一个目标，该目标可以衡量可能的反对意见带来的延误或增加的成本。

（3）货币化是经济学家的最佳方法，但依然会带来争议。应将讨论重点放在最相关的分歧上。

CIGRE TB 548 解决了其中一些问题。公民参与电力和能源市场以及能源政策决策是影响能源转型的最大不确定因素之一。成功的能源转型可以为所有公民的孩子和今天的年轻人带来一个宜居的世界（见证星期五为未来运动），但它也会影响公民的流动性、家庭和社区的舒适度，以及他们的收入。公民在未来更加一体化的能源市场中处理能源需求的乐观和灵活程度将决定能源转型的以下问题：是否会带来冲突和高成本；是否为每个人带来合作精神和良好的经济；能否缓解气候变化和维持系统可靠性。研究公民对先进能源转型的反应和参与，对系统规划者和能源政策制定者特别有价值。

10.3.6 能源市场的规划、监管和经济与环境和可靠性约束的角色转换

原则上，在市场内和垄断电力系统结构中可以很好地管理多标准和多利益相关者的决策过程。然而，需求响应、价格弹性、本地储能和分布式发电在很大程度上取决于个人客户的日常决策，所有这些决策都可能影响未来低成本、碳中和，区域耦合和可靠的供能系统。如果小型产消者是能源市场的充分参与者，那么输配电网络以及整个系统的需求和经济性可能更易协调。此外，可靠性的货币化以及环境和气候变化外部性依赖的价格信号（该信号将数以百万计的客户和产消者与能源供应公司联系在一起），可能在市场中更好地发挥作用。同样重要的有：独立于一个国家选择垄断或市场供电结构、正确的价格信号、多种规划标准的结合、为外部性货币化合理选择的程度和领域，以及与利益相关者和公民的透明和开放的互动。

为了满足上述不断变化的电力系统的需求，许多国家很可能需要过渡到新模式。这将导致中央计划、监管和市场作用之间的界限发生变化。由于市场参与者不喜欢规则的变化，会在价格快速上涨时质疑市场或中央计划者，有必要谨慎管理这些变化。

由于现有法规的不同，在不同的公用电网公司和不同的国家/地区，DSO 在管理 DER 中发挥作用的程度和方式不同。通过经济激励措施可以优化 DSO 和 TSO 的合作。

电力系统利益相关者都追求一个更经济高效和环境影响低的系统。需求响应（DR）是指需求方从短期角度以协调方式对市场和电力系统状况做出的响应。最优 DR 开发地依靠对多种可能性选型的分析来确定 DR 的价值。重要的是要允许 DR 与基于市场发电能力的产品公平竞争，以推动最佳投资和运营决策。其他影响需求响应的因素有：测量、验证和市场准入机制。进一步的工作应侧重于需求响应与分布式能源之间的联系以及需求响应相关法规的发展，这些法规可能必须适应新的消费模式（例如电动汽车）以及下一代需求响应和存储技术。

随着分布式能源和微电网的发展，在一些地区，需求增长不再是输电投资的主要驱动力。在这些情况下，一些人视输电网络为防止当地供能不足的保险。根据上文第 10.2.2 节所述，对实现稳定供应的许多不同服务的明确估值是应对这一挑战的关键，相邻电网之间以及发电和输电之间的协调也至关重要。

上述的 CIGRE SC C5（电力市场和监管专业委员会）的 TB 692 定义了参与规划和投资传输的各个实体的作用。 研究了市场价格、电网资费和监管方案在输电规划中的互补作用。适当和互补的信号可以通过市场组织和电网资费来传递。但是，为了促进和优化互联互通建设必须确保相邻市场之间的监管一致性。此外，输电投资的风险状况必须正确反映在费用法规中。

正如引言中所强调的，电力供应的三个传统目标，可靠性、经济性和环境因素，三者之间的平衡正在演变。在许多国家的系统规划方法中，可靠性是一个硬约束，电网公司要对他们在整体结果中的部分负责；环境因素受到了一定的限制，其中包括基础设施的物质、社会和环境影响，以及排放方面的运营影响；经济性因素通常立足于单个综合电力公司的角度。未来，与气候变化有关的环境问题正在成为减少温室气体排放的首要驱动因素。此外，基于市场的选择正在不断演变，推动电力系统寻求最经济的解决方案。可靠性正在成为经济学的一个函数，并得到需求响应和价格弹性负载的支持。经济产出的最优化问题更经常出现在拥有不同国家和地区的更多参与者的市场环境中，也出现在有更多不确定性的环境中。此外，CO_2 价格等市场机制正在被逐步引入。这些变化需要修改系统规划标准，将新一代技术的影响和外部性货币化纳入考虑。虽然技术规划标准仍然被认为是系统强化的主要驱动因素，但规划需要解决多标准的权衡和概率标准的使用问题。

通过对经济性、可靠性和环境影响的联合评估和优化，有必要在考虑增长的不确定性下做出最佳决策（已经在第一部分描述过），下文对这方面工作的需求举例描述：

（1）了解不确定因素对电力系统可靠性、经济性、稳定性和可持续性的影响，以及各种因素之间的相互关系。

（2）在不确定性条件下开发广泛接受的机制和稳健的规划方法，例如具有高份额间歇性可再生能源的发电规划、基于风险的输电网络规划。

（3）进一步增强不确定性条件下的概率规划标准。这些标准将涵盖诸如选择典型运行状态、所需的安全裕度和容量储备要求等方面。

10.4 研究问题

10.4.1 新的规划和经济性方法的机会

本节总结并展望了上述新技术以及衍生的各种需求和机遇。各个电力系统工作人员之间的合作和快速发展的支撑软件也带来快速发展的机遇。全球电力系统规划人员都在研究利用合作和软件发展应对不断变化的挑战和复杂性。或者正如 CIGRE SC C1（电力系统发展及其经济性专业委员会）的战略规划所述，充分利用这种变化。

下文对于新的规划与经济手段的需求和机遇进行了分层总结，包括支撑电力行业工作人员对其方法、合作和软件发展进行规划与安排。需求和机遇分为四个方面：

（1）电力行业的流程。

（2）电力行业的变化。

（3）电力行业的展望。

（4）相关决策的制定。

监管机构和政府需要确保系统运营商的规划投资需求的必要性和高效性。因此，TSO 在投资方面的工作是本章所述的多标准和不确定变化带来的困难下的最优解。数据存储容量和计算能力的改进有望在未来帮助解决此类优化问题，但需要很多前期工作才能使其实用化，通常涉及先进的数据分析方法。但是，这种办法取决于改善数据访问、适当的成本披露以及在市场环境中的潜在定价和合同安排。

表 10.1：展望在流程方面对方法改进的一些主要方向。

表 10.2：电力部门的变化表明上述方法改进如何应对当前和未来的挑战。

表 10.3：着眼于电力行业以外的行业耦合和潜在的全球电网，并描述了上述方法改进如何与其他方法相结合，以应对复杂性大幅增加的问题。

表 10.4：将系统开发和经济学的视野从电网公司和监管决策扩展到利益相关者和客户参与，以及这种扩展对可靠性和市场与集中规划过程之间的平衡造成的影响。

表 10.1　　需求和计划：电力部门的流程

高层次的挑战和需求	更具体的挑战和需求	近期的先进技术	长期的发展需求
T（输电）和 D（配电）统一规划	分布式能源和主动配网系统管理对于输电和配电的管理都很重要	迭代过程，例如基于通用场景的主/从问题；明确责任划分	整个阶段的耦合过程：时间范围，场景定义，假设条件，分析工具，以及参与部门的耦合
数据的优化使用	正确和有效的数据访问管理：谁/为什么/怎样获得何种数据；谁/如何有权力访问/处理何种数据	数据中心为 TSO、DSO、供应商、客户、聚合器提供对许可数据的受控访问，开发和提供 GIS 系统，考虑环境影响	适用于大数据管理（原始数据加上统计/过滤/分析后的数据）的整体框架：客户行为、电力/辅助服务价格，高分辨率的时间（频率高于每小时）和空间（节点）
整合资产管理——规划	基于系统规划的资产数据	ISO 55000 高级数据分析用于表征基于资产价值（货币化），即根据资产条件、系统风险、加固需求和中断机会优化的资产置换	在输电和配电中处理整合规划和资产管理数据
随机模型/不确定性	关于可再生能源、新的需求（例如电动汽车）和活跃的生产性消费者的短期和与长期不确定性	G（发电）、T（输电）、D（配电）不确定性在 LT 的故事线和 ST 不确定性的 Monte Carlo 模拟的情景中建模；随机发展路径采用的范式（投资选择的识别和管理；目标年份的中间年份；避免搁浅投资）	决策树的随机优化在 G（发电）、T（输电）、D（配电）和综合规划中的应用
		考虑客户在系统层面对灵活性和需求价格弹性的激励，G（发电）、T（输电）、D（配电）基于观察数据(包括调查与国外数据)对需求灵活性进行规划的假设	在 G（发电）、T（输电）、D（配电）规划中建模需求价格弹性(理想情况下特定于设备)
考虑更多可能性和复杂性的规划	在多层次、多标准的规划流程中，扩大并深化考虑的可能性以及保持系统安全所需的服务	新设备和服务的电力与经济模型，如电池，需求响应等	将概率方法扩展到所有规划方面（充分性、资产管理、操作规划、系统服务等）
		第三方“服务”作为电网强化的替代方案	定义了第三方服务的商业和风险管理

表 10.2　　需求和机会：电力部门内部的演变

高层次的挑战和需求	更具体的挑战和需求	近期的先进技术	长期的发展需求
高比例可再生能源系统	为规划者提供充分的动态模型	对于 TSO 规划者随时可用的现存和新的发电厂模型	TSO 能够看到设备及其控制的“内部”，并可以指定控制要求
	明确并量化可靠性影响	用于发电投资决策的能源、容量以及多种辅助服务市场的集成与互补建模	具体的(特定设备)VOLL 建模
		开发了评估系统弹性和相关投资需求的新模式	多准则随机规划的弹性集成
储能灵活性	优化使用各类储能	对各类储能服务进行全面一致的评估	储能服务的商业模型和监管
电力电子的普遍应用	可供规划者使用的低/无机械惯量的控制模型	仿真新型控制模块，如电网转换器，合成惯量等	由于新型辅助服务带来的惯量减少已经纳入研究规划（如惯量市场）
	精确的负荷模型	模拟负荷频率、电压响应能力和谐波注入	明确并管理系统谐波
充分考虑系统动态特性	同步电源由异步电源代替	动态模拟新设备，尤其是非线性设备	实现未来多种场景的稳定性评估
新型辅助/系统服务	识别和仿真衰减和快速响应；RES + DER 的辅助服务，量化和组织市场提供的灵活性服务	在运营需求和产品定义之前，为每项服务提供长期规划建模 + 需求评估 + 供应——在调整市场设计实现之前，需要在规划研究中看到需求和价值	基于随机主/从问题结构建立相互依赖的产品 + 服务市场模型，通过不同的灵活性手段提供多种服务

表 10.3　　需求和机会：超越现阶段电力系统的思考

高层次的挑战和需求	更具体的挑战和需求	近期的先进技术	长期的发展需求
移除全球电网的壁垒	尽管市场设计/集中规划存在差异，仍可开展联合投资	定义最小通用贸易规则和全球治理结构	全球互联、规划、运营和市场电网编码，允许不同国家的灵活性，同时编纂安全运营所需规则
充分考虑气候变化/环境	权衡利弊解决经济性，可靠性和环境问题	在 CBA 中充分考虑 CO_2 与直接效应，部分量化或货币化，部分作为多标准权衡；对于发电、输电和配电亦然	1.5° 的气候变化限制推动了能源规划研究，包括发输配电；综合考虑所有外部特性以实现全局优化
	对气候变化的适应与应急规划	系统考虑气候变化对电力系统的风险，及其电力系统的恢复能力	在随机、多标准规划中纳入抵御气候变化风险的能力
	明确超出单一电网公司影响范围的选择	从国家到(次)大陆规模的电力系统规划，特别是输电，以便能够有效处理高比例新能源区域的盈余/赤字	作为标准使用多能源区域与多系统模型
整体能源系统规划/区域耦合	开发和测试用于电、气、热和运输的定量规划和分析模型	考虑到政策影响，对电力、燃气、热力和运输部门的生产和需求进行持续预测	在跨区域规划研究中明确税收与补贴的差异；在政策实施之前进行税收 + 补贴的研究；在各个国家和全球范围内实现统一的税收和补贴

表 10.4　　决　策　制　定

高层次的挑战和需求	更具体的挑战和需求	近期的先进技术	长期的发展需求
客户 + 利益相关者参与	能源向气候保护的艰难转型需要社会和用户的支持	规划过程对公众的透明度，特别是关于假设影响分析的透明度；咨询管理	由于脱碳系统中的能源以及中心电网是可持续发展社会中的基础，因此能源系统规划是一个共识和效率驱动的公共过程
		公共事业公司、监管机构和各级政府在规划和授权过程步骤中允许客户和利益相关者参与，尤其是早期步骤；规划和授权的速度有所提高	用户利用专家披露的信息和一致的价格信号对市场选择进行，共同决定能源系统的方向
新的挑战需要明确风险管理	针对可再生能源波动较大的系统，制定了新的可靠性标准并应用于系统运行	规划模型通过对发输配电投资决策的能源、容量和辅助服务市场的互补建模来考虑新的可靠性标准	用户需求的价格弹性与具体设备影响市场运作和系统规划
平衡集中规划与分散市场决策的制定	对于市场：与市场决策解绑，获得最优市场发展	以发电投资优化为模型的 SO 决策，反之亦然	电网运行人员的新商业模式
	电力和所有能源部门的价格信号一致	高分辨率价格信号（时间 +地点）驱动市场，以此为规划建模	所有定价 + 投资决策基于使用地点时间和稀缺性；包括基于区块链的点对点交易
	集中规划：预算限制下的最优多区域发展	成本为系统运营商和能源系统的重要参与者所共知，从而推动运营和规划决策	所有参与者/客户需明确成本的波动，并根据系统信号对系统需求做出反应

尽管表 10.1～表 10.4 列出了众多挑战、机遇和解决方案，我们仍可以确定八个关键主题，这些主题对实现演变至关重要。第 10.4.3 节对这八个关键主题（建议的 RD&I 优先事项）进行了描述，并将在下一节中提及。

10.4.2　CIGRE 和全球 RD&I 如何应对挑战和机遇

在 CIGRE SC C1（电力系统发展及其经济性专业委员会）战略规划及图 10.1 显示的四个主题的背景下，几个近期完成的 SC C1 工作组解决了上述研究方向的重要部分，它们的 TB 在上述章节中列出。在本章节中，描述了新的工作组如何以先前工作为基础，以优先级分步的方式解决更多的 RD&I 需求和挑战；其主题体现在图 10.1 所示的战略规划图中。

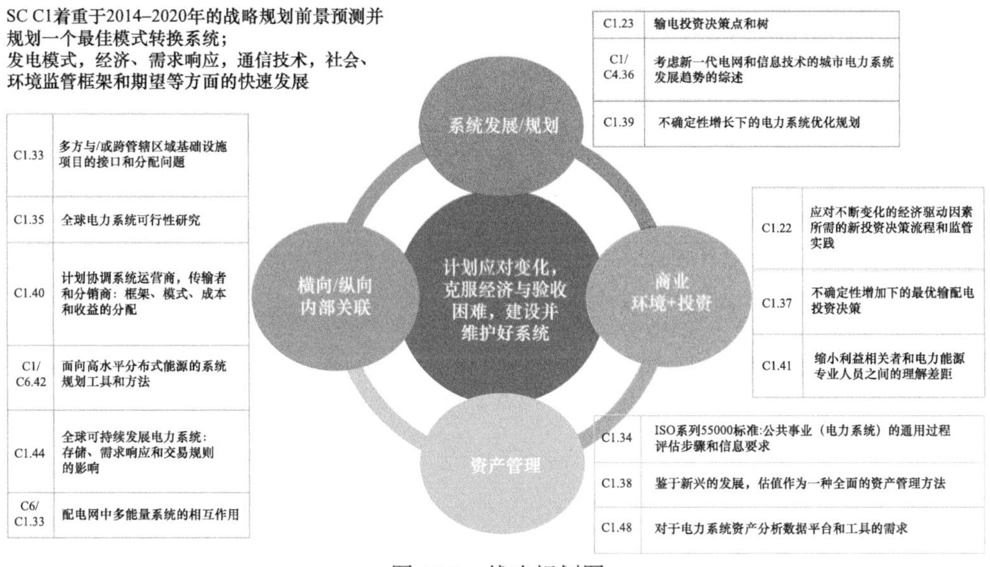

图 10.1　战略规划图

系统发展/规划

目前没有专攻发电规划的工作组。但有工作组研究了发电厂、燃料使用和竞争性市场实施水平增长带来的不确定性对输配电规划的影响，特别考虑了大量投资太阳能和风能发电的情况。因此可能在输电和配电层面非常分散。

CIGRE WG C1.23——“输电投资决策点和树”正在研究目标电网和决策树在输电扩展的一系列相关场景中的使用。随着输电规划的不确定性日益增加，有必要在确定投资途径前考虑相关影响因素。该工作组正在评估决策树概念的使用。该方法对于系统处理不确定性的决策，以及向长期目标电网发展的规划决策至关重要。因此，该工作组的工作推进了可行投资计划随机优化方法的发展。目标关键为主题 6——随机优化。

CIGRE WG C1/C4.36——正在评估具有新一代电网和信息技术的城市电力系统的发展趋势。它解决了目前乃至未来全球电力系统的关键问题，即不断增长的大城市数量和规模对电力系统规划的影响。它明确了特殊规划需求和关键经济驱动因素。此外，它还研究现有和潜在技术，在确保电力系统安全的前提下，提高电力系统的可持续性和可控性。目标为关键主题 1，整合数据和流程。

CIGRE WG C1.39——“日益增长的不确定性下的最佳电力系统规划”正在从更广泛的角度看待不确定性增加对规划投资决策的影响。考虑的不确定性包括发电、需求侧、输电和配电。针对不同的市场模式研究电力系统规划的机制、方法和标准，目标是为未来项目制定指导方针。目标为关键主题 6，随机优化。

互连——水平与垂直

本章节涉及的工作组涵盖规划集成、横向纵向互连、主动配电网和大数据、直流建模、储能、先进控制工具等主题。考虑到风力发电机、太阳能发电和相关智能技术的快速发展，以及跨公司和国家边界共享和交易电力资源需求不断增加，为了达到使用可再生能源盈余和赤字的最高价值，电力系统的运行和规划变得尤为重要。

CIGRE WG C1.33——“多方与/或跨辖区电力基础设施项目中的接口和分配问题”研究了跨辖区项目的各个方面，包括跨境和运营商之间的成本、收益和风险分配，以及监管水平、商业模式和关税影响。工作组可提出通用原则和指导方针。目标为关键主题 1，整合数据和流程。

CIGRE WG C1.35——“全球电网可行性研究”对全球电网的潜在收益、挑战和经济可行性进行高层次的可行性研究。这是第一阶段调查，将对消费、供应量以及用于基础设施的关键技术做出一些假设。

CIGRE WG C1.44——“全球可持续发展电力系统：存储、需求响应和交易规则影响”更新了 C1.35 的工作，并改进了其建模。两者的目标为关键主题 1——整合数据和流程，以及主题 8——多标准成本效益分析。

CIGRE WG C1.40——“系统运营商、传输商和配电商之间的规划协调：成本和收益的框架、模式与分配”正在研究不同电网运行人员之间的规划协调，包括成本分配、数据交换以及发电和负荷的增长预测。目标为关键主题 1，整合数据和流程。

CIGRE WG C1/C6.42——“面向高水平分布式能源（DER）系统的规划工具与方法”重点关注分布式能源在配电网层面日益增长的影响以及对整个电力系统的影响。它体现了聚合分布式能源的方法和优点，介绍了使用工具来检验对可靠性、系统弹性以及相关经济方面的影响。目标为关键主题 1，整合数据和流程；主题 2，时间、位置和系统服务中的高分辨率价格信号，以及主题 3，价格弹性。

CIGRE WG C6/C1.33——“配电网中的多能源系统交互”研究了多能源系统在未来电力系统中的影响。重点研究了各种能源机制（包括各类储能，制冷和制热）之间的相互作用，以及采用多能源系统所面临的各种技术与经济挑战。目标为关键主题 4，能源部门的统一，以及主题 8，多标准成本效益分析。

经济与投资（包括利益相关者互动）

本节涵盖投资决策主题的工作组：气候保护、环境限制和多标准权衡；利益相关者和公民参与；由于环境和可靠性约束变化带来的对能源市场中的规划、监管和经济性的影响。毫无疑问，电力供应的快速变化带来的高风险正在影响投资决策，如何以简单有效的方式传达变化的影响同样具有挑战性。

CIGRE WG C1.22——“应对不断变化的经济驱动因素所需的新投资决策过程和监管实践”审视不断变化的能源环境对决策过程的影响。研究问题包括发电、输电和负荷使用的变化特性，以及间歇性发电的需求导致的辅助服务成本的增加。目标为关键主题 8，多标准成本效益分析。

CIGRE WG C1.37——“不确定性增长下的最佳输配电投资决策”研究如何使用输配电方案来确保 TSO 和 DSO 做出适当的投资决策。目前，分布式能源的增长、交通电气化、互联互通和用户供暖方式改进等方面均在全球排放目标的约束下。工作组在不确定性日益增加的环境中考虑该约束。目标为关键主题 6，随机优化。

CIGRE WG C1.41——“缩小利益相关者和电力专业人员之间的理解差距”研究利益相关者和技术专家之间对电力系统不断变化的特性的理解差距。从一系列的案例研究中找出如何提高所有利益相关者对电力系统理解的方法。目标为关键主题 5，参与和理解。

资产管理

虽然许多委员会审查了其研究领域的特定资产管理，但 CIGRE SC C1（电力系统发展及其经济性专业委员会）研究了所有领域普遍共有的高级资产管理，包括 ISO 55000 等新标准以及资产管理方法的广义概述。

CIGRE WG C1.34——“ISO 系列 55000 标准：公共（电力）事业的通用过程评估步骤与信息要求”研究资产管理和系统相关等方面。尤其是从 PAS 55 标准向 ISO 55000 标准转变带来的变化，以及电力公司准备向这一新标准升级的程度。目标为关键主题 1，整合数据和流程，以及主题 7，大数据。

CIGRE WG C1.38——“基于新兴发展的资产管理综合评估方法”正在审视国际惯例，考虑监管制度的影响以及与新资本支出的整合程度等问题，以证明资产维持投资和风险管理的合理性。目标为关键主题 1，整合数据和流程，主题 2，时间、位置和系统服务中的高分辨率价格信号，主题 3，价格弹性，以及主题 4，多标准成本效益分析。

CIGRE WG C1.43——“为支持资产管理决策流程的资产分析数据平台和工具定义一组典型要求”。在考虑资产分析工具时，就数据管理要求、评估工具供应商的方法、电力公司内部的基准测试等方面提出建议。目标为关键主题 7，大数据。

10.4.3　RD&I 优先级评判

根据第 10.4.1 节中的表格，总结了以下 8 个关键主题，代表最先进技术需求的发展。随着技术解决方案的发展和对电力系统不断变化特性理解的提高，需要不断修订它们：

（1）跨输配电、跨资产管理和规划，以及跨所有能源部门的整合数据和流程：这需要在 CIGRE SC C1（电力系统发展及其经济性专业委员会）中通过系统发展/规划主题（增加数据交换的一致性以及增加输配电之间规划方法兼容性）、资产管理主题（资产管理和系统规划数据、场景和过程的整合）以及互联主题（整个能源部门的整合）推进。在 CIGRE 中，SC C5（电力市场和监管专业委员会）和 SC C6（配电系统和分布式发电专业委员会）也将推动该关键主题的发展。

（2）与时间、位置和系统服务方面有关的高分辨率价格驱动客户和市场/系统参与者的选择。在市场和集中规划能源系统中建模并推动系统规划（作为成本和价格信号的整合）：这需要通过系统发展/规划主题在 SC C1 中推进，即规划方法可以基于更加精确的价格和成本信号上预测未来的发展，可以在需求系统服务（惯量，衰减率等）上不断增大差异。该方法还会影响资产管理和其工作组优先级。在 CIGRE 中，SC C4（电力系统技术特性专业委员会）、C5 和 C6 将推动该关键主题的发展。

（3）在高比例新能源系统中，稀缺定价和最终特定设备的价格弹性成为可靠的基础。该系统的特点为能源价格普遍很低但偶尔会出现飙升。规划必须在其建模中预测其现实走向。这需要在 SC C1 中通过系统发展/规划主题（TB 715 中将价格弹性以及系统可靠性相关的新方法纳入规划）推动。这些发展将影响经济投资以及资产管理主题的优先级。在 CIGRE 中，SC、C5 和 C6 将推动该关键主题的发展。

（4）价格和成本信号必须在能源部门内部保持一致：这需要在 SC C1 内通过互连主题推进，同时也需在 CIGRE 内推进，尤其是 SC C6。

（5）客户、市场/系统参与者和利益相关者的参与和理解：相关工作从 SC C1 的经济性和投资主体下的 CIGRE WG C1.41 中开始，需要继续扩大到客户和市场/系统参与者对价格信号、部门耦合等的理解。在 CIGRE 中，SC C3（电力系统环境特性专业委员会）将推动该关键主题的发展。

（6）考虑多个时间步骤，从输配电目标电网转向决策树概念和随机优化：这需要在 SC C1 中通过系统发展/规划主题推动，即推动电网公司向日益复杂的目标电网逐步推进，最终达到决策树和随即优化。随着规划和资产管理的整合，SC C1 的资产管理主题也将从各个方面推动这一进程。

（7）大数据提高了计算能力，数据中心为市场参与者提供数据隐私控制的数据访问，改进了资产管理、预测和规划：数据和计算能力影响了 SC C1 中的四个主题，在很大程度上仍由系统开发/规划和资产管理主题推动。它将影响许多其他 CIGRE SC，尤其是 SC C5 和 D2。

（8）最重要的是，将气候变化限制在 1.5℃的全球目标以及其他经济、社会、环境和可靠性标准，通过多标准成本效益分析方法完全纳入系统规划和资产管理。因为成本效益分析主要影响新投资，这也影响 SC C1 的四个主题研究，尤其是经济与投资主题。在 CIGRE 中，SC C3（电力系统环境特性专业委员会）将推动该关键主题的发展。

规划的影响是全球性的。因此，更重要的是要了解 CIGRE 以外的组织所做的工作，例如 IEA、IEEE、NERC、ENTSO-E、IRENA、ETIP SNET、Mission Innovation、Clean Energy Ministerial 以及世界各国的其他研究组织等。

10.5　结论

SC C1 章节从系统发展和经济学的角度讨论了未来几十年的电力系统。它体现了未来系统的主要技术对系统规划、经济和资产管理的意义。巴黎气候保护协议会在高比例新能源电力系统、能源系统脱碳与部门耦合、交通运输与供热的电气化、能源转型等方面对公民和利益相关者造成强烈影响。同时，洲际电网互连、微电网以及可靠性、经济性和环境约束之间的平衡也将受到影响。

发电、输电、配电和综合规划的演变通过以下几点说明：处理不确定性的通用优化模型函数；处理能源、可靠性以及高精度的价格信号对生产性消费者的影响所需的新型系统服务，以及在非捆绑市场环境中的规划。研究人员开始关注多标准成本效益分析、纵向和横向互连、电网可行性研究等方面，以及促进输配电系统规划人员之间的合作、包含利益相关者在内的业务管理、从基于风险演变为基于价值方法的资产管理等。这些方法也需要高分辨率的价格信号，并促进系统规划和资产管理流程更加集中化。

目前的研究重点无法完全应对挑战，带来了创新的需求，包括：主动配电网、大数据、DC 建模、储能、新型操控技术、气候保护、环境约束、多标准权衡、区域耦合、利益相关者与公民的参与、环境与可靠性约束角色变化以及能量市场的监管和经济性。这导致了对未来电网的研究需求。需要明确以下八个关键主题为所需的推动因素：

（1）跨输配电、跨资产管理和规划、跨更多能源部门的数据和流程整合。

（2）在时间、位置和系统服务方面的高分辨率价格信号目前尚未推动客户和市场/系统参与者的选择。此外，还需要在市场和集中规划能源系统（成本和价格信号的整合）中建模并推动系统规划。

（3）在系统中提高高可靠性的基础是稀缺定价和特定于装置的价格弹性。高比例新能源系统特点为能源价格普遍很低但偶尔会出现飙升，规划需要在其建模中预测价格走向。

（4）提高能源部门价格和成本信号统一性有助于在减少争议，并经济效率低下的情况下实现 2050 年碳中和。

（5）客户、市场/系统参与者和利益相关者的参与和理解。

（6）在考虑多个时间步长的基础上，电网规划方法从输配电目标转向决策树和随机优化。

（7）大数据，计算和算法能力提高以及数据中心的存在，为市场参与者提供数据隐私控制的数据访问，进而改进资产管理、预测和规划。

（8）最重要的是，将气候变化目标（通过多标准成本效益分析方法将气候变化限制在 1.5℃的全球目标）以及其他经济、社会、环境和可靠性标准纳入系统规划和资产管理。

新技术，如低成本风电、光伏、电池、计算和算法进步，以及大数据、人工智能、平台或区块链等均可以破坏或支持世界各地的进步。它们甚至具有使发展中国家超越发达国家的巨大潜力。建造更新更大的电力系统比在成型系统中推动创新技术更易于实现。

参考文献

[1] Poncela-Blanco, M., Spisto, A., Hrelja,N., Fulli, G.: Generation Adequacy Methodologies Review. JRC Science Hub (2016).

[2] ENTSO-E.: ENTSO-E Target Methodology for Adequacy Assessment-Updated Version after Consultation. ENTSO-E: Brussels, Belgium (2014).

[3] ENTSO-E.:Mid-termAdequancy Forecast-2019 Edition. ENTSO-E:Brussels,Belgium (2019).

[4] Mastropietro, P., Rodilla, P., Batlle, C.: National capacity mechanisms in the European internal energy market: opening the doors to neighbours. Energy Policy 82, 38 – 47 (2015).

[5] Hasani, M., Hosseini, S.H.: Dynamic assessment of capacity investment in electricity market considering complementary capacity mechanisms. Energy 36(1), 277 – 293 (2011).

[6] CEPA: Study on the Estimation of The Value of Lost Load of Electricity Supply in Europe, in ACER/OP/DIR/08/2013/LOT 2/RFS 10 (2018).

[7] Munoz, F.D., Hobbs, B.F., Ho, J.L.: Kasina S (2013) An engineering-economic approach to transmission planning under market and regulatory uncertainties: WECC case study. IEEE Trans. Power Syst. 29(1), 307 – 317 (2013).

[8] ENTSO-E: Ten Year Network Development Plan 2012. ENTSO-E Brussels (2012).

[9] Monticelli, A., Pereira, M.V.F., Granville, S.: Security-constrained optimal power flow with post-contingency corrective rescheduling. IEEE Trans. Power Syst. 2(1), 175 – 180 (1987).

[10] Capitanescu, F., Ramos, J.L.M., Panciatici, P., Kirschen, D., Marcolini, A.M., Platbrood, L., Wehenkel, L.: State-of-the-art, challenges, and future trends in security constrained optimal power flow. Electr. Power Syst. Res. 81(8), 1731 – 1741 (2011).

[11] Capitanescu, F., Glavic, M., Ernst, D., Wehenkel, L.: Contingency filtering techniques for preventive security-constrained optimal power flow. IEEETrans. Power Syst. 22(4), 1690 – 1697 (2007).

[12] Jabr, R.A., Coonick, A.H., Cory, B.J.: A homogeneous linear programming algorithm for the security constrained economic dispatch problem. IEEE Trans. Power Syst. 15(3), 930 – 936 (2000).

[13] Cheng, Y., Zhang, N., Kang, C.: Low-carbon economic dispatch for integrated heat and power systems considering network constraints. J. Eng. 2017(14), 2628 – 2633 (2017).

[14] ENTSO-E: Mid-term Adequancy Forecast-2018 Edition, Methodology and Detailed Results. Brussels, Belgium (2018).

[15] Theresa, S., Antina, S.: European Grid Report, Beyond Public opposition-Lessons Learned from Across Europe. Renewables Grid Initiative, Berlin, Germany (2013).

[16] Künneke, R.W.: Electricity networks: how “natural” is the monopoly? Util. Policy 8(2), 99 – 108 (1999).

[17] Huang,W., Zhang, N.,Dong, R.: Coordinated planning of multiple energy networks and energy hubs. Proc. CSEE 5(1), 1 – 11 (2018).

[18] Cheng, H., et al.: Challenges and prospects for AC/DC transmission expansion planning considering high proportion of renewable energy. Autom. Electr. Power Syst. 41(9), 19 – 27 (2017).

[19] Zhang, N., Chongqing, K.: Low carbon transmission expansion planning considering demandside management. Autom. Electr. Power Syst. 40(23), 61 – 69 (2016).

[20] Zhuo, Z., et al.: Incorporating massive scenarios in transmission expansion planning with high renewable energy penetration. IEEE Trans. Power Syst. (2019).

[21] ENTSO-E: European Network Codes. Available from https://www.entsoe.eu/network_codes/, 26 Nov 2019.

[22] Huang, W., et al.: Construction of regional energy internet: concept and practice. J. Glob. Energy Interconnection 1(2), 103 – 111 (2018).

[23] Liu, Z., et al.: A concept discussion on northeast Asia power grid interconnection. CSEE J. Power Energy Syst. 2(4), 87 – 93 (2016).

[24] Liu, Z.: Global Energy Interconnection. Academic Press (2015).

[25] Wu, D., et al.: Techno-economic analysis of contingency reserve allocation scheme for combined UHV DC and AC receiving-end power system. CSEE J. Power Energy Syst. 2(2), 62 – 70 (2016).

[26] Zhuo, Z., et al.: Optimal Operation of Hybrid AC/DC Distribution Network with High Penetrated RenewableEnergy. In: 2018 IEEE Power and Energy SocietyGeneral Meeting (PESGM). IEEE (2018).

[27] Dragan Jovcic, et al.: Task 6.1 develop system level model for hybrid DC CB. 2016. In: PROMOTioN-Progress on Meshed HVDC Offshore Transmission Networks.

[28] Marjan, P., et al.: D6.2 develop system level model for mechanical DCCB. 2016. In: PROMOTioN—Progress on Meshed HVDC Offshore Transmission Networks.

[29] Western Electricity Coordinating Coucil: 10-Year Regional Transmission Plan, 2020 Study Report. WECC (2011).

[30] Bacher, Rainer, Peirano, Eric, de Nigris, Michele: VISION 2050, Integrating Smart Networks for the Energy Transition: Serving Society and Protecting the Environment. ETIP SNET, Brussels (2018).

[31] ETIP SNET: White Paper Sector Coupling: Concepts, State-of-the-Art, Perspectives, Jan 2020.

作者简介

Konstantin Staschus，来自德国柏林，拥有美国弗吉尼亚理工大学（Virginia Tech, USA）运筹学博士学位。他曾在美国太平洋煤气电力公司（PG&E）任职 9 年，开发并领导团队进行中长期电力设施规划方法和软件开发；之后在德国电力协会担任管理职务，包括担任电网运营商协会 VDN 总经理 6 年。2009 年，他成为布鲁塞尔欧洲输电网运营商联盟（ENTSO-E）首任秘书长，负责欧盟两年期网络开发计划，起草作为具有约束力的欧盟法规的网络规范、运行协调规则，以及研发和创新计划。Konstantin Staschus 自 2017 年起，担任德国 Navigant 能源公司柏林办事处主任，同时为 ENTSO-E 和欧洲技术创新平台“能源转型智能网络”提供咨询；自 20 世纪 90 年代以来，加入了 CIGRE 工作组，2004 年起成为 CIGRE SC C1（电力系统发展及其经济性专业委员会）成员和专家，2014—2020 年担任 SC C1 主席。他在科学工程类杂志上发表了 60 多篇论文。

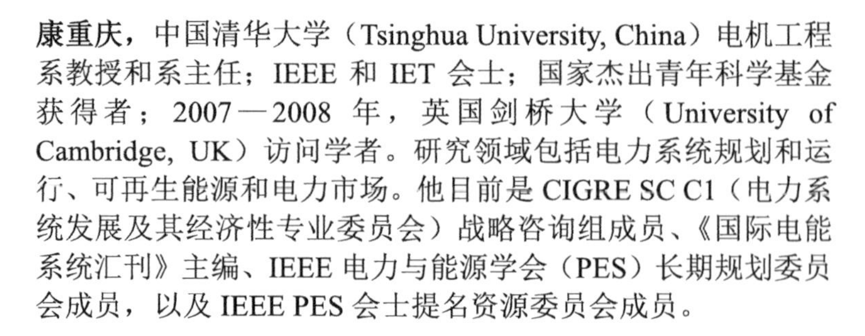

康重庆，中国清华大学（Tsinghua University, China）电机工程系教授和系主任；IEEE 和 IET 会士；国家杰出青年科学基金获得者；2007—2008 年，英国剑桥大学（University of Cambridge, UK）访问学者。研究领域包括电力系统规划和运行、可再生能源和电力市场。他目前是 CIGRE SC C1（电力系统发展及其经济性专业委员会）战略咨询组成员、《国际电能系统汇刊》主编、IEEE 电力与能源学会（PES）长期规划委员会成员，以及 IEEE PES 会士提名资源委员会成员。

Antonio Iliceto，曾在意大利陆军、国家广播公司和国家电力公司 ENEL 担任技术专员，获得了意大利罗马大学（Rome University, Italy）电气工程硕士学位，且硕士论文获奖；曾在非洲担任了一年的联合国技术合作初级专员；随后，在意大利石油和天然气大公司 ENI 工作了十年，从事战略、投资规划、兼并和收购、国际业务活动；自 2001 年起，加入意大利电力公司 Terna，担任多项职务，主要工作包括电力交易池的初始建立、市场结算、业务拓展、技术工程、电网规划、多个互联项目。Antonio Iliceto 自 2013 年以来，一直关注研发创新、合作及输电系统运营商（TSOs）之间的协调，参与欧盟资助项目 Best Paths（财团主席）、ENTSO-E（未来能源系统工作组召集人和研发创新委员会研发创新规划工作组前召集人）、ETIP SNET（欧盟能源跨部门研发创新协调平台，理事会副主席和电网系统视图工作组组长）。他还活跃于地中海输电系统运营商协会（MedTSO）、国际电工委员会输变电咨询委员会（IEC-ACTAD）、ISGAN Annex6（候补国家成员）、Dii-Desert Energy（咨询委员会成员和多个互联研究工作组成员）、AEIT-LEE（意大利电力杂志编委会成员和审稿人）；是 CIGRE　SC C1（电力系统发展及其经济性专业委员会）的继任主席；自 2010 年以来，担任 6 个工作组（规划驱动因素、全球电网、输电系统运营商—配电系统运营商关系、纵向和横向互联、非洲电气化）的召集人/共同召集人；海报会议综述报告人、战略咨询组成员。

Ronald Marais，为南非和南部非洲电网发展做出了贡献，在这一领域积累了 28 年的丰富工作经验。他毕业于金山理工大学（the Witwatersrand Technikon），并在茨瓦尼科技大学（the Tshwane University of Technology）深造；拥有电力工程技术学士学位，是南非工程委员会的注册专业技术人员。Ronald Marais 目前领导南非国家电力公司 Eskom 的输电战略电网规划部。其主要关注领域包括：南非输电电网的战略电网规划，南部非洲能源战略规划，以及长期输电电力系统设计和利益相关者关系管理。他参与了南非能源部的可再生能源投标过程，并主持南部非洲电力联营规划分委员会工作。作为南部非洲专业委员会

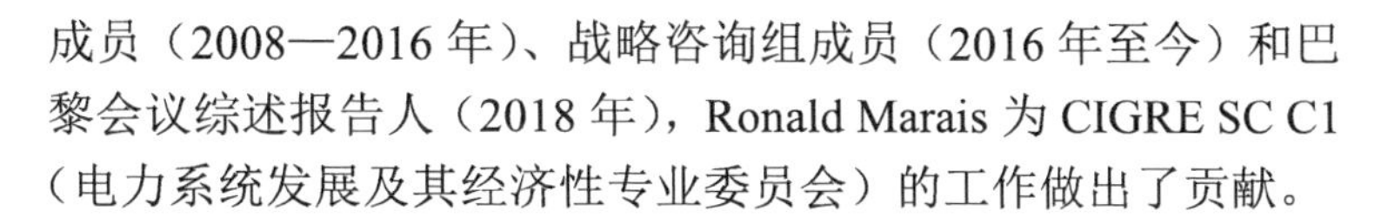

成员（2008—2016 年）、战略咨询组成员（2016 年至今）和巴黎会议综述报告人（2018 年），Ronald Marais 为 CIGRE SC C1（电力系统发展及其经济性专业委员会）的工作做出了贡献。

Keith Bell，在英国电力行业工作多年，2005 年进入斯特拉斯克莱德大学（the University of Strathclyde）学习，随后在巴斯大学（the University of Bath）获得博士学位，并在曼彻斯特和那不勒斯担任博士后导师，2013 年，他被任命为苏格兰智能电网主席。他是英国能源研究中心（UKERC）的联合主任，并于 2019 年 4 月成为英国气候变化委员会的成员。他是一名特许工程师，与学术和工业合作伙伴合作领导了许多研究项目，还参与 IET 电力学院的相关工作，并受邀成为 CIGRE SC C1（电力系统发展及其经济性专业委员会）委员。

Phil Southwell，拥有电气工程和管理学位，是澳大利亚工程师学会的会员。他有 40 多年的电力行业从业经验，涉及监督系统规划、经济监管、战略规划和智能电网开发各领域的技术和管理岗位，最终担任高级管理职位。他担任 CIGRE SC C1（电力系统发展及其经济性专业委员会）主席和几个工作组的召集人。在过去 4 年中，他一直担任 CIGRE 澳大利亚国国家委员会成员，并获得了多项 CIGRE 奖项，包括 2014 年的荣誉会员和 2016 年的终身会员奖。他还曾在澳大利亚电力研究所董事会和多个行业董事会任职多年。

Yury Tsimberg，持有多伦多大学（the University of Toronto）电气工程应用科学学士和工程硕士学位，是加拿大安大略省的注册专业工程师。他是 Kinectrics 股份有限公司的资产管理主管，在过去几年里，一直领导着资产管理领域的企业咨询服务。在北美成功完成了多个资产管理项目，在世界各地教授资产管理课程，并在许多行业会议和论坛上担任演讲嘉宾。被加拿大安大略省的一家监管机构指定为资产管理方面的鉴证专家，并以此身份参加了许多听证会。在加入 Kinectrics 之前，Yury 在安大略水电（Ontario Hydro）和 Hydro One 公司工作了 30 年，业务涉及输配电行业的各个领域，包括资产管理、系统规划、电力系统运营、并购、监管、线路维护和客户服务。Yury 是修订 PAS 55 规范小组的加拿大成员；北美电力可靠性公司（NERC）制定北美输电规划标准委员会的加拿大代表；目前是 CIGRE 加拿大 SC C1（电力系统发展及其经济性专业委员会）委员。2018 年，他被授予 CIGRE 技术委员会奖，以表彰他对 CIGRE 工作的杰出贡献。

第 11 章　电力系统运行和控制

Susana Almeida de Graaff, Vinay Sewdien

随着可再生能源的日益普及、自由竞价电力市场的竞争不断增强、新技术的集成以及运行架构对灵活性和控制能力增加，调度中心在电力系统中面临着重大且不断变化的挑战。当今电力系统的运行仍然主要基于足够多的常规同步发电机。然而，未来电力系统的运行将随着时间的推移，很少或根本没有常规同步发电机运行，这促使调度中心需要相应地调整其知识、技能、方法、工具和流程。本章介绍了当前的实践，并深入分析了未来电力系统运行内在挑战。介绍了为了应对这些挑战基于技术和市场创新解决方案的持续发展。最后，强调了加强整合和协调的必要性，以及行业协作在未来电力系统中的作用。

11.1　引言

来自政治、监管、环境和技术背景的各种外部驱动因素，促使系统运行不断演变。例如，全球范围内关于气候变化、CO_2 排放和环境可持续性的持续关注为电气化和行业协作提供了非常强大的政治导向驱动，这将影响未来系统的运行方式。

可以简单地描述，“电力公司不能让电灯没电”，这是当前和未来的基本要求。然而，在这个简单的陈述背后，需要处理复杂程度越来越高且更加不稳定的运行条件。这种波动性增加的原因是可再生能源（RES）的渗透率不断提高和自由电力市场的竞争不断增强，因此需要整合新技术、增加协调以及提高可观测性、灵活性和加强控制能力。

始终以安全和经济高效的方式满足负荷需求，同时遵守预先设定的可靠性和电能质量标准。电力系统的高级运行目标是当系统确实偏离正常运行点时，存在几种措施以确保系统尽快恢复到可接受的运行状态。本章将重点介绍在实现上述目标方面发挥关键作用的一些相关流程、措施和时间尺度。

首先，将介绍系统运行的最新技术，包括电力系统状态的定义。其次将解释与系统运行相关的时间尺度，重点介绍了容量计算、安全分析和负荷—频率控制等重要过程。接下来介绍电力系统恢复的各个方面，最后介绍调度人员培训的相关的一些内容。

On behalf of CIGRE Study Committee C2.
S. A. de Graaff (B) • V. Sewdien
TenneT TSO B.V., Arnhem, The Netherlands
e-mail: susana.de.graaff@tennet.eu

N. Hatziargyriou and I. P. de Siqueira (eds.), Electricity Supply Systems
of the Future, CIGRE Green Books, https://doi.org/10.1007/978-3-030-44484-6_11

在本章的第二部分中重点介绍能源转型带来的未来运行挑战，以及当前和未来电力系统安全运行的可持续发展路径和要求。

11.2 最新技术

系统运行是一项重要而复杂的任务，其目标是持续、充分地满足能源需求。这通常需要调度人员经常做出决定并采取行动，这需要在系统安全性和经济效率之间进行权衡分析。尽管运行的复杂性和系统条件会发生变化，但系统运行的最终目标始终不能改变。

11.2.1 电力系统状态

电力系统的运行由三组通用方程来定义。首先，有一组描述系统元件的物理规律和动态行为的微分方程。其次，有一组描述负荷—发电平衡的代数方程（即等式约束，EC）。最后，有另一组描述元件工作极限的不等式约束，如最大允许电流和电压（即不等式约束，IC）。安全约束（SC）同属不等式约束组，用于判断电力系统状态在突发事件情况下的安全性[1,2]。如果违反了安全约束，则认为运行状态不安全。在某种程度上，安全性代表了在发生意外事件时可用备用水平和系统鲁棒性。

根据电力系统运行条件，电力系统可处于以下 5 种运行状态之一：正常、报警、紧急、极端或恢复状态[3]。表 11.1 介绍了北美和欧洲电网的定义。

图 11.1 说明了这些不同状态之间可能的转换，而表 11.2 列出了每个运行状态是否满足等式和所有不等式约束。

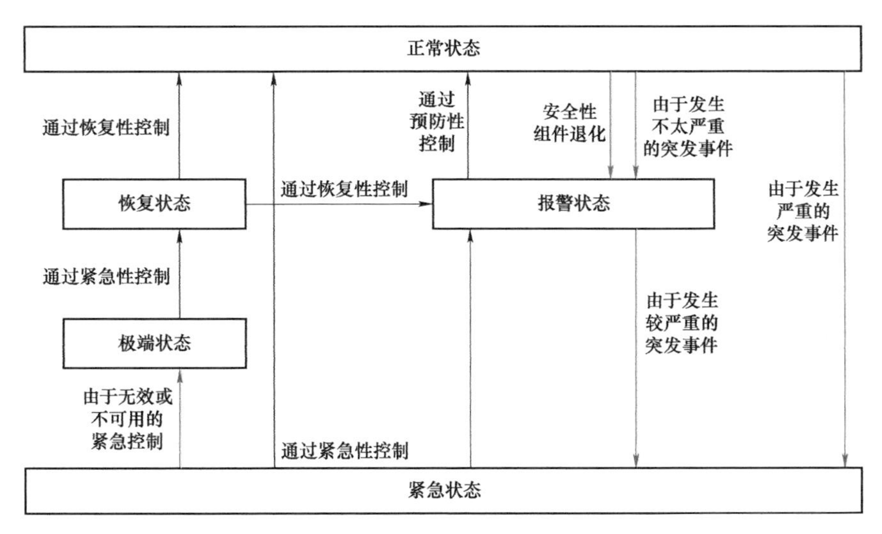

图 11.1 电力系统运行状态

在发生小的扰动后，电力系统的安全裕度可能会降低至所需水平以下，这将导致运行状态从正常状态转换到报警状态。在该运行状态下，仍然满足等式和不等式约束，但违反了安全约束。从报警状态开始，可使用预防性控制措施（例如，发电机出力调整）来达到更好的安全级别。

然而，如果不采取预防性控制措施，并且在出现一些扰动时，系统状态可能会恶化并降级为紧急状态。在这种状态下，不等式约束被打破。因此，发电机可能与电网断开。可采取紧急控制措施（如故障清除）将系统恢复到报警状态。当这些控制措施无效且系统仍然处于超负荷状态时，电力系统就会解体，并陷入极端状态。在这种情况下，违反了等式和不等式约束。系统不再完整，大量系统负荷将被断开。在这种状态下，紧急控制（如甩负荷或受控系统分离）的主要目标是尽可能保持电力系统的完整性。一旦系统崩溃停止，调度人员就开始恢复系统，控制措施旨在恢复所有丢失的负荷并重新同步系统。电力系统处于恢复状态。从恢复状态开始，系统可以演变为报警状态或正常状态。

电力系统状态的连续变化是输电系统运行所固有的。这些变化是受扰动、计划内或计划外停电、负荷条件变化和发电模式变化（目前受电力市场和可再生能源条件驱动）影响的结果。为紧急情况做好准备以便限制其后果，并能够迅速将系统恢复到正常状态至关重要。有数个流程用于管理电力系统的安全运行。这些过程发生在不同的运行时间尺度内，接下来将对此进行讨论。

表 11.1　北美和欧洲运行状态的定义

运行状态	北美定义[3]	欧洲输电调度中心联盟定义[4]
正常	满足所有约束条件，发电足以满足现有总负荷需求，且没有设备过载。此外，有足够的备用容量保证足够的安全水平	考虑到可用补救措施的影响，在 $N-1$ 情况下，以及在应急列表中的任何应急事件发生后，系统仍处于运行安全边界范围内的情况
报警	仍然满足等式和不等式约束，但现有的备用容量在某些扰动情况下会导致某些不等式约束不能满足。在报警状态下，破坏了安全约束	该状态下，电力系统处于运行安全限制范围内，但已检测到应急列表中的应急情况一旦发生，可用的补救措施不足以保持正常状态
紧急	违反了不等式约束，破坏了系统安全。系统仍然完好	违反了一项或多项安全限制的系统状态
极端（北美）/停电状态（欧洲）	违反了等式和不等式约束。系统将不再完整，系统主要负荷将失去	部分或全部输电系统终止运行的系统状态
恢复	正在采取控制措施以恢复负荷供电和电网之间的连接。从该状态开始，系统可以转换到报警或正常状态	输电系统中所有措施的目标是在停电状态或紧急状态后重新建立系统运行并维持运行安全的系统状态

11.2.2　系统运行时间尺度

随着时间的推移，电力系统的设计和运行方式发生了变化，需要做出各种决策的时间尺度在两个方向上都有所扩展：长时间尺度上，现在电网和发电规划决策受到环境目标的影响，这增加了项目完成所需的时间。新的电网和发电项目的时间尺度通常会达到几十年，直至最终交付。另一方面，短时间尺度上，系统调度人员越来越多地在系统状态的边缘运行系统，这导致了新的动态现象频出。其中一些发生在交流周期的一小段时间内，需要在更短的时间内对系统进行监控。电力系统规划和运行的相关时间尺度的范围如图 11.2 所示[5]。

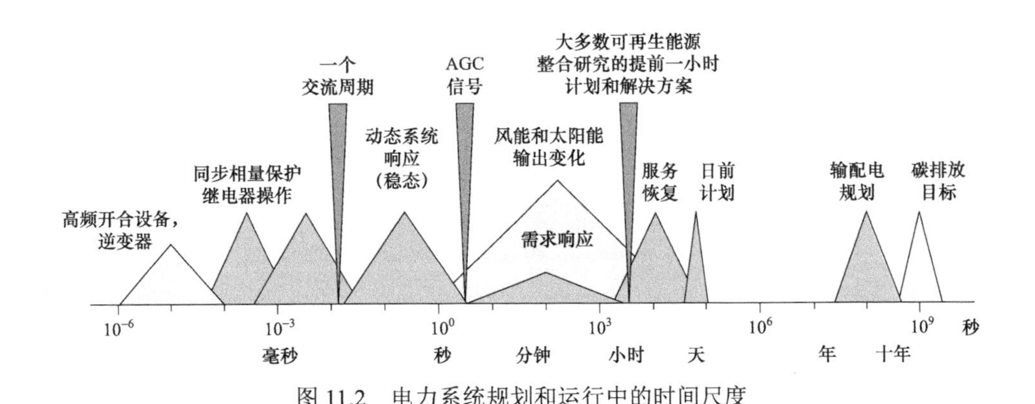

图 11.2　电力系统规划和运行中的时间尺度

表 11.2　运行状态的约束符合度

运行状态	符合等式约束?	符合不等式约束?	符合安全约束?
正常	✓	✓	✓
报警	✓	✓	✗
紧急	✓	✗	✗
极端	✗	✗	✗
恢复	✗	✓	✗

从长期来看（5～25 年），电力系统的主要活动包括设计和建造新的发电和输电设施以及扩建和/或退役现有设施。此时间范围可定义为扩展规划阶段。

系统规划和运行时间表包括以下内容：

（1）长期（2～5 年），主要活动围绕建立长期合同和发电战略管理展开（例如核燃料管理和水力发电厂多年水库管理）。

（2）中期（1 个月～2 年），其中重要活动与维修计划（停电计划）和季节性充足性预测（例如季节性负荷和发电预测以及水库的年度管理）有关。

（3）短期（1～4 周），主要活动包括短期充足性预测、运行备用的购买、安排每周停机和启动热力发电。在此时间范围内，对停电计划进行重新评估，并在互联电力系统中进行协调。这允许考虑对初始维护计划的不可预见的变化（如干旱期或重要的强制停机）。

（4）非常短期（1h～1 周），主要活动包括日前和日内的协调容量计算，面向补救措施准备、激活（例如电网拓扑调整和重新调度）以及发电设施启动和关闭详细决策的（协调）安全分析。

在接近实时运行（最多 1h）中，主要活动包括准稳态运行条件下的负荷—频率和电压控制，发生在系统处于紧急或极端运行状态并且有扰动情况下的紧急控制（例如保护动作、切负荷、孤岛控制等），系统分析和电力系统恢复。图 11.3[6]给出了实时运行期间存在的控制类型（自动和手动）及其时间尺度的总体概述。

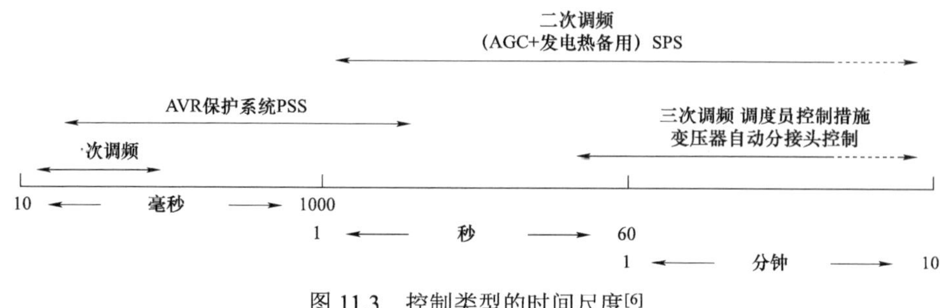

图 11.3　控制类型的时间尺度[6]

负荷—频率控制❶

稳定运行点的要求之一是保持功率平衡。本质上这意味着发电量必须始终等于用电量。对这种平衡的扰动将导致系统频率偏离其设定点（即 50Hz 或 60Hz）。在发电量恒定的情况下，负荷的增加会导致系统频率的降低，而负荷的降低会导致系统频率的增加。这种不平衡最初将由同步发电机和电动机的动能抵消。然而，这种调节能量不足以同时满足负荷变化和发电、输电设施的停运。因此，发电机必须具有足够灵活的发电调节能力。

维持功率平衡的整个过程包括一次、二次和三次调频控制。发生不平衡后，一次调频将作出反应，以限制频率偏差。在预定义的操作时间间隔后，二次调频开始启动。二次调频的目的是将频率恢复到其标称值，并恢复一次调频备用。然后，三次调频启动，目的是恢复二次调频备用或在发生切机时恢复一次调频备用。图 11.4 以图形方式描述了该过程[7]。

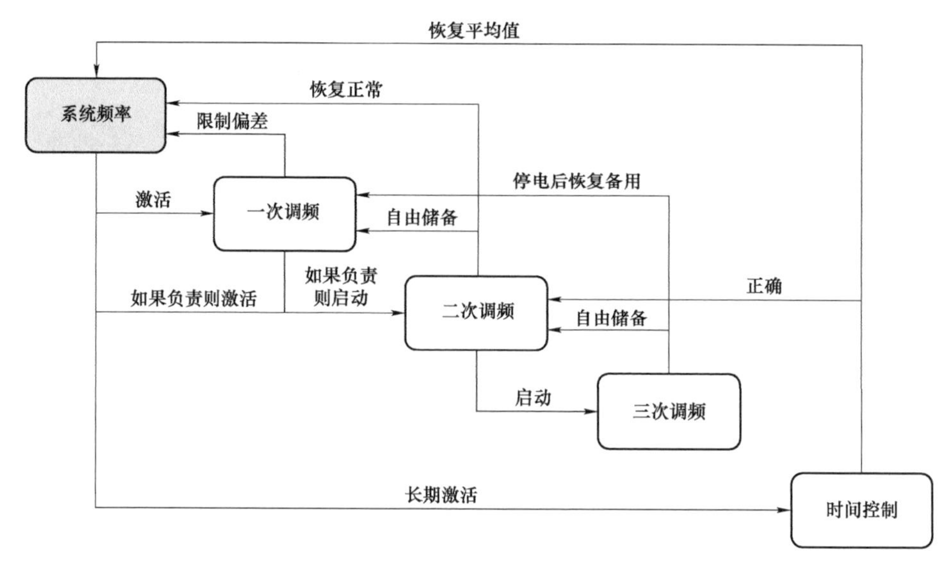

图 11.4　频率控制[7]

❶ 该部分基于文献[7]。

实际频率与其设定值的偏差将在几秒内激活一次调频中涉及的发电机控制器。控制器将改变发电机的输出功率，直到重新建立平衡，然后频率稳定在新的准稳态值附近。该值与系统频率设定值不同，如图 11.5 所示。在该图中，动态频率偏差（$\Delta f_{dyn.max}$）取决于扰动的大小和一次调频的备用量。准稳态频率偏差（Δf）与参与一次调频的汽轮发电机调速器下垂控制参数设置有关。

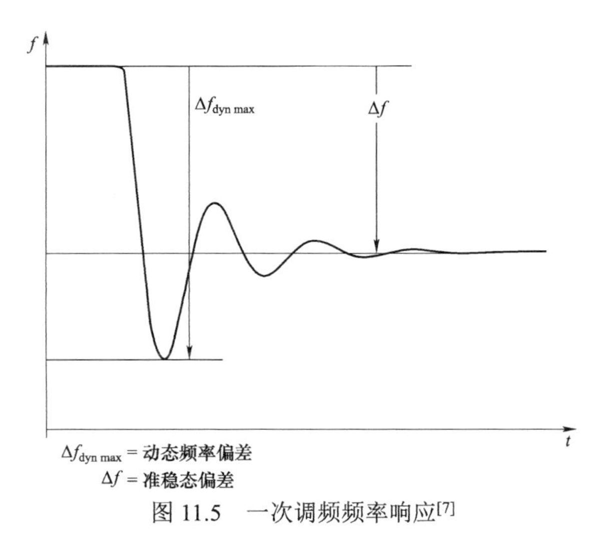

图 11.5　一次调频频率响应[7]

发电机对扰动后频率校正主要取决于发电机的下垂控制参数和一次调频备用（容量）。下垂控制参数基本上决定了频率偏移后发电机运行设定点的变化。在图 11.6 中，给出了两台发电机（发电机 a 和发电机 b）的下垂，其中两台发电机的一次调频备用量相同。当发生相对较小的频率偏移（f_a）时，具有最小下垂控制参数（转速不等率）的发电机（发电机 a）的贡献将具有最大的绝对贡献。如果出现重大扰动（频率偏移≥f_b），两台发电机的一次调频备用都将耗尽。

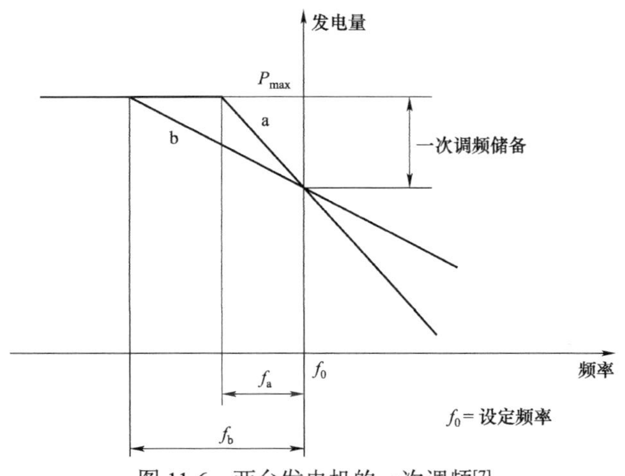

图 11.6　两台发电机的一次调频[7]

一次调频的目标效率取决于设定的参考扰动事件（例如，欧洲大陆的参考事件是 3000MW 发电损失或负荷变化）。参考事件发生后系统的频率性能可以定性地给出，如图 11.7

中的曲线 A 所示。曲线 B1 和 B2 表示小于参考事件的事件后的频率响应，其中曲线 B1 是具有更多自调节负荷的系统的响应。

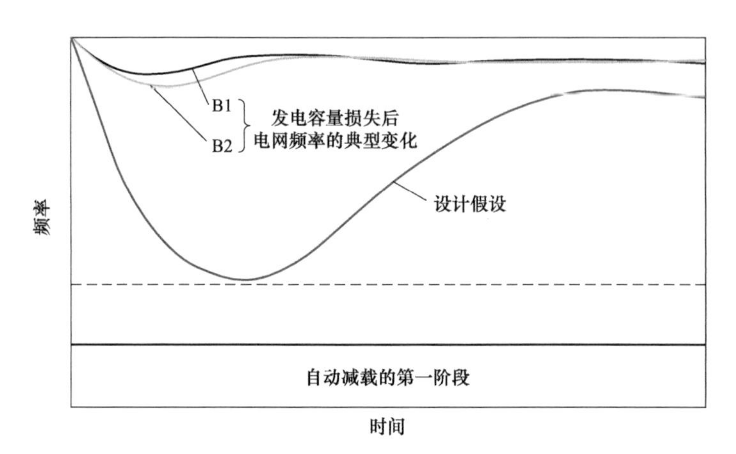

图 11.7　与参考事件相关的频率响应[7]

二次调频或负荷—频率控制或功率控制的功能是保持或恢复功率平衡，从而将系统频率保持或恢复到其预定的设定值。二次调频运行时间区间长达数分钟（因此在时间上与一次调频解耦）。

在许多国家，通过自动发电控制（AGC）确保二次调频，AGC 在系统不平衡后的几秒钟至例如 15min 内起作用。AGC 是一个集中连续控制系统，自动调整与其关联的选定发电机组，以维持控制区域之间的联络线交换计划，并执行其频率调节份额，如图 11.8 中的 K 所示[6]。

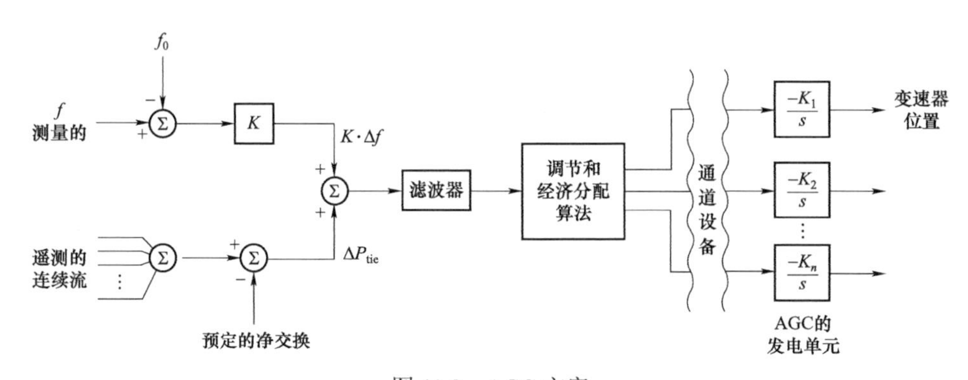

图 11.8　AGC 方案

AGC 必须将负荷变化量分配给相关的发电机组，这需要适当的监视、遥测、处理和控制功能，以直接协调发电机组的调速器，从而产生必要的功率输出。

三次调频是指用各种自动或手动控制方式，调节发电机或负荷工作点。

（1）适时保障充足的二次调频备用容量。

（2）以尽可能经济的方式将二次控制功率指令分配给不同的发电机。

这些调节可以通过并入、切除或增加/减少发电机组、改变参与二次控制的发电机的输出以及通过负荷控制来实现。通常，三次调频的运行与计划调度的时间尺度有关，但对运行的影响与二次调频相同。

与一次、二次和三次调频相关的备用容量目前主要由常规同步发电提供。

协调容量计算

为了提高互联电力系统的经济效率，一台控制区域的廉价发电可用于满足另一个包含更昂贵发电的控制区域的部分需求。这种发电—负荷组合导致跨区域交换，用高压直流（HVAC）和高压交流（HVDC）所提供的跨境输电能力来实现。然而，促进跨境流动的可用传输容量受到其技术能力和强制实施的安全和可靠性标准的限制，需要协调该容量的计算，以确保其可靠，并向市场提供最佳容量。计算跨区域输电能力时，有两种主要方法：基于流量的方法和基于协调净传输容量的方法。

基于流量的方法是一种容量计算方法，其中区域之间的能量交换受到电力传输分配因素和关键网络元件上可用裕度的限制。这种方法适用于在高度网络化和高度相互依赖的电网中的短期容量计算。例如，基于流量的方法在中西欧容量计算区域（CCR）中应用，并将在未来在核心 CCR（包括西欧和东欧）中应用，该方法在文献[8]中进行了解释。

另一方面，协调净传输容量方法基于事先评估和确定边界区域之间最大能量交换的原则，可适用于跨区域容量相互依存程度较低的区域。例如，在欧洲和美国的一些地区实施了协调净传输容量方法，在美国，该方法由 NERC 定义，并在文献[9]中详细说明。

运行安全分析

安全分析的目标包括两个步骤，旨在确定市场关闭后可能的安全限制和相关的补救措施。对于互联电力系统，安全分析主要是一个协调的过程，即在区域层面进行安全评估和多边解决方案识别。

在第一步中，根据所谓的（$N-1$）安全原则分析安全性。（$N-1$）标准定义了在给定情况下，当可用输电网络中的一个元件[1]失效时，输电网络保持安全。换句话说，进入（$N-1$）状态后，电压、电流和系统稳定性准则的电气参数应保持在规定的限制范围内，即遵守等式和不等式约束（正常或报警状态见图 1）。对于互联电力系统，（$N-1$）评判标准还应考虑到在进入（$N-1$）状态后，扰动的后果尽可能限制在系统调度员可控区域内。

如果检测到任何违规行为，则在第二步中确定、协调和验证补救措施。此类补救措施包括但不限于：

（1）拓扑变化。

（2）调整潮流控制设备的设置，如移相变压器（PST）。

（3）改变无功功率补偿。

（4）降低互连容量。

（5）电源出力调节。

欧洲的协调安全分析和决策过程由系统调度中心与区域安全协调中心（RSC）共同协调，包括以下两个时间框架：

（1）日前阻塞预测（DACF），从日前市场后的下午开始，到晚上（午夜前）结束。

（2）日内阻塞预测（IDCF），从午夜前开始，包括一个日历日内所有剩余小时的每小时滚动预测。

---

[1] 在特殊情况下，还模拟了输电线路的双重跳闸或母线的失效。

系统调度中心之间的协调

在互联电力系统中，由于不同系统调度中心之间的相互作用和影响，需要协调容量计算、安全分析、紧急情况、恢复和备用采购过程。当运行互联系统时，协调可提高感知和效率。

电力系统运行中的合作与协调需求，在电力系统首次互联建立的同时开始。在电力市场自由化和放松管制之前，许多国家的电力企业是纵向整合的，并负责发电、输电和配电。当时，电力系统互联的主要目的是在发生扰动时相互支持。拆分后，成立了系统调度中心（SO）和市场运营机构（MO）机构，这两种机构成为行业合作与协调的重要组织。系统调度中心的功能可以定义为负责电力系统的平衡和运行安全。市场运营机构的功能可定义为负责匹配销售/发电和购买/需求，并由此建立用于实物交付的电力市场价格。所履行的职能、职责和组织方式各不相同，主要是取决于该国的历史和传统、电力部门的监管架构或政策目标。

由于这些变化，互联系统不再仅仅用于相互支持；如今，它已成为电力交易的基础平台，在整个系统中允许传输越来越多的电力，并促进了接纳的更多可再生能源，并且更有效利用信息网络。因此，输电系统调度员的日常工作变得更加复杂，调度员经常面临由繁重系统运行条件引起的复杂情况，因此，对协调与合作的需求日益增加。

2006 年 11 月 4 日欧洲出现紧急情况后[10]，欧盟委员会与输电企业一起开始研究如何改善输电企业之间的协调，以确保互联系统的安全运行，维护供电安全。欧洲立法要求输电企业进行更密切的合作，制定方法并采取行动，以提高欧洲输电网络的系统安全性。尤其是，国际贸易的不断发展和可预测性较低的风力发电量的增加，导致了相关输电公司互联电网中的潮流发生了意想不到且快速的变化。2008 年，创建了两个服务提供商实体 CORESO[11]和 TSC[12]，以完成这项具有挑战性的任务。近年来，欧洲在平衡领域的合作也有进展：创建协调平衡区，在两个或多个输电企业之间交换平衡服务、共享备用或不平衡净额结算流程的调度等方面进行合作[13]。

独立系统调度中心（ISO），如美国和南美洲是不拥有输电资产的实体，不同于如在欧洲和其他地区的输电企业，负责可靠和经济地运行网络，并负责与相邻控制区的协调，包括跨境贸易。

以上所述就是横向协调。然而，运行实践不仅在横向上，而且在纵向上更加一体化，从而增加了不同参与者之间的协调和信息交换，如输电企业之间、输电企业与区域安全协调中心之间、区域安全协调中心与区域安全协调中心和输电公司与配电公司。

电力系统恢复

电力系统恢复是调度中心管理大容量电力系统的一个重要环节。发达经济体的电网通常表现出非常高的可靠性，这要归功于在综合网络的设计、规划、建设和运行方面具有完善的标准和准则，以及某些大陆或地区的紧密互联。尽管进行了审慎的规划和运行，但由于超出基本设计标准的事件（扰动）或多种原因（如多个设备故障、保护继电器不协调或故障、人为错误和自然灾害），电网偶尔会发生重大中断（完全或部分停电）。

当发生此类扰动时，电力系统可能会经历大面积、区域或局部停电，主要设施可能会受损或长期断电。恢复电网的完整性并向终端用户供电，对于最大限度地减少对社会福利、公共安全、基础设施安全和商业活动的不当危害至关重要。

为帮助在重大扰动后恢复电力系统，对调度人员进行培训，并提供一套指导准则和程序，确定策略，将恢复具有足够骨干网架的电力系统稳定运行作为首要任务，以便尽快地向最终用户恢复提供资源和电力，以尽量减少对社会生产和生活的干扰。因此，成功和快速恢复的关键在很大程度上取决于调度中心的准备情况，包括调度员培训、指南和程序文件的可用性、有效的通信协议、黑启动能力的提供和保证、启动路径可持续性的验证等。

因此，电力系统恢复（PSR）的目标概括为：使电力系统安全、快速地恢复到正常状态，最大限度地减少恢复时间和相关损失，减少对社会的不利影响[14]。

尽管具有相同的目标，但 CIGRE WG C2.23 进行的审查得出的结论是，系统恢复准备可能会因系统特征和/或市场设计/规则的不同而有所不同，或者互联系统之间可能会有所不同[15]。此外，从实际情况中吸取的经验教训表明，需要探索改进或创新的方法，以提高系统恢复的有效性和效率[16]。表 11.3 介绍了过去的重大事件。

系统调度人员定期在模拟环境或真实系统中进行恢复练习。电力系统恢复有两种基本策略，即自下而上策略和自上而下策略。

表 11.3　过去的重大事件概览[14]

日期	位置	吸取的教训
2003 年 8 月 14 日	美国东北部/加拿大	缺乏以下的试验和验证： ● 黑启动容量 ● 启动路径程序①
2006 年 11 月 4 日	欧洲	缺乏协助调度人员有效恢复系统的工具
2009 年 11 月 10 日	巴西中西部和南部	缺乏以下的试验和验证： ● 黑启动容量 ● 启动路径程序
2011 年 2 月 4 日	巴西东北部	缺乏以下的试验和验证： ● 黑启动容量 ● 启动路径程序
2011 年 9 月 8 日	美国圣地亚哥	缺乏协助调度人员有效恢复系统的工具（如广域可观测性）
2012 年 7 月 30 日	印度北部	缺乏： ● 电力系统专用通信基础设施 ● 发电站和变电站人员的可用性和准备，导致恢复启动时间较长 ● 缺乏协助调度人员有效恢复系统的工具（如广域可观测性）
2016 年 9 月 28 日	澳大利亚南部	● 随着非同步和逆变器连接电厂发电量的增加，系统动态特性发生变化 ● 几个发电厂关键参数缺失

① 启动路径是从黑启动发电机组延伸至需要异地电力目标设施的输电走廊。

自下而上的恢复策略基于黑启动发电机的使用（这些发电机能够在没有外部支持的情况下重新启动系统），适用于整个系统停电和不存在互联协助的情况。通常，黑启动装置和选定的超高压输电设施连接在一起，形成平衡的电气孤岛，可进一步与类似的电气孤岛同步，以恢复电网并逐渐恢复负荷。

由于存在对黑启动装置的大小、数量和位置，互连的位置点、必要控制团队（如果多电气孤岛并行恢复）和控制系统的数量，变电站和通信设备、通信协议和程序等许多要求，提前准备恢复计划并定期更新是一种常规做法。这些计划必须符合监管机构或类似机构的要求。

本部分介绍了一个使用自下而上方法进行恢复的示例。2012 年 7 月 30 日印度北部地区发生扰动后，现在每年都要对真实系统进行恢复演习。这类演习有 3 个主要组成部分：

（1）创建一个具有黑启动装置的电气孤岛，并在孤岛环境中测试装置的运行。

（2）根据自下而上的方法，首先对孤岛电网停电，然后进行孤岛的恢复。

（3）孤岛与主电网的重新同步。

这种演习的步骤如图 11.9 所示[17]。

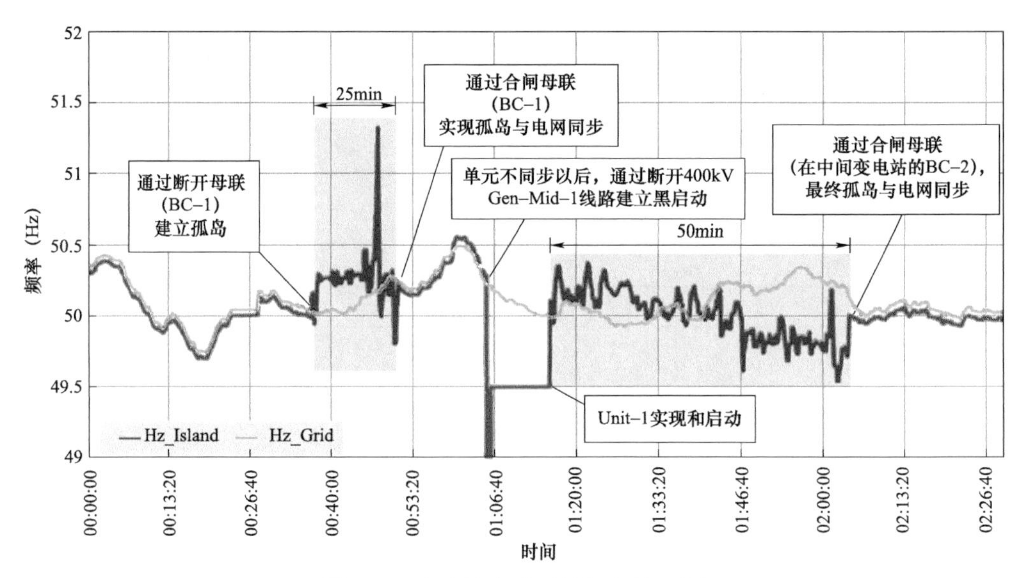

图 11.9　印度输电公司的恢复演习[17]

相反，自上而下的恢复策略是基于相邻互连系统，并且在相邻互联系统的支持可用时该策略适用。通常，启动电力来自互联电网，并首先用于建立大容量输电系统（主干网），一般使用来自互联电网的辅助电源或具有大无功吸收能力的水电站（如果可用）。然后，调度人员为负荷通电、启动发电、平衡负荷并将这些区域与主干网重新同步，最后重新连接剩余负荷。

2013 年，Terna（意大利输电公司）和瑞士电网公司（瑞士输电公司）进行了一次自上而下的恢复测试。在本试验中，1000km 的线路在 13min 内通电，由 Terna 执行了 4 次开关动作。普雷森萨诺的机组又花了 4min 斜坡爬升至 140MW 并网。由于预先配置/补偿的传输线路分为 4～5 个主要部分，因此这是可能的。每个部分由几个变电站和相关输电线路组成，这些变电站和输电线路依次通电。图 11.10[17]显示了全面恢复演习时在意大利 Musignano 变电站测量的电压。

这两种方法各有优缺点，因此许多系统调度中心选择混合恢复方法（即自下而上和自上而下策略的组合），作为最适合他们的方法。在这种方法中，水力和燃气轮机发电机用作黑启动机组，以促进自下而上的策略，而交流和 VSC HVDC 互联用作黑启动机组，以促进自上而下的策略。表 11.4 概述了世界各国实施的黑启动策略。

调度员培训

在电力系统发挥良好性能和完成其所有基本任务方面调度人员起着决定性的作用。调度人员在管理大量数据、充分理解、决策并及时执行适当补救措施方面的能力极为重要。对最近发生的紧急情况和停电事件的分析表明，系统调度员的错误是一个重要因素，是这些事件的第二个主要原因（自然灾害是第一个）[16]。

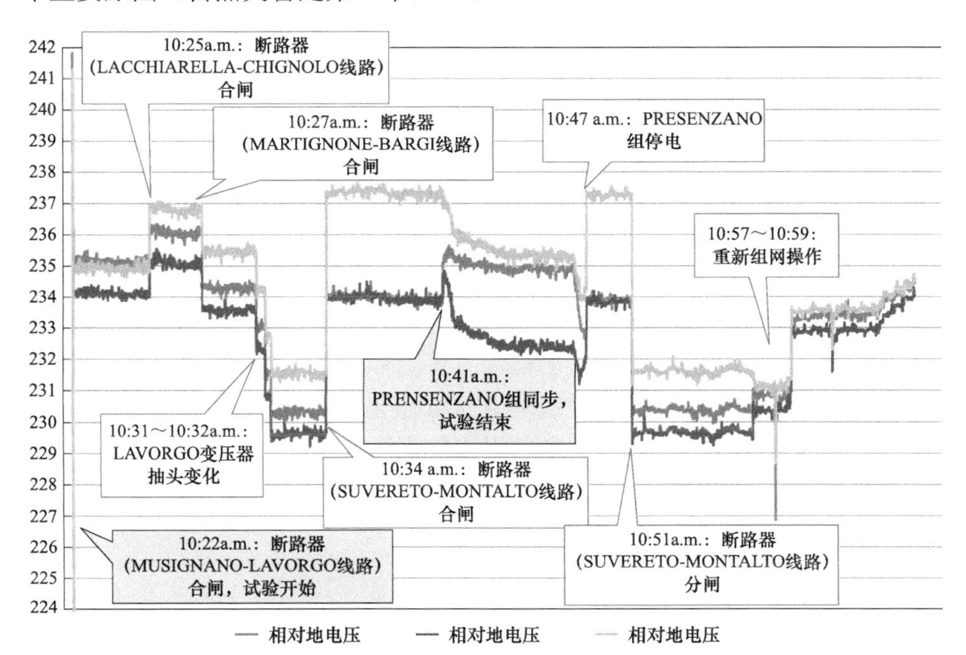

图 11.10　在执行恢复试验期间 Musignano 的相电压[17]

表 11.4　　世界各国的黑启动策略

国家	方法	黑启动：自上而下	黑启动：自下而上
澳大利亚	混合	来自邻州的交流互联	水电 + 抽水蓄能 + 燃气轮机
巴西	混合	LCC HVDC + AC 互联	水电
印度	混合	来自邻州的交流互联	水电 + 燃气轮机
爱尔兰	混合	VSC HVDC + AC 互联	水电 + 抽水蓄能 + 燃气轮机
意大利	自上而下	来自邻国电力系统的交流互联	
美国	自上而下	来自邻州的交流互联	

系统调度人员的错误产生的后果的严重程度，不仅取决于当前电力系统状态和可用系统资源（包括备用），还取决于调度人员的行动以及可用和已激活的预防措施（来自预定义的预防计划）。

一般来说，调度错误可总结如下：

（1）态势感知不足。

（2）由于模型不完整或分析不全面导致的决策错误。

（3）对约束的错误解释。

（4）对保护动作条件的错误解释。

（5）对已启动的控制措施影响的错误判断。

（6）沟通中的误解。

根据上述原因，可以确定相关可用的预防措施。这些措施分为降低此类事件发生可能性的措施和降低此类事件影响的措施。

与调度员错误相关的应急预防措施，虽然不易设计，但可制定、获得和实施。然而，调度人员培训不足会增加调度人员出错的可能性，从而降低其他预防措施的有效性。培训必须针对调度人员的知识、技能和决策能力的发展，尤其是处理复杂、快速发展的紧急情况和不同类型的扰动。这可以通过系统的、长期的教育和培训过程来实现，包括在职培训和从以前的大事故中学习，尤其是涉及调度人员错误的事故，以及根本原因和/或影响因素的分析。

在这一过程中，调度人员培训模拟器（OTS/DTS）起着非常重要的作用，因为OTS支持的过程可以提高调度员分析复杂、快速变化的情况的能力，以帮助决策并采取及时和正确的行动。

其他几个方面也有助于减少调度人员错误的数量和后果：

（1）更好的人体工学设计或改进控制室内的协调/互动设计。

（2）与紧急状态相关的新的和改进的应用支持软件，这些软件可加快电力系统状态的检测和分类。

（3）现有数据和信息的整合和更好的呈现/可视化。

（4）及时为参与输电公司间协调的调度人员制定培训要求。

培训目标、KPI和培训方法

调度人员培训目标通常不是更高的公司级目标的一部分。在参考文献[18]中调查的所有公司都进行了培训，但以不同的形式，且使用不同的KPI，培训的组织和协调在内部进行。

图11.11[18]说明了常用的培训目标。调度人员的培训涵盖多种运行条件，包括黑启动和恢复过程。

同样，图11.12中给出了不同电力公司用于评估调度员培训的KPI。

结果表明，用于衡量培训绩效的KPI差异很大。大多数公司使用基于定性评级的KPI来定义培训成功。

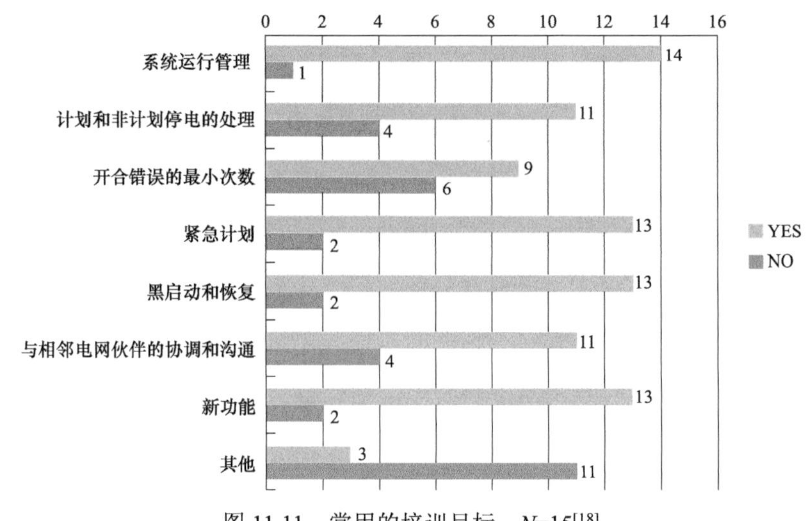

图11.11　常用的培训目标，N=15[18]

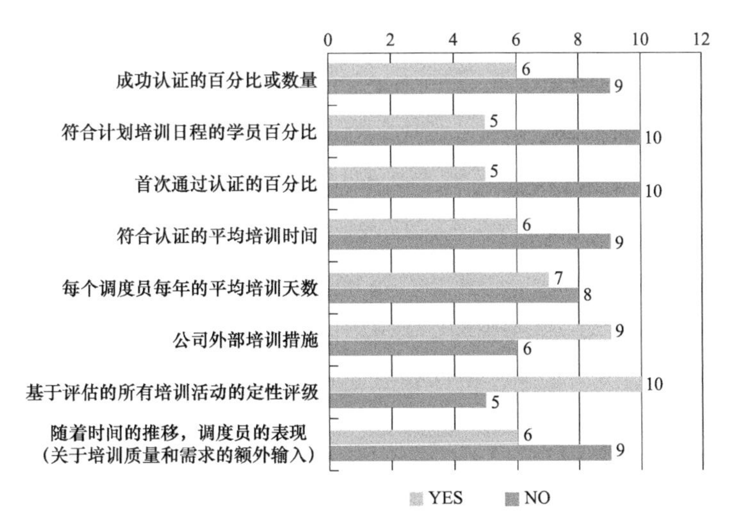

图 11.12　常用的培训 KPI[18]

培训本身可以通过不同的方式进行，从 OTS 讲座到创新的电子学习。文献[19]中调查的几乎所有公司都进行了讲座、实地考察和在职培训，而 OTS 培训的频率稍低，如图 11.13[18]所示。

电子学习是一种即将出现的培训方法，因为它在时间和地点方面具有灵活性。所有这些培训方法都有优缺点，因此，不同方法的混合可以提供良好的平衡。

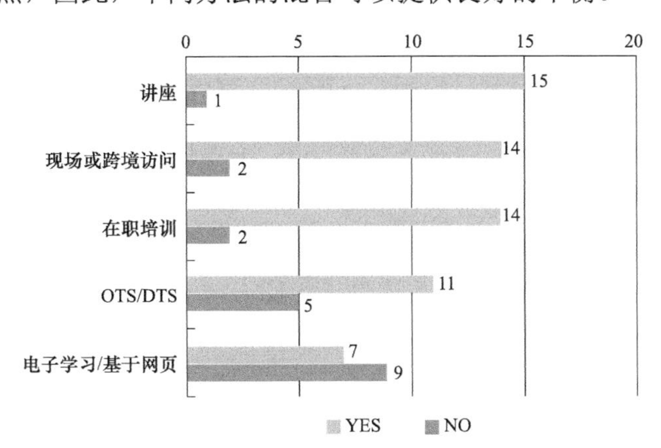

图 11.13　使用的学习方法，N=16[18]

培训内容

为有效处理应急和恢复电力系统运行状态，需要一套先进的培训模块来提高调度人员的知识和技能。例如，这种培训模块将包括：

（1）电力系统动态原理。

（2）电力系统稳定性控制原理。

（3）可能紧急状态的识别。

（4）在紧急状态下电力系统的运行。

（5）处理电力短缺情况（即发电充足性）。

（6）甩负荷原则。

（7）电力系统恢复原则和程序。

调度员培训工具

目前用于恢复培训的主要工具是 OTS，也称为调度员培训模拟器（DTS）。在参考文献[19]中进行的调查发现，80%、90%和 90%的 OTS 用户分别使用它来培训正常电力系统状态的条件、应急处理和系统恢复。在过去 10～15 年全球范围内发生重大事故后，我们可以预计，几乎所有使用 OTS/DTS 进行调度员培训的公司都会广泛使用 OTS/DTS 进行紧急处理和恢复培训。

OTS/DTS 架构的示例，包括子系统电力系统模型（PSM）、控制中心模型（CCM）和教学子系统（ISS），如图 11.14 所示[19]。

PSM 负责所有基本电力系统元件（发电、网络和用电设备及其主要控制和保护装置）的真实再现。除了建模外，该子系统还包括模拟电力系统所有相关动态特性的算法。

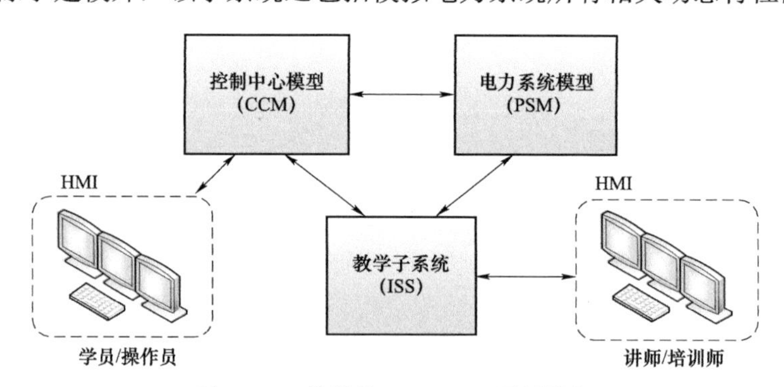

图 11.14　传统的 OTS/DTS 通用构架

CCM 负责电力系统控制中心设备（通常为 SCADA/EMS 系统）的精确表示，调度人员在日常工作中使用这些设备来监控、分析、支持决策并最终控制系统。在 SCADA/EMS 系统副本上对调度员进行培训可产生尽可能高的培训效果，但也可使用通用 CCM（主要用于提高调度人员对电力系统在调度后响应情况的理解）。

最后，ISS 应使培训师能够监视和控制（开始、停止、暂停）培训课程，介绍事件，模拟其他非建模部分，并支持培训场景的创建、验证和维护。

在模拟培训环境中，调度员可以在与任务相关的压力条件下进行培训，即，在培训过程中还应再现真实事件/恢复的条件。例如，可以通过额外的(大量)电话呼叫、缩短时间限制或资源、引入未知事件来模拟压力状况。

11.3　走进系统运行的未来

世界能源格局正在经历一场转型，世界不同地区的转型步伐不同。从系统运行的角度来看，与正在进行的能源转型相关的主要推动因素是：电力电子接口设备（PEID）的大量普及和向可变可再生能源的转型；新的监管框架；以及建设新输电线路的难度越来越大。这会影响电力系统的运行，从计划到实时运行，系统调度员必须准备以当前的可靠性水平确保向所有用户安全供电。

从传统的旋转电机到 PEIG 和负荷，从纯交流系统到混合交流/直流系统，正在发生快速的技术变革。

与传统同步发电机相连的输电系统正日益被与输电和配电相连的多种类型可再生能源（RES）所取代，如风能和太阳能发电，这两种能源具有天然的间歇性和不确定性，在发电组合中引入了不稳定的生产模式。系统调度人员需要应对由于可再生能源的高出力而几乎没有常规同步发电机可用的运行条件，也需要应对没有风和太阳的运行条件。此外，电源分布的位置变得更加不稳定，根据天气条件和市场行为，电源可能位于主网区域，也可能位于配电层面，甚至是海上。可再生能源渗透率高的市场往往价格波动更大，传统发电厂可以竞争的时间更短，因此许多传统发电厂，运行时间较短，这降低了它们在日前和日内市场的竞争力。

第二，监管架构影响电力系统的设计、规划和运行。架构规范和要求必须能够跟上发展步伐，提供足够的调度架构来应对即将到来的需求。协调的监管调控架构不仅在输电方面，而且在配电方面也是必不可少的。不幸的是，其发展的速度只有中等水平。

最后，越来越多的人反对新的架空线路，加上设计长地下电缆的高成本和专业知识的缺乏，导致新输电设施的建设速度缓慢。建设额外输电容量的时间过长，增加了使用拥塞管理方案运行系统的可能性，也更接近安全限制。

考虑到这些可见的问题，能源转型对系统调度中心提出了重要的运行挑战：未来的非传统低惯性电力系统应如何运行，同时如何以可承受的成本保证至少与当今相同的运行可靠性水平？

更多的 PEIG 给电力系统带来了一些挑战：电压、频率和暂态稳定现象可能会更频繁地发生。第 11.3.1 节首先概述了调度中心在未来由于持续的能源转型可能面临的主要运行挑战。然后，第 11.3.2 节讨论了自信迈向未来所需的一些关键进展。这些侧重于新服务、灵活性、合作与协调以及行业协作。在第 11.3.3 节中，介绍了控制中心的发展以及调度员培训方面的新要求。

11.3.1 可预见的运行挑战

在全世界范围内，PEIG 的引入具有不同的特色：有各种不同的可再生能源支持计划和上网电价。在一些地区，海上风电并网的发展势头强劲，而其他地区则专注于陆上风电和光伏的整合。独立于主要的能源，这些可再生能源的整合正在飞速进行。因此，世界各地的发电组合存在差异，这反映在面临的运行挑战类型上。根据电网结构和类型、位置和负荷量以及发电量，未来保证相同水平的运行安全和电能质量将面临越来越大的挑战。

系统稳定性问题

图 11.15[20]概述了由欧洲输电公司确定的能源转型导致的 11 项电力系统稳定性挑战。这些问题分为 4 类：功角稳定性（两个问题）、频率稳定性（两个问题）、电压稳定性（5 个问题）和一类其他（两个问题）。同步惯性（频率稳定性，问题 3）的降低被这些输电公司视为最关键的问题[21]。在澳大利亚[22]、爱尔兰[23]和美国得克萨斯州[24]等地，这也是一个主要关注点。

当今电力系统中的惯量主要由同步发电机和传统发电厂的机械耦合涡轮机提供。越来越少的传统同步发电机仍与电网相连，导致惯量减小。这就是为什么在某些同步电网区域，惯量已经受到监控，并且在运行中提出了最小惯量要求。此外，跨境交易每小时的大量变化会导致高功率爬坡率，导致频率偏差增加和更大，这必须由输电公司协调解决。

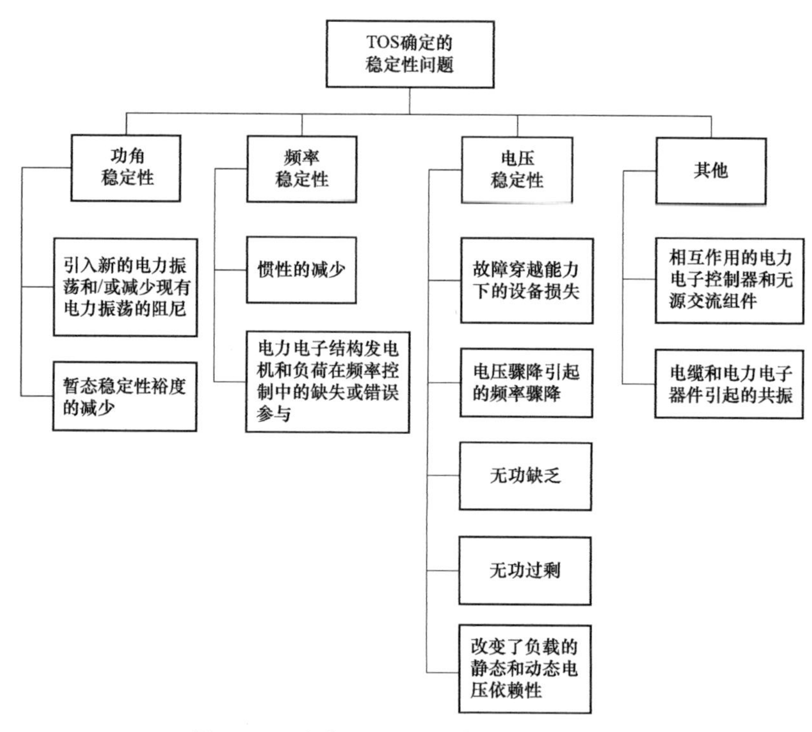

图 11.15 来自 MIGRATE 的稳定性问题[20]

只要没有辅助控制，PEIG 就会将发电设备的电气和机械部分（或光电部分）解耦，从而导致其对电网频率变化缺乏惯性响应。此外，直接并网的电机负荷也越来越多地与换流器连接。这两个方面都导致电力系统的惯量显著降低[25–27]。当电力系统的惯量减少时，扰动事件（影响频率变化率（ROCOF）和频率最低点的另一个主要因素）仍然存在，甚至会增加。这两种效应共同导致更高的 ROCOF 和动态频率的峰值或谷值幅值更大。图 11.16[26]显示了具有 3 个不同的惯量（表示为存储在旋转质量中的能量，单位为 GW）电网在相同扰动事件中频率与时间的关系。虚线不包括频率控制备用（FCR），仅有原始控制备用和负荷反应，因此显示出频率按照初始 ROCOF 的斜率降低。图中实线包括 FCR。

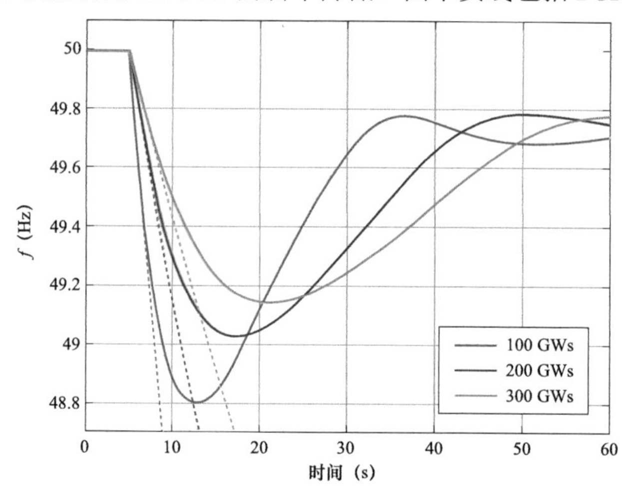

图 11.16 包括（实线）和不包括（虚线）FCR 的发电损失后，惯量对频率特性的影响

传统同步发电机被取代的另一个影响是系统强度的降低[28]。系统强度通常根据短路电流值（或以 MVA 表示的短路容量）来描述。它是任何电力系统的固有特征，是描述电网承受有功和无功潮流变化的能力及其对电网扰动恢复能力的一种手段。这是一个扰动后量化评价系统鲁棒性的有用措施。通常，电力系统越强壮承受故障水平越高，这种强壮的系统通常是具有多条输电线路和多台发电机共同提供短路电流的网状网络。此类电网通常在扰动（小扰动或大扰动）后具有更好的稳定电压的能力。相比之下，弱电力系统的典型特征是电网故障水平较低，电压偏差波动较大。系统强度降低的其他后果是，由于故障电流降低（见图 11.17）[29]，HVDC LCC 换相失败的概率增加[30]，以及电力电子转换器锁相环的不稳定性[31]，而导致某些保护装置的灵敏度降低。

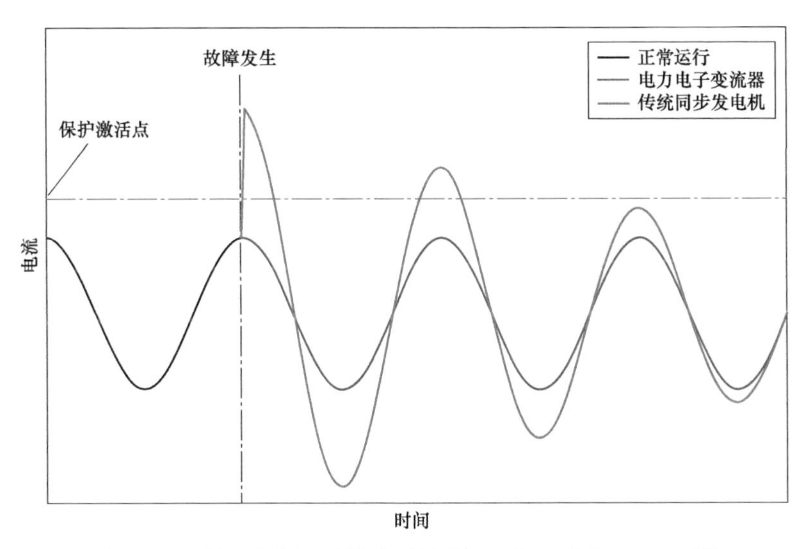

图 11.17　保护激活与故障水平的关系：同步发电与 PEIG[29]

堵塞管理问题

可再生能源的易变性和不确定性影响发电调度、系统平衡和电网中的潮流模式。风力发电主要安装在远离用电中心的输电系统中。这将在互联系统之间产生更不稳定、更长距离甚至跨区域的潮流，导致高利用率的电力系统在其安全极限附近运行。由于市场参与者的投资组合管理等原因，实际潮流与计划时间表不一致。因此，对现有补救措施的依赖性正在增加。此外，可再生能源的渗透性增加限制了有功和无功备用的可用性，包括昂贵的重新调度的可能性，这对电网安全至关重要，并且因为日益激烈的竞争导致发电机停运和封存的增加。

找到应对堵塞问题的运行策略变得越来越重要。

11.3.2　寻找解决方案

为了维持可接受的运行安全水平，需要增强可观测性、可控性和灵活性。例如，可以通过有效利用电力电子接口技术的功能来提供辅助服务。除可再生能源外，电池储能系统（BESS）和电动汽车有望在保障未来电力系统安全运行方面发挥重要作用。

运行实践将在纵向和横向上更加一体化，加强输电公司之间、输电公司与区域安全协调中心（RSC）之间和输电公司与配电公司之间的协调和信息交流。此外，开发新的方法、工具和标准对于以更完整、综合和协调的方式运行电力系统也至关重要。

新服务要求

在促进 RES 接入水平提高的同时，需要新的服务。这些服务是电力系统定制的，不同系统的要求可能不同。为爱尔兰电力系统设计的此类新服务的一些案例包括[32]：

（1）同步惯量响应：激励具有较高惯量和深度低负荷运行能力发电机组的同步发电厂，包括同步调相机。该产品在高风电输出时帮助系统保持更大的惯性，并帮助阻止故障或发电机跳闸后频率的高变化率。

（2）快速频率响应（FFR）：这是一种备用功能，在主运行模式之上提供有功功率响应，补充同步惯性响应。FFR 定义为在预设的系统相关时间间隔内发生频率扰动事件后，发电机增加或减少输出额外的有功功率。该功能将增加系统达到频率最低点的时间，同时减小频率变化率，从而减少功率不平衡期间的频率偏移程度。提供 FFR 的方法有多种。目前正在研究的方法之一是合成惯量概念。

（3）动态无功响应：这是同步发电机的固有响应，有助于保持电力系统暂态功角稳定性。在非同步发电电源的瞬时渗透率较高的情况下，系统上剩下的常规（同步）机组相对较少，这些机组之间的电气距离增加。因此，削弱了将这些单元作为单个系统保持在一起的同步扭矩，可以通过在扰动期间增加 PEIG 动态无功响应来缓解。然而，与传统同步电机相比，PEIG 对故障电流的贡献显著降低。

（4）爬坡裕度（1、3、8h）：对风电渗透水平高的电力系统而言，可变性和不确定性的管理至关重要。爬坡裕度（RM）产品将激励投资组合提供安全运行电力系统所需的裕度。爬坡裕度定义为机组在特定时间点和持续时间内保证向系统调度提供的裕度。建议的时间分别为 1（RM1）、3（RM3）和 8（RM8）h，相关持续时间分别为 1、5h 和 8h。

（5）故障后快速有功功率恢复：快速有功功率恢复有助于缓解输电故障后的高频率变化率值。如果大量发电机在输电故障后无法恢复其有功功率输出，则可能发生严重的功率不平衡，从而导致严重的频率变化。本功能旨在解决电压骤降引起的频率骤降现象。

继 2016 年 9 月南澳大利亚停电事件之后，南澳大利亚基本服务委员会（ESCOSA）确定于 2017 年 8 月更新南澳大利亚所有类型发电系统的并网发电许可条件[33]。新要求包括（但不限于）增强的频率控制能力、强制提供斜坡率控制、增强的电压和频率故障穿越能力（包括快速连续穿越一定数量故障的要求），故障穿越后的最大有功功率恢复率和电压降低期间的最小无功功率注入水平、最小系统强度耐受能力以及在停电事件后协助系统恢复的能力。然后将其作为制定全国电力市场所有 5 个地区发电机技术性能标准的基础。这些新要求由澳大利亚能源市场委员会于 2018 年 10 月确定，其中与 ESCDSA 并网许可条件的一些关键差异包括排除了系统恢复支持和系统强度承受能力的要求[34]。

考虑新技术带来的机会也是至关重要的。在南澳大利亚，目前在 Hornsdale 有一个 100 兆瓦（129MW·h）的电池储能系统（BESS）装置，在 Dalrymple 有一个 30MW（8MW·h）的 BESS 装置。这些电池的其中一个目的是提供频率控制辅助服务。2017 年 12 月 14 日成功运行。Hornsdale 的电池提供了快速的频率响应，并以毫秒响应放电（见图 11.18[17]），以快速阻止 560MW 燃煤电厂跳闸后的频率偏移。从小规模起步，南澳大利亚的两个政府启动规划会看到 90 000 个新电池，容量 400MW 的可控储能在配电层面连接到电网。

提供可再生能源发电的辅助服务是世界一些地区正在开展的另一项工作，而在某些系统中甚至是强制性的。在西班牙可再生能源发电已经提供了电压控制和平衡备用（二级备用、三级备用和替代备用），包括拥塞管理[35]。

2016 年，荷兰启动了一个试点项目，六方（TenneT、NewMotion、Senfal、Engie、Peeeks 和 KPN）通过汇总一批资产（如电动汽车、热泵、生物热电联产、电池装置、风力涡轮机和住宅储能）的响应，提供频率控制备用 FCR。该项目的目标是：

（1）通过调查进入辅助服务市场的技术可行性和障碍，利用集合资产和/或新技术（如可再生能源和需求响应），为未来规模较小的发电量做好准备。

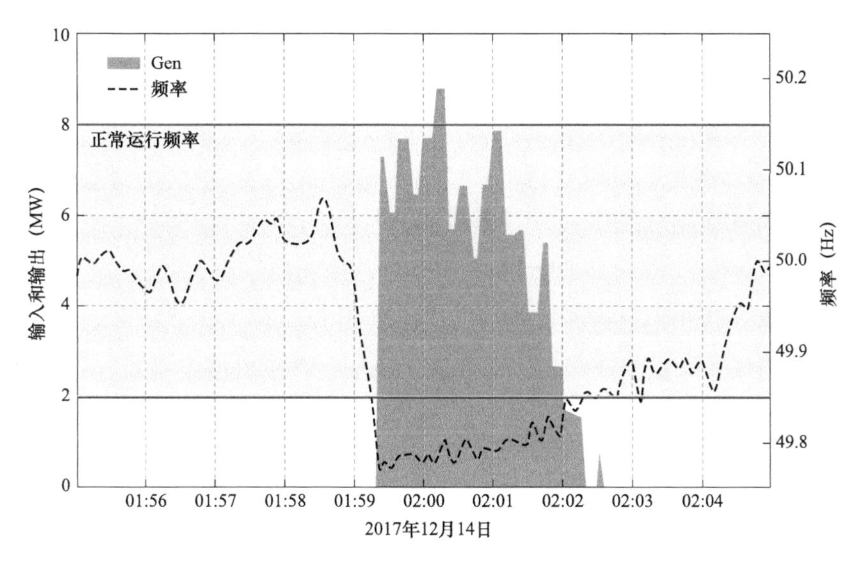

图 11.18　2017 年 12 月 14 日 Hornsdale 电池储能对扰动的响应[17]

（2）为不同的技术提供一个公平的竞争环境，并在可能的情况下减少市场各方加入辅助服务市场的现有障碍。

（3）促进具有广泛市场主体和充分竞争的高效辅助服务市场。

图 11.19[36]显示了对频率偏差的电力响应。根据监测结果，大部分时间 FCR 的交付是足够的。参与 FCR 市场的主要障碍似乎是与 TenneT 租用线路的实时数据通信以及对集合资产的测量需求。

最后，所有这些新服务旨在提高电力系统的灵活性，这是促进可再生能源发电的必要条件，下一节将对此进行说明。

提高灵活性

可再生能源的可变发电量结合需求侧的波动，导致净负荷曲线高度波动。灵活性可以定义为在系统运行中，电力系统管理预期和意外变化的能力。需要管理设备故障、负荷波动以及应对可再生能源发电的可变性[37]。

未来，预计会有更多的参与者和技术在提供系统灵活性方面发挥作用。随着技术的整合和利用，更灵活的市场产品，以及越来越多的参与者，可能是提高增加和减少双方向灵活性的解决方案之一。

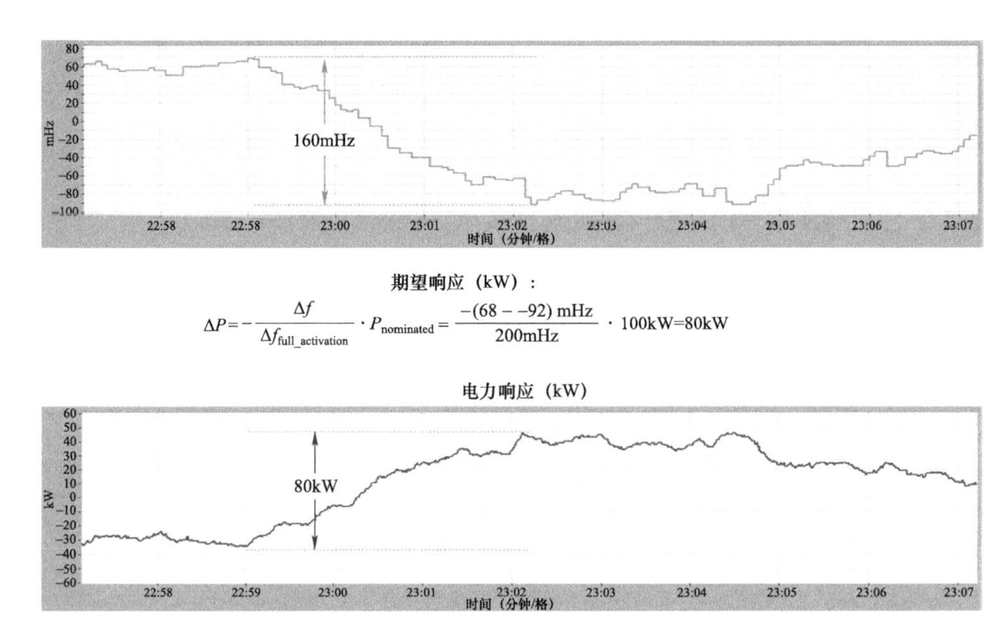

图 11.19　FCR 示范资产对频率偏差的响应[36]

在电力系统中，以下领域的灵活性是至关重要[38]：

（1）发电：优先选择具有高爬坡能力和/或深度调节[1]能力的发电设施。

（2）输电：电网互联和智能网络技术，可更好地优化输电利用率并提高潮流可控性（如移相变压器 PST 和 HVDC）。

（3）需求：需求侧管理，使客户能够响应市场信号。电池储能系统、电动汽车和飞轮也提供了适合这一部分的灵活性。数字化和物联网概念将使大量客户能够参与电力行业，并为电力系统提供灵活的服务，如平衡、拥塞管理和电压支持。作为智能城市、局部能源社区或微电网一部分，建筑物和个人家庭的智能控制也将提供智能服务。

（4）运行：有助于提高现有物理系统灵活性的实践，如缩短市场时间单位和提高预测准确性。

发电和需求灵活性可以通过 3 个指标来表征：爬坡限值、电力容量和能源容量。爬坡限值定义为灵活性电源在一定时间内在其运行点上可实现的最大变化。当风速或辐射的大幅波动与快速需求变化同时发生时，爬坡可能会很陡。电力容量指任何发电电源的最小和最大功率输出。能源容量与能源的燃料或能源供应有关。

如果没有足够的灵活性，系统调度中心可能需要频繁削减风能和太阳能发电，并且可能没有足够的资源来解决电网拥塞问题。尽管低水平的削减可能是一种具有成本效益的灵活性来源，但大量削减可能会大大影响投资回报，影响投资者对可再生能源收入的信心，并减缓能源转型。因此，灵活性被视为是以经济的方式允许更高的可再生能源渗透率的基本前提，如图 11.20 和图 11.21 所示[39]。图 11.20 显示了 ERCOT 的一项具体研究，被削减风力发电的比例与风力发电渗透水平和灵活性数量的函数。在这种情况下，常规发电机提供了灵活性。

[1] 可调度发电在低水平运行。低负荷期间的高风速和高辐射，使得发电机需要将其输出降低到较低水平，但保持可以再次提升的可用性。

从这一数字得出的一般结论是，对于削减相同数量的风力发电，增加灵活性水平可以提高可再生能源的渗透率。

从图 11.21 可以得出相同的结论，其中储能提供了灵活性。大量可再生能源接入电力系统意味着发电对天气条件的依赖性更大。因此，人们可能会期望，解决这一问题的办法也应该是创造灵活的需求方。输电公司需要能够处理相对较长的时间（2～3 周）同时没有足够的风和阳光的情况。这是一个非常真实的场景，正如 2016—2017 年冬季德国的例子，就是所谓的 Dunkelflaute[40]。在这种情况下，大型存储设施可能是理想的技术（但还不是经济）解决方案。

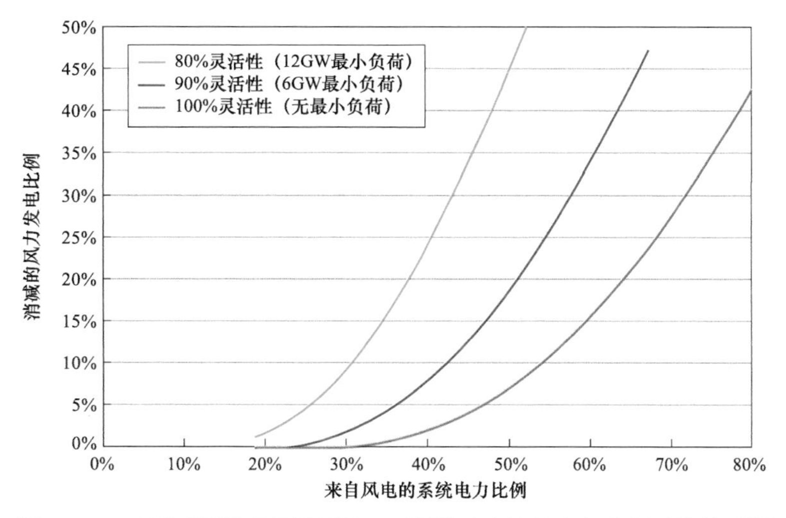

图 11.20 对于不同的系统灵活性，可用的风电渗透率与总削减的关系[39]

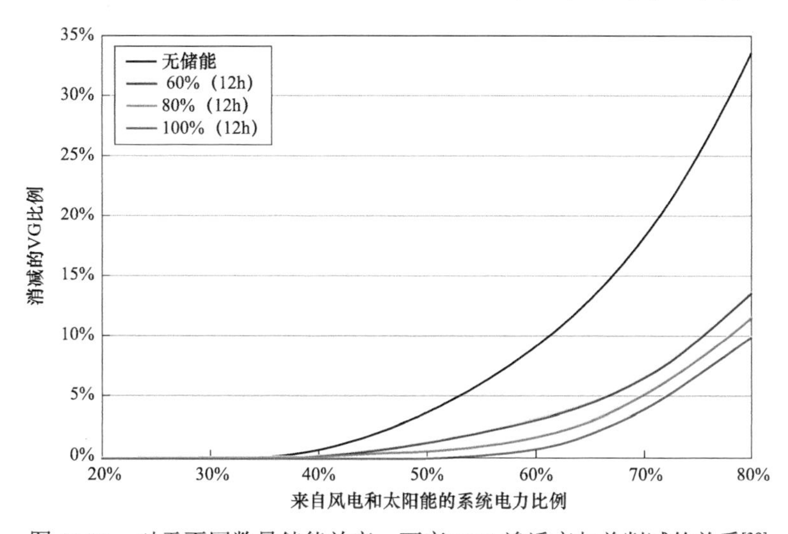

图 11.21 对于不同数量储能效率，可变 RES 渗透率与总削减的关系[39]

原则上，此类服务的定义应该与技术无关。显然，输电公司和配电公司作为系统调度中心和中立市场促进者的角色和责任需要得到充分的认可和尊重。创造一个有效的公平竞争环境，并对提供新的灵活服务的市场各方采取非歧视性和基于市场的方法，是这些责任的一部分。

提高可控性

PEID 具有更高水平的可控性，可用于增强系统运行能力和电网稳定性，例如合成惯性、构网控制、支持系统恢复、有功和无功功率控制、功率振荡阻尼等。

应用于可再生能源 RES 和储能设备的构网控制可以增强系统的稳定性。新的构网策略可确保 PEID 的电压源特性，而不是电流源特性，当前 PEID 是采用电网跟随控制策略。构网控制可消除 PEID 对接入电网的短路比水平的依赖，并可提供局部的频率调节能力。尽管欧盟接入规范在架构中提出了合成惯量的要求，但该能力的实施仍在开发中。构网控制是一个更新颖的概念，在接入规范中还没有要求。这两种控制概念的实施需要进一步发展和协调。提高系统稳定性的一个经典解决方案是使用同步调相机，它通常是 PEID 的可选替代品，提供惯性、短路电流和电压控制。

在输电网络中，需要电网互联和智能网络技术，以更好地优化输电网络的利用率并提高潮流的可控性（如 PST 和 HVDC）。对内部和跨境电力传输能力的日益增长的需求，使得 HVDC 技术成为可再生能源具有经济效益和高效集成的重要因素。HVDC 线路固有的可控性可用于解决部分系统运行挑战，例如，设置和控制电网内有功功率潮流的可能性。在成网的 AC/DC 系统中，嵌入式 HVDC 线路可作为优化补救措施的一部分，以缓解拥堵，降低成本，最大限度地减少交流系统损耗，并保持足够的电压分布。此外，与储能集成的 FACTS 不仅提高了系统的可控性，还可用于优化系统运行，控制有功和无功功率潮流。主要有功功率电源可以是蓄电池储能或其他快速有功功率电源，如飞轮或超级电容器，具体取决于特定系统应用所需的时间常数。

最后，开发能够在不同运行条件下运行的自适应保护系统和广域控制系统，可能需要对具有高比例 PEID 和更易波动的低短路比水平的电力系统进行进一步研究。在冰岛，基于 WAMS 的控制系统目前正在运行，用于在发生扰动后控制孤岛系统[41]。

为了能够应对能源转型，系统的可观测性改进是未来需要考虑的另一个关键点。可观测性的增强将在控制中心演变章节中讨论，因为它与运行计划和实时动作密切相关。

加强合作与协调

对于高度网络化的电网，在所有运行流程和时间框架内改进区域合作与协调对于解决运行挑战至关重要。加强各国间的区域合作和协调，需要通过实施新的立法加强监管基础的协调。

《风险防范条例》[42]规定了欧洲成员国之间的合作与协调，从区域角度制定了如何应对危机事件的方案。在欧洲，区域安全协调中心将支持输电公司进行覆盖更多成员国的区域运行规划。协调的一个关键例子是欧洲大陆多移相变压器的优化使用。

在北美，标准 IRO－014－3[43]规定了可靠性协调中心之间的协调，旨在确保每个可靠性协调中心的调度得到协调，从而不会对其他可靠性协调中心区域产生不利影响，并保持互联运行带来的可靠性效益。

除了输电公司之间的协调外，输电公司和配电公司之间的合作与协调对于激活所有可能的灵活性资源至关重要。输电公司和配电公司之间增加的数据交换应该能够提高输电和配电层面上可用灵活性资源的可观测性和可控性。因此，输电公司的所谓可观测性需要在纵向上进一步发展，以便在配电公司层面上看到相关网络元素，反之亦然。从这个意义上讲，网络安全是一个至关重要的先决条件，如果发生影响较大的事件，适当的措施应自动满足防御弹性能力的标准。弹性被定义为极端事件后限制系统退化程度、严重性和持续时间的能力。为了进一步提高电力系统的抵御能力，制定了区域风险防范计划，以便在危机情况下相互支持。此类计划也在利益相关方中定期进行培训。

然后可以考虑激活灵活性资源对一个或其他电压等级的影响，同时共享计量数据也可以实现充分的结算。海量交换数据的数据质量应与使用复杂算法（人工智能）的改进决策支持工具齐头并进。必须在更短的时间尺度内处理更多的数据，以增加其对调度员的价值。这也意味着可以应用拥塞管理和平衡管理相结合的新概念，以进一步优化提高整个电力系统的效率。换句话说，这将使单一系统方法有利于所有客户，其中考虑了可持续性（脱碳）、供应安全和成本之间的长期权衡。越来越重要的是，所有类型的网络用户（发电、需求、配电网络）在提供能力和辅助服务方面发挥积极作用，同时不会对配电和输电系统产生负面影响。

随着 HVDC 跨区域互联，再加上可再生能源并网的高速发展，以及新建/改造输电设施的低速发展，这些都要求注意协调安全分析。如前所述，安全性分析基于（$N-1$）原则。为了进一步加快可再生能源接入，已经开始讨论偏离这一基本（$N-1$）原则。讨论的一个关键部分涉及是否将概率方法应用于电网规划的问题，即电网应设计为接纳 100% RES 峰值的系统，还是设计为容纳小于 100%RES 峰值的系统。然后需要再进一步调查，以评估这对所需负荷频率和平衡备用规模的影响。

不管怎样，很明显，增加纵向和横向的合作与协调对于未来电力系统的安全运行至关重要。表 11.5 总结了这种协调的一些主要好处。

表 11.5　输电公司与配电公司和输电公司之间合作与协调的益处概述

输电公司与配电公司合作与协调	输电公司与输电公司合作与协调
双向潮流的管理	互联容量的有效计算
通过增加输电公司与配电公司之间的数据交换，增加 DER 的可观测性和可控制性	增强的运行安全性（如协调的安全性分析，关键电网状态的管理）
通过配电公司连接的设备提供辅助服务： （1）黑启动服务 （2）频率控制 （3）电压控制	保证输电充足性（如协调的停电计划）和发电充足性 频率管理（输电公司之间的主要备用分配）
在配电公司和输电公司层面的拥塞管理	在输电公司层面的拥塞管理
恢复支持（自上而下的方法）	恢复支持（自上而下的方法）

行业协作

上文阐述了加强电力部门内部合作与协调的必要性，而本节将阐述跨行业合作的可能性，也称为行业协作。

行业协作是所有行业的综合方法，将创造电、热和天然气之间能量转换的可能性。预计电气化是主导，一方面将增加电力负荷，另一方面将增加储能服务的必要性。

为了实现向可持续能源系统的有效过渡，有必要以智能方式使用所有可用技术。作为第一步，将一个行业的过剩能源转换为另一个行业的能源似乎是有意义的，因为另一个行业可能会出现能源短缺，或者有更多的存储容量或灵活性。然而，这种结合也带来了相互依赖和更多的信息交换。行业之间的相互依赖和更多的数字化可能会导致许多风险（例如，所有系统和网络安全的脆弱性都更大），但也会带来机会（例如额外的冗余）。

一方面，电力系统允许生产大量可再生能源，但它不能提供长期储存，除非在一些国家已有可用的大型水库（包括抽水蓄能）。为了能够在更广泛的地区使用此类存储，通常意味着必须建立更强大的互连。另一方面，天然气系统吸收大量可再生能源的能力有限，但其储存能力很高。电力系统是一个快速反应系统，主要基于实时操作，因此其灵活性有限，而天然气系统是一个反应缓慢但非常灵活的系统，因此可以为电力系统提供灵活性。从系统的角度来看，电力和天然气行业的潜在耦合可能会使得整个系统的效率更高。

电力系统已经连接到所有其他能源行业，并且可以进一步扩展，如图 11.22 所示[44]。因此，调度中心将电力系统视为扩大行业结合的中心。全面了解整个电力系统将使他们能够为包括所有能源行业在内的整个系统提供优化的解决方案。为了发挥这一核心作用，输电公司需要与所有利益相关者联系，以了解整个能源领域，并协调不同行业之间的互动。

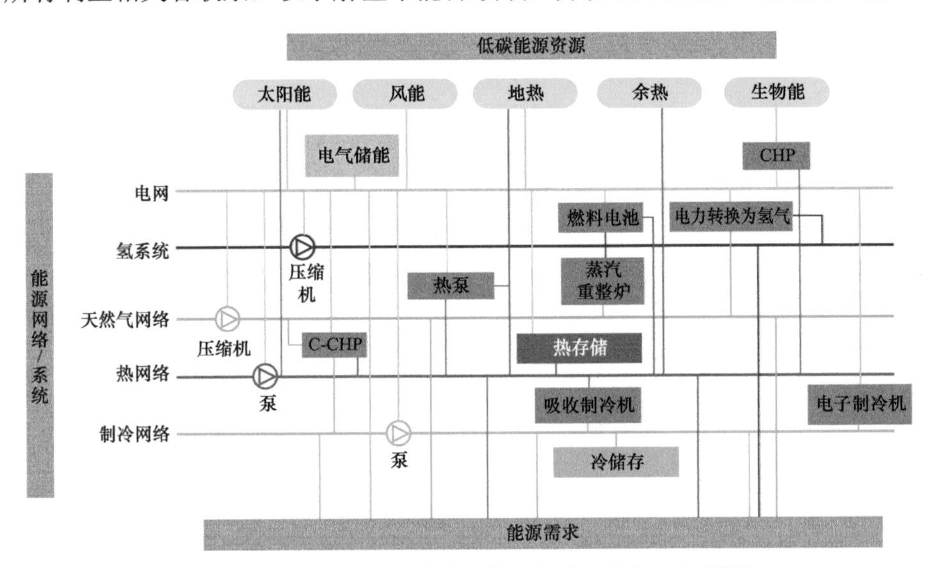

图 11.22　不同的能源载体系统之间的可能相互作用[44]

政策可以比当前预期更快地推动行业协作。一些国家已经对使用行业协作进行了深入研究，为未来的高效运行做准备，并通过利用现有基础设施提高可再生能源在整个系统中的比例。从政治机构已经给出的政治议程和声明来看，预计未来行业协作将变得更加重要。

11.3.3　控制中心的演变

控制中心是电力系统的核心，它是电力生产供应链中所有主要参与者之间的协调者。在过去几十年中，控制中心的功能和体系结构取得了显著的发展。以前的控制中心使用大型模拟计算机、监控能力差、通信系统不可靠，并且控制的电网薄弱，现在控制中心已发展为支持调度员协调电力输送的灵活而强大的基础设施（图 11.23 为第一代控制中心，而图 11.24 为现代控制中心，采用了明确定义的信息交换标准）。

多年来，通过监控和数据采集（SCADA）向调度员提供信息，SCADA 每 2～6s 更新一次。经证明 SCADA 适用于准稳态操作，但不足以检测毫秒时间尺度上发生的暂态现象的细节。

图 11.23　第一代控制中心，1980 年（来源：XM Colombia）

图 11.24　现代化的控制中心，2019 年（来源：XM Colombia）

正在进行的能源转型推动了控制中心的演变。可再生能源的分散性和难以管理的可变性要求控制中心调度员对其更加关注并做好行动准备（以确保供电）。为了有效应对挑战，控制中心必须配备自动化流程的工具以帮助调度员。调度中心面临的挑战包括[45]：

（1）评估负荷和可再生能源发电预测不准确的影响。

（2）一旦需要，保证从可调度的资源做出适当响应。

（3）输配电网中大量小型间歇电源的调度、可观测性和控制。

（4）适应间歇性电源和分布式电源的新的电网运行准则。

（5）管理由于间歇性电源的不确定性而导致的系统安全风险。

（6）不断调整潮流运行方式以应对大量分布式接入的可再生能源。

（7）故障或扰动管理（短路水平、稳定性等）。

控制中心向增强实时安全评估工具的方向发展。包括但不限于在线惯量和短路水平监测工具、用于主动管理可再生能源调度的工具（如西班牙的 GEMAS）、增强型动态安全评估（DSA）工具（包括电压稳定性，如爱尔兰的 WSAT），用于实时评估当前系统运行方式阻尼情况的工具和决策支持工具。

提高系统可观测性

随着分布式能源的增加和常规发电的减少，应格外关注低惯量系统中的电力系统恢复。文献[15]中列出了一系列值得考虑的增强措施，以进一步提高恢复的有效性和效率。其中之一是采用先进的 SCADA/EMS 功能，如广域安全评估或集成控制系统，包括 SCADA/EMS 系统和基于相量测量单元（PMU）的广域监控系统（WAMS），以增强意识和提高分析能力，从而改进恢复过程。

基于 PMU 的广域监控系统越来越多地被世界各地的系统调度中心应用于运行环境中，为控制室提供有关系统动态行为的信息，从而提高对系统动态的认识[46]。除了改进的态势感知和决策支持之外，控制室中的同步相量技术还可以帮助电力系统恢复。与传统的 SCADA 测量相比，同步相量测量可以提供需要恢复的电力系统之间的同步电压相位信息，这对恢复过程有显著的好处。在恢复过程的准备阶段，状态评估数据和同步相量测量数据提供了剩余电力系统及其孤岛划分、系统中的可用设备等精确信息。这些信息有助于构建恢复策略。从恢复的角度来看，及时掌握关键数据，例如发电机组和主要负荷的相量数据，能够极大改善恢复过程。在恢复控制模块（作为 SCADA 的一部分）中，由同步相量测量数据和状态评估数据构成的算法有助于自动完成脱网负荷重新通电、并行孤岛重新同步和发电机自动启动过程。自动算法可帮助调度员以更短的时间再次重建系统[46]。

此外，需要开发 SCADA/EMS 解决方案，以应对未来的挑战。新一代 EMS/SCADA 系统需要更多处理复杂的分析（如动态安全评估和系统短路容量水平计算）的能力，并为调度员提供决策支持（如补救措施优化）。

分布式能源管理系统

为了最大限度地将可再生能源的发电量接入电力系统中，同时确保供电的质量水平和安全，2006 年，西班牙电气网络公司（REE）设计、建立并开始运行可再生能源控制中心（Cecre）[47]。Cecre 是一个集成在西班牙主控制中心的调度单元，监控发电能力大于 5MW 的可再生发电单元或集群的发电，可观测 99%的风力发电设施和 70%的光伏电站。该系统每 12s 就会将并网状态、有功和无功功率以及连接点电压的实时信息提供给 REE 的控制中心。该信息持续与 Cecre 调度中心共享，以便进行实时安全分析。通过这种方式，可以将可再生能源更多地融入系统中（并且保证了电量平衡过程和拥塞管理之间的协调），同时保持了相同的运行安全水平。在其他国家，可采用其他分布式能源监控系统。

未来可能的解决方案和 OTS/DTS 发展趋势

展望电力系统的未来还需要对输电公司和配电公司调度员进行正确的培训，以便能够处理上述可能出现的新现象。开发仿真工具和方法，以评估重新并网期间的故障风险，并检测电力系统在重新接入 DER 和储能系统方面的薄弱点，这一点至关重要。还需要交互式系统恢复仿真工具。

下一代 OTS/DTS 应支持在多个控制中心的环境中进行仿真，这需要一个 PSM 来表示整个互连电力系统互连（即图 11.25 中的 IPSM）和多个 CCM，每个控制区域/控制中心一个。

这开启了一个复杂的异构控制系统集成问题。根据位置（即本地或远程控制中心），可以使用通用或定制（复制）CCM（带有适当的人机界面（HMI））。这种 OTS/DTS 的全局架构如图 11.25[19]所示。

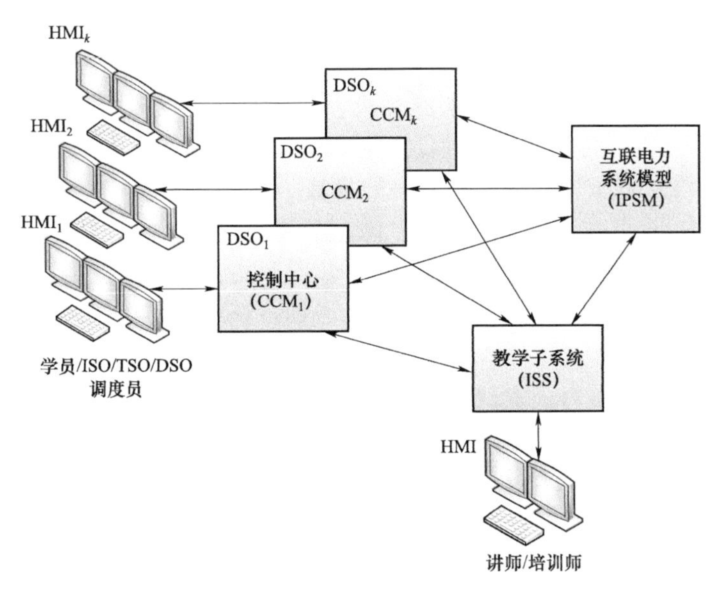

图 11.25　未来集中式多控制中心 OTS/DTS 的整体架构

电力系统规划和运行复杂性将显著增加。这已经影响了许多监管机构，不仅要求对控制中心调度员的能力进行认证，以证明其调度系统的能力，还要求对其培训方案进行认证。因此，培训方案和培训工具（首先是 OTS/DTS）必须进行相应的更改，不仅包括新主题的知识，还包括新技能的形成。这尤其与许多现有模拟器的恢复模拟能力有关。

未来环境的特点是可再生能源/分布式能源资源的普及程度增加，市场规则和参与者之间的关系不断变化，并辅之以不同的信息和通信技术支持监测、诊断和控制系统。所有这些特点都应该在新一代输电网/配电网调度员培训系统中得到解决。

新的 OTS/DTS 电力系统建模功能必须能够真实地建模：

（1）可再生能源发电，包括其间歇性。

（2）不同的 RES 网络连接（换流器）配置。

（3）HVDC 线路和设备。

（4）不同类型的柔性交流输电系统（FACTS）装置。

（5）保护装置。

（6）系统完整性保护方案（SIPS）装置。

（7）不同储能选项的建模，包括电动汽车。

（8）用户负荷建模及其需求侧管理。

出现在输电公司/独立系统调度控制中心的新应用功能，无论是否与 SCADA/EMS 集成，也应包括在控制中心模型 CCM 中，以提高调度员在日常工作中使用的部分应用程序的培训保真度。此类新应用的示例包括 WAMS、DSA、动态线路评级系统和天气预报（包括闪电和地磁风暴探测）。

最后，关于未来可能的发展，需要在SCADA/EMS之上增加一层软件（系统），以防止控制系统免受调度员错误的影响。该系统（决策支持/商业智能类型）可能基于比实时动态模拟器更快的速度，其中包括不同的电力系统动态现象，并在调度员实施控制动作前对其进行检查。

前进的道路

系统调度人员无论是现在还是将来都要负责在频率和电压限制范围内运行系统，执行拥塞管理，保证电力备用的可用性，并促进电力市场。

为了应对非传统、低惯性电力系统固有的挑战，电能行业的研究和创新至关重要。由于大规模电力电子接口设备在系统中的应用，输电公司应强调以电力系统稳定性为边界条件，提高系统的可观测性、可控性和灵活性。应进一步研究更高水平的控制可能性和利用新的控制概念，以有效地从新技术带来的机遇中获益。必须在调度员培训计划中充分满足所有这些要求。

此外，国际和多边发展对于实现安全和健全的社会经济体系运作至关重要。应通过多个（跨行业）利益相关者之间的合作和协调决策提高网络安全性和成本效益。对角色、通用分析工具和程序的共同理解是成功实现未来网络和健全系统运行的关键因素。

致谢 主要贡献者：Carlos Vanegas (哥伦比亚)[1], Jens Jacobs (德国)[2], Susana Almeida de Graaff (荷兰)[3], Danny Klaar (荷兰)[3], Vinay Sewdien (荷兰)[3], Ole Gjerde (挪威)[4] and Ninel Cukalevski (塞尔维亚)[5].

CIGRE SC C2（电力系统运行和控制专业委员会）感谢Anjan Bose、Babak Badrzadeh、Michael Power、Walter Sattinger和Jan van Putten在审查本章时做出的宝贵贡献。

参考文献

[1] Liacco, T.E.D.: Real-time computer control of power systems. Proc. IEEE 62(7), 884–891 (1974).

[2] Alsac, O., Stott, B.: Optimal load flow with steady-state security. IEEE Trans. Power Appar. Syst. PAS-93(3), 745–751 (1974).

[3] Fink, L.H., Carlsen, K.: Operating under stress and strain. IEEE Spectr. 15(3), 48–53 (1978).

[4] Official Journal of the European Union., “COMMISSION REGULATION (EU) 2017/1485—of 2 August 2017—establishing a guideline on electricity transmission system operation,” no. 2 (2017).

[5] Von Meier, A.: Integration of renewable generation in California: coordination challenges in time and space. In: Proceedings of the International Conference on Electrical Power Quality and Utilization (EPQU), no. October 2011, pp. 768–773 (2011).

[1] Carlos Vanegas 是属于 XM 哥伦比亚，哥伦比亚的 TSO。

[2] Jens Jacobs 是属于 Amprion GmbH，德国的 TSO 之一。

[3] Susana Almeida de Graaff, Danny Klaar and Vinay Sewdien 是属于 TenneT TSO BV，荷兰的 TSO。

[4] Ole Gjerde 是属于 Statnett，挪威的 TSO。

[5] Ninel Cukalevski 是属于 Mihailo Pupin 研究院，塞尔维亚。

[6] de Almeida, S.: Portugese Transmission Grid Incidents Risk Assessment. FEUP (2010).
[7] UCTE, Appendix 1 : Load-Frequency Control and Performance (2004).
[8] ENTSO-E, Core CCR TSOs' proposal for the regional design of the day-ahead common capacity calculation methodology in accordance with Article 20 ff. of Commission Regulation (EU) 2015/1222 of 24 July 2015 (2017).
[9] NERC, Available Transmission System Capability (MOD-001-1a) (2016).
[10] UCTE, Final report—system disturbance on 4 November 2006 (2007).
[11] CORESO, CORESO. [Online]. Available https://www.coreso.eu/.
[12] TSCNET, "TSCNET." [Online]. Available: https://www.tscnet.eu/.
[13] European Commission, Electricity Balancing Guideline. Brussels (2017).
[14] Liu, Y., Fan, R., Terzija, V.: Power system restoration: a literature review from 2006 to 2016. J. Mod. Power Syst. Clean Energy 4(3), 332 – 341 (2016).
[15] CIGRE WG C2.23, Technical Brocure 712: System Restoration Procedure and Practices. CIGRE, Paris (2017).
[16] CIGRE WG C2.21, Technical Brochure 608: Lessons Learnt from Recent Emergencies and Blackout Incidents. CIGRE, Paris (2015).
[17] Crisci, F., et al.: Power system restoration—world practices & future trends. CIGRE Sci. Eng. J. 14, 6 – 22 (2019).
[18] CIGRE WG C2.35, Technical Brochure 677: Power system operator performance: corporate, operations and training goals and KPI's used. Paris (2017).
[19] CIGRE WG C2.33, Technical Brochure 524: Control Centre Operator Requirements, Selection, Training and Certification. Paris (2013).
[20] Sewdien, V.N., et al.: Effects of increasing power electronics on system stability: results from MIGRATE questionnaire. In: 2018 IEEE PES International Conference on Green Energy for Sustainable Development, pp. 1 – 9 (2018).
[21] Breithaupt, T., et al. Deliverable D1.1 Report on Systemic Issues (2016).
[22] AEMO, Inertia Requirements Methodology: Inertia Requirements & Shortfalls. Melbourne (2018).
[23] Bomer, J., Burges, K., Nabe, C., Poller, M.: All island TSO facilitation of renewables studies (June 2010).
[24] Sharma, S., et al.: ERCOT tools used to handle wind generation. In: IEEE Power and Energy Society General Meeting, pp. 1 – 7 (2012).
[25] Dudurych, I., Burke, M., Fisher, L., Eager, M., Kelly, K.: Operational security challenges and tools for a synchronous power system with high penetration of non-conventional sources. In: CIGRE Sess. 2016, February, pp. 1 – 11 (2016).
[26] Ørum, E., Laasonen, M., et al.: Future system inertia, pp. 1 – 58 (2015).
[27] ENTSO-E, Frequency Stability Evaluation Criteria for the Synchronous Zone of Continental Europe, p. 25 (2016).

[28] Sewdien, V.N., et al.: Effects of increasing power electronics based technology on power system stability: performance and operations. CIGRE Sci. Eng. J. 11, 5–17 (2018).
[29] AEMO, System Strength Requirements Methodology: System Strength Requirements & Fault Level Shortfalls, Melbourne (2018).
[30] CIGRE WG 14.05, Commutation failures: causes and consequences (1995).
[31] CIGRE WG B4.62, Connection of wind farms to weak AC networks, Paris (2016).
[32] Commission for Energy Regulation, DS3 System Services Technical Definitions: Decision Paper (2013).
[33] Essential Services Commission of South Australia, Application form for the issue of an Electricity Generation Licence, Adelaide (2017).
[34] Australian Energy Market Commission, National Electricity Amendment (Generator Technical Performance Standards) Rule 2018, Sydney (2018).
[35] Llorente, M.S., López, R.F.-A., de la Rodríguez, M.T., Merino, J.B.: Ancillary services provision with wind power plants in Spain and its coordination with congestion management. In: 16th Wind Integration Workshop, vol. 8, no. 2, pp. 175–184 (2017).
[36] Klaar, D.: Pilot projects for ancillary services. In: Proceedings of the 2018 CIGRE Session (2018).
[37] Mohandes, B., El Moursi, M.S., Hatziargyriou, N.D., El Khatib, S.: A review of power system flexibility with high penetration of renewables. IEEE Trans. Power Syst. (2019).
[38] Cochran, J., et al.: Flexibility in 21st Century Power Systems, Denver (2014).
[39] Denholm, P., Hand, M.: Grid flexibility and storage required to achieve very high penetration of variable renewable electricity. Energy Policy 39(3), 1817–1830 (2011).
[40] van der Meijden, M.A.M.M.: Future North Sea wind power hub, enabling the change. In: 2018 CIGRE Session Opening Panel (2018).
[41] Wilson, D.: Icelandic operational experience of synchrophasor-based fast frequency response and islanding defence. In: Proceedings of the 2018 CIGRE Session (2018).
[42] European Commission, Proposal for a Regulation of the European Parliament and of the Council on Risk-preparedness in the Electricity Sector and Repealing Directive 2005/89/EC., Brussels (2016).
[43] NERC, Standard IRO-014-3 Coordination Among Reliability Coordinators (2008).
[44] Abeysekera, M.: Combined Analysis of Coupled Energy Networks. Cardiff School of Engineering (2016).
[45] CIGRE WG C2.16, Challenge in the Control Centre (EMS) Due To Distributed Generation and Renewables, September. CIGRE, Paris (2017).
[46] CIGRE WG C2.17, Technical Brochure 750: Wide Area Monitoring Systems—Support for Control Room Applications, Paris (2018).
[47] De La Torre, M., Juberias, G., Dominguez, T., Rivas, R.: The CECRE: supervision and control of wind and solar photovoltaic generation in Spain. In: IEEE Power and Energy Society General Meeting (2012).

作者简介

Susana Almeida de Graaff，博士，致力于电力系统运行工作。她分别于 2000 年、2006 年和 2010 年获得了葡萄牙波尔图大学（Porto University, Portugal）电气工程学士（Licenciatura—5 年制学位）、硕士和博士学位。她的博士论文《葡萄牙输电网事件——风险评估》以优异成绩获得通过；2005 年，她的电力系统硕士论文荣获 REN 奖。Susana Almeida de Graaff 博士自 2001 年开始在葡萄牙国家电网公司（REN）系统运行部工作，从事网络安全分析、在线风险评估和干扰/停电分析等活动；自 2010 年 11 月起，加入荷兰电力公司 TenneT 系统运行部国际发展团队，专注于创新、研发、输电系统运营商（TSOs）合作与协调，开发欧洲电网容量计算和网络安全方法，包括研发项目；2018 年，获得荷兰 Hidde Nijland 奖，以表彰她对电力系统发展的贡献。Susana Almeida de Graaff 博士自 2016 年 8 月起担任 CIGRE SC C2（电力系统运行和控制专业委员会）主席，并自 2006 年起作为工作组成员、综述报告人和专业委员会委员积极参与 SC C2 活动。2013 年，她被授予 CIGRE 技术委员会奖。

Vinay Sewdien，于 2013 年获得鲁汶大学和代尔夫特理工大学（KU Leuven and TU Delft）电气工程理学硕士学位（成绩优异）。毕业后，Vinay 进入荷兰电力公司 TenneT，从事电力行业透明度政策、广域测量系统和电力系统稳定性等课题研究工作。目前，他是系统运行部国际发展团队的一员，正在研究能源转型对电力系统运行的技术影响。与此同时，Vinay 自 2016 年 1 月起在代尔夫特理工大学攻读博士学位。他是 CIGRE SC C2（电力系统运行和控制专业委员会）的技术秘书。此外，他还是多个 CIGRE 工作组成员及电气与电子工程师学会电力与能源分会（IEEE PES）会员。

第 12 章　电力系统环境特性

Henk Sanders，César Batista，Flavia Serran，
Mercedes Miranda Vázquez，Hector Pearson

摘　要：能源世界正在迅速变化。本章研究了这种变化对环境和社会的影响，分析了 2030 年及以后将发生的三大变化：规模动态、利益相关方参与的增加和气候变化的影响。

关键词：可持续性；环境；可持续发展目标；规模动态；利益相关方参与；气候变化

12.1　引言

根据世界经济论坛的说法，“无论你在哪个国家，能源转型都正在进行”。与能源行业的其他历史性变革相比，这一转型对世界而言是一项挑战；这一变化是对环境和气候问题的回应。世界需要一种新的脱碳能源模式，而留给世界的时间已经不多了。

能源世界正在经历一场历史性的变革，正在从大规模、碳密集型发电以及随后的输电和配电的传统模式转变为一个更为复杂的系统，即低碳、分散发电系统连接到更为本地化的能

On behalf of Study Committee C3.
H. Sanders (✉)
TenneT, Arnhem, The Netherlands
e-mail: henk.sanders@tennet.eu

C. Batista
Vale, Rio de Janeiro, Brazil

F. Serran
Rio de Janeiro Federal University (IPPUR/UFRJ), Rio de Janeiro, Brazil

M. M. Vázquez
Red Eléctrica de España, Madrid, Spain

H. Pearson
MRTPI, London, UK

N. Hatziargyriou and I. P. de Siqueira (eds.), Electricity Supply Systems
of the Future, CIGRE Green Books, https://doi.org/10.1007/978-3-030-44484-6_12

源网络。这一能源缺口预计将通过可再生能源、与其他国家的直流海底互联、储能和能源需求灵活性来填补。

除了这些变化之外，世界上仍有一些地方缺乏能源供应，有的是能源数量不足，有的是能源质量不足。因此，这一能源转型还可能促进技术进步，以减少仍然存在的不平等。

本章的目的是研究这些变化对环境和（特别是）人类的影响，特别是对全球城市和乡村社会中人类和社会动态的影响。

可持续发展是极为重要的概念，作者认为，到 2030 年将发生三大变化：

（1）发电规模动态。

（2）利益相关方参与和投入的增加。

（3）气候变化的影响。

发电规模动态。为了减缓不利的气候变化，造福于所有物种（包括人类）及其栖息地，已经有很多关于需要从集中式化石燃料发电厂转变为更多可再生能源发电厂的文献。另一个重要的变化是可再生能源通常意味着发电源更本地化和更小型化。这就形成了自己的“微电网”，一些社区可能从中会受益，而其他社区可能会落后。

另一方面，也可能出现大规模可再生能源发电，例如，大型海上风力发电场和沙漠地区的太阳能发电场。

利益相关方参与和投入的增加。社会越来越意识到环境问题以及行使自身权利或有发言权的能力。公民越来越多地要求政府、企业和其他组织承担责任。企业和政府的信任度不如以前，包括电力公司，公民更愿意对组织的决定以及设备和仪器的安装地点提出反对意见。作者相信未来这些趋势仍会持续。然而，可能会造成社会不平等的后果：富裕和善于表达的社区将寻求行使其权力，甚至可能以牺牲较贫困社区为代价。电力公司必须确保各方平等获得负担得起的能源供应。

气候变化的影响。除了少数例外，国际社会普遍认为气候变化是全世界必须面对的主要问题之一：

（1）政府间气候变化专门委员会的 2018 年特别报告呼吁采取更加积极的行动，并重申需要实现温室气体零排放，以避免对生态系统、人类社区和经济造成重大气候相关的后果。

（2）（达沃斯）世界经济论坛的最新报告已将气候变化确定为地球面临的主要风险之一。

（3）巴黎协定得到各国政府的广泛支持。据此，各国制定了减排目标（NDC），旨在将全球温升限制在 2℃。根据最近的报告，需要更大的雄心壮志，将温升降低到 1.5℃。

（4）企业、城市和其他行动者正在加强承诺，也在设定减排目标。许多倡议（SBTi，We Mean Business 组织、CDP、联合国全球商业目标契约）都得到了私营部门、投资者和社会的支持。

电力部门在实现减排目标方面发挥着核心作用。未来的网络将使得向脱碳经济转型成为可能，但与此同时，未来的网络必须在对环境和人类影响最小的情况下发展。

12.2　未来是什么

我们在谈论多长时间的未来？是 10、20 年还是 30 年？本书考虑的是到 2030 年的未来。然而，在环境方面，我们必须做更加长远的思考和规划。许多参与者（政策制定者、企业、非政府组织、研究机构等），组织机构已着手此事，例如，欧盟和许多国家政府已经制定了到2030年的明确环境目标，并且已经确定了到2050年的目标作为远景目标；ETIP SNET[1]在其2050年愿景中支持欧盟的长期脱碳战略。能源企业和其他国家的展望各不相同。环保运动组织也着眼于2030年以后的情况。

电力在脱碳过程中起着至关重要的作用；因此，由于能够更好地获得能源，以及运输和供暖的电气化，预计到2050年，各国的电力需求将显著增长。例如，在英国，预计到2030年电动汽车（EV）将达到1100万辆，到2040年将达到3600万辆[2]。然而，由于取决于发生多少“智能充电”（例如在非高峰时间充电和使用车辆到电网技术），很难预测这些情景下的峰值需求。

就热量而言，在较冷的国家，很可能会出现解决低碳供暖与提高建筑热效率的组合方案。不断上涨的电价或政府立法将推动这一变化。

我们的未来都一样吗？

当然不是。对每个国家和公司来说，唯一相同的是能源转型正在快速进行。无论将其称之为气候变化还是使用其他名称，我们都必须考虑到这些变化。但是每个国家、每个公司，都有自己的历史、文化和立法等。

此外，不仅国家之间存在差异，甚至国家内部也存在差异。这涉及各个规模。可再生能源和新技术具有不同规模的影响；我们既看到了大型风电场，同时也看到了小型智能仪表的发展。

公众参与也影响着国家和公司应对未来的方式。再也不能忽视社交媒体，它将影响国家和公司如何制定未来计划。这也会因地而异。

因此，对于所有三大趋势（气候变化、规模动态和公众参与），我们可以得出结论，没有共同的、相同的未来可以预测。

我们希望未来是什么样的？我们如何去实现？

CIGRE已经为（近期的）未来制定了战略计划，概述了CIGRE将未来几年。

CIGRE希望采取行动，以便：

（1）为所有人提供电力。

（2）减少社会和环境影响。

（3）提高参与度。

CIGRE目前有4个战略方向。其中包括环境和可持续性，以及对所有利益相关方的无偏倚信息。CIGRE关注的其中2个挑战是可再生能源和不断增长的环境要求。

12.3 可持续发展

2015年，联合国（UN）通过了2030年可持续发展议程的17项可持续发展目标（SDG），以确保环境更大程度的可持续性（见图12.1）。

CIGRE作为“全球电力系统专家组织”，已决定支持SPG，并于2018年将其纳入参考

[1] European Technology and Innovation Platform of Smart Networks for Energy Transition (ETIP SNET).

[2] National Grid, Future Energy Scenarios, July 2018.

文献[1]。以下内容引自该文件：

“仅通过浏览这些标题就能明显看出，电力系统——以及 CIGRE 在全球范围内为开发和管理良好的电力系统所贡献。专业知识——与其中的一些目标直接相关。在分析我们对可持续发展目标的贡献时，CIGRE 技术委员会确定了 9 个与 CIGRE 贡献特别相关的 SDG，这些目标可以分为 4 个维度，分别为气候保护、效率、全球合作和发展。”

图 12.1 17 项可持续发展目标（SDG）

以下列出了特别相关的 9 个 SDG。在处理外部世界和环境（而非 CIGRE 自身的组织）时，提出了一些意见。

（1）SDG5，“男女平等”：确保男女获得能源的机会平等。例如，确保妇女和幼儿在家庭环境中不受其他用户和群体（如商业利益）的不利影响。

（2）SDG7，“经济实惠的清洁能源”：更加注重：确保人们普遍获得负担得起、可靠和现代的能源服务；能源效率；促进获得清洁能源研究和技术，包括可再生能源、能源效率、先进和更清洁的化石燃料技术（也更加注重发电和网络产生的污染物和微粒）；能源基础设施和清洁能源技术的投资案例；以及扩大基础设施和技术升级，为发展中国家的所有人提供现代和可持续的能源服务。

（3）SDG9：“产业、创新和基础设施”：加强对欠发达国家的工艺和技术支持。

（4）SDG11：“可持续城市和社区”：利用当地原材料加强对可持续性和弹性建筑的关注；保护和维护世界文化和自然遗产；以及减少城市对人均环境的不利影响，包括特别关注空气质量、市政和其他废弃物管理。

（5）SDG12：“负责任的消费和生产”：根据国家政策和优先事项，促进可持续的公共采购实践，鼓励公司（特别是大型跨国公司）采用可持续的实践，并将可持续性信息纳入其报告周期。改进 CIGRE 的出版实践，为世界各地的人们提供可持续发展和与自然和谐的生活方式的相关信息和意识培养做出贡献，并支持发展中国家加强其科学和技术发展，

[1] CIGRE Reference paper: Sustainability—At the heart of CIGRE’s Work, September 2018.

以推进实现更加可持续的消费和生产模式。解决低效的、鼓励浪费性消费的化石燃料补贴问题。

（6）SDG13：“气候行动”：解决各大洲应对与气候有关的危害和自然灾害的恢复力和适应能力问题，并将气候变化措施纳入国家政策、战略和规划。CIGRE 的工作应系统地考虑到需要改进关于气候变化减缓、适应、减少影响和早期预警信号的教育、人类意识和机构能力。

（7）SDG14：“水下生物”：特别是海上风电场、波浪和海底涡轮机相关方面。

（8）SDG15：“陆上生物”：尽管这一主题是最常涉及的，但 CIGRE 仍需确保这一主题为优先事项。

（9）SDG17：“目标伙伴关系”：动员和分享知识、专业知识、技术和财政资源的多方利益相关方伙伴关系也可用于支持所有国家实现可持续发展目标，同时以伙伴关系的经验和资源战略为基础，鼓励和促进有效的公共、公私和民间的社会伙伴关系。

12.4　发电规模动态

如前所述，未来的环境因素很难预测。其中一个原因是我们行业的规模动态。

为了平衡我们的电网，并与更多市场驱动的业务运营相结合，我们认为有必要扩大电网。即使是海底电缆，网络互联也将增长。因此，我们的工作规模将更大、更国际化。另一方面，可再生能源的引入，特别是较小规模的引入，将迫使我们的行业发掘本地解决方案以平衡电网。

规模扩大和规模缩小正在同时发生。这是最近的发展情况。新技术正在开发中，TSO 和 DSO 必须更加紧密合作，储能需求正在增加，消费者将成为生产者，当地社区将拥有最先进的电网解决方案。所有这些发展才刚刚开始。

越来越明显的趋势是在城市区域内发电——微型和分布式发电。与过去相比，城市将可能与发电和输/配电的关系更为紧密。因此，在未来，也许我们将不得不比今天更密切地讨论能源和城市方面的问题，例如能源接入、城市交通、住房等。能源的产生及其相关方面将成为“城市景观和文化”的一部分。

CIGRE SC C3（电力系统环境特性专业委员会）的主要任务是研究上述发展对环境的影响，但由于这些发展都是最近才出现的，因此我们没有介绍它们对环境和可持续发展的影响。

我们可以预测的是，CIGRE SC C3 的工作将增加，以了解所有这些发展对环境的影响。CIGRE SC C3 已经在为这一未知的未来做准备，发布了新的战略计划，更具体地说，是巴黎 2020 年会议发布的新优先主题（如何应对能源转型的负面影响）。

12.5　利益相关方参与和投入的增加

近年来，社区内越来越多的人发表意见，并试图影响大型组织的决策和实践。这种日益增长的声音符合可持续发展的概念。可持续发展的责任使各组织更需要与利益相关方合作，以实现具体目标，并应对更广泛的社会、环境和经济挑战。因此，利益相关方的参与对于组织的工作以及对可持续性含义的理解至关重要。没有利益相关方的参与，组织或公司不太可能在现在或今后的世界中取得成功。

尽管人们普遍认可电力带来的好处，但就其本质而言（包括发电地点、输电和配电方式、新发电地点的开发，无论是大型核电站、火电站还是水电站及其相关网络），电力可对个人、社区、自然环境、景观和文化遗产产生影响。这将在施工和运行期间发生。

协商通常意味着找到方法让利益相关方参与电力组织的一些工作。这一过程虽然提供了了解的机会，但也需要预防冲突和降低风险。

CIGRE TB 548 总结了在可持续发展的背景下，全球电力组织对利益相关方参与的态度和经验的调查，特别是与电力建设项目开发相关的情况。报告分析了调查结果，并根据工作组各成员的经验和知识得出了结论。报告中还介绍了一些研究案例。

CIGRE TB 548 的结论如下：

（1）组织与利益相关方之间的关系主要由法律和监管义务驱动；然而，调查结果表明，利益相关方自愿参与的程度正在增加。越来越多的公司认识到，良好的利益相关方参与是良好风险管理的先决条件。

（2）调查发现，在电力组织中，利益相关方参与政策不如环境政策普遍。法律义务、声誉、价值观和道德问题是利益相关方协商的主要驱动力。虽然正式的环境声明、主要项目和法律要求是利益相关方协商的关键推动，但政策制定并非如此。

（3）电力组织报告称，利益相关方最关心的是自然保护、视觉影响和 EMF/健康问题。

（4）尽管许多公司选择进行远超出最低要求的协商，但在确定利益相关方方面没有明确的全球通用做法。电力组织中没有一个与利益相关方参与相关的现有标准策略。

（5）尽管让利益相关方参与的灵活方法有其益处，但全球需要一套标准的用于沟通、协商和参与的原则。

工作组制定了一套电力部门利益相关方参与的 8 项关键原则。建议 CIGRE 成员推行这些原则。

这 8 项关键原则同样适用于发电更加分散、能源网络更加本地化的地方。作者认为，公民的权利和权力将只会增加，这使得这些原则对于小型地方项目和大型项目同样重要。这 8 项关键原则如下。

利益相关方参与的关键原则[1]：

1. 利益相关方参与的方法

利益相关方参与的方法应与公司的所有建设项目基本一致。这种方法可以是灵活的，根据项目的规模和类型而有所不同，但仍应保持一致。利益相关方群体与地区之间应存在一致性。目标必须是在利益相关方之间建立信任。

2. 项目范围界定（比例法）

应通过确定项目要求的范围来优化参与的价值。明确项目的实际约束——参与和沟通可以帮助什么，范围边际是什么。了解参与的项目阶段。在项目边际投入大量精力和资源可能只会带来有限的额外益处。在项目开始时，让关键利益相关方（尤其是代表不同社区利益的人）参与进来，就他们认为的“比例法”确立他们的观点也可能是有益的。

[1] CIGRE TB 548，pp.67-68.

3. 利益相关方识别（识别并理解利益相关方）

建立一致的方法，以了解利益相关方的信息，理解他们可能的观点、参与的需求和期望，以及让他们参与可以实现的潜在价值。应明确承诺在地方一级进行社区参与。界定“无声”或“难以接触”的利益相关方也很重要，如行动困难、视力或听力损失、识字困难、替代语言要求等；或者因人们太忙而无法使用传统的协商方法来参与。特别地识别并关注这些群体。

4. 尽早开始参与

以明确范围的方式尽早参与，将有助于建立项目意识和共识，从而有助于降低后期“意外”的风险。在范围界定阶段，尽早让关键利益相关方参与进来，使他们能够为制定有效解决方案做出贡献。他们可能拥有对提案有益的信息和观点，确保他们对利益相关方参与方法和数据安全的认可将具有相当大的价值。利益相关方必须有机会在形成阶段发表意见和产生影响。要清楚参与的项目阶段：利益相关方不应期望在早期阶段获得所有项目细节，并应意识到他们正在参与形成阶段。

5. 有针对性的协商/参与方法组合

应根据项目阶段、所涉及的利益相关方群体及其个人关注点、需求和优先事项，考虑并选择利益相关方参与的组合方法。应根据所需输出调整方法，如提高认识、获得理解、邀请评论或开展建设性辩论。方法包括通过新闻媒体提供信息、已发布的资料单或传单、展览、网站、在线问卷、讨论活动、可能独立举办的研讨会、社区小组等。可使用专门的社区联络和参与人员。与关键利益相关方的定期接触将有助于发展和维持关系。

6. 创建开放透明的流程

通过从一开始就明确说明参与的目标和范围来协调利益相关方的需求是非常重要的。项目的某些方面将“超出协商范围”，如立法或监管义务；然而，应当认识到，可能有不同的方式来履行这些义务。同样，从一开始就应该明确定义时间表。约定或项目过程应公开公布并清晰，以便尽可能消除参与的障碍。项目信息的形式和风格应适合受众，例如，非技术性的材料或专业、详细的材料。

7. 向利益相关方提供反馈（监视和评估）

使利益相关方可以看到他们的意见是如何被考虑到的，这一点很重要。应建立反馈机制，以展示如何考虑和处理各种观点。对于复杂或有争议的项目，可能收到大量意见，这不一定是简单的任务。重要的是，不仅要证明已经发生参与，而且要证明参与是该过程的有效组成部分。要清楚观点是如何反映或用于影响后续决策、流程和计划，这一点很重要。如果已经考虑了意见，但提案没有改变，最好解释没有改变的原因。

8. 参与应该是主动和有意义的

利益相关方参与应适合目的和目标受众，且应积极主动和有意义。利益相关方通常应参与项目的一些阶段，在这些阶段他们能够影响结果或决策。公民社区参与的方法应当是积极主动、方便和包容的。

12.6 气候变化的影响

如前所述，应对气候变化已成为确定能源战略的最重要驱动力之一。走向脱碳经济是国际社会的目标。

能源部门在气候变化减缓方面具有决定性作用：从碳密集型能源向可再生能源的转型对于实现减排目标至关重要。

在这方面，我们必须意识到，尽管实现这一转型需要新的发展（可再生能源、海底电缆、分布式发电、储能），但它们也可能涉及一些必须解决的环境影响。

关于环境影响，必须做大量工作。其中一些影响的例子如下：

（1）太阳能园区对生物多样性有何影响？

（2）陆上和海上风电场将发生多少次鸟类碰撞，这些是否将会影响物种的生存能力？

（3）在未来几年中，电力储能方面将出现哪些发展，它会对环境造成什么影响？（即电池的影响）

（4）行业联合对环境、景观和自然有何影响？

（5）未来几年氢的使用情况如何？

另一方面，科学界有几项研究涉及温度升高的潜在影响：恶劣天气事件、洪水风险、近海变化、干旱地区增加、供水、生物多样性变化和景观变化、疾病增加……

环境和社会影响将因每个国家和人民承受这些影响的恢复能力而不同。

因此，还需要开展适应气候变化的工作。我们必须为无法避免的影响做好准备。努力使电力行业适应新的条件，并减少气候变化对社会（人们）的影响，是一项巨大的挑战，我们必须从现在开始努力，以便能够面对未来的问题。

12.7　结论

能源世界正在经历一场历史性的变化，主要是因为需要减少排放和应对气候变化。它正在从大规模、碳密集型发电以及随后的输电和配电的传统模式转变为一个更为复杂的系统，即低碳、分散发电系统连接到更为本地化的能源网络。

社会越来越意识到环境问题以及行使自身权利。公民越来越多地要求政府、企业和其他组织承担责任。企业和政府的信任度不如以前，包括电力公司，公民更愿意对组织的决定以及设备和仪器的安装地点提出意见进行对抗。同时，政府和电力公司必须确保弱势和少数群体社区能够充分获得电力，这一点很重要。作者相信这些趋势将持续到未来。

12.8　词汇表

欧洲电力输电系统运营商网络（ENTSO-E）：欧盟成立的欧洲电力 TSO 协会，旨在进一步开放欧盟电力市场

欧洲能源转型智能网络技术与创新平台（ETIP）：根据欧盟地平线 2020 计划建立

EU：欧盟

电动汽车（EV）：由电动机驱动的汽车

TSO：输电系统运营商

参考文献

［1］CIGRE，TB 548：Stakeholder Engagement Strategies in Sustainable Development—Electricity Industry Overview. CIGRE（2013）.

［2］ETIP SNET：Vision 2050，Integrating Smart Networks for the Energy Transition：Serving Society and Protecting the Environment. EU（undated but post 2015）.

［3］National Grid：Future Energy Scenarios. UK，July 2018.

［4］RSPB：The RSPB's 2050 Energy Vision：Meeting the UK's Climate Targets in Harmony with Nature（2016）.

［5］Staschus，K.，Vazquez，M.，Sanders，H.：CIGRE Reference paper：Sustainability—At the heart of CIGRE's Work. CIGRE，September 2018.

作者简介

Henk Sanders，荷兰 TSO TenneT 的顾问。他曾在奈梅亨大学（Nijmegen University）［现在的拉德堡德大学（Radboud University）］社会和经济地理专业；瓦赫宁根大学（WUR）商业和公共管理专业学习。Henk Sanders 一直在公共基础设施领域工作：在荷兰铁路公司任职 11 年；在 TenneT 公司任职 20 多年。参与的项目涉及许可、环境（环境影响评价 EIA、战略环境评价 SEA）、政策制定（SF_6、EMF、鸟类保护、景观和自然）方面，最近几年加入了公司企业社会责任部（CSR）。Henk Sanders 先生自 2002 年起加入了 CIGRE 的几个工作组，后来成为 SC C3（电力系统环境特性专业委员会）成员，自 2015 年开始担任 SC C3（电力系统环境特性专业委员会）主席。近期的出版论著是参考文献：《Sustainability, at the heart of CIGRE's work》。

César Batista，社会科学家和政治学家，多年来一直专注于研究能源部门和基础设施项目相关的环境、社会和经济问题，拥有从规划到实地执行全过程相关的工作经验，包括规划、战略环境评价、水文流域水电清单、社会和环境影响评价和土地研究、水电站基础环境项目；参与能源拍卖、许可程序、客户管理以及能源链生产的其他环节；从事社会责任项目和企业可持续发展报告相关活动。目前，César Batista 在一家全球性的巴西矿业公司任职，负责公司管理工作。César Batista 自 2018 年起成为 CIGRE 会员，参与 SC C3（电力系统环境特性专业委员会）和 C3.15（提高公众对高压变电站接受程度的最佳环境和社会经济实践）工作组活动。

Flavia Serran，生物学家，接受过能源和环境规划方面的研究生培训。她在巴西和国际上有超过 29 年的环境诊断、环境社会影响识别以及缓解措施制定经验，主要涉及电力部门的基础设施项目（规划、建设和运营），涵盖许可过程的所有环节。Flavia Serran 拥有与环境机构和当地居民及原住民的协商经验，以及环境管理系统开发和监测方面的经验。她参与了数百个一期环境评估和健康安全审计（石化、制药和制造业）项目，并为美洲开发银行（IDB）和国家开发银行（NDB）的多边资助基础设施项目（包括电力部门、炼油厂和线性项目）提供监管支持。目前，Flavia Serran 女士是巴西环境资源管理（ERM）公司顾问；里约热内卢联邦大学区域和城市规划研究所（IPPUR/UFRJ）研究员；自 2014 年起，成为 CIGRE SC C3（电力系统环境特性专业委员会）战略咨询委员会成员。

Mercedes Miranda Vázquez，农业工程师；环境、可持续发展和气候变化专家，拥有 19 年的工作经验。自 2003 年以来，Mercedes Miranda Vázquez 一直在 Red Eléctrica de España（西班牙 TSO）任职。主要活动包括环境管理体系（ISO 14001）、环境管理（设施维护和建设）、环境影响评价和电力规划战略环境评价、环境尽职调查、沟通和培训活动、环境报告和风险管理。目前，她在 REE 可持续发展部工作，负责实施气候变化战略（包括政策、温室气体清单、减排目标和行动计划、供应商参与、风险和机会评估、SF_6 管理）；可持续发展报告和环境问题利益相关方报告（可持续发展报告、投资者和其他利益相关方报告）。Mercedes Miranda Vázquez 自 2007 年起，成为 CIGRE 会员，加入了多个工作组，是战略咨询组（SAG）成员；自 2012 年起，担任 CIGRE SC C3（电力系统环境特性专业委员会）秘书。

Hector Pearson，皇家城镇规划学会会员 MRTPI，独立顾问。2017 年 12 月之前，Hector 曾在英国国家电网公司担任规划政策经理，负责领导英国国家电网公司输电业务的规划政策和利益相关方参与战略，包括开发新的重大基础设施项目方法。他的工作职责涵盖英格兰和威尔士的 400kV 和 275kV 电网。Hector 先生深入参与制定了议会法案和国家政策中的重大基础设施条款，试图影响法案和新的政府指南，并帮助设计公司自己的内部政策和流程，以满足重大基础设施新法案的要求。他领导了一个 5 亿英镑的全国性项目，该项目将用地下线路网络取代最重要风景区 400 千伏的架空线路分段，旨在减少英格兰和威尔士国家公园和杰出自然风景区（AONB）输电线路的视觉影响（VIP 项目）。在加入英国国家电网公司之前，Hector 曾在阿特金斯和奥雅纳公司担任规划顾问，最早在英国市政府任职；还曾担任英国能源行业协会（Energy UK）规划组组长。Hector 是一位特许城市规划师，拥有城市规划和环境管理学位。自 2006 年以来，Hector 一直参与 CIGRE 工作，是两个工作组的组长及其他工作组成员。2012—2018 年，他是 CIGRE SC C3（电力系统环境特性专业委员会）英国正式成员，目前是 CIGRE SC C3（电力系统环境特性专业委员会）战略咨询组和两个工作组的成员。2014 年，他被授予 CIGRE 技术委员会奖。

第 13 章　电力系统技术特性

Genevieve Lietz，Zia Emin

缩写

5G	第五代（蜂窝频段）
AEMO	澳大利亚能源市场运营商
CFL	紧凑型荧光灯
CG	云对地放电
DE	闪光/击穿监测效率
DER	分布式能源
DSO	配电系统运营商
EGM	电气几何模型
EHV	超高压
EM	电磁
EMC	电磁兼容性
EMI	电磁干扰
EMT	电磁瞬态
EUE	等效未服务的能源
EV	电动汽车
FACTS	柔性交流输电系统
FFR	快速频率储备
HVAC	高压交流

On behalf of CIGRE Study Committee C4.
G. Lietz
DIgSILENT GmbH，Gomaringen，Germany

Z. Emin (✉)
Power Systems Consultants UK Ltd, Warwick, United Kingdom
e-mail: zia.emin@cigre.org

N. Hatziargyriou and I.P.de Siqueira (eds.), *Electricity Supply Systems of the Future*, CIGRE Green Books, https://doi.org/10.1007/978-3-030-44484-6_13

HVDC	高压直流
GIL	气体绝缘线路
GIS	气体绝缘变电站
GMD	地磁扰动
IC	云内放电
IGE	感应发电机效应
IEC	国际电工委员会
IEEE	电气与电子工程师学会
IoT	物联网
LA	位置准确性
LED	发光二极管
LISN	线路阻抗稳定网络
LLS	雷电定位系统
LOLE	负载预期损耗
LSA	线路浪涌避雷器
LTE	长期评估
LV	低压
MOA	氧化锌避雷器
MV	中压
NEM	国际电力市场
NSG	雷击点密度
OHL	架空线路
PE	电力电子
PLC	电力线载波
PLL	锁相环
PMU	相位测量单元
PQ	电能质量
PSS	电力系统稳定器
PV	光伏
RES	可再生能源
ROCOF	频率变化率
RC-VD	阻容分压器
RTS	实时模拟器
RVC	快速电压变化
STATCOM	静止补偿器
SVC	静止无功补偿器
SSCI	次同步控制交互
SSO	次同步振荡
SSR	次同步谐振

SSTI	次同步扭转交互
TOV	暂态过电压
TRV	瞬态恢复电压
TSO	输电系统运营商
UFLS	低频减载
UPS	不间断电源
VFTO	特快速暂态过电压
VSC	电压源换流器
VT	电压互感器

13.1　引言

电力系统技术特性问题涉及开发和审查用于分析的方法和工具，包括动态和瞬态条件以及电力系统与其设备/子系统之间、电力系统与外部应力起因之间以及电力系统和其他装置之间的相互作用。

电力系统技术特性范围涉及现象的时间尺度从数纳秒到数小时不等，涵盖从雷电、开关操作、电能质量（PQ）、电磁兼容性和电磁干扰（EMC/EMI）以及绝缘配合到电力系统稳定性、建模和长期系统动态等。图 13.1 给出了属于电力系统技术特性范围内的现象及其时间尺度。

为了更好地研究这些活动，定义了以下五大感兴趣的议题：

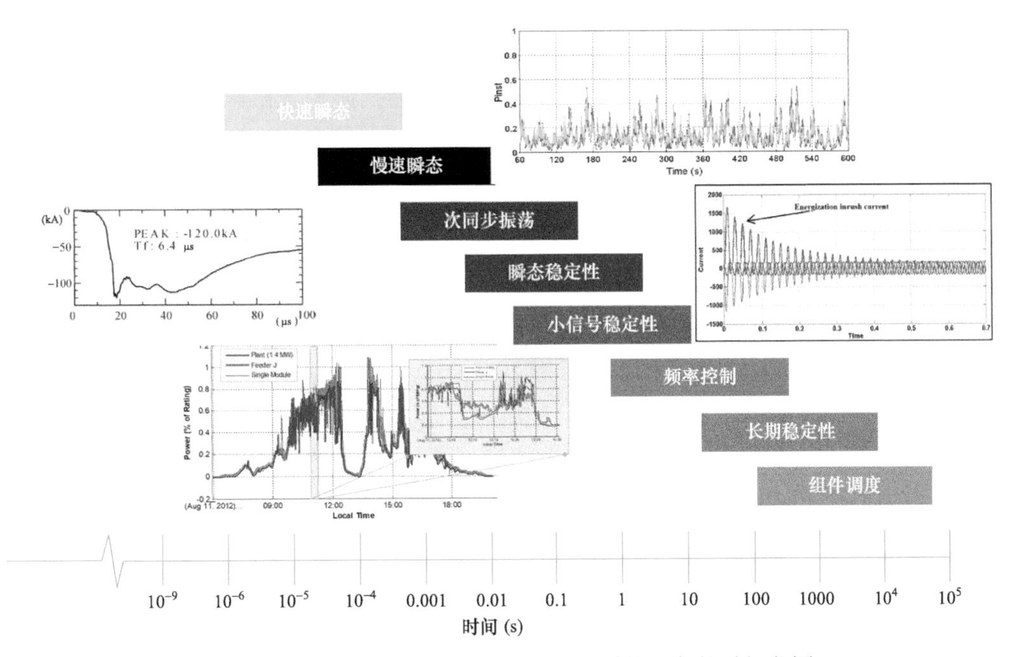

图 13.1　电力系统研究中感兴趣的不同系统现象的时间范围

（1）电磁兼容性和干扰（EMC/EMI）。

（2）电能质量（PQ）。

（3）绝缘配合。

（4）雷电。

（5）电力系统动态。

上述主题中的共同之处是调查和开发用于评估此类现象的新工具、模型、分析方法和技术。模型的需求范围从设备级到系统级，重点是分析系统和设备交互的建模。测量装置、技术及其在验证复杂仿真模型方面的使用均构成建模工作的一部分。上面提供的广泛列表还涉及新兴的智能电网、微电网及分布式和可再生能源技术（如风能和太阳能），重点是电能质量和用于分析电磁和机电瞬态以及动态性能的先进工具。

13.2 EMC/EMI

13.2.1 EMC/EMI 及其在未来电力系统中的重要性

EMC 指设备在其环境中暴露于外部骚扰时，是否仍能在可接受的程度上执行其功能。同样，EMC 是指设备不会在其环境中产生干扰，从而阻止相邻设备以可接受的程度执行其功能。

对于连续的外部骚扰，如低水平的电源电压失真，必须确保这些干扰对设备的功能影响最小。对于持续时间很短且罕见的外部骚扰（浪涌），如果干扰后设备能继续正常运行，则对设备功能的暂时影响是可以接受的。对于暂时、严重和罕见的外部骚扰（电压骤降和中断），通过设备停机或外部干预后能继续正常运行是可以接受的。

EMC 可以通过完全阻止来自骚扰源的发射或通过设计完全不受所有骚扰影响的设备来实现，但这些方法并不实用。可以采取折中方案，将骚扰源的发射限制在合理的低水平，并且暴露于这些骚扰的设备设计为具有合理的高抗扰度。

下文重点介绍高频传导电压骚扰和高频发射电磁骚扰。低频传导骚扰将在下一节“电能质量”中介绍。

13.2.2 最新发展状态

编制产品及通用标准，规定在不同环境中运行的不同类型设备的发射限值和抗扰度要求。IEC 61000－6－5[1]通用标准提出了发电站和变电站环境中所用设备的 EMC 抗扰度要求。

13.2.3 影响 EMC/EMI 的因素

影响 EMC/EMI 的两个方面包括在环境中的发射水平（高频传导电压干扰和高频辐射电子干扰）和运行在那样环境中的设备的抗干扰水平（高频传导电压干扰和高频辐射电子干扰）。

环境中的高频干扰水平可以通过滤波（传导电压干扰）或屏蔽（辐射电磁干扰）来降低。设备的抗干扰水平同样可以通过采用滤波和屏蔽来解决。

设备还可以通过使用自备电源来免于高频传导电压骚扰的危害。增加与高频辐射电磁骚扰的距离也可用于提高设备对这些高频辐射电磁骚扰的抗扰度。

13.2.4　潜在的未来影响

未来电网中高频骚扰的一个主要来源将是由电路组成的换流器，该电路使用功率半导体器件将某种形式的功率（例如，太阳能电池板的直流电压和直流电流）转换为另一种形式（例如，交流电流与交流电网电压相反，用于将电力输出回交流电网）。

为了实现低碳排放水平，电动汽车（EV）将在不久的将来取代化石燃料的交通工具。这些电动汽车需要充电，蓄电池充电器将是并网换流器，将高频电压骚扰传导回交流电网，并在换流器附近发射高频电磁骚扰。电动汽车本身包含变速驱动装置，这将成为高频辐射电磁骚扰源。光伏（PV）面板作为可再生能源，通过并网换流器输出电力，该换流器将高频电压骚扰传导回交流电网，并在换流器附近发射高频电磁骚扰。由变速风力涡轮机组成的可再生能源（RES）也是如此。就光伏而言，有一个广泛的直流电缆网络将光伏板连接到并网换流器，这是高频传导电压骚扰和高频辐射电磁骚扰的新来源。

在负载侧，许多电机将由并网换流器控制，以提高能效。类似地，下一代照明设备［紧凑型荧光灯（CFL）和发光二极管（LED）］也由并网换流器供电。在公用事业层面，有非常大功率（高达数千 MW）的并网换流器来改善电力系统的运行，如 HVDC 方案和 STATCOM。

未来，随着需要设备间通信的智能电网的引入，电力线载波（PLC）和物联网（IoT）将得到更多的使用。物联网的起源开始在 5G 蜂窝频带内传输，该频带延伸至 86GHz，附近设备必须具有适当的抗扰度。

其他发展包括以更高频率切换换流器以减小滤波器组件的尺寸，并更快地切换功率半导体器件（更短的导通和关断时间）以降低功率半导体器件的开关损耗。两者都会提高传导电压骚扰和发射电磁骚扰的频率。HVDC 方案的现代换流阀厅如图 13.2 所示。

图 13.2　换流阀厅

13.2.5　EMC/EMI 的未来分析要求

在产品方面，制定了产品标准，规定了不同类型并网换流器（发电侧和用户侧）的发射限值和抗扰度要求［光伏系统中使用的换流器见 IEC 62920[2]，变速驱动中使用的换流器见 IEC 61800－3[3]，用于不间断电源（UPS）中使用的换流器见 IEC 62040－2[4]］。

大多数产品和通用标准不涵盖 2～150kHz 的传导电压骚扰抗扰度中频范围，因为之前认为仅需在 150kHz 以上进行测试，才能涵盖外部无线电发射机在电缆连接中感应的电压。

这种情况现在已经改变，并网换流器以 kHz 级别的频率切换，并产生 2～150kHz 范围内的传导电压骚扰。未来产品和通用标准必须涵盖该频率范围内的抗扰度要求。因此，从发射角度来看，为了避免对无线电传输的干扰，未来的产品和通用标准将需要涵盖 2～150kHz 频率范围内的传导电压骚扰（发射）限值。

随着 5G 蜂窝传输的引入，抗扰度要求必须扩展到 86GHz（注意，IEC 62920[2]测试只到 6.4GHz，它是长期演进（LTE）蜂窝频带的上限）。

虽然产品标准通常规定了单个换流器的发射限值，但存在多个换流器时的发射仍然未知。因此，可能会出现更多的现场测量结果（参见 IEC 61800－3[3]，其中规定了这一点，但仅适用于大型变速驱动器）。

此外，随着成本反映电价的趋势，发电商和用户可能因其产生的骚扰而受到经济处罚。还可能增加使用滤波器电路来控制电压骚扰水平。

13.2.6 研究与开发需求

需要研究设备对高达 86GHz 的高频辐射电磁场的抗扰度。设备对中频传导电压骚扰的抗扰度（2～150kHz），使用实际获得的电压波形进行抗扰度测试（而不是单频抗扰度测试）以及高频传导电压骚扰和高频辐射电磁骚扰对非换流设备的一般影响。

从发射角度来看，需要研究高达 86GHz 的换流器发射特性。

在电磁兼容措施涉及滤波的情况下，需要研究改进的滤波器设计方法（尤其是存在相邻滤波器的情况下）以及将其滤波性能保持在极高频率的滤波器（许多滤波器由于寄生电感和电容而不能保证高频滤波性能）。

了解极高频下的电网阻抗（包括电网谐振）将有助于设计用于传导电压骚扰发射测试的改进线路阻抗稳定网络（LISN）。

需要研究多个传导电压骚扰源的相互作用和多个辐射电磁骚扰源的相互作用。

下一代换流器将包括谐振响应换流器（改变其开关频率以避免激发电网谐振的换流器）、PLC 响应换流器（改变其开关频率以避免干扰 PLC 的换流器），多个换流器的协调运行，以减少发射，以及不产生高振幅高频谱线的换流器切换策略（扩频切换策略）。

13.3 电能质量

13.3.1 在未来电力系统中电能质量及其重要性

电能质量涉及电网电压扰动的相关范围，这些扰动可能会干扰系统和连接到那些网络的设备的预期运行。扰动可能源于其他客户设备的发电、运行、公用设施运行或大气事件，甚至可能源于受影响装置本身。骚扰的特性包括频率、电压幅值（长期电压、骤降/跌落、骤升和中断、电压不平衡、电压波动）和电压波形（谐波包括直流、次谐波、间谐波、超级谐波、瞬态）[5,6]。

由于以下因素，电能质量越来越受到关注和重视：

（1）电力系统和客户设备及装置中越来越多地使用电力电子（PE）和数字控制系统，从而提高电能质量抗扰度要求。

（2）在电力系统和客户设备中随着PE使用的增长，电压失真管理的实例增加。

（3）由于使用与可再生能源相关的电力电子系统，尤其是在系统强度已经很低的偏远地区连接时，电压失真增加[7]。

（4）随着功率因数校正电容器和地下电缆的使用增加，由于谐振频率偏移，修改了现有谐波特性。

此外，标准和公用事业规范中对供电特性的精确描述以及监管机构对这一点的日益重视，给了客户更高的期望。这一点变得更加重要，因为廉价监控的可用性允许客户根据公用事业的目标来检查他们的供应质量。

13.3.2 最新发展水平

电能质量的管理最初是被动的，随着个别客户投诉的出现，这些投诉会得到解决。后来，随着电能质量规范变得更加精确，在更积极主动的方法[8,9]中看到了好处，将电能质量管理作为电力系统规划、运行和维护的一个组成部分。与电能质量问题相关的财务损失是关注此类工作的进一步理由[10]。目前，一些国家仍处于被动性阶段，但绝大多数国家都在向主动性方法转变。这包括遵守标准，以及对样本站点的长期电能质量监测，以反馈到电能质量管理流程中[11,12]。

电能质量管理的关键指南是电能质量标准，主要是由IEC和IEEE制订的。还有其他地区或国家规范，例如英国、德国和澳大利亚，但这些规范主要基于IEC和IEEE文件，旨在解决特定区域或国家差异和问题。IEC文件中的基本方法是网络骚扰水平和设备抗扰度之间的兼容性，以便所有设备都能在其电气环境中运行，包括彼此之间的相互作用，以及计划运行和网络内意外事件的不可避免影响。兼容性水平是可接受的网络发射和设备抗扰度之间的界限。选择它们是为了最大限度地降低社区的EMC成本：过高的值会导致昂贵的设备成本，而过低的值会导致高昂的防护成本。

IEC 电能质量标准/文件大致可分为5种类型：

（1）兼容性水平规范。

（2）设备抗扰度要求和抗扰度要求试验方法规范。

（3）设备发射限值规范（通常为低压）。

（4）确定向不同MV－HV－EHV用户分配扰动容限的原则（也有将扰动限值分配给较大低压装置的趋势）。

（5）不同电能质量干扰的监测和统计指标规范。

IEC标准/文件存在一些困难，且许多电力公司在使用时也存在困难。这些困难包括：

（1）兼容性水平的选择。这些级别有时不是严格确定的，而是基于过去已知可接受的值。设备的抗扰度水平有时不为人所知，规划水平和设备抗扰度水平之间可能存在不必要的较大裕度。谐波和电压波动对CFL和LED照明系统的影响需要进一步研究。

（2）由于可再生能源未来装机水平和不同发电技术的发射特性的不确定性，考虑可再生能源发电骚扰的影响。

（3）一些分析方法取决于需要重新检查的假设，例如，在成网的输电系统相关计算中，多样性容差、不同电压水平之间的传输系数以及允许多种场景的有效方法。

（4）在确定用户限额时，有一个隐含的假设，即所研究的电力系统正在演变为众所周知的最终状态。这忽略了电力系统在不断发展，随着需求的增加，变电站和输电线路也在升级。

直流配电网络也可能增加，这将伴随其自身的电能质量问题。

13.3.3　影响电能质量的因素

通过电力电子换流器将可再生能源集成到现有电力系统的全球趋势有望继续[13,14]。在输电、配电和微电网环境中，这种电力电子换流器的容量和数量的增加已经很明显。大多数大容量风能和太阳能发电系统连接在偏远和海上位置，这种趋势预计将持续很长一段时间[15,16]。同时，基于电力电子换流器的 HVDC 输电系统也将继续增长[15]。基于电力电子的变速选项将在新容量开发中的大型抽水蓄能方案中占据突出地位[17]。

可再生能源在配电层面的分散性增加，例如依赖于电力电子接口的家庭光伏和储能系统有望增长。在使用层面上，电力电子系统的使用趋势有望继续增长，例如电动汽车、小型和大型设备（包括变速驱动器）、有源电力滤波器、节能设备（包括照明系统和消费电子产品）[6,18]。

总之，未来的电力系统将强烈依赖电力电子接口，并有望转变为“在技术性能和系统可操作性方面”[15]日益复杂的系统，与过去的电力系统相比，电能质量将变得越来越重要。

13.3.4　未来的潜在影响

在未来电力电子换流器普及水平越来越高的供电系统中，至关重要的是要注意确保连接的设备继续运行，不受干扰，也不会经历加速老化。

与风能和太阳能电场相关的大型电力电子系统可能是电压源换流器（VSC）类型，其大功率半导体设备以相对较低的频率切换，例如大约 3kHz，如图 13.3 所示。

受所采用的调制策略、半导体器件开合固有的非理想性质、组件尺寸和控制器结构的影响，这些换流器倾向于向连接的电网注入全范围的低阶和高阶谐波电流，因此公共耦合点的低阶谐波电压干扰水平会增加，尤其在系统强度较低的地方[7]。高阶谐波失真水平受到本地网络谐振的强烈影响。风能和太阳能电场的谐振可能会成为问题，因为这些电场的集电系统是基于地下电缆。近海风电场已经报告了这种谐振问题，其原因是这些风电场使用了相当长的电缆[19]。

在输电层面，随着大规模基于 PE 发电的激增，由于更换了常规同步发电机，系统强度[20,21]面临迫在眉睫的威胁。系统强度的下降可能会影响一系列电力系统运行问题，包括电能质量。一般来说，相关的电能质量问题可能会表现为发电系统不稳定，特别是在应急条件下。例如，基于电力电子的发电系统虽然正常运行需要最低系统强度，但其控制系统可能会受到网络谐波电压的影响，导致此类发电系统的控制系统之间的不当交互。这些“谐波不稳定”问题（传统上与 HVDC 系统中的线路换向换流器有关[22]）可能会在未来的电网中变得更加普遍，因此，需要进行必要的评估[21]。与此同时，步进电压变化，通常称为与网络开合操作相关的违反可接受限制的快速电压变化（RVC），可能导致触发系统不稳定。

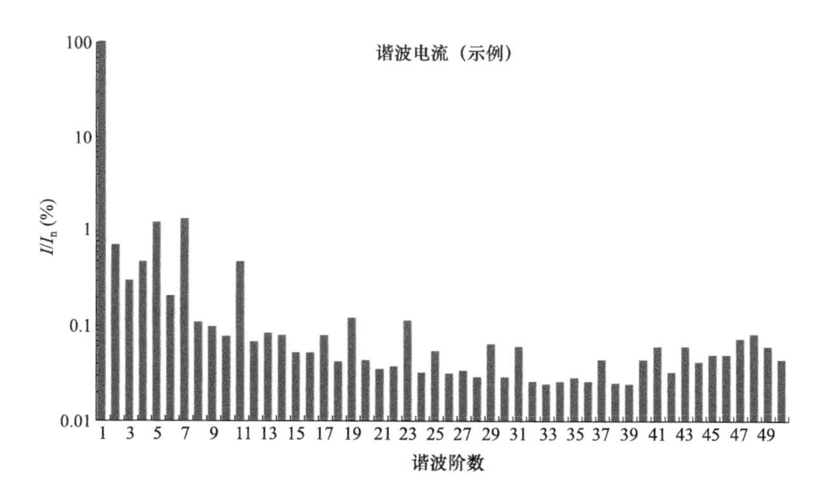

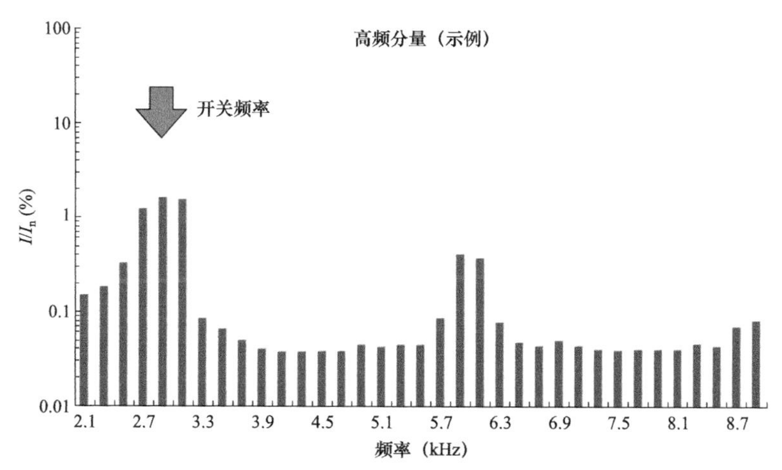

图 13.3 谐波电流和开关频率的示例（来源：Franuhofer Institute for Solar Energy Systems，ISE）

具有向电网注入有功和无功功率的电力电子电网接口的发电机通常表现为正序电源。此类发电机考虑到连接到长的不换位的输电线路的偏远位置，由于线路不对称性，可能会形成远程端的负序电压，因此在关键的位置需要使用专用 STATCOM 来缓解电压不平衡。

由于风能和太阳能系统的间歇性或变化而产生的电压波动可以预期，这些波动可以使用动态无功电源（例如 STATCOM）进行管理。

随着 LV 网络中屋顶太阳能光伏逆变器系统的激增，主要担忧之一是稳态电压的管理[23,24]，这通常会导致逆变器停机。世界各地的网络运营商在这方面非常积极地制定一些电压管理策略，包括使用智能逆变器[25]。

人们已经对超过传统 2kHz 限制的高频率（通常被称为“超级谐波”）表现出相当大的兴趣[6]。如图 13.4[26]所示，这些频率在家庭太阳能光伏逆变器[26]中相当突出，因为与较大的逆变器相比，它们的开关频率相对较高。这些谐波难以传播很远的距离，因为它们被 LV 系统中相邻的用户设备所吸收。对连接设备的影响程度需要量化。初步研究表明，作为开关模式电源组成部分的电解电容器等组件，会产生额外的热，并可能缩短寿命[27]。

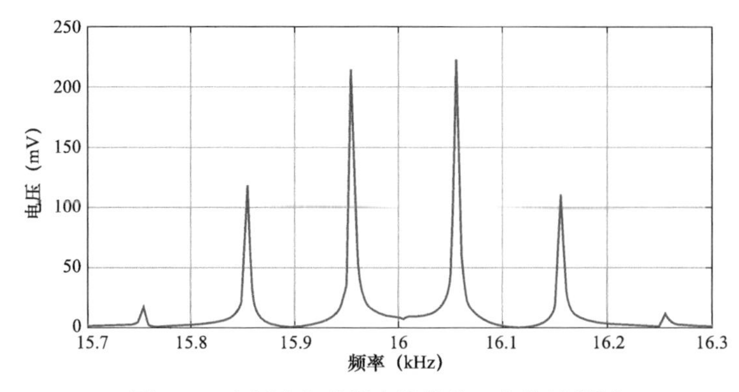

图 13.4　家用太阳能逆变器的第一个发射带[26]

13.3.5　未来要求分析

积极主动的电能质量管理包括 3 项主要内容：

（1）对相关标准要求的理解和将适当的措施嵌入到电力系统规划、运营和维护中。

（2）长期电能质量监测，以理解在适当范围站点的所有电压等级的系统电能质量性能。

（3）使用（2）的结果、电网事件和个人用户投诉的分析来改进 PQ 管理措施。

需要制定电能质量标准，使它们能够应对未来电网的演变，并：

（1）需要为尚不允许的电能质量骚扰类型制定标准和指南，如超谐波和瞬态[5,6]。

（2）需要引入有关可再生能源发电用逆变器性能的标准[23]，可使用 IEEE 1547 作为指南[25]。

（3）一些现有电能质量标准需要改进，例如，谐波标准需要根据基于电力电子发电产生的特定骚扰以及其未来装机容量的不确定性对电力电子发电进行分配。

需要进一步实施电能质量监测，以便更全面地了解所有相关的电能质量骚扰。这将需要开发新的传感器，如高频电压传感器，以便对超谐波进行有用的测量[6]。需要更好的自上而下的报告方法，以简化对该调查将产生的大量数据的解释。

预计规划和运营中可能会出现新问题，这些问题需要进行调整以满足电能质量要求。例如，在低压电网中，电压控制将受到分布式发电的影响，并且由于单相光伏发电机组和单相电动汽车充电，可能存在电压不平衡问题[6]。先进的配电自动化和微电网的发展可能是提高可靠性和电能质量的有用工具[6]。使用更广泛的电缆系统将影响谐波的管理[6]。

不同供电组织之间以及组织内部都需要更多的信息共享[28]。一个特别的问题是输电和配电公司之间的共享，因为大型可再生能源发电（太阳能和风电场）通常连接在输电/配电接口附近。重要的是，所有相关组织都遵循相同的做法，这可能需要监管机构更可信地执行[28]。

公用事业公司和用户之间存在信息共享的特殊情况。在出现问题之前，用户基本上不知道电能质量问题。公用事业公司有义务编制适当的情况说明书，向用户提供基本的电能质量信息，以便在电厂设计阶段解决许多电能质量问题，例如，通过规定适当的发射限值和设备抗扰度要求水平。

13.3.6　研究、教育和发展需求

关于研究，可以考虑以下方面：

（1）可进一步探讨现有电能质量设备标准的充分性。

（2）一般来说，设备对最近出现的某些类型的电能质量骚扰的抗扰度，如间谐波、直流分量、次谐波和超谐波，都需要更好地理解。

（3）需要检查新的逆变器设计（拓扑和控制），以确定它们是否遵守现有的 EMC/PQ 标准。

（4）超级谐波的适当管理。

（5）需要开发电磁瞬变（EMT）模型，该模型能够代表电力电子发电系统的谐波发射和网络谐振行为。在均方根（RMS）模型不足的情况下，需要使用此类高保真模型来促进涉及谐波不稳定性和谐振的系统评估研究。

（6）术语“PQ 数据分析”是为了有效使用大量电能质量监测数据而产生的[29]。本研究的目的之一是确定电能质量问题的根本原因，通过状态评估技术确定未受监测现场的水平，并确定可能接近使用寿命从而会导致增加电能质量影响的设备状况。

在培训和教育方面，可以作出以下努力：

（1）上面考虑的许多主题过于详细，无法纳入已经排满的本科学位课程。更有效的做法是，让本科生接受扎实的传统电力工程教育，并在电力系统、PE、数据分析和数字信号处理等支撑领域学习，他们将具备在电能质量相关领域工作的合适背景。

（2）在电力行业工作的工程师在进入电能质量领域时，可能会遇到一系列新问题，因为该主题涵盖整个电力系统和用户设备的运行。需要增加继续教育课程的数量，以满足新入门的电能质量工程师的需求。

13.4 绝缘配合

13.4.1 绝缘配合及其在未来供电系统中的重要性

绝缘配合可定义为“与可能出现在设备预期系统上的运行过电压相关的设备介电强度的选择，并考虑使用环境和可用的预防和保护装置的特性”[30]。

电压应力的来源多种多样，最常见的是雷电、操作、故障或甩负荷。与雷电相关的内容将在下一节介绍，而本节将重点介绍与输电线路地下网络、特高压交流线路和分布式发电（尤其是大型 PE 连接发电设施）的影响等相关的现场瞬态测量和绝缘配合，这需要进一步的研究和开发。

在过去 10 年中，输电级别的地下和海底电缆安装长度稳步增加。由于需要加强电网和可再生能源的送出，预计这一趋势将继续下去。此外，由于视觉和环境问题，公众越来越反对安装架空线路（OHL）。电缆的操作过电压和雷电过电压的特性及传播与架空线路不同。为了便于比较，图 13.5 显示了在 0.105s 的峰值电压时单极通电的 10km 电缆和架空线路在开路端的电压波形。对架空线路和电缆，传播速度分别约为 300m/μs 和 190m/μs。电缆电压中的小振荡是由电缆护套模式引起的，其传播速度为 75m/μs。这就需要使用含有经过验证且详细的地下/海底电缆模型的电磁瞬态程序进行详细的仿真研究，并对地下/海底电缆进行验证和详细的模拟。与架空线路相比，电缆的电容更大，也会导致谐振频率低于正常值，如果这些谐振是由瞬态现象（例如变压器通电）激发的，则会导致较大的过电压。因此，在存在大量现有电缆的区域安装新电缆或新线路时，适当的绝缘配合至关重要。随着待安装电缆的数量和长度不断增加，这可能成为未来更常见的任务。

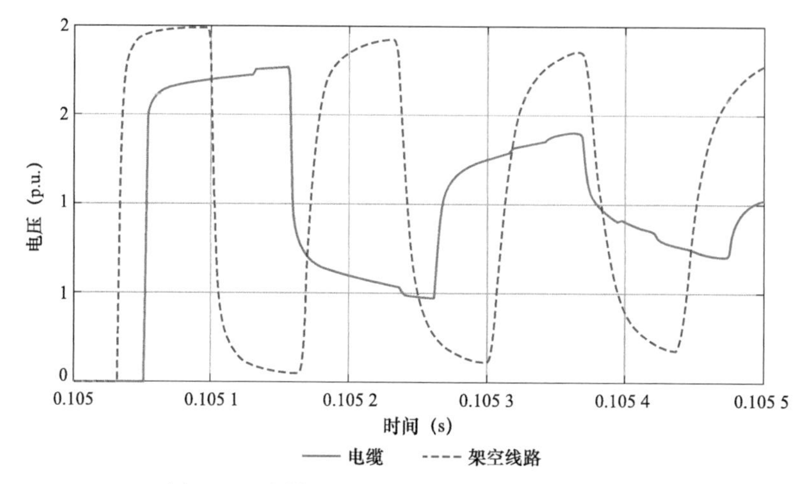

图 13.5　电缆和架空线路的电压波形传播比较

目前，特高压交流线路仅限于中国、日本和曾经属于苏联的国家。这些线路的优点/缺点是讨论的主题，关于其未来扩展和进一步电压增加的趋势目前尚不清楚。对于绝缘配合，较低的绝缘裕度和稀缺的经验导致需要进校非常详细的专门研究。随着安装数量和相关运行经验的增加，预计将制定标准程序。

用分散发电取代大型集中同步发电是一种日益增长的趋势。如果不采取其他措施，短路功率水平的相关降低会导致更严重的暂时过电压（TOV）。此外，从降压变压器中看到的负载需求的减少表示这些相同 TOV 的阻尼较低。为研究评估这种负荷也是一项具有挑战性的任务，但对某些现象的影响是相当大的。最后，由于大多数新的发电通过 PE 连接，制造商和系统运营商正在开发能够降低 TOV 的新控制功能。目前这是一个需要大量工作的主题，预计在不久的将来会有新的解决方案。

最后，HVDC 线路（点对点或多端）的预期增长可能会导致与暂态、谐波或 TOV 相关的新研究案例。一些运营商计划在同一杆塔上安装 HVDC 和 HVAC 输电线路，这可能需要特定的绝缘配合准则。随着 HVDC 线路的扩展，所有这些在不久的将来应该会变得更加清晰。

同时，测量技术已经发展到足以以更经济地对瞬态现象进行现场测量。高压输配电网络中的暂态应力评估在现代绝缘配合方面发挥着重要作用。有必要在现场提供可靠和精确的测量结果，作为瞬态仿真研究的参考值。随着输电系统面临这样的挑战，即适应从集中式发电厂向可再生能源发电转变所导致的发电和消费模式的变化，绝缘配合研究无疑变得更加复杂。

13.4.2　最新发展水平

13.4.2.1　地下电网的影响

大多数情况下，绝缘配合的电压限值仍由变压器和避雷器的额定数据确定，即使是对于涉及 HVAC 电缆的研究也是如此。然而，雷电是一个特例。尽管电缆可以自然免受雷击，但在包含多段架空线路和电缆的线路中以及在架空线邻近的电缆中，必须考虑其影响。冲击阻抗之间的差异意味着电压波的幅值在从架空线路传播到电缆时会降低，在相反的情况下增加。如果电缆足够长，在架空线路遭受雷击的情况下，这对电缆的保护具有积极影响。但是，如果电缆较短，并且在其端部处发生多次反射，从而升高电压，则可能会有危险。必须考虑在架空线与电缆的连接点安装避雷器或其他限压装置，其额定参数必须考虑潜在的电压升高以及吸收的能量。

与架空线路相比，电缆的固体绝缘引入了较大的并联电容，导致低的谐振频率，从而可能导致较大的 TOV：例如，变压器通电，其冲击电流除了基波分量外，还包含注入系统的谐波和直流分量。在海上风电场和相应的陆上变电站之间的长辐射状连接的设计阶段、故障清除期间或系统孤岛情况下，已经观察到这些 TOV。随着安装电缆数量的增加，系统电容也会增加，导致低频谐振的可能性也会增加，从而增加 TOV 的可能性。

在对使用地下电缆的系统进行绝缘配合研究时，还分析了其他现象：电缆切换、故障清除、零点缺失、断路器应力等，但这些现象众所周知，不太受关注，因此本节不予以考虑。

13.4.2.2 特高压线路

特高压线路具有更高的电容，并传输大量电能。因此，由甩负荷引起的 TOV 可能更大、更长，这使其成为备受关注的现象，也是选择避雷器和绝缘设备的重要因素。安装可控并联电抗器或线路跳闸可作为缓解措施，以尽量减少甩负荷的后果。然而，后者必须根据进一步的电网影响进行评估。另一个重要的 TOV 情况是，由于特高压线路的电容较高，降低了谐振频率，遇到了与长电缆类似的挑战。

特高压线路的允许操作过电压较低（以 p.u.为单位）（通常在 1.3～1.7p.u.之间，取决于设备和国家），这意味着限制这些过电压的要求较高。使用合闸电阻是一种可能的解决方案。此外，它还可用作分闸电阻，以在甩负荷情况下提供支持，但能量吸收要求是一个限制因素。由于过电压较高，应仔细考虑与三相自动重合闸相关的操作过电压。

对于特高压线路，自动重合闸故障的概率更高，因为二分电弧电流更大、更长，导致瞬态恢复电压（TRV）更高。此外，鉴于这些线路的长度较长，跨越多个不同气象条件的不同区域，以及相间的耦合电容较强，二分电弧特性可能会发生变化（与通常经验相比），并可能取决于故障位置。可能需要特殊程序来熄灭二分电弧（例如，高速接地开关或作为并联补偿的一部分的中性点接地电抗器）。

最后，由于线路绕击的概率相对较高，因此雷电是一个值得特别关注的问题。与气体绝缘变电站（GIS）相关的特快速瞬态过电压（VFTO）是需要进一步研究的课题，因为参数的不确定性可能导致仿真错误。此外，由于 GIS 中的 VFTO 包含非常高的频率，如果这些频率超过商业软件中使用的导纳和阻抗公式的适用限值，可能无法进行精确仿真[31]。需要改进建模以获得准确的结果。

13.4.2.3 现场瞬态测量

目前，设计裕度的降低意味着对精确测量电压和电流的要求增加，以保证仿真模型有效并确保保护设备的正常运行。由于现有互感器技术中的相关的不确定度和第一谐振点频率的降低，高频现象尤其令人关注。对瞬态的日益重视需要准确测量以理解瞬态，因此，与未来的非传统测量系统相比，本节说明了当前安装的电压互感器的瞬态特性[32]。

感应式电压互感器（VT）

这种 VT 属于传统互感器组，目前普遍使用。VT 的关键方面是频率响应特性。第一谐振峰（≥1kHz）取决于主电感，通常取决于一次绕组的电容。在谐振点或谐振点附近，比率误差可以增加到百分之几百。因此，只有从额定频率开始到第一个谐振峰值的最大规定比率误差的频率范围才有价值。文献表明，随着系统电压的增加，第一个谐振点越来越接近额定频率[33,34]。

阻容分压器（RC－VD）

RC－VD 属于非传统互感器组。必须通过正确选择电阻和电容来避免谐振频率（图 13.6）。RC－VD 在工作频率范围内（例如，高达 10kHz）表现出高精度的线性频率响应。这为交流和直流特高压系统中可靠的瞬态测量值创造了可能性。RC－VD 的相位偏移足够低，可以识别杂散信号源的方向。二次测量装置必须采用低电感设计[32,35]。

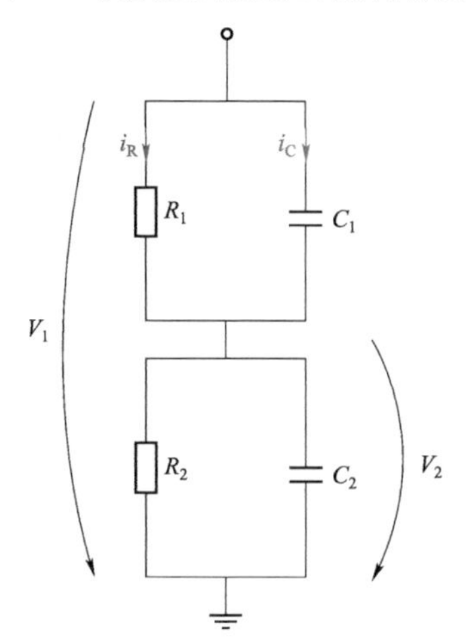

图 13.6　RC－VD 的简化等效电路图

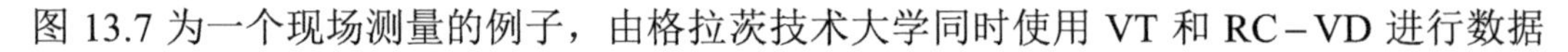
V_1—一次电压；V_2—二次电压；C_1—一次电容；R_1—一次电阻；C_2—二次电容；R_2—二次电阻；i_C—容性电流；i_R—阻性电流

图 13.7 为一个现场测量的例子，由格拉茨技术大学同时使用 VT 和 RC－VD 进行数据

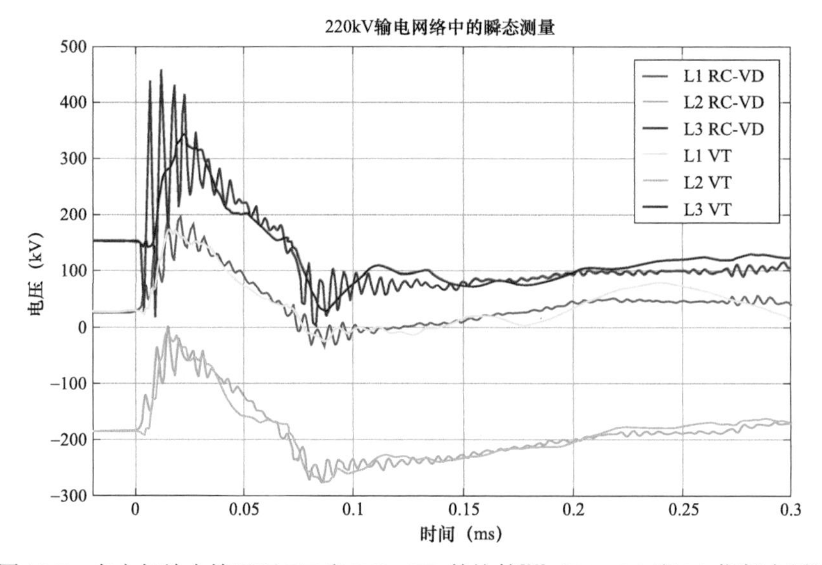

图 13.7　在大气放电情况下 VT 和 RC－VD 的比较[32]（L1、L2 和 L3 指相电压）

记录。该测量涉及在高频间接雷击作用（高达250kHz）期间的220kV线对地输电网络。对于这些频率，测量的电压受VT特性的影响。相比之下，RC－VD使高频测量成为可能[32]。

13.4.3　影响绝缘配合的方面

随着HVAC电缆数量的不断增加，低频谐振将变得越来越普遍，并且由于冲击电流可能导致不可接受的过电压，并需要安装特殊设备，这将成为一项挑战。此外，谐振频率附近阻抗的高变化率意味着，如果谐振发生在谐波频率附近，仿真模型中的微小变化可能会对仿真输出产生较大影响。

今天，影响绝缘配合的另一个方面是特高压的应用，其中高达1100kV的线路已经在为商业运营而修建[36]（注：目前已经实现大规模商业化运营）除了由于高电容导致电缆出现类似问题外，在如此高的电压下运行也是一个新的挑战，这将影响绝缘配合中使用的程序和方法。随着远离消费地区的大型发电的趋势在世界某些地区继续增加，特高压线路的数量预计将增加，必须开发新的工具和制定新的标准。

13.4.4　未来潜在的影响

可持续发展目标与传统电力生产向可持续替代能源的转变有着内在的联系。这不仅对发电系统构成挑战，对电能的传输和分配也同样构成挑战。此外，在人口日益稠密的环境中，公众的认可度要求电力基础设施对环境的影响较小。新的解决方案包括气体绝缘线路（GIL）、长距离特高压线路、海底和地下电缆、基于电力电子逆变器的发电，以及两种不同交流电压等级连接到直流线路的混合式AC1/AC2/DC解决方案，所有这些都需要新的方法，以确保适当的绝缘配合，从而与传统系统相比具有一定的可靠性和经济性。

（1）地下电缆系统需要与架空线路相同的基本绝缘配合方法。然而，由于电缆系统的电气特性非常不同，因此建模和分析还不完善。此类研究的最新技术仍在发展中，复杂性随着电缆使用范围的增加而增加。建模工具已开发并可用，但在有效性和适用性范围方面仍存在一些灰色区域。此外，电缆系统的非自恢复特性表明，在检查评估电缆及其周围设备的水平时，应加强风险评估。

（2）通过架空线路联合多个交流和直流系统，产生了与瞬态研究相关的非常复杂的新案例。确定一个标准的分析方法通常并不容易。如果此类系统还包括电缆，则这一挑战的难度将增加。

（3）目前，由于缺乏合适的数据，用于绝缘配合研究的电力电子换流器的建模很麻烦。随着此类装置的相对数量增加，其影响和对模型准确性的需求也增加，这与TOV评估特别相关。

（4）通常，避雷器是限制雷电和操作过电压的解决方案。由于不同的原因，TOV的幅值和持续时间的增加，使得相应的能量吸收能力和过压耐受曲线成为重要的选择参数。

（5）必须根据不断变化的绝缘威胁重新考虑此类新系统的保护。绝缘配合不仅揭示了可实现的故障安全等级，还揭示了某些类型故障的风险。故障条件的类型和特征及其相关后果强调了需要重新思考作为链中的下一个环节的保护方式必须保护未来电力系统。

13.4.5　未来分析需求

主要的挑战是能够积累进行绝缘配合研究所需的经验，将其作为标准工程设计任务，并与传统系统一样充满信心。通常绝缘配合决策需要几个或多或少的标准化研究案例，一些案例使用瞬态仿真工具实现，但许多案例都是基于不同标准的建议。未来电力网络的复杂性将产生许多情况，需要仔细检查多种组合进行分析，以达到足够的绝缘安全裕度。人工智能方法被认为是实现更有效的绝缘研究方法的一种可能方式。作为基于笔记本电脑/工作站的逐案研究的替代方案，计算能力的改进，采用预计方法能够更好地促进复杂电力系统的绝缘配合，从而使设计工程师能够专注于各种配合方法的主要结果。这种彻底的方法还将促进对各种解决方案（将对经济性和可靠性产生各种后果）的经济评估更加透明。

13.5 雷电

13.5.1 雷电及其在未来供电系统中的重要性

雷电冲击电流是电力系统中物理损坏、干扰和故障的主要来源。雷电是自然界中最常见的地球物理现象之一，具有广泛的时空分布。由于雷电的随机性和复杂的放电机制，雷电研究是一项具有挑战性的任务。尽管到目前为止对闪电的了解已经大大增加，但仍有许多领域需要进一步研究。闪电可以定义为空气中的瞬态放电，电弧长度以千米为单位，伴随着大电流，电流值从几千安到几十千安或几百千安不等。雷电放电通常被称为“闪电”，大多数闪电（约四分之三）不涉及地面[33]。这些被称为“云闪”（放电），包括云内和云间的放电，被称为“IC”。与电力系统相关的是云与地之间的雷电放电，因为它们会击中系统中的物体并威胁电力系统的可靠性。云对地的放电被称为“CG”。放电，即闪电，通常由多个冲击组成，当从高的物体开始时，可向下或向上放电，在这种情况下，它们被称为“GC”。这两种主要类型如图 13.8 所示。在撰写本文时，世界上有几座高塔上都测得了雷击电流，并通过雷电定位系统（LLS）进行了监测和分析。

(a) 下行（CG）闪电

(b) 上行（GC）闪电

图 13.8 （CG）闪电

输配电线路和变电站的有效防雷直接影响电力系统的可靠性。随着超高压和特高压的使用，输电线路杆塔的高度显著增加。在使用超高压/特高压来克服能源和负荷中心之间较大物理距离的地区，这些高杆塔越来越常见，包括在中国等国家，超高压/特高压被视为未来脱碳过程的重要组成部分[37]。（特高压/超高压）输电线路跳闸的主要原因是直接雷击，导致总雷电绕击故障的比例增加。为了防止线路断电，应更多地关注对雷击距离和雷电绕击故障的分析。

输电线路杆塔的冲击接地阻抗直接影响输电线路的防雷效果。在撰写本文时，主要研究课题包括接地装置冲击特性的实验和计算、土壤的频率相关特性[38]以及接地结构设计的优化。

随着技术的进步以及线路避雷器（LSA）的应用，架空线路的防雷性能不断改进。

雷电引起的感应过电压是低压和中压线路、换流站和变电站的主要风险。

可再生能源系统的防雷保护越来越受到重视，因为为了满足严格的未来目标，可再生能源发电的渗透率越来越高。雷电对风力涡轮机造成的损坏目前是造成发电损失的计划外停机的主要原因之一。随着风力涡轮机的尺寸和额定功率的增加，了解雷击的影响变得越来越重要。此外，它们通常安装在维修困难和昂贵的地方。雷电也是光伏电力系统和组件发生故障的主要原因之一，这些系统和组件需要防止直接雷击和雷电电磁脉冲的影响。由于这些原因，可再生能源发电的渗透率很高的未来电力系统的防雷保护需要进一步的研究和开发。

LLS 的进一步发展及其在电力系统中的应用对于帮助系统运营商进行雷电预警，从而将有害影响降至最低是非常重要的。

13.5.2　雷电参数及其对防雷系统的影响

雷电电流是物理（热和机械）损坏、干扰和故障的主要来源。为了保护电力系统免受雷击，了解雷电波形、幅值等非常重要。根据 IEC 62305－1（2010）[39]，雷电威胁与特定电流参数有关。

目前大多数防雷标准采用的这些参数的分布主要基于测量塔上的直接测量。图 13.9 所示为 Montene-gro Lovcen 塔测得的一个雷电波形。雷电峰值电流的估算是根据测量的电场和磁场得出的。还测量了触发雷击的电流，这些雷击与自然雷电中的后续雷击类似。

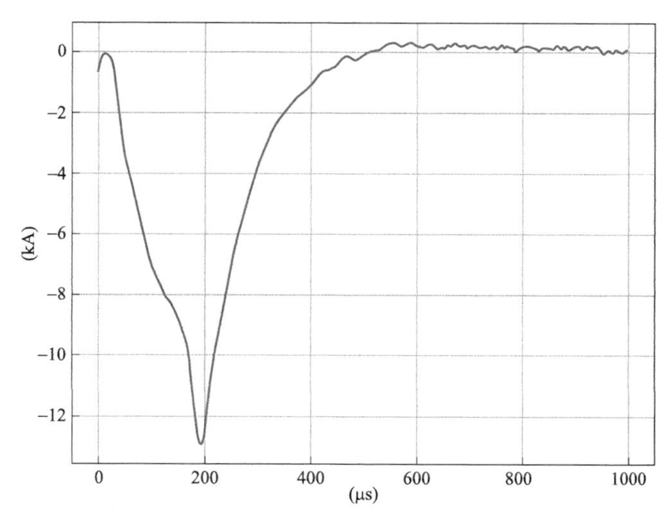

图 13.9　测得的负极性向下雷击的雷电波形

13.5.3　影响防雷的因素

架空线路的故障可由雷电直接击中相导体、击中杆塔或屏蔽线，然后导致相导体闪络引起。

当雷电击中杆塔或架空地线时，杆塔中的电流和接地阻抗会导致杆塔电压升高。杆塔和屏蔽线的电压远大于相导体的电压。如果相导线与杆塔之间的电压差超过临界值，则会发生绝缘闪络，称为“反击”。由于直接雷击和附近的闪电，雷电可能导致配电线路发生闪络。在大多数情况下，配电线路的直接雷击会导致绝缘闪络。然而，经验和观察表明，低绝缘线路的许多与雷电有关的停电是由于雷电击中线路附近的地面造成的。由于中压和低压配电线路的高度与其附近结构的高度相比有限，因此间接雷击比直接雷击更为频繁，因此，有关该主题的文献（见参考文献［40］）主要关注此类雷击事件。

高压架空线路由架空屏蔽线保护，阿姆斯特朗和怀特海于 1968 年引入的电几何模型（EGM）的使用[41]，为击距和雷击角度提供了计算方程。EGM 已广泛用于估算输电线路的防雷性能[42,43]。

为了评估雷电的威胁和架空线路的脆弱性，使用了 LLS。如今，LLS 作为分析电力系统的标准工具，在电力系统和其他行业中的应用是众所周知的。输电和配电网络及系统的应用主要涉及以下一个或多个领域[44-50]：

（1）停电和电网雷击故障的相关性。

（2）电力系统的控制和管理。

（3）雷电临近的早期预警。

（4）电力系统设计、OHL 路线规划和线路保护。

LLS 探测和定位大气中的大气放电，例如雷击，并作为有价值的雷电相关数据的重要来源。目前，利用 LLS（基于各种定位技术）收集的雷电数据已用于能源系统分析。一般来说，如果网络的传感器基线小于 250km，且维护和运行良好，这些 LLS 通常具有 90%以上的闪电检测效率、80%以上的雷击检测效率和 200m 以上的定位精度（见文献［51－56］）。各种技术主要在以下方面的准确性不同：① 评估雷电峰值电流；② 将单个事件分类为云对地或云脉冲。通常并非所有的闪电都击中同一个接地点。这对于所有风险分析都很重要，因为如果闪电平均显示出两个地面雷击点，被闪电击中的风险将加倍。因此，应使用 IEC 62858 中首次引入的接地点密度 NSG 来估计任何结构遭受雷击的风险。在撰写本文时，正在研究分析不同的算法，从 LLS 数据中识别单个地面雷击点。目前使用了各种算法[57-62]，每种算法都有优缺点。

将其中一种算法应用于 LLS 数据后，可以在空间上确定地面雷击点密度。

13.5.4 未来方面

正在改进 EGM 公式，以反映实践中的观察结果。例如，在日本[63,64]观察到，特高压和 500kV 输电线路的对架空地线的实际雷击率分别比上述 EGM 方法计算的雷击率高 5 倍和 3 倍左右。Taniguchi 等人[65]提出了一种基于这些观察结果的改进 EGM。改进主要涉及击穿距离和电流波形的分布。

此外，在雷电研究中通过增加使用高速摄像机，在雷电电流和最终击穿距离的相关观测方面也取得了一些最新进展（见参考文献［66，67］）。

在雷电绕击分析中，先导发展模型正逐渐发挥与 EGM 相同的重要作用。先导发展模型的关键问题是上行先导起始判据。在未来的防雷研究中，需要对先导起始进行深入的实验观测和建模。

为了减少因雷击引起的架空线路故障次数，简便的方法是增加输电线路的绝缘水平或降低杆塔接地电阻，但此类措施通常难以在现有架空线路上实施。由于采用复合绝缘外套的金属氧化物（MO）避雷器技术的发展，安装线路避雷器（LSA）的措施变得越来越受欢迎，这既不会对输电线路的结构造成显著的额外机械应力，也不会降低其承受能力。线路避雷器的最新应用表明，架空线路的防雷性能得到了显著改善。

金属氧化物避雷器（MOA）安装在不同电压等级和配置的线路上[68]。尽管某些地区的机械故障率很高，但在过去几年中，安装的线路避雷器的运行效果在大多数情况下都非常好[69-73]。

除了改进 MOA 技术外，还应改进其优化选择和维护的程序。

13.5.5 未来要求分析

雷电诊断技术的发展使人们能够更深入地了解雷电现象。雷电是威胁电力系统安全可靠运行的关键因素之一，与雷电和防雷相关的问题仍有许多需要解决。应审查的一些主题和开展的活动包括：

（1）使用有测量仪器的高层结构直接测量雷击电流：除了测量雷击电流外，上行雷电或上行先导的观测对于防止输电杆塔由于高度显著增加的特高压/超高压电力系统中的线路停电非常重要。

（2）架空线路、变电站设备以及地下和海底电缆防雷元件的开发、应用和监测：线路避雷器在配电和输电系统中的有效应用已得到证明。它们不会对现有输电线路的施工造成显著的额外机械应力，并且它们的价格正在下降，使其更容易获得。

（3）雷电相关研究中的数值模拟，包括雷电绕击、感应雷电和过压保护：改进用于数值仿真、获取参数和模型验证的现有模型。未来电力系统的分析将看到 EMT 仿真的更多应用，并且需要开发新的 EMT 模型，以便准确地捕捉上述方面。

（4）包括输电和配电系统杆塔的电气接地：塔基的冲击接地阻抗直接影响架空线路的防雷效果。考虑到土壤的非线性频率相关特性，研究接地装置的瞬态特性将有助于更深入地了解接地系统的瞬态特性。

（5）可再生电力系统的防雷保护：雷电造成的破坏是导致风能－太阳能混合发电和储能系统中的风能和太阳能发电场断电的计划外停机的主要原因之一。

（6）通过消除现有限制和优化现有系统的性能，改进 LLS 的工作原理：利用 LLS 提供的数据改进系统组件的防雷保护及其优化维护。

13.6 电力系统动态

13.6.1 在未来供电系统中的重要性

电力系统动态研究传统上围绕着防止“角度不稳定”或“电压不稳定”，在某些情况下还包括频率不稳定[74]。可以合理预期，未来的电力系统将表现出比以前更频繁、更快和更少阻尼的动态现象[15]。

据报道，在爱尔兰和北爱尔兰组成的小岛屿系统中报道了一种新的动态现象的例子，其目的是在欧洲同步系统上开发风力发电的最高渗透率[75]。根据爱尔兰关于高渗透水平的研究，在风电高瞬时渗透时，电力系统频率响应的完整性和动态稳定性受到影响。可以合理地假设，高渗透率是指超过 50%～60%的电网瞬时负荷需求由通过 PE 接口的能源提供支持，最常见的是风能、太阳能和 HVDC。此外，在向系统中添加大量风电后，据报道，系统运营商可用于管理电压的在线无功功率将从根本上改变。动态现象受电力系统规模的影响很大。与爱尔兰等较小的岛屿系统相比，大型电网的后果和由此产生的需求将有所不同。需要对每个系统进行具体研究。

传统交流系统以同一频率运行，所有旋转质量与该单一参考框架同步。存储在传统同步发电机旋转质量中的动能为电力系统提供惯性。同步惯性在频率被迫偏离（即由于系统不平衡）的情况下非常有用，因为它会自然地阻止变化。基于电力电子逆变器的发电不提供同步惯性，而是依赖于控制系统对测量频率干扰的响应。测量和控制系统通常包括不可避免的不同重要性的时间延迟。因此，随着电力电子逆变器发电的增加，人们越来越重视减少或实际上不存在的同步惯性，以及如何在这种情况下管理系统动态。

作为一个实际的例子，考虑图 13.10，该图显示了在澳大利亚塔斯马尼亚的大型发电机组的快速减负荷和跳闸后测量的频率扰动。对中型水力发电机组和风电场的有功功率响应进行了叠加比较。虽然风电场输出在频率扰动期间保持相对恒定，但可以清楚地识别水电机组的惯性和调速响应，有助于支持电网频率的控制。

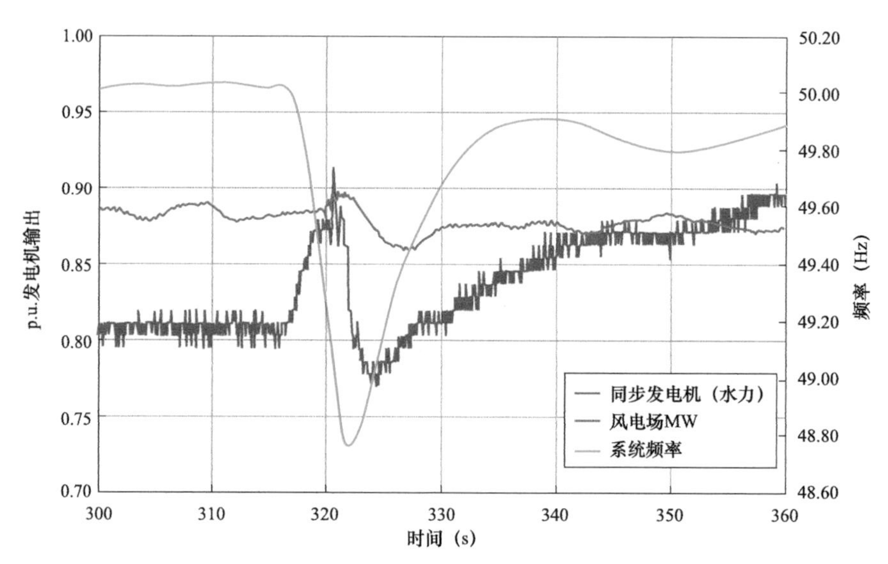

图 13.10 澳大利亚塔斯马尼亚州水力发电和风力对快速漂移频率扰动的测量响应

图 13.11 显示了支持系统频率的不同仿真的风电控制响应[76]。这两条合成惯性曲线的形状与同步发电机的惯性响应相似。频率响应快的情况下，功率响应较慢。在没有频率支持的情况下，风力涡轮机对电网中的频率干扰的响应可以忽略不计。风力涡轮机的动态响应因风力发电控制方法的不同而不同，系统频率恢复也不同。

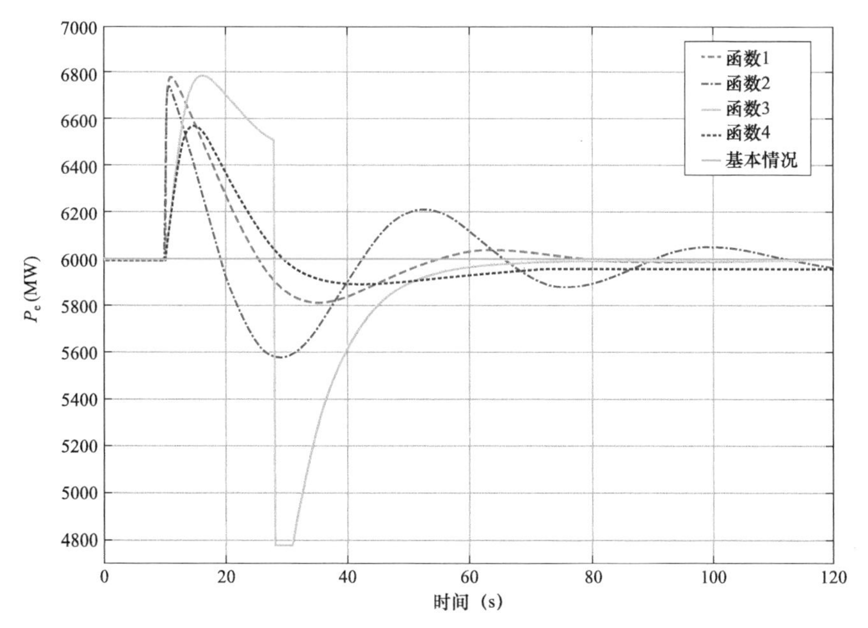

图 13.11　针对不同风电控制组合的风电仿真电功率
（仿真案例具有 30GW 的系统负荷和 20%的风力发电量[76]）

13.6.2　未来潜在的影响

未来的供电系统预计将从主要基于同步电机的系统过渡到以电力电子接口为主的电源和负载的系统。将越来越多地依赖输电解决方案来解决电力系统动态问题，这些问题也将基于 PE 系统［即 HVDC 和柔性交流输电系统（FACTS）］。

输电互连还将用于在局部地区供电短缺时获得各种辅助服务和电力容量储备。将更多地使用 HVDC 输电技术，以提高可控性并提供远程电源的接入。与传统发电和交流输电相比，HVDC 输电和电力电子设备具有非常不同的动态响应和性能。与同步发电机本地生产相同量的直流电相比，从其他同步地区输入的高压直流电降低了惯性和短路水平。降低的惯性和低短路水平会对电力系统动态产生负面影响。

PE 提供的快速频率响应，加上能够模拟同步电机特性的换流器控制系统（虚拟同步发电机）的开发，很可能在未来几年补充同步冷凝器装置的复兴。

许多新兴技术的费用已经下降，预计还会进一步下降，因此，分布式能源（DER）的普及率将越来越高，如嵌入配电网的屋顶光伏。许多小型发电机和智能负载（包括“智能”恒温器、电动汽车充电装置和嵌入式储能模块）的高渗透水平将需要主动配电网的出现，该电网需要为负责系统安全的运营商提供更好的可观察性和可控性。这将需要对通信系统和数据管理系统进行持续开发，以便系统运营商不仅拥有评估电网状态的工具，还可以在需要时主动管理电力系统安全的各个方面。

储能有多种形式[77]，以提供诸如频率调节、缓解输电阻塞、平滑风能和太阳能装置的变化或提供峰值容量等服务。随着技术价格的下降和新的辅助服务市场的出现，预计储能在配电网和输电网中的渗透率都将增加。为了确保有足够的容量和储备，管理充放电将具有挑战性。

传统电力系统的仿真软件和正序模型已经成熟（即，在同步发电机提供大部分电力的情况下，系统具有相对较高的惯性，配电网是被动的）。现有的工具和模型在未来一定程度上仍将占有一席之地，但需要理解它们的局限性，因为快速动作的电力电子设备对供电系统的性能和动态响应特性有着越来越大的影响。

13.6.3 未来分析要求

世界上许多地区正开始研究不断变化的供电系统的影响。在北美，研究的重点是可再生能源在电网中的渗透率的增加（高达 100%），部分原因是为了领先于曲线，部分原因是新兴的可再生能源组合标准。例如，加利福尼亚州在 2018 年通过了一项 100%无碳法案，计划到 2045 年在该州实现零碳排放。许多像爱尔兰这样的孤岛电网[75]都有积极的计划来实现 100%的可再生能源。在其他地区，如澳大利亚，有利的政策已经导致屋顶太阳能光伏和并网风力发电的高渗透水平，这导致了稳定性挑战[78]。在欧洲，也正在进行研究，以找到未来电网可能面临的技术挑战的解决方案[79,80]。解决这些挑战的方法之一是修改现有的仿真工具和分析技术。

一般来说，越来越需要三相 EMT 仿真来准确预测快速动作 PE 的动态特性。计算能力已经显著提高，但与传统的基于正序的暂态稳定工具相比，EMT 仿真速度仍然相对缓慢，除非减少电网的大部分区域，并用等效表示来代替。如果对电网的减少不适当，则可能会降低计算精度。在某种程度上，实时模拟器（RTS）弥补了模型精度和响应速度之间的差距。但是，对于广泛的应急分析，需要比实时工具更快的工具。混合仿真的使用使 EMT 和正序模型能够相互连接并并行运行，这是另一个已经可用的工具，但为了解决已概述的各种问题，它可能会增加相关性。

随着系统中有更多的换流器接口发电，加上缺乏系统实际动态特性的经验，可能无法知道哪些仿真模型参数给出了正确的结果。因此，未来可能需要专门的电网测试来验证模型和参数。如果无法实施试验，则可能会越来越依赖使用来自相量测量装置（PMU）和其他此类瞬态记录设备的高速测量数据进行的模型验证。要从大量累积测量数据中识别和提取有意义的数据，需要改进数据挖掘技术以及使用“大数据集”的有效工具。

越来越需要更好地代表可能连接大量 DER（分布式能源）和储能的子输电和配电网络。除其他问题外，这包括分析（以及可能的测试）故障穿越的能力，以及上游输电干扰引起的共振跳闸风险。配电系统运营商（DSO）和输电系统运营商（TSO）之间需要更好的合作来共享模型信息，特别是当 DER 的动态响应特性可能影响更广泛的电网时更是如此。

为了应对这些挑战，必须认识到需要结合所需的分析工具开发新的技能组合。电力系统的运行越来越复杂，需要不断提高当前从业人员的技能，并为下一代工程师开发适当的培训课程。传统的电力工程学习计划和课程需要调整和/或扩展，以保持相关性，并确保教授顺应时代的内容（如 PE 和控制系统）。这些为研究生的研究和开发提供了机会。对专业分析和建模技能的需求只会随着电力系统复杂性的增加而增加。

13.6.4 未来问题

可在从稳态到扰动后几秒或几分钟的广泛时间范围内观察到电力系统的动态特性。可能导致超过系统运行极限（例如电压稳定性、角度稳定性、频率稳定性[81]）的特定动态现象因特定负载或发电机调度而异。增加间歇发电会在较短的时间段内产生更多可变的调度场景，这意味着随着不同电厂的离线或投入使用，系统动态会迅速变化。这使得预测系统的动态特性变得更加困难，并且有可能增加发生“局部”电网问题的可能性。随着可再生能源在输电网和配电网中的普及程度增加，频率稳定性、电压稳定性以及其他非传统领域，例如多个电力电子换流器之间的控制相互作用以及电力换流器在低短路水平下的弱电网运行，很可能成为人们日益关注的领域。

13.6.4.1 频率稳定性

频率稳定性是指发生导致负荷和发电之间严重不平衡的大扰动后，电力系统恢复可接受的稳态频率的能力。

通常，主要存在于同步发电机的旋转动能中的系统惯性，随着基于电力电子换流器的发电量的增加而降低。这会导致更高的频率变化率（ROCOF）以及更低的频率最小值。现有设备的频率穿越能力可能不足，如果发电机意外跳闸，将加剧频率下降。在这种情况下，低频减载（UFLS）继电器可能会激活并跳闸大量负载。连接的换流器发电机的低压和高压穿越能力也可能不足，并在干扰期间导致额外的发电跳闸，进一步影响频率性能。从图 13.12 所示的仿真结果中可以看到惯性水平降低的影响。对于许多电力系统来说，在可靠和不可靠的意外事件发生后，充分控制频率的能力可能变得更具挑战性。可以预期，惯性的实时管理、快速频率响应能力（来自换流器连接的发电系统以及储能）和更传统的频率控制辅助服务在未来将变得越来越重要。最低惯性要求的强制调度已经是澳大利亚国家电力市场（NEM）的一个特点。

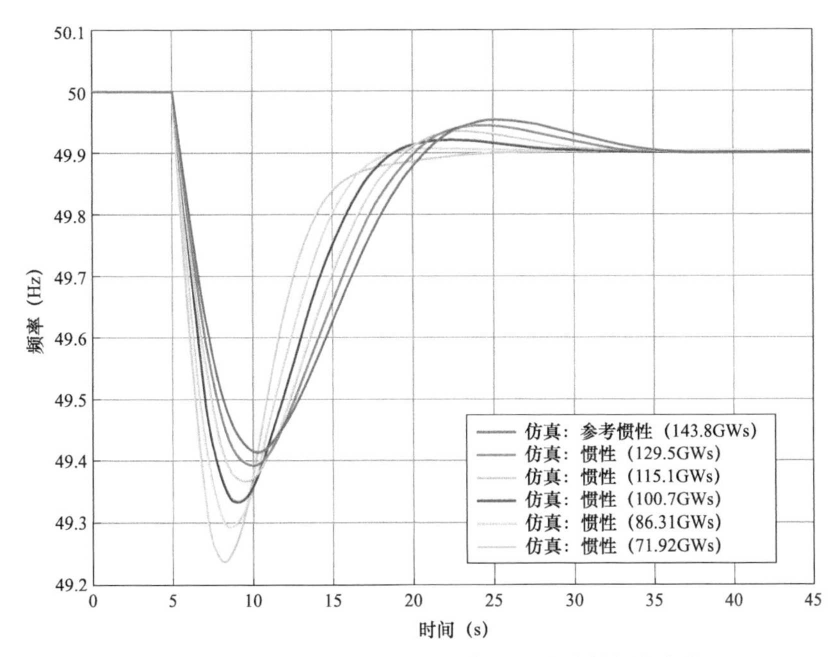

图 13.12 系统中不同动能和惯性量的仿真的频率变化

风能、太阳能和储能系统（包括 PE 接口电池、超级电容器和抽水蓄能）等新能源以及负载、FACTS 和 HVDC 系统等传统设备预计将提供频率控制服务，如快速频率储备（FFR）和一次频率储备，以抵消高 ROCOF 并防止不必要的 UFLS 运行。需要进行详细的建模和分析，以确保频率稳定性。频率变化越快，拥有足够数量的非常快的储备就越重要，这些储备可以来自同步发电机以外的其他来源。根据得克萨斯州的一项研究，在低惯性期间，1MW的负载资源比发电机 1MW 的一次频率储备的效率高 2.35 倍[82]。虽然使用精心协调的可切换负载可以为低频事件的控制带来好处，但必须注意确保足够的“连续控制动作”保持可用，以稳定频率并避免任何后续的过冲。尤其是当可用负载块的大小不允许微调时，更难将负载跳闸与应急事件的大小“匹配”。在这种情况下，使用集中控制系统对可切换负载进行防护和解除防护可以带来好处，特别是在控制方案能够访问电力系统测量值以进行决策的情况下。澳大利亚存在一种可切换负载方案，根据该方案，配备的合同频率控制辅助服务的容量取决于计算的系统惯性、应急规模和预期负载释放。在这种情况下，可切换负载为发电系统和 HVDC 提供的连续控制动作提供了有用的补充，但不能替代。

13.6.4.2　电压稳定性

电压稳定性是指在发生干扰（如发电机跳闸或线路故障，然后发生电路跳闸）后，维持可接受电压和无功功率平衡的能力。

随着 FACTS 装置变得越来越普遍，包括基于 VSC 的 HVDC 输电系统，未来电网的电压稳定性实际上可能会提高。然而，如果没有针对弱系统或低短路系统进行适当的调整或设计，电压调节器的快速响应可能会导致控制不稳定性（例如 10～30Hz 的振荡）。传统的FACTS 设备通常监测局部系统强度或检测预期振荡，并自动调整电压调节器增益[83]。弱系统（即短路比小于等于 3）会影响 HVDC 换流器和其他电力电子连接设备的性能。故障清除后的故障后恢复率可能需要降低以防止电压崩溃，或提高以确保频率稳定性。

在未来的电力系统中，可能会重新考虑同步冷凝器的作用——以某种方式回归过去，以便在需要时提供电压和无功功率控制、惯性和/或短路电流（即系统强度）支持。

地磁扰动（GMD）会在电力系统中产生较大的直流电流。该直流电流的特点是准直流，具有在 1mHz～1Hz 之间的超低频率。它可能使变压器饱和，导致谐波问题以及无功功率需求增加，从而导致低电压问题，甚至电压崩溃。即使低短路水平变得越来越普遍，未来的电力系统仍有望保持抵御这些类型的干扰。

13.6.4.3　瞬态稳定性

瞬态稳定性或转子角稳定性是在大扰动后（例如多相故障后输电线路断开）保持同步的能力。由于较少的同步电机也可能更分散在整个电力系统中，因此有必要考虑因同步扭矩和惯性水平的降低，瞬态稳定性如何下降。虽然通过电力电子换流器连接的发电不受传统转子角稳定性的影响，但换流器内的锁相环（PLL）仍需要跟踪局部电压角并在故障清除期间或清除之后保持同步。在局部电压角变化率较大的情况下，既要考虑电力换流器的故障穿越能力，又要考虑附近同步发电机组的瞬态稳定性。

13.6.4.4　小信号稳定性

小信号稳定性是指电力系统在“首次摆动”之后保持同步以及在电网扰动后充分控制电力振荡阻尼的能力。这种类型的不稳定性传统上是由于同步发电机组提供的阻尼转矩不足，通常通过励磁系统调整修改或安装电力系统稳定器（PSS）进行补救。

根据调度结果，可再生能源的高渗透水平将导致在线的同步电机数量更少，并可能导致电网中可用的“传统”阻尼扭矩减少。这可能是因为配备 PSS 设备的同步发电机调度频率较低，可能导致低频振荡阻尼较差的概率更高。了解哪些发电机组配备了稳定设备以及这些设备可能仍然是未来发电调度方案的一部分将非常重要。安装在战略位置的 FACTS、HVDC 和其他电力电子设备上的电力振荡阻尼控制装置可提供潜在的缓解措施。

13.6.4.5 非传统动态特性

从历史上看，次同步振荡（SSO）被定义为后电力系统在扰动后于系统同步频率的组合系统的一个或多个固有频率下与涡轮发电机交换大量能量的情况[84]。

随后，人们接受了次同步谐振（SSR）的更具体定义，以涵盖与串联补偿输电系统耦合时，与汽轮发电机相关的电气和机械变量的振荡特性。能量的振荡交换可以是轻微阻尼、无阻尼，甚至是负阻尼和增加[84]。

发电机和电力系统间的三种特定相互作用已在文献中得到普遍研究和报道：

（1）感应发电机效应（IGE）。

（2）扭转相互作用。

（3）扭矩放大或瞬态扭矩效应。

除了串联补偿系统和汽轮发电机之间的相互作用外，还可以观察到其他设备相关的次同步振荡情况。这些设备包括 PSS、HVDC 换流器控制、静止无功补偿器（SVC）、高速调速器控制和变速驱动器。这些主要是快速功率调节装置，虽然过去该问题被称为与设备相关的次同步振荡，但现在更普遍地称为次同步扭转相互作用（SSTI）。

对上述现象的最新补充是任何电力电子设备和串联电容补偿系统之间发生的控制交互作用[85]。这被称为次同步控制相互作用或不稳定性（SSCI），通常与 SSR 混淆。然而，SSCI 的主要区别在于，它不涉及任何机械相互作用，也没有固定的关注频率（如 SSR 中固定的机械扭转模式）。应注意的是，IGE 也可能对 SSCI 的恶化产生一定影响，但这并不是一个主要问题[86]。

SSTI 是汽轮发电机组（如风力发电机组）和电力电子设备（如 HVDC 或 FACTS）中机械扭转质量之间的相互作用。电力电子装置对次同步频率表现出负阻尼。SSCI 是电力电子设备（如 3 型风力发电机）与串联补偿输电线之间的相互作用。2009 年，得克萨斯州和北达科他州的风电项目经历了 SSCI[86]。

近距离连接的多个电力电子逆变器可导致多馈入配置。如果系统较弱，基于线路换相的换流器的传统 HVDC 系统在系统较弱的情况下具有控制交互的可能[87]。预计类似的问题可能会发生在电气邻近的其他电力电子换流器中。

传统上，系统灵活性来自同步发电机（例如，水力发电和灵活火力发电厂的旋转储备）。随着基于热的同步发电机的关闭，系统灵活性变得越来越少，灵活性也必须来自其他来源（如需求、连接到其他同步系统的 HVDC 系统、电池以及通过对风力和太阳能发电厂的新控制）。如果控制设计和实施不当，可能会产生不可预见的控制交互。

传统上，负载由静态负载模型（通常称为 ZIP 模型）表示，它可以由恒定阻抗（Z）、恒定电流（I）和恒定功率（P）特性组成。未来电力系统的负载动态尚不清楚。为了获得动态特性，可能需要反映电力电子负载高渗透水平的复合静态和动态负载模型。

13.6.5 研发需求

CIGRE SC C4（电力系统技术特性专业委员会）的电力系统动态范围包括开发先进工具、评估电力系统动态性能的新分析技术、安全性、现有和新设备的控制设计和建模、实时稳定性评估和控制。未来供电系统的系统技术性能可以通过以下关键领域的进一步研究来提高。

13.6.5.1　建模

开发改进的负载、存储和分布式发电机模型，注意到其中一些设备的特性近年来发展迅速（即 LED 照明、逆变器接口电机负载和发电机的主导地位、非常高度集中的开关电源、能够用于多种用途的储能电池，如提供快速频率储备和无功功率）。例如，最近在美国发生的两次扰动突出了当前太阳能发电模型的潜在问题[88,89]。电网运营商不知道频率和电压穿越能力，电网扰动后意外损失了额外的 900～1200MW 发电量，这主要影响了频率响应。澳大利亚正在积累类似的运营经验，在输电网络发生故障后，嵌入式光伏发电的输出量显著减少（数百 MW）[27,90]。

目前澳大利亚安装了约 9.4GW 的光伏[91]，鉴于其小规模太阳能发电的重要性，澳大利亚能源市场运营商（AEMO）目前正在支持开发改进的复合负荷模型的研究活动，该模型将包括嵌入式光伏发电系统的关键动态性能特征。其他系统运营商也表达了类似的雄心，以应对其电网中分布式能源的日益普及[31]。值得注意的是，CIGRE 支持开发用于准确表示主动配电网络（包括嵌入式发电和储能）的综合响应以及电网研究中电网负载的综合响应的方法[92]。

单个和综合模型开发都需要传感器和测量，以确认参数值的准确性及其随负荷和发电量随时间变化的稳健性。在某些情况下，可能需要使用 PMU 技术考虑每个阶段的同步测量。随着基于逆变器的发电渗透水平的提高，用于表示所有发电资源的动态模型与现场安装设备的性能精确匹配变得越来越重要。

同步发电机的动态及其与电力系统的相互作用，例如，轴转速及其变化，在很大程度上取决于物理定律。然而，即使是传统的同步发电机也有控制系统，可用于在实际限制范围内改变发电机的响应，即励磁和调速器控制系统是最重要的两个。这种控制配置有着悠久的历史，通用仿真模型随时可用，可在许多情况下提供足够精确的仿真结果。

现代换流器连接的发电机通过电力电子换流器连接到电网，而不是通过发电机气隙中的磁通连接。因此，发电机和电力系统之间的相互作用变得非常不同，电网的相互作用更多地取决于电力电子换流器的额定值和多层控制系统的调谐，而不是通过磁耦合定义的纯物理问题。

从物理驱动的动态（有一些控制的贡献）到纯控制驱动的动态的变化改变了建模的各个方面。建模现在更依赖于制造商和控制的专门设计方式。不同的制造商有不同的控制策略，以适应不同的应用和设备设计。因此，使用通用模型不一定能给出正确的仿真结果，尤其是保护功能必须充分表示的情况下。虽然制造商可能有用于设计和内部测试目的的详细模型，但它们可能过于复杂，难以用于仿真整个电力系统。因此，该行业面临的一个持续挑战是开发能够复制所有联网电厂和设备关键性能特征的模型，但该模型足够简单，可以组合并用于互联电力系统的实际分析。

一般来说，输电规划人员和运营商希望拥有公共可用的或通用的模型，其参数特定于原始设备制造商。第二代通用模型是从美国和 IEC 的工作发展而来[90]。

图 13.13 显示了详细供应商模型和通用全换流器解耦发电机表示之间的仿真结果差异示例。

13.6.5.2　仿真方法

可以预期，为了在适当的时间范围内正确考虑电力电子接口设备的影响，在电磁瞬态和

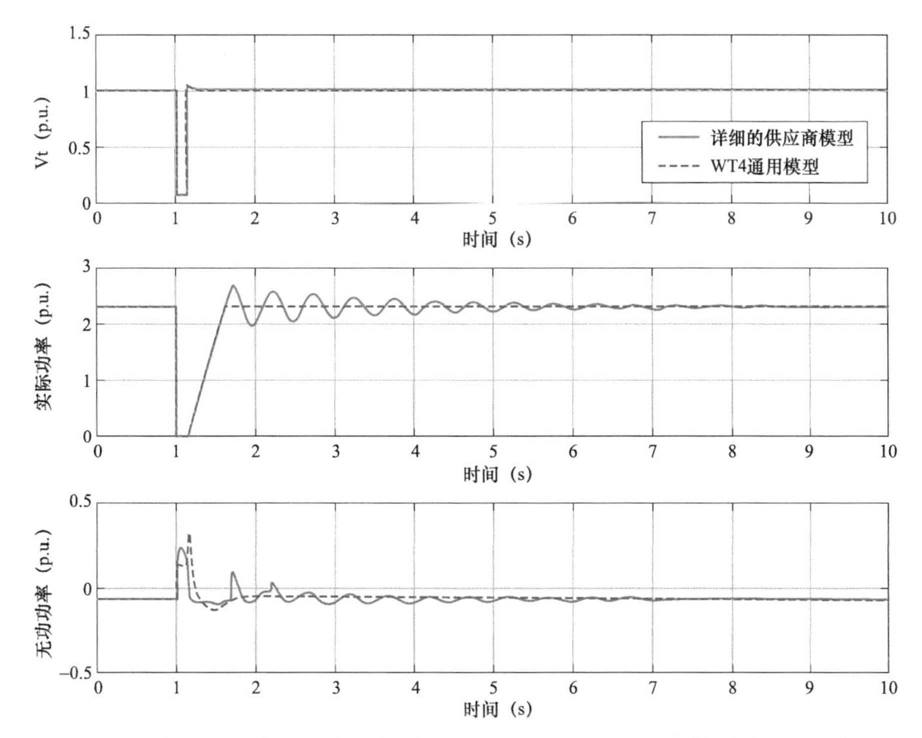

图 13.13　比较全换流器解耦通用发电机模型（WT4）和详细供应商模型时的验证结果示例[91]

实时模拟器上仿真大部分电力系统的方法正在不断发展。开发应考虑加速仿真技术，如通过使用混合或多速率仿真，同时保持高精度[93]。

实时监测（测量）和稳定性分析系统的作用也需要不断发展，以补充用于预测稳定性极限的离线仿真。随着电力系统的各个方面越来越难以以已知精度进行预测和仿真，需要更好的在线工具来监测电力系统的“真实”性能或状态，如惯性或短路水平。

一旦广域保护和控制的概念（例如基于 PMU）进一步成熟，预计它们在改善动态性能方面将发挥更重要的作用。

规划通常只涉及在几个点测试系统，如峰值负载或轻负载条件。在未来的电力系统中，需要新的方法来发现关键情况。

传统的资源充足性方法确定是否有足够的容量来满足负载期望损失（LOLE）或等效未服务能源（EUE）指标。预计未来的电力系统将更多地受到能源限制，而不是容量限制。概率方法和工具需要不断发展，以获得未来电力系统的新特征。这将包括风能和太阳能预测的持续发展，以及高效、经济的管理储备量以应对这些预测中的任何剩余误差的过程。在这种情况下，仿真时间窗口超出了与快速电力系统动态相关的微秒和毫秒级，并扩展到数天、数周和数月，以确保所有能源需求都能得到满足。

致谢　CIGRE SC C4（电力系统技术特性专业委员会）非常感谢这项工作的主要贡献者（按字母顺序）：Claus Leth Bak（奥尔堡大学）、John van Coller（金山大学）、Gerhard Diendorfer（OVE）、Vic Gosbell（卧龙岗大学），Liisa Haarla（芬兰电网公司），Andrew Halley（塔斯马尼亚网络有限公司），David Jacobson（曼尼马托巴水电公司），Stephan Pack（格拉茨工业大学），Sarath Perera（卧龙岗大学），WH Siew（斯特克莱德大学），Wolfgang Schulz（OVE）、

Filipe Faria da Silva（奥尔堡大学）和 Ivo Uglesic（萨格勒布大学）。

参考文献

[1] IEC 61000-6-5：2015，Electromagnetic compatibility（EMC）—Part 6-5：Generic standards—Immunity for equipment used in power station and substation environment.

[2] IEC 62920：2017，Photovoltaic power generating systems—EMC requirements and test methods for power conversion equipment.

[3] IEC 61800-3：2017，Adjustable speed electrical power drive systems—Part 3：EMC requirements and specific test methods.

[4] IEC62040-2：2016，Uninterruptible power systems（UPS）— Part2：Electromagnetic compatibility（EMC）requirements.

[5] Dugan，R.C.，McGranaghan，M.F.，Santoso，S.，Beaty，H.W.：Electrical Power Systems Quality，3rd ed. McGraw-Hill（2012）.

[6] CIGRE TB 719，Power Quality and EMC Issues with Future Electricity Networks，March 2018.

[7] Australian Energy Market Operator，AEMO，Fact Sheet：System Strength，Dec 4，2016.

[8] Sabin，D.D.，Grebe，T.E.，Sundaram，A.：Preliminary results for eighteen months of monitoring from the EPRI distribution power quality project.In：Proceedings of 4th International Con-ference on Power Quality：End-Use Applications and Perspectives（PQA'95），New York，New York，May 1995.

[9] Gosbell，V.J.，Smith，V.W.，Barr，R.，Perera，B.S.P.：A methodology for a national power quality survey of distribution networks. J. Electr. Electron. Eng. 21（3），181-188（2002）.

[10] https://copperalliance.org.uk/knowledge-base/resource-library/power-quality-utilisation-_ guide/.

[11] Elphick，S.，Gosbell，V.，Barr，R.：The Australian power quality monitoring project. In：EEA Annual Conference，Auckland，New Zealand，June 2006.

[12] Elphick，S.，Ciufo，P.，Drury，G.，Smith，V.，Perera，S.，Gosbell，V.：Large scale proactive power-quality monitoring：an example from Australia. IEEE Trans. Power Delivery 32（2），881-889（2017）. https://doi.org/10.1109/TPWRD.2016.2562680.

[13] Global Wind Energy Council，Global Wind Report，Annual Market Update 2017.Available at：https://theswitch.com/2018/04/25/global-wind-report-annual-market-update/（2017）.

[14] Solar Power Europe，Global Market Outlook For Solar Power/2018-2022.

[15] Halley，A.，Martins，N.，Gomes，P.，Jacobson，D.，Sattinger，W.，Fang，Y.，Haarla，L.，Emin，Z.，Val Escudero，M.，Almeida De Graaff，S.，Sewdien，V.，Bose，A.：Effects of increasing power electronics based technology on power system stability：performance and operations. CIGRE Sci. Eng. No 11（June 2018）.

[16] Emin，Z.，Almeida de Graaf，S.：Effects of increasing power electronics based technology on power system stability：performance and operations. In：CIGRE Electra No 298，p.10（June 2018）.

[17] Appleyard，D.：Pumped storage hydropower round-up. HydroR ev.23（6）（2015）.

[18] Ronnberg, S.K., etal.: The expected impact of four major changes in the grid on power quality—a review. CIGRE Sci. Eng. No 8, pp.85–97 (June 2017).
[19] Jensen, C.F., Kocewiak, L.H., Emin, Z.: Amplification of harmonic background distortion in wind power plants with long high voltage connections. CIGRE Sci. Eng. No 7, pp.109–116 (February 2017).
[20] Australian Energy Market Operator, AEMO, System Strength Requirements Methodology System Strength Requirements & Fault Level Shortfalls, Final, July 1, 2018.
[21] Australian Energy Market Operator, AEMO, System Strength Impact Assessment Guidelines, Final 1, July 1 2018.
[22] Bodger, P.S., Irwin, G.D., Woodford, D.: Controlling harmonic instability of HVDC links connected to weak AC systems. IEEE Trans. Power Delivery 5 (4), 2039–2046 (1994).
[23] CIGRE TB 672, Power Quality Aspects of Solar Power, December 201).
[24] CIGRE TB 586, Capacity of Distribution Feeders for Hosting DER, June 2014.
[25] Impact of IEEE 1547 Standard on Smart Inverters, IEEE PES Industry Technical Support Task Force, Technical Report PES–TR67, May 2018.
[26] Darmawardana, D., Perera, S., Meyer, J., Robinson, D., Jayatunga, U., Elphick, S.: Development of high frequency (Supraharmonic) models of small-scale (<5kW), single-phase, grid-tied PV inverters based on laboratory experiments. Electr. Power Syst. Res. 177, 105990–1–105990–18 (2019).
[27] Darmawardana, D., Perera, S., Meyer, J., Robinson, D., David, J., Jayatunga, U.: Impact of high frequency emissions (2–150kHz) on lifetime degradation of electrolytic capacitors in grid connected equipment. In: Proceedings of the IEEE PES General Meeting, Atlanta, 4–8 Aug 2019.
[28] CIGRE TB 527, Coping with Limits for Very High Penetrations of Renewable Energy, February 2013.
[29] Xu, W.: The future of power quality research. Presented at Plenary Session, 18 International Conference on Harmonics and Quality of Power, ICHQP2018, Ljubljana, Slovenia, May 13–16, 2018.
[30] IEC 60071–1: 2006–01, Insulation co-ordination—Part 1: Definitions, principles and rules, Edition 8.0.
[31] Xue, H., Ametani, A., Mahseredjian, J.: Very fast transients in a 500kV gas-insulated substation. IEEE Trans. Power Delivery 34 (2), 527–637 (2019). https://doi.org/10.1109/TPWRD.2018.2874331.
[32] Plesch, J., Sperling, E., Achleitner, G., Pack, S.: Measurement of transient voltages in a substation. In: CIGRE Symposium, Lund/Sweden (2015).
[33] Meier, J., Stiegler, R., Klatt, M., Elst, M., Sperling, E.: Accuracy of harmonic voltage trans-formers in the frequency range up to 5kHz using conventional insulation transformers. In: 21st. International Conference on Electricity Distribution, CIRED, Frankfurt/Germany, Paper 0917 (2011).

[34] IEC TR 61869－103：2012－05，Instrument transformer—The use of instrument transformer for power quality measurement.

[35] Sperling，E.，Schegner，P.：A possibility to measure power quality with RC-divider. In：CIRED Conference Stockholm/Sweden，Paper 0195（2013）.

[36] CIGRE TB 704，Evaluation of Lightning Shielding Analysis Methods for EHV and UHV DC and AC Transmission lines，October 2017.

[37] Fairley，P.：A grid as big as China. IEEE Spectr.56（3），36－41（2019）.

[38] CIGRE TB 781，Impact of soil-parameter frequency dependence on the response of grounding electrodes and on the lightning performance of electrical systems，October 2019.

[39] IEC TR 62305－1：2010，Protection against lightning—Part 1：General principles.

[40] IEEE Std 1410－2010：IEEE Guide for Improving the Lightning Performance of Electric Power Overhead Distribution Lines（2010）.

[41] Armstrong，H.R.，Whitehead，E.R.：Field and analytical studies of transmission line shielding. IEEE Trans. Power Apparatus Syst. PAS－87（1），270－281（1968）. https://doi.org/ 10.1109/tpas.1968.291999.

[42] IEEE Std 1243－1997：IEEE Guide for Improving the Lightning Performance of Transmission Lines（1997）.

[43] CIGRE TB 63，Guide to procedures for estimating the lightning performance of transmission lines（1991）.

[44] Diendorfer，G.，Schulz，W.：Ground flash density and lightning exposure of power transmission lines. In：Power Tech Conference Proceedings，IEEE，Bologna，Italy，2003. https://doi.org/10.1109/PTC.2003.1304476.

[45] Bernstein，R.，Samm，R.，Cummins，K.，Pyle，R.，Tuel，J.：Lightning detection network averts damage and speeds restoration. IEEE Comput. Appl. Power 9（2）（1996）. https://doi.org/10.1109/67.491513.

[46] Cummins，K.，Krider，E.，Malone，M.：The US national lightning detection network/sup TM/and applications of cloud-to-ground lightning data by electric power utilities. IEEE Trans. Electromag. Compatibility 40（4）（1998）. https://doi.org/10.1109/15.736207.

[47] Nag，A.，Schulz，M.J.M.W.，Cummins，K.L.：Lightning locating systems：Insights on char-acteristics and validation techniques. Earth Space Sci.2（4）（2015）. https://doi.org/10.1002/2014EA000051.

[48] Finke，U.，Kreyer，O.：Detect and Locate Lightning Events from Geostationary Satel-lite Observations（Report Part I）：Review of existing lightning location systems，Institute fürMeteorologie und Klimatologie，Universität Hannover，Hannover，Germany（September 2002）.

[49] Rodrigues，R.，Mendes，V.，Catalao，J.：Lightning data observed with lightning location system in Portugal. IEEE Trans. Power Delivery 25（2）（2010）. https://doi.org/10.1109/tpwrd.2009.2037325.

[50] Bourscheidt，V.，Jr.，Pinto，O.，Naccarato，K.：Improvements on lightning density estimation

based on analysis of lightning location system performance parameters: Brazilian case. IEEE Trans. Geosci. Rem. Sens. 52(3)(2014). https://doi.org/10.1109/tgrs.2013. 2253109.
[51] Nag, A., Murphy, M.J., Schulz, W., Cummins, K.L.: Lightning locating systems: insights on characteristics and validation techniques. Earth Space Sci.2(4), 65–93(2015). https://doi.org/10.1002/2014EA000051.
[52] Schulz, W., Diendorfer, G., Pedeboy, S., Poelman, D.R.: The European lightning location system EUCLID—Part 1: performance analysis and validation. Nat. Hazards Earth Syst. Sci.16 (2), 595–605 (2016). https://doi.org/10.5194/nhess-16-595-2016.
[53] Cummins, K.L., Murphy, M.J.: An overview of lightning locating systems: history, techniques, and data uses, with an in-depth look at the U.S. NLDN. IEEE Trans. Electromagn. Compat.51 (3), 499–518 (2009). https://doi.org/10.1109/TEMC.2009. 2023450.
[54] Mallick, S., et al.: Performance characteristics of the ENTLN evaluated using rocket-triggered lightning data. Electr. Power Syst. Res.118, 15–28 (2015).
[55] Zhu, Y., et al.: Evaluation of ENTLN performance characteristics based on the ground-truth natural and rocket-triggered lightning data acquired in Florida. J. Geophys. Res. Atmosp. 122 (18) (2017). https://doi.org/10.1002/2017JD027270.
[56] Betz, H.-D.: Lightning location with "LINET" in Europe. In: International Conference on Lightning Protection (ICLP), Cagliari, Italy (2010).
[57] Cummins, K.L.: Analysis of multiple ground contacts in cloud-to-ground flashes using LLS data: the impact of complex terrain. In: International Lightning Detection Conference and International Lightning Meteorology Conference (ILDC/ILMC), April 2012 Broomfield, Colorado, USA.
[58] Pedeboy, S.: Identification of the multiple ground contacts flashes with lightning location systems. In: 22nd International Lightning Detection Conference and 4th International Lightning Meteorology Conference (ILDC/ILMC), Broomfield, Colorado, USA (2012).
[59] Schulz, W., Pedeboy, S., Saba, M.M.F.: LLS detection efficiency of ground strike points. In: 2014 International Conference on Lightning Protection (ICLP), Shanghai, China. https://doi.org/10.1109/iclp.2014.6973097.
[60] Pédeboy, S., Schulz, W.: Validation of a ground strike point identification algorithm based on ground truth data. In: International Lightning Detection Conference and International Lightning Meteorology Conference (ILDC/ILMC), Tucson, Arizona, USA (2014 March).
[61] Campos, L.Z.S., Cummins, K.L., Pinto, O.J.: An algorithm for identifying ground strike points from return stroke data provided by Lightning Location Systems. In: Asia-Pacific Conference on Lightning (APL) (2015).
[62] Campos, L.Z.S.: On the mechanisms that lead to multiple ground contacts in lightning, Ph. D. Thesis, Instituto Nacional de Pesquisas Espaciais INPE, Brazil (2016).
[63] Takami, J., Okabe, S.: Characteristics of direct lightning strokes to phase conductors of UHV transmission lines. IEEE Trans. Power Delivery 22 (1), 537–546 (2007). https://

doi.org/ 10.1109/TPWRD.2006.887102.
[64] Taniguchi, S., Tsuboi, T., Okabe, S.: Observation results of lightning shielding for large-scale transmission lines. IEEE Trans. Dielectr. Electr. Insul.16(2), 552–559(2009). https:// doi.org/10.1109/TDEI.2009.4815191.
[65] Taniguchi, S., Tsuboi, T., Okabe, S., Nagaraki, Y., Takami, J., Ota, H.: Improved method of calculating lightning stroke rate to large-sized transmission lines based on electric geometry model. IEEE Trans. Dielectr. Electr. Insul. 17 (1), 53–62 (2010). https://doi.org/ 10.1109/TDEI.2010.5412002.
[66] Saba, M.M.F., PAlva, A.R., Schuman, C., Ferro, M.A.S., Naccarato, K.P., Silva, J.C.O., Sigueira, F.v.C., Custodio, D.M.: Lightning attachment process to common buildings. Geophys. Res. Lett. (2017). https://doi.org/10.1002/2017GL072796.
[67] Wang, D., Takagi, N., Gamerota, W.R., Uman, M.A., Jordan, D.M.: Lightning attachment processes of three natural lightning discharges. J. Geophys. Res. Atmosp. 120(20)(2015). https://doi.org/10.1002/2015JD023734.
[68] Tsuge, K., Yamada, H.: Application technology of lightning arrester for 275kV transmission lines. In: 28th International Conference on Lightning Protection ICLP 2006, September 18–22, Kanazawa-Japan (2006).
[69] Kawamura, T., et al.: Development of metal-oxide transmission line arrester and its effective-ness. In: CIGRE 1994 Session, Reference 33–201.
[70] Kawamura, T., et al.: Experience and effectiveness of application of arresters to overhead lines. In: CIGRE 1998 Session, Reference 33–301.
[71] Shigeno, T.: Experience and effectiveness of transmission line arresters. In: IEEE PES Transmission and Distribution Conference and Exhibition: Asia and Pacific, 6–10 October 2002, Yokohama, Japan. https://doi.org/10.1109/TDC.2002.1178504.
[72] Tsuge, K.: Design and performance of external gap type line arrester. In: IEEE PES Transmission and Distribution Conference and Exhibition: Asia and Pacific, 6–10 October 2002, Yokohama, Japan. https://doi.org/10.1109/TDC.2002.1178505.
[73] Enriquez, G., Velzquez, R., Romualdo, C.: Mexican experience with the application of transmission line arresters. In: CIGRE Session 2006, Reference C4-106-2006.
[74] Kundur, P.: Power System Stability and Control. McGraw-Hill (1994).
[75] O'Sullivan, J., Coughlan, Y., Rourke, S., Kamaluddin, N.: Achieving the highest levels of wind integration—a system operator perspective. IEEE Trans. Sustain. Energy 3 (4), 819–826 (2012). https://doi.org/10.1109/TSTE.2012.2201184.
[76] Eriksson, R., Modig, N., Elkington, K.: Synthetic Inertia versus fast frequency response—a definition. IET Renew. Power Gener. 12 (5), 507–514 (2018). https://doi.org/10.1049/iet-rpg.2017.037.
[77] International Energy Agency (IEA), Energy Storage—Technology Roadmap (2014). Available at: https://www.iea.org/publications/freepublications/publication/Technology Roadmap Energystorage.pdf.

[78] Maisch，M.：AEMO well-prepared for summer，renewables to help manage peak periods. PV magazine，November 17，2018.
[79] European Union project，The Massive Integration of Power Electronic Devices (MIGRATE). https://www.h2020-migrate.eu/Future System Inertia，ENTSOE Report，2017.
[80] CIGRE TB 231，Definition and Classification of Power System Stability，June 2003.
[81] Du，P.，Matevosyan，J.：Forecast system inertia condition and its impact to integrate more renewables. IEEE Trans. Smart Grid 9（2），1531–1533（2018）. https://doi.org/10.1109/TSG. 2017.2662318.
[82] de Oliveira，M.，Jacobson，D.：System interaction studies in real-time for the Birchtree SVC. In.
[83] IEEE Power and Energy Conference，Winnipeg（2011）. https://doi.org/10.1109/EPEC. 2011.6070178.
[84] IEEE Committee Report，Terms，definitions and symbols for subsynchronous oscillations. IEEE Trans. Power Apparatus Syst. PAS–104，1326–1334（1985）. https://doi.org/10.1109/mper.1985.5526631.
[85] Lawrence，P.，Gross，C.：Sub-synchronous grid conditions：new event，new problem，and new solutions. In：Western Protective Relay Conference，Spokane Washington，October 2010.
[86] Irwin，G.D.，Jindal，A.K.，Isaacs，A.L.：Sub-synchronous control interactions between type 3 wind turbines and series compensated AC transmission systems. In：IEEE Power and Energy Society General Meeting（2011）. https://doi.org/10.1109/PES.2011.6039426.
[87] CIGRE TB 364，Systems with Multiple DC Infeed，December 2008.
[88] NERC，1200MW Fault Induced Solar PV Resource Interruption Disturbance Report，NERC，June 2017.
[89] NERC，900MW Fault Induced Solar PV Resource Interruption Report，Joint NERC and WECC Staff Report，February 2018.
[90] NERC，Reliability Guideline Power Plant Model Verification for Inverter-Based Resources，September 2018. https://www.nerc.com/comm/PC_Reliability_Guidelines_DL/PPMV_for_Inverter-Based_Resources.pdf.
[91] Asmine，M.，Brochu，J.，Fortmann，J.，Gagnon，R.，Kazachkov，Y.，Langlois，C.-E.，Larose，C.，Muljadi，E.，MacDowell，J.，Pourbeik，P.，Seman，S.A.，Wiens，K.：Model validation for wind turbine generator models. IEEE Trans. Power Syst.26（3）（2011）. https:// doi.org/10.1109/tpwrs.2010.2092794.
[92] CIGRE TB 457，Development and Operation of Active Distribution Networks，April 2011.
[93] Zhang，S.，Zhu，Y.，Ou，K.，Guo，Q.，Hu，Y.，Li，W.：A practical real-time hybrid simulator for modern large HVAC/DC power systems interfacing RTDS and external transient program. In：IEEE Power and Energy Society General Meeting（2016）. https://doi.org/10.1109/PESGM.2016.7741596.

作者简介

Genevieve Lietz，分别于2001年和2007年获得皇家墨尔本理工大学（RMIT）电气和计算机工程学院工学学士学位和澳大利亚墨尔本大学（the University of Melbourne, Melbourne, Australia）电力系统分析和建模博士学位。她曾在澳大利亚DIgSILENT Pacific公司工作，2007年调到德国，在DIgSILENT公司担任电力系统工程师和软件开发人员。Genevieve Lietz在电力系统和建模部任职，从事架空线路和电缆建模、电能质量、建模和谐波分析等各方面的工作。她是IEEE会员；加入了CIGRE C4/B4.38（谐波研究网络建模）联合工作组，目前是CIGRE SC C4（电力系统技术特性专业委员会）秘书，同时积极参加其他工作组的工作。

Zia Emin，获得了土耳其安卡拉中东技术大学（the Middle East Technical University, Ankara,Turkey）电气和电子工程学士学位，英国曼彻斯特大学（Manchester, Manchester, UK）理学硕士和博士学位。他是一位专业的电力系统工程师，在电能质量和开关研究方面拥有多年的工作经验，最初在土耳其国家电网公司工作，后来加入了柏诚集团（后来的WSP）和PSC。Zia Emin对电力系统建模的各个方面（包括稳态、频率和时域建模）都有丰富的认识，并在高压直流输电换流站、可再生能源发电连接和牵引供电点连接的谐波性能规范方面积累了丰富的经验。他是英国工程技术学会（IET-UK）会士、IEEE高级会员、CIGRE杰出会员和英国特许工程师；英国标准协会GEL/210/12委员会和IEC SC77A第八工作组成员；作为工作组成员、任务组组长和召集人活跃于许多CIGRE工作组中，这些工作组涉及电能质量和绝缘协调有关的电力系统技术特性领域。Zia Emin曾是CIGRE SC C4（电力系统技术特性专业委员会）英国代表，目前是该专业委员会主席。他获得了CIGRE技术委员会奖（2013年）、杰出会员奖（2014年）；并被授予柏诚集团高级和首席助理专业人员称号，以认可其专业技术水平。他加入了多个座谈会、研讨会和会议技术委员会；发表了50多篇技术论文；是IET、IEEE和其他出版机构许多技术期刊的审稿人。

第 14 章　电力市场和监管

Alex Cruickshank，Yannick Phulpin

预测 2050 年市场运行和监管的情况比较困难，原因在于：

（1）各个国家和市场没有统一的起点。

（2）从市场和监管的角度来看，政治结构和社会结构的不同，会持续影响电网的发展。

当前的市场是从放松管制、跨区域和时间整合以及分布式能源（DER）整合方面进行讨论。这些类别会按风险管理、价格和成本效率以及场外交易能力进一步细分和调整。

方案 1 作为当前市场的扩展，保留了当前的总体结构，但增加了系统之间，甚至是跨州之间的互连以形成更广阔的市场。在高度互联的系统中，可以从可再生能源（例如水电）和稳定的低排放能源（例如核能）地区转移能源，以平衡其他地区间歇性、可再生能源和分布式能源逐步增长的需求。在欧洲这一方案的主要发展方向是对现有市场的整合，预计其他地区可能会更多。这种重大变化需要新的网络和市场的定价在发达的市场中已经开始出现这种发展理念，在此方案下，垄断市场中用户的参与度将会增加。

方案 2 依赖于分布式市场和电网结构，是当前设计的根本性改变，需要在本地电网层面开发完整的交易和结算，并在本地电网之间进行净交易。使用分布式和本地电源而不是依赖集中供应是对市场结构和风险管理的彻底改变，最终用户将直接支付大部分投资，本书的出版时间会很长，在此期间社会和政治结构支持并鼓励垄断或是由政府提供电力可能会发生变化，但方案 2 实现的可能性依然比方案 1 的可能性要小。

根据当前市场发展的自然特性来推测，到 2050 年，很可能会出现多种多样的市场和监管模式，无论是在剩余的垂直结构中，还是在分布式结构中。

14.1　引言

本章将简述 2050 年时，介绍了两种潜在的未来电力市场的设计和运营以及监管环境：

On behalf of CIGRE Study Committee C5
A. Cruickshank (B)
Oakley Greenwood Pty Ltd, Margate, Australia
e-mail: acruickshank@oakleygreenwood.com.au
Y. Phulpin
EDF, Saint-Denis, France

N. Hatziargyriou and I. P. de Siqueira (eds.), *Electricity Supply Systems of the Future*, CIGRE Green Books,
https://doi.org/10.1007/978-3-030-44484-6_14

（1）具有全球化的供电网络和高可再生能源占比的高度互连电网。

（2）松散连接的微电网所组成的系统，这些微电网含有大量可再生能源，并在很大程度上是自给自足。

本章讨论了对两种未来电网形态的潜在市场管理以及相关的监管问题。

尽管电网的基本物理和技术特性会对市场的形式和所需的监管产生影响，但本章不涉及以下问题：

（1）系统发展的经济性，在“电力系统发展与经济特性”一章中（SC C1）。

（2）市场和系统运行，在“电力系统的运行和控制”一章中介绍（SC C2）。

（3）分布式能源（DER）的技术相关内容，运行在“主动配电系统和分布式能源”一章（SC C6）。

（4）信息系统和要求，在“信息系统和通信技术”一章中（SC D2）。

此外，其他章节描述了能源市场设备和技术的进步，包括分布式和间歇性能源的增长，以及这一增长带来的影响和电力工程和技术领域的进步。虽然技术进步的步伐可能会有所不同，但方向是总体上向前发展（更便宜、更好、更快），偶尔会随着新技术的发展而飞跃式的进步。

从最终用户的角度来看，市场和监管的发展并不总是在“改善”❶电力服务，但随着技术的进步，特别是通信、监控和测量工具的改进，电力服务通常会向前发展。长远来看，总的趋势是走向开放、创新和竞争化电力供应。然而，社会对市场作为可靠供电手段的信心可能会下降，从而导致政治干预增加或市场灵活性大幅下降。可靠供电、开放市场、最低成本和安全供电之间需要权衡。

近期的《2018年世界能源展望》[12]报告中指出：

虽然具有垂直整合电力企业的完全监管的市场往往面临过度投资，导致产能过剩，而市场动荡在依赖竞争性市场的国家中很明显（据报道，竞争驱动着全球约 54%的电力消费）。一些依赖市场来吸引投资的地区（例如哥伦比亚、法国和英国）正在从以电能为唯一收入来源的市场转向包含固定或可调度的电力市场。在不断变化的商业环境中，美国垂直整合的电力企业大部分保持混合发电—零售模式，竞争性发电也在朝着这个方向发展。

随着技术的日益普及和能源零售价格的上涨，供电行业是一种更加分散化的趋势，在存在或不存在集中供电的情况下，自发自用电能的供应和管理以及在当地进行交易的需求都在增加。虽然有些用户可以离开电网，但后备电源支撑和高效并网的需求通常需要一定程度的联网，需要考虑市场以及关联方的非市场行为❷。

电力市场在优化电力价格、保障电力安全供应方面已经发挥了作用。当由于某种原因供电安全保障减少或降低时，社会通常期待政府或监管部门进行更多的干预。当供电高度安全时，价格成为主要矛盾，市场竞争变得更加激烈。

❶ “改进”一词用于描述想变得更好。市场的关键是要以最低的成本提供可靠的电力供应来确保社区安全，同时按照行业理论，竞争性市场被经济学家视为解决方案，但实际中，政府和社区可能并不总是寻求最好的结果，而是一个可以接受的结果。

❷ 例如，高价导致的一种现象是通过安装 LED 灯或其他方法来减少能源的使用，这在经济上是有效的。另一种反应是采用光伏发电，在没有正确收费的情况下（见参考文献［9］），它可以降低单个连接的成本，但会增加整体成本。

14.1.1 优化供电

高效供电是所有供电系统的目标，无论系统是否开放。效率表现在用户支付的价格以及他们对这些价格做出反应，是未来电网需要重视的一个因素。

CIGRE WG C5.16 在技术手册[9]中讨论了整个电网向终端用户供电的效率。零售电价的调研情况在 14.2.2 中讨论。

工作组注意到许多文章作者对高效的供电系统进行了介绍，例如 Bonbright[20]、Simshauser[21]和 Farugui[22]。图 14.1 总结了工作组将讨论的情况，并指出有效供电的必备特征：

（1）开发并回收整个系统的效率成本，以确保系统的可持续和高效率。

（2）各类用户的电价应该是公平的，注意需要支持弱势群体，使系统可持续且公平。

（3）所有用户都应支付其并网使用电力的总效率成本，以公平分配系统成本，并允许用户在做出决策时衡量其影响。

（4）与其他方面的成本相比，用户应该意识到他们的影响，并能够在他们采取行动最大限度地减少其影响后获得相应的回报，从而能够有效地利用能源❶。

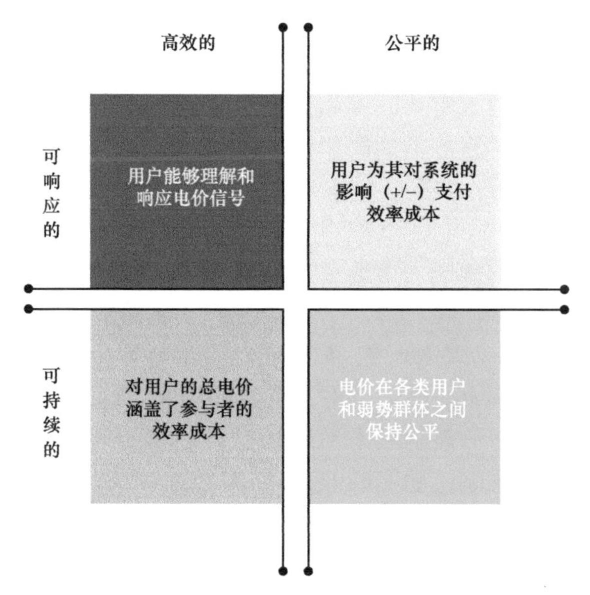

图 14.1　TB 747 中的效率价格

综上所述，技术手册指出的效率电价将包括 4 个要素：

（1）固定费用，用于回收与用户行为无关的，但确实发生的成本，例如，系统成本。

（2）需求费用，用于根据用户需要产生或转移容量所产生的固定资产费用。

（3）可变成本，可能基于使用时间，以一个地点所消耗的能量来收取。

（4）政策征税，监管机构和政府根据对环境、社会造成的影响以及其他政策原因来收取。

技术手册指出，很少有电价制度在普通用户层面界定了这 4 个要素，更多在商业和工业

❶ 这是奥克利·格林伍德（Oakley Greenwood）关于 DER[24]经济一体化的评论主题。

用户采用效率电价。有些国家特别是欧洲电价，固定费用中包含了一定量的需求费用，这使得一定程度上有效的回收成为可能。

14.1.2　相关市场

相关两个层次的市场：

（1）趸售——调度供给来满足需求。这些市场中调度大规模（通常＞10MW）的发电和其他电力供应来满足电网净需求。

市场和系统控制的作用是在确保系统安全的同时，设定最优调度的电价。这也是许多投资决策的驱动因素，不管是从经济角度还是可操作角度。

（2）零售——电力交易在越来越多的用户之间进行。按照传统，零售供电的作用是将趸售分散为较小的单元供应给用户。除了供应成本回收之外，零售合同还旨在提供最终用户可以评估的经济信号，以做出有效地投资和经营决策。越来越多的小规模的分布式发电❶资源为配网提供电源，并且成为零售市场的一部分。

一些市场正在成为用户之间直接进行交易或从用户处购电的模式。因此，为实现最优定价和有效供电，零售电力是批发市场和从用户处购电的组合。

从监管角度来看，零售模式应在保持供电可靠性的同时确保可负担和可持续性；同时使用户的能力得以发挥，能源转型政策鼓励更高比例的分布式电源（DER）的接入，鼓励高效率电源以及新参与者更好地进入市场，例如聚合商、地方当局和消费者。Bialecki 等。[1]

市场的作用还受到社会对服务预期的影响。电力供应已成为一项必不可少的服务，其可靠的供应是发达社会的一部分，如果供电不足，无论是对个人或对于社会而言，都是一个严重的问题❷。

并非所有国家或地区都依赖电力市场进行供电，也有些是使用基于某些准则的优化调度来确保电力的可靠供应。CIGRE C5.17 工作组，正在对容量补偿进行调研，在所调查的 31 个市场中有 5 个（16%）没有放松管制❸，但对供电竞争持开放态度❹。《2018 年世界能源展望》[12]报告中称，46%的地区中的电力供应没有放松管制，这表明 CIGRE 报告中所提到的国家和市场调查并不总是代表一般的供电系统。

正在研究零售定价和需求响应的 CIGRE 工作组 C5.16[9]和 C5.19[5]发现，85%和 73%（两个组单独统计）的受访市场为他们的用户提供零售商的选择。这些数据表明放松管制的电力市场，也同样存在供电侧的竞争。CIGRE 工作组 C5.16 的报告涉及所有欧盟国家和一些其他市场，其中不包括未加入 CIGRE 成员资格的市场未涵盖在内。

环境政策倾向于通过电费来征收，这会导致消费者的电价再次上涨。这些政策可以采取强制执行特定技术的形式，例如低排放可以是对某种技术的限制，例如限制使用核技术或煤

---

❶ 更大的电源，虽然在配电网络中，但可能会在批发市场上结算。

❷ 例如，在澳大利亚，最近价格的快速上涨加上市场可靠性的降低，导致一些州面临重新引入价格监管和对市场参与者引入可靠性要求——从纯粹的经济市场转向为一个更集中计划的市场。

❸ TB 647[4]，第 6 页。“未放松管制”包括一个国家或地区内的多个垂直垄断服务领域，以及单一垄断和政府拥有的供应商的领域。

❹ 尽管除两个欧盟成员国外，所有成员国都开放了市场，而且亚洲、北美洲和南美洲也有一些开放市场，但许多国家仍保留垄断供应商。只有作为 CIGRE 成员的市场和国家参与了这次调查，因此，样本中放松管制市场的比例偏大。

炭技术。

14.1.3 市场发展动因

电力市场和法规的发展不仅受现有技术变化的影响，还受政府政策、社会预期和社会因素的影响。CIGRE WG C5.20 研究了市场变化及其驱动因素，并指出，虽然环境和技术影响变化，但实际上是市场运营商和政府在主导变化，而不是消费者和参与者，他们为变化提供了动力。

他们在结论❶中指出：

（1）尽管市场化的一个目标是将集中统一决策加以分解并将风险转移到可以更好处理风险的地方，但目前重大变化似乎仍是由政府推动。

（2）协商对于确保制定可行的规则非常有价值，但如果市场参与者面临反复的征求意见，这也会成为改革的障碍。

（3）消费者最终会让政府及相关机构对电力可靠性低、电力系统运行不安全和电价可负担性负责。因此，政府及相关机构可能会对技术改进持保守态度，可能会比那些不直接负责的其他参与者（例如，发电商/零售商）更加保守。

（4）复杂的重大变化不可避免，物理或金融运作方面的变化可能会导致意想不到的结果。工作组认为根据典型条件（当然可能会改变）来设计市场同时为极端情况提供保护机制要优于根据最坏的情况设计市场并且无法应对极端情况。

当前电网的发展，环境政策的影响导致可再生能源和间歇性发电持续增长，从而导致电价的上涨（包括与实现政策目标相关的税收）和电网恢复能力的降低，进而导致对目前存在的应对能源转型挑战的电力市场的信心下降❷。这些将在对市场和监管当前的状况说明中注明，但未在两种场景下最终状态的描述中提及。

为促进某些技术所提供的补贴和相关法规以及对其他因素的限制通常是过渡性的，并不是为了解决长远的问题。然而，相对于经济因素的影响，这些发展受政治进程❸的影响往往更多，因此会如何发展前景不明。

本章分析时考虑到政治和社会的影响，但仍假设经济驱动力和技术进步是影响未来电网发展的主要因素。

14.1.4 本章结构

本章，研究当前的多种供电形式混合的问题，包括嵌入式供电的增加和需求响应。新技术的集成问题会在其他章节内讨论。本章概述了当前一般水平下的市场和监管状态，并基于

---

❶ 基于 TB 709[7]执行摘要中的结论。

❷ 请注意，本章虽然注意到环境政策和立法的影响，包括人为的全球变暖（或人类引起的气候变化），但不会直接解决这个问题。这是 CIGRE SC C3（电力系统环境特性专业委员会）的职责，包含在“电力系统环境特性”一章中。

❸ 例如，虽然大多数发达国家已经签署了关于减排的巴黎协议，但美国作为排放大国且是发达国家却没有签署。然而，由于低成本能源以及国家层面对可再生能源的强力的推动，能源结构向燃气发电的结构转变等措施都正在显著的减少排放。此外，作为协议签署国的其他国家，如法国和澳大利亚，在实施必要改革方面面临社会/政治层面的困难。该协议的结果也受到其他国家减排的严重影响，特别是非签署国的高排放国。

一般综述，参照澳大利亚未来电网论坛❶的模式，研究了实现本文中所假设的两个场景最终状态所需的市场和监管特征。

14.1.5　信息来源

本章参考CIGRE SC C5（电力市场和监管专业委员会）成员的著作，部分内容和数据来自CIGRE 2018会议的相关论文和技术工作组编写的技术报告。参考文献中列出了这些技术报告和相关工作组，所引用的具体内容和相关工作组在正文中做了标注。

14.2　当前的市场和监管方法

有许多准则可用于未来电网与当前电网的运营进行比较。对于市场和监管来说，不同国家和地区中存在着数量众多的形式。主要特点是：

（1）垄断或放松管制的趸售市场：

1）市场形式和风险管理。

2）确保容量充足的机制。

3）可再生能源的整合。

4）效率定价。

（2）零售竞争及其形式：

1）零售市场的形式，包括“表外交易”❷。

2）效率定价和风险管理。

3）分布式能源（DER）的整合，包括需求响应和储能的使用。

（3）市场和国家之间的互连和交易。

下文将讨论这些因素以及相关的方案。

14.2.1　市场和供电可靠性

有市场❸就能够确保资源运营和高效调度，以优化和维护电网运行。具体如何实现取决于它们的形式和未来市场，无论是集中式还是分布式都需要满足以下要求。

在本章中，我们根据如下的内容定义市场：

（1）电力库或平衡市场如何运作和结算。

（2）容量电价是否单独支付。

（3）如何提供辅助❹服务。

---

❶ The Future Grid Forum[15]使用四种潜在的最终状态（稍后讨论）检查了澳大利亚的未来市场和电网，其中两个类似于本书中的潜在最终状态。其他各国也进行了类似的审查，像本书所提及的一样，每个国家都考虑技术、行业和政治变化将如何影响电力系统的未来。

❷ 表外交易是指在不受监管的网络内进行交易，在澳大利亚称为嵌入式网络，在某些国家称为私有网络。这些网络中越来越多的角色，例如有效的微电网，得到越来越多的报道，例如文献［1］、［2］。

❸ 如14.1部分所述，一半的电力系统没有市场。在这些系统中，容量的规划和开发由电网运营商或政府决定。本章假设在2050年时的市场形式主要是竞争性的。

❹ 频率控制、系统重启、电压支持服务。这些也可以称为旋转备用和其他术语。系统强度的概念也正在被纳入。

14.2.1.1 市场平衡与结算

总调度和结算

在澳大利亚 NEM 市场，所有能源交易都通过趸售市场进行，市场运营商调度和结算所有交易的电量。这种方法有时被称为“总”市场，因为交易的电量都通过市场运营商。

在这类市场中，发电商的所有机组都向市场提供报价，并由市场运营商调度。每个零售商需向市场运营商全额支付交易期间（在 NEM 中为 1 周）所购买的电量。市场运营商从零售商处收取款项后，向发电商支付所调度的电量。

由于零售商可能在每次交易期结束时欠下大量款项，因此会有审慎监管，以确保会有足够的资金支付发电商费用以及对参与者风险[10]和零售商违约[11]进行管理。

在这种形式的市场中，参与者之间建立了金融合约用来对他们的风险敞口进行管理。这些合同可能直接在参与者之间达成，称为“场外合约（OTC）”，也可能通过交易所，例如澳大利亚证券交易所（ASX）或欧洲能源交易所（EEX）进行签署。在 TB 667[10]中讨论了这些内容。

净调度和结算

像 PJM❶和 GB 平衡市场❷这样的市场，只交易平衡电量。在这类市场中，参与者之间签署物理供电合同，并向电网运营商提供每个交易日的发电和需求计划。在交付周期之前，电网运营商将各种发电计划累加作为调度的基础，然后调整发电机组，包括一些只参与平衡的机组，以满足实时供需平衡。

零售商支付他们当天所提交的需求计划和他们的实际需求之间的净差额，发电商将获得他们当天所提交的计划电量与实际发电量的净差额收入。每个角色的结算金额可能是收入也可能是支出。

由于市场运营商交易的金额远远小于在总结算市场中的金额，净结算市场中的审慎措施通常不太正式。TB 667 更详细地介绍了这些措施。

在净市场中，参与者通常不签订合同覆盖他们在平衡市场的交易，由于大部分电量是双边交易，因此这部分交易量可能很小❸。如果他们确实想管理这部分风险敞口，他们会使用与总市场中相同的工具，场外交易或交易所产品。

14.2.1.2 市场中的容量补偿

市场也可以从如何对容量进行补偿的角度来描述。这是 TB 647[4]所讨论的主题，其中，像澳大利亚 NEM 和 ERCOT 这样的属于单纯电能市场；像 PJM 和欧洲市场这样的属于长期单独进行容量补偿的市场，欧洲市场曾经关注电量和备用平衡，如今开始进行单独的容量补偿。

像 PJM 这种不断演化的市场，现有的实体开始共享备用并演变成一个独立的市场，往往具备单独的容量补偿。像澳大利亚 NEM 市场和英国市场，基本只涉及单纯的电量。原因在于：

在理想条件下，电力现货市场在短期和长期两个方面都能提供有效的出清结果，从容量

---

❶ PJM 是美国东北部七个州的基于输电互连的市场。它以宾夕法尼亚州、新泽西州和马里兰州为中心。

❷ 市场之间存在一些差异。有些公司，如 PJM，根据日前市场中建立的共同价格在当天调度所有发电机。在 GB 市场中，发电机选择以单独的价格参与平衡市场。

❸ 存在净市场中的各方仅在平衡市场中运作的例子。在这些情况下，他们会利用合同来管理风险。

角度和发电组合的角度，这样的市场环境会引导对发电能力的最佳投资。这个理论是成立的，问题是能否在实践中适用，或者说实际的市场条件是否与理想的情况偏离太多。过去，不受监管的发电市场可以在长期内运行出最佳的结果[4]。

由于可再生能源渗透率的增加和一些市场的价格限制引起火电资源逐步退网，导致澳大利亚、英国和一些欧洲国家普遍采用单独的容量补偿方案来弥补可靠的、可调度的发电厂不断减少的损失。预期这种趋势还将继续。此外，如果交易规模减小。

14.2.1.3　辅助服务

为了保持可靠的供应，电力系统需要通过市场融资的方式寻找到可以提供多种服务的供应商。这些将在“电力系统运行与控制”一章中讨论，特别是维持系统强度服务方面的需求持续增长，这些服务过去是由同步机组定期提供。

为这些服务提供资金是市场的重要任务之一。如果有可能，这些服务被纳入市场并且像容量和能量一样进行交易，在公开发售市场买卖，或者是通过招标单独购买。但是，某些服务无法实现市场化，必须通过监管要求购买。

由于电网中间歇性电源和异步电源的增加，所需的服务范围在不断变化，同时所有的服务都需要资金支持。“电力系统发展与经济”和“主动配电网和分布式能源”章节将介绍辅助服务性质不断变化的特点。

14.2.2　零售竞争性和定价

市场领域的许多工作组指出，完全的零售竞争性并不是普遍的。46%的市场没有开放，54%的市场并非全部开放。放松管制市场中也可能仍然存在非竞争性的价格，但无论在哪里，有效的趸售定价与竞争性的零售价格的组合可以为用户提供最有效的价格。

CIGRE WG C5.16[9]着眼于零售定价，尤其是小用户定价，该定价通常低效。尽管用户间的竞争应该推动更有效的价格，但与市场是否放松管制无关。

效率定价应该可以提供给任何系统使用，并且有效的电价应该激发用户充分利用电网资源并进行适当的投资，使它们成为系统整体优化中的一部分❶。

在确定价格时，几乎总是有一个潜在的价格范围的信号可以用来促进更有效价格的形成，但要调整到可以满足形势和用户规模[24]的需要（见图 14.2）。

一般来说，开发效率定价结构需要在效率和以下因素中权衡：

（1）复杂性。电价和规则是否过于复杂，用户无法理解他们并做出回应？

（2）准确性。是否能够衡量电价要素，从而使电价准确？

（3）管理上可行。电价是否可以有效征收或者是成本回收的收益是否比定价收益更大？

定价方面的权衡受用户规模的影响。工业用户倾向于使用专业团队来管理他们的成本，供应商能够应付各种复杂情况。此外，他们通常会有更高级别的计量，并且他们的供电利润率可以支持更复杂的电价。

越来越多的小用户成为中间商和聚合商[2]的目标，他们帮助用户建立投资组合，以便更好地选择可用的定价。这并不一定意味着使用微电网，但微电网可能协助更好的定价。

---

❶ 转述自 Farugui“重访 Bonbright”[23]。

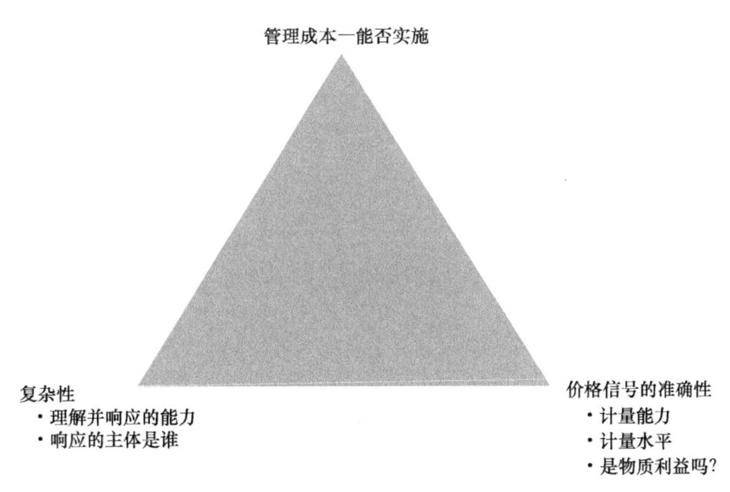

图 14.2　用户定价的电价权衡[24]

对于零售商、中间商和最终用户来说，需要在零售层面获得有效的成本，并以允许授权用户与电网进行有效交互的形式表达。

14.2.3　分布式能源

分布式能源（DER）；光伏发电、备用电站、热电联产、储能和响应负荷作为电力系统的一部分，在系统中所占比重越来越大，因为成本低，规模可以匹配较小的负荷，并且有成熟可用的集成工具。

来自工业和大型商业场所的 DER 始终可用且或多或少地并入电力市场。其渗透率增加的关键因素包括：

（1）价格降低，使其作为用户能源套餐的一部分具有成本效益。

（2）单元尺寸较小，易于集成到用户站点中，无需输出到电网，没有与电网交互的复杂性。

（3）更好的控制系统，对 DER 可以有效地进行现场控制。

（4）可再生能源补贴。

并非所有场所都存在所有这些因素。对许多站点来说，一个关键因素是对资本成本和可再生能源价格的补贴，在许多情况下，还包括可调节负荷。

迄今为止，针对这类设施的安装使用过程中相关的监管措施还不成熟，许多国家都在报告问题，尤其是光伏渗透率较高的国家，因为当前大多数的逆变器是不可控的。

然而，目前正在从技术上（使用更好的逆变器）和通过改进定价来解决这些问题。定价方面的改进可能会激励出更好的光伏安装决策。在进行有效集成之前，需要解决补贴的问题。

CIGRE WG C5.19[5]审查了 DER 的监管问题并注意到一些国家正在有效地整合 DER。关键因素是使用专业资源（聚合商或需求响应提供者）并对相关市场中适合的需求类型作出响应。

在某个定义的点（每个市场不同）上，不受控制的 DER 总体上不会增加经济福利，但受控的 DER 可以带来重要的价值。

14.2.4　市场扭曲

在理论条件下，纯能量市场在开发和补偿容量电价方面非常有效率。由于现实世界中供电波动增长、容量模式的占比降低以及与政治干预相关的投资者风险增加等影响，一些市场正在放弃纯能量市场的概念。

14.2.4.1　价格上限

对有效市场的扭曲之一是价格上限。要实现有效运作，能量市场需要允许价格在合理的范围内自由浮动，价格范围介于在导致不必要的发电商离网（或增加负荷）的价格到导致新增发电投资（或减少负荷）的价格之间。价格上限和下限限制了价格范围，因此需要额外的机制来管理容量。

市场上的最高价格应该是没有上限的，但过高的价格会使电力用户自动停止使用。在澳大利亚这被称为用户可靠性价值（VCR），在其他国家被称为丢失的负荷价值（VoLL）。在实际中，这很少出现，因为市场参与者的风险可能太高，导致存在一些限制。

CIGRE WG C5.23[12]对这个问题进行了研究。14.2.1 中讨论过的市场安排，与参与者结构问题一样是一个关键因素，例如垂直整合和资产所有权。该调查结果见 TB 753[12]：

对于绝大多数被调查的国家和地区，对市场价格设置上限是为了限制市场力并保护负荷免受供应商在拥有市场力的情况下随意提高价格的影响。很少有市场设置了反映 VoLL 的价格上限，他们甚至没有任何关于其所在地区 VoLL 的信息。

当前所有国家和地区的市场价格上限随时间不断上涨。由于最近能源监管机构合作署（ACER）的 NO.04/2017 决定所要求的日前耦合（SDAC）❶，欧洲的价格上限正在趋同。随着批发电力市场不断发展，监管机构和政府当局对他们的运行更加放心，这些趋势很可能会持续。

有些监管机构和政府使用模型和其他工具来确保可靠的供电，并将其包括在价格上限的决策中。

14.2.4.2　补贴

当前由环境政策驱动的新出现的一个大问题是补贴对其他竞争性资产投资的影响问题。政府和其他补贴并不少见，因为各个行业都因创造就业机会或其他原因获得补贴（例如，生物燃料得到补贴以支持农民生产玉米），这对能量市场的影响是巨大的。

对可再生能源投资的补贴往往不会广泛公布，所以对其所产生的影响并未完全了解。例如，在南澳大利亚，可再生能源目标导致间歇性能源的渗透率非常高，从而导致电网的稳定性降低。虽然可再生能源对南澳最近的停电没有直接的责任，但系统强度的减弱算是一个促成因素。

对可再生能源的补贴较为直接的影响就是导致火电厂减少，在许多国家已经注意到这一点。例如在美国：

我家有太阳能，我支持风力发电，但是我们不能低估，随着我们的可再生能源更深入地渗透市场，我们的成本不断上升。印第安纳州现在的状况是得克萨斯州十五年前所处的状况，

---

❶ 单日前耦合（SDAC）是一种协调的电价设定和跨区域容量分配机制，它同时匹配来自日前市场的订单，并尊重跨区域容量和投标区域之间的分配约束。

比较重视很大、很重且昂贵的东西；我只是想，应该看看得克萨斯州的境况并从中吸取一些教训。

除了传输、补贴的影响，什么是最大的失误呢？我想你们都知道这一点，但是当您将风机所发的电以每兆瓦时 23 美元的价格送入电网时，拿到的补贴使你的电价有所降低，你只有在能发电时可以得到补贴，否则你的电价即为负值。

理论上来说，在得克萨斯市场上，每三个出价中就有一个是负值。换句话说，为了留在电网而支付费用。所以，这有两个影响。第一，它破坏和扭曲了市场……第二，它侵蚀了现有火电的资本：核能、煤炭，或许还有新天然气……

人们和银行不会在因为补贴而导致电价降至零以下的市场中投资。Guthridge 等人。[17]

补贴是政治/社会对市场的影响，通常会使市场产生一些扭曲。例如一些国家对低收入者的补贴，得到了社会的支持。关键问题是确保了解他们的存在和影响，并且收益大于对市场的影响和成本。

14.3　未来情景及其市场和监管要求

未来需要什么样的市场和监管条件来支持这些未来。本章也会考虑是否有首选的法规和市场方法❶。这两种情况将在 14.3.2 和 14.3.3 部分中介绍。14.3.4 部分是总结。然而，这两种情况具有一组共同的一般因素，如 14.3.1 部分所述。

结果的连续性

关键参数是控制和结算是否集中在市场运营中心或电网，或者它们是分散的并且重点放在网络的边缘。这两种情景将需要不同的监管方法来支持两种情况所需的重点措施。

不一定要在两个完全不同的选项之间做出选择，而是对单一市场设计的两个方面加以描述，根据市场的管理和结算方式来区分。事实上，很可能这两种方法都将用于不同的国家和市场，甚至国内不同的地区。

国家和地区的监管方式应足够先进以允许两个选项的变化共存，并可能随着技术、定价和可靠性变化在两个选项中切换。

14.3.1　一般发展方向

技术的普遍发展一直存在并将继续，促使所有市场都在发生变化。下文总结了影响市场和监管的关键变化。

14.3.1.1　*微网发展*

随着 DER 成本和控制系统的减少，微电网变得越来越普遍。Navigant 最近发表了一份报告[19]，表明：

微电网技术成本持续下降，控制措施的功能持续改进。尽管仍然存在着监管障碍，项目的开发周期也很漫长，这都使微电网市场成为主流市场的困难重重，自从 Navigant Research 10 年前首次确定了这个市场的规模以来，至今已取得了重大进展。在那段时间里不同的细

❶ 我们注意到 14.1 部分中的讨论指出，一些地区和市场并不追求竞争，而且完全去中心化方法的空间可能很小。然而，在集中运营的市场中仍然存在分布式控制的机会。

分市场已经发生了突出地改变，但 5 个主要地区的总体增长情况仍保持一致。

在高水平的调查结果中，亚太地区预计仍将是最大的微电网市场，其中的大部分机会存在偏远地区中。北美仍然是并网微电网的最大市场，因为 2019 年确定的一系列项目将 2019 年的起点容量水平提高到超出之前预测的水平。拉丁美洲是增长最快的市场，部分原因在于波多黎各的全岛微电网计划。

这份 Navigant Research 报告预测了区域能力、实施支出和按 6 个主要细分市场划分的商业模式类型：校园/机构、商业和工业（C&I）、社区、远程、电力企业配网和军事（仅限美国）。这项研究提供了对市场驱动因素、障碍和技术问题的分析。全球市场按地区和市场类型细分的、一直持续到 2028 年的预测。预计产能增长在 22%以上[19]。

本书中描述的两种潜在未来都将包括微电网规模扩展到更大（选项 2）和更小（选项 1）。事实上，分布式服务运营商的发展可以被视为一种并网微电网。

控制技术的发展在“电力系统运行与控制”和“主动配电网和分布式能源”章节中描述，但每个微电网都需要：

（1）一种能量和容量的评估方法。鉴于它们的体量较小，很可能将两者单独定价，但考虑到最终用户定价的有效性，可能会选择能量来定价。

（2）提供允许微电网以孤岛运行的辅助服务和相关服务，必要时，可以向大电网供电。

（3）值得信赖的结算方式。市场中的各方必须确信市场能够作为一种交易手段有效的运作。分布式市场的发展，例如区块链，越来越多地允许分布式和独立的市场的出现，东南亚在采用基于区块链的市场方面步伐较快。

正如 Navigant 报告中所指出，这些技术正在进步，只是受到监管的限制和较长的项目交付时间的阻碍。缺乏现有基础设施和规则有利于微电网的发展，并且商业案例更加清晰，因此可以在采用微电网方案和建立一个完整的、广泛的市场方案之间做权衡。

14.3.1.2　计量与测量

电力交易的局限性之一是需要测量关键特征；需求❶、电量、电能质量等，在本章的讨论中，两个关键参数设定为需求和电量。

出于结算目的，每个连接的电表（通常是每个站点，但也有例外）是交易的关键度量和“事实来源”。目前，许多市场的计量质量都很低；从不完整的覆盖范围到简单的对一段时期内，如三个月，的总电量进行计量。由于无法准确评估他们的行动的影响，这种形式的计量限制了用户与电网互动的能力。

越来越多的电网配备了更先进的仪表。功能主要有：

（1）可以对较短的时间内的电量进行计量，通常为半小时，但在某些情况下，只有 5min。

（2）提供对站点最大需求的较为准确的估计，可能带有具体计量。

（3）分别计量流入和流出的电量。这可以对一个地点的发电、用电和储能进行分别的计量。

（4）评估供电点的关键电能质量指标，例如电压或功率因数。

---

❶ 此讨论涉及小规模电源和负荷。大宗电能供应使用 SCADA 来评估发出的电量，从而评估供电的容量。随着高级计量的使用和某些计量标准的放宽，这种详细程度可能适用于所有形式的供电。因此，本次讨论的重点是负荷，并在后面的部分中关注负荷的定价。

（5）包括控制工具，例如：

1）本地或远程控制下的开关切换。

2）容量限制，满足某些情况下对需求的限制。

（6）提供电表和电表供应商/运营商甚至用户之间的通信。这样可以实现：

1）远程读取电表信息以进行结算和控制。

2）电表注册用户之间的通信。

3）遥控操作。

4）无需到达现场即可升级电表。

目前，许多国家和地区都有面向所有用户应用高级计量的计划。本章中假设这项计划将在 2050 年之前完成。

计量和测量已扩展到设备或控制系统级别，因此可以实现在站点内针对电动汽车以及其他移动设备的更细化的交易和定价。例如，电动汽车可以在与电网建立的任何连接点计量自己所需的电量，同时增强的通信可以实现基于网络/云平台进行电量交易，（例如区块链）使交易更加灵活。

14.3.1.3 信息系统与自动化

工业、商业设施甚至到用户的控制系统的自动化正在快速发展。目前已经可以实现对人们家中设备的控制（并且已经有一段时间了），同时已经在使用的 AMI 技术允许双向通信。IT 方面的发展将在“信息系统和通信”章节中进一步阐述。

Olympic Peninsula Trial 提供了一个自动化（非简单级别）应用的例子。为家庭用户[1]，见图 14.3，提供了一系列简单的选项，涵盖从增加舒适度到降低成本。家庭用户能够随时调

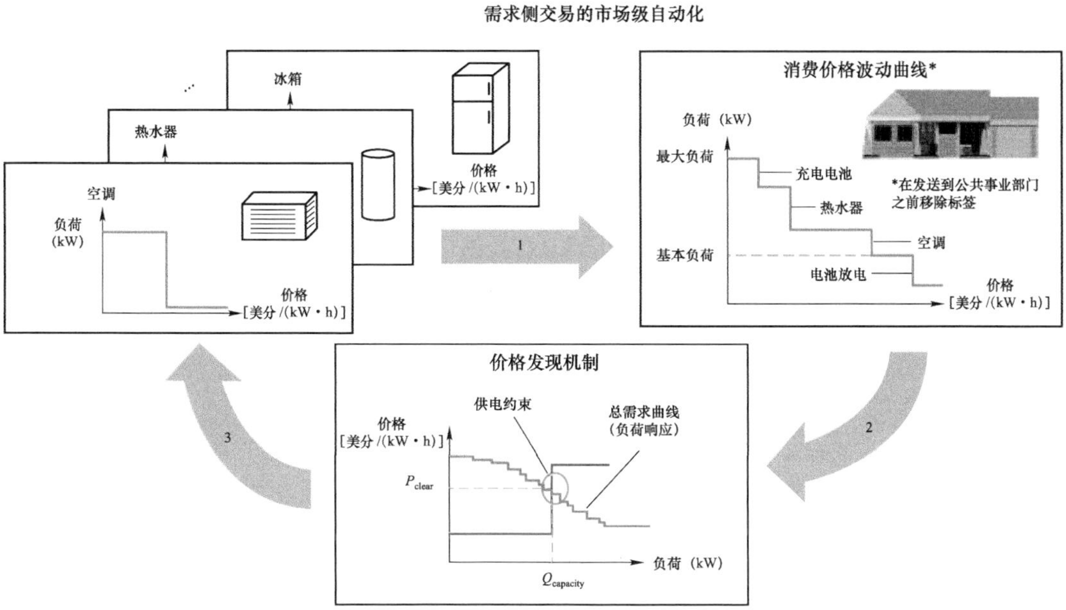

需求侧交易的市场级自动化

冰箱

热水器

空调

负荷 (kW)

价格 [美分/(kW·h)]

消费价格波动曲线*

负荷（kW）

最大负荷

充电电池

热水器

空调

基本负荷

电池放电

*在发送到公共事业部门之前移除标签

价格 [美分/(kW·h)]

价格发现机制

供电约束

总需求曲线（负荷响应）

价格 [美分/(kW·h)]

P_{clear}

负荷（kW）

$Q_{capacity}$

1

2

3

图 14.3 奥林匹克半岛示范项目［来源：PNNL presentation by Steve Widergren (May 2014)］

[1] 来自智能电网示范：奥林匹克半岛示范项目（PNNL，2007 年），energyinnovation- project.com。

整设置，尽管大多数用户仅设置一次。家庭账单减少了大约 10%，而公用事业公司注意到需求峰值平均减少了 15%，某些日子会达到 50%。这种形式已经进行了很多试验，而且都有在文献中记载。

允许最终用户与电网进行交互将在给定效率电价的情况下，获得更优化的系统。可以预测到 2050 年，电力系统和用户之间的协调将成为常规和使用基于机器对机器交互（M2M）的算法，而不是要求人工监督细节。

例如，一个人可能有一个与其负荷供应商交互的控制系统。可以在控制系统中设定一条规则要求他们的车❶在上午 8 点时至少充电到 80%（完成当天任务的最低限度）并且在凌晨 4 点之前支付的电费不超过 55 美分，因此夜间充电成为优先事项。该规则能够确保他们的汽车以最低的成本在早上准备好。

作为其余选项的一部分，这个用户做出的选择被包含在对成本结果的估计中并对远期价格估计产生影响。所有其他的参与方会有类似的规则，当每次价格波动发生时，系统会反馈并返回到调度/负荷配置的新的最优价格。

通信和控制无处不在。允许站点之间的交互以及本地和集中的调度和结算。

或者，最终用户可能喜欢更简单的界面，就像在奥林匹克半岛示范项目中，在那里他们的能源供应商或聚合商（或微电网运营商）通过对用户端设备的控制提供成本最小化服务。这仍将允许双边市场优化，其中 DER 包含在调度和定价计算中。

关键是无处不在的通信和控制系统，通过与效率电价的结合，允许用户管理自己的成本和市场全面优化。

14.3.1.4　网络约束

效率网络定价意味着用户和供应商为效率网络开发提供资金，使网络可以处理能量的双向流动，存在的约束是在发电端（本地或远程）与适当的网络水平之间做效率平衡。实现这一目标的规划和其他考虑包含在“电力系统发展和经济学”一章中。

14.3.2　方案 1——高度连接的电网并入各级可再生能源

本节主要基于美国的 Transactive Energy❷，CIGRE SC C1（电力系统发展及其经济性专业委员会）[13]和全球电力互联中 ACTAD（IEC）的任务组 4 的工作补充。

此方案是当前市场方案的扩展，如下所示：

（1）电网仍有供给侧和需求侧。

（2）DER 的定价具有竞争力，但并不便宜。

（3）工业和大型商业运营者仍需要大规模的供电。

发展方向是通信和 DER 的应用，可能通过一些微电网，但主要是 TSO 和 DSO 的运营来提供双向市场并允许各级效率定价。

此外，目前全球电力互联（GEI）的方法、受 CIGRE SC C1[13]和其他各方[26,27]的追捧，预计到 2050 年取得成果。这意味着不仅北美区域内、欧洲区域内实现互联，而且可能出现

---

❶ 可以假设到 2050 年，出于空气或其他排放原因，电动汽车将成为常态。

❷ 可交易电源是整合电网运营的概念。有一项名为 Northwest Trial 的试验，测试了各种技术和多个州的概念。该试验持续了 5 年，跨越了 5 个州，涉及 11 家公用事业公司（112MW 资产）和许多技术参与者和 60 000 个计量用户。该研究得到了两所大学的支持。研究结果由 Brattle 整理。www.gridwiseas.org。

跨洲和跨地区的互联。

预计的全球互连都将通过特高压直流（UHVDC）[1]来实现，这将促成由趸售市场价格比较驱动的跨境交易。这些事态发展，除了在区域层面日益一体化之外，将意味着：

（1）跨区域互连的交流电网的统一定价，区域内允许高效收费。

（2）国际水平的协调（或一致）的监管框架和定价机制允许跨 UHVDC 网络的价格差异，以推动具有成本效益的电量转移[2]。

因此，在趸售层面，电源的广泛互联将允许各种电源之间的竞争性调度（允许竞争性市场），最终以价格的形式提供有效的结果。DER 的改进合并将确保价格与所供应消费者的价值相关。

此外，广泛的互连将允许备用的充分共享并形成更大的可以消纳间歇性电源的网络并改善可靠性和系统强度问题。全球电力互联[3]的目标之一是实现可靠的可再生能源的大量转移，从资源丰富的地区（中国西部、欧洲北方、加拿大等）转移到高需求但资源不足的地区[4]。

在零售层面，基于效率批发价格的效率电价将允许各级用户有效投资本地的 DER 并对其使用做出有效决策。通过这种方式，电网将可以最好地利用来自授权参与者和最终用户的资源。

集中供电的机制将需要有效的电量和容量交换到位，并且这些交换需要实时结算，以便在整个系统中了解能量的真实价值。预计电力市场治理方面将取得重大进展，以实现目标计划。

关键是有效的交换和定价将实现由价值而非技术标准来推动电能的高效交付。

14.3.2.1 集中运行方式

如上所述，中心化的概念，称为“交易电量（Transactive Energy）”，已经通过美国政府所资助的项目 North West Trial（西北试验）在美国进行了验证。

Transactive Energy 方法实现了独特的分布式通信、控制和激励制度。设备、软件和先进的分析工具的结合为住户提供了有关其能源使用和成本的更多信息，并允许他们根据这些信息采取行动。该项目使该地区在 2006 年奥林匹克半岛示范项目的经验基础上有所扩展，也在上面讨论过，它对需求响应的概念和技术进行了成功的测试。

在 Transactive Energy 模型中[5]，如图 14.4 所示的，输电系统运营商（TSO）管理大电网（在我们的模型中，也包括大电网之间联络），而配电系统运营商（DSO）管理本地电网，其中可能包括微电网、电力生产商和各种类型的用户。网络运营商提供和管理网络中所有参与者之间的信息流，包括市场运营商、TSO 和 DSO 以及零售商，如果他们的业务是与 DSO 分开的（统称为 MSOR）（见图 14.4）。

---

[1] 现在 HVDC 作为一种常见的传输能量的方式。超高压直流（UHVDC）线路正在开发用于更长距离，并取得了一些成功。二十年后，这应该是标准技术。

[2] 可以预期，某种形式的网络效率定价将会发展起来，包括节点定价和金融输电权。对于本文，假设了一个解决方案，尽管迄今为止完全有效的网络定价一直是一个棘手的问题。

[3] IEC whitepaper, page3[26]。

[4] 作者回忆起 EDF 开发的一个概念，将当时很有希望的超导发展用于同一目的。与全球电力互联一样，EDF 概念以电力电子方式连接各大洲，以允许主要传输太阳能以提供连续的可再生能源供应。GEI 服务于相同的目的。

[5] 来自 www.gridwiseac.org。改编自 Battalle 开发的图表，太平洋西北地区智能电网试验，2015 年。

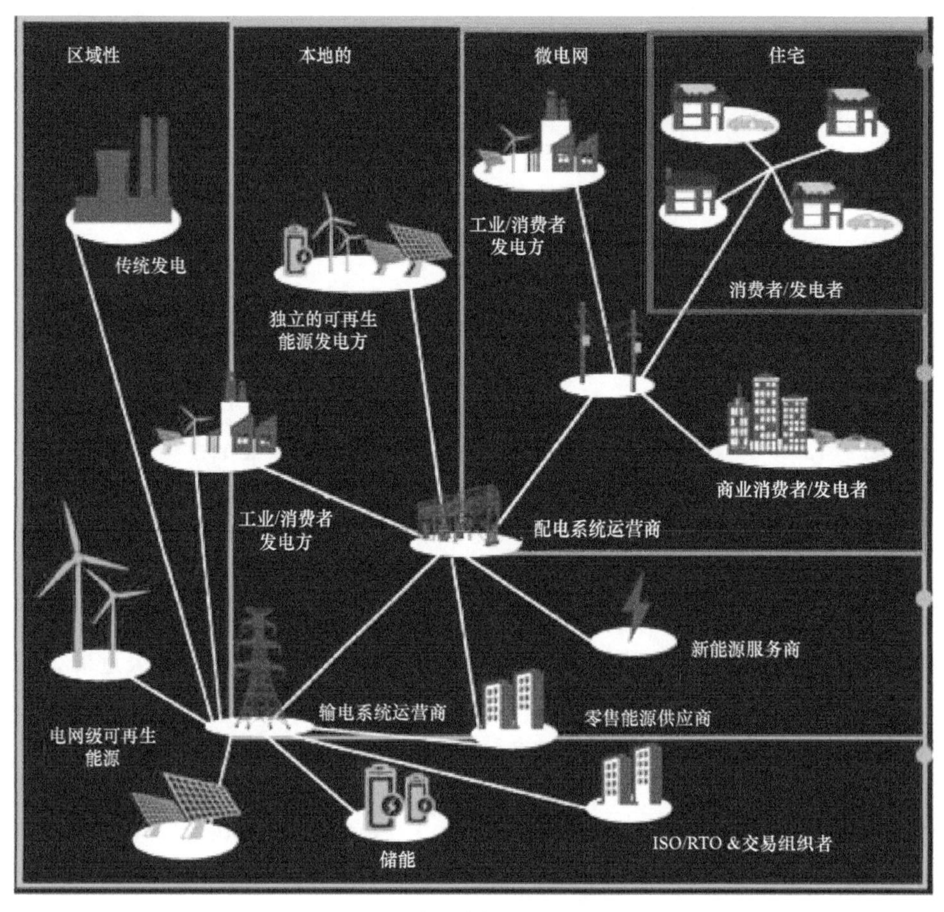

图 14.4　高度集中方法的模型

MSOR 系统提供负荷以及每个级别负荷的本地效率电价，以及系统中各方的站点连接点，还将提供一组未来区间的价格预测。

用户可以根据动态价格和预测来选择购买、出售或储存他们的电能。用户根据自己的情况，在舒适性、控制性和成本之间按照自己的优先级选择如何使用自己的电能，他们可以根据新的信息调整他们的计划。

交易区域中的 MSOR 由于改进了 DER 响应，拥有更好的信息，因此在用于调度基于网络的资源时具有更强的弹性。他们提供准确的价格预测，以支持有效率的分散决策。

97%的参与者对该系统和技术感到满意，并在试验期间观察到网络的中断时间减少。

14.3.2.2　价格迭代

这种形式电网的用户价格是基于最新的市场信息和网络负荷[1]。虽然这在趸售交易中很常见，但概念上适用于垂直整合系统，除了最大的用户之外，这对所有人来说都是新的。这将需要对控制系统进行改进，也涉及 14.3.1.3 部分中所描述的自动化的内容。

一些例子：

---

[1] 请注意，调度能量的市场价格仍可能占主导地位，除非电网元件过载或出现停电，但由于更有效的调度和投资，较长时间范围内的电价波动将有助于缓和峰值负荷。

电动车充电

某人下午 6 点到家后给他的汽车充电。将系统设置为在 5min 内开始为电动车充电，充电时间[1]持续 4h。系统基于当前其他人的使用情况并增加上电动车的负荷，计算出当时的供电价格，将会是 65 美分/（kW・h），之后在晚上八点时降低到 60 美分/（kW・h），系统还预测出午夜的价格为 40 美分并且这个价格会一直保持到早上 8 点。

根据价格，此人决定在午夜开始充电。系统因此重新计算并做出响应，依照这种变化，现在的价格将是 55 美分，晚上 8 点降至 50 美分。但在午夜升至 45 美分并在凌晨 4 点降至 40 美分，此人对这个结果很满意，因为它基本是最佳方案，于是允许系统照此执行。

优化需求

某人启动电动烤面包机，控制系统会对此额外负荷进行记录，并且知道烤面包机只会持续几分钟，并通知冰箱和空调在此期间不启动，这样来减少现场的耗电量。

同样，在使用电动印刷机进行制造的工厂，当印刷机运行期间会对电网发出高需求信号，现场控制系统将减少投入非必需的用电设备，以最大限度地降低成本和场地耗电量。

14.3.2.3　要求

纽约市场设计和平台技术工作组[2]所指出的管理分布式服务所需的功能范围为：

DSP 运行功能包括实时负荷监控、实时网络监控、增强的故障检测/定位、自动馈线和线路切换以及自动电压和 VAR 控制。DSP 将承诺和调度基于市场的分布式能源和整合净负荷影响信息，从而提供更好的可见性和网络的可控性。对分布式能源的监控和调度会增加面向电网的智能设备，例如传感器、重合器、开关电容器和电压监视器的应用。

MDPT 报告[3]确定了一组核心技术，用于支持与系统规划、电网运营、市场运营和数据要求相关的功能。这些技术包括：

（1）具备连通性和系统特性、传感和控制技术的地理空间模型用以维持稳定可靠的电网。

（2）考虑需求响应（DR）的能力、电网中现有的和新的 DER 的输出的优化工具。

这些工具需要得到安全且可扩展的通信网络的支持，同时需要一个能提供预测定价和当前定价的系统，以允许所有参与者对价格和系统需求做出响应。在批发层面已经具备了这些信息，通常称为预调度、日前价格或平衡价格。全面的双边市场，需要将必要的沟通和定价扩展到每个终端用户。

14.3.2.4　新资产发展与治理

大型互联系统将允许大规模设备基于自身成本的高效开发，包括将电能传输到需要能源地区的传输设备。这些将与当地的能源供应和有资源的且能够使用当地资源的地区 DER 进行竞争，这可能会增加对间歇性能源的储存需求。

技术范围和大量供需替代方案需要协调和控制。对更大系统的全面优化需要扩大和发展在欧洲和北美已经发展起来的协调方法。

市场、国家和政府正在协调现在网络的发展，这种协调将需要扩展到检查本地供应与发电和传输的关系。目前在国家级所做的决策可能需要集中到地区来做，就像现在北美使用的

---

[1] 回顾 14.3.1.3 部分中的讨论，这可能是 M2M 讨论，而不是实际的人际互动。

[2] 支持纽约州公共服务委员会（PSC）改革能源愿景（REV）程序的市场设计和平台技术工作组（MDPT），2015 年 8 月 17 日。

[3] 报告还指出，西北试验开发了 DSO 交互的协议以及必要的设备和软件，以允许这些交易实时发生。

模式。此外，发电公司、最终用户和系统运营商之间的风险分配可能会发生重大变化。

14.3.3　方案 2——松散连接的微电网

未来电网由许多松散连接的微电网组成的选项是基于以下发展为前提，其中：

（1）DER 的价格和可用性不断完善，因此对集中供应的需要减少，小规模的天然气、光伏发电、热电联产和当地风力能源提供大部分的电力供应。

（2）在城镇/社区范围内发展起来的利用当地资源的微电网，这些基于站点的分布式能源可以满足当地的能源需求。

（3）本地 MSOR 管理本地范围内的交易和电网运营。

（4）本地市场交换电量和容量，不是为了平衡本地电网，纯粹是为了优化电网的价值。

这种方法可以实现本地电网的长期的供应安排，但跨电网的供应会被管理，比如发电机或负荷在本地电网的边缘，不在本地必须管理的电网范围内。

未来电网采用这种形式的原因可能是：

（1）经济原因，规模经济已经逆转，远距离的电能传输成本远大于就地生产、储存和使用电能的成本。

（2）社会原因，用基于价值观的❶方法进行电能共享导致本地市场的发展要么与大电网脱离，要么只是松散的与之相连。

（3）技术方面具备将电网依照物理隔离分离成相互独立的、可持续运行的区域，这样划分有一定的益处，但也可能导致某些区域出现供电损失的情况，例如在日本[29,30]。

许多微电网运行示范和小规模电网用于远程社区和岛屿中[28]。因此，技术要求是明确的，并且是可实现的。在其他章节中将详细说明到 2050 年如何开发这些功能。

在本章中主要说明未来的市场情况：

（1）吸引能源供应并为其提供报酬，其中包括 DER，以便微电网能够平衡能源的供需。这适用于：

1）满足高峰需求的能力（包括管理需求）。

2）满足调度要求的电能。

（2）如果微电网能够真正实现自给自足和交易，而不仅仅是电网的附属，则需为支持孤岛运营所需的辅助服务提供报酬。

（3）如何为满足如上 14.1.1 节中所描述的经济需求的用户和供应商制定价格。

本节将对微电网交易的概念进行比方案 1 讨论所需的更大程度的扩展，因为这是对当前方法的更彻底的背离。

14.3.3.1　在提供微电网服务中的作用

要检查分布式模型中的潜在市场操作，需要对提供各种服务所需的角色进行定义。图 14.5 展示了嵌入在智能电网❷中的层次结构系统。系统使用五级传输的模式在设备的控制系统之间传输。这是一个覆盖从流程到市场所有层次的复杂的方案。一个更简单的三级模型

---

❶ Oakley Greenwood 对澳大利亚嵌入式网络的运营情况进行了审查，发现其中一些部分自治网络的存在是出于服务社会的原因。

❷ Xanthus 国际咨询公司（SIWG 第 3 阶段高级 DER 功能），2015 年 11 月。

就可以满足我们的目的，如图 14.6 所示。

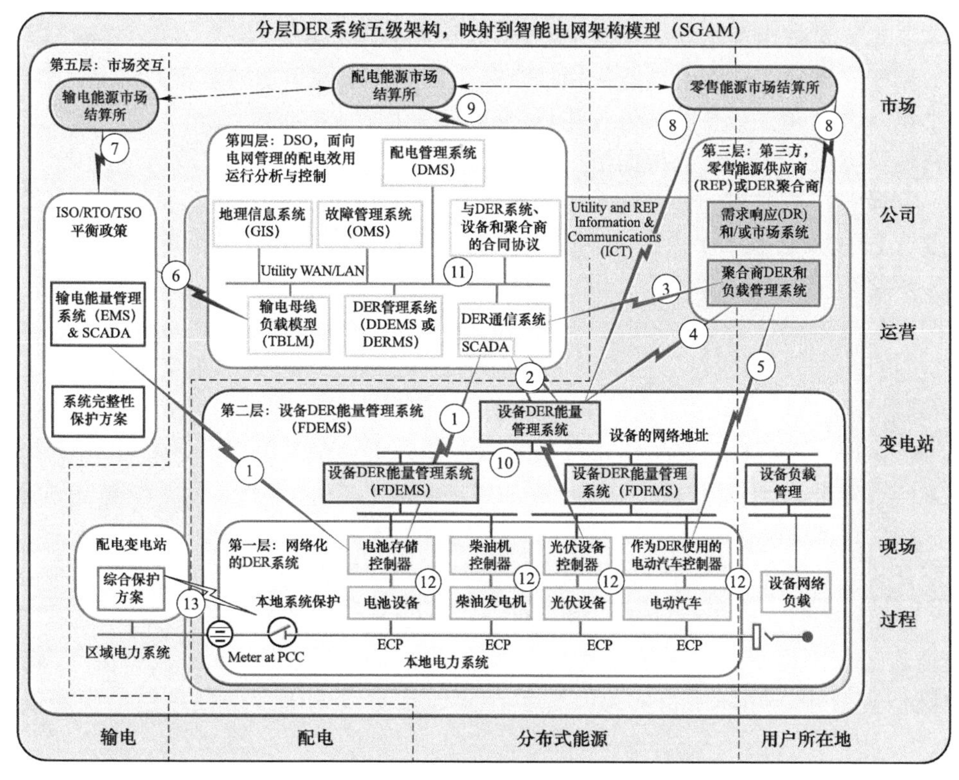

图 14.5　基于智能电表模型的分布式能源系统

图 14.6 所示的层适用于本章，因为重点是用户和市场管理。这三层分别是：

（1）技术层，负责计量、网络运营和配电系统或本地网络的安全。

（2）市场运行层，负责本地电网市场的参与者之间电能调度和定价。

（3）用户服务层，负责用户和市场之间的交互。

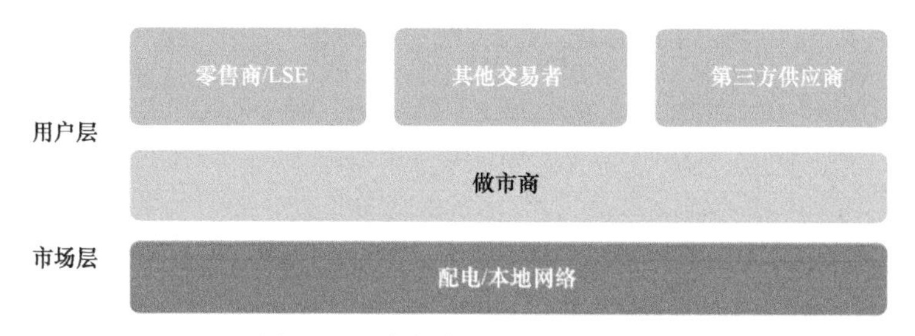

图 14.6　分布式市场的简化操作

14.3.3.2　技术层

任何市场中都必须维持电网的基本运作。微电网运营中的技术层涵盖了当前电网的所有运营内容，即：

（1）电网安全，包括新连接的管理。

（2）负荷切换和负荷平衡。

（3）停电管理和检修计划执行。

（4）零售商和第三方所要求的用户操作。

技术层也需支持市场层。

（1）用于识别阻塞和网络问题的短期负荷预测。实现这个功能需要考虑天气[1]和负荷预测并评估电网关键元件堵塞和其他关注点。它还将使用计划中的停电信息创建未来定义时段电网的传输能力图。该信息会根据情况变化而更新，例如计划外停电或天气变化。

（2）记录分布式能源—嵌入式发电和需求管理—（DER）“开启”和“关闭”计划和操作。需要计划的和实际的 DER 启动时间和数量用来预测负荷和预调度定价。

（3）网络阻塞影子价格，将与电能的价格相结合，在电力层进行计算，计算每个连接点将向电网提供电力或从电网购买电力的价格。这些价格不尽相同：

1）从负价格，在供应过剩的情况下，为激励各方减少供应或增加需求。

2）到最高价格，不超过未提供电力服务的价值，此时的供应，包括 DER，将减少网络约束或维持供应。该价格将传达给市场层之后合并到所连接的用户价格中。

（4）5～15min 的计量信息（用于调度和需求响应）。实际计量将用于结算，尽管可能采取合并成块的形式来结算。

高级计量意味着不止一方可以提供小用户级别的计量数据，预计能在竞争的基础上提供计量。这可能意味着实际提供计量的电表有一部分处于用户层而不是技术层。这就需要一些标准或是监管来协调市场和系统运营商之间的关系（如果它们是独立的各方），这会使技术层的操作复杂化，除非所有的连接方都在其连接协议中确保向技术层供应商提供必要的数据。

14.3.3.3　市场层

市场层包括：

（1）市场参与者的注册和沟通。市场操作员将记录参与者们的所有必要的详细信息，包括设置结算信息和审慎监管义务。像对发电机组的性能标准一样，所连接的 DER 的性质以及使用方面的限制都需要记录下来。

（2）记录所有电力消费和其他参与者的行为。任何 DER 的和重要（可响应）负荷的操作计划将以与主要发电机相同的方式与市场互动，以优化系统运行，通过以下方式降低供电成本：

1）优化发电调度。

2）允许参与者降低其站点电力消耗的成本或最大化站点输出的电力价值。

请注意，这是为了调度和预测目的而记录的，并且信息与技术层运营商共享，而非结算信息。结算将会基于事后所提供的 15min 的实际数据来进行；

（3）在供应商和用户的连接点处计算价格。市场运营商将基于以下因素计算微电网的当前价格和预期价格[2]：

1）预期负荷。

---

[1] 预测的确切管理和位置将取决于所选的模型/选项。如果使用完全集成的 DSO，它将对所有预测（负荷、太阳能输出等）都有效，将在单个组中进行。如果这些层要分开，那么技术层很可能会仅限于网络负荷预测。

[2] 只要微电网中有物质，就必须考虑网损的处理。所有市场都通过改变连接点的价格或调整电量来调整损失。

2）网络阻塞和定价。

3）预期的 DER 运行和费用。

4）区域市场运营商提供额外的方案以最低成本管理供电安全。

（4）公布当前价格和预测价格。市场运营商将对参与者们公布当前价格和预测价格。价格将用电子的方式发送给所有参与者，也将通过 M2M 渠道发送以支持调度和 DER 来读取。当发生重大变化时会对当前价格和预测价格重新进行计算。

（5）用户价格结算。市场运营商需要为参与者之间的结算提供数据。结算可以是总额或净额，具体取决于特定的微电网及其市场形式的选择。

提供这些服务的系统可能很广泛，但现在美国和欧洲都在使用大量的必要协议和底层 IT 系统。

使用注册方进行市场运作是一种“排他性交易”，因此，将需要一些监管和立法批准。这会涉及制定市场规则、市场运行管理、寻求相关监管机构的授权或获得政府的立法支持。

14.3.3.4 用户层

用户层类似于当前的零售制度。参与各方提供设备、销售和计费服务，并与最终用户签订提供这些服务的合同。在 DSO 模型中，用户层的参与者可以是：

（1）零售商或负荷服务商（LSE）。这些获得许可的实体将以一定的价格提供电能。合同中可能包括某种形式的成本而影响定价（不直接响应价格），使用现行价格和 DER 的定价为响应式负荷定价。DER 的合同定价将根据减少站点负荷的价格和输出到电网的价格确定。

（2）表外供应商——豁免零售商或电力供应商，提供 DER 设备以满足用户的需求，但他们不是零售商。DER 设备可以设置为价格响应模式或简单地提供按需 DR。

（3）需求或发电聚合商。这些是将站点中的响应型负荷和 DER 分离出来，并将其聚合为可市场化的数量。这组参与者将积极努力以用户当地的价格为基础最大限度地提高他们的收入，并可能与零售商签订合同协助他们管理正常风险。

（4）使用 DER 来管理网络问题的网络实体。在微电网中，运营市场所必需的辅助服务可以直接签订合同或在市场上购买。

在用户服务层，参与者可以利用技术的进步，例如：

（1）储能，允许控制和调度其他电源[1]以及允许电能供应的价格套利。储能的运营基于一定时期内该节点上电价，以最小化成本或最大化利润来消费或输出电能。

（2）由于储能是一种能量受限的电源，因此关键因素是在适当的时候存储或输出。因此，提供预测价格将能够优化储能的使用。

（3）电动汽车。一种特殊的储能形式，既有一些限制，也有在不同时间位于网络不同部分的能力。DSO 环境将允许电动汽车作为负荷和作为可移动储能进行定价。

该层的参与者需要具备复杂的管理系统。

（1）负荷、DER 和市场价格的可见性。

（2）对站点中所有设备的主动和基于规则的控制。

（3）与来自市场 DSO 层的价格和预测价格互动的能力。

这些系统和设备现已在欧洲和美国上市。更巧妙地，系统将使用开源软件，以最大限度

[1] 虽然最初专注于太阳能光伏或风能，但在热电联产中使用储能可以优化使用这些发电机。

地提高互操作性和尽量减少更换供应商的成本。

14.3.3.5　层的操作

目前很多熟悉的市场都需要具备这三层，见表 14.1。

表 14.1　层的操作

服务/运营	技术层	市场层	用户层
集中型市场，例如，澳大利亚电力市场，PJM	电网运营，通信系统、计量、保护系统	市场调度引擎、系统使用权，网络发布价格，定价	用户登记、转移和相关流程，零售商用户系统，贸易规则
车辆共享服务，例如 Uber 或 Ola	互联网、用于运营的网络访问	用户和汽车注册、旅行匹配算法，从用户处收款并支付给司机	允许定位的移动端应用、汽车的位置信息，以及生成合同的工具
酒店和居家共享服务，例如 AirBnB，Booking.com	互联网、用于运营的网络访问	用户和住所登记。住所和用户匹配和预订服务，服务定价	网站和移动端应用程序，审核服务，生成合同，额外的场地服务（当地导游信息）
分布式系统操作	分布式供电运营和控制系统，计量供应商	参与者登记，预测和调度、结算	零售，表外服务，提供家庭能源管理设备和用户计费

用于服务的各层可以由非竞争行业所在的单一方提供，也可以由各方联合组成。在以下示例中：

（1）对于当前的电力市场，技术层由网络提供，主要是电网或系统运营商一起提供。在某些国家系统运营商还可以提供市场层（例如澳大利亚电力市场运营商）。

（2）另一方面，对于基于 Web 的服务，技术层由多方使用合作标准来提供，而 Web 提供了市场层和用户层。区块链等工具越来越多地为小规模市场提供分布式结算系统。

对于微电网，可以在没有正式竞争的情况下运行，因此一些或全部的层可以由一方提供。逻辑上层的提供形式为：

（1）技术层将主要由微电网领域的经销商或本地网络提供商提供。

（2）市场层对多方开放，因此可能每个微电网中情况各异。然而，很可能发展为标准形式由单一或少数市场系统供应商提供。

（3）用户层应具有竞争性，允许各方进行互动，包括 LSE、整合商、用户、发电商，但需要进行一些监管监督，以确保不会发生反竞争活动。

尽管很难对此做出规定，但市场层可以由用户层的成员共同拥有。这就是 PJM 等市场的发展方式。如果是这种方法，那么，在某些监管监督下，每个市场都能够制定自己的规则。

DSO 模型中的层操作将随着概念的发展演变为更广泛适用的形式，并且可能在技术层和用户层存在多方合作。

14.3.3.6　跨区域的和微电网之间的市场化交易

鉴于每个微电网都是独立的，或者能够在孤网模式下独立运行，所以电网之间的交易是出于经济目的，使每个电网的总成本最小化。例如：

（1）两个或多个地方电网通过一系列集合平台进行交易，可能共享大型发电机，如核电或大型光伏发电。这些可以通过基于云的平台进行交易。

（2）具有互补属性的本地市场，例如基于水力的微电网和主要是太阳能/储能电网，共同分担一些平衡性职责，以降低两个电网的成本。这可能特定于冬季用于管理季节或天气条件。

（3）如果微电网的目的是加强技术弹性，则电网在正常时期可以作为一个组合单元来运行，但在必要的情况下能够独立运行。每个微电网都可以独立运行，但作为一个组合单元是最经济的运行模式。

一旦有微电网独立和相互依存运行，形式将根据参与者的需要而变化。经济上可以实现标准化，但监管应该是可以有多种选择的。这意味着监管应侧重于尽量减少反竞争结果。

14.3.3.7 新资产的开发

在这个方案中，投资将会由社区和微电网运营商合作进行。应该基于用户和社区的经济选择来确定微电网和共享资源的供应与分布式或用户资源之间的平衡，而不是集中计划模式。从这个角度来说，投资者可能会要求采取具体的风险缓解措施。

当然，就像微电网之间的交易，两个或多个微电网可能会汇集资源并共享资产。这将包括联络线的联合开发以允许微电网之间的交易。这正在国家和市场之间进行，并且在更本地化的范围内也是可能的。

14.3.4 潜在后果

大量市场根本没有放开。对于这些市场，视政治发展的情况，可能会选择方案一。然而，考虑到开发当前市场所需的时间，完整的微电网的结果也是可能的。

此外微电网之间的交易范围表明方案一和方案二都只是一个统一体的两端。如果批发市场中采用效率定价，并允许现有技术发展，市场有效聚合或分散的唯一障碍就是阻碍有效结果的法规。

政治问题、可靠性问题和垄断问题都会破坏有效的市场设计和结果。

例如，在已经存在有效市场的欧洲，将倾向于选择已经具备大规模互连的方案一。在亚洲（不包括中国），可能更分散的方法更合适，因为尚未形成大规模的整合，并且可能采用具备本地储能的低成本的可再生能源，而无需放弃昂贵的基础设施。

因此，在本章中描述这两个方案很可能只是简单的描述长期结果的中间步骤，如图 14.7 所示。

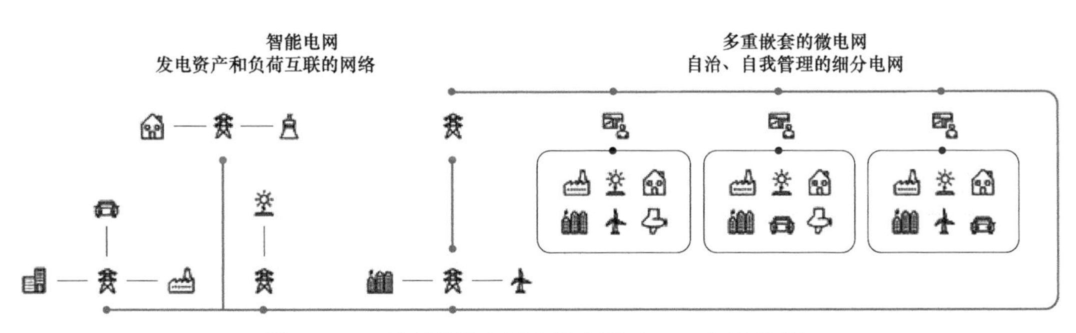

图 14.7 一系列智能电网和微电网（ABB 公司代表）

最近在澳大利亚纽卡斯尔[1]举行的微电网会议上对此进行了讨论，会上ABB公司代表提出了自己对未来的预测，如图14.8所示，这反映了CIGRE在这方面的想法和许多工作组的工作。

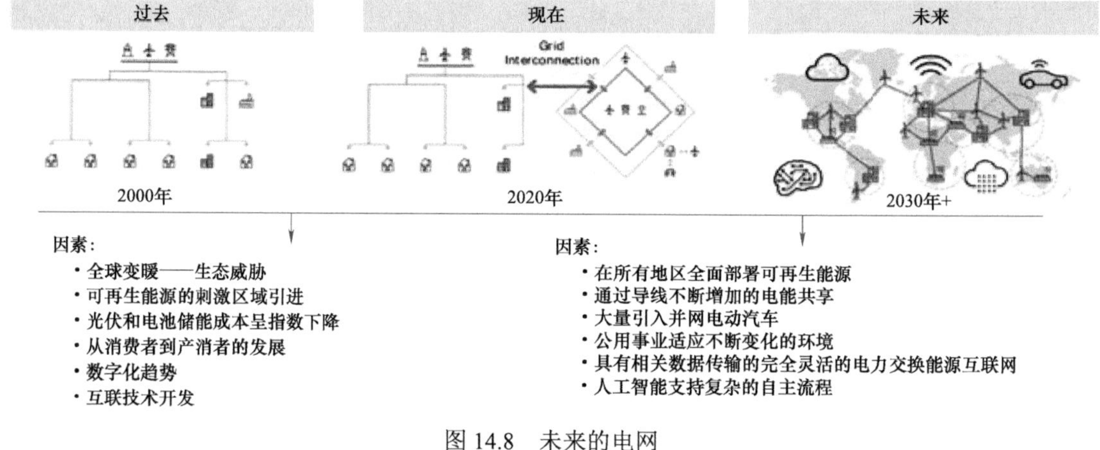

图14.8　未来的电网

资料提供者：

David Bowker，澳大利亚
Adam Keech，美国
Yannick Phulpin，法国

本章编辑组成员：

SIGRE SC C5（电力市场和监管专业委员会）成员审查了本章：
Praveen Agarwal
Kankar Bhattacharya，加利福尼亚州
David Bowker，澳大利亚
Al DiCaprio，美国
Adam Keech，美国

参考文献

CIGRE会议论文

［1］Bialecki，A.，et al.：A comparative analysis of existing and prospective marketorganisations atthe retail level：role modelling and regulatory choices. In：CIGRE：2018 Session Papers andProceedings（C5－308），e-cigre.org（2018）.
［2］Cruickshank，A.，Thorpe，G.，Rose，I.：Evolution of embedded networks and localized marketsin Australia. In：CIGRE 2018 Session Papers and Proceedings（C5－302），e-cigre.org（2018）.
［3］Mello，J.C.O.，et al.：The new market paradigm of the Brazilian power system considering

[1] 图14.7和图14.8都来自ABB在2017年9月纽卡斯尔举行的微电网会议上的演讲。

thermal base generation for supporting the renewable source expansion. In: CIGRE 2018 SessionPapers and Proceedings（C5－301），e-cigre.org（2018）.
CIGRE 技术手册
[4] Doorman，G.，et al.：Capacity mechanisms：needs，solutions and state of affairs. CIGRE TB 647（WG C5.17），e-cigre.org（2017）.
[5] Levillain，C.，et al.：Report on regulatory aspects of demand response. CIGRE TB 651（WGC5.19），e-cigre.org（2016）.
[6] Game，D.，et al.：Regulation and market design barriers preventing to capture all the valuefromfastandhigh-locations-freedomenergystorage. CIGRE TB 752（WGC5.25），e-cigre.org（2019）.
[7] Thorpe，G.，et al.：Drivers for major changes to market design. CIGRE TB 709（WG C5.20），e-cigre.org（2017）.
[8] Tacka，N.，et al.：Impacts of environmental policy on power markets. CIGRE TB 710（WGC5.21），e-cigre.org（2017）.
[9] Chuang，A.，et al.：Costs of electric service，allocation methods，and residential rate trends. CIGRE TB 747（WG C5.16），e-cigre.org（2018）.
[10] Ford，A.，et al.：Risk management in evolving regulatory frameworks. CIGRE TB 667（WGC5.15），e-cigre.org（2016）.
[11] Ford，A.，et al.：Default management in electricity markets. CIGRE TB 658（WG C5.15），ecigre.org（2016）.
[12] Hendrzak，C.，et al.：Wholesale market price caps. CIGRE TB 753（WG C5.23），e-cigre.org（2019）.
[13] Yu，Y.，et al.：Global electricity network feasibility study. CIGRE TB 775（WG C1.35），ecigre.org（2019）.
其他论文
[14] International Energy Agency：Competition in Electricity Markets. OECD/IEA（2001）.
[15] Patel，S.：10 Takeaways from the IEA's Newest World Energy Outlook. Powermag（2019）.
[16] Smart Grid Smart City：Shaping Australia's Energy Future. AEFI Consulting Consortium，which included ARUP，Energeia，Frontier Economics and the Institute of Sustainable Futures（UTS）（2014）.
[17] Guthridge，M.，Mohn，T.，Vincent，M.：DERS，Prosumers and the Future of Network Businesses. Australian Energy Week（2019）.
[18] Nasi，M.：Testimony to the 21st Century Energy Policy Development Task Force Hearing. Indiana House Chamber，31 Oct 2019.
[19] Navigant：Microgrids Overview；Market Drivers，Barriers，Business Models，Innovators，andKey Market Segment Forecasts. Navigant（2019）. www.navigantresearch.com.
[20] Bonbright，J.C.：Principles of Public Utility Rates. Columbia University Press，New York（1961）（This book is consistently cited as the base reference for rate and pricing principles，even today）.
[21] Simshauser，P.：Network tariffs：resolving rate instability and hidden subsidies. A paper for

the SAP Advisory Customer Council Heidelberg Germany，16 Oct 2014.Available from AGLApplied Economics and Policy Research. www.agl.com.au.

[22] Farugui，A.：Ratemaking：Direct Testimony of Ahmad Faruqui on Behalf of Arizona PublicService Company（2016）. files.brattle.com/files/13091_arizona_june_2016_ ratemaking.pdf.

[23] Farugui，A.：A global perspective on time-varying rates. Camput Energy Regulation Course，Queens University Kingston Ohio（2015）. www.camput.org.

[24] Hoch，L.，et al.：Pricing and Integration of Distributed Energy Resources' Study（in press）.

[25] The GridWise Transactive Energy Framework is a Work of the GridWise Architecture Council（2015）. www.gridwiseac.org.

[26] Shu，Y.，et al.：Global Electricity Interconnection White Paper. IEC（2016）. www.iec.ch.

[27] Ardelean，M.，et al.：A China-EU electricity transmission link：assessment of potential connecting countries and routes. European Commission JRC Science for Policy Report（2017）. https://ec.europa.eu/jrc.

[28] Hatziargyriou，N.，et al.：Microgrids：An Overview of Ongoing Research，Development，and Demonstration Projects. Berkeley Lab—Environmental Energy Technologies Division（2007）. http://eetd.lbl.gov/EA/EMP/emp-pubs.html.

[29] Burger，A.：Lessons from natural disasters spur development of new microgrids in Japan. Microgrid Knowledge（2017）. https://microgridknowledge.com/.

[30] Ling，A.P.A.，et al.：The Japanese smart grid initiatives，investments，and collaborations. Int. J. Adv. Comput. Sci. Appl. 3（7）（2012）.

作者简介

Alex Cruickshank，CIGRE SC C5（电力市场和监管专业委员会）主席、理学学士、教育学文凭、工商管理硕士。Alex 拥有近 30 年的能源市场经验，2016 年开始从事能源市场和监管咨询工作。Alex 参与了澳大利亚国家电力市场初步设计，包括市场设计、流程优化、网络发展方法和准入规则。他曾在 NECA 担任发展职务，监督所有的规则变更申请和变更。Alex 从私营部门的角度参与了市场开发工作，并协助 AGL 初步向发电领域扩张，后来又向新技术领域扩张，在企业事务部担任高级职务，包括能源监管负责人。任职期间，Alex 先生参与了批发和零售市场开发工作，并经常参与审查具体规则变更的工作组和任务组工作。Alex 及其同事目前正在开展一项关于将分布式能源资源（DER）整合到澳大利亚市场的研究项目。

Yannick Phulpin，CIGRE SC C5（电力市场和监管专业委员会）秘书、电气工程硕士、博士。Yannick Phulpin 毕业于法国高等电力学院（Supelec, France）（2003 年）和德国达姆施塔特工业大学（TU Darmstadt, Germany）（2004 年）电气工程专业，并获得了美国乔治亚理工学（Georgia Institute of Technology,USA）院博士学位（2009 年）。Phulpin 曾是法国巴黎中央理工高等电力学院（Centrale Supélec, France）的助理教授；葡萄牙 INESC TEC 的高级研究员；以及法国电力公司研发部研究员。自 2015 年以来，Yannick 一直作为市场设计和市场整合专家在法国电力公司优化和交易部工作。他是欧洲电力工业联盟（市场整合与网络规范）工作组副组长；欧洲电力工业联盟（市场设计与投资框架）工作组法国代表；协助欧盟委员会电力互联目标专家组工作；是 CIGRE SC C5 秘书。

第 15 章　主动配电系统和分布式能源

Christine Schwaegerl，Geza Joos，Nikos Hatziargyriou

缩写

AC	交流
ADMS	主动配电管理系统
ADS	主动配电系统
BESS	蓄电池储能系统
BMS	电池管理系统
CCHP	冷热电联产
CHP	热电联产
CIM	公共信息模型
DC	直流
DER	分布式能源
DERMS	分布式能源管理系统
DG	分布式发电
DSI	需求侧一体化
DSO	配电系统运营商

On behalf of CIGRE Study Committee C6.
C.Schwaegerl（✉）
Augsburg University of Applied Science，Augsburg，Germany
e-mail：christine.schwaegerl@hs-augsburg.de

G.Joos
McGill University，Montreal，Canada

N.Hatziargyriou
Study Committee C6，National Technical University of Athens（NTUA），Athens，Greece

N.Hatziargyriou and I.P.de Siqueira（eds.），Electricity Supply Systems
of the Future，CIGRE Green Books，https：//doi.org/10.1007/978-3-030-44484-6_15

EMF	电磁场
EMS	能源管理系统
EV	电动汽车
G2V	电网到车辆
HV	高压
HVAC	高压交流
ICT	信息和通信技术
IoT	物联网
ISO	独立系统运营商
LEC	地方能源社区
LV	低压
LVDC	低压直流
MV	中压
MVDC	中压直流
P2G	电转气
P2H	电转热
P2V	电能至车辆
PMU	相量测量单元
PV	光伏
RES	可再生能源
STATCOM	静止同步补偿器
TSO	输电系统运营商
UPS	不间断电源
V2G	车辆到电网
VPP	虚拟电厂
VSC	电压源变换器

15.1 引言

15.1.1 目标

本章重点介绍了分布式能源（DER）和主动配电系统（ADS），配电系统中 DER 高度渗透的影响，还论述了主动配电系统的开发和运行中，处理和利用 DER 潜力的方法和途径。

DER 连接到配电系统或集成到输电系统时，包括：

（1）可再生和常规分布式发电机组。

（2）储能系统，包括电池和热能储存。

（3）需求侧一体化。

限制（如太阳能和风能这样的）可再生能源配电网承载能力的技术的因素包括网络组件的热额定值、电压调整率、短路水平和电能质量，其他限制可能来自孤岛和潮流逆转[1]。

本章说明了广泛部署 DER 如何有助于降低电能在生产、传输和分配时对环境的影响以及对化石燃料的依赖，展示了依托 DER 技术如何实现基于可再生能源（主要是风能和太阳能）的发电部署。DER 的广泛部署促进能源转型。电力生产更加依赖可再生能源，电网的灵活性增强，市场程序和运营更好，能源效率高以及将电力作为未来多种能源供应（包括能量流动、热能变换等）的骨干。

DER 的部署需要加速开发新电能转换和存储技术，并将导致消费者对其能源供应的更大控制。由于未来的电力供应将基于更多的非同步发电，因此需要新的一次和二次控制概念。

15.1.2 术语

15.1.2.1 一般定义

配电网包括电力基础设施，用于在中压（MV）和低压（LV）下将电力从输电系统输送到最终用户（客户）。在世界范围内，有电压等级不同的网络被视为配电，因此，本章的配电网是按功能而不是按电压等级来区分。

主动配电系统是一种具有主动控制和管理分布式能源（DER）的配电网络系统，配电系统运营商（DSO）可以管理电能流量和电压。在主动配电系统中，依托合适的监管环境和连接协议，DER 将承担一定程度的系统支撑功能。

主动配电网的元件和层级如图 15.1 所示。

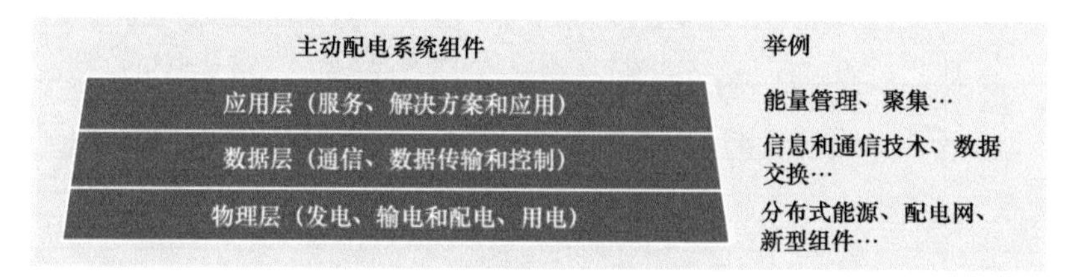

图 15.1 主动配电网层级、元件

需求侧整合（DSI）是一个总括性术语，涵盖所有旨在提高终端使用效率和有效电力利用率的行为，包括需求（侧）响应、需求（侧）管理和能源效率。需求（侧）响应包括旨在鼓励消费者改变其用电模式的行为，包括用电的时间和水平，并涵盖所有负荷类型和客户目标。需求（侧）管理涉及配电系统运营商实际直接控制客户负荷的应用场景，它适用于电力公司实现对应急或资产管理目标需求曲线的管理功能[2]。

15.1.2.2 DER 的类别

近来，在配电系统中部署的分布式能源（DER）受到越来越多的关注。DER 包括：传统式和可再生能源（RES）的分布式发电（DG）、储能系统（ESS）和需求侧一体化集成（见图 15.2），DER 的特点：

（1）分布式并网发电。

1）本地资源，包括如太阳能光伏发电（PV）和具有可变和间歇功率输出的风能类可再生能源，或其他形式的可再生能源和替代燃料。

2）传统化石燃料柴油发动机、燃气轮机、热电联产系统（CHP）。

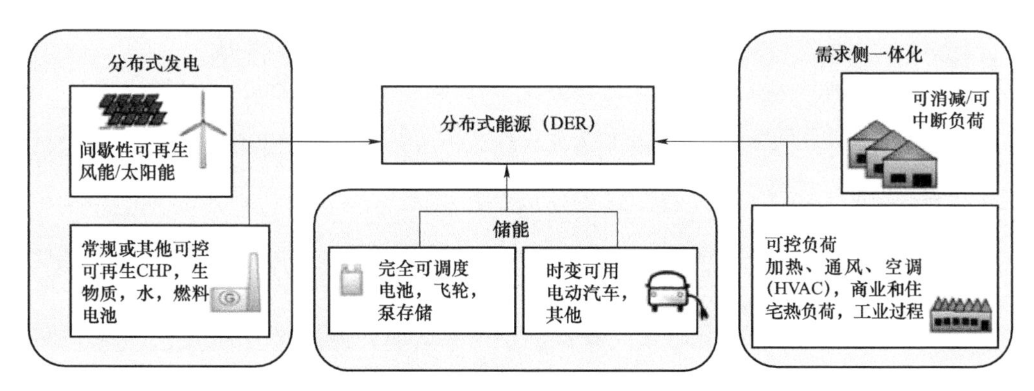

图 15.2　分布式能源类型和特征示例

（2）储能系统。在不同利益相关方提供的各种可能的应用场景中，它可以作为发电单元（放电）或负载（充电）运行，例如：

1）生产固化。平衡可变性。

2）杠杆作用（套利）。存储/回收多余电力。

3）辅助服务提供，包括参与频率调节、无功功率调节和电压控制、有功功率储备和黑启动支持。

4）斜坡速率控制和电网规范合规。

（3）需求。可削减/可中断和/或可控负荷。

1）可在各种应用程序中运行的常规控制加载，可用于需求管理。

2）新型负载。电动汽车、电动运输电池充电器或电能转换为（热、气和氢）的应用装置，以提供平衡可变可再生发电和增加可再生发电份额所需的灵活性。

3）允许客户参与市场的聚合负载。

15.1.3　方法

图 15.3 总结了本章主题，呈现了分布式能源（DER）部署和主动配电系统（ADS）实施的 3 个组成部分，即：

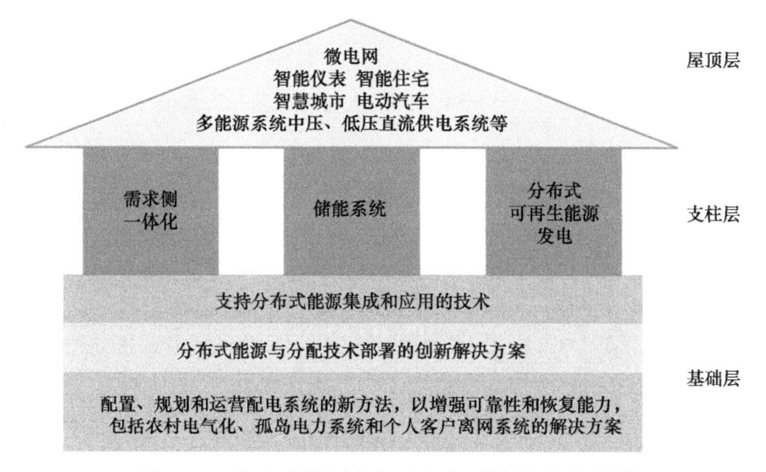

图 15.3　分布式能源和主动配电系统技术的范围

（1）支柱：分布式和可再生能源发电、储能系统应用和需求侧集成。

（2）工具：储能技术，包括电源转换系统、部署、规划和操作解决方案。

（3）应用：配电系统、微电网、农村电气化、智能城市和家庭、电动汽车、多能源系统和直流系统。

在本章使用了以下方法和途径对相关问题进行了讨论：

（1）现状透析。对该领域现状进行描述，包括其技术、概念、工艺、教育、标准化和实践，重点在于未来 5 年内的预期是。

（2）需求分析。当前实践和技术未解决或解决不当的合理需求因素列表，包括不同社会群体的利益相关者所看到的概念、技术、教育、研究、安全、效率、监管、标准化、政策等，利益相关者包括消费者、生产者、电力企业和运营商、工业相关者、经济相关者、生态相关者等。

（3）未来展望。提供了一个合理的主题列表，描述了该领域需要跟踪或发展的技术、概念、工艺、教育、标准化、实践等的可能和长期发展情景，以及它们将如何达到上述要求。

15.2 现状

15.2.1 开发主动配电系统的驱动因素

配电层供电系统的发展有多种驱动因素，这些驱动因素有些来自社会，有些与技术发展有关，还有些来自成熟和新兴的电力市场。主要驱动因素包括：

（1）能源转型。

1）推动供电的可持续性，包括从依赖化石燃料转向可再生能源（太阳能、风能、生物质、水和其他形式的能源）。

2）通过可再生能源取代化石燃料，推动各行业广泛电气化，包括地面运输、海运、航空、农业、供暖和制冷。推动增加电动汽车的部署是电气化扩展的一个例子。

（2）放松对电能生产和电力供应的管制，允许较小的电力所有者和经营者进入市场，并下放电能系统管理。

（3）强调电力供应的可靠性、安全性和韧性，利用多个 DER 提供的冗余，包括可再生能源的分布式发电、分布式储能、多能源系统（电和热）和需求方参与。

各种因素正在推动全球能源转型，挑战、任务、管理、协调、资源组合和市场模式各不相同：

（1）鼓励低碳发电、使用可再生能源（RES）和提高能源利用效率（能效）的国际和国家政策。

（2）将可再生能源和其他分布式发电（DG）集成到配电网中。

（3）增加客户参与，产生新需求，尤其是配电网的新需求。

（4）包括信息和通信技术（ICT）领域在内的技术进步（技术推动）。

（5）投资于报废资产更新的需要，包括配电网络（解决老化资产）。

（6）处理电网拥塞的必要性，包括在配电层面，使用基于市场和激励的方法，以及其他技术。

（7）市场设计和监管机制的演变，以公平、经济高效的方式管理电网改造。

（8）新建和现有基础设施的环境合规性和可持续性。

（9）满足世界上大量无电人口能源需求的需要。

合适的 DER 技术、解决方案和应用是使配电系统实现高水平可靠性、效率和可持续性的关键工具。这是通过提供本地发电、存储和需求侧集成能力实现的，包括可观测性、可控性和效率，特别是利用传感和信息通信技术（ICT）。

15.2.2 DER 部署（调度）技术

15.2.2.1 分布式能源

1. 部署 DER 的机制

DER 部署对象包括配电系统中的单个装置或与电网有公共连接的装置集合，如风力发电场和太阳能发电场。功率范围超过 100MW 的装置集合通常需要连接到传输系统（见图 15.4）。在低压和中压网络中，装置集合也可以采用微电网或虚拟发电厂（VPP）的形式。虽然微电网的 DER 连接在同一位置，但 VPP 中的 DER 位置不需要位于同一地理区域，也不需要连接到同一变电站。然而，VPP 中的 DER 应整合到独立系统运营商（ISO）或传输系统运营商（TSO）的一个监管区域。在消费者层面，整合形式可以是当地能源社区（LEC）或工业园区。

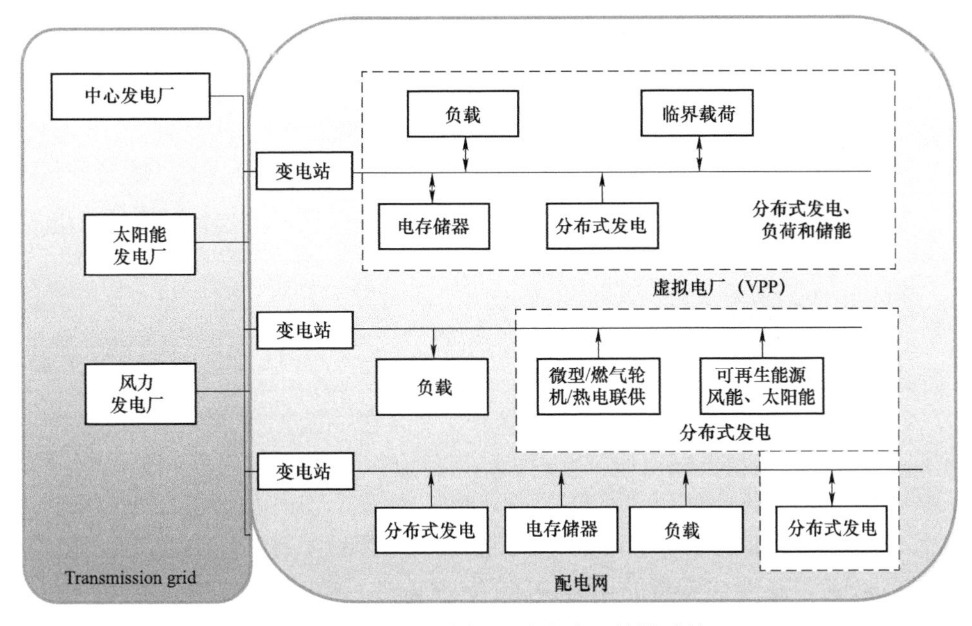

图 15.4 DER 部署——分布式和传输系统

DER 的普及要求电力企业重新考虑配电系统的规划和运行。一种应对措施是使这些系统更加可控和易响应（主动配电系统），并加强配电系统运营商（DSO）及其配电管理系统（DMS）的作用。这些发展也使消费者能够参与和响应分销网络的状态，包括对价格信号的响应。它们还直接影响配电系统的可靠性和恢复能力。

最后，传输系统运营商（TSOs）必须考虑 DER 可控行为，与所有者或 DER 密切合作以实现规划和运行目标[3]。

2. 基于 DER 逆变器的 DER 集成面临的挑战

除了需要以合理的方式整合越来越多的 DER 并管理由此产生的增加灵活性的需求外，系统运营商还面临着与 DER 系统中使用的资源和技术的性质相关的一些新问题和挑战：

（1）可再生能源发电的可变性和间歇性。可再生能源发电的输出功率取决于一次能源。对于许多类型的可再生能源，特别是风能和太阳能，这会导致输出功率的变化和间歇性。这种可变性要求电力系统内的其他资源进行平衡。基于可再生能源的发电机通常以最大可能的功率输出运行，受资源约束的限制，以实现最大的经济回报。但是，也可以采用其他操作模式，例如限制功率，为辅助服务提供留出功率裕度。

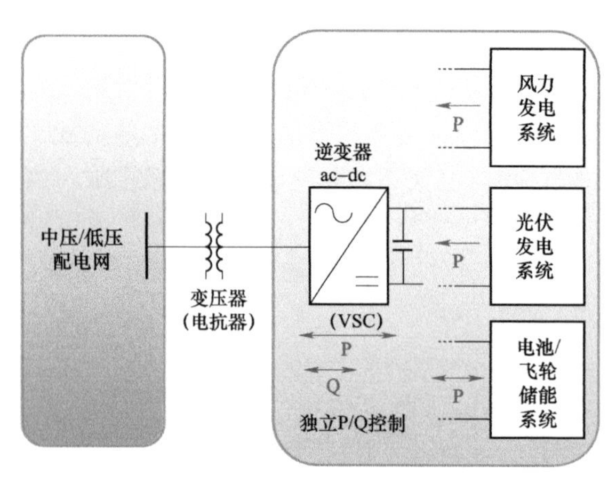

图 15.5 基于静态（电力电子）逆变器的 DER 电网接口

（2）电力电子接口。这些接口具有不同于旋转同步发电机的性能特征，即它们能够快速响应实际功率和无功功率变化（见图 15.5）。另外，由于旋转电机（如果有的话）的解耦，它们缺乏惯性响应。然而，电力电子接口中的内置惯性响应特性可能以合成惯性的形式存在。

（3）电力储存系统的使用。电池储能系统是管理可再生能源可变性的一种有效和直接的手段，它们提供了传统发电机和系统所不具备的许多功能。它们允许可再生能源发电具有与传统发电机类似的可调度性和可控性。

（4）主动载荷。这包括通过电子控制器和先进的传感、信息和通信技术实现的负荷管理和需求响应，可用于增强电力系统的灵活性。

（5）新的电力负荷/发电机。这些包括电动汽车（EV，含公共汽车和卡车等大型车辆）的电池充电器。插入式电动汽车车载电池可以用作负载或发电机，具体取决于车辆的充电状态，以提供灵活的服务。

（6）变频器接口的 DER 可提供四象限运行（见图 15.6），注入或吸收真实（P）和无功（Q）功率，这可以在转换器额定值范围内提供任何所需的 P 和 Q 组合。

3. 支持 DER 部署的使能技术

电力、控制、数据管理、通信和先进的计算机技术领域的最新技术发展允许智能应用支持向更可靠、更经济、更可持续的电力供应的转变，并可能破坏现有的商业模式。

使能技术包括：

（1）用于发电机、负载和电力系统补偿器的电力电子接口，更具体地说，用于 DER 的电力电子接口，用于潮流控制和电压支持。

（2）传感器、信息和通信技术（ICT），包括 DER 的先进控制。

（3）大部分电力控制、通信和营销方面的数字化，包括：

1）先进的控制系统，在配电网运行中集成人工智能和机器学习（如 DER 的预测和调度）。

2）高级和自动化能源交易，包括基于区块链交易等概念的交易能源。

3）发电机、负荷和电力系统资产物联网（IoT）部署方法。

关于数字化和大规模部署 ICT 和物联网严重关切的是可能存在的网络安全漏洞。

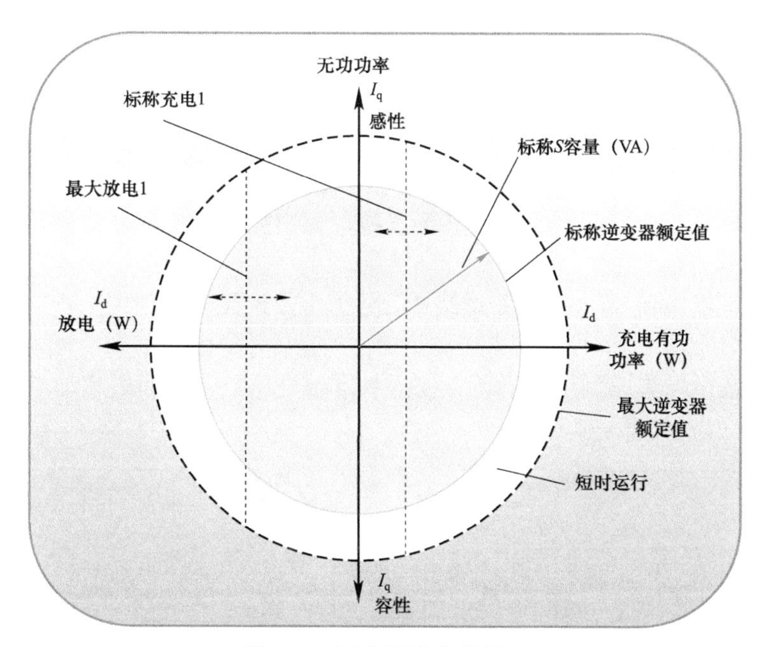

图 15.6　四象限逆变器接口

15.2.2.2　电池储能系统

1. 电池储能的作用

储能系统，特别是电池储能系统（BES）形式的储能系统，越来越多地进入配电网络，以提高运营效率，推迟或消除升级网络或产生服务收入所需的大量资本支出。在其最简单的体系结构中，BESS 包括（见图 15.7）：

（1）并网电源转换设备，通常为四象限电力电子转换器。

（2）电池，连接到转换器的直流侧。

（3）用于控制、监控和通信的电池管理系统（BMS），通常具有多层结构。

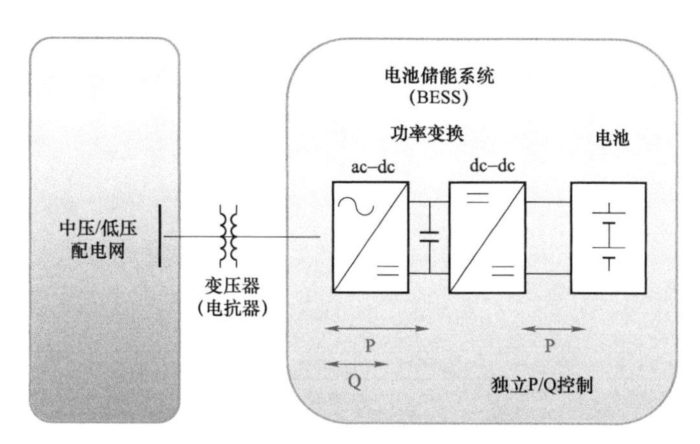

图 15.7　电池储能系统（BESS）拓扑和结构

（4）互连和支持系统，包括变压器、开关设备、电缆、热管理和保护装置等设备。

BESS 的位置取决于其所服务的应用，也取决于系统的大小（存储能量）和所需的电压水平（中压、低压）。它可以位于变电站、沿着配电馈线、与可再生能源相关或靠近负载。

2. BESS 接口

BESS 可以作为电网中的集中式或分布式装置存在（见图 15.8）。配电网中 BES 的这些不同布置需要适当的协调和控制结构，以便以系统和有效的方式开发存储潜力。在主动配电系统中，根据其所有权，它们可以为不同的电网服务做出贡献：

（1）BESS 可与配电管理系统（DMS）连接，并由配电系统运营商进行电压控制、需求侧集成和本地功率平衡。

（2）BESS 可集成到二次变电站/馈线中，并位于本地发电机组附近，以优化有功和无功功率控制。

（3）BESS 还可以集成到用户场所，以提供本地发电、备用和黑启动电源、需求方参与等功能。

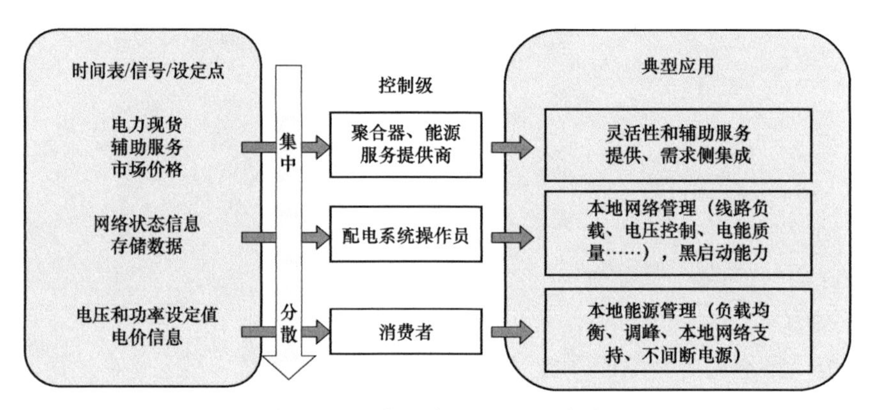

图 15.8　配电网中 BESS 运行框架

3. 应用

与其他储能设备相比，BESS 具有非常快的动态响应，因此，它们可以覆盖从短期电能质量支持到长期能源管理的广泛应用。它们可以为配电网的运行带来许多好处，如图 15.9 所示。

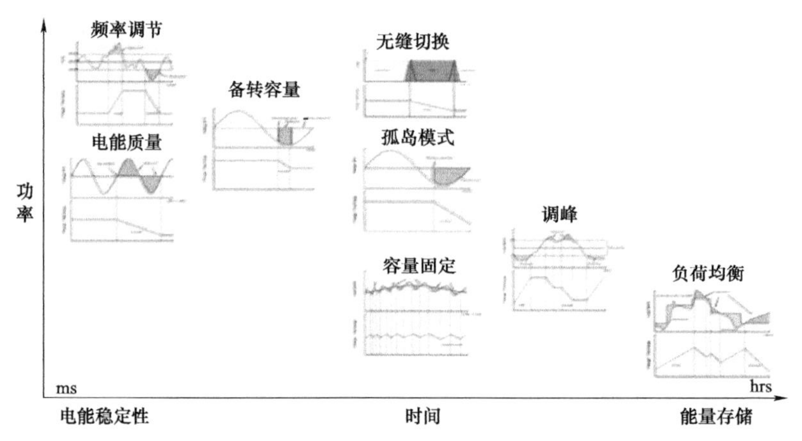

图 15.9　电池储能系统（BESS）——功能和电网服务[4]

BESS 为电力市场的能源和容量交易创造了广阔前景。BESS 是一项关键的使能技术，用于管理可再生能源发电的间歇性，并提高其在电力趸售市场的容量系数和价值。它可以替代传统的发电储备和固定容量，通过监管和平衡市场解决可再生能源发电商的不确定性。在控制区拥堵期间，BESS 还可以帮助减少系统和电力现货价格之间的差异。

连接到配电系统的 BESS 可能会在本地配电层和输电层产生影响。BESS 的一般特征和优势可分为以下几类，其货币价值取决于配电和输电系统在相关市场和监管框架内的运行方式：

（1）负荷均衡和调峰。直接效益与平均馈线负载有关，可用于推迟对重载配电馈线基础设施升级的投资。如果安装了足够数量的 BESS，也可以推迟传输容量的增加。如果适用于监管环境，BESS 还可以降低需求收费。

（2）辅助服务。（通过实际功率注入）、电力系统振荡阻尼（电力系统稳定器具有同步发电机励磁系统的典型功能，具有快速实际功率和无功功率注入的附加功能）、电能质量（电压畸变和谐波缓解）和备转容量。

（3）平衡可再生能源/斜坡速率控制。BESS 可以平衡和巩固可再生能源输出，使其符合当地电网规范。它可以缓解风能和太阳能的功率变化。利益考虑可覆盖一系列时间范围和目的，例如：

1）短期平衡（功率平滑变化）。

2）多小时存储，可调度可再生资源。

3）容量稳定，允许保持承诺的级别。

4）提供短期过载能力。

（4）能源套利。时间相关市场中，在电力市场条件允许以较低成本购买电力并以较高价格出售的情况下，可以利用这一功能，从中期（不到 1h）到长期（多小时或 1 天），效益可跨越多个时间尺度。

（5）韧性。这使得配电系统发生故障时，可通过停电穿越实现服务负载。可以考虑各种用途的好处，例如消除电源中断和提供备用电源，特别是向关键负载提供备用电源（提供不间断电源（UPS）功能），支持微电网从并网模式过渡到孤岛模式，以及实现孤岛运行。BESS 还可以提供黑启动功能。

15.2.2.3 需求侧集成

客户可以通过在其经营场所部署分布式能源（DER），并在现代控制和通信系统的支持下，为配电系统的运行做出贡献。增强客户能力的方法包括提供信息和工具来管理他们的消费，这通常是由财务激励鼓励的。负荷削减、换挡和调平是典型的需求侧功能。需求侧集成（DSI）是可用于实施主动配电系统的工具之一，如图 15.10 所示。

为充分利用需求侧整合，需要进一步开展相关工作，这包括了解 DSO 的利益、期望和要求；消费者在更活跃的分销系统中的潜在作用；以及加强对配电负荷的控制。此外，需要适当的传感、通信和控制基础设施来与客户的设备连接。

世界各地都有几种当前和计划中的 DSI 方法来增强客户的能力，并有许多案例研究和部署示例。然而，还需要额外的指导方针和经证明的解决方案。

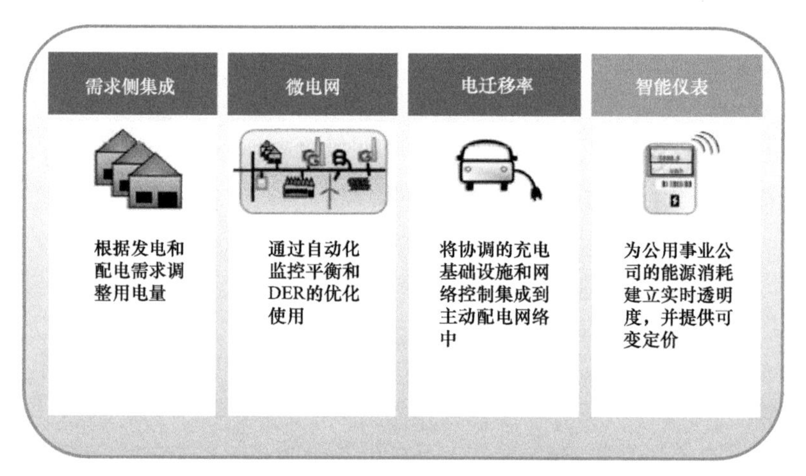

图 15.10　主动配电系统——需求侧集成

DSI 计划的目的是修改不同客户类型的电力负荷的使用模式，通常是家用电器或商业或工业设施[2]。这主要是为了：

（1）优化能源生产成本。

（2）优化能源利用成本。

（3）提高系统的可靠性。

（4）将利用率与环境因素相匹配。

（5）提高电网的承载能力。

如果设计得当，DSI 计划也有助于推迟对新基础设施的投资。在这种情况下，网络运营商通常会启动 DSI 计划。而且，电力市场也会触发 DSI。

通过直接控制（关闭、调度）或间接控制（消费者对价格信号的响应），存在不同的负荷管理方法。图 15.11 总结了不同需求管理计划的好处和实现。

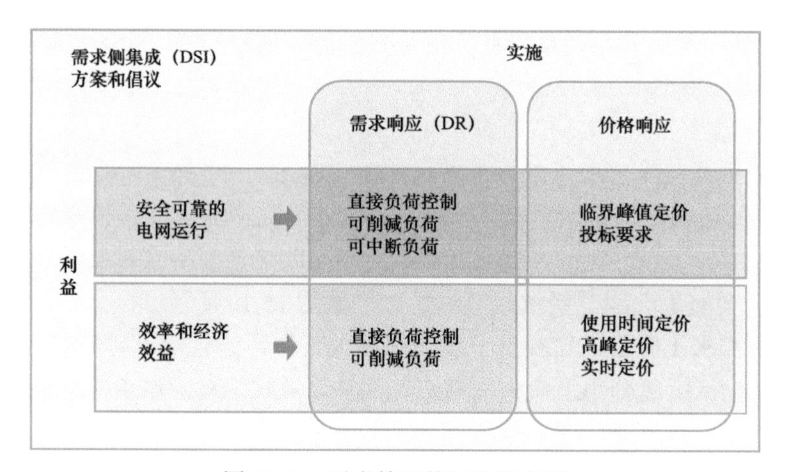

图 15.11　需求管理的好处和实施

所需反应时间越短，直接控制的应用频率就越高，特别是在紧急情况下。

15.2.3　标准化和 DER 互连规则

电网规范、规划标准和经济评估仍需进一步发展，以充分体现 DER 的优势，并确保与其他发电形式相比，以公平的方式对待 DER。这对 BESS 尤其重要，因为 BESS 能够提供的多种服务将使其应用于商业场景的价值得到提高。

标准中关于 DER 部署的内容包括：

（1）DER 互连要求。单个 DER 要求，如 IEEE 1547—2018 或 CEI 0-21[5]、ENTSO-E 和 CENELEC、公用电网规范（如适用）中的电压和频率穿越、电压变化、斜坡率控制、电能质量要求和保护设置。图 15.12 显示了典型的频率和电压穿越要求。

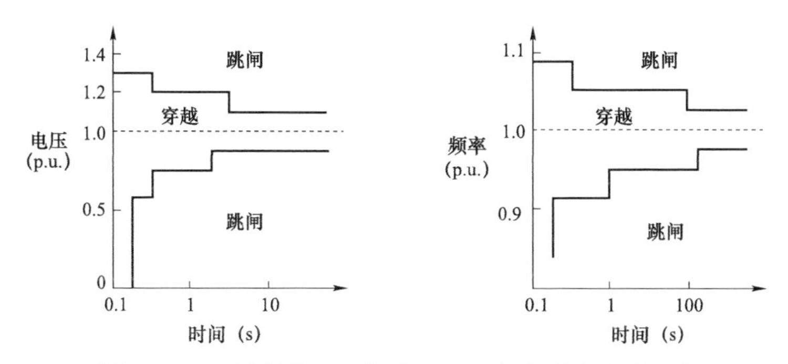

图 15.12　电网规范——典型 DER 电压和频率穿越要求

（2）集成 DER 管理——IEEE 2030 标准系列：

1）IEEE 2030.7—2017——IEEE 标准，微电网控制器规范。

2）IEEE P2030.11——分布式能源管理系统（DEMS）功能规范，正在开发。

（3）智能电网互操作性标准——IEEE 2030 标准系列：

1）IEEE 2030—2011——能源技术、信息技术运行与电力系统（EPS）、终端应用、负荷间的智能电网互操作指南。

2）IEEE 2030.2—2015——与电力基础设施集成的储能系统互操作性指南。

3）IEEE 2030.3—2016——电力系统用电能存储设备和系统的试验程序。

（4）IEC 61850 标准和相关发展：

1）IEC 61850——电力系统自动化用通信网络和系统。该国际标准集描述了变电站中的设备和智能电子设备（IED）之间的信息交换，见图 15.13。

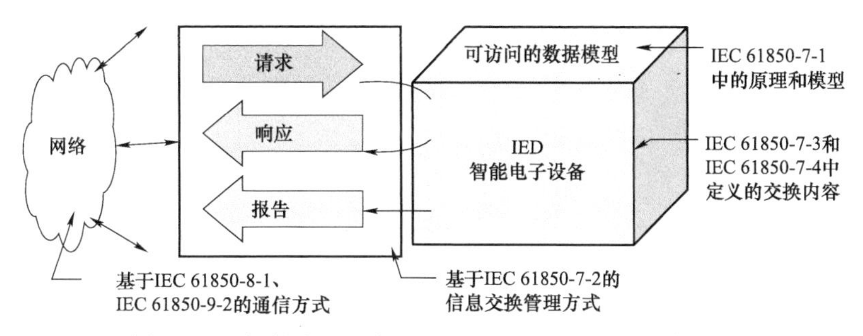

图 15.13　智能电子设备（IED）与电网之间的信息交换

2）IEC 61850－7－420。电力系统自动化用通信网络和系统—基本通信结构—分布式能源逻辑节点。该标准给出了包括 BESS 在内的 DER 对象模型。

IEC 在标准化信息交换方面的努力引导了开发通用信息模块（CIM）的开发。基于 IEC 60850 系列的拟议参考体系结构适用于 DER 和有源配电系统的信息交换和建模，也与网络安全相关。

15.3 新要求

15.3.1 社会需求

15.3.1.1 利益相关方

DER 和主动配电系统部署的利益相关方包括：

（1）客户（最终用户、产品消费者）。

（2）DER 的所有者和经营者（个人或集体、风电场和太阳能发电场所有者和经营者等）。

（3）配电系统运营商（DSO）和输电系统运营商（TSO），可从其控制下或独立集成商或 DER 管理系统运营商控制下的单个或集合 DER 提供的服务中受益。

（4）监管机构。

公民是能源转型的中心。因此，他们在本地能够安装自己的发电电源，从而使他们有机会成为产消者，并使他们能够塑造自己的能量曲线。

配电系统运营商是当前能源转型成功的关键促成因素，因此在相关发展中发挥着关键作用。他们必须充当中立的市场促进者，在未来能源网络向智能电网概念发展的过程中，保证配电系统的稳定性、电能质量、技术效率和成本效益。

配电网的发展也会影响系统的总体规划和运行，因此，TSO 也感兴趣。

研究人员和学术界、设备制造商、ICT 开发商和供应商等显然对这些发展非常重要。

最后，监管者和决策者是促进这些发展的主要利益相关方。

欧洲能源转型智能网络技术和创新平台（ETIP-SNET）是欧盟的关键举措，整合了上述所有能源利益相关方的意见[6]。

采用新技术面临的最大挑战是以负担得起的价格向其客户群提供丰富的能源形式，并具有所需的质量和可靠性。该客户群包括世界上电气化程度较低的发展中地区（不到 50%人口通电的国家），以及高度发达和技术先进的经济体，在这些经济体中，客户要求不断提高的可靠性、环境保护和能源效率。客户要求更高级别的集成，而产品消费者现在也已成为市场的参与者。系统运营商和电力市场需要越来越多地管理具有可变资源需求的双向能量流。公用事业公司和分销商面临着“死亡螺旋”，客户正在断开与电网的连接，同时，即使断开连接也希望保持与电网连接的供应点相关的“安全”。

TSO、DSO、能源零售商、集成商、私人和工业客户将成为新的主动配电系统的一部分。决策者也将参与其中，因为新的法规必须促进需求响应的可能性。

15.3.1.2 环境保护

大多数可再生能源需求都基于可再生能源，包括生物质和废物，以及太阳能和风能。它们的最佳整合对环境有直接的积极影响，运行效率的提高减少了能源使用，提供了额外的积极优势。

基于可再生能源和补充技术（储能）的 DER 部署将对环境产生直接和有益的影响。它将允许电能生产脱碳，通过增加使用电力作为化石燃料的替代能源，将导致商业、工业和运输部门的人类活动逐步脱碳。

DER 的部署取决于经济、生态和技术方面的考虑，如图 15.14 所示。此外，监管和法律框架影响到所有方面。例如，监管可以通过施加排放成本，量化传统燃料发电温室气体（GHG）排放的缺点，从而有助于限制污染。同样，确定电价的监管框架直接决定了经济标准。

15.3.1.3 经济因素

主动配电网的建设和运行对网络成本、可靠性和安全性具有直接的积极影响。图 15.14 说明了一些问题。它影响能源成本，降低运营成本，从而对整体经济产生积极影响。本地市场的运作可以进一步降低运营成本，消费者可以通过合理使用他们的资源来降低他们的账单。

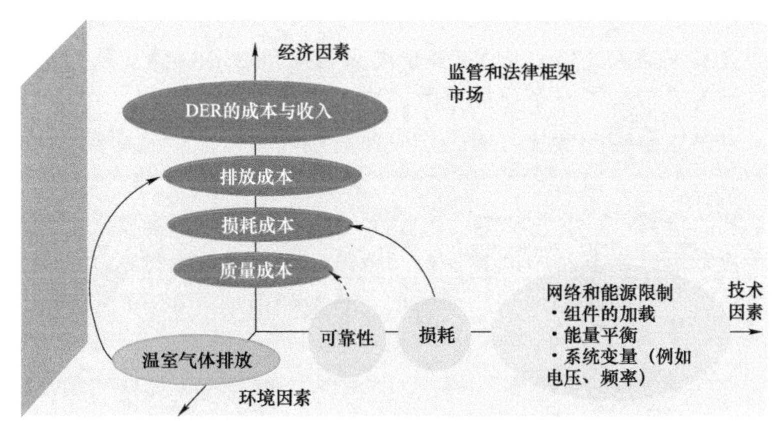

图 15.14 主动配电网影响因素

新兴经济体有机会通过整合 DER 和微电网技术跨越技术采用（类似于手机行业），而无需建设昂贵的发电和电网基础设施。技术是必备支撑，以满足新兴经济体的需要，确保这些国家加快获得电力。相反的极端情况出现在发达国家，在这些国家，资源的可靠性、可持续性（如从煤炭转向可再生能源）和能源的可承受性不断提高，推动了对更高效电力供应的追求。

价格弹性消费对发展至关重要，即使用时间相关税率、现货市场价格、提供储备的市场等。

最近和预期的事态发展提供了新的可能性，包括：

（1）智能城市的部署和管理以及与其他能源部门的互动。

（2）智能家居对配电网和输电网的影响。

（3）交通系统电动车辆和卡车、火车、城市交通系统。

（4）农村电气化和离网配电系统——微电网部署机会。

15.3.1.4 教育需要

目前的大学教育课程包括关于可再生能源、分布式能源和主动配电网络的课程。人们迫切需要让公民了解新的 DER 技术为他们的利益和环境提供的机会。对于实践工程师来说，很有必要在实用水平上接受进一步教育。

新的技术要求导致了陡峭的学习曲线，特别是在发展中国家，其电网和网络引入微电网、BESS 和 DER 应用带来了新的竞争。随着客户和分销商推出新技术，知识转让、工具和系统采用以及应用指南都是“动态整合”的。

在拥有能源系统/电力系统硕士课程的大学，可以看到项目工作和论文研究涉及主动配电系统和 DER。博士研究项目也集中在这一领域。然而，与该主题直接相关的课程并不多。然而，欧盟内部正在开展工作，以启动与这一领域有关的多学科研究和课程。

目前，分布式能源和主动配电系统主题的能源部分包含在电力系统（传输和配电）和电力转换（旋转机械和电力电子转换器）领域的许多课程中。其他主题，如控制和通信，在各自领域的普通课程中涵盖。

15.3.2 电网需求

15.3.2.1 安全性、可靠性和可恢复性

主要受未来电力供应系统需求以及硬件、软件和信息和通信技术新发展的推动，配电系统预计将在长期内发生重大变化。一个主要推动力将来自应对日益复杂的利益相关者群体的需要，这些利益相关者参与了一个更加分散的电力供应系统。

这将推动未来系统架构的变化，对工程生命周期及其方法产生影响。

15.3.2.2 灵活性

为了平衡系统的供需，间歇性发电的大量渗透要求系统具有高度的灵活性。这种灵活性将由常规和分布式发电以及系统中的其他可用资源提供。这些将包括储能系统，以及具有更大可控性的传统负载（如加热和冷却）和新型（负载如电动汽车）（见图 15.15）。

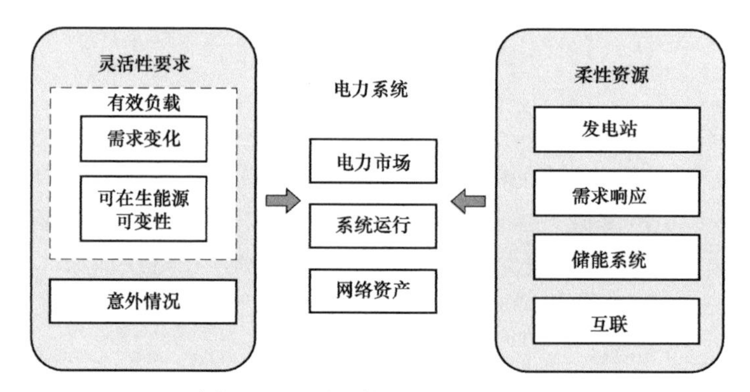

图 15.15 灵活性——需求和资源

灵活性描述了电力系统在不同的时间范围内，在以合理的成本维持令人满意的可靠性水平的同时，应对发电量和需求的可变性和不确定性的能力（见图 15.16）。多能源系统还可以提高灵活性。

15.3.2.3 效率

发达国家近年来受负荷增长情景的影响是深远的，因为鼓励客户和制造商采取节能措施。从白炽灯转向 LED 照明、改进的制造系统、功率因数校正技术等，所有这些结合在一起都提高了客户电气装置的整体能效。自动化程度的提高、实时数据的可用性等无疑将在未来进一步增加此类措施。

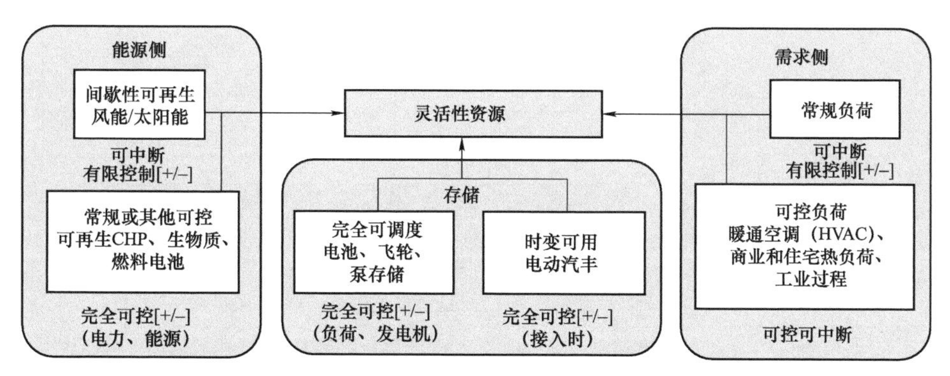

图 15.16　提供灵活性的 DER

应始终解决能源效率问题，并且为了更好地实现能量平衡，考虑多能源系统以获得最佳的相互作用是很重要的。这包括废热、过剩风力发电、供暖系统和运输部门的电气化。

15.3.2.4　法规和政策

许多国家的监管和市场政策已从垄断性做法急剧转变为基于市场的做法，允许 DER 参与提供能源和灵活服务。促进这些发展还有很多工作要做，并确保在分销层面上为所有可再生能源创造一个公平的竞争环境。

还需要开发电动汽车或电动运输系统电池充电站等新负荷参与电力市场的工具与方法，并且应进一步研究与使用热泵和电锅炉的区域供暖相互作用的工具与方法。

15.4　新型与新兴技术及应用

15.4.1　多能源系统

多能源系统是来自不同能源载体、部门和网络（如电力、天然气、供暖、制冷和运输）的综合方案。这些系统是产生新型能源灵活性的关键，也是可靠运行和未来智能电网最低成本规划的技术、经济和环境机遇。

多能源系统的优点，如图 15.17 所示，包括：

（1）提高整个能源系统的能源效率。

（2）使用更多可再生能源的可能性，例如风能或光伏发电产生的多余电力。

（3）利用新形式的储存设施 [加热/冷却/燃气和电力，例如使用车联网（V2G）概念]。

（4）抵消 RE 波动的可能性。

为了使配电网中的多能源系统相互作用，有必要研究多能源系统的配置、影响和前景，以实现智能电力系统、能源存储和电网中需求侧管理的增强解决方案，并增加 DER 的份额。

未来电力系统面临多能源系统的机遇和影响，因此需要考虑整合多种能源的技术和系统。其中包括发电制气（P2G），包括电解槽、燃料电池、储氢、注入天然气网络；热电联产；冷热电联供（CCHP）；热功率（P2H），包括电锅炉、热泵、蓄热器；车辆供电（P2V），包括车辆到电网（V2G）服务；压缩空气和抽水蓄能。

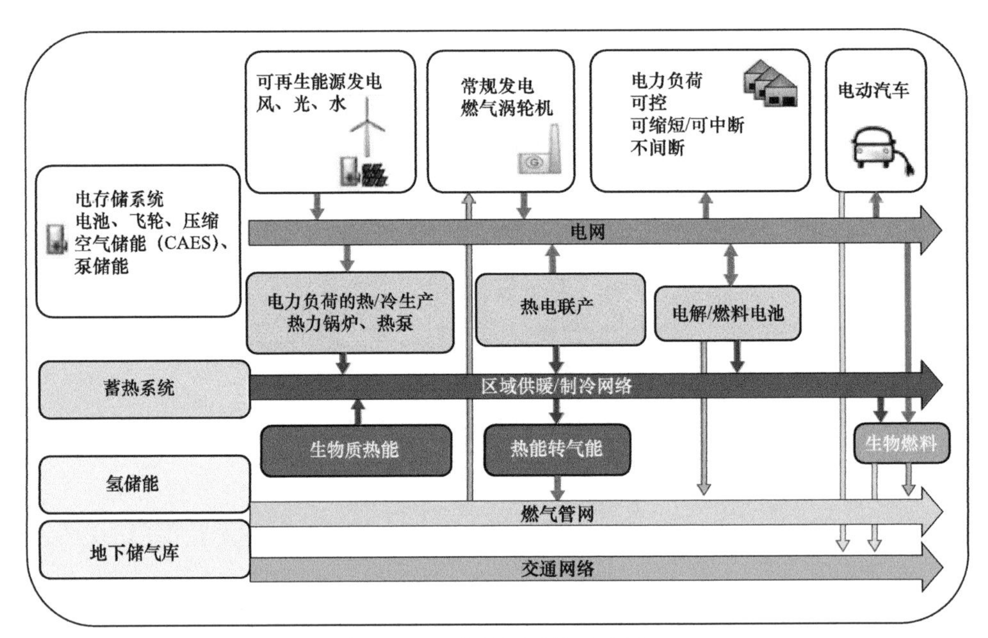

图 15.17　多能源系统的应用

15.4.2　电迁移率

15.4.2.1　电力运输系统

由于低压和中压基础设施必须满足不断增加的车辆充电需求，电力流动对电网的影响可能会造成局部限制。可能需要加强电网，尤其是当充电时间与负荷峰值重合时，或者在双重电价的情况下，可能会产生新的峰值。这种不受控制的充电将不可避免地导致资本支出增加，但是，通过应用智能充电技术，在一段时间内明智地分配充电负载，可以避免过载。这种智能技术可以平滑负载曲线，更好地利用网络基础设施。到目前为止，车辆对电网（V2G）的影响在很大程度上还没有经过测试，当市场上电动汽车的数量大幅增加时，这些特性将变得更加实用。目前，电动汽车的高成本限制了电动汽车在私人、公共交通和商业用途上的应用。

15.4.2.2　DER 式电动车辆充电系统

在国家政策的支持下，全世界电动汽车的数量正在增加。电动汽车对未来电力系统有影响的主要方面包括：

（1）电动汽车充电技术和部署：使用智能转换器的智能充电器、快速和慢速充电器、配电系统内部的深层连接（慢速充电器）或专用馈线（快速充电器）。

（2）电动汽车作为一种存储技术，可以部署在配电系统中，除了为电动汽车充电外，还可以向网络提供电力。这使得新的方法能够增强配电系统的可靠性和恢复能力。

（3）电动汽车作为灵活的资源。电动汽车可以是消费者整合和授权的一个组成部分，允许需求响应和需求侧整合。

（4）作为智能城市组成部分的电动汽车：集成电动汽车技术、电力、控制以及信息和通信技术部署，以实现灵活性。

当 EV 连接到充电器时，EV 上的电池可以为 DSO 提供灵活性，类似于固定式 BESS。电动汽车电池的充电状态和可用能量取决于电动汽车的过去和计划使用情况，以及使用系统时充电过程中储存在电池中的能量，作为一种能源。在充电过程中，EV 电池成为完全灵活的负载，可能允许 DSO 控制充电速率。当充满电时，EV 电池可以成为完全可控的 BESS。当考虑多个电动汽车充电器时，可以控制和协调电动汽车充电，以满足配电网的要求和约束。此外，当快速充电器包含用于快速 EV 电池充电的固定电池时，即使在没有连接到 EV 的情况下，也可以减少需求电荷，并且固定电池充当 BESS。

电动汽车充电站的配置多种多样，随着经验的积累，这些配置也在不断发展。需要考虑各种配置对配电网的好处和影响，以及它们为智能配电系统提供增强解决方案的潜力。

需要解决以下问题：

（1）电动汽车充电（和放电）对配电网和电动汽车充电器配电网承载能力的影响。

（2）不同类型电动汽车（轿车、公共汽车和卡车）的慢速和快速充电要求、充电器位置和充电模式。

（3）技术准备情况和预期发展、充电器类型（慢速和快速充电）、充电器技术，实现双向能力（车到电网和车到建筑物）；具有集成存储（电池存储、其他技术）的不同半快速和快速充电器，安装在住宅、商业和公用设施环境中；将充电器与可再生能源耦合，标准化（现有和计划）。

（4）管理电动汽车充电，包括单个电动汽车充电、多个充电器控制和协调、需求管理和响应，以满足电网约束；管理快速充电以及对配电系统规划和运营的影响。

（5）向配电系统运营商和输电系统运营商提供电动汽车充电器辅助服务，以及电动汽车充电器部署的相关监管问题、业务和所有权模式、聚合商的作用、技术、社会经济、财务方面和商业案例。

图 15.18 说明了适当的电动汽车充电器控制策略的潜力，随着电动汽车市场渗透率的提高，这些策略将变得越来越重要。

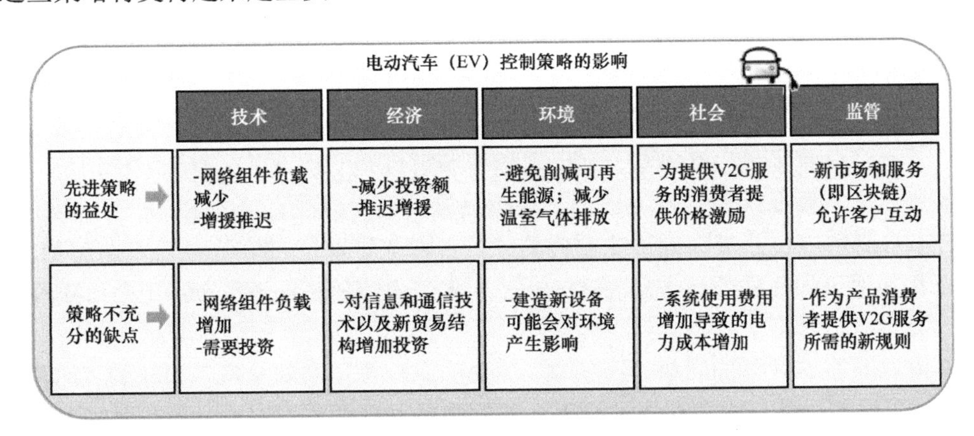

图 15.18　电动汽车充电站——控制策略的影响

15.4.3　微电网

15.4.3.1　背景和定义

微电网包括具有分布式能源（DER）的低压或中压配电系统，包括分布式发电（DG）、存储设备和可控负载。微电网通常可以并网运行，从而可以与上游配电网自由交换电力。另一方面（例如，在上游网络出现故障的情况下），微电网也可以作为孤岛网络自主运行，在这种情况下，微电网将完全依靠其自身的资源来维持具有足够可靠性和电能质量水平的供需平衡[7]。

采用微电网可能会给客户和公用事业带来许多好处，特别是由于可以以协调的方式运行正常不受控制的 DER 机组。

微电网的规模在不同的应用中有所不同，从建筑层到完整的配电网。微电网通常是分布式系统的一部分。除了与 DSO 的互连协议外，没有将其作为并网系统运行的具体要求，如图 15.19 所示。

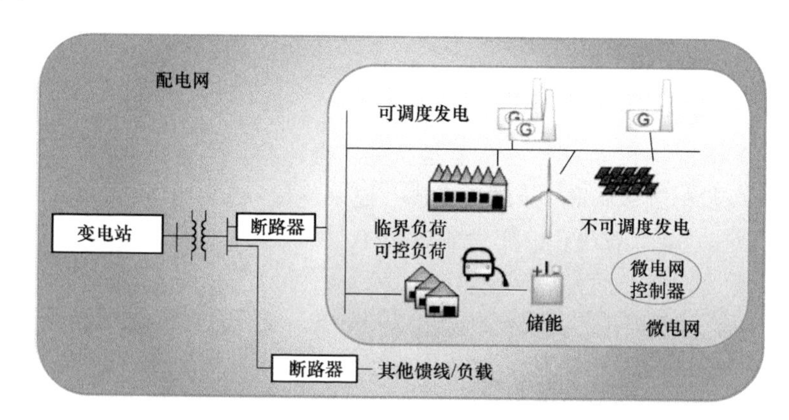

图 15.19　微电网——DER 资产与管理

在欧洲，到 2019 年底，几乎没有微电网存在，即使是在试点模式下。在当前的监管结构中，配电系统运营商不允许运营微电网，也不允许拥有和使用 DER 以获取网络利益。通过发展基于微电网结构的地方能源社区（LEC），微电网有望得到新的推动。在其他国家，包括澳大利亚和美国，也有公用事业公司拥有的微电网用于恢复能力和提高可靠性的例子，例如降低维护期间的停机时间等。

随着非洲、亚洲和南美洲发展中国家电气化程度的提高，用于绿地电气化的微电网市场规模巨大。相关自然资源往往丰富，利用当地资源可以开发住宅、工业和采矿用品。随着这些电源的开发，将需要决定是否为这一新基础设施采用交流或直流技术。

预计 AC 将继续在此类基础设施完善的领域占据主导地位。然而，直流电网可用于船舶、石油平台和其他更加孤立的地方。在 DER 产生直流电流的情况下，DC 用户可实现更高的效率。

微电网将只在有效益的农村地区建立。如果你有一个现有的电网基础设施，你应该充分利用这一点，也可以使用来自遥远的可再生能源生产单位的能源，如大型海上风电场和大型太阳能发电厂。

15.4.3.2　微电网控制器

微电网控制器（图 15.20）是微电网的基本组成部分。它以优化的方式协调本地 DER 和负载的集成和调度。其功能有：

（1）允许无缝断开和重新连接到电网。

（2）设置与电网的电力交换（有功和无功）。

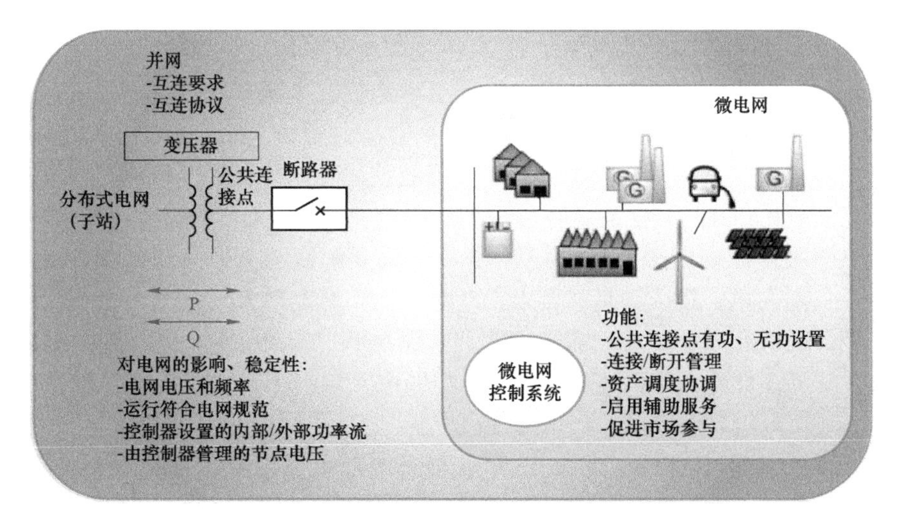

图 15.20　微电网控制功能

（3）能够向电网提供辅助服务。

（4）使 DER 能够在微电网内参与市场。

其需要传感、监测、数据管理以及信息和通信技术，以实现既可以作为向元件发送命令的集中控制器，也可以作为由本地控制器（基于代理）发挥主要协调作用的分散控制系统。

15.4.4　虚拟电厂

VPP 将不同位置和不同类型的发电机聚合在一起，例如风力涡轮发电机（风电场中）、太阳能发电和传统电力设备，通常是热电联产（CHP），以实现与传统发电厂类似的行为（图 15.21）。此外，足够的规模可以参与不同的市场（频率调节、电力交换市场、双边供应合同等）。

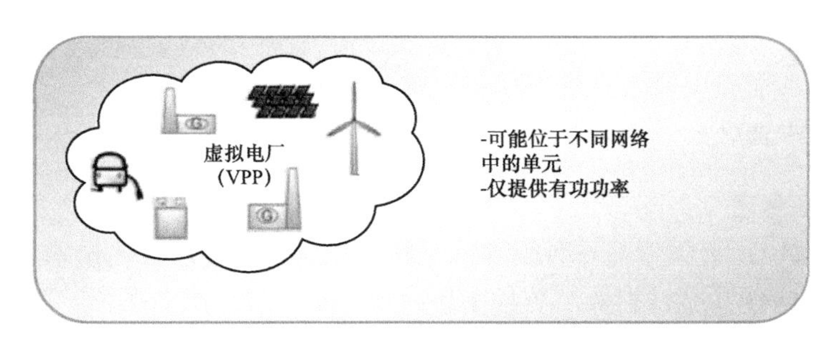

图 15.21　虚拟电厂

由于发电机组的位置可能位于具有不同运行要求的不同网络中，因此综合发电概况仅等同于理论平衡。在信息和通信技术的支持下，向所有机组发送相应的监控信号。因此，VPP 仅提供有功功率供应计划。

15.4.5　农村电气化、孤岛和离网系统

农村电气化是高效配电网发展的主要领域，可通过部署 DER 实现，并由现代控制和通信系统支持，用于并网和离网配电系统。这些系统部署的关键是由输电、配电和低压电网、

当地发电资源（小型水力、柴油发电机）、可再生能源（太阳能、风能、小型水力）、替代能源（生物能源，包括沼气和生物质）提供的安全电能供应来源，混合发电系统、储能的类型和作用。

具体考虑因素包括能源供应的可持续性，通过使用可再生能源（风能、太阳能和小型水电）、减少温室气体（GHG）排放、环境保护和影响、占地面积、电能质量、能源供应的可靠性和可用性以及能源安全来实现（短期和长期）。需要解决的其他问题包括 DER 的所有权、维护和运营，包括发电、集成、互连要求、电网规范和标准以及农村电力负荷，应用领域涉及农业、工业、采矿和商业环境。需求响应、能源效率、计费计量、监控和控制应基于最新技术，这些系统可在并网或离网模式下运行，在弱电网情况下可能出现可靠性低的孤岛运行方式。

需要参照智能电网技术分析和审查发电和配电部署以及农村配电系统体系结构方面的现行做法和方法，需要考虑技术经济挑战、当前和未来的解决方案以及政治、体制和社会问题。

离网系统和远程电网可以使用农村电气化的原理进行设计，但需要是自治的电力系统。

15.4.6　地方能源社区

地方能源社区（LEC）是促进客户积极参与、提高可再生能源普及率、提高能源效率和消除能源贫困的绝佳手段。它们聚合不同的 DER，以在 LEC 利益相关者之间共享能源和容量，并基于 LEC 直接或通过能源聚合商参与当地能源市场。

需要考虑的问题有：

（1）LEC 内利益相关者之间以及 LEC 与当地 DSO 之间的关系和数据交换。

（2）LEC 利益相关者和 LEC 自身参与电力市场的机制。

（3）监管机构和地方立法在界定 LEC 内部组织的商业案例中的作用。

（4）消费者进入和离开 LEC 的机制。

（5）LEC 在当地负责发电和需求之间平衡的可选项。

15.4.7　直流配电系统

15.4.7.1　MVDC 电网

中压直流（MVDC）技术是一种很有前景的配电网升级和现代化技术，可提高可靠性、灵活性和效率。MVDC 可以有效地替代中压交流（MVAC）配电系统。研究表明，MVDC 电路的功率容量是具有类似安装额定值和导体横截面的相应 MVAC 电路的 1.63 倍。

在电网正在快速扩张的地区，MVDC 正变得更加经济和通用，用于远距离输送大容量电力。

未来电力系统将涉及区域交流输电和配电网络与直流电网共存（见图 15.22）。有源智能直流配电网应能实现高可靠性和高效率的双向潮流控制。

此外，MVDC 电网可用于农村电气化。人口较少、地理分布广泛的农村社区可能导致发电厂的资本成本高、效率低。目前，柴油发电厂是为这些地点提供电力的最佳解决方案。然而，对于许多农村社区来说，燃料和运输成本很高。MVDC 的开发将是从低成本地点向高成本地点输送电能的一种经济手段，这将降低农村社区的总体能源成本。

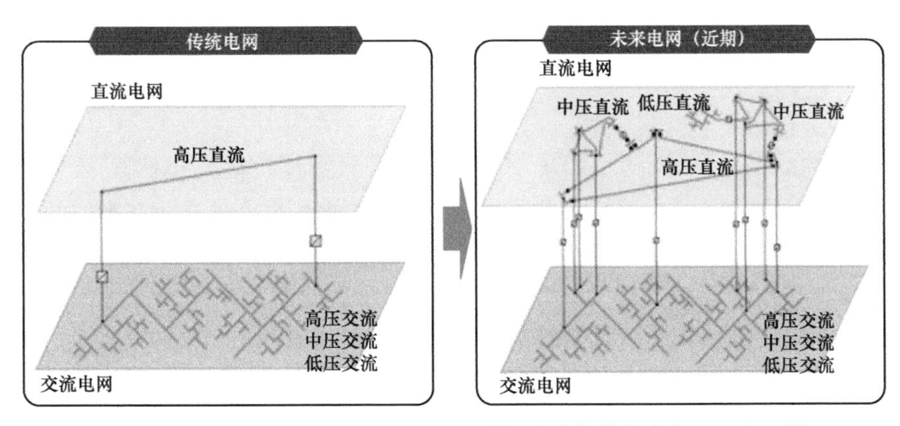

图 15.22　传统电网（左）和具有并联直流结构的未来电网（右）[8]

15.4.7.2　当前 MVDC 的限制

尽管 MVDC 有诸多好处，但此类系统的开发也有其自身的挑战：

（1）需要直流断路器来清除故障，但 MVDC 断路器仍处于早期开发阶段。

（2）DC/DC 转换器需要连接两个不同电压的直流系统。

15.4.7.3　MVDC 系统的结构

MVDC 电网的结构可以是基于电流源变流器（CSC）的点对点结构，也可以是基于电压源变流器（VSC）的多终端结构。

径向结构是 MVDC 系统结构的一种，其中主母线通过单一路径连接现有交流电网（见图 15.23）。传统的交流负载是通过将 MVDC 电压转换为 LVDC，然后将 DC 转换为 AC，或者通过将 MVDC 直接转换为 MVAC，然后使用变压器降低电压来提供交流负载。这种配置相对简单，可以最大限度地减少配电损耗，并便于选择和利用不同的电压水平。但是，如果发生单一故障，所有节点上的负载和发电都会丢失。环形或环形网络结构克服了径向配置的缺点，在每个直流母线的两端放置高速直流开关，用于隔离故障点。

在配置的 MVDC 配电网中，图 15.23 也被称为多终端网络，两个或更多交流电网连接到 MVDC 电网，从而提高其可靠性。类似的结构已用于海上风电场的高压直流（HVDC）系统。模块化多电平变换器技术和电压源变换器（VSC-MMC）技术是目前最适合 MVDC 的方法。

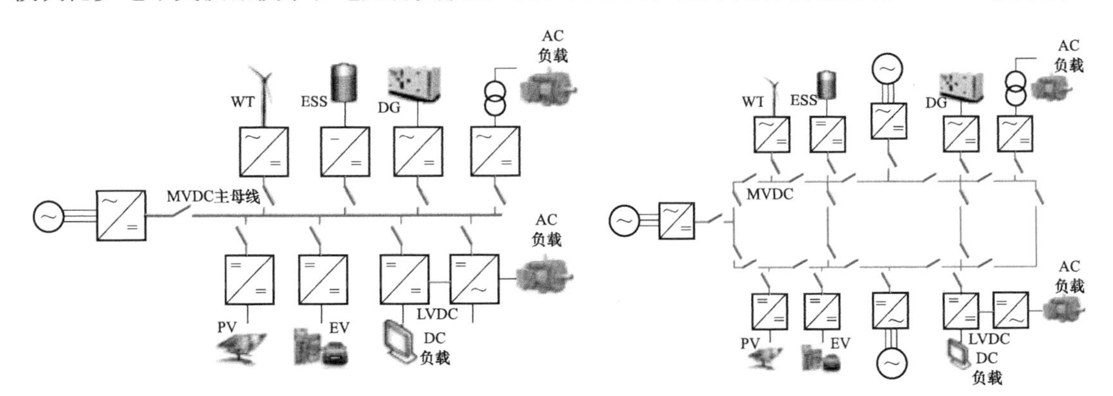

图 15.23　MVDC 系统的径向（左）和网状（右）结构[8]

在过去，MVDC 的研究受到了更多的关注，但中国试点项目的经验表明，LVDC 在不久的将来更高效、更实用，这表明 MVDC 部分应包括纯 LVDC 供电系统。

15.4.8 智能电表

智能电表被认为是使客户成为积极参与者和提高能源效率的基本步骤。在欧洲，计划在2020—2023 年完成部署，目标渗透率为 100%。许多其他国家也预计会有类似的推广。除了客户端授权外，实施智能电表还有多种用途。配电系统运营商积极利用它们降低计费抄表的人工成本，减少非技术性损失，并作为中压/低压水平的分散传感器，优化运行和维护。在未来，实施需求侧一体化和基于时间的收费也将得到促进[9]。

典型的计量基础设施包括电子电表、用于收集数十至数百个智能电表数据的集中器以及用于存储和管理计量数据的中央系统（HES/MDMS），如图 15.24 所示。

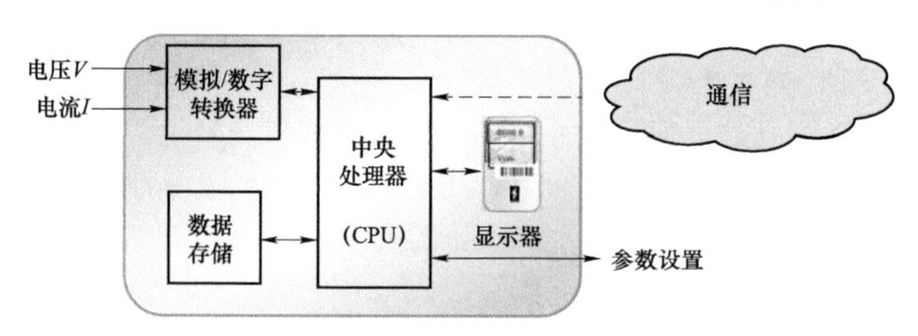

图 15.24 典型智能电表系统

合适的通信媒介需要可用，具体使用时还将取决于环境和当前技术的可用性。

测量数据因国家而异，测量间隔的可用分辨率主要为 15min 或 30min。传输间隔的范围更广，从每小时到每月不等，具体取决于选择的通信媒介。总的来说，这表明每 15min 或30min 测量一次的智能电表数据将作为用例的输入，并且它们的输出不能比传输间隔更快或更频繁。在设计利用智能仪表数据的系统时，必须考虑测量间隔和传输间隔。

15.4.9 信息和通信技术

15.4.9.1 物联网数据收集与管理

DSO 可以通过安装在网络智能设备中的智能电表和传感器或相量测量单元（PMU）访问大量可用数据。现在非常需要通过卫星、电力线通信系统、无线电、光纤线路和其他通信技术来管理每天数以百万计的实时信号。能源的数字化转型将逐步将 DSO 转变为以数据为中心的公司。数据管理将与数字化和自动化基础设施一起，继续成为智能电网设计的关键功能之一。数据影响配电网的所有功能，例如，由大数据驱动的本地供需平衡、数据驱动的资产战略（包括预防性和基于状态的维护和预测性停电）、提高网络安全和效率的自动化控制、客户分析，为现场工作人员提供地图、数据和实时专业知识的移动访问[10]。物联网（IoT）技术可以进一步增强配电网规划和运营的所有上述能力。

数据的管理和准确性，以及不适合快速采用物联网的网络，是发展中国家实现更大自主性和配电自动化、网络可视性和网络控制的绊脚石。电信和远程控制要求，以及先进的主动配电管理系统（ADMS），需要将电表与控制室的接口转换为更可靠、更强健的系统。还需要注意的是，由于公用事业公司和分销商坚持使用传统系统，这一点往往无法转化为现实。

15.4.9.2　物理和网络安全问题

由于该行业更多地依赖于互联，网络攻击可能导致运营严重中断、数据丢失和财务损失，这是能源高管关注的一个关键问题。因此，在国家和国际层面上，为确保网络安全正在进行激烈的活动。

电力网络是关键的基础设施系统。智能电网技术要求对电网进行远程控制和监控。这些技术容易受到安全威胁，例如：

（1）外部攻击。

（2）内部攻击。

（3）自然灾害。

（4）设备故障。

（5）数据操纵。

（6）数据丢失。

正在制定信息安全的保密性、可用性、完整性和不可否认性标准。可以采用先进的加密方法和标准 IEC 62351“电力系统管理和相关信息交换数据和通信安全”的目标。

通信管理归于 IEC 61850 标准系列。

随着数据扩散的增加，数据被移动到云端，与网络安全相关的风险也随之增加。需要改进防火墙控制，以确保客户和分销商拥有的信息不被滥用。这需要解决，因为许多敏感数据是由智能电表收集的。

在发展中国家，使用可再生能源，例如光伏板和电池，是通讯和照明的主要能源。因此，对边远地区资产的实物保护仍然是一项挑战，需要进行一些干预，以尽量减少这种滥用的影响。

15.4.9.3　信息和通信技术应用的影响

用于整合 DER 的 ICT 技术涉及的技术、经济、社会和监管问题，见图 15.25。

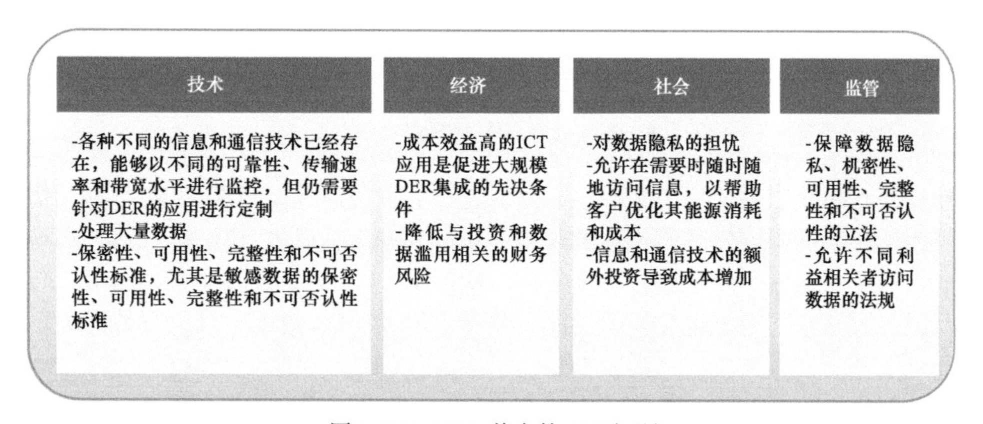

图 15.25　DER 整合的 ICT 问题

15.4.10　其他设备和系统要求

主动配电系统还利用其他领域的专业知识，例如：

（1）中压和低压变电站。

（2）中压和低压开关设备。

（3）配电变压器。

（4）电力电子设备技术，包括 MVDC 和 LVDC。

（5）输配电保护。

（6）传输和分配用电信系统。

15.5　新方法和新工具

15.5.1　DER 影响评估工具

15.5.1.1　不同时间尺度的 DER 模型

DER 评估工具的目的是确定在配电层大规模部署 DER 的影响和对输电网的影响，调查聚合 DER 的不同方法，并确定在配电层和输电层聚合 DER 的好处。

通过仿真工具可以在同时考虑静态和动态方面下分析配电层安装的 DER 对输电网的影响。在分配和传输水平上的规划和运行工具则考虑了 DER 的广泛部署对可靠性和韧性的影响，以及产生功率和提高可靠性和韧性的经济方面（见图 15.26）。

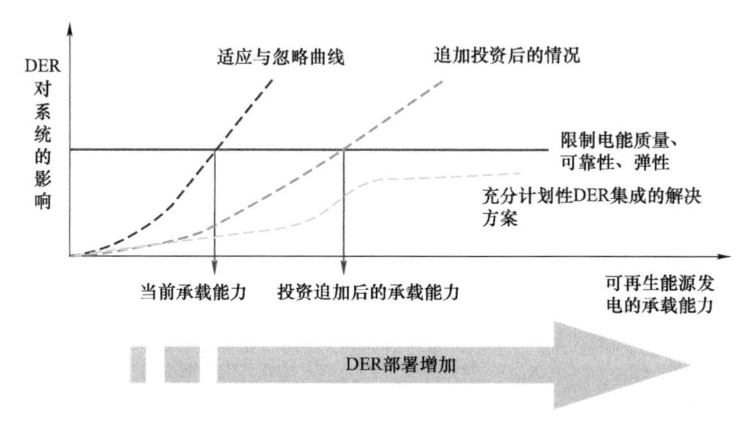

图 15.26　网络规划目标

仍然需要作出相当大的努力来提出、分析、评估和描述开发基准 DER 模型的需求，这些模型可用于一系列不同时间范围内的配电系统规划和运行研究。DER 在客户系统、社区内的集成，以及为支持大容量电力系统（TSO/DSO 接口要求），配电规划和运行（包括非电线替代品）需要考虑作为配电投资决策的一部分，以及 DER 对配电网运行的影响。

需要开发基于研究类型与已涉及 DER 类型的基准 DER 模型，例如智能逆变器、储能和控制器、电动汽车充电管理、微电网控制器、客户能源管理系统和智能负载。需要研究新兴技术和系统概率方法、聚合、交易系统对 DER 基准模型的充分性及其在配电网评估和规划工具中的集成的预期影响。

15.5.1.2　高渗透 DER 的规划工具

规划工具需要考虑配电网的主动运行。配电和输电层面需要新的规划和运营工具，以便：

（1）确定配电层大规模部署 DER 的影响以及对输电网的影响。

（2）分析单个和聚合 DER 对配电和输电系统的影响。

（3）考虑静态和动态方面，分析配电层安装的 DER 对输电网的影响。

（4）研究不同的聚合 DER 的方法。

（5）考虑对可靠性和韧性的影响，以及与功率的产生、可靠性和韧性的增加相关的经济因素。

15.5.2　含 DER 的配电系统运行工具

15.5.2.1　DER 的灵活性规定

灵活性的概念为针对 DER 和分销技术部署的创新解决方案提供了可能。

未来配电网的可靠运行将取决于分布式能源（DER）在提供辅助服务方面的作用和潜力，特别是灵活性，以及在平衡市场和整个系统运行方面的参与。

在电力系统规划和运行的不同阶段，存在不同的驱动因素和对灵活性的新要求。从大容量系统到本地网络，这些驱动器也随着电力系统中不同的电压水平而变化。对于基于间歇性可再生能源的 DER，DER 和多能源耦合有可能在不同时间尺度和不同形式上提供灵活性。

DER 有助于提高当前和未来电力系统输配电网络的运营和规划灵活性。它可以根据 TSO 或 DSO 的需求为其提供多种服务。可以通过新的参与者（聚合器）和新的电网架构（互联、微电网、虚拟电厂和能源枢纽）来促进。

未来的电力供应系统将越来越多地由大型传统集中发电和输电系统以及由大量分布式能源（DER）组成的电力供应系统组成。DER 将连接到配电系统或聚合到适合连接到输电系统的功率水平（通常 100MW 或以上连接到 120kV 或更高的系统）。

系统服务允许输电和配电网络安全可靠地运行。这些服务在全球范围内有许多不同的规格，但原则上系统服务包括：

（1）一次调频、二次调频/功率：

1）电压调节、一次和二次/无功功率。

2）一次和二次电能/能量储备。

（2）动态服务：

1）功率斜坡，斜坡持续时间。

2）其他服务惯性响应、稳定。

这些服务可提供给配电系统（配电系统运营商，DSO）或输电系统（输电系统运营商，TSO），视情况而定。

VPP 提供的网格服务示例包括：

（1）频率调节。

（2）业务准备金。

（3）能源套利。

（4）高峰需求管理。

DMS 和 DERM 提供所有 VPP 服务以及：

（1）电压管理。

（2）最优潮流。

（3）区位性容量释放。

15.5.2.2 DER 管理系统

为了提供这些服务，需要 DER 管理系统（DERM）（见图 15.27）。如果 DERM 同时向 DSO 和 TSO 提供服务，它将成为 DSO 和 TSO 之间的接口，用于在服务提供级别进行交互，如图 15.28 所示。

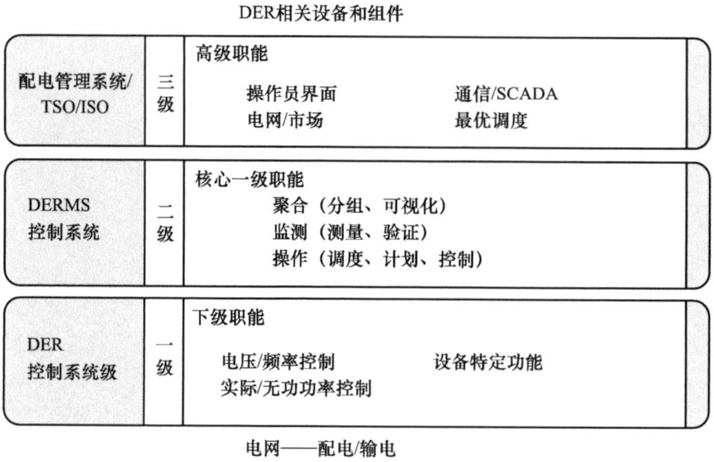

DER相关设备和组件
配电管理系统/TSO/ISO
三级
高级职能
操作员界面
通信/SCADA
电网/市场
最优调度
DERMS控制系统
二级
核心一级职能
聚合（分组、可视化）
监测（测量、验证）
操作（调度、计划、控制）
DER控制系统级
一级
下级职能
电压/频率控制
设备特定功能
实际/无功功率控制
电网——配电/输电

图 15.27 DER 管理系统（DERMS）功能

输电网络
能量管理系统
(EMS)
配电网管理系统
(DMS)
配电网
DER管理系统
(DERMS)
连接DER的配网部分
可调度发电
临界负荷
不可调度发电
负荷
分布式能源
(DER)
电存储器
监测和控制方向的信息交互（网络）
功率流（物理）

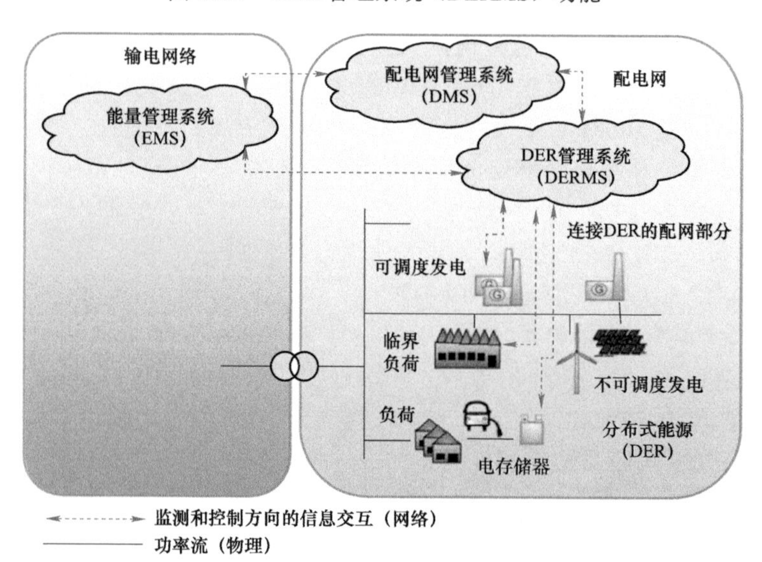

图 15.28 DERMS DSO-TSO 交互作用

15.5.2.3 DER 聚合平台

正在开发 DER 聚合平台，以提供灵活的服务。这些平台涉及 DER 聚合的技术、经济和监管方面，以及将聚合资源集成到网络规划和运营中的方法。经济上有吸引力的 DER 聚合方法根据签约客户和提供的服务以及聚合商与其他主要利益相关者的互动进行分类，例如参与辅助服务市场，包括频率调节、容量和能源市场，与配电网运营商签订的双边协议，包括电压支持、阻塞管理、黑启动和恢复以及向最终用户和客户提供的服务，包括备用电源。

聚合技术，包括分布式能源管理系统（DERM）、虚拟发电厂（VPP）和微电网，其中考虑到 ICT 和预测的作用，交易和调度优化，并分析技术改进，使 DER 聚合达到更高级可控性和灵活性水平，见图 15.29。

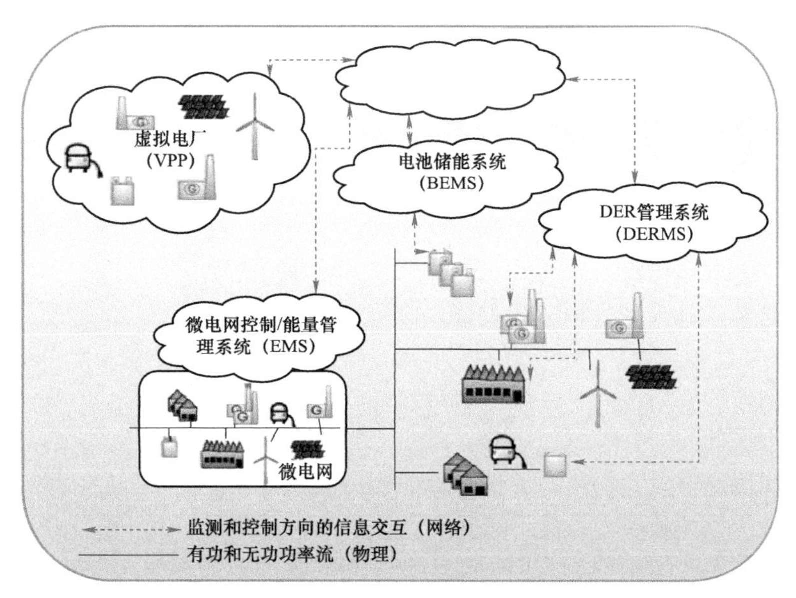

图 15.29　聚合技术

15.6　研究与创新

15.6.1　创新

15.6.1.1　技术、概念、工艺的演变

电力行业内部，特别是配电行业，正在发生深远的变化。客户正在成为消费者，并与现有电网进行集成，同时也在市场上进行交易。需要创新技术来实现这一转型，并将涉及价值链的每一个要素，即分销网络、DER、DSO 和使能技术。新的配电结构和模型正在开发中，如用于 DER 市场参与的虚拟发电厂和用于恢复的微电网。需要开发新技术，如电池和燃料电池的无缝充电。

15.6.1.2　新的 ICT 工具

改进的数据分析、人工智能和机器学习的广泛应用将使未来配电网能够高效运行。配电系统运行和工作管理将广泛采用自动化；但是，始终需要人工操作来维护安全。IT 和 OT 工具将日益融合，同时需要高速和海量数据处理能力。点对点技术、用于本地市场运营的区块链、用于捕获包括社交媒体源在内的数据的物联网（IoT）以及用于网络检查的无人机预计将得到广泛应用。

15.6.2　组织和管理方面

15.6.2.1　组织方面

除了技术，分销公司需要重新审视组织和管理方面。未来的业务必须更加灵活，并且能够适应不断变化的需求。由于未来也越来越不确定，组织内的战略规划也必须提供更基于情景和概率的结果。

15.6.2.2　项目管理要求

在规划阶段：

（1）证明项目将带来的效益。

（2）确保纳入可持续发展原则与相关问题。

（3）在系统规划和设计以及方案（例如，选择替代方案）中考虑公众意见、咨询和需求。

在施工和运营阶段：

（1）证明符合环境标准。

（2）获得必要行动（如维护）的支持。

15.6.3　研究机会

15.6.3.1　研发需求

关于成功实现全球设定的可持续性目标的相关研究非常重要，并将成为未来的主要优先事项，需要在多个领域开展，目前正在开展大量研究、开发和示范（RD&D）活动，涉及分布式可再生能源发电在配电网、需求响应、BESS 和其他形式的存储和多能源系统中的集成。考虑到不同的时间框架和定价方法，为控制建立了分层控制结构。然而，通过大规模示范验证创新研究是一个需要进一步关注的领域。这对于管理风险和测试新的电力生产技术、消费和其他新技术以及能源转换技术与适当的数字化水平的集成非常重要。

这些需求必须着眼于寻找更便宜、更可持续的 DER 技术，同时提高资产的预期寿命和运营。还必须确保通过改进维护制度、采用替代技术（如非有线替代、效率改进等）进一步优化现有分销资产。现代资产管理可以通过利用大数据来实现这一点，机器学习和人工智能技术，强调有形资产和无形资产、实物资产和经验知识的整合，防止知识失误、人才匮乏和建立知识库。

在短期内，需要光伏和风能技术与 BESS 相结合，以提供更高的能源和负载系数效率。

15.6.3.2　有源配电网

允许配电层和传输网络双向功率和数据流的网络需要在以下领域进行研究：

（1）增强的 DER 智能。小型 DER 装置的大规模渗透需要装置和配电网之间的协调和控制；一种方法是开发 DER 管理系统（DERM）；DER 的协调可以通过集中控制或分散控制来实现。

（2）与输电系统和电力市场的协调和互动；这需要输电系统运营商（TSO）和配电系统运营商（DSO）在 DER 管理方面进行协调。

（3）监测和计量。小型 DER 特别是可控负载和新负载的大规模渗透需要先进的计量，包括计费和市场参与的数据收集以及系统的状态估计。

（4）电能存储系统的增加。对现有和未来电网的影响。

（5）需要调整市场规则和监管框架，以实现市场效率、公平性和资产使用成本回收；它还必须允许微电网和虚拟发电厂等新实体参与市场。

15.6.3.3　电力电子转换

基于电力电子发电的发电与交流系统集成的研究必须关注电力电子接口对电能质量、系统控制和系统安全的影响。鉴于这些系统的动态响应和性能与传统发电系统和交流系统非常不同，需要开发新的方法来确保混合系统的平稳可靠运行，特别是在故障和意外情况下。

15.6.4 教育和培训

主动配电网的系统复杂性要求来自不同学科的高技能人员。新的学习和教学方法必须安排并应用于所有层次的高等教育，包括本科生和研究生，包括跨学科和实验方法、基于研究的培训或通过数字媒体、与行业利益相关者的互动等。教育不止于大学，但它也包括通过提供最新可用知识的高等教育课程对专业人员进行继续教育。在培训和模拟工具的支持下，需要对运营商、聚合商、市场参与者、任何规模的产品消费者以及具有高端 ICT 知识的能源系统工程师进行持续教育和培训[1]。

数字化和相关的高水平自动化意味着具有不同资质的新工作，以执行数字化能源系统的操作和维护。未来，在整个能源部门，所有工人都需要 ICT 技能来使用和操作数字技术。

15.7 未来发展

15.7.1 场景

15.7.1.1 概述

未来大规模部署 DER 和 ADS 取决于人民及其政府在能源生产和使用以及远离化石燃料方面设定的优先事项。这些都是增加可再生能源发电量以及增加工业、商业、住宅和交通系统电气化的关键。电力作为能源的使用越来越多，这将刺激电力转换和控制以及通信和信息技术方面的一些创新技术，促进 DER 的部署。

15.7.1.2 DER 和主动配电系统部署

从主动配电系统部署的角度来看，预计将出现以下发展：

（1）未来 5 年内。

1）更广泛的 DER 部署，作为中央发电厂的补充。

2）向配电系统运营商和输电系统运营商提供电力、能源和辅助服务。

3）整合和协调多能源系统，以平衡可再生能源的发电波动，并更有效地利用总发电量。

4）将新负荷整合到配电系统中，如电动汽车充电系统、大型热泵、电锅炉和电解槽。

5）更广泛地部署电能储存系统，主要是电池。

6）更广泛地使用需求响应和需求管理，以更好地将负荷与可用发电量相匹配，并确定负荷优先级。

7）开发用于调度、集成和运行 DER 的工具，涵盖多个时间尺度，从短期集成和影响（秒和分钟）到长期调度（小时、天），并将运行概念和工具扩展到长期配电系统规划。

（2）未来 5～15 年内。DER 将在输电和配电层面对电力系统的运行产生越来越大的影响。在取代大型中央发电的过程中，DER 将越来越多地集成到配电和输电系统的能源管理系统中，并将被要求支持电网运行。目前处于研究和示范阶段的许多技术将在这一时间框架内达到最新水平。

（3）未来 10～20 年内。取决于 DER 技术、应用和电力市场在以下方面的发展：

1）DER 设备和系统的成本。

2）DER 发电成本与传统（和传统）发电厂发电成本的比较。

3）已安装和遗留的配电网和输电网是否足以满足需求。

未来的主题将包括配电系统的规划和运行，配电系统在 DER、可再生能源和/或替代能源中所占份额越来越高，或使用多种能源系统的混合能源。同时，假设客户授权的兴趣扩大，将调查新技术和结构，以便在配电层面部署电力市场。这些市场需要新的工具来设计和运行配电系统。大规模部署 DER 对输电系统的影响及其在辅助服务方面提供的支持将是进一步扩展 DER 的关键。

15.7.2　高 DER 渗透的问题和后果

DER 进一步渗透到传统配电传输系统有如下挑战。

（1）整合基于可再生能源的可变发电和间歇发电，以及通过使用存储和负载管理平衡可变性和匹配发电和负载的需要。

（2）在基于逆变器的发电和基于同步机的发电的混合情况下，电力系统的稳态和应急运行，在实际功率和无功功率控制以及响应速度方面具有非常不同的动态性能特征。

（3）同步电机发电厂失去惯性响应的后果。

（4）上述混合发电电力系统的保护集成和协调，以及电网中双向潮流的附加问题。

（5）逆变器/变流器集成挑战，主要是电能质量和产生高频谐波。

（6）设备生命周期和安全问题；最显著的是电化学电池的性能和行为。

15.8　结论

15.8.1　总的未来方向

未来几年将在电力、控制和通信技术、电力系统以及市场政策和法规等领域的 DER 部署的许多方面进行创新。

区域和地方电力系统的可靠性和恢复力取决于：

（1）以电力系统为骨干的综合能源系统，其设计和运行旨在防止或尽量减少突发事件的影响，并在几分钟内激活本地/区域黑启动功能。

（2）系统规划和运行中考虑的风险（天气和其他危害）评估和缓解措施。

（3）通过完全互操作和联网的子系统实现无缝（高度自动化）操作，允许以最佳、集成的方式耦合所有能源载体。

（4）点对点交易与中央和本地控制的电网集成，由自动化的本地电网和网络运营商行动提供支持。

具体问题包括：

（1）将越来越多的 DER 整合到现有配电系统中，并设计新系统，整合更大份额的可再生资源型 DER。

（2）在日益受限的金融环境中管理现有分销系统，因此需要创新理念才能作为一个行业生存。

（3）通过采用微电网和纳米电网技术，为发展中国家创造负担得起的传统电网解决方案替代方案。

（4）认识到新技术要求的破坏性影响，特别是在交通系统中，如电动汽车（EV）充电系统及其潜在的网对车（G2V）和车对网（V2G）能力。

15.8.2　社会和技术优先事项

先进配电系统（包括可再生能源型配电系统）领域的总体较高优先事项包括：

（1）提高所有管辖区，特别是发展中国家的负担能力和电力供应。

（2）建立可持续和可负担的电力供应系统和市场框架，特别是在人均收入较低的地区，同时确保经销商获得合理的投资回报。

（3）改进 DER 技术，提高可靠性和预期寿命，降低制造、安装和维护成本。

（4）简化配电系统层面的 DER 部署、集成和运行，并促进提供辅助服务，以支持大容量电力系统。

致谢　作者感谢 CIGRE SC C6（配电系统和分布式发电专业委员会）成员 Alex Baitch、Birgitte Bak Jensen、Ray Brown、Britta Buchholz、Kurt Dedekind、Zhao Ma 和 Yasuo Matsuura（按字母顺序）的贡献。

参考文献

[1] CIGRE: Technical Brochure TB 586—Capacity of Distribution Feeders for Hosting DER, Results of WG C6.27(2014). ISBN: 978-2-85873-282-1.

[2] CIGRE: Technical Brochure TB 475—Demand Side Integration(2011).

[3] CIGRE: Technical Brochure TB 733—System Operation Emphasizing DSO/TSO Interaction and Coordination, Results of JWG C2/C6.36(2018).

[4] CIGRE: Technical Brochure TB 721—Impact of Battery Energy Storage, Results of WGC 6.30(2018).

[5] CEI Comitato Elettrotecnico Italiano: Reference Technical Rules for the Connection of Active and Passive Users to the LV Electrical Utilities, Milano(2019).

[6] ETIP SNET—Vision 2015, Integration Smart Networks for the Energy Transition: Serving Society and Protecting the Environment.

[7] CIGRE: Technical Brochure TB 635—Microgrids 1 Engineering, Economics, & Experience (2015).

[8] CIGRE: Technical Brochure TBXX—MVDC Grid Feasibility Study, Results from WG C6.31 (2019).

[9] CIGRE: Technical Brochure TB 782—Utilization of Data from Smart Meter System(2019).

[10] CIGRE: Technical Brochure TB 726—Asset Management for Distribution Networks with High Penetration of Distributed Energy Resources(2018).

作者简介

Christine Schwaegerl，教授（工程博士），于 1996 年获得德国埃朗根大学（the University of Erlangen,Germany）电气工程文凭，并于 2000 年获得德国德累斯顿工业大学（Dresden Technical University, Germany）博士学位。2000 年，她加入了西门子公司，担任西门子电力技术国际公司顾问，负责多项国家和欧洲输配电网络研发活动。Christine Schwaegerl 博士自 2011 年起，成为奥格斯堡应用技术大学正教授；目前是 CIGRE SC C6（配电系统和分布式发电专业委员会）主席。

Geza Joos，加拿大麦吉尔大学（McGill University）工程硕士、博士，自 2001 年起担任加拿大麦吉尔大学电气和计算机工程教授；自 2009 年起担任加拿大自然科学与工程研究理事会（NSERC）/魁北克水电局可再生能源和分布式发电融入配电网产业研究主席；自 2004 年起担任加拿大电力信息技术研究主席。研究活动涉及大功率电子学在电力系统和电力转换中的应用，包括分布式发电和可再生能源（风能）。Geza Joos 曾在业界（加拿大 ABB 公司）和学界[加拿大康考迪亚大学（Concordia University）、魁北克大学高等技术学院（École de technologie supérieure）] 任职。专业活动包括电力电子应用和电力系统运行咨询。他积极参与 CIGRE 活动，自 2017 年起担任 CIGRE SC C6（配电系统和分布式发电专业委员会）秘书；并活跃于电气和电子工程师学会电力与能源学会（IEEE PES），自 2011 年起参与标准活动，主要涉及微电网控制器和分布式能源管理系统。他是 IEEE 会士、CIGRE 会员以及加拿大工程院和加拿大工程学会会士。

Nikos Hatziargyriou，雅典国立技术大学（NTUA）电气和计算机工程学院的电力系统教授；电能系统实验室电力系统部主任及“SmartRue”研究部的创始人。2015 年 4 月—2019 年 9 月，任希腊配电网运营商（HEDNO）董事长，2018 年 6 月之前，任首席执行官；2007 年 2 月—2012 年 9 月，任公共电力公司（PPC）执行副主席和副首席执行官，负责输配电部门。Nikos Hatziargyriou 是欧盟能源转型智能网络技术与创新平台（ETIP-SNET）前主席和现任副主席，以及欧洲智能电网技术平台前主席；CIGRE 荣誉会员，以及 SC C6（配电系统和分布式发电专业委员会）前主席；IEEE 终身会士、电力系统动态技术委员会（PSDPC）前主席、《电气与电子工程师学会电力系统会刊》现任主编。他参与了 60 多个由欧盟委员会、电力公司和制造商资助的基础研究和实践应用研发示范项目；撰写了《微电网：架构与控制》一书，并发表了 250 多篇期刊论文和 500 多篇会议论文；被列入汤森路透 2016 年、2017 年和 2019 年被引最多的 1%研究人员名单。

第16章 材料和新兴试验技术

Ralf Pietsch

摘 要：CIGRE SC D1（材料与试验新技术专业委员会）重点关注两大主题，其一是认识和改进固体、液体和气体绝缘材料及其组合绝缘。推动电力装备发展的动力主要包括：对更紧凑的电力装备的需求，电力电子设备愈发广泛的应用，使用趋于成熟的更高电压等级的真空断路器。因此，这将增加绝缘材料内部的电场并导致更高的应力，进而可能加速绝缘老化过程。另一个将影响未来电力装备设计和试验的主题，是增设各类诊断传感器并提升它们的灵敏度、紧凑度以及对强电磁场的抗扰度。在电力装备内部集成传感器将变得更加普遍，例如在电缆内部安装可监测温度和应力的光纤传感器，在变压器内部安装可监测温度和过热点的光纤传感器。CIGRE SC D1专业委员会的工作组将积极应对未来电力供应所面临的挑战，相关议题和方向将在本章中详述。

关键词：试验电压；电压波形；气体绝缘系统；液体绝缘系统；固体绝缘系统；高温超导材料；绝缘试验；诊断工具；局部放电；直流；交流；雷电冲击；操作冲击；极低频；气体绝缘组合电器；超高频局部放电法；气体绝缘组合电器风险评估；高温超导系统；油中水分测量；油中溶解气体分析解释；腐蚀；纳米材料；场计算

16.1 引言

16.1.1 试验电压和绝缘材料的发展

要了解CIGRE SC D1如何支持和提供未来供电系统的解决方案[1,2]，必须了解绝缘试验，尤其是额定系统电压和试验电压在近50～100年内是如何演变的。图16.1显示了1900年开始的最高传输电压的发展情况。可以看出，电压水平平均每20年升高一次，2019年达到1200kV[3]。

On behalf of CIGRE Study Committee D1.
R.Pietsch（✉）
HIGHVOLT Prüftechnik Dresden GmbH，Dresden，Germany
e-mail：R.Pietsch@highvolt.com

N.Hatziargyriou and I.P.de Siqueira（eds.），*Electricity Supply Systems of the Future*，CIGRE Green Books，https：//doi.org/10.1007/978-3-030-44484-6_16

图 16.2 和图 16.3 显示了相应标准中定义的交流、雷电冲击、操作冲击和直流的试验电压。例如，雷电冲击试验系统等级可达到 4000kV。交流和直流电力设备之间的典型试验水平只有细微差别。

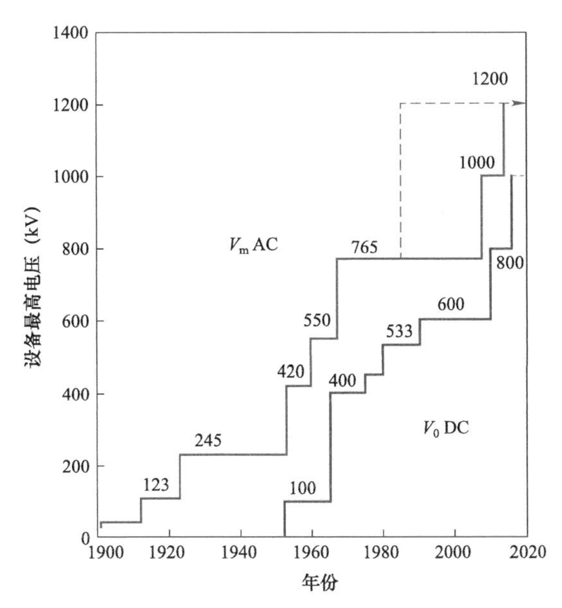

图 16.1　高压交、直流输电系统的发展史[3]

（译者注：对应于额定电压 1000kV 的设备最高电压应该是 1100kV）

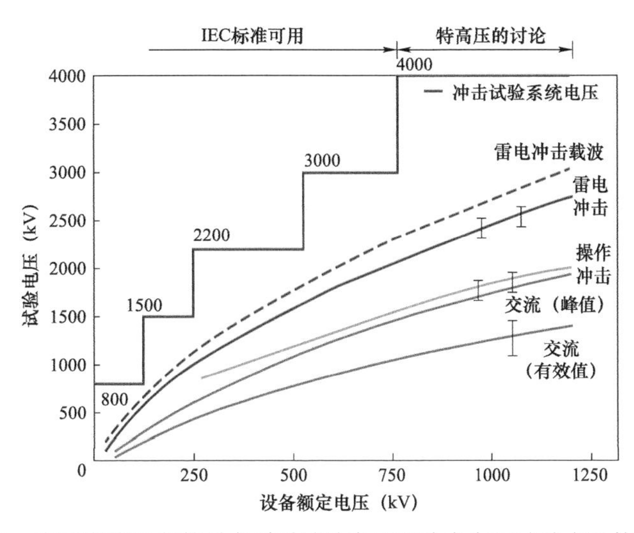

图 16.2　高压交流设备的最高耐受试验电压和冲击电压试验水平的选取[3]

图 16.4 显示了从 1950 年开始的绝缘材料的发展。自然空气、油—纸绝缘和陶瓷是当时的主要绝缘介质。20 世纪 60 年代中期，引进了 SF_6 绝缘变电站。电缆用交联聚乙烯、绝缘子和套管用纤维增强塑料等聚合物绝缘材料投入使用。在可能和技术可行的情况下，它们取代了越来越多的陶瓷和油—纸绝缘材料。

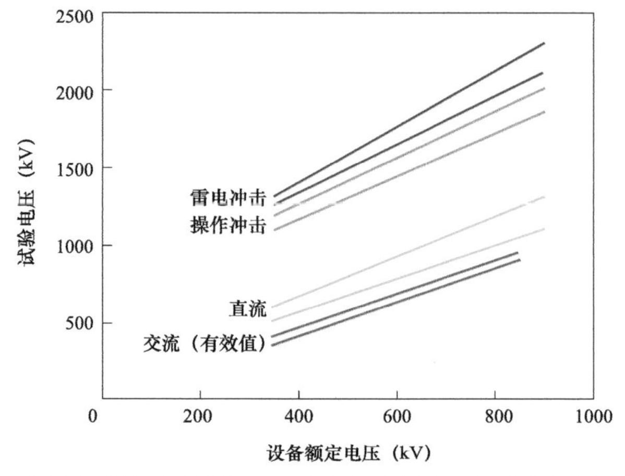

图 16.3　高压直流设备的最高耐受试验电压和冲击电压试验水平的选取[3]

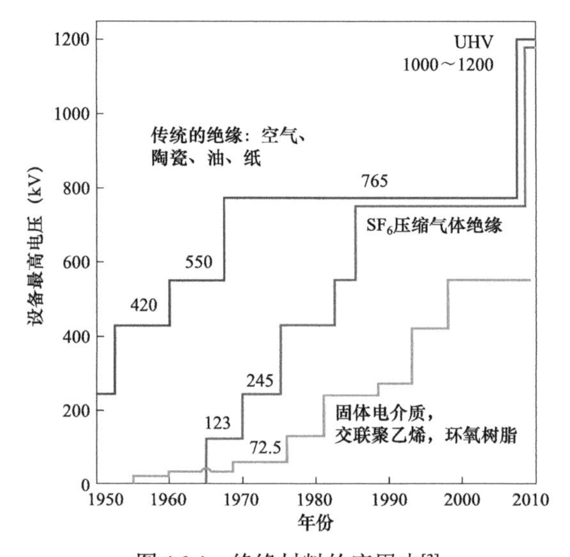

图 16.4　绝缘材料的应用史[3]

（译者注：对应于额定电压 1000kV 的设备最高电压应该是 1100kV）

由于系统的额定电压不会显著增加，交流输电电压最高达 1200kV，直流输电电压达 800kV，以及规划的 1000kV。对 1100kV 甚至 1200kV 的研究以及样机正在进行[4]。预计电压不会高于上述值。

所以，在未来几十年内，预计不会有更高的试验电压。因此，推动电力装备发展的主要因素是对更紧凑的电力设备的需求，电力电子的使用将覆盖更多的领域和应用，以及使用趋于成熟的更高电压等级的真空断路器。因此，绝缘系统内的电场将增加，从而对材料造成更大的应力，还可能加速老化过程。

绝缘材料（气体、液体或固体）的击穿和老化过程也很大程度上取决于暂态现象，如雷电冲击、GIS 中所谓的特快速暂态以及高压直流设备中使用的电力电子设备产生的暂态。

由于电场随时间的变化是绝缘材料的主要决定因素，我们将更仔细地研究这种暂态行为或电压波形。图 16.5 给出了典型工作电压和暂态电压的概述，这可能会对电力设备造成应力，因此使用了各种绝缘材料和绝缘系统。

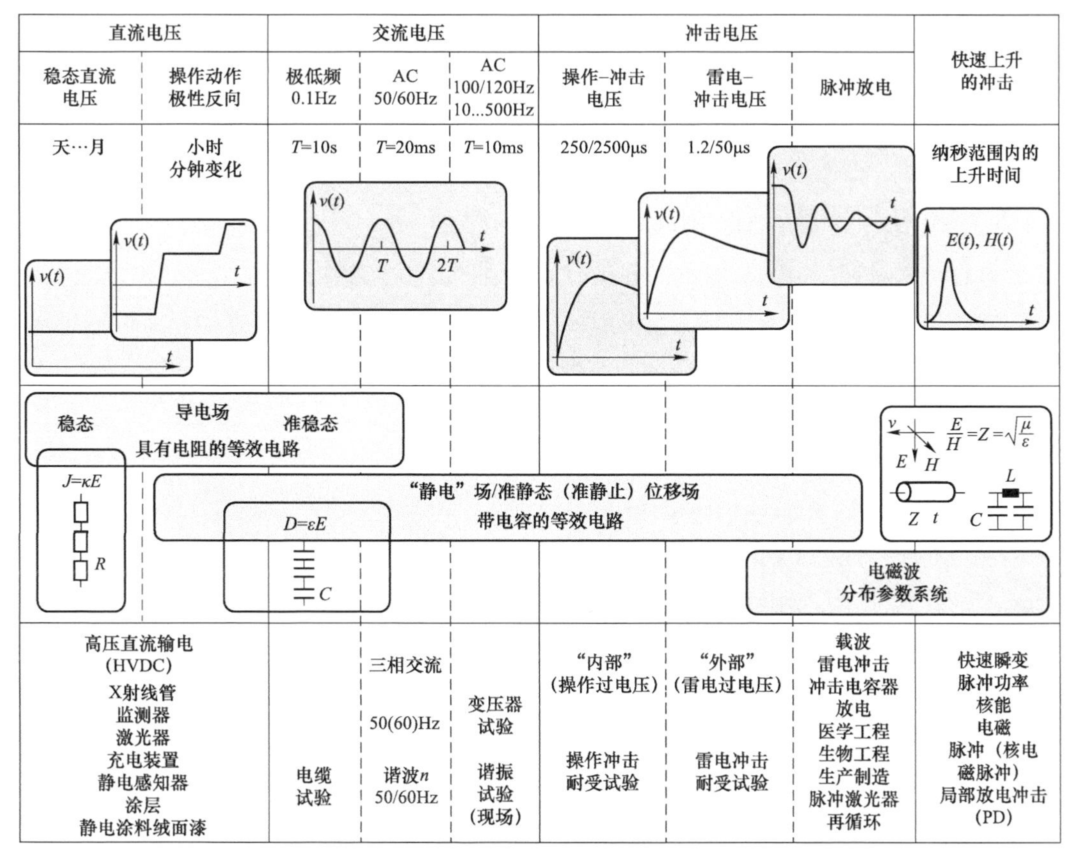

图 16.5　高电压工程中重要的技术性电压应力概述：典型时间曲线（顶部）、各种场和等效电路（中部）和典型应用（底部）[5]

16.1.2　试验电压和试验频率

在电力设备的开发和运行过程中，试验水平和试验程序会发生变化。

在图 16.6 中，显示了电力设备的典型生命周期，如电力变压器或 GIS[3]。

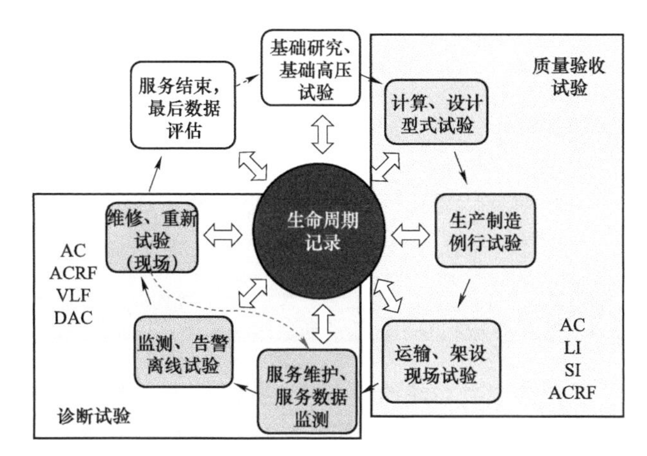

图 16.6　高压绝缘寿命周期内的试验和测量[3]

AC—交流电压；LI—雷电冲击；SI—操作冲击；ACRF—变频谐振试验系统；VLF—极低频，0.1Hz；DAC—阻尼交流电压

典型的顺序是从研发和试验开始，然后是型式试验。如果设备达到可以生产的水平，则每个产品都必须进行现场的例行试验和调试试验。在运行和维护期间，可进行进一步的附加试验。如有可能，应在设备的寿命周期内收集并记录所有测量、试验结果和技术信息，以便更好地进行诊断和剩余寿命的预测。

16.1.3 电力电子设备产生的电压应力

如前所述，随着电力电子设备的使用越来越多，电力系统电压越来越高，绝缘系统必须能够应对与耐受此“新”电压应力的出现。图 16.7 显示了一组可能出现的电压振幅和波形，这是由三电平转换器供电的电机端部的典型情况。TB 703[9]中给出了更多详细信息。

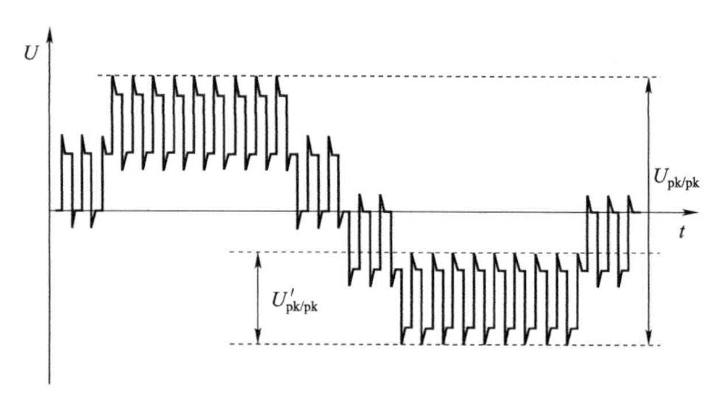

图 16.7　由三电平整流器供电的电机端部的相间电压[9]

另一个典型的电压应力出现在直流的应用中。对于直流电缆和直流 GIS，必须进行合成电压的型式试验，参见 IEC 62895[10]，WG D1.B3.57：“气体绝缘高压直流系统的绝缘试验”和文献［11］、［12］（见图 16.8）。

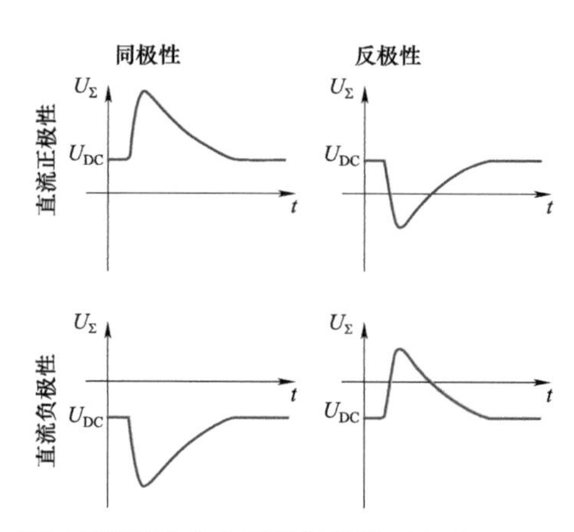

图 16.8　叠加直流和冲击电压的四象限（来源：WG D1.B3.57）

这些不同的电压波形和频率会对绝缘材料产生应力，并出现以下问题：在给定的试验或试验顺序下，绝缘系统在电网中正常工作的指标是什么？哪些诊断参数和工具在实际应用和技术上是可行的？

16.2　诊断

另一个将影响未来电力设备的设计和试验的趋势，即增加各种诊断传感器，提高其灵敏度、紧凑性以及对强电场和磁场的抵御能力。在电力装备内部集成传感器将变得更加普遍，例如在电缆内部安装可监测温度和应力的光纤传感器，变压器内部安装可监测温度和过热点的光纤传感器。

目前，可应用于诊断的传感器非常紧凑且发展很快。可能会存在一个缺点：说明会更加复杂，此类电子产品的使用寿命通常比变压器、电缆或 GIS 的使用寿命短。

然而，传感器技术将得到改进并集成到变压器中，以分析多种气体[13]，或测量油中的水分[14]。还将在线测量和分析其他参数，如气体绝缘系统中的分解产物。在附加的分析中，软件工具和算法将提升电力设备的说明和状态的界定。

此处应提及可能影响绝缘性能和电力设备耐受电压的其他参数，因为这些因素也会影响这些材料和绝缘系统的老化：

（1）机械应力、振动、风力、地震。

（2）冷与热，大的日内温度循环。

（3）环境影响：雨、雪、灰尘、污秽、温度、空气密度、湿度。

（4）介电应力，确定相关和合适的试验电压 AC、DC、LI、LIC（雷电冲击截波）、SI、VFT、合成电压、混合电压应力（DC+LI）。

评论

由于不断增加的试验电压水平（电场）和试品越来越大的电容量，产生所需的试验电压和试验电流在技术上极具挑战性，在某些情况下，由于物理原因不可能产生。

SC D1 主要涉及试验程序和材料特性以及诊断（PD、DGA、tanδ），以验证这些材料和系统的质量和性能、对环境的影响（如 SF_6）、污秽的影响（套管、纤维增强塑料与硅橡胶绝缘、悬式绝缘子），以及降雨和大气修正（海拔、湿度和温度）的影响。

16.3　典型绝缘介质和材料

现在，我们要讨论的问题是，在电力系统和设备中使用哪种绝缘介质。正确的绝缘材料的选取在很大程度上取决于运行时的电压应力：直流或交流，这是为什么？

为了简化答案，有两个主要因素会影响绝缘层内的电场。

交流应力下，电场主要由介电常数（介电常数 ε_r）控制，利用现有的电场计算软件可以准确方便地计算电场。此外，电场在温度变化下不会发生变化。

直流应力下，电场由绝缘材料的电阻率控制并强烈依赖于绝缘材料的温度分布。这是与交流电场相比的主要区别。后续将介绍这一重要部分。

图 16.9 显示了 GIS 盆式绝缘子计算的交流和直流电场分布随温度 T 变化的差异。该文由 WG D1.63 发布作为“WG D1.63 的中期报告：直流电压应力下局部放电检测的进展”，在 2019 年新德里 CIGRE A2，B2 和 D1 的联合讨论会中[15]。

让我们集中讨论不同的绝缘材料。人们通常可以将它们分为：固体、液体、气体及其组合。根据应用，还可以将其细分为户内或户外应用。因此，SC D1 的工作组是根据这三个绝缘组组成的。

气体绝缘

（1）自然空气，典型用于架空输电线路、套管、中压设备。

（2）GIS 和 GIS 中使用的 SF_6、氮气、CO_2 的气体混合物。

（3）“新”气体：CO_2 和/或 O_2 与氟腈和氟酮的气体混合物。

液体绝缘

矿物油、有机硅液体、酯类液体与固体绝缘（纸）一起用于各种变压器（中压、高压和电力变压器）[3,5]。

户内和户外用固体电介质

纸（作为油—纸绝缘）、聚乙烯、陶瓷、不同种类的环氧树脂、有机硅涂层的绝缘子、复合绝缘子（FRP）等。

评论

本清单提到了主要绝缘材料及其应用。

因此，以下段落将详细介绍不同绝缘系统中这三种绝缘材料组。

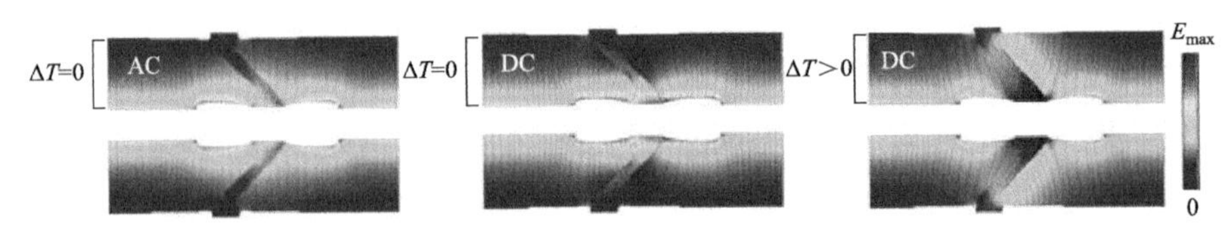

图 16.9　盆式绝缘子在交流电压（左）、直流电压（中，$\Delta T=0$）、导体与外壳间有温度梯度的直流电压（右，$\Delta T>0$）下的电场分布

16.3.1　气体绝缘

除了空气、氮气或真空（实际上不是气体）和 SF_6 等传统气体外，还有一种趋势是使用混合气体，这种混合气体将优异的绝缘性能与低成本和改善的环境因素结合起来。

（1）真空灭弧室为 SF_6 开关设备中的断路器和负荷开关而设计。

（2）SF_6 通常用于 GIS 和气体绝缘管道的绝缘。其缺点是液化温度较高，对温室效应的影响显著，且成本相对较高。因此，寻找 SF_6 的替代气体具有重要意义。SF_6/N_2 混合物作为一种合适的替代品，人们从生态和经济角度对其进行了深入研究。就环境兼容性而言，氮气是不重要的，因为它是大气中自然产生的。可是，想要将纯 N_2 作为绝缘介质，需要不切实际和不经济的设备设计来达到理想的绝缘水平。在 N_2 中加入一定量的 SF_6，气体混合物具有良好的绝缘性能，可应用于 GIS 或气体绝缘管道中。气体混合物的击穿性能与 N_2 中 SF_6（5%～20%）的浓度和压力[2]有关。SF_6 仍在使用，但由于其很高的全球变暖潜能，这一点是不可接受的。

16.3.1.1　SF_6 的替换

各种 CIGRE 技术报告都处理了这一重要课题，以减少甚至避免使用 SF_6，因为 SF_6 是全球变暖潜能，即 GWP 最高的气体。

TB 730[16]中指出："根据参考条件选择和研究气体，如干燥空气、N_2、CO_2 和 N_2/SF_6 气体混合物。已经对这些气体进行了大量研究，目前已获得数据。干燥空气、N_2 和 CO_2 的绝缘性能较低，但它们对环境友好，易于处理，适用于工厂中替代的绝缘（例行）试验，并有可能广泛应用于气体绝缘系统。这些气体不需要特殊的气体处理程序，但 SF_6 是必需的。有关含氟气体的应用和处理的国家或国际法规不适用于干燥空气、N_2 或 CO_2 等气体。N_2/SF_6 的气体混合物也包含在研究中，因为它已经用于气体绝缘管道的气体绝缘系统超过十年，并且可以有效降低系统的全球变暖潜能。" [17]

"对氟腈和氟酮等新替代气体的研究始于几年前，但目前没有太多的实际数据。" 例如，WG D1.67 对这些气体进行了研究和讨论。

图 16.10 显示了在 2018 年 6 月完成的 TB 730 中调查的主题[16]。

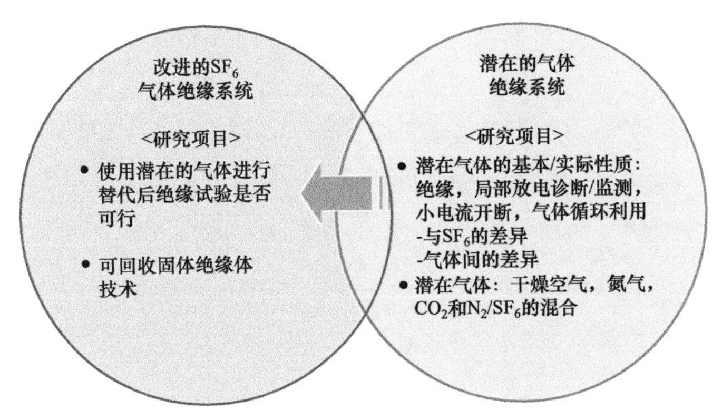

图 16.10　本技术手册的主要研究项目旨在实现改进的 SF_6 和潜在气体绝缘（来源：TB 730[16]）

图 16.11 概述了作为 SF_6 潜在替代品气体的绝缘性能。所示为绝缘强度（以 SF_6 为标准）与温度的关系。该图不包括"新"气体氟腈和氟酮。

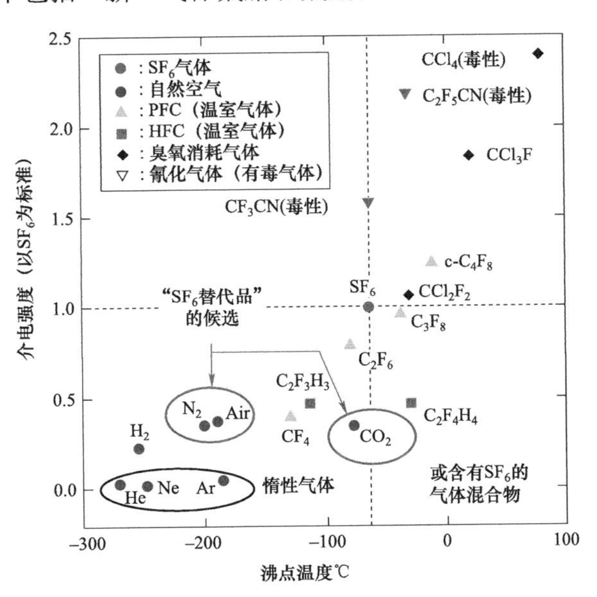

图 16.11　绝缘强度与气体沸点温度的关系（来源：TB 730[16]）

图 16.12 中所示的一些气体具有比 SF_6 更高的绝缘强度，但沸点也更高。这使得它们不适合 GIS 或气体绝缘管道中的应用。其中一些气体在正常条件下也是有毒的。

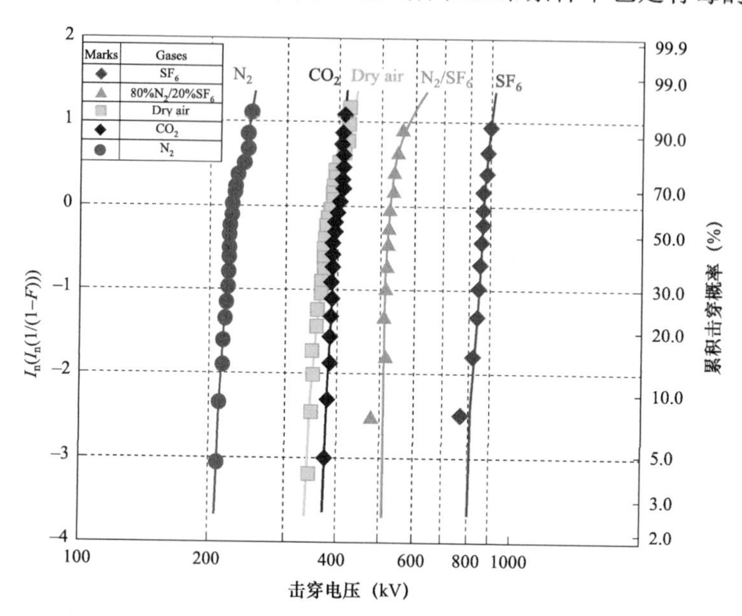

图 16.12　干燥空气、N_2、CO_2、$80\%N_2/20\%SF_6$ 混合物和 0.7MPa 下 SF_6 中各种试验电极的交流击穿电压威布尔图（来源：TB 730[16]）

图 16.13 显示了对自由运动粒子的击穿电压的影响。在存在这种缺陷类型的情况下，涂层电极可以增加击穿电压。

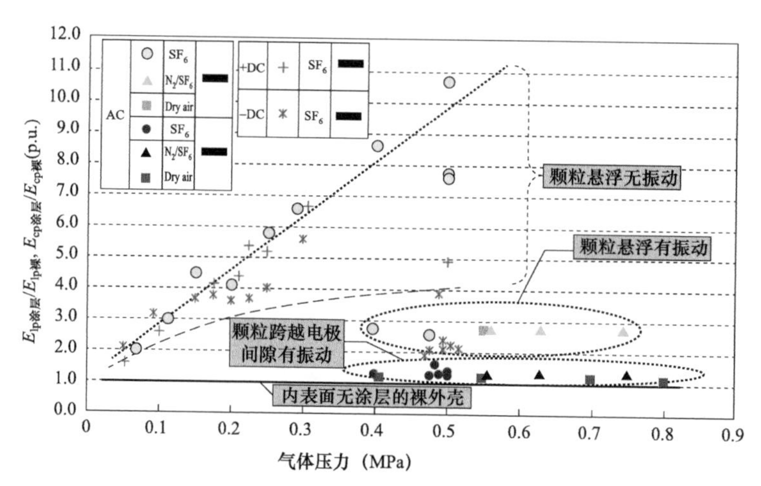

图 16.13　试验腔体封闭外壳内表面有介质涂层与无涂层裸外壳相比的效果随气压变化的函数对于有介质涂层和无涂层的裸外壳，$E_{lp涂层}$、$E_{cp涂层}$和 $E_{lp裸}$、$E_{cp裸}$分别表示外壳内表面上的粒子悬浮和跨越电极间隙的电场强度（来源：TB 730[16]）

在 GIS 中绝缘气体必须实现两个主要功能，即绝缘和灭弧能力。SF_6/N_2 气体混合物不如纯 SF_6，因此该气体混合物不能用于此目的。没有 SF_6 的气体混合物，如 CO_2/O_2/氟酮气体混合物或全氟异丁腈气体（C_4F_7N）与 CO_2 混合似乎是很有希望的候选气体。

16.3.2 液体绝缘

在这里，我们再次回顾 TB 224[2]的作者的观点，因为自 2003 年以来，没有任何重大变化，所叙述内容依然是准确的：

尽管固体和气体绝缘在过去几十年中变得越来越重要，但使用混合绝缘（固体/液体）的变压器是配电和输电系统的关键部件之一，其可靠性至关重要……即使在今天，这些设备中最常用的绝缘系统仍然是传统上使用的油浸纸和纸板绝缘。由于成本限制，纤维素纸和矿物油的组合已成为最常见的材料选择，尽管在特殊情况中使用了不同的绝缘液体和多孔固体绝缘浸渍材料组合（TB 224，第 7.2 节）。

在过去几年中，人们可以注意到酯类液体的使用正在稳步增加的强劲趋势。在未来也是如此。

为什么？在文献［2］中再次给出了很好的解释：

在寻找 PCB（多氯联苯）替代品时，在寻找具有良好冷却性能的不可燃和无毒液体电介质时，最重要的是对生态环境的考虑。提出了将有机酯液体用于配电变压器的建议。获得这种液体的方法包括合成……这种液体的阻燃性比矿物油高得多。然而，酯类液体的闪点和自燃温度处于多氯联苯和矿物油之间的中间位置。酯类液体属于 HFP（高燃点）液体，也称为“不易燃”液体。根据定义，HFP 液体的最低燃点必须为 300℃。酯类液体无毒，经微生物充分分解，在电力变压器的工作温度下具有较低的蒸汽压力。在火灾中，它们不会产生二噁英或有毒产品，并具有良好的生物降解能力……酯液体具有良好的生态特性，这一特性以及干燥固体绝缘材料（浸渍纸）的能力被认为是一项优势。然而，作为热计算主要参数的黏度高于变压器油的黏度；通常需要稍大的冷却通道。酯也容易通过水分水解分离。

多年来，酯类液体一直用于配电变压器中，因为这些液体具有一些额外的优点。它们具有较高的燃点和吸湿性。高吸湿性通常被视为一个缺点，但当固体绝缘材料与绝缘液体接触时，可能是一个优点，因为在固体绝缘材料中吸收的水可以被吸取出来。此外，酯类液体和矿物油具有几乎相似的密度。它们可以以任何比例完全混合。尽管相对介电常数 ε_r（3.3）高于矿物油（2.2），但酯类液体的几乎所有电气和绝缘性能都与矿物油相似。然而，如果酯类液体用于浸渍纤维素，这是一个额外的好处，因为相对介电常数更接近纤维素的介电常数（约 6），从而在组合绝缘内产生更均匀的电场分布（TB 244，第 7.2 节）。

16.3.3 固体绝缘

同样，TB 224 中的论点在今天仍然有效，也适用于未来：

在过去的 30 年中，两种合成固体绝缘材料已广泛应用于电力系统的部件中。聚乙烯主要用作电缆绝缘材料，浇铸环氧树脂材料用于高压和低压系统。这些材料易于操作，具有优异的电气和绝缘性能，并不会与化学物质发生反应，因此具有显著的优越性。聚乙烯（PE）的工作温度限制在 90℃左右，浇铸树脂材料可承受高达 300℃的热应力。此外，浇铸树脂材料具有优异的机械性能。因此，这种固体绝缘材料广泛应用于开关设备、套管、旋转电机和变压器的电气应用中。通过改变成型材料组件，绝缘材料的性能可以适应应用要求。

对填充浇铸树脂绝缘系统电气性能的一个重要影响是，内部机械应力在制造过程中封在固体材料中。这是由于树脂系统和相关封装材料（例如干式变压器中的绕组）的不同热膨胀系数造成的。基体和封闭金属之间的界面以及基体和填料之间的界面是可能出现裂纹的临界点。这些缺陷可导致局部放电（PD），最终导致绝缘系统的电气击穿。聚乙烯主要用作电缆绝缘系统。如今，聚乙烯绝缘电缆的工作电压高达 500kV。聚乙烯具有很好的电性能。聚乙烯的关键特征是局部放电和水。改进的工艺技术现在允许制造具有显著改进的局部放电特性的电缆（TB 244，第 7.1 节）。

对于其中一些固体绝缘材料，其性能取得了显著的改进。例如，开发了特殊的聚乙烯，现在也可用于直流应用，因为通过开发和生产特殊的聚乙烯可以更好地控制和抑制空间电荷现象。这种材料主要用于挤出式直流电缆。

16.3.4　液体绝缘和固体绝缘之间的比较

对于绝缘材料或系统是否适合特殊应用的定位，给出了液体和固体绝缘以及固体/液体绝缘之间的比较。人们可以认识到，不仅仅绝缘性能是重要的。

该列表还简要说明了绝缘材料和系统的前景，可能需要改进以应对未来电力系统的需求。

液体的优点（列表不尽含）：

（1）更好的热传导。

（2）良好的对流和自愈性。

（3）可以再处理，在某些应用中更换液体绝缘是可能的，但必须进一步研究。

（4）对局部放电更不敏感。

液体的缺点（列表不尽含）：

（1）火灾危险和爆炸可能性。

（2）泄漏造成的环境危害。

（3）固体和液体绝缘之间的不同介电常数会导致界面处的电场畸变。

（4）水会降低击穿强度，并在低温下导致液体失效。

（5）纤维素作为固体绝缘材料不允许更高的工作温度。

固体的优点（列表不尽含）：

（1）更好、更容易搬运。

（2）对环境的影响较小。

（3）树脂系统的工作温度可能更高。

（4）火灾危险性较小。

（5）可承受机械应力。

固体的缺点（列表不尽含）：

（1）传热能力较低。

（2）对局部放电活动敏感。

（3）对变化的机械应力敏感。

（4）对温度变化敏感。

作为第一份概要，在最后几节中展示，SC D1 的一项重要任务是研究新材料及其性能和参数。未来的任务应集中于以下一些需求：

（1）研究具有更高耐温能力的材料。

（2）寻找具有更好局部放电性能和高电场耐受能力的绝缘系统。
（3）研究具有更好电气性能的材料，从而适应更高的工作电压。
（4）寻找具有高表面电阻率的材料（主要用于交流应用）。
（5）为不同的高压直流和纯直流应用寻找性能更好的绝缘系统。
（6）研究具有更好通用性的材料，以便设计更紧凑的电力设备。

哪种绝缘材料和绝缘系统最合适取决于应用；因此，它们在变压器（配电或电力变压器）、GIS 或 GIL、支撑绝缘子、套管、电缆连接件或电动机、发电机中的应用可能会有很大不同[5]。

16.4　作为补充的保护

作为提高绝缘材料性能的一个附加组件，避雷器的应用也是 SC D1 的一个主题。这种附加措施有助于保护或将绝缘应力保持在给定范围内[3,5]。必须考虑的是，避雷器的应用是确保在电网内暂态涌流期间电力设备的安全运行的重要部分。因此，未来更紧凑的避雷器的设计将增加场强。作为此类金属氧化物避雷器微观结构的示例，图 16.14 显示对比了 2kV/cm 和 4kV/cm 下金属氧化物电阻的微观结构。4kV/cm 的金属氧化物电阻的氧化锌晶粒尺寸比 2kV/cm 的更小[18]。

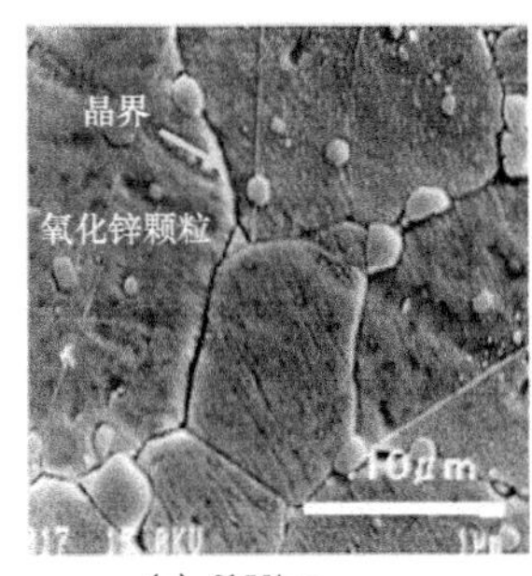

(a) 2kV/cm

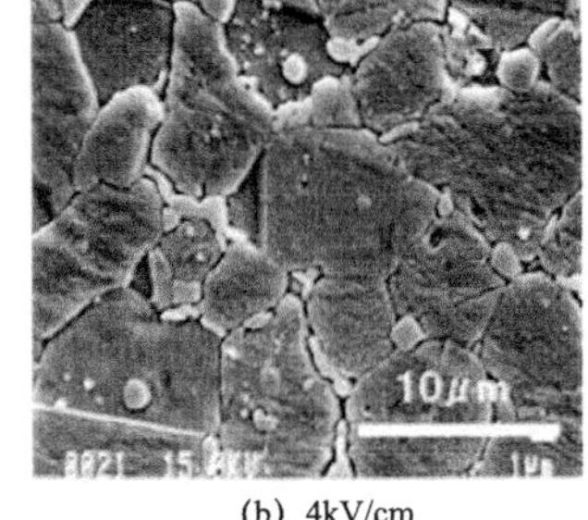

(b) 4kV/cm

图 16.14　场强为 2kV/cm 和 4kV/cm 的金属氧化物电阻器的微观结构（来源：TB 696[18]）

如前所述，交流下的应用和性能在技术和理解上已相当成熟。对于直流应用，仍有可能进行改进，需要进一步的调查和研究。

16.5　新材料和绝缘系统/新技术和试验程序

最后几节简要说明了 SC D1 在绝缘材料和系统方面的工作进展。要理解以下论点，必须认识到电力设备是一种投资品。它们必须运行 20 多年，寿命更长的有 40 年甚至更长时间。因此，必须充分了解上述和各种应力下的老化过程！

因此，新绝缘介质或系统的开发和工业应用需要时间。因此必须了解物理和化学基础。在技术上论证可行并应用于变压器、电缆系统或 GIS 之前，必须对气体、液体或固体的击穿行为和老化特性进行研究，以用于新的应用。这些步骤需要全面的研发调查、研发测试和型式测试，这可能至少需要 5～10 年的时间。此外，生产商和企业（市场）的接受程度将最终决定其应用。所谓的技术准备水平也描述了这一点。

现在将通过一些例子简要说明这些活动的现状及其在新材料和新技术方面的成果。它们将强调对未来电力系统的潜在影响。

16.5.1 纳米材料

技术手册 TB 661[19]和 TB 451[20]以及 WG D1.69 全面概述了该材料及其可能的应用。关于纳米材料的定义，将引用 TB 451[20]中给出的定义：

“纳米技术的现代含义是什么？它是一个涵盖了电子学、光子学、力学、微机械和生物材料等许多领域的通用术语。我们可能会认识到，这还不是一门理论上已经清晰的科学，也没有一个系统的结构，如物理学和电气工程（Iijima 1991）。它涉及材料和功能器件上纳米尺寸和/或宏观的特性。应该强调的是，宏观性能必须表现为纳米水平下各个单个粒子的集体行为。因此，如何控制宏观特性是我们面临的关键问题。预计这种纳米技术将在结构材料、资源和能源、通信和电子、生物技术、环境安全、医学和健康等各个领域带来巨大的创新。”……聚合物纳米复合材料是有机聚合物和无机纳米填料组成的复合材料。由于它们在与聚合物基体接触的纳米填料之间有巨大的界面面积，因此人们普遍认为这些界面的性质对它们的性能有显著影响。图 16.15 显示了界面状态的三个代表性模型（Tanaka 2005）。子图（a）、（b）显示了两种定向聚合物链；（a）随机或平行于纳米粒子表面的方向，以及（b）或多或少垂直于纳米粒子表面。子图（b）部分表示球晶。界面在表面纳米颗粒外沿径向扩展，这一部分通常称为相互作用区。此类界面的性能与纳米粒子和聚合物基体不同，TB 451[20]。

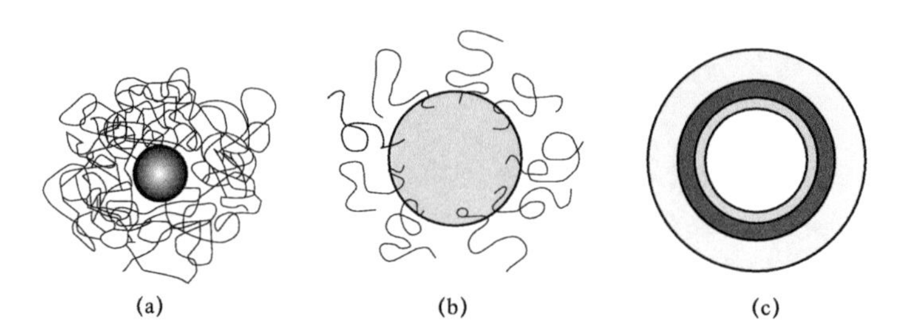

图 16.15 纳米填料和聚合物之间的界面状态（来源：TB 451[20]）

纳米材料应用的例子有电缆系统、定子母线绝缘、GIS 和变压器。它们现在已投入使用，但更复杂的绝缘系统正在研究和调查中。经验表明，从研究到广泛的工业应用，可能需要几十年的时间，另见文献［2］。他们的主要任务是减少损耗，缩小尺寸，并可定制。WD D1.73 继续此项工作（图 16.16）。

16.5.2 高温超导（HTS）材料绝缘

高温超导应用的绝缘是另一个有趣的话题，因为这可以显著降低损耗和电力系统组件的物理尺寸。这种材料在 77K 左右可以传导电流而没有损耗，因此被称为高温超导材料。可能的应用包括：

（1）旋转电机。

（2）电缆。

（3）故障电流限制器。

（4）储能（超导磁储能）。

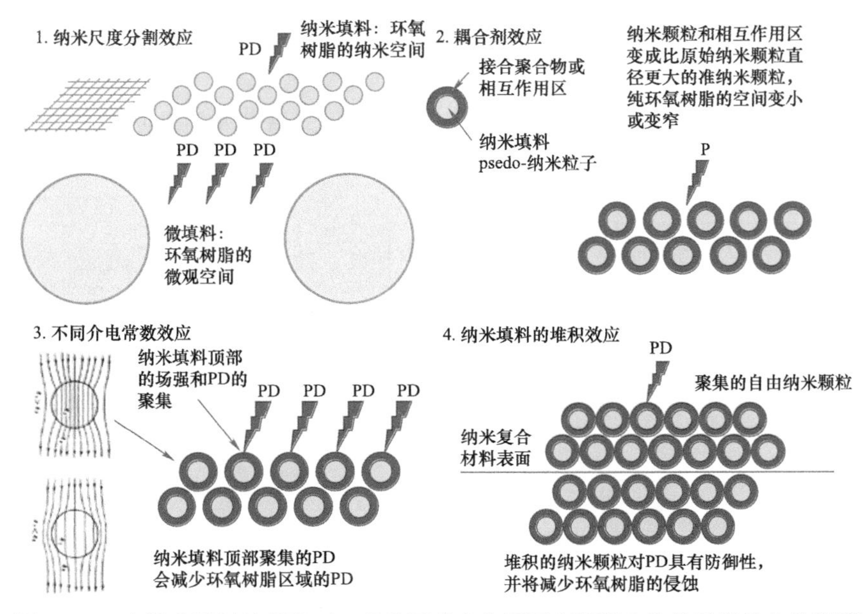

图 16.16 在纳米填料的帮助下，各种因素产生了更高的聚合物抗局部放电性能[19]

更多详细信息见 TB 644[2,21]。此外，WD D1.69，“高温超导（HTS）系统试验技术指南”继续跟进这项工作。

16.5.3 节将通过一些高温超导电缆的开发和现场测试示例说明该技术的实际状况。

截止本文成稿，已有几十条实验超导电缆线路安装完成，以研究利用超导效应进行电力传输的可能性。它们都有一个共同点，即它们的长度不超过 1km[22,23]。图 16.17 显示了高温超导直流电缆的设计示例[22]。

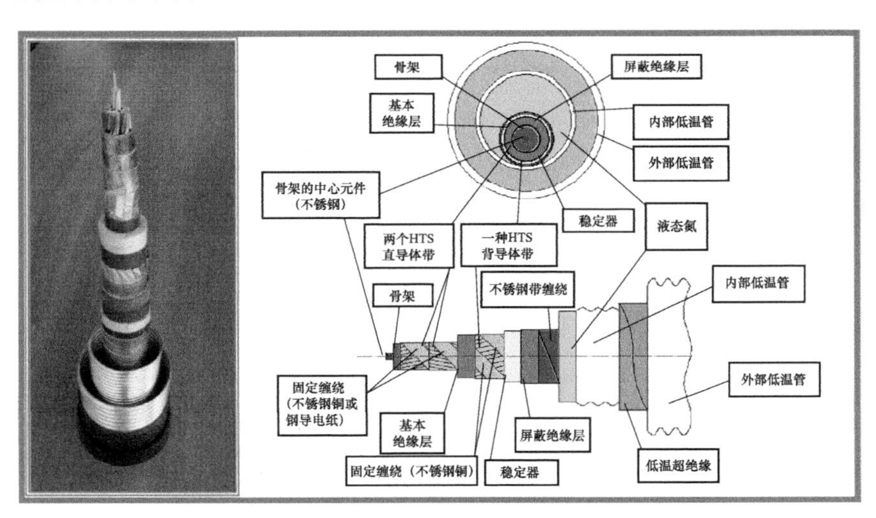

图 16.17 超导电缆设计[22]

根据文献［22］的作者所述，“……长距离电缆传输只有在使用直流线路的情况下才可能实现，因为任何包括超导在内的交流电缆线路都有长度限制，因为充电电流的出现会导致线路远端的功率降低……因此，交流电缆的长度线路不超过几十千米。”

在俄罗斯，以下高温超导电缆正在施工中。该直流电缆将连接圣彼得堡电网中的两个变电站，“Tsentalnaya”330kV 变电站和“RP-9”220kV 变电站。

电缆长度为 2.5km，液氮泵循环长度为 5.0km[22,23]。该高温超导回路的概念如图 16.18 所示，其主要特征如表 16.1 所示。

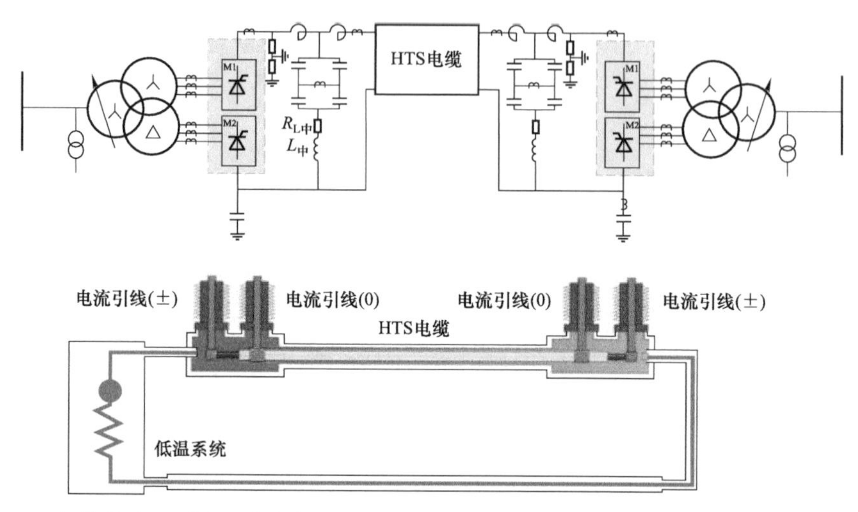

图 16.18 超导线路（顶部）的电气方案和从线路一端（底部）放置低温站的可能冷却方案[22]

此外，交流电缆（三相）和样机也在开发和安装，预计 2019 年完成。图 16.19 以安装在韩国的三相高温超导交流电缆为例[24]。

表 16.1 高温超导线的特性[22]

传输功率	50MW	整流器类型	12 脉冲
额定电压	20kV	反向输电的可能性	假设
额定电流	2500A	低温装置的冷却能力	12kW@70k
工作温度	66～80K	液氮压力	高达 1.4MPa
电缆长度	2500m	液氮流速	0.1÷0.6kg/s

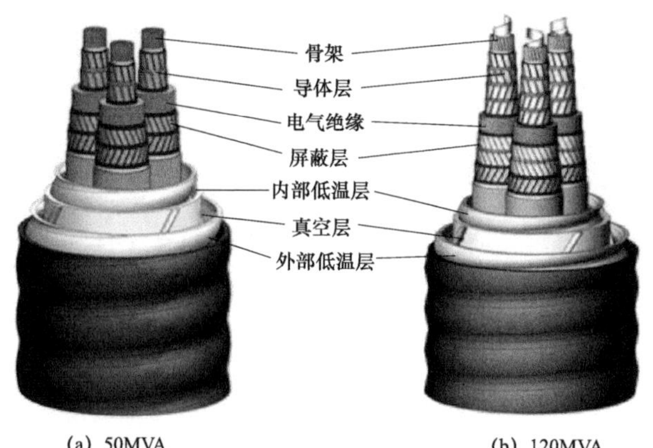

图 16.19 文献［24］中描述的 AC 23kV“三合一”高温超导电缆的结构

尽管如此，可以假设特殊领域的应用数量仍然是有限的。如果这些项目能在实际运行条件下显示出其有效性和技术成熟度，人们可以看到，未来将安装更多的超导电缆线路。

16.5.3 模拟工具的使用和改进——示例

在这一点上，我们想简要讨论一下在 SC D1 和其他 SCs 中普遍使用的改进仿真软件的影响和应用。这是进一步改进绝缘系统和诊断未来电力系统的一个重要方面。

在此背景下再次强调，电介质设计的主要参数是电场，因为电场影响所有的电气作用，如击穿行为和局部放电活动，这一点很重要。必须强调的另一个常常被遗忘的事实：统计控制着所有的故障行为和老化过程。

由于这些边界条件的限制，硬件组件的开发需要经验，不能仅进行模拟。原因是控制绝缘性能的参数并不总是已知或物理上能理解的。例如，对绝缘性能和场强在微观尺度和绝缘界面（纸—油、气—固、金属—气体等）进行控制。例如，在高湿度、直流应力、表面电荷和空间电荷条件下，聚合物绝缘子表面在空气中的电场计算非常复杂，很难仅用理论来描述。除此之外，仿真工具是非常重要的工具，在很大程度上支持对绝缘系统的理解和模拟。这里给出了一个简单的示例。

16.5.3.1 场计算

仿真工具将不断改进，更加灵活，可以同时处理多个物理问题，如热特性、直流电导率作为三维温度和场强的函数以及随时间变化的情况。由于计算的复杂性，这些模拟的结果不容易验证，因此，将来也仍需要进行相应的测量。以下示例演示了此类工具的可能性（见图 16.20）。

该示例显示了表面电荷的测量，并与模拟结果进行了比较。详情见文献［25］。

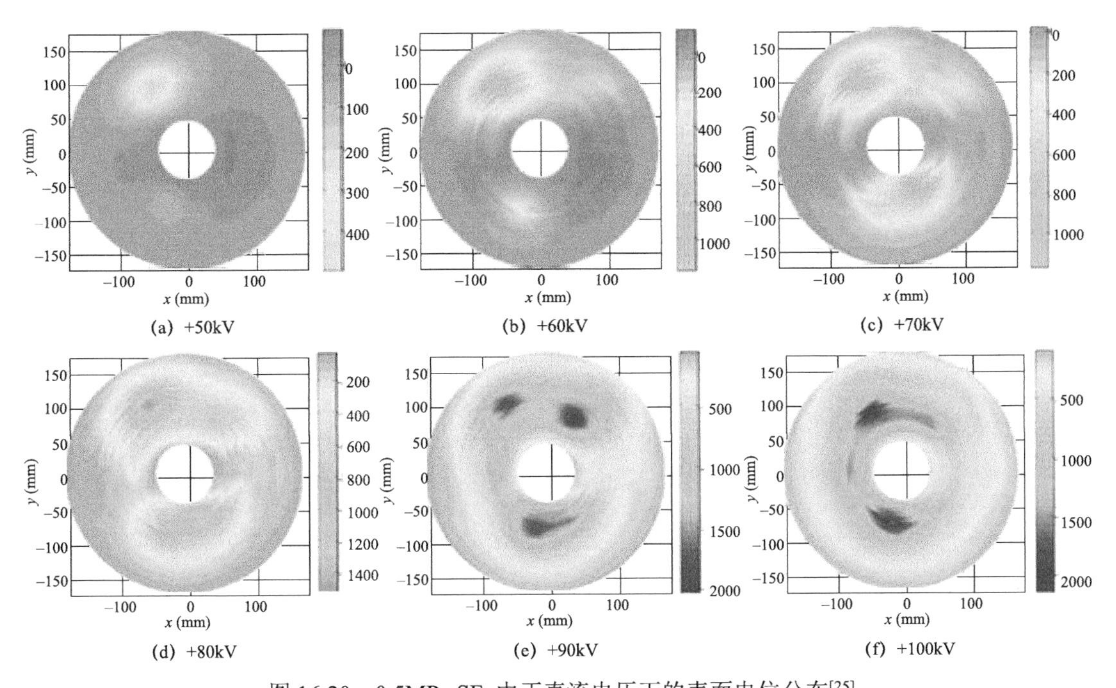

图 16.20 0.5MPa SF_6 中正直流电压下的表面电位分布[25]

16.6 SC D1 工作组和未来潜在的任务

这是关于新材料和新技术的简要概述，以应对围绕这一主题的未来挑战。SC D1 还能在哪些方面做出贡献？SC D1 中的哪些主题可以支持其他 SCs 应对未来挑战？

如果我们看看过去 10 年在 SC D1 不同工作组中处理的主题，对未来工作和任务的预测可能会更可靠。可以看出，至少出现了两个主要的新工作领域；“诊断”和“直流”，见图 16.21。如上所述，SC D1 中的实际主要趋势反映在 24 个工作组的实际主题中，这些主题分为四类：气体、液体、固体以及测试和诊断。在这样做的过程中，人们还可以认识到未来的趋势，以及 SC D1 中以前的新工作组和后续工作组应调查的主题。显然，直流应用将进一步增加。为什么需要直流进一步的工作和研究？

在交流或直流电场应力下，击穿行为、诊断和老化在微观上是不同的。电力设备内部的电场分布、电场幅值和暂态影响是不同的。此外，由于电力电子的广泛应用，必须考虑新的电气应力。这也会影响试验方式和试验程序。SC D1 内的主要工作组及其支持和解决未来电力系统挑战的潜力如下。其中一些已经提到，并进行了简短的讨论。

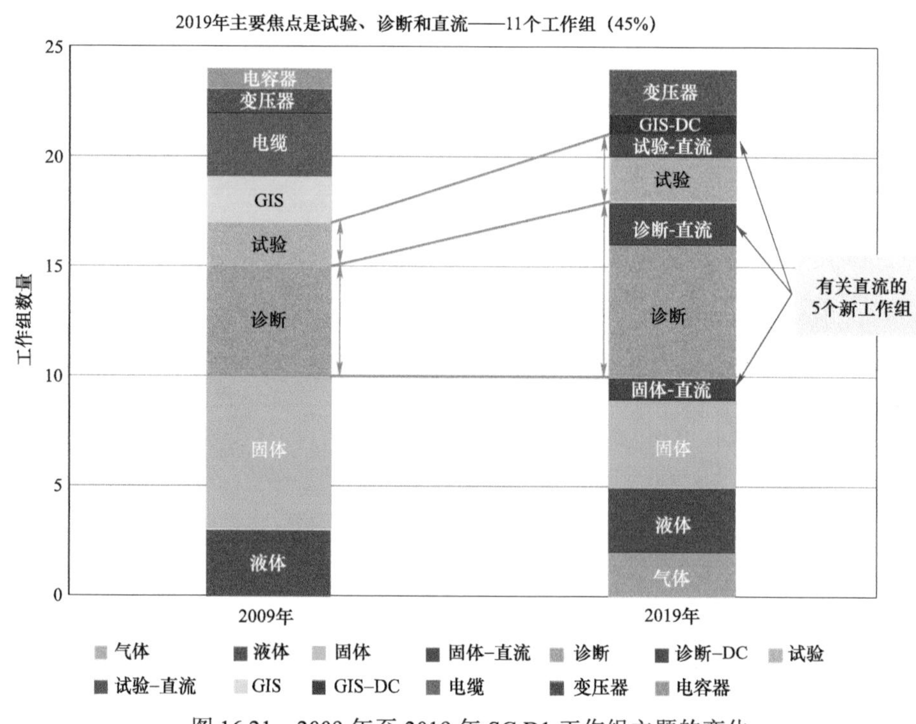

图 16.21 2009 年至 2019 年 SC D1 工作组主题的变化

16.6.1 气体

（1）气体绝缘高压直流系统的绝缘试验（JWG D1/B3.57）。

直流新试验策略：暂态电压应力≥新标准的引入。

（2）气体绝缘系统的局部放电监测系统要求（WG D1.66）。

局部放电监测系统、噪声抑制、数据表达、汇报和故障定位。

（3）用于气体绝缘系统的非 SF_6 气体和气体混合物的绝缘性能（WG D1.67）。

寻找新绝缘气体的方法、试验定义和试验程序。

16.6.2 液体

（1）电力变压器及其附件 DGA 解释的前沿（JWG D1/A2.47）。

改进了对不同故障类型、混合物影响和在线气体传感器的诊断。

（2）油绝缘电力变压器用绝缘材料和绝缘导线的机械性能（WG D1.65）。

审查材料的功能、性能及试验方法，并提出修订标准的建议。

（3）具有变压器固体绝缘老化标记的现场经验（JWG A2/D1.46）。

在线气体监测器的评估及其准确性验证程序。

（4）用于变压器和类似电气设备的现代绝缘液体的功能特性（WG D1.70）。

功能要求概述、测定抑制剂含量的程序、试验方法和现有标准的审查以及标准可能会有的修订。

16.6.3 固体

（1）用铬酸盐气体测量绝缘材料中残余易燃气体的协调试验（JWG D1/B1.49）。

诊断/测试—引入标准版本。

（2）电气绝缘系统的电场梯度控制（WG D1.56）。

建立电场梯度控制材料、场模拟技术和应用。

（3）交流和直流电压应力下聚合物绝缘材料动态疏水性的评估（WG D1.58）。

循环比对试验，可再现性，用于 IEC 标准试验方法的研发。

（4）户外应用聚合物绝缘材料的绝缘特性测量方法（WG D1.59）。

评估不同温度和频率下的各种材料，试验规范和循环比对试验。

（5）户外应用的聚合物绝缘材料的表面降解（WG D1.62）。

降解和老化性能的影响。

（6）低温下的电气绝缘系统（WG D1.64）。

低温下绝缘材料放电原理和试验问题综述。

（7）纳米结构绝缘材料：为电力工业服务的多功能性（WG D1.73）。

回顾最近的纳米绝缘材料、多功能参数的选择、试验样品设计的定义以及试验材料的选择和试验执行。

16.6.4 绝缘试验和诊断工具

正如本章引言中所述，在电力设备及其部件的开发过程中，必须进行不同的试验。值得注意的是，这些试验不仅仅包括绝缘试验，是一系列试验，如研发试验、型式试验、预审试验、工厂试验、调试试验、现场试验和诊断。其中大多数在相应的标准中有描述，例如套管、电缆、电力变压器和 GIS。

结合所有试验，必须定义标准，如何检查和证明试验是否成功。“无损”的观测是不够的，不能保证被试部件处于正常状态。因此，在过去几十年中，开发并不断改进了其他诊断工具。关于测量参数的应用和解释的附加指南，如超高频传感器的局部放电测量[26]、电力变压器的局部放电分析[27]和电力变压器的 DGA[13,28]就是典型示例。此外，频率响应分析、FRA、电缆故障定位以及采用超高频方法对 GIS 进行局部放电监测等技术将在未来几年内不断改进。此外，由于新型紧凑型传感器技术的快速发展，新的绝缘参数可用于评估绝缘系统的状态。

新的 IEC 标准将定义试验电压（如波形、频率、谐波和公差），目前正在部分修订[29]。

此外，工作组还涵盖了这些诊断主题：

（1）测量电缆和架空线路导线交流和直流电阻的原理和方法（WG D1.54）。

审查最先进的测量和试验设备，制定试验程序，评估影响因素，并确定可靠性。

（2）快速瞬变的可追溯测量技术（WG D1.60）。

审查现有维护惯例、调查问卷以及基于状态的维护的新方法和发展。

（3）光学电晕检测和测量（WG D1.61）。

循环比对的试验程序，市场上可用紫外线摄像机的评估。

（4）直流条件下材料抗表面电弧性试验（WG D1.72）。

试验安排和试验程序的定义，循环比对试验。

（5）承受高压电力电子设备应力的绝缘系统的局部放电测量（WG D1.74）。

调查测量电力设备局部放电的可能性，提取局部放电特征（波形和带宽），调查绝缘系统的电压耐受性。

（6）空气间隙和清洁绝缘子的大气和海拔校正系数（WG D1.50）。

检查和评估现有修正系数和收集新数据，定义和执行循环比对试验（RRT），以及标准修订指南。

根据这些论点，将讨论一些诊断示例及其功能。

16.6.4.1　空气间隙和清洁绝缘子的大气和海拔修正系数

WG D1.50 正在收集有关大气和高度修正系数的数据，因为人们发现，在不同的 IEC 标准中存在不同的系数，这是不可行的，尤其是在减少设备尺寸和安全间隙的要求下。图 16.22 显示了 WG D1.50 收集的关于湿度对绝缘子影响的结果[30]。

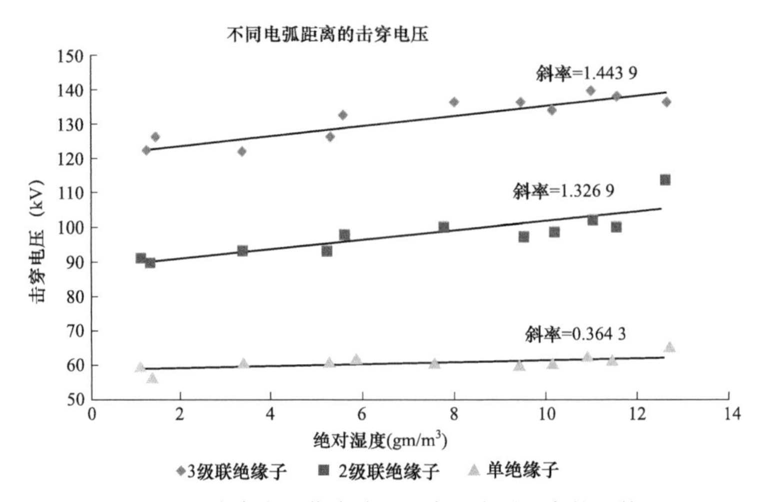

图 16.22　击穿电压作为绝对湿度和电弧距离的函数[30]

随着高压直流输电系统和直流输电线路的使用，也研究了直流应力下的修正系数。图 16.23 显示了 100～700mm 间隙范围内的湿度影响以及高度范围（500～1900m）的函数。有必要进行这些调查的原因是因为人们意识到，根据 IEC 60060 进行的修正似乎对直流系统无效。因此，IEC 60060－1[29]的修订需要 WG D1.50 的结果。

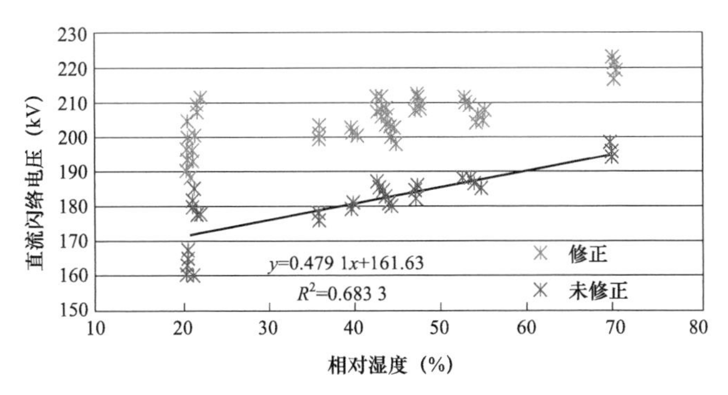

图 16.23　击穿电压与相对湿度[30]

16.6.4.2　直流电压应力下的局部放电检测

WG D1.63 的任务是在直流电压应力下检测局部放电[15]。经验表明，直流应力下的局部放电活动及其测量与交流应力下的非常不同。IEC 标准 60270[31]未正确涵盖直流测量。这就是这个工作组存在的原因。其结果将作为本标准修订或修订的输入。

WG D1.63 的两个主要任务是描述交流和直流局部放电性能差异的理解。研究了直流应力作用下不同绝缘系统的物理过程和工作条件（如极化、温度等）的影响因素，以及它们对局部放电现象的影响。图 16.24 显示了直流应力下电缆接头内部空隙的局部放电重复率示例，图 16.25 显示了油—纸绝缘中的模拟电场应力。

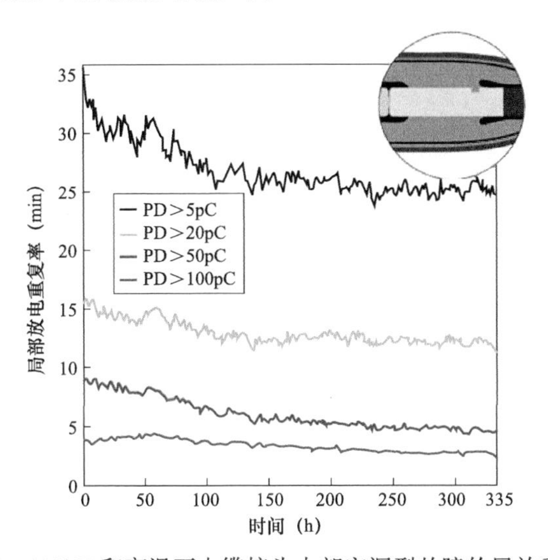

图 16.24　180kV 和高温下电缆接头内部空洞型故障的局放重复率[15]

16.6.4.3　利用 UHF 技术对 GIS 进行诊断

近 20 年来，超高频（UHF）方法被引入 GIS 局部放电检测。此后，需要验证这些诊断测量设备的灵敏度。WG D1.25 收集了在大约 15 年的灵敏度检查期间获得的经验（TB 654[32]）。

所述程序可确保在现场检测到可导致表面电荷为 5pC 的缺陷。对不同的诊断方法进行比较，并确定与不同类型故障相关的局部放电活动水平。研究发现，通过任何诊断方法检测到的局部放电水平与故障的闪络电压之间没有直接的相关性。

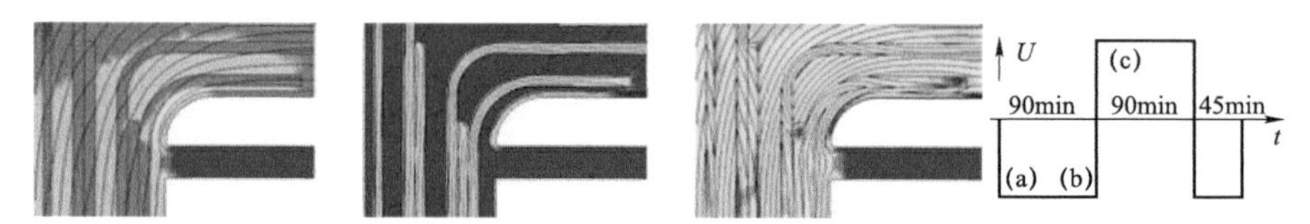

图 16.25 极性反转试验期间，油板屏障系统中的电场应力和等电位线

注：（a）接通后的位移场；（b）在 90min 后接近稳态直流场；（c）极性反转后稳态和位移场的叠加[15]。

在大多数类型的 GIS 中，超高频能量集中在 100MHz 和 2GHz 之间。传感器的频率响应取决于其尺寸、形状和使用的连接方法。可以利用大多数传感器本身都是超高频频率下的共振结构。典型传感器如图 16.26 所示。

图 16.26 典型传感器示例（来源：TB 654[32]）

图 16.27 显示了 GIS 母线沿线局部放电信号的阻尼："……显示了单相封装 220kV GIS 母线沿线频率相关衰减特性的示例。此类 GIS 的母线和该配置显示出相当低的信号阻尼。用于执行现场灵敏度验证的脉冲发生器信号甚至可以在传感器上识别距离更远的 14 个间隔（495MHz 时）。可以看出，与 1GHz 以上的频率相比，1GHz 以下的频率的信噪比更高。此外，随着人造脉冲信号注入点的距离增加，频率内容往往集中在特定的共振频率上，带宽减少。"

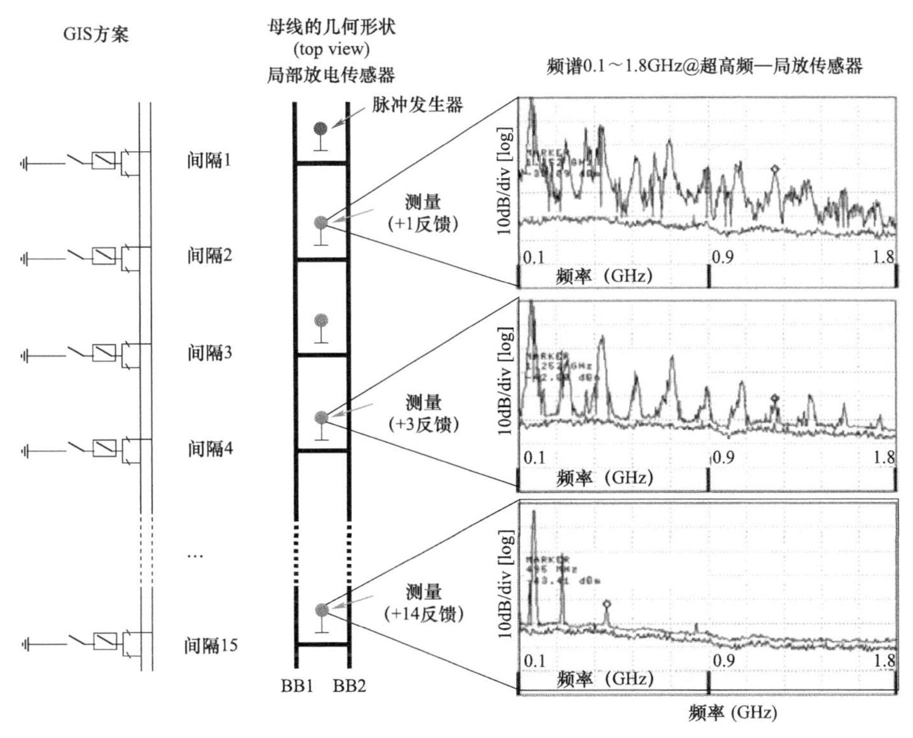

图 16.27 220kV GIS 母线沿线的超高频信号衰减特性（来源：TB 654[32]）

16.6.4.4 基于局部放电诊断的 GIS 缺陷风险评估

一般而言，对于资产的运营和未来而言，风险分析非常重要。这通常不容易实现，因为设备（变压器、GIS）的状态不完全清楚。此外，可能的弱点或缺陷未知。因此，WG D1.03 研究了配备超高频局部放电测量技术的 GIS 诊断与风险评估的组合。结果发表在 TB 525[33] 中。流程图形式的方法如图 16.28 所示。

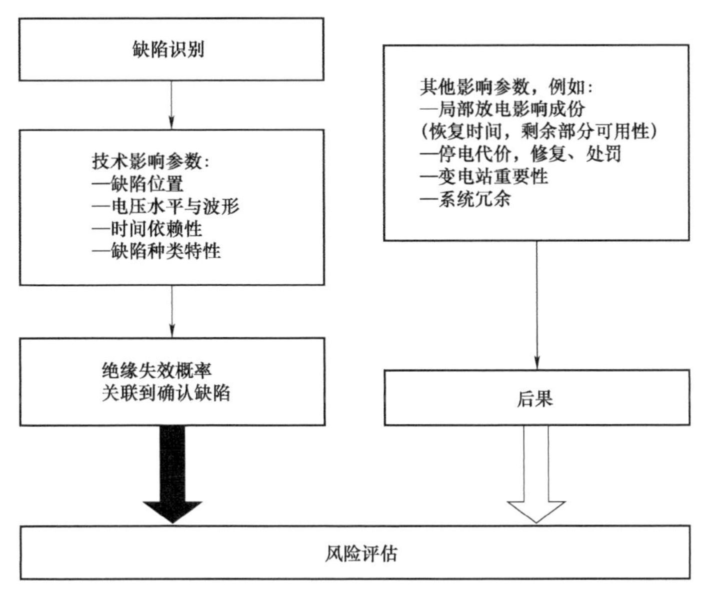

图 16.28 建议的风险评估程序流程图[33]

该报告进一步表明，根据缺陷类型，必须考虑每个参数的影响。表 16.2 显示了技术影响参数以及通过局放测量检测到的不同缺陷的技术影响参数。其中一些方面可以通过局放测量定义；其他与使用条件有关，如发生暂态交流过电压[33]。

表 16.2 不同局部放电缺陷的技术影响参数[33]

缺陷类型	技术影响参数			
	缺陷类型属性	缺陷位置	时间属性	电压水平和波形
移动颗粒	—粒子尺寸和质量 —快速移动高度	—临近衬垫 —振动引起的位移 —局部场强 —粒子陷阱 —介质涂层	—幅度趋势 —行为 —飞跃时间	—交流电压水平 —直流电压 —交直流合成电压
浮动元件	—移动（固定设计） —数量/周期	—临近衬垫	—幅度趋势 —行为 —相角	—交流电压水平
绝缘层上的颗粒	—尖端形状 —长度	—局部场强	—行为	—雷电冲击 —特快暂态
凸起物	—尖端形状 —长度	—高压电极	②	—雷电冲击 —特快暂态
空间	—尺寸① —数量① —形状①	—局部场强	—幅度趋势 –间歇性行为 —相位角稳定 —电压出现/消失	—交流电压水平 —暂态电压出现

① 目前没有局部放电测量的可用信息。

② 不影响概率的计算程序。

16.6.4.5 液体绝缘系统的诊断

TB 738 总结了水和氧对矿物油中纤维素老化的影响[34]。从本手册中取出的图（a）牛皮纸和图（b）改性纸的 Arrhenius 老化曲线如图 16.29 所示。

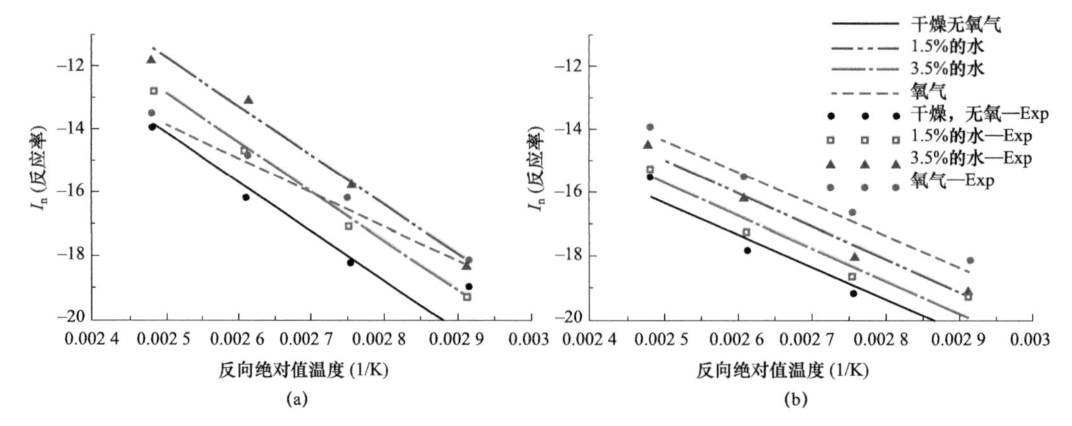

图 16.29 （a）牛皮纸和（b）改性纸老化的 Arrhenius 图（来源：TB 738[34]）

本文显示，“牛皮纸氧化的温度依赖性小于水解，并且更符合改性纸的老化。我们还可以看到，改性牛皮纸中水分含量的增加不像纯牛皮纸那样有害，而氧气似乎对两者的危害相近，这清楚地表明，改性会抑制水解，而氧化则不会，改性纸的氧化似乎是一个更为突出的机理。”[17]。本示例说明了现场油再生或回收方法的相关性。在油本身的脱气、修复和回收油过程中，纤维素可能会被干燥。对于所有这些方法，纤维素和纸板都是通过输送的油进行干燥的处理设备。从绕组中获取水和老化副产品的方法的能力将取决于处理过程中变压器绝缘系统的温度，并随着温度的升高而增加。去除水需要时间：水的溶解度和扩散的温度依赖性基本上是已知的。”

16.6.4.6　油中水分测量的重要性以及新传感器技术的应用和适用性

在此基础上，很明显，油中含水量的测量和相关知识对于变压器的状态分析非常重要。工作组调查和收集了这些水分测量的方法和可用技术，并于最近出版了 TB 741[35]。

图 16.30 显示了击穿电压和绝缘液体相对饱和度之间的直接相关性。根据该图与描述纸中水分浓度百分比和相对湿度百分比的图相结合，可以给出平衡条件下纸中水分百分比与油中击穿电压的相关性，见图 16.31[35]。

该图表明，在较低温度下，油中的击穿电压不会随固体绝缘的含水量发生显著变化。取样温度对于正确评估含水量和估算击穿电压是必要的。

TB 741 还介绍了电容式聚合物传感器。“它们广泛用于高压设备中的水分监测，以及用于石油加工和翻新（回收）的自动化设备。电容式传感器仪器的使用是一项成熟的技术，自 20 世纪 70 年代以来已用于各种应用中，以测量气态水分。在 20 世纪 90 年代末，采用相同的技术将被用于测量油中的相对湿度饱和度”[35]。

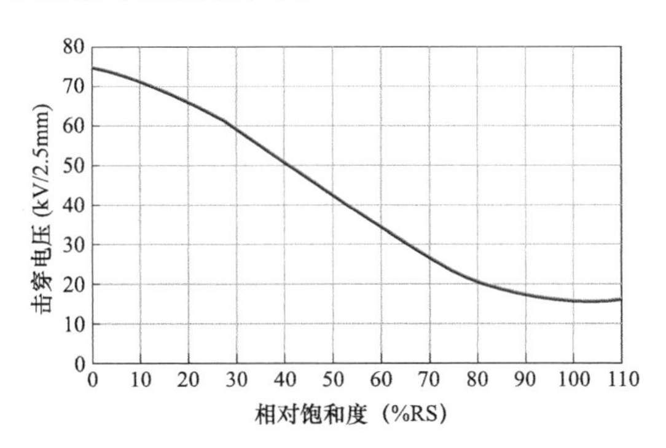

图 16.30　击穿电压与绝缘液体含水量之间的相关性（来源：TB 741[35]）

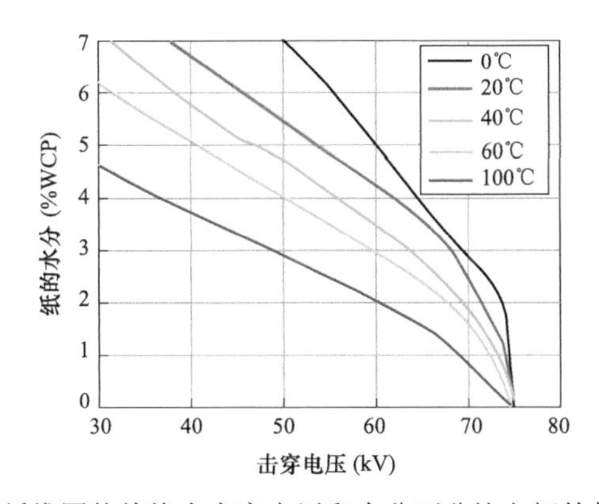

图 16.31　不同使用温度下纤维固体绝缘中击穿电压和水分百分比之间的相关性（来源：TB 741[35]）

图 16.32 显示电容式水分传感器为平行板电容。至少一个电极对水蒸气具有渗透性，并允许水分子扩散到电介质聚合物层中。吸收的水分子引起介电常数的增大，这可以作为传感器元件电容的增加来衡量。该传感器对水具有很强的选择性，并且几乎没有观察到油中其他分子的干扰效应[35]。

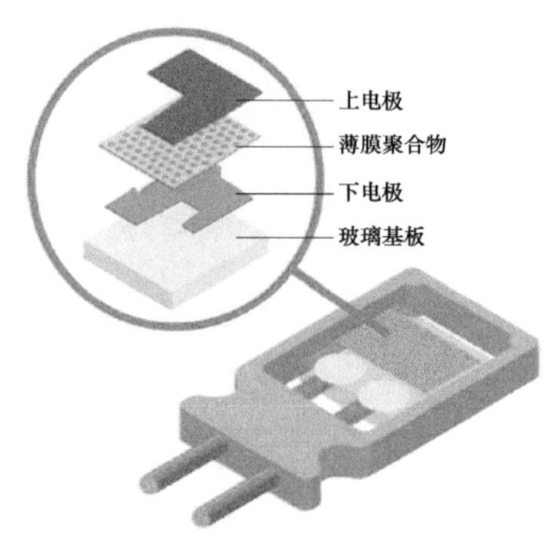

图 16.32　一种电容式薄聚合物传感器的结构（来源：TB 741[35]）

TB 741 的结果还说明，天然酯和固体绝缘的水分扩散系数远高于矿物油和固体绝缘的水分扩散系数。图 16.33 显示了由于水分交换滞后曲线的不同时间常数［相对饱和度（RS）与温度依赖性］[35]。

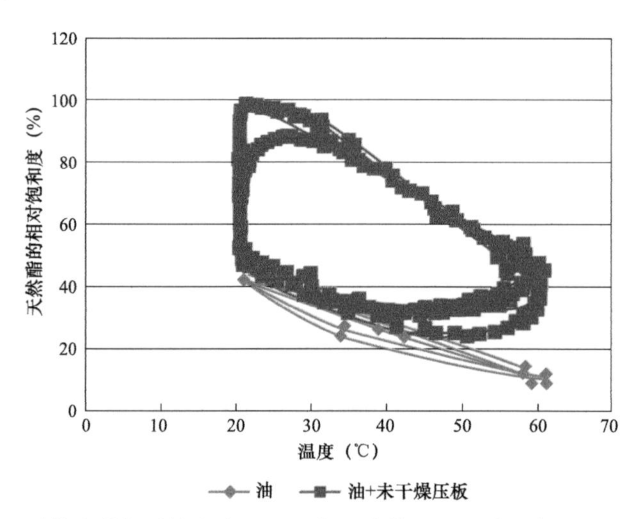

图 16.33　天然酯的相对饱和度（RS）与温度的滞后回线（来源：TB 741[35]）

16.6.4.7　DGA 解释的进展

另一个重要的诊断工具是油中溶解气体分析（DGA）。

用于识别填充矿物油的变压器和附件中的故障（高于典型值）或应力（低于典型值）的主要方法是 Duval 三角形和五边形、IEC 比率、Rogers、Dornenburg、关键气体方法，以及几十种其他使用较少的已发布方法，例如使用神经网络。它们都主要使用氢、甲烷、乙烯、乙烷和乙炔进行故障识别。TB 771 中的故障识别使用了三角形和五边形方法［B5］，而不是 IEC 比率方法［B3］和上面列出的其他方法[28]。

表 16.3 显示了绕组纸中 D1 类故障或应力的示例，这些故障或应力比油中的故障 D1 更危险，因为此处的纸通常承受高电压，并且在被电弧 D1 碳化时将失去其电气绝缘特性，从而导致绝缘故障。事实上，已向工作组报告了文件中约 8 起 D1 故障案例，当乙炔达到 120ppm 或 45ppm 或以下时发生故障。此处所示为 230kV 套管[28]纸上火花局部放电 D1 的示例。

表 16.3　在套管[33]纸上的 D1 型局部放电火花示例

	H_2	CH_4	C_2H_2	C_2H_4	C_2H_6	Tr1	Tr4	Tr5	Pent2	
01 April	576	150	11	116	19	DT	S	T3	S/D1	●
15 April	433	115	9	92	15	DT	S	T3	S/D1	●
15 May	966	226	21	179	32	DT	S	T3	S/D1	●
12 June	1 212	225	21	171	30	DT	S	T3	S/D1	●
Delta 15Apr/15May	533	111	12	87	17	DT	S	T3	S/D1	●
Delta 15May/12June	246	0	0	0	0	—	S/PD	—	PD	■

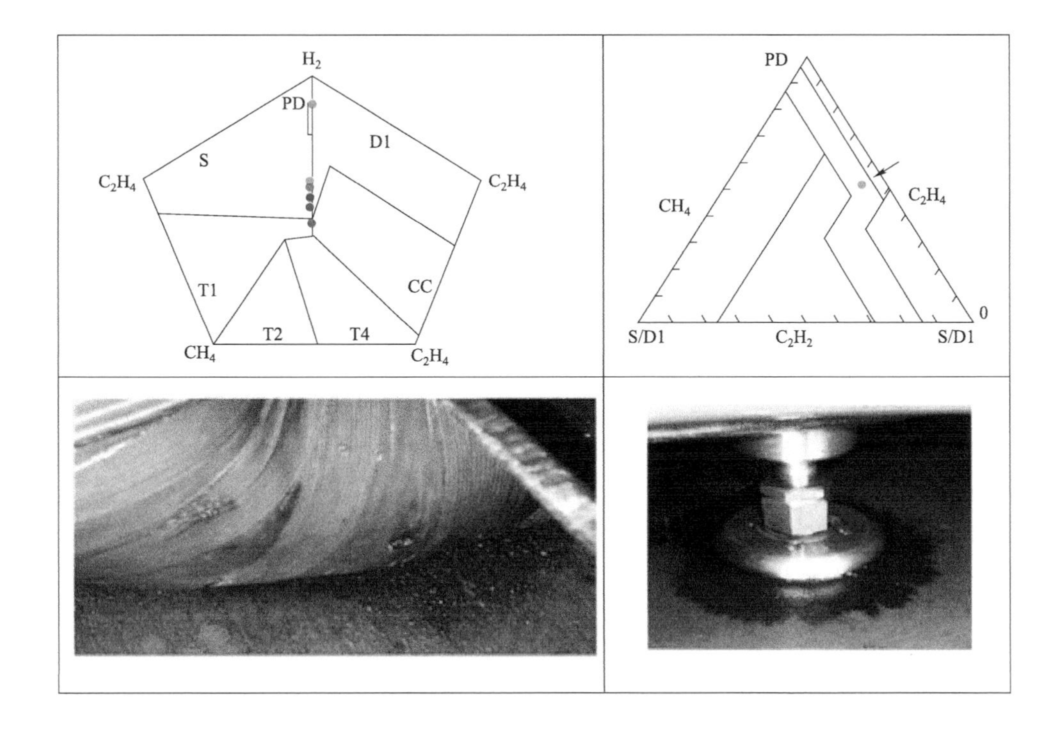

16.7　腐蚀

最后，近年来，腐蚀成为 SC D1 关注的焦点。最初，这不属于他们的工作范围，而在几年前 SC D1 被要求收集有关该主题的数据和信息。WG D1.71“理解和缓解腐蚀”最终成功地完成了这项工作，并于 2019 年在 TB 765 中发表[36]。

本手册介绍并分析了各种腐蚀机理。作为示例，图 16.34 描述了以下情况：“点状腐蚀是最具破坏性的腐蚀形式之一，因为它会因穿孔而导致设备故障，而均匀腐蚀造成的金属损失最小。通常，点状腐蚀发生在氧化覆盖的金属表面，如不锈钢或铝，因为氧化膜被侵蚀性阴离子局部分解，特别是氯离子。当氧气含量增加（如泄漏）时，锅炉和其他水系统中的钢也会发生点蚀，从而使保护性磁铁矿膜局部分解，导致钢表面出现凹坑或凹陷。这称为“氧点蚀”[36]。

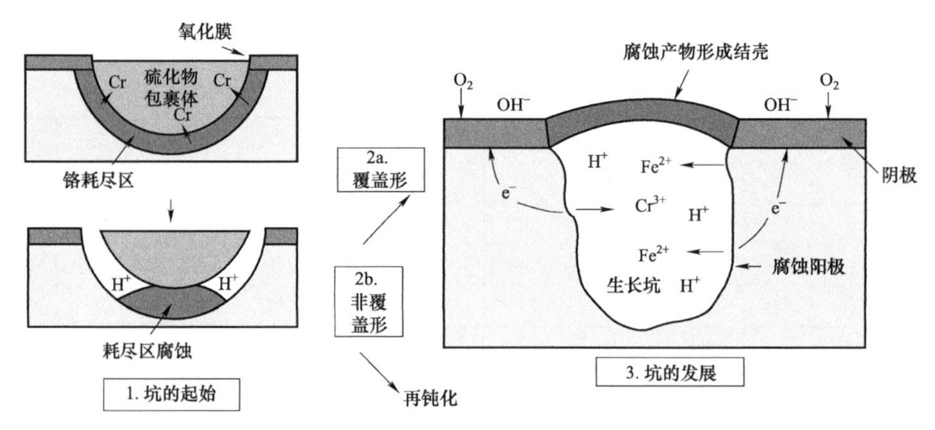

图 16.34　不锈钢中的点蚀机理（来源：TB 765[36]）

众所周知的锈蚀及其机理如图 16.35 所示。WG D1.71 的作者解释说：“由于腐蚀产物是红锈，因此很容易识别钢腐蚀。一旦保护镀锌层被破坏，钢和氧化剂就会在表面起反应，形成锈。

当非碱性合金腐蚀时，黑色腐蚀产物通常首先在金属表面形成。如果存在水分，这种氧化亚铁涂层会转化为水合氧化铁，称为红锈。这种材料会通过吸收空气中的水分促进进一步的腐蚀。氧化铁的阴影范围为从暗黄色到各种橙色和红色，再到深黑色。红锈（Fe_2O_3）和黑锈（Fe_3O_4）通常一起出现：沉积物颜色反映混合物中的氧化物占主导地位。受腐蚀的镀锌钢零件也可能被所谓的白锈覆盖，白锈是在受损镀锌层上形成的白色多孔沉积物。图 16.35 中显示了所有三种类型的锈（红色、黑色和白色）。

图 16.35　镀锌钢腐蚀：受腐蚀镀锌层的“红锈”（Fe_2O_3）、“黑锈”（Fe_3O_4）和“白锈”的混合物（来源：TB 765[36]）

16.8　结论

综上所述，SC D1 未来工作组的主要主题和方向将支持未来电力供应的挑战，包括：

（1）降低损耗。

（2）延长寿命。

（3）减缓腐蚀。

（4）环境影响较小（SF_6 的替代品）。

（5）变压器用环保绝缘液体。
（6）紧凑的设计，更高的电场强度。
（7）高场强下的老化（交流和直流）。
（8）由于电力电子器件的进一步增加，暂态电压的影响。
（9）新材料（纳米材料）、新绝缘液体和改良固体。
（10）诊断工具和解释规则或指南。
（11）由于电力电子技术的广泛应用，新的测试程序。

16.9　教育

最后，对工程师和科学家的教育以及支持和实现未来电力供应所需的各种技能进行了简要思考。

（1）系统知识和思维（高压工程、电力电子、材料科学、物理概念）。
（2）学科系统边界更加互相渗透甚至完全消失。
（3）了解硬件—设计—制造过程之间的相互作用。
（4）处理和理解复杂模拟工具（多物理）。
（5）创新思维，跨越电力电子、高压工程、化学、物理、力学和模拟之间的界限。
（6）学生应了解高电压工程、电力电子、电场、击穿和局部放电活动的统计性质以及进一步和新的诊断参数的基础知识。
（7）模拟工具主要局限于现有的知识和理论，因此，仍然需要进行耗时的实验和研究。

大学应该调整课程，但他们不应该忘记经典的“强电系统”，因为这仍然是供电系统的支柱。

参考文献

[1] CIGRE-S47-ScopOfWrk-N3: 2018 Scope of Work a Activities. https: //www.cigre.org/userfiles/files/Knowledge_Programme/S47-ScopOfWrk-N3.pdf.

[2] CIGRE Technical Brochure 224: Emerging Technologies andMaterial Challenges, final report of Joint Advisory Group DC15/D1-JAG 02TC & Study Committee Task Force SC15/D1-Tf03 (2003).

[3] Hauschild, W., Lemke, E.: High-Voltage Test and Measuring Techniques, 2nd edn.Springer (2018). ISBN978-3-319-97459-0.

[4] Sundran, A., et al.: Establishment of 1200kV national test station in India.CIGRE Science & Engineering, vol.4, pp.6-11 (2016).

[5] Küchler, A.: High Voltage Engineering.Springer Vieweg, VDI book (2017). ISBN 978-3-642-11992-7.

[6] IEC 60060-1 ed.3.0 (2010-09): High-voltage test techniques—Part 1: General definitions and test requirements, 2nd edn.Springer (2018). ISBN 978-3-319-97459-0.

[7] CIGRE Technical Brochure 502 High-Voltage On-Site Testing with Partial Discharge

Measurement, final report of WG D1.33 (2012).

[8] CIGRE Technical Brochure 751: Electrical Properties of Insulating Materials Under VLF Voltage, final report of WG D1.48 (2018).

[9] CIGRE Technical Brochure 703: Insulation Degradation under Fast, Repetitive Voltage Pulses, final report of WG D1.43 (2017).

[10] IEC 62895: 2017: High voltage direct current (HVDC) power transmission—cables with extruded insulation and their accessories for rated voltages up to 320kV for land applications—test methods and requirements (2017).

[11] Voß, A., Gamlin, M.: Superimposed impulse voltage testing on extruded DC-cables according to IEC CDV 62895.In: 20th International Symposium on High Voltage Engineering, Buenos Aires, Argentina, August 27-September 01 (2017).

[12] Felk, M., et al.: Protection and measurement elements in the test setup of the superimposed test voltage. In: 20th International Symposium on High Voltage Engineering, Buenos Aires, Argentina, August 27-September 01 (2017).

[13] CIGRE Technical Brochure: DGA Monitoring Systems, final report of WG D1/A2.47, to be published in 2019.

[14] CIGRE Technical Brochure 741: MoistureMeasurement and Assessment in Transformer Insulation-Evaluation of Chemical Methods and Moisture Capacitive Sensors, final report of WG D1.52 (2018).

[15] Plath, R., et al.: Interim Report of WG D1.63: Progress on Partial Discharge Detection Under DC Voltage Stress. CIGRE Joint Colloquium on Study Committee A2, B2 and D1 in New Delhi (2019).

[16] CIGRE Technical Brochure 730: Dry Air, N_2, CO_2 and N2/SF6 Mixtures for Gas-Insulated Systems, final report of WG D1.51 (2018).

[17] Conference of the Parties.: Methodological issues related to the Kyoto Protocol.Report of the Conference of the Parties on its third session, held at Kyoto from 1 to 11 December 1997 Addendum Part Two: Action taken by the Conference of the Parties at its third session. http: // unfccc.int/resource/docs/cop3/07a01.pdf (1998).

[18] CIGRE Technical Brochure 696: MO Surge Arresters—Metal Oxide Resistors and Surge Arresters for Emerging System Conditions, final report of WG A3.25 (2017).

[19] CIGRE Technical Brochure 661: Functional Nanomaterials for Electric Power Industry, final report of WG D1.40 (2016).

[20] CIGRE Technical Brochure 451: Polymer Nanocomposites—Fundamentals and Possible Applications to Power Sectors, final report of WG D1.24 (2011).

[21] CIGRE Technical Brochure 644: Common Characteristics and Emerging Test Techniques for High Temperature Superconducting Power Equipment, final report of WG D1.44 (2015).

[22] Sytnikov, V.E., et al.: On the possibility of using HTSC cable lines in creation of long-distance interconnections.CIGRE Session 2018, Paris, paper B1-301.
[23] Korsunov, P.Yu., Ryabin, T.V., Sytnikov, V.E.: Superconducting cables.HTSC CL Project for Connection of 330kV Tsentralnaya Substation and 220kV RP-9 Substation in St.Petersburg (Energy of the unified network, 2017, No.3 (32), pp.28-36).
[24] Koo, D.C., et al.: World first commercial project for superconducting cable system in Korea. CIGRE Session 2018, Paris, paper B1-303.
[25] Shang, B.Y., et al.: Measurement and modeling of surface charge accumulation on insulators in HVDC gas insulated line (GIL). CIGRE Science & Engineering, vol.3, pp.81-87 (2015).
[26] CIGRE Technical Brochure 662: Guidelines for Partial Discharge Detection Using Conventional (IEC 60270)and Unconventional Methods, final report of WG D1.37 (2016).
[27] CIGRE Technical Brochure 676: Partial Discharges in Transformers, final report of WG D1.29 (2017).
[28] CIGRE Technical Brochure 771: Advances in DGA Interpretation, final report of JWG D1/A2.47 (2019).
[29] IEC 60060-1: 2010: High-Voltage Test Techniques—Part 1: General Definitions and Test Requirements.
[30] Rickmann, J., et al.: CIGRE WG D1.50, Current state of analysis and comparison of atmospheric and altitude correction methods for air gaps and clean insulators.In: 19th International Symposium on High Voltage Engineering, Pilsen, Czech Republic, August 23-28 (2015).
[31] IEC 60270: 2000: High-Voltage Test Techniques—Partial Discharge Measurements.
[32] CIGRE Technical Brochure 654: UHF Partial Discharge Detection System for GIS: Application Guide for Sensitivity Verification, final report of WG D1.25 (2016).
[33] CIGRE Technical Brochure 525: RiskAssessment on Defects in GIS Based on PDDiagnostics, final report of WG D1.03 (2013).
[34] CIGRE Technical Brochure 738: Ageing of Liquid Impregnated Cellulose for Power Transformers, final report of WG D1.53 (2018).
[35] CIGRE Technical Brochure 741: Moisture Measurement and Assessment in Transformer Insulation—Evaluation of Chemical Methods and Moisture Capacitive Sensors, final report ofWG D1.52 (2018).
[36] CIGRE Technical Brochure 765: Understanding and Mitigating Corrosion, final report ofWG D1.71 (2019).
[37] Juhre, K., Hering, M.: Testing and long-term performance of gas-insulated systems for DC application.In: CIGRE-IEC 2019 Conference on EHV and UHV (AC & DC), April 23-26, 2019, Hakodate, Hokkaido, Japan.

作者简介

Ralf Pietsch，1958 年生于德国。1979—1986 年，他在德国 RWTH 亚琛工业大学（Aachen，RWTH Aachen，Germany）学习物理学，获得了博士学位（雷尔·纳特博士）。1992 年在亚琛 RWTH 高压技术研究所工作。1992—1996 年，他在瑞士巴登达特维尔的 ABB 公司研究部担任项目工程师。这一时期的主要主题是 UHF 传感器开发、局部放电物理、局部放电和 SF_6 击穿的测量和解释、SF_6 的分解产物以及 SF6 替代的研究。1996 年年底，他调到 ABB 高压技术公司，Zürich Oerlikon（瑞士），领导型式试验和开发实验室，主要测试额定电压高于 170～800kV 的 GIS。

自 2001 年 1 月以来，他在不同的技术岗位上为 HIGHVOLT 工作。其主要研究包括雷电冲击和直流测试系统、电场计算和局部放电测量。此外，自 1996 年以来，他是 CIGRE SC D1（材料与试验新技术专业委员会）各工作组的积极成员（专家、秘书或召集人）。自 2016 年 9 月起担任 CIGRE SC D1 专业委员会主席。自 2004 以来，他是开姆尼茨工业大学的合同教师，讲授“诊断和高压测量技术”。

第 17 章　信息系统和通信技术

Giovanna Dondossola，Marcelo Costa de Araujo，Karen McGeough

摘　要：在过去的几十年里，电力公司中的数字系统开始逐渐受到越来越多的关注。本章简要介绍了该行业的最新技术，同时结合世界各地电力基础设施普及率和多样性情况，对未来电力系统的发展进行展望。目前技术的发展水平和未来技术均可归集成 3 个相互关联的局面：ICT 系统、通信和网络安全。

关键词：数据分析；人工智能；机器学习；区块链；工业物联网；网络功能虚拟化；网络风险评估；预防性安全措施；异常检测；网络事件响应

缩写

ANN	人工神经网络
API	应用程序接口
BCO	业务持续计划
BES	主干电力系统

On behalf of CIGRE Study Committee D2.

G. Dondossola (✉)

RSE S.p.A, Milan, Italy

e-mail: Giovanna.Dondossola@rse-web.it

M. Costa de Araujo

Eletrobras Eletronorte, Brasilia, Brazil

K. McGeough

ESB Networks, Dublin, Ireland

N. Hatziargyriou and I. P. de Siqueira (eds.), *Electricity Supply Systems of the Future*, CIGRE Green Books, https://doi.org/10.1007/978-3-030-44484-6_17

CEN/CENELEC/ETSI	欧洲标准化委员会/欧洲电工标准化委员会/欧洲通信标准协会
CDM	规范数据模型
CIP	关键基础设施保护
CNN	卷积神经网络
DER	分布式能源
DNN	深度神经网络
DSO	配电系统操作人员
DT	数字孪生
EMS	能量管理系统
ENISA	欧洲网络与信息安全局
EPU	电力公司
GDPR	一般数据保护条例
GIS	地理信息系统
GPS	全球卫星定位系统
HMI	人机界面
ICS	工业控制系统
ICT	信息通信技术
IDS	入侵检测系统
IEC	国际电工委员会
IED	智能电子设备
IEEE	电气与电子工程师协会
IIoT	工业物联网
IoT	物联网
IP	互联网协议
ISO	国际标准化组织
IT	信息技术
LV	低压
MV	中压
NERC	北美电力可靠性公司
NLP	自然语言处理技术
NIS	网络与信息安全
NIST	美国国家标准技术研究所
OT	操作技术
PD	局部放电
PMU	相量测量装置

PRPD	相位分部局部放电
QoS	服务质量
RFC	需求备忘录
RTU	远程终端单元
SCADA	监控与数据采集
SG-CG	智能电网协调组
SIEM	安全信息与事件管理
TC	技术委员会
TCP	传输控制协议
TLS	传输层安全协议
TSO	输电系统运营商
XML	可扩展标记语言
WAMPAC	广域监控保护自动化控制
WAN	广域网

专用首字母缩略词

2G	第二代移动通信技术
3G	第三代移动通信技术
4G	第四代移动通信技术
5G	第五代移动通信技术
ACSE	联合控制服务单元
ADSS	全介质自承式光缆
CIM	通用信息模型
DNP3	分布式网络协议
EoS	基于 SDH 的以太网
GOOSE	面向通用对象的变电站事件
GSM	全球移动通信系统
LPWAN	低功率广域网络
LTE	长期演进技术（第四代移动通信技术）
MAC	媒体访问控制器
MASS	金属自承光缆
MMS	制造报文规范
MPLS	多协议标签交换
MPLS-TP	多协议标签交换传输配置文件
NFV	网络功能虚拟化
OPGW	光纤复合架空地线

OPPC	光纤复合相线
PDH	准同步数字体系
PLC	电力线载波
SDH	同步数字体系
SDN	软件定义网络
SMV	采样测量值
SV	采样值
TCD	时间因果图
TDM	时分多路复用
TFPG	时间失效传播图
UHF	超高频
VHF	甚高频

17.1 引言

在注重流程与服务的数字化时代，电子数据和数字基础设施在电力系统管理中的角色正在经历一场深刻的、有时甚至是颠覆性的变革。通过数字服务和虚拟化架构处理大量数据的能力所带来的机遇和挑战将成为新一代电力系统的特征。

本章概述了 ICT、通信和网络安全交叉技术的最新发展，以及这些技术的未来发展。电力系统的数字化未来愿景解决了全球能源转型和新能源市场带来的需求变化，解决了应用于缓慢变化的电力基础建设的快速发展的 ICT 技术问题。

17.2 技术发展的最新水平

本章将介绍与电力公司基础建设相关的最新 ICT 技术，包括 ICT 系统、通信方法和网络安全措施。

17.2.1 电力公司的 ICT 系统

17.2.1.1 数据分析和人工智能

电力公司可以从各种渠道获得数据。保护继电器和智能电子设备会持续地收集和处理数据，以检测电力系统上的异常和故障状况，并提供高速跳闸机制，将故障点与电力系统的其余部分隔离。长期以来，调度中心一直使用 SCADA 系统来监控潮流，并根据显示的警报做出决策，例如添加或移除用于无功功率控制的电容器组，以及调整变压器的分接开关。另一种类型的数据源是来自监测高压设备状况、协助维护团队执行任务的传感器。同步相量测量装置或 PMU 可实时提供电网状态的精确读数。此外，从电力系统的角度来看，工单历史、故障报告、天气历史、气象服务供应商的预测、经济历史、经济分析公司的预测、终端用户调查报告、行业规范、设备位置、地理信息系统提供的土地使用信息和地方政府提供的城市发展计划，这些外部数据对于提高态势感知和协助电力公司在运行、策略和战略层面做出决策非常重要[1,2]。图 17.1 显示了典型的 EPU ICT 基础设施。

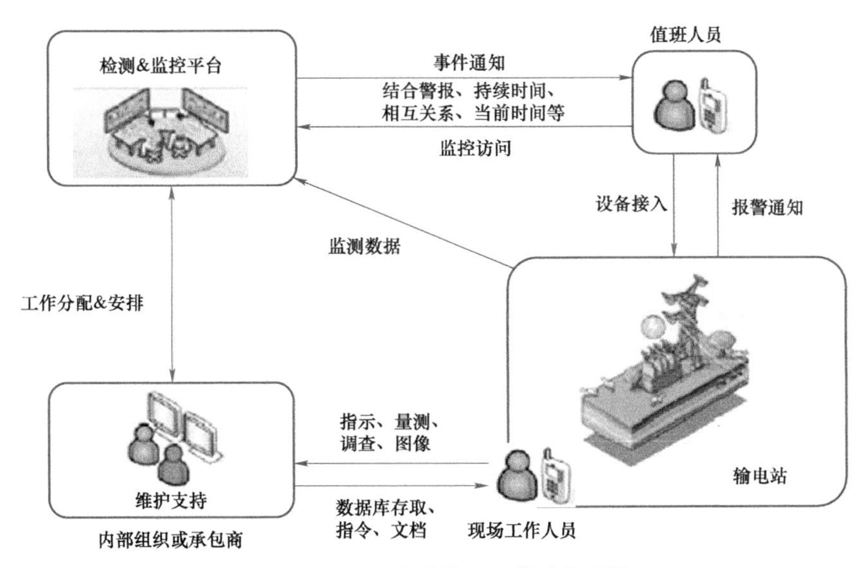

图 17.1　EPU 典型的 ICT 基础设施[3]

从客户的角度来看，智能电表需要提供新的服务，比如实时能耗，以及每种负荷按类型分类，是否可在不同的平台上使用，如智能手机、智能电视和电脑。能源价格可以根据需求进行实时评估。掌握了这些知识，用户可以在更经济的情况下选择白天使用大功率家用电器的时间[4,5]。

然而，为了给电力公司带来真正的好处，必须对这些数据进行适当的处理，以便将其转化为有用的信息。这些信息具有更大的价值，可以为公共服务中的流程负责人提供洞见。通过在可能影响系统行为的所有因素之间建立关联，数据集成后人们可以更好地查看电网状态。数据分析和可视化技术，再加上电气行业专业人士的专业知识，可以确保系统在未来几十年的韧性。图 17.2 说明了这些概念。

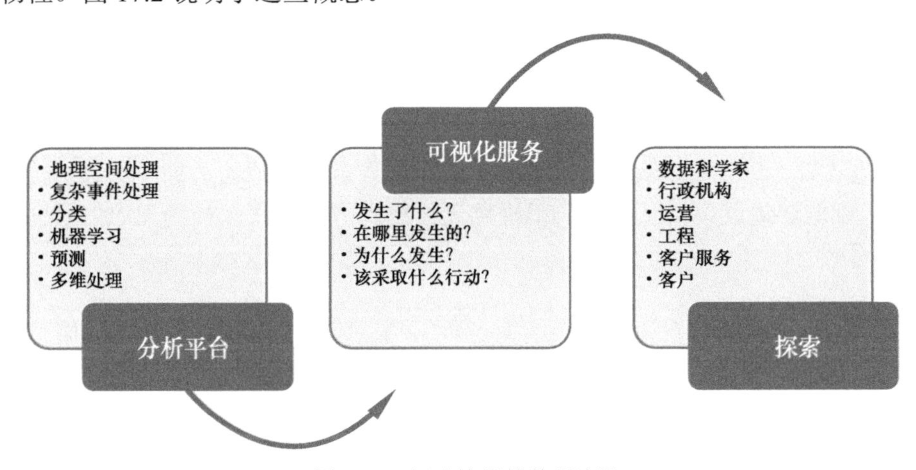

图 17.2　行动情报的数据流[6]

根据 Stimmel 的文章[6]，分析模型可以分为四类，如表 17.1 所示。

这些方法可以自行使用，也可以根据它们想要解决的具体问题类型组合使用。

表 17.1 智能电网分析中使用的分析模型[6]

分析法	功 能
描述性	过去发生了什么，或现在又发生了什么？
诊断法	为什么会发生，或为什么现在会发生？
预测性	接下来会发生什么？在不同的条件下会发生什么？
规定性	有哪些选择可以创造最优或高价值的结果？

机器学习是一种人工智能技术，用于从数据中获得预测性的洞见。从更高角度来看，这是一个收集数据、标记数据并通过算法运行数据的过程，以训练预测模型，并在评估模型结果后，将其部署到实际应用中（见图 17.3）。机器可以使用有监督、无监督或强化学习的方式进行训练。监督学习中，在模型训练之前，数据由人预先标记（例如，识别设备的损坏或未损坏部分）。在无监督学习中，算法本身创建了它试图分类模式的相似特征聚类（例如，输电塔中的分离组件）。强化学习是一种技术，智能体在达到预期目标时获得奖励，否则就会受到惩罚。这项技术过去曾被用于开发能够在棋盘游戏或电子游戏中击败人类的智能体。

图 17.3 机器学习的过程

机器学习的主要使用案例有：

（1）计算机视觉。

（2）时间序列或回归分析的预测。

（3）自然语言处理（NLP）。

机器学习的一个例子是人工神经网络（ANN），这是一种试图模拟生物系统中发生的决策过程的计算网络中枢神经系统中的神经元网络[7]。它由 3 个要素组成[8]：输入层、隐藏层和输出层。图 17.4 显示了一个人工神经网络结构的示例。每个神经元利用可适应的突触权值与上一层的其他神经元连接，信息以一组连接权值的形式存储。人工神经网络由许多相互连接的节点组成，其中每个连接关系都有一个数值权重[9]。人工神经网络中的每个人工神经元对其输入（在机器学习术语中也称为"特征"）执行加权和，并将这个和传递给一个函数，得出输出（也称为"标签"），输出给其他神经元。有许多不同的人工神经网络结构可用于不同的目的，但都能够通过调整从一个人工神经元传递到另一个人工神经元的信号强度来学习数据中的关系[10]。

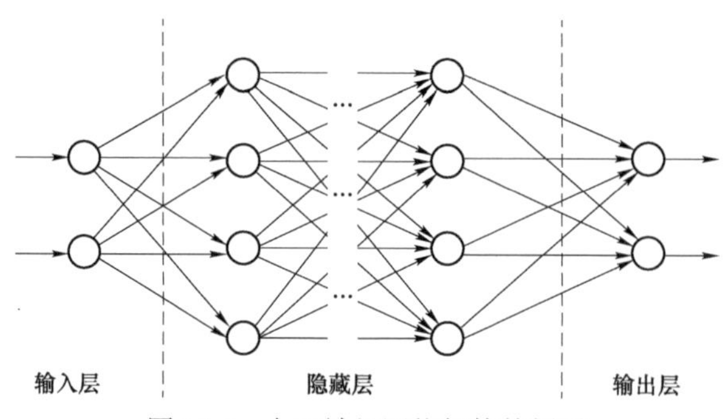

图 17.4 人工神经网络架构的例子

在训练过程中，需要一组匹配的输入和输出模式，将通过网络产生的每个输出与所需输出进行比较，直到误差减小到期望的阈值之内，并且网络将权重锁定为常量。然后，使用这个经过训练的网络来做决策、识别模式或细化新的输入数据集[9]中的关联。

一个简单的神经网络由输入层和输出层组成，它们之间只有一个隐藏层。当存在 3 个以上的隐藏层时，这种结构称为深层神经网络（DNN）。深度学习的一个例子是卷积神经网络（CNN）。这项技术使研究人员能够通过自动图像识别来解决更复杂的问题，如计算机视觉。每一层都会增加它从图像中提取特征的复杂性，而且一些算法不需要人工标记。云计算带来的进步、计算能力的提高和高带宽电信网络使 DNN 应用成为可能。这些元素结合在一起，可以提供更多的可用数据，并有可能运行更复杂的算法。

然而，在使用人工智能之前，数据分析师或计算机科学家应该验证是否可以应用其他技术来实现他们的目标，如统计或经典算法、支持向量机（一种使数据集中点之间的距离最大化的硬分类器方法）和决策树（一种从通过分支连接到内部和终端节点的根节点构建层次树，并根据预定标准对每个节点进行分类的技术），从历史数据中生成见解。感兴趣的读者可以在本章的参考文献中找到关于这些技术和其他技术的更多信息。

在应用机器学习技术之前，必须具备一些条件，如果无法获得大量数据，则无法训练出准确的预测模型。此外，在训练阶段使用的数据质量对于从模型中获得精确和无偏差的结果极其重要。在理想情况下，公司内部不能有数据孤岛，以避免不一致并促进聚合。数据治理过程是充分发挥人工智能潜力的基础。

数据分析和人工智能在电力公司中的应用 人工神经网络可用于回归（识别不同输入对最终产出的影响）或分类（识别观测数据的类别）问题。人工神经网络在电力领域的一些应用包括：输电线路故障诊断（通过计算机视觉或分析 IED 数据）、局部放电（PD）诊断和电力系统负荷预测。

图 17.5 说明了如何将人工神经网络与决策树相结合，用于检测定子绝缘子中的局部放

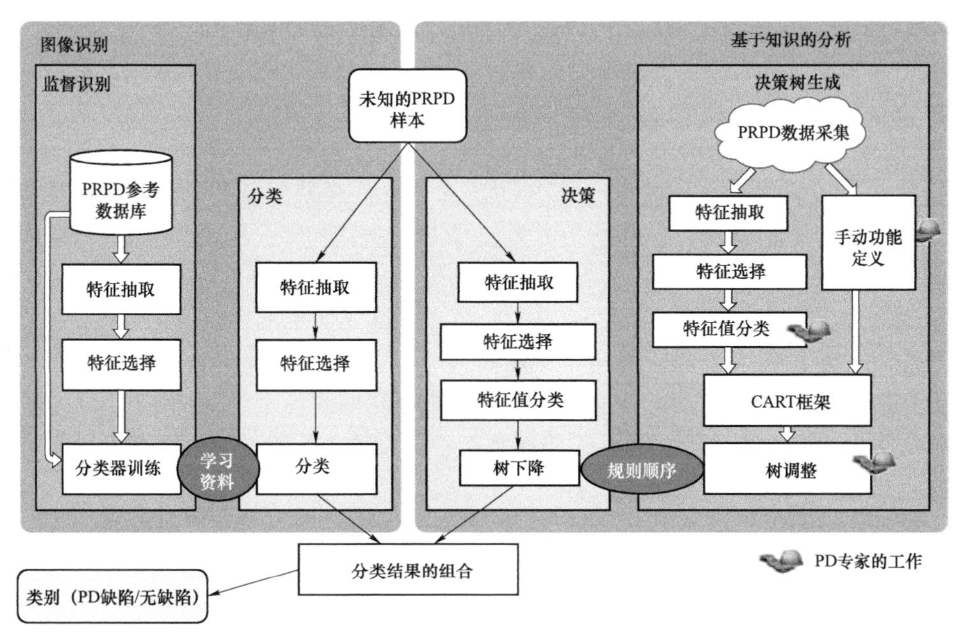

图 17.5 局部放电缺陷识别体系结构[10]

电。自动分析通常在相位分辨局部放电模式（PRPD）上运行，其中 PD 振幅是根据高压波形的相位进行分辨的[10]。

在参考文献［11］、［12］中，CNN 被用来训练一个模型，以便在直升机或无人机（UAV）捕获的检查图像中检测电线和设备的故障和缺陷。此应用程序解放了维护技术人员和工程师，让他们能够找到经检测发现问题的解决方案，从而无需花大量时间分析图像。图 17.6 展示了所开发系统的一些结果。

图 17.6　计算机视觉在线路检测中的应用[11]

运行中的另一个直接应用是使用自然语言处理算法自动转录维护团队和操作员之间的通信，将他们的对话转存在故障事件中。另一个使用 NLP 的例子是聊天机器人，它为营销公司提供了一个很好的应用程序，可以代替人来处理用户的常规请求。

通过结合智能电表数据、地理参考数据、人口统计数据和天气历史数据，数据分析可用于确定城市不同街区的负荷分布[13,14]。

17.2.1.2　业务连续性计划和 ICT 架构

支持这些和其他解决方案的 ICT 基础设施对于确保公共服务公司为其客户维持电力流同样重要。应急计划和安装工作必须是电力公司 IT 战略的一部分，以确保灾难期间业务的连续性和快速恢复能力。

为了制定业务连续性计划（BCP），电力公司必须优先决定哪些是其最重要的 ICT 服务。为了避免服务中断，电力公司应遵循以下建议[15]：

（1）选择一个安全的地点，特别是在自然灾害事件期间易于进入。

（2）发生灾难时，确保所有需要的数据都在备份设施中，通过数据库存储同步复制最重要的信息，或者通过物理介质恢复不那么重要的信息。

（3）在备份设施中囊括所有支持可视化功能的工具和应用程序，以确保操作人员能够感知 BES 的情况，以及最低限度的业务、企业活动所需的所有工具和应用程序。

（4）确保正常服务运行所需的所有数据和语音通信，包括与关键变电站和发电厂的语音和控制通信，以及与组织外部的通信，例如互联网接入。

（5）包括可靠的电力来源，如冗余配电线路，柴油发电机，柴油补充合同等。

（6）确保应用于主要设施和控制中心的所有物理和网络安全要求是有保证的。

（7）实施一个操作流程，以确保备份功能与主控制中心保持一致。

图 17.7 中的平台架构旨在提供冗余以支持连续操作，同时提供灵活性以应对 EMS 的组件故障或灾难场景[16]。

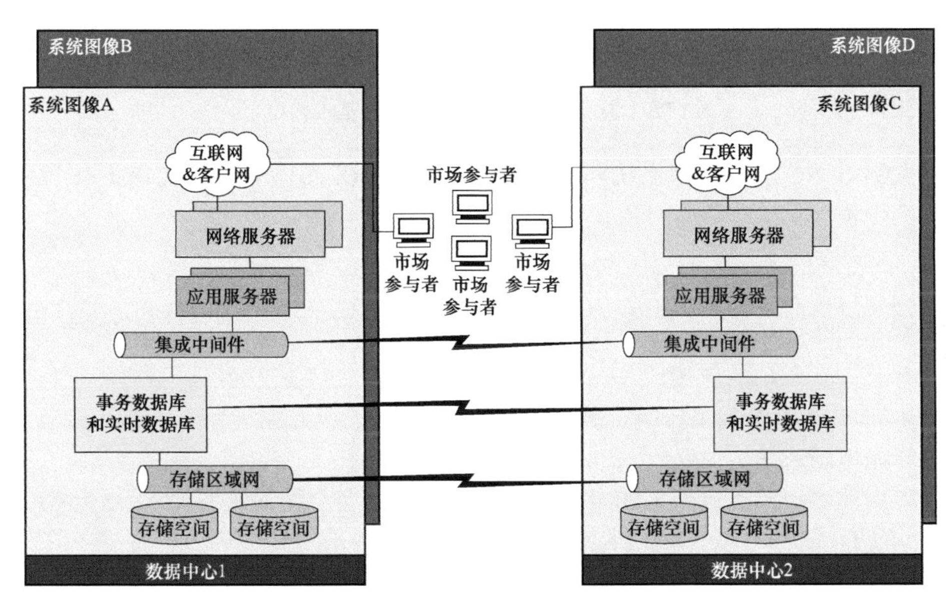

图 17.7 平台和业务连续性的逻辑架构

数据同步是指在生产系统镜像之间进行数据复制和同步，包括报警、操作员标记和人工输入。它可以在对等模式（两个系统都是启用的，并且它们可能是冗余或非冗余）、拆分模式（系统在两个位置被隔离）或主/辅助模式（主系统中的数据在辅助系统中定期被复制）下运行。该架构允许使用基于快拍技术和数据复制的存储硬件作为执行备份和快速恢复的手段。该系统与站点之间强大的冗余通信系统相结合，旨在防止公用设施失去电网的监控功能。

17.2.2 电力公司的通信

17.2.2.1 应用和要求

电力系统的运行需要在系统的不同组成部分之间交换信息[17]。为了设计和指定合适的通信解决方案来有效控制电网，需要深入了解用户应用程序及其属性。

图 17.8 提供了一个定义“用户应用程序”的基本模型，该模型通过专用电信基础设施交付的通信服务或通过运营商（采购服务）提供的通信服务进行交互。服务接入点是通信服务的交付、监控和管理点，也是服务用户和提供者之间的接口[17]。

如 D2/C2.41 联合工作组编制的 TB 732 所述[8]，多年来，在开发满足电力系统连接性要求的通信解决方案时，网络可靠性和覆盖范围、带宽、数据包抖动和延迟要求一直是最关键的问题。

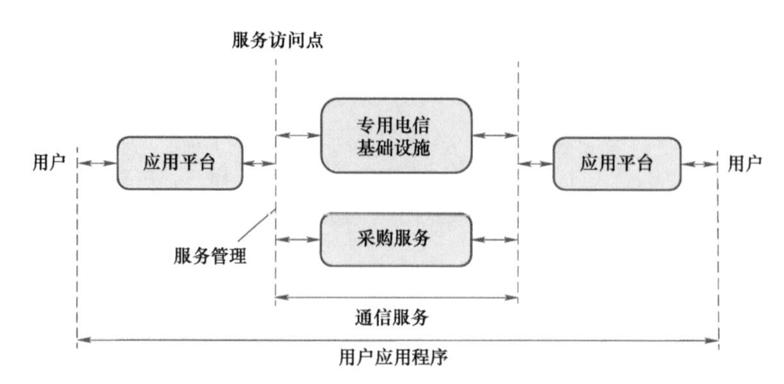

图 17.8 表示用户应用程序通信的基本模型[17]

根据 CIGRE SC D2（信息系统和通信专业委员会）在 2016 年发布的绿皮书[17]和信息交换范围，应用程序可进行以下分类：

（1）变电站到变电站的应用。

（2）现场设备到中心平台的应用。

（3）平台间的应用程序。

（4）办公室到现场的应用。

（5）生产者/消费者到工作平台的应用程序。

（6）能源现场通信。

下列应用程序清单摘自典型的电子业务组所载的一套全面的服务要求，出自 CIGRE WG D2.35 编制的 TB 618[18]中：

（1）远程保护。

（2）SCADA 服务。

（3）控制中心之间的数据交换。

（4）能源测量。

（5）事件和干扰记录器。

（6）实时 PMU。

（7）动态线路额定值。

（8）智能测量。

（9）一般现场警报、监督和监视。

（10）通信网络基础设施的远程管理。

（11）操作/无电源启动电话。

（12）使用 IEEE 1588 的时间分布。

如 TB 732[8]所述，通信网络需要为上述许多应用提供实时、低延迟、高弹性和高安全性的性能服务，包括远程保护、变电站 SCADA 和相量测量。远程保护是最关键的应用之一[19]，因为它在线路故障期间对高压保护方案的安全运行起着重要作用[20]，然而，不同的应用有不同的限制，需要满足不同的因素。为了选择不同于远程保护的用户需求示例，移动现场工作人员应用程序往往需要更高的带宽解决方案，并且通常可以接纳更高的延迟。为了根据通信需求对应用程序进行分类，一种公认的方法是根据流量类型对其进行分类。TB 618[18]建议了六类流量类型，以允许网络提供商了解应用程序的限制。下面概述了 6 种流量类型，包括每种类别的示例应用程序。

1. 延迟极低、不接受丢失、序列和对称决定流量

差动远程保护方案。

2. 延迟极低、不接受丢失

距离保护。

3. 延迟极低、接受丢失流量

（1）时间分布。

（2）实时 PMU。

（3）变电站间的事件分布。

4. 低延迟序列决定流量

（1）RS485。

（2）IEC 61870－101－IEC 61870－103。

（3）DNP3。

5. 低延迟、接受丢失流量

（1）声音。

（2）录像。

（3）WAMPAC。

6. 容忍延迟、接受丢失流量

（1）基于数据包的 SCADA 协议。

（2）文件传输。

（3）设备管理。

为了满足当前 EPU 间的应用集要求，许多公共服务公司的网络仍采用时分复用（TDM）技术组成；然而，分组通信正在稳步增长，并迅速取代传统通信方式。智能电网的概念正在增加对 EPU 电信网络的需求，如最近 IEC 61850 等最新协议的出现，以及提取精确定时和将更多分布式应用程序更深入地连接到配电网的要求，并且都在改变管理电网所需的通信解决方案的类型。

17.2.2.2　选择通信解决方案的决定因素

在选择适当的通信方式时会涉及一系列的决策因素。从 CIGRE SC D2（信息系统和通信专业委员会）进行的综合研究中收集到的主要因素概述如下：

（1）EPU 概况。

与拥有电气和通信资产的 EPU 相关的电信提供商位于何处。

（2）应用程序的地理分布。

应用是否位于高压、中压或低压网络中。

（3）电气网络的拓扑结构。

网络配置是否为环形、支线或其他拓扑。

（4）应用/流量的技术参数。

延迟、抖动、带宽、可用性和安全性。

（5）不同流量类型的分隔要求。

传输网络应用、配电网络应用、控制应用和安全应用。

（6）流量用户。

网络管理员、电网控制器和数据分析员。

（7）为设计、调试和维护通信网络的用户开发的技能。

例如，精通传统 TDM 电信的相关人员需要对最新 IP 系统进行大量再培训。

（8）资金和持续运营成本。

基础设施投资成本与从第三方运营商租赁带宽服务的持续运营成本。

17.2.2.3 确定物理层

为了建立适合电网运行的通信网络，必须选择合适的物理层。以下传输介质简述了可建立在物理层上的通信网络。

（1）光纤。

使用连接到电网的光纤是建立与电网并行的广域通信网络的有效且安全的方法。该光纤的安装选项包括使用金属电缆，如光纤复合架空地线（OPGW）、光纤复合相线（OPPC）或金属自承光缆（MASS），或通过连接电介质电缆，如全介质自承式光缆（ADSS）或光纤包裹。

光缆由多个光纤芯组成，可通过直接连接每对光纤来创建端到端的传输链路，或通过利用光波长分复用来创造可扩展性和灵活性。这种可伸缩性和灵活性可以通过在单个光纤对上的每个波长上承载单独的端到端传输链路来实现，其中每个传输链路可以被设计为不同的带宽和不同的协议（如 STM－1、STM－4 的 TDM 链路和 100Mbit/s 和 10Gbit/s 的 IP 链路）。

（2）铜缆。

由于其短传输和低带宽的性能，铜缆通常用于在变电站内部创建局域网，或在城市地区的变电站之间提供窄带通信。

（3）电力线载波。

PLC 被用来保护继电器提供并行通信，而链路上狭窄的多余带宽经常被用来为窄带应用（如 SCADA）提供通信，更多的时候是作为主通信链路的多样化链路来使用。

（4）无线电/无线。

在物理连接不可用时被部署的无线网络。许可无线电网络需要访问国家许可频谱，无线网络可以使用 VHF、UHF 和微波无线电频率作为点对点或点对多点的链路运行。

从提供 GSM、2G、3G 和 4G 服务的无线网络公共运营商处还可采购通信服务。此选项提供相对较高的带宽以降低网络建设成本，通常用于电力公司中不太关键、较高带宽应用程序的连接。

（5）卫星。

卫星通信为专业公共服务应用提供了一个有价值且经济高效的选择，特别是当无法访问其他固定或无线传输选项时[21]。这些服务通常由第三方卫星运营商提供，可以用于为单个公共服务建立专用网络，也可作为由公共服务与其他用户共享。

卫星通常用作难以到达的位置的最后 1 英里解决方案，或提供主链路的备份。

17.2.2.4 通信技术的选择

一旦完成物理层的选择，就需要选择合适的通信技术协议。公共服务公司主要使用 TDM 系统在目的地之间传输数据。SDH 和 PDH 解决方案是 TDM 技术的示例，由于其高弹性和低延迟特性，TDM 技术仍然存在于许多电力公用骨干通信网络中。然而，以太网应用程序和基于 IP 系统的发展急需向基于 IP 的通信解决方案的部署情况迁移。

SDH 和 PDH 技术已在公用网络中使用多年，以提供可产生确定性延迟的高弹性和相对高带宽的网络。SDH 和 PDH 使用时分复用技术，有一系列可用的接口选项来创建点对点和点对多点链路，包括同步 X.21、G703.1、E1 和 C37.94。

这些 TDM 技术提供串行传输数据的通信链路。另外，分组传输技术将节点中的传入信息划分为发送或路由到其他节点的不同分组。每个数据包到达目的地的有效路径由节点决定，目的地节点在信息输入网络时重新组装信息。

对于需要为基于 IP 的应用提供连接和传输带宽的纯 TDM 网络，可以通过连接多个 PDH 或 SDH 链路以提供所需带宽，使用 SDH 上的以太网（EoS）在 TDM 网络上承载此类 IP 应用。这种技术提供了一些允许开始向 IP 技术的迁移，同时保持现有的 TDM 骨干网络的短期解决方案。那些将会使用 EoS 解决方案的 IP 应用程序的类型需要被仔细斟酌，酌情考虑能创建合适的传输链路的机制，例如必须使用流量保护和正确的封装方案[22]。

然而，随着基于串行的电信设备寿命的结束，随着 IP 应用程序在 EPU 中的部署，以及随着带宽需求的增长，扩展 PDH 和 SDH 网络并不是一种能有效地满足电网未来需求的网络扩展和演化方法。这些技术发展是 IP 传输网络部署的主要推动力。纯以太网接口提供从 100 Mbit/s～100 Gbit/s 的广泛数据速度。

在过去，多协议标签交换（MPLS）为传统的基于 TDM 的应用程序迁移到分组网络提供了一个很好的选择，同时还为新的基于 IP 的应用程序提供了以太网功能，特别是当它满足了在同一网络上集成此类传统接口的需要，提供了“面向连接的流量处理和服务质量”，并本质上提供“尽力而为的 IP 网络”[17]。然而，它可以被称为一种老化技术，不能满足许多应用的要求，特别是在抖动和延迟方面。

IP－MPLS 网络也正在取代传统的 TDM 网络，特别是在多站点企业网络的部署中。IP－MPLS 不使用流量工程，只对流量进行优先排序。

然而，公共服务公司已经开始通过使用 TDM－IP 协议转换器、服务质量（QoS）方案和称为 DMPLS－TE（流量工程）的方法在 IP－MPLS 网络上部署远程保护服务，该方法在 IP 链路上创建对称性，以确保确定的和相等的端到端延迟，按要求正确操作远程继电保护装置[23]。

MPLS 传输配置文件（MPLS－TP）被视为更好的部署解决方案，以满足公共服务运营需求，实现“TDM 世界的最佳性能，如服务质量和恒定延迟，包括分组交换网络的灵活性”[23]。

图 17.9 描述了 MPLS－TP 和 IP－MPLS 的区别。

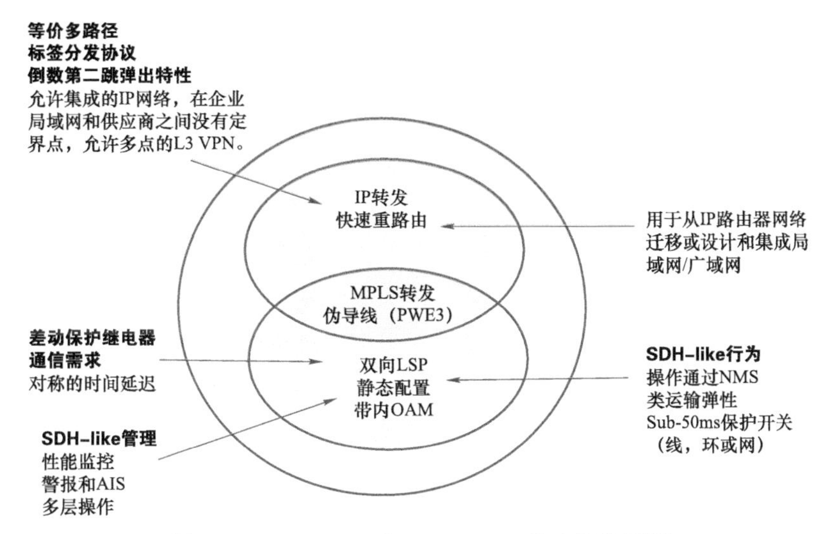

图 17.9 IP－MPLS 和 MPLS－TP 的功能差异[17]

在从 TDM 向 IP 技术的迁移过程中，无论是在 EPU 内的应用程序还是在支持它们的电信网络中，每个公共服务公司都处于不同的阶段。然而，业界公认的是，向 IP 技术的过渡将继续下去，传统网络将继续以越来越快的速度被更先进的系统所取代。

图 17.10 描述了 RTU 与其控制中心的连接选项，以说明单个应用类型的可能性。

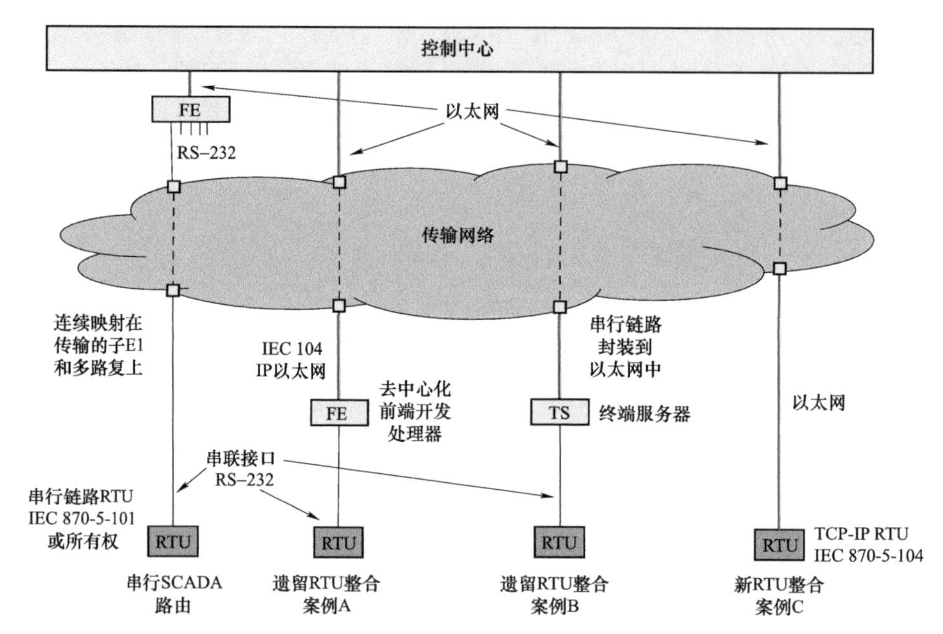

图 17.10　SCADA RTU 控制平台连接替代方案

17.2.2.5　网络管理设施

网络管理设施已成为每一家电力公司任何一个关键电信网络运营商的基本点[21]。远程查看所有网络基础设施，为运营商提供网络故障或问题的实时数据。性能监控可以在中央运营中心位置持续进行，突出显示可能发生的任何服务降级，为防止整个电网中关键应用程序的服务丢失允许主动修复预防。

网络管理设施还提供远程配置服务的能力，以快速提供通信解决方案，例如为新应用程序提供带宽。

支持 EPU 网络管理功能的流程和工具的选择将取决于电力公司的组织结构，尤其是在运营和公司服务的分离或合并方面，以及为满足其电信需求而内部或外部采购的配置情况。

内部提供电信服务的电力公司倾向于操作多种网络管理工具来支持其多种技术和协议。这在维护原有系统和技术的操作和支持的技能方面提出了许多挑战，同时继续开发网络运营商的能力，以确保他们能够控制技术发展，特别是在更复杂的网络设计中处理故障并提供支持。“在分配技术专家干预之前，需要技术怀疑者的网络监督”[24]。

17.2.3　电力公司的网络安全

随着电网控制基础设施的逐步数字化，以及作为智能电网控制特征的 IT 和 OT 领域信息和通信技术的融合，网络安全已逐渐成为 EPU 的头等大事。

电力企业网络安全的现状包括监管框架、参考标准、网络安全挑战、风险评估方法、威胁建模、工业控制系统攻击链和最佳实践[25]。

17.2.3.1 网络安全法规

负责保护国家安全的政府和公共机构、基本服务提供商，特别是大型电力和天然气基础设施的运营商、设备供应商，以及能源生产商和消费者必须具备足够的网络安全防护能力，控制能力和其他基本服务以避免可能的网络风险。

在北美，北美电力可靠性公司（NERC）监管了 8 个区域的可靠性实体，包括美国、加拿大和墨西哥下加利福尼亚部分地区的所有互联电力系统。2007 年，NERC 首次制定了关键基础设施保护（CIP）安全要求[26]，这是大容量电力系统（BES）的强制性要求，通常包括输电系统、大容量发电和较大的配电系统资产（例如，自动卸载负荷＞300MW）。随着时间的推移，这些 NERC 安全要求（包括不满足要求时进行巨额罚款等）已经逐步演变以更好地满足日益复杂情况的安全需求，但仍然没有涵盖智能电网的所有网络安全需求。例如，尽管分布式能源（DER）越来越多地被连接到电网，并提供大量的能源和辅助服务（尽管通常较大的 DER 聚合试图去满足 NERC 对未来 NERC CIP 扩展的预期要求）。此外，NERC CIP 也未直接解决不同设施电子周界之间的通信网络安全问题。

在欧洲，欧洲议会于 2016 年 7 月通过了《网络与信息安全指令》[NIS 指令（EU）2016/1148[27]]，以解决基本服务提供商的网络安全问题。NIS 指令是欧盟第一套独特的 IT 安全规则，旨在提高所有欧洲成员国共同的系统、网络和信息的安全水平。网络安全能力、国家间合作、风险管理和事故报告是推荐活动的关键领域。NIS 的目标之一是建立国家计算机安全事故响应小组（CSIRTs）进行事件监测，以及建立一个由欧洲网络和信息安全局（ENISA）协调的欧洲合作工作组进行网络安全和信息共享。NIS 指令要求基本服务的运营商采取适当的安全措施，并将严重安全事件通知相关国家当局，包括涉及的用户数量、事件持续时间和地理分布。考虑的安全措施包括风险预防、系统、网络和信息的安全成熟度以及管理事件的能力。

从数据隐私方面来看，欧洲参考的是《通用数据保护条例》（GDPR）[28]。关于敏感数据的隐私，保护监控摄像机采集的视频数据是一个令人感兴趣的话题。这些摄像机通常用于监控 EPU 设施封闭安全边界内的活动。根据某些定义，视频数据被视为个人敏感数据，必须加以保护；“个人数据是指与已识别或可识别个人（数据主体）有关的任何信息。”此外，对处理视频数据以及使用的信息系统存在限制。很明显，此类限制将对 EPU 安全政策、程序和组织指令（包括电信系统）产生影响。欧盟委员会的条例明确规定了对信息和通信技术处理和数据存储的限制。

欧洲智能电网工作组的第二专家组最近发布了一份报告[29]，其中向欧盟委员会提出了许多实施建议，包括适用于电力子行业的参考安全标准和综合网络安全认证方案概述。

17.2.3.2 网络安全参考标准

为满足与 EPU 相关的网络安全法规的建议，需要为 EPU 制定两种不同类型的标准。一个特定企业的整体网络安全治理应由成熟的信息安全管理系统[30]来管理，如标准 ISO/IEC 27001、ISO/IEC 27002 和 ISO/IEC 27019[31]中规定的系统，并满足 NISTIR 7628[32]提供的功能导向指南，以及 IEC 62443 标准系列规定流程、系统和组件级别等安全要求。虽然处于不同的完成状态并满足处理程序、组织和功能要求，但 IEC 62443 框架的几个部分旨在作为认证或评估活动的基础。为了提供工业自动化和控制系统认证安全性的总体方法，IEC 62443－4－1[33]针对自动化系统各个组件的安全开发过程和适当的安全功能，而 IEC 62443－2－4[34]和 IEC 62443－3－3[35]则侧重于安全设计的系统（基于 IEC 62443－4－1 涵盖的组件）以及此类系统的解决方案供应商或维护、升级服务供应商的安全流程和程序，IEC 62443－2－1[36]主要基于 ISO/IEC 27019 定义的安全控制，解决了安全操作中的安全问题。

EPU 信息安全管理系统规定的安全控制由一套标准的安全解决方案来支持。大多数与 EPU 相关的安全标准的概述见文献［37］。本节其余部分综合性介绍了 IEC 62351 系列规定的安全解决方案。

IEC 第 57 技术委员会（TC）第 15 工作组（WG）制定了 IEC62351 标准集[38]，为电力系统数据通信协议提供安全性指导，如 IEC 60870－6、IEC 61850、IEC 60870－5 和 IEEE 1815（DNP3）。IEC 62351 标准的发展提供了数据采集与监控（SCADA）系统中使用的通信协议的更安全版本。从本质上说，IEC 62351 标准为如何保护 ICT 资产免受不同层面的潜在威胁，提供了充分的规范。

图 17.11 描述了 IEC TC57 通信标准和 IEC 62351 部件之间的关系。IEC 62351 部件已达到不同的成熟度水平。

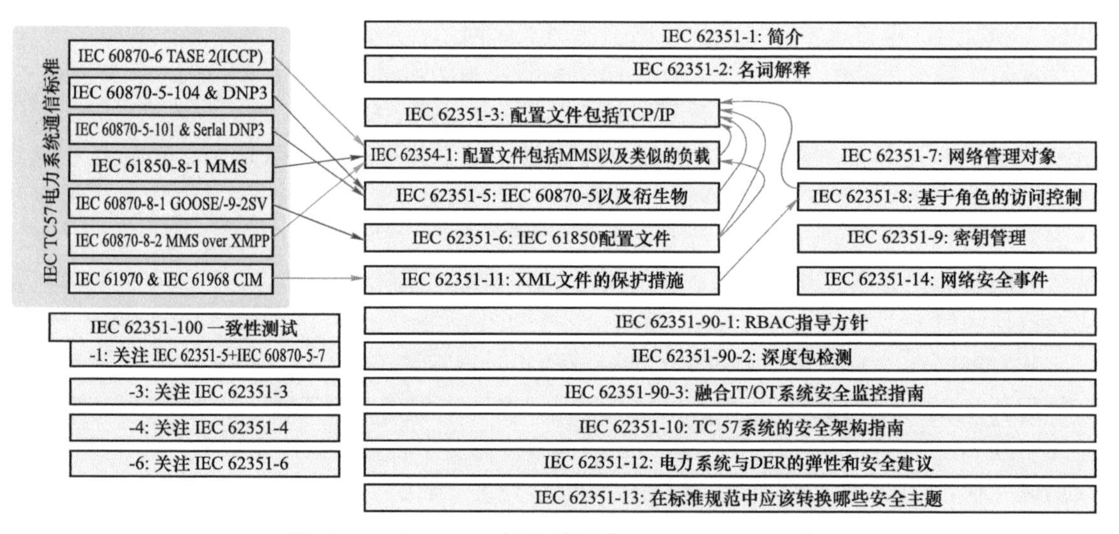

图 17.11　IEC 62351 标准系列［IEC TC 57 WG 15］

安全配置文件包括 TCP/IP（IEC 62351－3）和 MMS（IEC 62351－4）网络和系统管理（IEC 62351－7）、密钥管理（IEC 62351－9）和 XML 文档的安全性（IEC 62351－11）已经成为国际标准。安全配置文件的第 5 部分和第 6 部分涉及智能能源系统的其他通信协议的安全性，目前已作为技术规范发布，并将在未来纳入国际标准。第 90－x 部分和第 10、12 和第 13 部分主要是正在进行的提供指导方针的技术报告，而第 100－x 部分则是与第 3、4、5 和 6 部分的测试一致性有关。

针对这些协议的网络安全，标准中规定了各种缓解措施，包括身份验证、加密和基于角色的访问控制。例如，针对 IEC 61850（MMS、GOOSE 和 SV），IEC 62351－4 和 IEC 62351－6 规定了保护基于 MMS、GOOSE 和 SV 协议的应用的程序、扩展协议和算法。对于基于 TCP/IP

的协议栈，我们可以利用 IEC 62351－3 中指定的 TCP/IP 传输层安全（TLS）加密来保护传输层并防止被窃听。本部分规定了 RFC 5246 中定义的 TLS 需求实施的特征。第三部分和第四部分都要求使用加密密钥（对称和非对称）和基于角色的访问管理。因此，第八部分（基于角色的访问控制）和第九部分（密钥管理）也是参考标准。实际上，安全增强制造消息规范（MMS）关联服务是在关联控制服务元素（ACSE）层实现的，使用数字证书对请求和响应进行身份验证，可用于防止中间人的攻击。对于基于通用面向对象变电站事件（GOOSE）和采样值（SV）的应用层，保留字段用于使用数字签名扩展普通 GOOSE 和 SV 协议数据单元（PDU），以防止重放攻击。

第 7 部分为监控对象的实现提供了技术基础，并且第 7 部分将由关于安全事件日志规范的第 14 部分补充，该规范目前正在开发中。第 10 部分为 IEC 62351 部分的部署提供了系统级视图的技术报告，第 12 部分是一份详细说明了 DER 能源系统的安全要求和弹性工程技术的报告。

尽管 IEC 62351 标准定义了为通信协议提供网络安全的框架，但主要制造商通常并未在其智能电子设备（IED）中实施此类网络安全要求。就已经运行的 IED 和自动化系统而言，由于实际实施中存在限制，例如无法使工业控制系统长期离线升级，或者由于功能有限，无法更新现有设备，因此很难应用这些 IEC 62351 解决方案。没有满足 IEC 62351 标准要求的遗留系统可能在不进行更新的情况下存在多年。由于供应商响应缓慢，公共服务公司必须能够填补这一安全漏洞，使其能够检测和缓解新出现的威胁。

17.2.3.3　网络风险评估

网络安全法规和信息安全标准强调了在组织内建立风险评估流程的重要性，从而对威胁状况的管理和演变进行治理。图 17.12 说明了一般风险管理流程，其中包括风险评估、风险基于处理和安全需求重新评估的持续反馈。

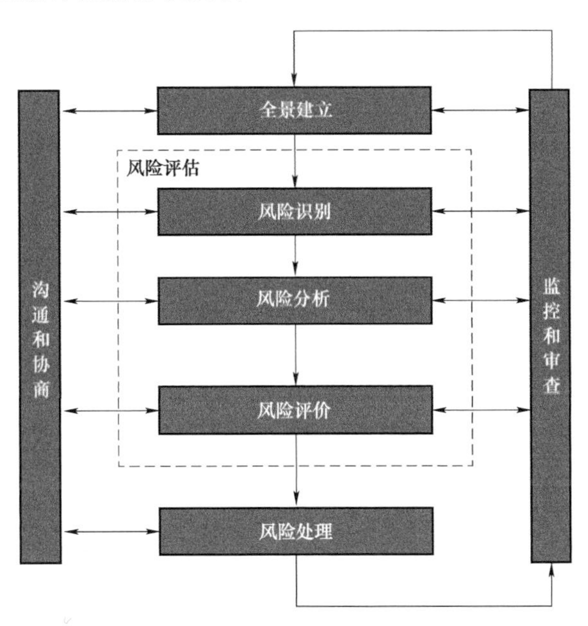

图 17.12　风险管理流程（ISO/IEC 27005：2018）

根据 CIGRE WG D2.22[30]进行的调查，其结果表明大多数公共服务公司在其组织内使用定性方法进行业务和影响评估，例如 CEN/CELEC/ETSI 智能电网协调小组的信息安全工作组开发的方法[37]。

风险评估过程中的一个关键阶段是对最相关的网络威胁进行特征描述。CIGRE WG D2.31 调查了可用于分析攻击代码结构及其成功概率的工具[39]。

截至目前，大多数国家级网络安全战略都使用 NIST 框架[40]作为网络物理系统的弹性网络战略参考框架。

17.2.3.4　网络安全最佳实践

除了上述安全标准规定的网络安全政策、技术和机制外，还有一些电力公司网络安全操作中最成熟实践的指导方针和技术手册，例如关于文献［41］中的远程服务。

然而，严格应用网络安全标准可能会对 EPU 的操作程序和日常工作造成一定的影响，尤其是在维护职责方面。管理强密码、更新补丁、控制网络边界、避免远程访问、限制软件使用等，通常都不是维护人员的日常工作。必须加强安保和维护人员之间的交流，以便找到匹配的解决方案。为此，如文献［42］中所述，采用以维护为导向的策略，以理解和尊重操作环境的实际情况，是一种很好的方法。

为了识别漏洞并提高工业控制系统的安全水平，中国的一些公共服务公司对变电站的 SCADA 进行了网络安全测试，包括 HMI、通信协议网关、继电保护装置、来自中国主流制造商的测量和控制设备和相位测量装置。网络安全测试项目包括操作系统测试、数据库测试、通信协议测试、安全配置测试、端口服务测试、异常访问行为测试和漏洞渗透测试。根据网络安全测试结果，已检测到许多网络漏洞，如弱口令、缓冲区溢出、远程命令执行、拒绝服务、信息泄露、未经授权的访问、协议栈漏洞和缺乏安全审计等。制造商消除了几轮网络安全测试发现的漏洞，并为电力工业控制系统建立了专门的漏洞库。在变电站投入运行之前，将对二次设备进行网络安全测试，以缓解潜在的网络威胁。在实际测试的基础上，制定网络安全测试技术规范，以规定公用设施的安全测试，并指导制造商产品的安全设计和开发。

17.2.3.5　网络安全和应变能力

“弹性”一词的定义取决于关注的领域。以 EPU 为例，弹性基础设施可以认为是在不利情况发生后能够恢复的基础设施。CIGRE WG C4.47 介绍了电力系统恢复力的定义，即通过在极端事件之前、期间和之后采取的措施来实现电力系统恢复[43]。转到网络世界，我们必须考虑在电力公司网络威胁发生之前采取的安全保护措施、持续攻击中采取的安全措施，以及在有针对性的攻击成功地引发了严重的网络事件后的应急措施。CIGRE WG C4.47 进行了一项国际调查，将网络安全列为 EPU 重点关注的三大极端威胁之一。这意味着，简单来说，要增强 EPU 的抵御能力，就必须增强其应对网络攻击的能力。这将网络安全问题提升到每个电力公司的战略层面。

北美电力可靠性公司（NERC）确认了网络安全和恢复力之间的关系，他们指出恢复力是事件相关可靠性的一个组成部分[44]，并且一旦网络安全成为可靠性的关键问题，可参考可靠性标准 CIP－008－5 的示例（网络安全事件报告和响应计划）。

IEC 系统委员会智能能源第三工作组网络安全工作组将弹性视为确保业务连续性的总体战略[45]。

17.3 新技术和要求

17.3.1 电力公司的信息通信新技术

17.3.1.1 区块链

究其根本，区块链是一种永久记录交易的技术，这些交易在以后无法被擦除，只能按顺序更新，本质上保持了一条永无止境的历史轨迹[46]。区块是一个分散的分布式数据库，用于维护不断增长的记录列表[47]。

上个段落中的定义总结了区块链的关键特征：去中心化（不需要中介机构来验证交易）、持久性（一旦交易成为区块链的一部分，就不能更改或删除）、匿名性（用户在网络中进行交互而不透露其身份）和可审核性（可以跟踪任何事务）。

参考文献［48］对区块链架构进行了技术描述。区块由区块头和区块体组成，如图 17.13 所示。

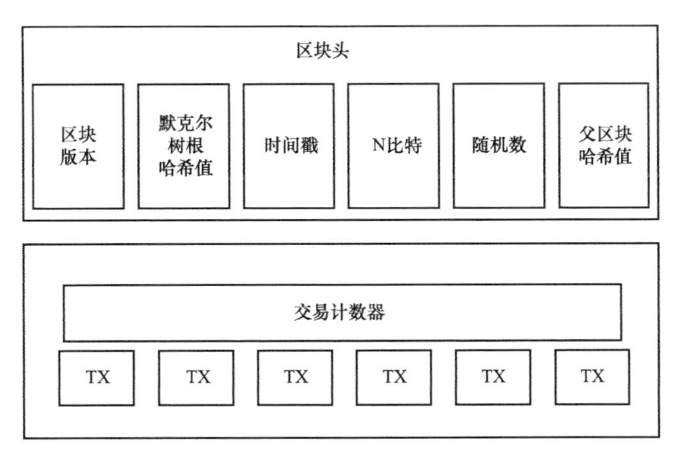

图 17.13 区块结构[48]

区块头包括：

（1）区块版本：指示要遵循的区块验证规则集。

（2）默克尔树根哈希值：区块中所有交易数据的哈希值。

（3）时间戳：自 1970 年 1 月 1 日起，以秒为单位的当前世界时。

（4）N 比特：有效区块哈希的目标阈值。

（5）随机数：一个 4 字节字段，通常以 0 开头，每次哈希计算都会增加。

（6）父区块哈希值：指向上一个块的 256 位哈希值。

区块体由交易计数器和交易数据组成。最大交易数取决于区块的大小和每个交易数据的大小。

加密货币交易将会被使用于一个如何创建区块链的例子，因为它们是该技术最著名的应用。假设用户 A 向用户 B 汇款。来自 A 的交易创建了一个在对等网络中流动的新块（即没有集中服务器的块，数据流量直接在网络中的节点间进行传输）。节点验证该事务，并在其上加盖时间戳。一旦用户 B 接收到了从 A 转移的钱，就会创建另一个区块并加盖时间戳以记录该交易，生成指向第一个区块的散列，然后将第二个区块添加到前一个区块。只要网络中的用户之间完成了更多的事务，就会向链中添加更多的区块，从而跟踪从原始区块（现在称为父块）开始的整个事务历史。整个区块链存储在网络中的每个节点中，因此几乎不可能篡改数据，因为如果要实现这一目标，需要入侵所有计算机。图 17.14 说明了区块链的形成。

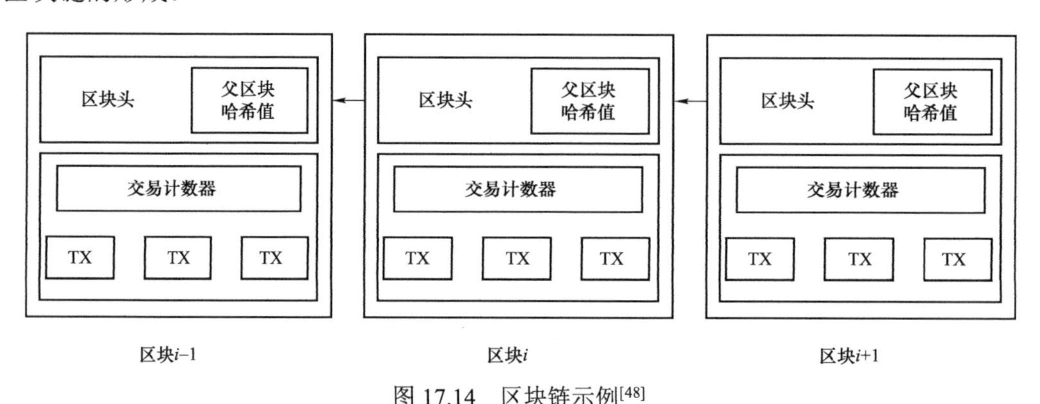

图 17.14　区块链示例[48]

区块链技术的安全性依赖于多数原理。也就是说，信息在许多服务器中传播，这提供了非常高的安全性，因为信息被认为是不可能被完全销毁的。由一定数量的事务组成的逻辑块存储在多个被称为可信服务器的服务器中。

区块链网络基本上被分为两种类型：

（1）任何区块链用户都可以尝试在公共的或无权限网络中发布事务。

（2）被认为是更安全、更适合 EPU 的许可网络。如第一种类型的性能是相同的，唯一重要的区别是要成为网络的一员，申请者必须获得系统管理员或更可靠的区块链网络所有者的许可。

区块链技术的一个关键方面是接受或拒绝发布用户提议的交易。当一些用户在试图发布交易时发生冲突，网络会应用一致性规则。这些规则会确定用户之间的优先级，比如最常见的规则之一是参考用户的年龄。当用户连接网络时，只接收最后一个受信任的区块，称为创世区块，并开始形成链。当两个或两个以上的用户发生冲突时，很容易根据各自的年龄给予优先权。受信任区块的串联提供了高级别的安全性，因为只有最后一个区块仍然处于活动状态，用于存储事务。链的合并部分不能被修改，所有区块链成员对链内容有一个共同的协议。若要添加新区块，所有网络成员必须在一段时间内达成一致意见；然而，由于通信可能存在延迟，允许出现一些临时性的分歧。

在无许可的网络中，即便是在存在可能试图破坏或接管区块链的恶意行为的情况下，共识模型也必须工作。如果恶意用户占大多数，问题将涉及另一个层面。

电力公司的区块链潜在使用案例

2016 年，美国微电网的 10 个客户测试了区块链与一个点对点可再生能源交换模型[49]。屋顶上安装光伏发电的消费者可以直接将其剩余能源出售给社区中的消费者，买卖交易记录在其电表所属的区块链中，无需第三方能源交易商。一个记号随区块一起发送，确认发电源的类型及其当时的相应价格。该模型的一种变体正在欧洲进行测试[50]。家庭存储系统网络形成一个虚拟能量池。区块链解决方案记录了电网和灵活设备之间的能量传输，因此 TSO 始终可以看到可用能量和存储容量池。然后 TSO 可以在需要使用这些设备时，在几秒钟内吸收或释放多余的电力，集成 24 MW 的灵活性，并帮助减少电网中的输电瓶颈[50,51]。

另一个潜在用例是控制电动汽车（移动负载）和连接到区块链的充电站之间的能量转移。该服务允许用户对其车辆收费，并对记录在区块链中的小额账单进行支付[52]。

17.3.1.2 工业物联网（IIoT）和数字孪生

每天都有新设备连接到互联网或一个私有的运营网络。高级传感器从物理资产中收集数据。这些数据通过通信网络发送，在本地或云中存储、处理和分析。数据分析为决策者提供深刻见解，从而改变其业务和流程的结构模式。这些是工业物联网（IIoT）实现的技术。图 17.15 展示了工业物联网及其元素的高级视图。

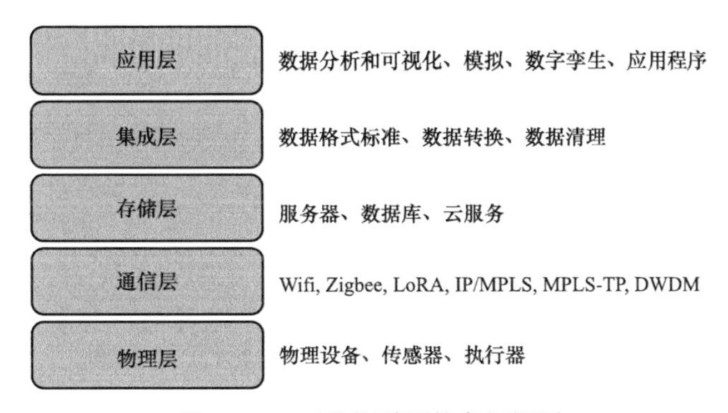

图 17.15 工业物联网的高级视图

工业物联网使创造数字孪生（DTs）成为可能，可以将其定义为物理对象的虚拟表示。数字孪生的另一个定义为，它是一个物理对象或流程的历史和当前行为不断发展的数字轮廓，其有助于优化业务性能[53]。该概念基于使用数字工具对资产及其所有几何数据、运动学功能和逻辑行为进行建模[54]。

长期以来，公共服务公司一直在使用数字模型。然而在这个新概念中，传感器不仅可以测量设备内部的数据，还可以测量环境或外部数据（如天气条件），以便研究它们对真实孪生（即物理资产）的影响。数字孪生是动态的，随着数据的增加而不断发展。如果测量的结果与系统的预期行为不一致，它可能会自动干预其物理对应物。数据处理和存储成本已经降低，实时模拟可以预测实物资产的行为，以及它们的组件如何随着时间的推移而磨损，从而使 EPU 有机会采取行动，更有效地防止故障。

这项新技术的一大好处是，数据分析可以作为设计过程中的反馈，提高设备的整体寿命周期。数字孪生可以在组件级别中生成，并且可以组合起来表示完整的资产或系统。虚拟调试肯定是其应用之一，避免了在此阶段出现意外行为时无法收回的物流成本。

为了确保与数字孪生集成的所有系统之间的信息交换，规范数据模型（CDM）非常重要。CDM 是一种通用的企业标准数据结构[53]。在电力行业，IEC 61850 和 IEC 公共信息模型（CIM）是数据模型的示例，允许不同供应商的设备和系统之间实现这种互相操作。参考文献［8］提供了这些标准的简要说明。这些技术或操作数据可与企业 IT 系统形成集成，以丰富其模型，并为操作员、维护现场技术人员、工程师和高管提供更好的态势感知。

根据文献［55］，未来的数字模型可能包含一个模拟模型，同时包含一个 3D 模型、数百个属性、历史数据、手册、安装指南、专有功能区块、联锁、状态模型、报警和事件定义等。它将成为一个功能强大的电子数据对象，具有保存或引用所有有用的数据且一些数据将进行语义标准化（例如属性、几何、拓扑）的接口，其他数据将具有专有性质。图 17.16 表示可以存储在数字孪生中的数据类型。

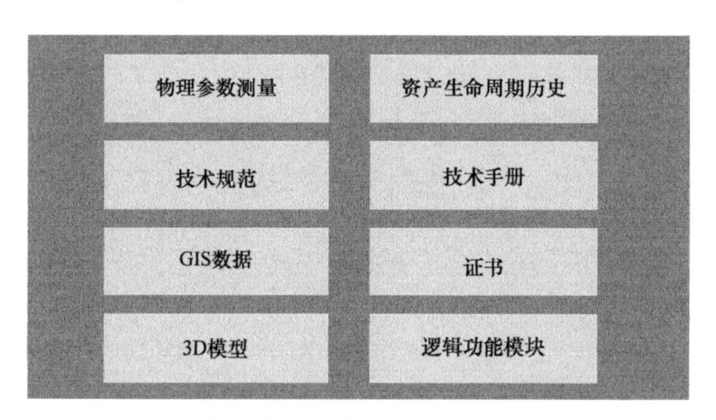

图 17.16 数字孪生的表现及其存储的数据类型

电力公司数字孪生的实际和潜在应用案例

目前的一些实际应用[56,57]：

（1）启动优化：通过对实物资产状态和模拟的持续分析，得出更好的设备启动策略。

（2）资产生命周期优化：预测模型可以确定资产的最佳维护和更换点，延长其技术使用寿命，从而使 EPU 在更长的时间内获得收入。“假设”场景的创建自动化了公司内所有级别的规划过程，有助于选择新技术，在预防性和纠正性维护期间优化资源以及投资决策。

（3）单一来源：数字孪生集成了数据，任何类型的信息只能存储一次。当企业的原始注册表发生任何更改时，所有其他数据位置都会更新，以防止 EPU 中的资产出现不一致的情况。不同的用户资料根据其需求可以访问不同级别的详细信息。

由于数字孪生可能存储与其连接的资产和组件的敏感数据，因此必须保证这些信息的可追溯性、准确性和安全性。参考文献［58］中建议区块链技术可用于此目的。通过添加属于区块链联盟网络的传感器（例如在供应商和 EPU 之间），所有相关利益相关者都将确信，从设计阶段到处理阶段，资产的历史信息都是可信的。

17.3.2 新通信技术

17.3.2.1 新型通信解决方案的驱动因素

间歇式和分布式发电的普及已经影响到电力系统规划和运行的各个方面。基于大量可预测输出的同步发电机的可预测流量和负荷的传统系统将会被非计划流量的系统所取代[59]。

在未来 10 年，可再生能源系统在全世界的普及将为电力管理带来机遇和风险。风险来自风能和太阳能的短期不可预测性，随着依赖性的增加，这可能导致电网的不稳定甚至出现停电情况。在电网中检测频率不稳定的能力以及在与其他频率稳定方法一致的时间尺度上作出响应的能力至关重要。

电力系统将会变得更加灵活，这需要在实时分析和运营规划阶段进行额外的分析。随着发电对系统渗透程度的增加，电网的可观测性和可控性将变得更加关键。

因此，系统上各个部分的通信水平都需要始终保持极高的质量[59]。此外，传统变电站需要发展成为智能变电站，能够处理生成的各种类型的数据[60]。

另外，诸如自动读表系统和除 SCADA 之外的数据采集装置，这些需要具有更高延迟容忍度的应用程序可以使用一些不那么可靠的通信技术，例如无许可证的无线网、宽带无线、许可无线和卫星，这类应用在整个电网中的普及率将会更高。发电、输电和配电系统的未来趋势和应用方式呈现了不同类别的要求和挑战。

17.3.2.2　新要求和技术挑战

这些变革的驱动因素对电信网络运营商在为未来的 EPU 提供合适的解决方案方面提出了挑战，以下是此类通信解决方案目前和未来部署方面需要解决和克服的一些问题。

在更广的范围内连接更多的网络应用程序

地理位置分散和偏远地区

越来越多的设备用于控制和管理资产、监测测量和从整个配电网收集信息，这推动了在输电和配电网变电站之外建立合适的通信链路的需求。越来越多的人不满足于传统变电站，甚至是中低压电网，要求在电网中安装新设备。由于安装光纤或固定微波无线电连接以提供这种通信，既不可行又不具成本效益，因此需要探索其他窄带无线解决方案。

准确的时间分配

在有线通信网络中，精确的时间分配是为了有效地运行许多应用程序，如高压保护方案，这是使用 IEEE 1588 等协议，通过固定 GPS 时钟的 GPS 信号在网络中的传播和分配情况来实现的[61]。

随着网络应用变得更加分散，并向电网深处扩展，固定有线广域网络链路是不可行的，这种时间分配的方法是不可能实现的。许多设备对精确时间分配的要求在日益增长，特别是对于测量电网中的电压和电流以检测电网故障的相量测量装置[61]。在输电网管理中，寻求为这些应用程序分配精确时间的替代方法的需求在日益增长。

去中心化和分布式控制

无论是与电网连接，还是孤岛模式，引入微电网都需要改变此类系统的控制方式，将一些控制功能从集中的控制器位置转移到下层位置，其中决策算法和自动控制功能将驻留在传输站，即使在配电站，传统的中央控制位置也为电网的这些部分提供了辅助控制功能。这改变了通信信道需要满足的参数，以便提供合适的通信。这种应用的通信链路需要设计更高的带宽、更低的延迟和更高的安全性，而以前不那么可靠的通信技术也适用于这些应用。

IT 和 OT 环境的融合

有更多类型的用户开始从电网中的各种分布式设备提取数据。这些数据被用于多种用途，包括输电网控制、电网资产监控、故障记录，因此来自电网的数据的终点正在发生变化。许多正处于公司环境或 IT 环境中的用户，被分配了处理数据的任务，然而传统意义上，数据通常仅由存在于正常运转的或 OT 环境中的网络运营商使用，其主要功能是控制和操作电气设备。此外，连接网格边缘设备越来越依赖物联网（IoT）技术，从而使得运营基础设施与 IT 环境之间进一步集成和互通。因此，IT 和 OT 领域的融合正在成为一个现实的需求。图 17.17 展示了未来操作环境的样子。虽然这带来了许多挑战，尤其是在网络安全领域，但它也为设备和系统的融合创造了机会，以提高效率。

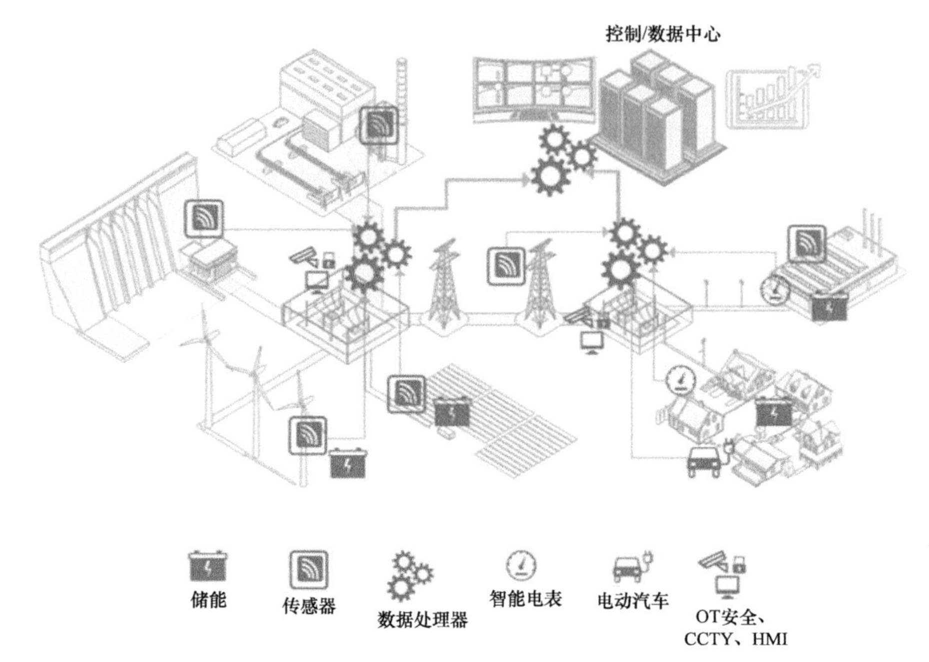

图 17.17 IT 和 OT 在电网中的数据处理和流量要求，展示了整个电网中分布的各种数据源[60]

17.3.2.3 满足新要求的未来通信解决方案

5G

第五代移动通信技术将在移动无线网络领域提供许多改进。带宽将增加，延迟将减少，预计该系统将高度集成并向后兼容传统系统（例如 LTE）。

由于 5G 的低延迟特性、能够连接大量设备，以及比以前的蜂窝技术支持更大的数据速率，预计 5G 将支持未来智能电网的通信需求。

通过 5G 的技术进步，即所谓的网络切片，在相同的通信解决方案中分离业务类型的要求将成为可能。这将为电信运营商提供在一组公共基础设施上创建多个逻辑专用网络的机会，在那里，具有不同需求的每种应用类型的通信都可以作为一种服务有效地进行交付。此外，网络切片提供了更高效的可伸缩性选项，以允许服务随着需求的变化而增长或减少。

软件定义网络（SDN）和网络功能虚拟化

当前用于跨电网连接的通信架构涉及一系列广域网技术，如最新技术部分所述，变电站内的通信通过使用以太网交换机和点对点连接的局域网实现。这种架构虽然满足了当前的需求，但它并不适合智能电网所要求的灵活性。智能电网需要“全面覆盖的通信网络和灵活的软件平台，可以处理来自各种来源的数据”[62]。

对于服务器等 ICT 系统来说，虚拟化是众所周知的概念，在通信领域还有发展空间。软件定义的网络和网络功能虚拟化在网络环境中提供了虚拟化技术。

SDN 将控制层与数据层分离，并通过供应集中控制器提供灵活的通信。这种集中式控制器能够直接、快速地对通信设备进行编程，提供了一种设计、重新配置和管理网络的有效方法。

NFV 使用 ICT 虚拟化的概念，并在网络基础设施上实现这些功能，以创建通信服务。

这些节点可以作为软件部署在服务器上，而不是由多个节点来执行功能，如变电站，服务器可以位于网络的中心位置或边缘位置。

NFV 和 SDN 为相互补充的技术，但同时也能独立存在。

低功耗广域网

低功耗广域网（LPWAN）是一种无线通信技术，专门用于由电池供电的大容量低带宽设备的网络通信。有一系列 LPWAN 技术被使用在运行许可和未许可的频段中，主要提供双向通信，有些仅运行在非常窄的频段单向模式中。这些技术在克服跨电网连接越来越多设备的挑战方面变得更加广泛。虽然这些低功率无线技术实现了地理覆盖，但它们还是通常被用于连接关键性较低的应用程序与电网的运行，并且更常用于资产管理和资产状况监测任务[63]。

中压/低压网络中的光纤

虽然对于大多数公共服务公司来说，这是一个昂贵的选择，但目前研究者正在探索在中压和低压网络上部署光纤，特别是如果有机会向商业宽带供应商销售光纤或托管服务。光纤技术，如将光缆连接到架空网络的 ADSS，或标准的地下光缆解决方案，正在为中压和低压电网上的控制设备提供光纤连接。此外，这种光纤可以用作无线网关的回程，从而将地理位置延伸到网络的更深处。这样的无线网络可以用来为资产管理和资产调节提供连接，例如磁极倾斜传感器或资产温度监测。

17.3.3 电力公司内部网络安全的演变

随着信息技术在全球经济中发挥的作用越来越大，网络安全的价值正在与日俱增，并且其重要性也会在未来几年逐年提升。在数字化时代，电力系统对大型计算机网络的日益依赖是一个持续的过程，将随着智能电网的发展而加速。正是对这些计算机网络、新信息平台和通信技术以及相关网络资产的日益依赖，使得电力系统越来越容易受到网络攻击，因为电力系统作为关键基础设施和整个社会的重要服务提供者，是攻击者的“第一类目标”。从市场角度来看，分布式电源灵活调控的新市场模型需要解决控制体系结构的安全问题，该体系结构将网络运营商与分布式发电聚合商以及来自工业、商业、住宅和家庭的活跃用户相互连。

17.3.3.1 网络安全挑战/ICS 杀伤链和教训

在参考文献［25］中，通过 2010 年真实的震网病毒攻击案例说明恶意软件是如何成功传播并控制网络的。凭借其复杂却又看似随机的访问方法，震网病毒将攻击作为一个长时间的过程，由攻击准备和病毒开发两个阶段组合而成。

2015 年底，另一起针对乌克兰配电网的网络攻击事件导致该地区数十万公民停电数小时[64]。

防御者面临的新挑战是快速发现网络和系统中的异常情况，缩短发现攻击者恶意软件所需的时间，确定该恶意软件在给定的操作环境中正在或可能在做什么，并微调和执行适当的对策。此外，工业控制系统的防御者必须考虑如何在不同的控制系统主机上寻找此类恶意软件工具的多个副本，并评估恶意软件工具中预先设定的对多个设备的攻击威胁。

从 EPU 部署的 ICT 体系结构的分析中可以明显看出，现代电力系统正面临越来越多的来自网络漏洞和恶意攻击的挑战和风险。在文献［65］中，分析了新型攻击对智能变电站

SCADA 系统的影响，并对一些网络攻击进行了模拟和研究。

与 EPU 相关的网络攻击（如震网病毒和乌克兰事件）促使大家开始部署网络入侵检测系统（IDS），以识别攻击者发起的异常行为，这些攻击者通过感染的 HMI、工程笔记本电脑或类似的初始载体入侵 SCADA。攻击者可能会扫描网络，枚举主机，并通过对 SCADA 系统的侦察攻击收集有关 IED 的情报。如果他们没有从其他来源获得足够的情报，他们可以尝试在 SCADA 网络上进行模糊测试活动，以连接感兴趣设备。如果网络安全防御程序发生故障，并且实际发生了这种网络攻击，那么在高度可靠和时间关键的 SCADA 网络中，使用深度数据包检查来应对上述入侵活动是至关重要。

17.3.3.2 控制中心和变电站的未来入侵检测系统

控制中心通过远程终端装置（RTU）或数据采集与监控（SCADA）系统的网关接收各个变电站采集的数据。通过网络安全漏洞入侵 SCADA 系统已通过不同的攻击实验进行了评估[66]。事实上，基于试验台的研究已经证明了如何通过伪造断路器操作命令导致变电站断路[67]。2015 年，网络入侵 SCADA 系统导致乌克兰发生重大停电[68]。网络入侵的另一种情况是在变电站注入虚假测量数据，并将变电站的数据通过 SCADA 系统传输至控制中心[67]。这些伪造的测量结果可能会误导系统操作员采取措施来降低操作条件。变电站或控制中心的网络入侵可导致电力系统发生严重的级联事件。因此，入侵检测系统（IDSs）是未来输电、配电和自动化系统安全监控的关键工具。

未来控制中心的 IDS

控制中心接收变电站的模拟量和状态测量值。图 17.18 所示的网络环境表明控制中心网络与其他网络和变电站相连。由控制中心的系统操作员发出的远程控制命令通过信息和通信技术传送到变电站。应使用控制中心 IDS 对数据和命令进行检查，识别伪造内容。伪造的测量数据是原始数据的一部分，可能会误导系统操作员和能源管理系统应用，如状态估计和安全评估。虚假的控制命令会对电力系统安全构成威胁。

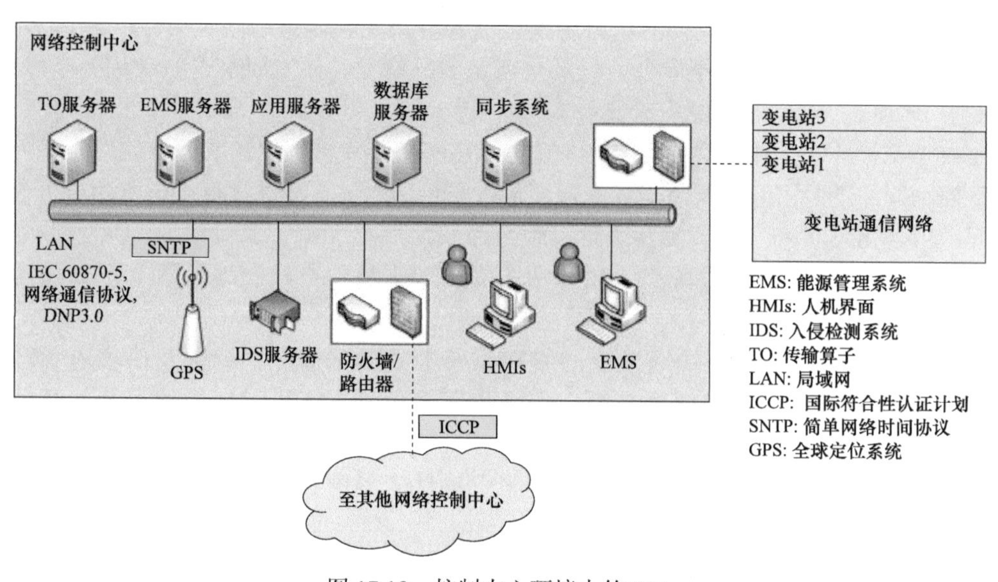

图 17.18 控制中心环境中的 IDS

检测算法旨在将检测到的来自网络和物理系统的异常事件关联起来，以识别网络入侵。为了实现这一目标，需要根据控制中心的事件、安全日志和行为定义可检测的异常事件。然后根据定义的异常行为，建立网络攻击模式（如目标的地理关系和危险程度）。例如，一个伪造错误测量数据的攻击可能会检测到额外的数据包进入控制中心的通信网络。攻击期间，数据包速率会增加。然后，由于 EMS 服务器中记录了两组不同的测量值（来自攻击者和变电站），测量值可能存在异常读数。根据异常事件的时间关系，可以开发一个攻击表来描述在控制中心环境下发起的网络攻击步骤。通过比较检测到的异常事件和攻击表，IDS 确定两种模式的相似性。如果相似程度较高，则报告异常。时间失效传播图（TFPG）[68]和时间因果图（TCD）[69]是模拟网络攻击因果关系的有效技术。为了形成一个识别网络入侵的综合视图，需要纳入更多类型的网络攻击模式。

未来变电站的 IDS

基于 IEC 61850 的变电站 IDS 是检测外部恶意攻击和内部非故意误用的有效工具。Yang 等人[70]提出并开发了一种基于智能变电站特定物理环境和应用数据的混合式入侵检测系统。这种检测机制将现代电力系统的物理知识和行为逻辑与新兴的 IT 网络安全方法相融合。提出的新 IDS 在保护现代变电站免受日益增长的威胁方面取得了重大进展。

现代变电站自动化依赖于基于多播消息的智能电子设备（IED），例如采样测量值（SMV）和面向通用对象的变电站事件（GOOSE）。由于变电站网络站级与站级之间的快速数据传输，标准 IEC 61850-9-2 引入了用于数字数据交换的过程总线接口。过程总线采用多播通信，以提高传感器、执行器、保护装置与 IED 设备之间的 GOOSE 和 SMV 通信效率。然而，非加密以太网也会存在漏洞。如果入侵者设法捕获 SMV 数据包并在它们被传输到站点总线之前修改了测量值，那么 MMS 数据包就可以相应地被伪造。这些恶意数据包便可以通过安全认证并最终到达控制中心。

由于 IED 的独特特性，即计算资源有限的嵌入式系统，针对 GOOSE 网络的攻击不同于基于 TCP/IP 网络中的攻击。因此，传统的入侵检测系统可能无法有效抵御变电站的大多数恶意入侵。

IDS 利用基于网络或基于主机的方法来识别变电站中的异常活动。对于基于网络的方法，IDS 分析数据网络以检测异常行为。一类机器学习技术可用于对攻击进行分类。基于网络的方法[71]引入了一个统计分类器，以根据从网络收集的数据检测异常情况。对于基于主机的方法，IDS 监控变电站网络中的文件日志、用户访问日志和安全事件日志，以关联事件。参考文献［72］提出了一种多变电站协同网络攻击检测系统。IDS 根据安全日志识别异常活动之间的关系。

变电站的 IDS 应该能够监控合并单元和 IED 之间的数据流。IDS 通过检测数据流（SV 和 GOOSE），根据计数器编号或目标 MAC 地址来检测异常情况[73]。根据 IEC 61850-9-2 中不同的过程总线通信架构，变电站中 IED 的位置对于异常检测至关重要。

17.3.3.3 网络事故管理

IDS 工具为更广泛的安全分析环境（SIEM）提供了有用的信息源。正在进行的研究目的是开发特定于 EPU 的 SIEM 工具，该工具能够分析和关联 IT/OT 数据源[74]。

未来安全运营中心的新技术涉及安全监控、事件检测和响应、数据分析和机器学习等方面。TB 698[75]提供了一个用于管理对 EPU 关键基础设施的网络发起的威胁的响应的框架，而 CIGRE WG D2.46[76]的技术手册介绍了集成和联邦安全运营中心的概念和架构。

17.3.3.4 新型 ICT 平台和通信技术中的网络安全

前几节介绍的新型 ICT 平台和电信技术对未来 EPU 基础设施的网络安全提出了若干挑战。

工业物联网和增强现实技术设备需要足够的安全水平；虚拟平台、服务和功能必须具有安全性证明；通过 5G 和低功率广域网的连接必须集成最成熟的安全技术。

17.3.3.5 网络安全和系统恢复力

新型数字威胁的发展将推动越来越多的新工具和模型的开发，以确保网络的可靠性和恢复力处于安全水平。为了开发针对网络攻击进行建模的建模工具，需要进行大量的研究和开发工作，其建模工具可以支持模拟电力网络系统中的恢复能力场景，包括电力系统恢复期间的网络安全。

近期一个关键的研究方面和重要话题是为 IT/OT 人员开始从战略和业务层面思考其必要性，而不仅仅是从技术和运营层面。

17.3.3.6 网络安全优先事项摘要

通过对 EPU 部署的 ICT 体系结构的分析可以看出，大量网络攻击如果成功，将会对电力系统的运行产生严重影响。对实际攻击案例的分析表明，入侵检测和安全管理能力的提高将有助于降低最具严重影响攻击的概率。提高最敏感数据所有者的安全和责任意识已被能源部门的网络安全法规视为优先事项。网络安全测试和产品认证是工业用户、产品制造商、系统集成商和政府机构之间的另一个合作领域。相关人员为 EPU 制定网络安全标准付出了巨大的努力，标准包括组织内的整体网络安全治理、系统和组件的安全要求、网络安全认证和评估活动以及网络安全技术。新一代数字能源应用应利用最先进的网络安全解决方案，其方案部署在技术和经济上均具有可持续性。为了保证电力系统日常运行中安全解决方案的顺利集成，安全人员和维护人员必须商定明确的网络安全措施。这些优先事项将是数字能源监管机构、供应商和运营商在未来几年的关注重点。

17.4 标准化和教育方案

未来几年的发展将以 EPU 数字基础设施的相关创新为特征。EPU 中数字技术的发展必然会考虑其典型的生命周期问题，如过久的变电站网络中的部署周期、电信中的技术和设备过时、IT 和 OT 环境、用于通信电力系统应用和设备的过长的生命周期。首选的解决方案将避免供应商和数字服务提供商的绑定。

为了确保设备的互操作性，实现平台集成并保持最新的网络安全能力，开发符合能源行业委员会广泛认可的国际标准应用程序和部署技术是有必要的。电力行业用于数据模型和信息交换的一组参考标准传统上是由 IEC 和 IEEE 组织制定的。IEC 61970、IEC 61968、IEC 62325、IEC 61850、IEC 62443 和 IEC 62351 被认为是实现互操作的能源数据集线器和控制平台的最低标准系列。鉴于信息和运营技术的融合，以及将物联网设备、无线网络技术和云服务集成到能源平台的需要，来自信息技术和电信行业的标准化组织，如 IETF、ITU、3GPP、ETSI 和 W3C，将成为能源行业越来越相关的标准化社区。随着技术的快速发展以及能源转型和数字化的新需求，这些组织必须不断地更新现有标准，引入新标准，并使其与创新信息技术平台实现互操作。

除了本章中提出的一系列技术和相关组织要求外，新的技术技能和专业简介的需求（如物联网集成商）还需要被单独考虑。这一需求应得到特定教育方案和培训实验室的支持，例如，允许评估现实和非操作环境中的安全措施。

致谢：提交人谨感谢咨询小组 D2.01、D2.02 和 D2.03 中的下列成员所作的贡献：Alenka Kolar（SI），ChanChing Liu（USA），Alexandre Pinhel（BR），Yi Yang（CN），Jaume Darne（ES），JasminaMandic Lukic（SR），Merhdad Mesbah（FR），Hidetomi Takehara（JP），Victor Tan（AU）。

特别感谢 CIGRE SC D2（信息系统和通信专业委员会）主席 Olga Sinenko（RU）在编写本文章期间提供的宝贵支持和建议。还要感谢 Iony Patriota de Siqueira（BR）和 Nikos Hatziargyriou（GR）提供的有用的评论和评论。

参考文献

[1] Working Group D2.17, Technical Brochure 341: Integrated Management Information in Utilities (2008).

[2] Joint Working Group B2/D2, Technical Brochure 369: New Developments in the Use of Geographic Information as Applied to Overhead Power Lines (2009).

[3] Utility Communication Networks and Services-Specification, Deployment and Operation. Springer (2017).

[4] Working Group D2.18, Technical Brochure 459: Metering, Revenue Protection, Billing and CRM/CIS Functions (2011).

[5] Wang, Y., Yu, J., Han, Q.: Analysis and visualization of residential electricity consumption based on geographic regularized matrix factorization in smart grid. CIGRE Paris Session 2018, Paper D2 – 103 (2018).

[6] Stimmel, C.L.: Big Data Analytics Strategies for the Smart Grid. CRC Press (2015).

[7] Graupe, D.: Principles of Artificial Neural Network. World Scientific (2013).

[8] JointWorking Group D2/C2.41, Technical Brochure 732: Advanced Utility Data Management and Analytics for Improved Operation Situational Awareness of EPU Operations (2018).

[9] Russel, S.J., Norvig, P.: Artificial Intelligence: A Modern Approach.Prentice Hall, 13 Dec (1994).

[10] Working Group A2.44, Technical Brochure 630: Guide on Transformer Intelligent Condition Monitoring (TICM)Systems (2015).

[11] Gao, K.: An Intelligent Power Line Inspection Image (Video)Analysis System. SC D2 Colloquium (2019).

[12] Katsura, K.: Research and Application of Deep Learning for Improving T&D Maintenance Efficiency. SC D2 Colloquium (2019).

[13] Guo, N.: Residential Electricity Demand and Heterogeneity—Analysis Based on the Finite Mixture Model. SC D2 Colloquium (2019).

[14] Koponen, P.: Combining the Strengths of Different Load Modeling Methods in Short-Term

Load Forecasting of a Distribution Grid Area with Active Demand.SC D2 Colloquium (2019).

[15] Working Group D2.34, Technical Brochure 668: Telecommunication and Information Systems for Assuring Business Continuity and Disaster Recovery (2016).

[16] Working Group D2.24, Technical Brochure 452: EMS for the 21st Century—System Requirements (2011).

[17] Mesbah, M.: Utility Communication Networks and Services. SC D2 Green Book (2016).

[18] Working Group D2.35, Technical Brochure 618: Scalable Communication Transport Solutions Over Optical Networks (2015).

[19] Working Group B5.14, Technical Brochure 664: Wide Area Protection&Control Technologies (2016).

[20] Tan, V., Cole, J: Teleprotection over Multiprotocol Label Switching (MPLS): Experiences from an Australian Electric Power Utility.Paper D2－305, Paris Session 2018 (2018).

[21] Working Group D2.26, Technical Brochure 461: Telecommunication Service Provisioning and Delivery in the Electrical Power Utility (2011).

[22] Working Group D2.23, Technical Brochure 460: The Use of Ethernet Technology in the Power Utility Environment (2011).

[23] Viro, A.: Network Evolution Towards Packet Switched Technologies. Paper D2-303, Paris Session 2018 (2018).

[24] Working group D2.33, Technical Brochure 588: Operation & Maintenance of Telecom Networks and Associated Information Systems in the Electrical Power (2014).

[25] Zerbst, J., et al.: Status of Cybersecurity.Electra n.276 (2014).

[26] NERC CIP standards.http: //www.nerc.com/pa/Stand/Pages/CIPStandards.aspx.

[27] Directive (EU)2016/1148 of the European Parliament and of the Council of 6 July 2016 concerning measures for a high common level of security of network and information systems across the Union.http://eur-lex.europa.eu/legal-content/EN/TXT/?uri=uriserv%3AOJ.L_2016.194.01.0001.01.ENG.

[28] Regulation (EU)2016/679 of the European Parliament and of the Council of 27 April 2016 on the protection of natural persons with regard to the processing of personal data and on the free movement of such data, and repealing Directive 95/46/EC (General Data Protection Regulation). http: //eur-lex.europa.eu/legal-content/EN/TXT/PDF/?uri=CELEX: 32016R0679&from=IT.

[29] Smart Grid Task Force Expert Group 2: Recommendations to the European Commission for the Implementation of Sector-Specific Rules for Cybersecurity Aspects of Cross-Border Electricity Flows, on Common Minimum Requirements, Planning, Monitoring, Reporting and Crisis Management.https://ec.europa.eu/energy/sites/ener/files/sgtf_eg2_report_final_report_2019.pdf.

[30] Working Group D2.22, Technical Brochure 419: Treatment of Information Security for

Electric Power Utilities (EPUs (2010)).
[31] ISO/IEC JTC 1/SC 27, ISO/IEC TR 27019: 2013: Information technology—security techniques—information security management guidelines based on ISO/IEC 27002 for process control systems specific to the energy utility industry.https://webstore.iec.ch/publication/11303 (2013).
[32] NISTIR 7628: Guidelines for Smart Grid Cybersecurity: Vol.1, Smart Grid Cybersecurity Strategy, Architecture, and High-Level Requirements (2013).
[33] IEC TC65, IEC 62443-4-1: 2017 PRV: Security for industrial automation and control systems—Part 4-1: Secure product development lifecycle requirements. https://webstore.iec.ch/publication/61938 (2017).
[34] IEC TC65, IEC 62443-2-4: 2015+AMD1: 2017 CSV: Security for industrial automation and control systems—Part 2-4: Security program requirements for IACS service providers. https://webstore.iec.ch/publication/61335 (2017).
[35] IEC TC65, IEC 62443-3-3: 2013: Industrial communication networks—network and system security—Part 3-3: System security requirements and security levels. https://webstore.iec.ch/publication/7033 (2013).
[36] IEC 62443-2-1: 2010: Industrial communication networks—network and system security—Part 2-1: Establishing an industrial automation and control system security program. https://webstore.iec.ch/publication/7030 (2010).
[37] CEN/CENELEC/ETSI Smart Energy Grid-Coordination Group: Cyber Security & Privacy, December 2016. ftp: //ftp.cencenelec.eu/EN/EuropeanStandardization/Fields/EnergySustainability/SmartGrid/CyberSecurity-Privacy-Report.pdf.
[38] IEC TC57, IEC 62351: 2018 Series: Power systems management and associated information exchange—data and communications security—ALL PARTS. https://webstore.iec.ch/publication/6912.
[39] Working Group D2.31: Technical Brochure 615, Security Architecture Principles for Digital Systems in Electric Power Utilities (2015).
[40] NIST Framework for Improving Critical Infrastructure Cyber Security (2017).
[41] Working Group D2.40, Technical Brochure n.762: Remote Service Security Requirement Objectives (2019).
[42] Dondossola, G., et al.: What may Electric Power Utilities (EPUs)do tomitigate the cyber threat landscape? CIGRE Science and Engineering (2018).
[43] Working Group C4.47, Reference Paper: Defining Power System Resilience in CIGRE Future Connections Newsletter (2019).
[44] NERC Reply Comments on FERC Grid Resilience Proceeding: Grid Resilience in Regional Transmission Organizations and Independent System Operators. Docket No. AD18－7－000, 9 May 2018.
[45] IEC System Committee Smart Energy, Working Group 3, Cyber Security Task Force: Cyber

Security and Resilience Guidelines for the Smart Energy Operational Environment, 22 October 2019. https://basecamp.iec.ch/2017/01/26/publications–2/.
[46] Mougayar, W.: The Business Blockchain: Promise, Practice, and Application of the Next Internet Technology. Wiley (2016).
[47] Zheng, Z., et al.: An overview of blockchain technology: architecture, consensus, and future trends. In: 2017 IEEE 6th International Congress on Big Data.
[48] Bruyin, A.S.: Blockchain, An Introduction (2017).
[49] Controlling weather-dependent renewable electricity production with blockchain. Available at https://www.tennet.eu/fileadmin/user_upload/Our_Key_Tasks/Innovations/blockchain_technology/Artikel_IBM.pdf.
[50] LO3 whitepaper: Building a RobustValueMechanism to Facilitate Transactive Energy, December 2017. Available at https://exergy.energy/wp-content/uploads/2017/12/Exergy-Whitepaper-v8.pdf.
[51] Regulators: unblocking the Blockchain in the energy sector. Available at https://www.ceer.eu/documents/104400/-/-/c1441b50-3998-2188-19f3-14dab93649d3.
[52] Partnering with RWE to explore the future of the Energy Sector. Available at https://blog.slock.it/partnering-with-rwe-to-explore-the-future-of-the-energy-sector-1cc89b9993e6.
[53] Deloitte University Press: Industry 4.0 and the digital twin: manufacturing meets its match. Available at https://www2.deloitte.com/content/dam/Deloitte/cn/Documents/cip/deloitte-cn-cip-industry-4-0-digital-twin-technology-en-171215.pdf.
[54] Sauer, O.: The Digital Twin—A Key Technology for Industry 4.0.Fraunhofer IOSB VisitIT. Available at https://www.iosb.fraunhofer.de/servlet/is/14330/visIT_1–26–03–2018_ web.pdf (2018).
[55] Drath, R.: The Digital Twin: The Evolution of a Key Concept of Industry 4. Fraunhofer IOSB VisitIT. Available at https://www.iosb.fraunhofer.de/servlet/is/14330/visIT_1-26-03-2018_web.pdf (2018).
[56] GE Digital Twin: Analytic Engine for the Digital Power Plant. Available at https://www.ge.com/digital/sites/default/files/download_assets/Digital-Twin-for-the-digital-power-plant-.pdf.
[57] Siemens Electrical Digital Twin: A single source of truth to unlock the potential within a modern utility's data landscape. Available at https://www.siemens.com/content/dam/webassetpool/mam/tag-siemens-com/smdb/energy-management/services-power-transmission-powerdistribution-smart-grid/consulting-and-planning/power-systems-simulation-software/electrical-digital-twin/electricaldigitaltwin-brochure-final-intl-version-singlepages-nocrops-hires-1.pdf.
[58] Deloitte and The Blockchain Institute: IoT powered by Blockchain: how Blockchains facilitate the application of digital twins in IoT. Available at https://www2.deloitte.com/content/dam/Deloitte/de/Documents/Innovation/IoT-powered-by-Blockchain-Deloitte.pdf.
[59] Working Group C2.16: Technical Brochure 700, Challenges in the Control Centre (EMS)

due to Distributed Generation and Renewables (2017).

[60] Tan, V.: SubstationVirtualisation: AnArchitecture for InformationTechnology andOperational Technology Convergence for Resilience, Security and Efficiency. CIGRE Session Paper D2–201 (2018).

[61] Bag, G., et al.: Challenges and Opportunities of 5G in Power Grids.Institute of Engineering and Technology (2017).

[62] Donohoe, M., Jennings, B., Balasubramaniam, S.: Context-awareness and the smart grid: Requirements and challenges. Comput. Netw. 79 (14), 263–282 (2015).

[63] Hatziargyriou, N., Vlachos, I., Kiokes, G.: Evaluation of a LoRaWAN Network for AMR. CIGRE Session Paper D2-101 (2018).

[64] SANS and Electricity Information Sharing and Analysis Center (E-ISAC): Analysis of the Cyber Attack on the Ukrainian Power Grid. Mar. 18, 2016[Online]. Available http://www.nerc.com/pa/CI/ESISAC/Documents/E-ISAC_SANS_Ukraine_DUC_18Mar2016.pdf.

[65] Yang, Y., McLaughlin, K., Gao, L., Sezer, S., Yuan, Y., Gong, Y.: Intrusion detection system for IEC 61850 based smart substations. In: 2016 IEEE Power and Energy Society General Meeting (PESGM), pp.1-5. Boston, MA (2016).

[66] Dondossola, G., Garrone, F., Szanto, J.: Cyber risk assessment of power control systems—a metrics weighed by attack experiments.In: 2011 IEEE Power and Energy Society General Meeting, Detroit, MI, USA (2011).

[67] Liu, C.C., Stefanov, A., Hong, J., Panciatici, P.: Intruders in the Grid. IEEE Power and Energy Magazine 10 (1), 58-66, Jan-Feb (2012).

[68] Abdelwahed, S., Karsai, G., Mahadevan, N., Ofsthun, S.C.: Practical implementation of diagnosis systems using timed failure propagation graph models. IEEE Trans.Instrum. Measure. 58 (2), 240-247 (2009).

[69] Abdelwahed, S., Karsai, G., Biswas, G.: A consistency-based robust diagnosis approach for temporal causal systems. The 16th InternationalWorkshop on Principles of Diagnosis, Pacific Grove, CA (2005).

[70] Yang, Y., Xu, H.Q., Gao, L., Yuan, Y.B., McLaughlin, K., Sezer, S.: Multidimensional intrusion detection system for IEC 61850-based SCADA networks. IEEE Trans.Power Deliv.32 (2), 1068-1078 (2017).

[71] Hall, J., Barbeau, M., Kranakis, E.: Anomaly-based intrusion detection using mobility profiles of public transportation users. In: WiMob'2005, IEEE International Conference on Wireless and Mobile Computing, Networking and Communications 2005, vol.2, pp.17-24. Montreal (2005).

[72] Sun, C.C., Hong, J., Liu, C.C.: A Coordinated Cyberattack Detection System (CCADS) for multiple substations. In: 2016 Power Systems Computation Conference (PSCC), pp.1-7. Genoa (2016).

[73] Hong, J., Liu, C.C.: Intelligent electronic devices with collaborative intrusion detection systems. IEEE Trans. Smart Grid 10 (1), 271-281 (2019).

［74］ Dondossola, G., Terruggia, R.: A monitoring architecture for smart grid cyber security. CIGRE Sci.Eng. J. (10) (2018).
［75］ Working Group D2.38, Technical Brochure 698: Framework for EPU Operators to Manage the Response to a Cyber-Initiated Threat to Their Critical Infrastructure (2017).
［76］ Working Group D2.46, Technical Brochure: Cybersecurity: Future Threats and Impact on Electric Power Utility Organisations and Operations (2019).

作者简介

Giovanna Dondossola，于 1987 年获得米兰大学（the University of Milan）信息科学硕士学位，目前是意大利 Ricerca sul Sistema Energetico（RSE）公司输配电技术部的职员，作为首席科学家，领导国家和欧洲智能电网通信网络风险评估项目，并负责 RSE 实验室的电力控制系统复原力测试。自 2004 年以来，Giovanna Dondossola 一直是 CIGRE 信息系统与电信安全工作组的活跃成员，目前是 CIGRE SC D2（信息系统和通信专业委员会）专业委员会意大利代表与 D2.02 网络安全咨询组组长。她积极参与欧盟 M/490 倡议（European Mandate M/490）的智能电网标准化活动，是 IEC 第 57 技术委员会第 15 工作组的成员。Giovanna Dondossola 与他人合著了数百篇关于电气控制系统网络安全的出版论著，包括论文、文章和书籍篇章（在国际会议和期刊上发表），曾多次在小组会议、专题会议和培训课程上为学界和电力行业做演讲和讲座。

Marcelo Costa de Araujo，2002 年毕业于巴西利亚大学（UnB）电气工程专业，并获得了行政管理研究生学位（FGV—2004 年）和公共企业管理工商管理硕士学位（Franklin-Covey/Fundação COGE—2014 年）。Marcelo Costa de Araujo 自 2001 年起进入巴西电力行业工作，在电信系统项目、运营和维护方面积累了丰富的经验；自 2007 年起，在 Eletrobras Eletronorte 任职，2015—2017 年，负责管理电信维护和规划部，目前在技术协调与资产管理部担任电气工程师；自 2008 年起，成为 CIGRE 个人会员；自 2014 年起，成为 CIGRE SC D2（信息系统和通信专业委员会）专业委员会巴西成员，加入了多个工作组，是 D2.01（核心业务技术相关主题）咨询组召集人；自 2018 年起，担任 CTSMART（关注智慧城市和智能电网技术的巴西科学研究所）副主席。

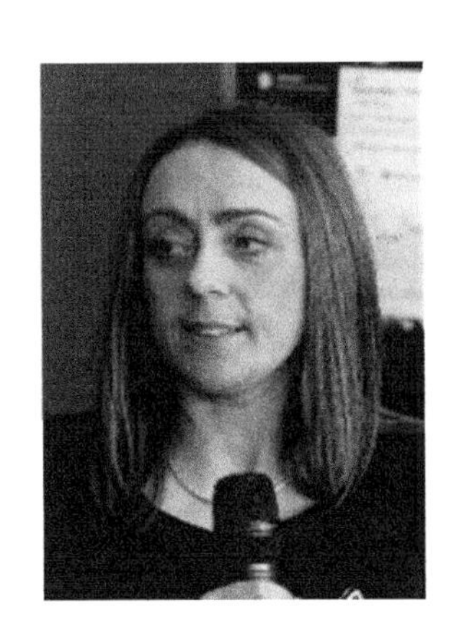

Karen McGeough，于 2001 年获得爱尔兰都柏林城市大学（Dublin City University，Ireland）电信工程学位，2012 年获得开放大学技术管理工商管理硕士学位，2014 年获得特许工程专业人员称号。2001—2007 年，Karen 在一家移动电信公司担任传输工程师；2007 年转到电力部门，加入了爱尔兰电力公司 ESB；2007 年以来，Karen 一直致力于为输电系统运营商、配电系统运营商以及发电业务部门提供电力行业专业电信服务。在六年多的时间里，她一直带领团队从事广域网的设计和部署工作，涉及各类电信系统和技术，涵盖多个无线电、光学和卫星网络的协议。她目前的工作职责是，为 ESB 网络公司的电信业务部门制定战略方向，以确保通过合适、可扩展的通信实现向智能电网的演变，从而推动爱尔兰电网的数字化进程。此外，作为其工作的一部分，Karen 还与行业合作伙伴保持定期接洽，以寻求合作机会。Karen 自 2015 年起成为 CIGRE 个人会员，并于 2018 年成为 D2.03（电信主题）咨询组召集人。